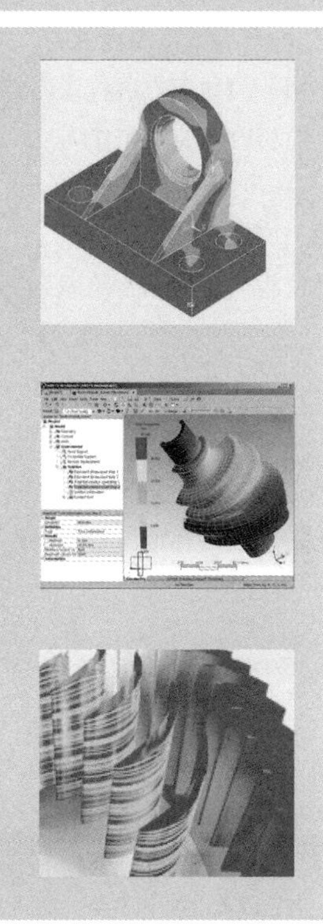

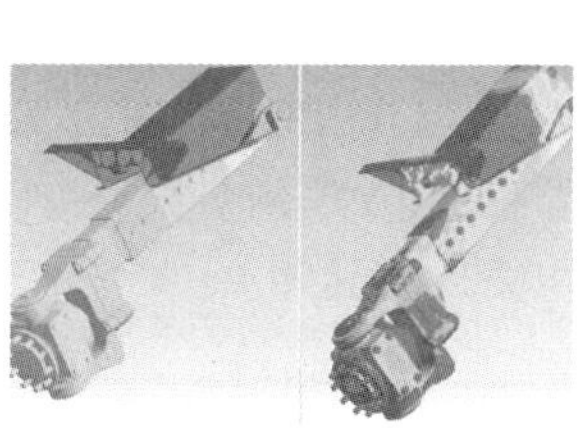

ABAQUS 6.14

中文版 有限元分析与实例详解

曹岩 沈冰 程文 编著

清华大学出版社
北 京

内容简介

本书全面系统地介绍了 ABAQUS 6.14 软件的使用，包括静力学分析、动力学分析、接触分析、结构热分析、模态分析、屈曲分析、拓扑优化及形状优化等常见的工程领域实例中的建模、分析及后处理等内容。

本书从实际应用出发，侧重于 ABAQUS 的实际操作和工程问题求解，针对各个相关的知识点进行了详尽的讲解，与相应的案例紧密结合，使读者能够快速、深入地掌握 ABAQUS 6.14 的相应功能，每个实例都以图文并茂的形式详细介绍了 ABAQUS 6.14 软件的操作流程。

本书赠送书中各个工程案例的源文件及 INP 文件，帮助读者在学习过程中进行操作练习或参考。

本书结构严谨，重点突出，条理清晰，非常适合 ABAQUS 6.14 初级和中级用户使用，也可作为高职院校、大中专院校及社会相关培训机构的教材。

图书在版编目（CIP）数据

ABAQUS 6.14 中文版有限元分析与实例详解/曹岩，沈冰，程文编著. —北京：清华大学出版社，2018（2020.11重印）

ISBN 978-7-302-49658-8

Ⅰ. ①A… Ⅱ. ①曹… ②沈… ③程… Ⅲ. ①有限元分析－应用软件 Ⅳ. ①O241.82-39

中国版本图书馆 CIP 数据核字（2018）第 033868 号

责任编辑： 张 敏
封面设计： 杨玉兰
责任校对： 胡伟民
责任印制： 吴佳雯

出版发行： 清华大学出版社
网 址：http：//www.tup.com.cn, http：//www.wqbook.com
地 址：北京清华大学学研大厦 A 座 邮 编：100084
社 总 机：010-62770175 邮 购：010-83470235
投稿与读者服务：010-62776969, c-service@tup.tsinghua.edu.cn
质量反馈：010-62772015, zhiliang@tup.tsinghua.edu.cn
印 装 者： 三河市金元印装有限公司
经 销： 全国新华书店
开 本： 185mm×260mm 印 张：20 字 数：582 千字
版 次： 2018 年 5 月第 1 版 印 次：2020 年 11 月第 3 次印刷
定 价： 69.80 元

产品编号： 074265-01

前　言

ABAQUS 是工程应用领域功能最强大的有限元分析软件之一，融结构、热力学、流体、电磁、声学和爆破分析于一体，具备强大的前后处理及分析计算能力。特别是在非线性分析领域，它能够同时模拟结构、热、流体、电磁等多物理场的耦合效应，具备了解决复杂工程力学问题的能力。

本书以 ABAQUS 6.14 版本为软件平台，以大量常见的工程实例为依托，对运用 ABAQUS 软件处理工程问题的具体方法与步骤进行了详细的讲解。对于广大的 ABAQUS 用户来讲，特别是初学者，都面临着这样一个问题：如何快速有效地理解和掌握 ABAQUS 的分析功能和操作方法？而本书的目的意在使读者系统地掌握 ABAQUS 的使用方法，能够对各种工程结构进行设计、建模、分析求解与结果处理等工作。

本书特点

- 由浅入深，由表及里：本书以初、中级读者为对象，首先对 ABAQUS 软件的基础操作进行了讲解，再以 ABAQUS 在各个工程领域中的典型案例进行详细的介绍，帮助读者尽快掌握 ABAQUS 软件的入门操作。
- 细致入微，步骤详尽：本书结合了作者多年的 ABAQUS 系列软件使用经验与实际的工程应用案例，将 ABAQUS 软件的使用方法详尽地介绍给读者。通过对分析过程中操作步骤的详尽讲解，以相应的图片作为辅助，使读者一目了然，从而快速掌握书中所讲内容。
- 案例典型，简单易懂：对学习者而言，对实际工程案例的分析学习是掌握 ABAQUS 的最佳方式。而按照本书中综合应用案例的操作过程进行讲解，可以使读者轻易地复现案例分析过程，详尽透彻地体验 ABAQUS 在各领域中的工程问题解决方法。

主要内容

本书章节主要分为两个部分：ABAQUS 基础部分和工程案例讲解部分，其中基础部分包括第 1~4 章，案例讲解部分包括第 5~12 章。

第 1 章　主要介绍了 ABAQUS 软件的使用环境、文件系统和新版本的特点等。

第 2 章　简单介绍了 ABAQUS 软件的主要模块，对其分析步骤进行了简单说明。

第 3 章　对 ABAQUS 软件中的各个功能模块进行了详尽的讲解。

第 4 章　对 ABAQUS 软件中的 INP 文件和单元类型进行了简单介绍。

第 5 章　对静力学分析进行了介绍，并详细讲解了线性与非线性静力学分析实例。

第 6 章　对动力学分析的主要类型进行了介绍，并对线性与非线性动力学问题进行了详细讲解。

第 7 章 通过密封法兰和塑性加工过程仿真两个实例，对接触问题进行了详细讲解。

第 8 章 首先简单介绍了热学分析的主要内容，其次通过对金属散热管和刹车盘的分析对软件操作过程进行了详细介绍。

第 9 章 通过圆盘结构动力学和弹丸侵蚀靶体过程的分析，对 ABAQUS/Explicit 的显式分析进行了讲解。

第 10 章 首先介绍了屈曲分析过程的基本知识，其次通过案例给出了解决线性屈曲问题的操作方法。

第 11 章 对优化设计的基础和流程进行了清晰的介绍，并分别对 U 型夹的拓扑优化以及 S 型压缩弹簧片的形状优化过程进行了详细讲解。

第 12 章 主要对 ABAQUS 用户子程序的基本知识进行了介绍，对调用用户子程序进行分析的过程进行了讲解。

本书赠送资源

读者可扫描书中二维码，下载本书赠送资源，其内容包含了本书中各个工程案例的源文件及 INP 文件，读者可以充分利用这些资源提高学习效率。

本书作者

本书主要由曹岩、沈冰、程文编著，赵迪、田良、雷鸣宇、李强、石亚茹、孙毓鸿、汪晶、刘贵祥、张苗苗、陈蓓、马未未、张娜娜、王永明、仵宁飞、韦婉钰也参与了部分章节的编写工作。虽然作者在本书的编写过程中力求将内容叙述得准确详尽，但由于水平有限，书中尚有欠妥之处在所难免，望各位读者和同仁能及时指出，共同促进本书的质量提高。

编者

目　录

第 1 章　ABAQUS 概述

1.1　ABAQUS 总体介绍

ABAQUS 软件是一款有限元分析软件，它以其强大的功能而闻名世界。ABAQUS 软件起初是由 HKS（Hibbitt，Karlsson & Sorensen）公司于 1978 年开发建立，而后被法国著名的达索公司（三维建模软件 CATIA 的开发者）于 2005 年收购，两年后正式更名 SIMULIA 公司。

ABAQUS 软件根据用户使用反馈以及计算机的不断升级，经过近四十年的不断改进，如今软件已趋于完善，主要有以下两个方面的特点。

- 丰富的单元库：能使 ABAQUS 软件模拟任意的几何形状；
- 强大的材料模型库：模拟绝大多数工程材料的性能（橡胶、金属、高分子材料、复合材料、钢筋混凝土等）。

作为模拟工具，ABAQUS 软件的应用范围极其广泛，如机械工程、土木工程、桥梁工程、水利工程、航天、航海、航空、核工业、石油、生物医学等绝大多数的工程领域。不但能够解决大多数结构问题，即应力—位移问题，还能进行有效的静态和准静态的分析、瞬态分析、模拟分析、弹塑性分析、接触分析、碰撞和冲击分析、爆炸分析、屈服分析、断裂分析、疲劳和耐久性分析。此外，还能进行热固耦合分析、声场和声固耦合分析、电压和热电耦合分析、流固耦合分析、质量扩散分析等。

在使用上，ABAQUS 软件操作简单，容易上手，近些年在我国高科技产品的研发、老产品的优化改进上都起到了巨大作用。

1.2　ABAQUS 主要模块

ABAQUS 软件包含 3 个主要模块：ABAQUS/Standard、ABAQUS/Explicit 和 ABAQUS/CFP。同时 ABAQUS 软件还包含一个人机交互的前后处理模块 ABAQUS/CAE（包括模型建立、交互式提交作业、监控运算过程及结果评估等）。此外，为求解特殊问题的需要，ABAQUS/Standard 中还包含了 ABAQUS/Aqua、ABAQUS/Design、ABAQUS/Foundation 模块。最后，ABAQUS 还为用户提供 MOLDFLOW 和 ADAMS 接口。ABAQUS 软件的结构/模块关系，如图 1-1 所示。

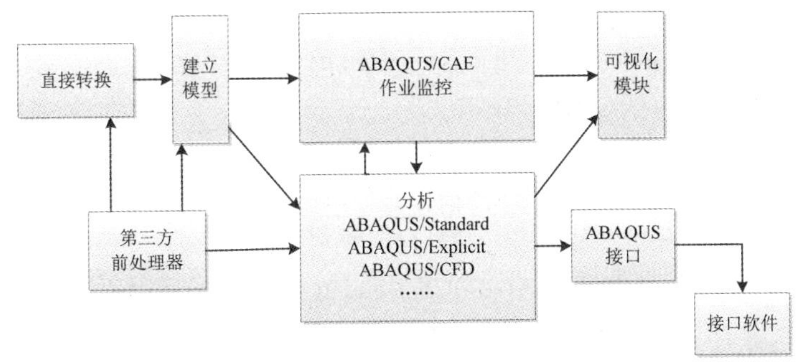

图 1-1　ABAQUS 软件模块

1. ABAQUS/Standard

ABAQUS/Standard 是一种通用的隐式分析求解器，它能求解多重线性及非线性问题，通常适用于静态分析、动力分析、结构热响应分析、电响应分析及其他复杂非线性耦合物理场的分析。其主要应用领域如下：

（1）常规的静态弯曲变形、强度分析。

（2）结构的固有振动特性及在某种载荷下的振动特性分析。

（3）轴承、轴套、螺栓连接等接触非线性分析。

（4）频域动态响应分析，机构运动过程分析。

（5）超弹性橡胶、复合材料分析。

（6）结构传热分析。

（7）各种耦合分析：

- 热机械平衡的原理（热固耦合）分析；
- 热电（焦耳加热）原理（热电耦合）分析；
- 压电性能（电固耦合）分析；
- 结构的声学研究（声固耦合）分析。

（8）方便灵活的用户子程序，生成用户特殊的单元、材料、摩擦、约束、载荷等。

（9）并行处理、高效直接和迭代求解器。

（10）与 ABAQUS/Explicit 结合，进行特殊过程的模拟，如金属成形过程。

由于 ABAQUS/Standard 能够提供动态载荷平衡的并行稀疏矩阵求解器、基于域分析并行迭代求解器以及并行的 Lanczos 特征值求解器，使得用户能够仅在 ABAQUS 软件下，非常可靠地进行各种大规模计算，与此同时，进行一般过程分析和线性摄动过程分析。

2. ABAQUS/Explicit

ABAQUS/Explicit 是显式分析求解器，是进行短暂、瞬时动态事件分析的有效工具，更是求解冲击及其他高度不连续问题的可靠手段。在处理改变接触条件的高度非线性问题上，ABAQUS/Explicit 也非常有效，它能够自动找出模型中各部件之间的接触对，高效地模拟部件之间的复杂接触，即在短时间域内，以很小的时间增量步向前推出结果。此外，ABAQUS/Explicit 还能求解可磨损体之间的接触问题。

ABAQUS/Explicit 同样拥有广泛的单元类型和材料模型，但它的单元库是 ABAQUS/Standard 单元库的子集。它提供的基于域分解的并行计算，仅可进行一般过程分析。ABAQUS/Explicit 能够应用的领域主要有以下几个方面：

（1）通用的显式问题求解；

（2）非线性动力学分析和准静态分析；

（3）完全耦合的热力学分析；

（4）自动接触（General Contact）提供简单和稳定的接触建模方法；

（5）并行处理技术，包括 SMP 和 DMP；

（6）与 ABAQUS/Standard 结合，分析特殊过程和问题；

（7）运用 ALE 技术创建自适应网络（模拟几何体的移动与位移）；

（8）冲击和水下爆炸分析功能。

综上可知，ABAQUS/Explicit 和 ABAQUS/Standard 有各自的适用范围，将这两个模块集成后使得 ABAQUS 在功能上更为强大，使用上也变得更加灵活。在遇到大型复杂的工程分析问题时，往往需要将这两种模块结合使用，即结合了二者的显式、隐式求解技术的优点。

3. ABAQUS/CFD

ABAQUS/CFD 是 ABAQUS 在 6.10 版本新增加的模块。作为第 3 个主要求解器，ABAQUS/CFD 旨在解决模拟层流、湍流等流体问题，以及热传导、自然对流等流体传热问题。

此项模块的增加使得流体材料特性、流体边界、载荷以及流体网格等与流体相关的前处理定义等都可以在 ABAQUS/CAE 里完成，同时还可以用 ABAQUS 输出等值面、流速矢量图等多重流体相关后处理结果。

ABAQUS/CFD 使得 ABAQUS 在处理流—固耦合问题时拥有更优秀的表现，配合 ABAQUS/Explicit 和 ABAQUS/Standard 一起使用，能使 ABAQUS 变得更加丰富和强大。

4. ABAQUS/CAE

ABAQUS/CAE（Complete ABAQUS Environment）是 ABAQUS 软件进行前后处理和任务管理的人机交互环境，对求解器提供了全面支持。它能够实现的功能有以下几点：

（1）快速生成或者输入被分析模型的几何形状，为部件定义材料特性、边界条件、载荷等模型参数。

（2）目前唯一采用“特征”参数化建模方法的有限元前处理程序，用户还可以导入和编辑各种通用的 CAD 系统建立的几何模型。

（3）具有强大的几何体划分网格功能，可以检测所形成的分析模型，并在模型生成后提交、监视和控制分析作业，最后通过 Visualization 可视化模块显示得到的结果。

（4）根据需求设置 ABAQUS/Explicit 或 ABAQUS/Standard 对应的材料模型和单元类型，并进行网格划分。

（5）定义部件间的接触、耦合、绑定等相互作用。

5. ABAQUS/View

ABAQUS/View 是 ABAQUS/CAE 的子模块，只具有可视化模块（Visualzation）的后处理功能。

6. ABAQUS/Design

ABAQUS/Design 是 ABAQUS/Standard 的附加模块，它扩展了 ABAQUS 设计敏感度分析（DSA）。设计敏感度分析可用于预测设计参数变化对结构响应的影响。

7. ABAQUS/Aqua

ABAQUS/Aqua 也是 ABAQUS/Standard 的附加模块，它主要用于海洋工程，可以模拟近海结构，也可以进行海上石油平台导管和立架的分析、基座弯曲的计算和漂浮机构的研究及 J 管道的受拉模拟。此外，ABAQUS/Aqua 能够通过稳态水流和波浪效果的模拟对结构施加拉力、福利和流体惯性力，对自由水面上的部分还可以施加风载。

8. ABAQUS/Foundation

ABAQUS/Foundation 是 ABAQUS/Standard 的一部分，它使得 ABAQUS/Standard 的线性静态和动态分析的使用变得更加经济。

9. MOLDFLOW 接口

ABAQUS 的 MOLDFLOW 接口是 ABAQUS/Explicit 和 ABAQUS/Standard 的交互产品，用户将注塑成型软件 MOLDFLOW 与 ABAQUS 配合使用，将 MOLDFLOW 分析软件中的有限元模型信息转换成 INP 文件的组成部分。

10. MSC.ADAMS 接口

ABAQUS 的 MSC.ADAMS 接口是基于 ADAMS/Flex 的子模态综合格式，它是 ABAQUS/Standard 的焦化产品，使用户能将 ABAQUS 中的有限元模型作为柔性部分输入到 MSC.ADAMS 系列产品中。

1.3 ABAQUS 使用环境

作为 ABAQUS 的完整运行环境，ABAQUS/CAE 能够为生成 ABAQUS 模型、交互式的提交作业、监控和评估 ABAQUS 运行结果提供一个风格简单的界面。ABAQUS 分若干个功能模块，每个模块都定义了模拟过程中的一个逻辑步骤，完成一个功能模块后，可以进入下一个，逐步建立分析模型。

ABAQUS 的求解器读入由 ABAQUS/CAE 生成的输入文件进行分析，并将反馈的信息传送回 ABAQUS/CAE 中，使得用户可以对作业过程进行监控，而后生成输出数据库，用户最终可以通过 ABAQUS/CAE 的可视化模块读取输出的数据库，查看分析结果。

1.3.1 启动 ABAQUS/CAE

在操作系统中，执行开始→程序→ABAQUS 6.14→ABAQUS/CAE 命令，或者在操作系统的命令提示符中输入命令 ABAQUS CAE，即能打开 ABAQUS/CAE 的启动界面，如图 1-2 所示。在启动界面上会出现以下 4 个选项：

- Create Model Database：新建一个模型数据库。用户可以根据自己需求建立 Standard/Explicit Model（数据类型用于建立隐式或显式的求解问题）、CFD Model（数据类型用于建立计算流体力学求解问题）或者 Electromagnetic Model（数据类型用于建立电磁场求解问题）。
- Open Database：打开数据库，即打开已经存在的模型数据库文件（*.cae），或者输出数据库文件（*.odb）。
- Run Script：运行用 Python 脚本语言编写的包含 ABAQUS/CAE 命令的文件（*.py 或 *.pyc）。
- Start Tutorial：开始在线帮助。

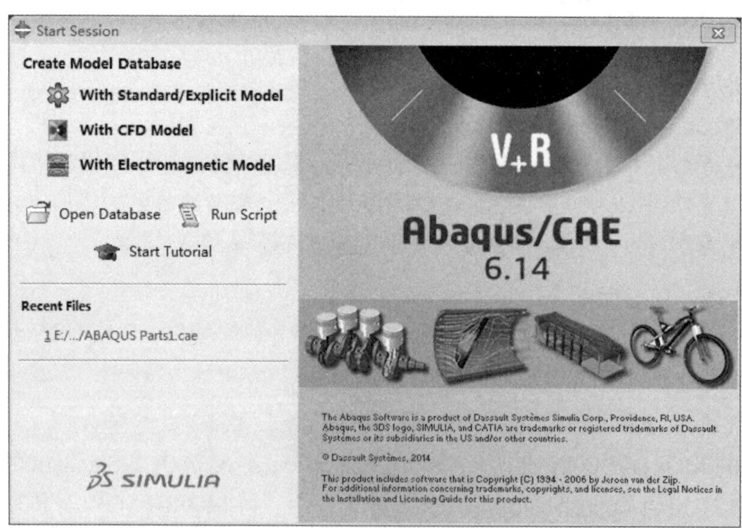

图 1-2 ABAQUS/CAE 的启动对话框

1.3.2 ABAQUS 的用户界面

启动 ABAQUS/CAE 的同时，用户即进入 ABAQUS/CAE 的用户界面，如图 1-3 所示。用户界面主要包含 10 个组成部分，具体介绍如下。

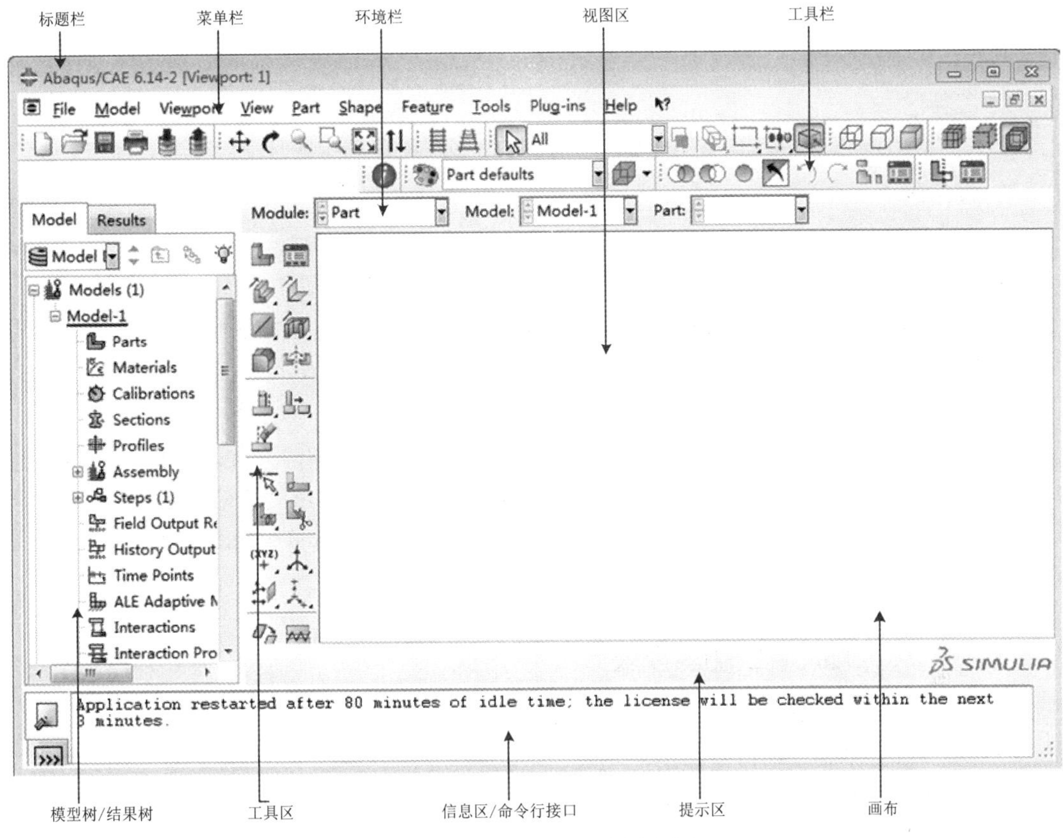

图 1-3 ABAQUS/CAE 用户界面

1. 标题栏

显示了正在运行的 ABAQUS/CAE 版本，以及当前模型数据库的名称。

2. 菜单栏

显式所有可用菜单，用户可以通过菜单调用相对应的功能。不同类型的数据库所包含的菜单选项也有所不同。

3. 工具栏

工具栏为用户提供菜单栏中一些功能的快捷方式，用户也可以通过菜单栏访问这些功能。

4. 环境栏

环境栏中包含 3 个列表：Module（模块）列表可以用于各功能模块的切换；其他列表则与当前的功能模块相对应，分别用于切换 Model（模型）、Part（部件）、Step（步骤）、ODB（结果文件）和 Sketch（草图）。

5. 模型树/结果树

在 ABAQUS 的左侧区域，包含了模型树和结果树，通过上方的 Model 和 Resulst 选项卡进行切换。

模型树包含了该数据库的所有模型和分析任务，切分类列出了所有功能模块（可视化模块除外），以及包含在其中的重要工具，可实现菜单栏中的大多数功能。

结果树中列出了调用的所有结果文件及可视化模块中的许多工具，可以实现结果显示的大多数功能。

6. 画布

画布区用于摆放视图。

7. 工具区

工具区显示该功能模块相对应的工具，包含了大多数菜单栏中的功能。

8. 视图区

用于模型和结果的显示。

9. 提示区

用户在 ABAQUS/CAE 中进行的各种操作都会在提示栏得到相应的提示，用户根据提示进行相关操作。

10. 信息区/命令行接口

使用 ABAQUS/CAE 利用内置的 Python 编译器，在命令行接口输入 Python 命令和数学表达式。信息区显示状态信息和警告，利用滚动条可以查阅已经出现的滚动信息。在默认状态下显示信息区，利用窗口左侧的 Message Area（信息区）按钮和 Command Lind Interface（命令行接口）按钮可以进行自由切换。

1.3.3 ABAQUS/CAE 功能模块

ABAQUS/CAE 划分了一系列的功能模块，每一个功能模块都只包含与模拟作业的某一项指令部分相关的一些工具。如 Part（部件）模块只包含生成几何模型的部件，而 Sketch（草图）模块只包含定义二维平面部件或者创建草图的工具。

用户从环境栏的 Module（模块）列表选项里选择模块进入，如图 1-4 所示。列表中的模块顺序与创建一个分析模型步骤顺序是一致的。

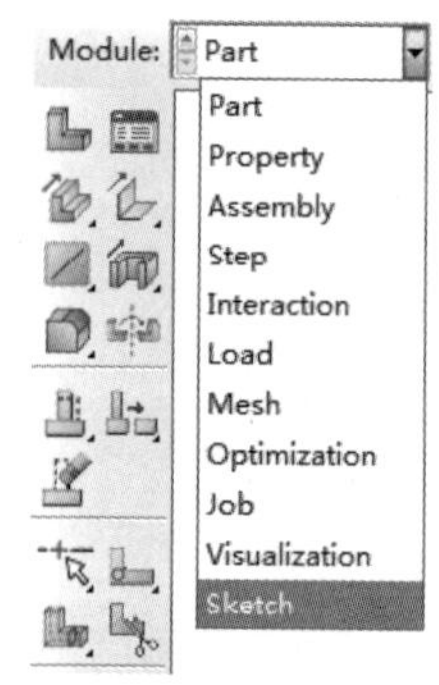

图 1-4　模块选择

下面列出了 ABAQUS/CAE 的各个模块的介绍。

1. 生成 Part（部件）

Part 模块用于创建各个单独的部件，在工具栏中，利用图形工具直接生成，也可以从第三方图形软件导入部件生成图形。

2. 定义 Property（特性）

整个部件的任意部件的特征，例如与该部分有关的材料性质定义以及界面的几何形状，都包含在界面（section）定义中。此模块可以让用户定义截面性形状和材料种类。

3. 创建 Assembly（装配）

创建的部件都独立存在于自己的局部坐标系中，而 Assembly 模块则使用户将独立部件相对于其他部件定位于总体坐标系中，从而创建出已装配体。

4. 创建 Step（分析步）

用户可以应用 Step 模块生成和构建分析步，并与输出需求联系起来。分析步序列给模拟过程的变化提供了方便的途径（如变载荷和变边界问题）。可以根据需要，在分析步之前更改输出变量。

5. 创建 Interaction（相互作用）

用户在进行部件装配时，软件不会自动识别各个装配部件之间的力学或者热学关系。ABAQUS/CAE 为此设计了 Interaction 模块，用户利用此模块可以指定装配部件间的关系，但相互作用与分析步有关，必须指明是在哪个分析步起相关作用。

6. 定义 Load（载荷）

载荷模块用于定义载荷、边界条件和场变量。载荷、边界条件以及部分场变量都与分析步有关，需要明确是在哪个分析步起作用，还有部分场变量只在分析步的初始阶段起作用。

7. 划分 Mesh（网格）

Mesh 模块为单个部件及装配件提供了网格划分的所有必要工具，利用此模块可以对部件进行层次上的网格划分及网格形状控制，最终生成用户满意的网格。

8. 提交 Job（作业）

完成之前的所有模型定义后，就可以利用 Job 模块进行计算分析。此模块允许用户同时提交多个模型及进行多个运算，并对其进行监控。

9. Optimization（优化）

Optimization 模块可以实现有限元模型的优化分析。用户根据具体的优化目标和限制条件进行优化分析，从而得到需要的优化模型。

10. Visulization（可视化）

Visulization 模块提供了有限元模型和分析结果的图像显示。它能够从数据库中调取模型和结果信息，通过 Step 模块修改输出要求，最终实现用户能够控制写入数据库的信息。

11. Sketch（草图）

Sketch 模块是用来形成二维轮廓图，即创建二维草图。

1.4　ABAQUS 文件系统

ABAQUS 在运行过程中所涉及的文件种类非常多，其中最主要的也是最多的就是数据库文件，此外还包括输入/输出的文本文件、日志文件、信息文件、状态文件、用于重启的文件及用于结果转换的文件等。在这些文件中，有的是在软件运行过程中产生的，运行结束后会自动删除。具体介绍如下表 1-1（其中 model_database_name 表示模型数据库名，job_name 表示建立的工作名）所示。

表 1-1　ABAQUS 文件系统

文件类型	文件名及扩展名	说明	备注
数据库文件	模型数据库文件*.cae	可以在 ABAQUS/CAE 中直接打开，其中包含模型的几何信息、网络信息、载荷信息等各种信息和分析任务	
	输出数据库文件*.odb	可以在 ABAQUS/CAE 中直接打开，也可以输入到 cae 文件中作为 Part 或者 Model。它包含 Step 功能模块中定义的场变量和历史变量输出结果	
日志文件	*.log	文本文件，用于记录 ABAQUS 运行的起止时间	
数据文件	*.data	文本文件，记录数据和参数检查、内存和磁盘估计等信息，并且预处理 inp 文件时产生的错误和警告信息也包含在内	
信息文件	*.msg	文本文件，记录计算过程中的平衡迭代次数、时间、错误、警告、参数设置等信息	
	内部过程信息文件：*.imp	在 ABAQUS/CAE 分析开始时启动，记录从 ABAQUS/Standard 或 ABAQUS/Explicit 到 ABAQUS/CAE 的过程日志	
	*.prt	包含模型的部件和装配信息	重启动分析时需要
	*.pac	模型信息，仅用于 ABAQUS/Explicit	重启动分析时需要

续表

文件类型	文件名及扩展名	说明	备注
模型文件	*.mdl	ABAQUS/Standard 和 ABAQUS/Explicit 中运行数据检查后生成	重启动分析时需要
状态文件	*.sta	文本文件，分析过程信息	
	*.abq	仅用于 ABAQUS/Explicit，记录分析、继续和恢复命令	重启动分析时需要
	*.stt	数据检查时产生的文件	重启动分析时需要
输入文件	*.inp	文本文件，在 Job 模块中提交任务时或单击分析作业管理中的 Write Input 按钮在工作目录中生成。Inp 文件可以输入模型，也可以直接由 ABAQUS Command 直接运行，inp 文件输入的模型只包含有限元模型而没有几何模型	
	*.pes	参数更改后重写的 inp 文件	
	*.par	参数更改后重写的以参数形式运行的 inp 文件	
结果文件	*.fil	可以被其他软件读入的结果数据格式，记录 ABAQUS/Standard 的分析结果，如果 ABAQUS/Explicit 的分析结果要写入 fil 文件，则需要转换	
	*.psr	文本文件，参数化分析时要求的输出结果	
	*.sel	用于结果选择，仅适用于 ABAQUS/Explicit	重启动分析时需要
保存命令文件	*.jnl	文本文件，包含用于复制已储存的模型数据库的 ABAQUS/CAE 命令	
	*.rpy	记录一次 ABAQUS/CAE 所运用的所有命令	
	*.rec	包含用于恢复内存中模型数据库的 ABAQUS/CAE 命令	
脚本文件	*.psf	用户参数研究时需要创建的文件	
重启动文件	*.res	用 STEP 功能模块进行定义	
临时文件	*.ods	记录场输出变量的临时运算结果，运行后自动删除	
	*.lck	阻值并发写入输出数据库，关闭输出数据库后自动删除	

1.5 ABAQUS 6.14 新功能

1.5.1 接触和约束

1. 接触和约束概览

（1）Abaqus/Standard：边-边接触，用于壳/体单元；使用惩罚接触改善了能量计算。

（2）Abaqus/Explicit：妥善处理壳接口处的壳偏移；并行热关系域。

2. Abaqus/Standard 中的边-边接触

（1）允许一般接触中的边与边的接触建模；

（2）边可以是实体特征边，或壳单元和梁单元的周长边；

（3）梁单元包括管、梁和桁架单元。

1.5.2 Abaqus/CAE

（1）所有联合接口产品更新；

（2）Pro/E 联合接口（6.13 AP）；

（3）额外支持 Creo 2.0；

（4）NX 联合接口（6.13 AP）；

（5）额外支持 NX；

（6）额外支持 SolidWorks 2013；

（7）CATIA V5 联合接口；

（8）额外支持 V5-6R2013（R23）（6.13 AP）；

（9）额外支持装配水平参数（6.14）；

（10）V6 CATIA 双向联合接口；

（11）不传递版本信息和材料。

第 2 章　ABAQUS 的分析步骤

有限元分析大致分为前处理、分析运算和后处理 3 个步骤。在 ABAQUS 中实现这 3 个步骤具体方法介绍如下。

2.1　前处理

前处理（ABAQUS/CAE）阶段的中心任务是定义物理问题的模型，并生成相应的 ABAQUS 输入文件。ABAQUS/CAE 是完整的 ABAQUS 运行环境，可以生成 ABAQUS 的模型、使用交互式的界面提交和监控分析作业，最后显示分析结果。ABAQUS/CAE 分为若干个功能模块，每个模块都用于完成模拟过程中的一个方面的工作，例如定义几何形状、材料性质、载荷和边界条件等。建模完成之后，ABAQUS/CAE 可以生成 ABAQUS 输出文件，提交给 ABAQUS/Standard 或 ABAQUS。

读者也可以使用其他的前处理器，如 MSC.PATRAN、Hypermesh 等来创建模型，但是 ABAQUS 的很多功能（如定义面、接触对、连接器等）只有 ABAQUS/CAE 才支持，因而建议读者使用 ABAQUS/CAE 作为前处理器。

2.2　分析运算

在这个阶段，使用 ABAQUS/Standard 或者 ABAQUS/Explicit 求解输入文件中所定义的数值模型，计算过程通常在后台运行，分析结果以二进制的形式保存起来，以利于后处理过程。完成一个求解过程所花费的时间，由问题的复杂程度和计算机的计算能力等因素来决定。

2.3　后处理

ABAQUS/CAE 的后处理部分又叫 ABAQUS/Viewer，可以用来读入分析结果数据，以多种方法显示分析结果，包括动画、彩色云纹图、变形图和 *XY* 曲线图等。

2.4　快速实例入门

以下介绍一则简单的应力分析实例，目的是帮助读者初步了解 ABAQUS 的建模及分析步骤，初步掌握 ABAQUS 的应力和位移的分析方法。

2.4.1　问题的描述

一悬臂梁左端受固定约束，右端自由，结构尺寸如图 2-1 所示。

材料性质：弹簧模量 E=2e3，泊松比 v=0.3

均布载荷：p=1.2MPa

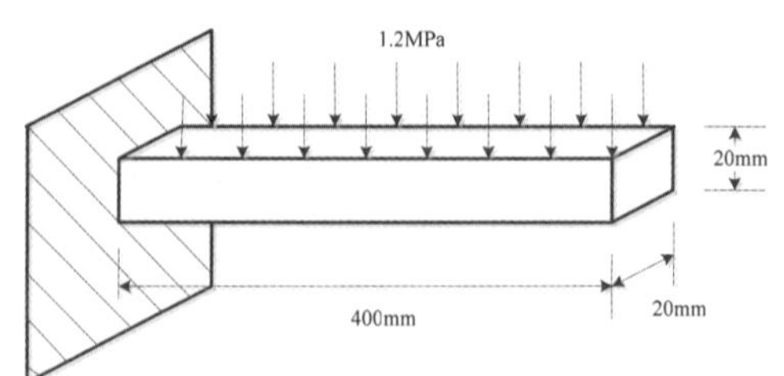

图 2-1　悬臂梁受均布载荷图

2.4.2　启动 ABAQUS

如第 1 章所述，启动 ABAQUS 有两种方法，用户可以任选一种进行软件启动。

（1）在操作系统中，执行开始→程序→ABAQUS 6.14→ABAQUS/CAE 命令。

（2）在操作系统的命令提示符中输入命令：ABAQUS CAE。

ABAQUS/CAE 启动后，在 Start Session（开始任务）对话框中选择 Create Model Database 中的 Standard/Explicit Model 选项，进入用户界面。

2.4.3　创建部件

在用户界面的环境栏中，模块列表默认进入 Part 模块，在此模块中可以定义各部分的几何形状。

1. 创建部件

单击左侧工具区中的Create Part（创建部件）按钮，或者在菜单栏中单击 Part 按钮，选择 Create 选项，弹出如图 2-2 所示的 Create Part（创建部件）对话框。

在 Name（部件名称）栏中输入名称 Beam，也可默认系统名称，在 Modeling Space（模型所在空间）中点选 3D 单选按钮，在 Shape（形状）中点选 Solid（实体）单选按钮，在 Type（类型）中选择默认的 Extrusion（挤压）选项，在 Approximate size（近似大小）一栏输入 500，单击 Continue...按钮完成部件创建。

2. 绘制界面草图

完成部件创建后，ABAQUS/CAE 跳转至绘图环境，如图 2-3 所示。左侧工具区中显示出绘图工具，视图内显示栅格，视图正中两条垂直相交的点画线为当前二维图区域的 *X* 轴和 *Y* 轴，交点即为坐标原点。单击左侧工具区 Create Lines：Rectangle（4Lines）[创建线：矩形（4 条线）]工具，在提示区显示 Pick a starting corner for the rectangle—or enter *X*,*Y*（选择矩形的一个角点，或者输入 *X*、*Y* 的坐标），如图 2-4 所示。在视图区移动光标时，视图左上方会显示当前光标所在位置的坐标值。

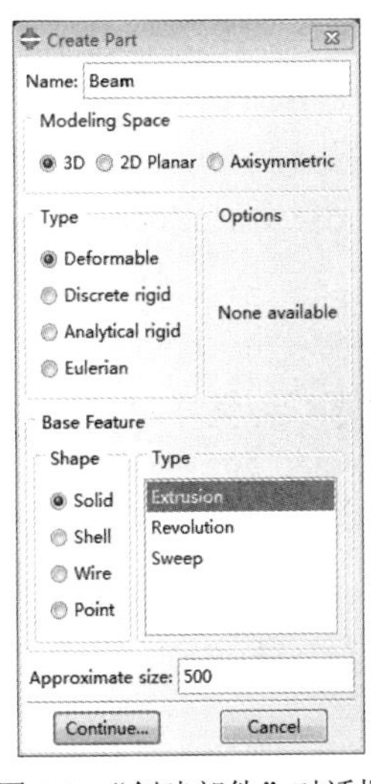

图 2-2　“创建部件”对话框

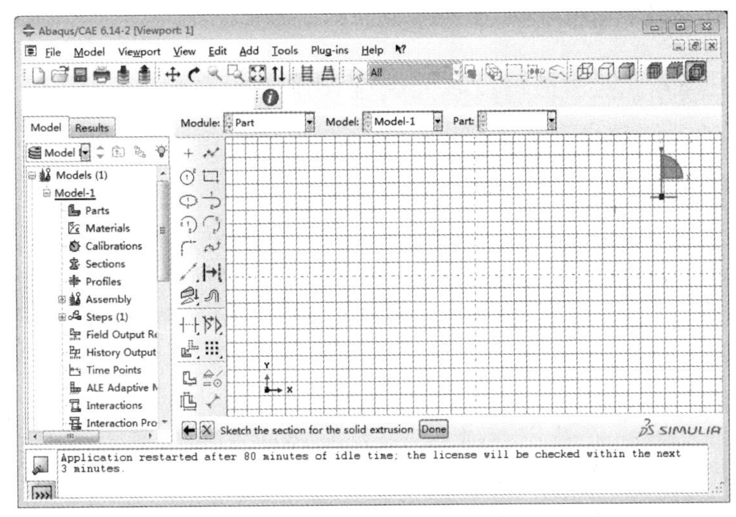

图 2-3　绘图环境

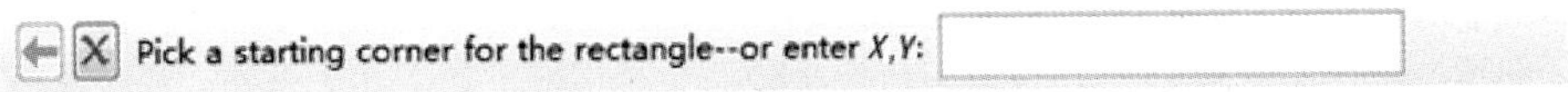

Pick a starting corner for the rectangle--or enter *X*,*Y*:

图 2-4　提示区坐标输入窗口

在提示区输入矩形第一点的坐标值（-200，10），按 Enter 键完成草图第一点，再在提示区输入矩形对角线第二点坐标值（200，-10），按 Enter 键完成矩形绘制，或者移动光标至第二坐标点，单击进行绘制。

在草图绘制过程中如遇到绘制错误，可单击↶按钮撤销前一步操作，或者使用按钮删除错误线条或图形。当需要删除多条线时，可按住 Shift 键的同时，单击多条线段，单击鼠标中键或提示区的 Done 按钮完成删除操作，或者用鼠标框选需要删除的要素，单击中键或提示区 Done（完成）按钮完成删除。在此需要说明的是，被选中的要素会显示为红色。

矩形绘制完成，单击鼠标中键或提示区 Done（完成）按钮结束草图的绘制。

3. 完成模型建立

在结束草图的绘制时，由于之前已经选择了默认的 Extrusion（挤压）类型，软件会弹出 Edit Base Extrusion（编辑基本拉伸）对话框，在 Depth（深度）栏中输入拉伸尺寸 20，如图 2-5 所示，单击 OK 按钮，完成模型的建立，如图 2-6 所示。

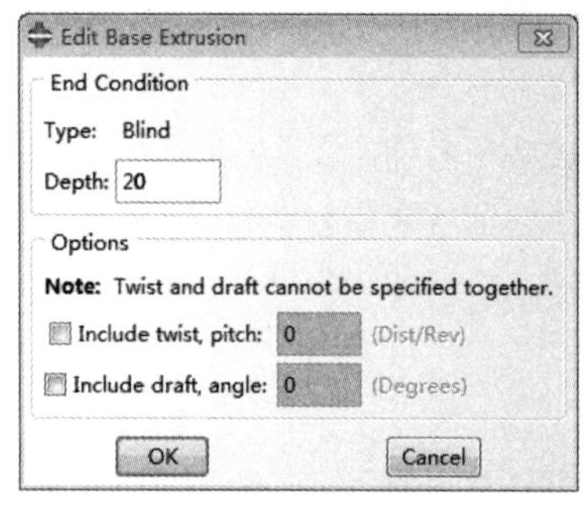

图 2-5 “编辑基本拉伸”对话框

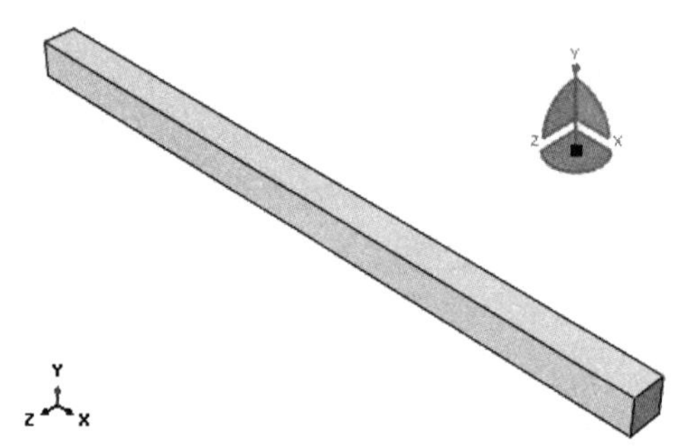

图 2-6 悬臂梁三维模型

4. 保存模型

在进行下一步之前，单击工具栏中的（保存）按钮，保存所建立的模型，或者执行菜单栏中的 File（文件）→Save（保存）命令来保存模型。输入文件名称，ABAQUS 会自动为文件生成.cae 的扩展名。

2.4.4 创建材料及截面属性设置

材料及截面属性的设置属于 Property（属性）模块，因此，先将环境栏中的 Module（模块）切换为 Property（属性）模块，再进行下面的操作。

1. 创建材料

单击左侧工具区的 Create Material（创建材料）工具，或者在菜单栏中执行 Material（材料）→Create（创建）命令，弹出 Edit Material（编辑材料）对话框，还可以通过双击左侧模型树中的 Materials 来完成此操作，如图 2-7 所示。

在 Name（名称）栏中输入 Steel，执行 Mechanical（力学）→Elasticity（弹性）→Elastic（弹性）命令，在弹出的数据表中，设置 Young's Modulus（杨氏模量）为 2e3，Poisson's Ratio（泊松比）为 0.3，其余不变，如图 2-8 所示，单击 OK 按钮。

2. 创建界面属性

单击左侧工具区的 Create Section（创建截面）工具，或者在菜单栏中执行 Section（截面）→Create（创建）命令，弹出 Create Section（创建截面）对话框，如图 2-9 所示，双击模型树区的 Section（截面）工具同样能够完成此操作。在 Name（名称）栏中输入 BeamSection，其他参数选择默认不变，单击 Continue...按钮，继续弹出 Edit Section（编辑截面）对话框，如图 2-10 所示，单击 OK 按钮即可。

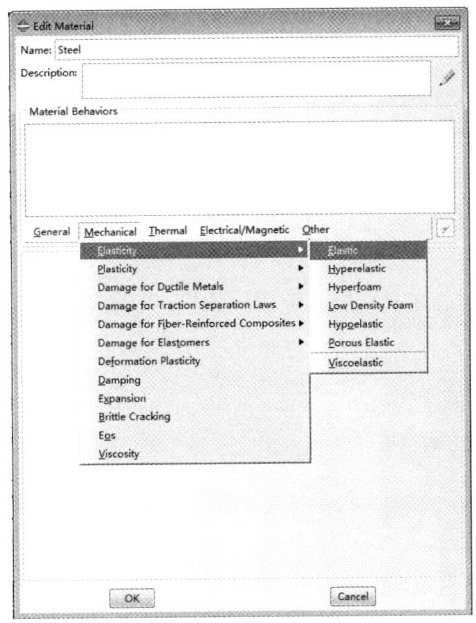

图 2-7　“编辑材料”对话框

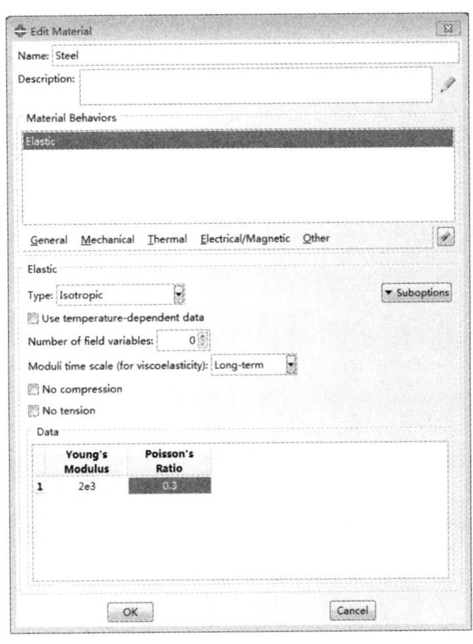

图 2-8　杨氏模量及泊松比输入

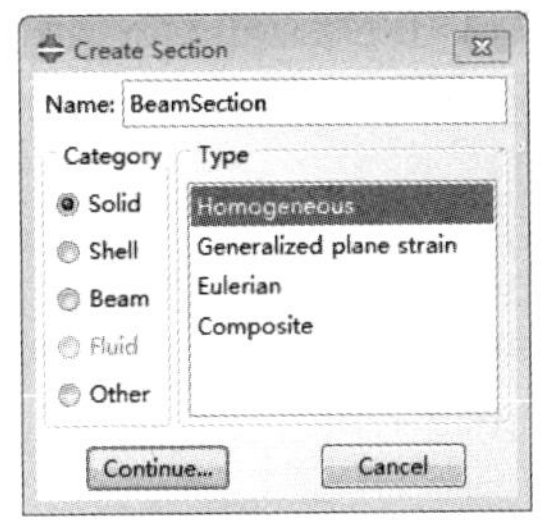

图 2-9　“创建截面”对话框

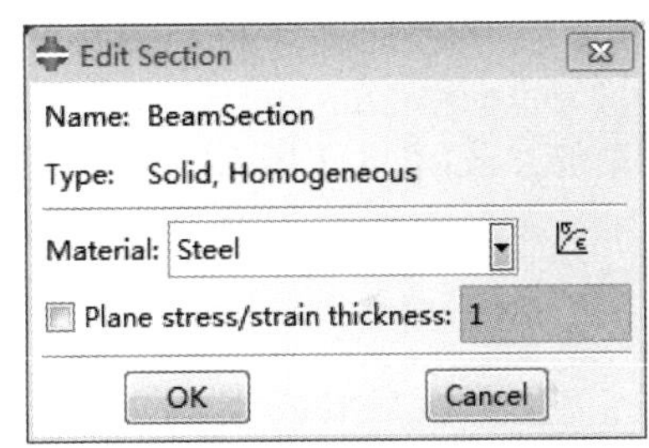

图 2-10　“编辑截面”对话框

3. 为部件赋截面属性

单击左侧工具区的 Assign Section（指派截面）工具，或执行菜单栏中 Assign（指派）→Section（截面）命令，单击视图区的悬臂梁模型，模型变为红色显示，单击鼠标中键，或者单击提示区的 Done 按钮，弹出 Edit Section Assignment（编辑截面指派）对话框，单击 OK 按钮完成，此时模型变为绿色。

2.4.5　定义装配件

在此模块中，需要将前面 Part 功能模块中创建的各个部件在 Assembly（装配）模块中装配起来。其操作方法如下：

在环境栏的 Module（模块）栏中，选择 Assembly（装配）模块，单击左侧工具区的 Create Instance（创建实例）工具，或者执行菜单栏中的 Instance（实例）→Create（创建）命令，或是单击模型树区 Assembly（装配）左侧“+”号，然后双击 Assembly（装配）下一层的 Instance（实例）。此时软件弹出 Create Instance（创建实例）对话框，如图 2-11 所示，之前创建的部件 Beam 被选中，Instance Type（实例类型）选择默认的 Dependent（mesh on part）[非独立（网格在部件上)]。单击 OK 按钮完成操作，此时视图区的模型变为蓝色。

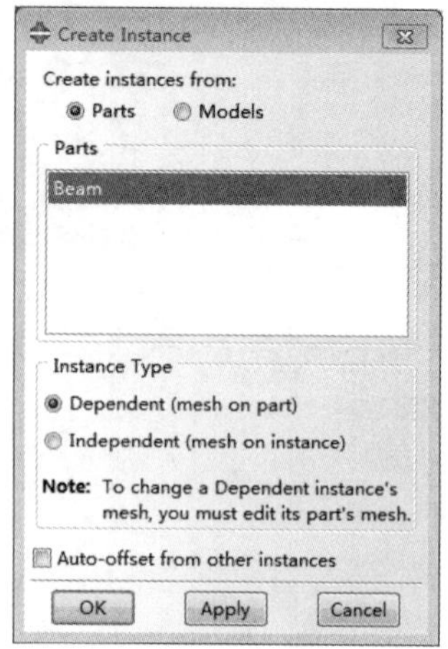

图 2-11 “创建实例”对话框

2.4.6 设置分析步

在环境栏的 Module（模块）栏中，选择 Step（分析步）模块，单击左侧工具区的 Create Step（创建分析步）工具，或者在菜单栏中执行 Step（分析步）→Create（创建）命令，亦可以在模型树中执行 Steps（分析步）来创建。在弹出的 Create Step（创建分析步）对话框中，在 Name 栏输入分析步的名称 loadbeam，其余参数不变，如图 2-12 所示。单击 Continue...按钮，弹出 Edit Step（编辑分析步）对话框，在 Description（描述）栏输入 load the top of the beam（加载梁的顶部），如图 2-13 所示，单击 OK 按钮完成操作。

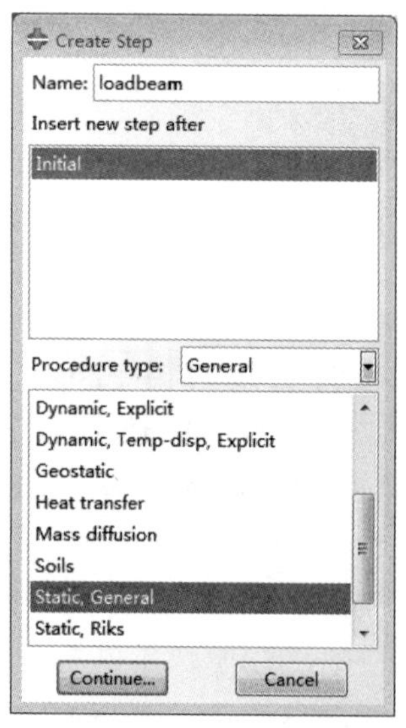

图 2-12 “创建分析步”对话框

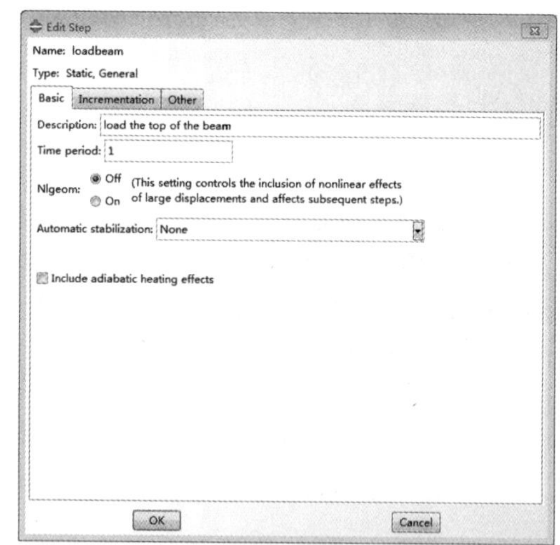

图 2-13 “编辑分析步”对话框

2.4.7 定义边界条件和载荷

1. 施加载荷

在环境栏的 Module（模块）栏中，选择 Load（载荷）模块，单击左侧工具区的 Create Load

（创建载荷）工具，或在菜单栏执行 Load（载荷）→Create（创建）命令，或在模型树区中双击 Loads（载荷）来创建。软件弹出 Create Load（创建载荷）对话框，在 Name（名称）栏输入 Pressure，将 Types for Selected Step（可用于所选分析步的类型）选择框改为 Pressure（压强），其他默认不变，如图 2-14 所示，单击 Continue...按钮。

此时提示区显示为 Select surfaces for the load（选择要施加载荷的表面），单击悬臂梁的上表面，被选中面变红，单击鼠标中键，或是单击提示区 Done 按钮，弹出 Edit Load（编辑载荷）对话框，在 Magnitude（大小）栏中输入 1.2，如图 2-15 所示，然后单击 OK 按钮，完成载荷的施加。此时，模型如图 2-16 所示。

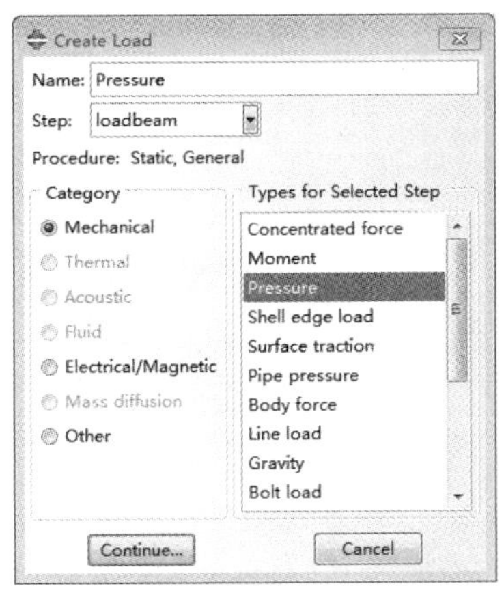

图 2-14　“创建载荷”对话框

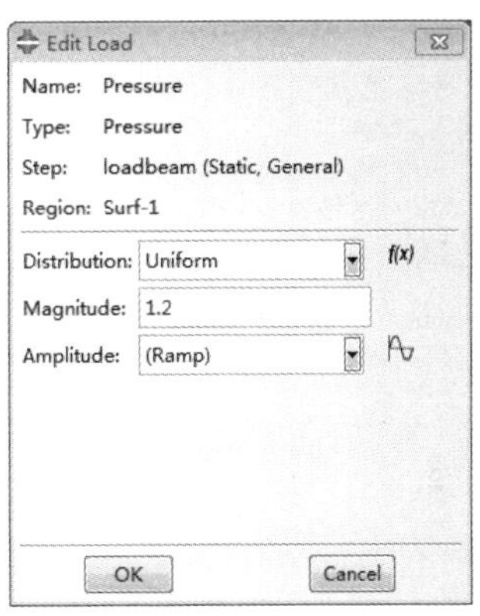

图 2-15　“编辑载荷”对话框

2. 定义悬臂梁左侧的固支约束

单击左侧工具区的 Create Boundary Condition（创建边界条件）工具，或在菜单栏执行 BC（边界条件）→Create（创建）命令，亦或在模型树中双击 BCs（边界条件）创建。在弹出的 Create Boundary Condition（创建边界条件）对话框中，输入 Name（名称）为 Fixed，将 Step 改为 Initial，Type for Selected Step（可用于所选分析步的类型）选为 Displacement/Rotation（位移/转角），如图 2-17 所示，单击 Continue...按钮。

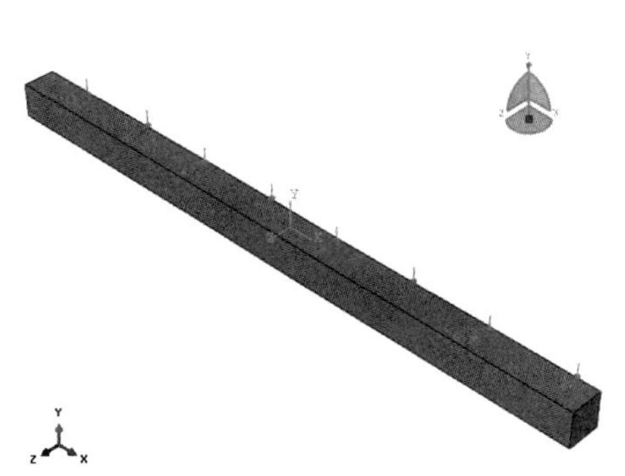

图 2-16　施加载荷后的模型

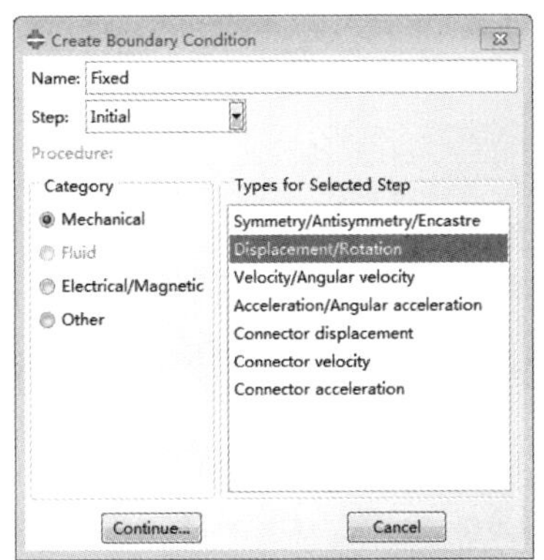

图 2-17　“创建边界条件”对话框

此时提示区显示 Select regions for the boundary condition（选择要施加边界条件的区域），选择悬臂梁的左侧面，此时被选中面变红，如图 2-18 所示，单击鼠标中键，弹出 Edit Boundary Condition（编辑边界条件）对话框，在 CSYS：（Global）（坐标系（全局））选项组中勾选 U1、U2、U3 复选框，如图 2-19 所示，单击 OK 按钮，完成定义，此时模型如图 2-20 所示。

图 2-18　选择施加边界条件的悬臂梁模型

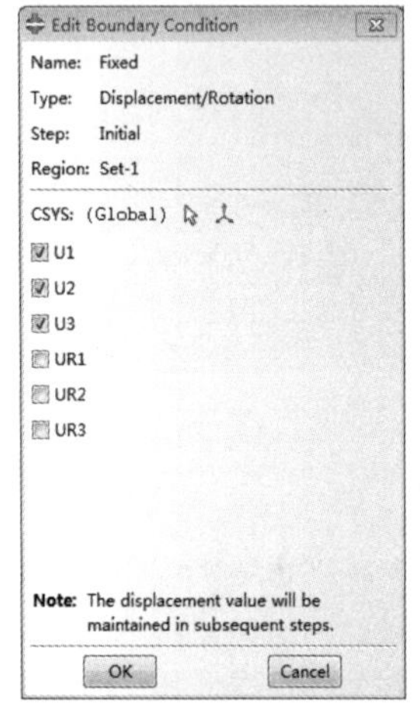

图 2-19　“编辑边界条件”对话框

图 2-20　定义悬臂梁左侧固支约束模型

2.4.8　网格划分

在环境栏的 Module（模块）栏中，选择 Mesh（网格）模块，最右侧的 Object（对象）选为 Part（部件）Beam，如图 2-21 所示，此时模型变为绿色。

图 2-21　网格模块的环境栏

1. 设置网格控制参数

在左侧工具区单击 Assign Mesh Controls（指派网格控制）工具，或者在菜单栏中执行 Mesh（网格）→Controls（控制属性）命令，弹出 Mesh Controls（网格控制属性）对话框，在 Element Shape（单元形状）中点选 Hex（六面体）单选按钮，在 Technique（技术）中点选 Structured（结构）单选按钮，如图 2-22 所示，单击 OK 按钮。

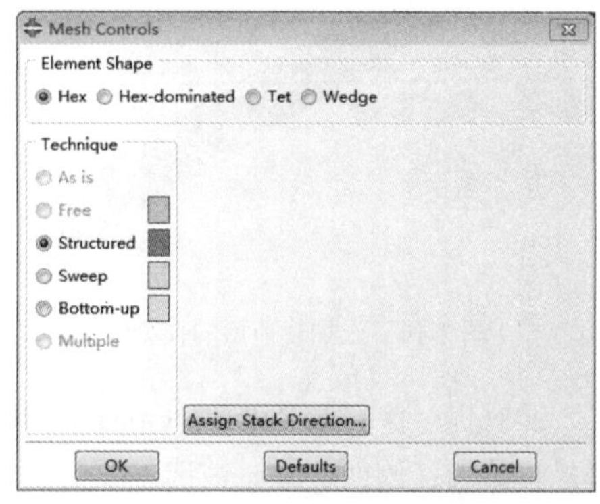

图 2-22　“网格控制属性”对话框

2. 设置单元类型

单击左侧工具区中的 Assign Element Type（指派单元类型）工具，或者在菜单栏中执行 Mesh（网格）→Element Type（单元类型）命令，提示区显示 Select the regions to be assigned element types（选择要制定单元类型的区域），单击视图区部件模型，单击鼠标中键，弹出 Element Type（单元类型）对话框，在 Hex（六面体）选项卡里选择 Incompatible modes（非协调模型），其余参数采用默认值，如图 2-23 所示，单击 OK 按钮。

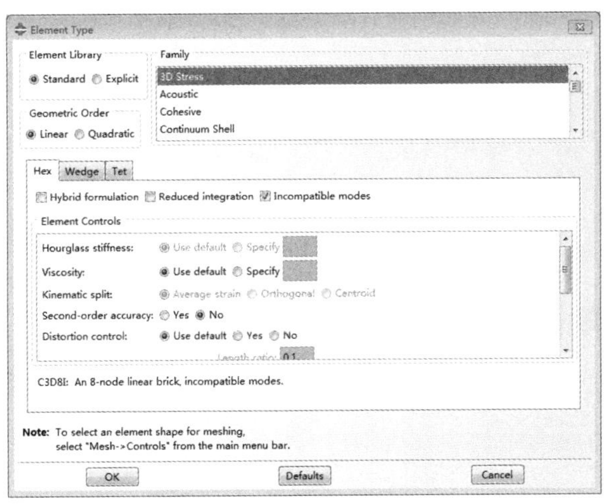

图 2-23　“单元类型”对话框

3. 设置种子

单击左侧工具区的 Seed Part（种子部件）工具，或者执行菜单栏中 Seed（种子）→Part（部件）命令，弹出 Global Seeds（全局种子）对话框，在 Sizing Controls（尺寸控制）中将 Approximate global size（近似全局尺寸）改为 10，如图 2-24 所示。单击 OK 按钮，此时模型如图 2-25 所示。

4. 划分网格

单击左侧工具区的 Mesh Part（网格部件）工具，或者在菜单栏中执行 Mesh（网格）→Part（部件）命令，此时提示区显示 OK to mesh the part（要为部件划分网格吗）？单击 Yes 按钮，或是单击鼠标中键，得到生成网格后的模型，如图 2-26 所示。

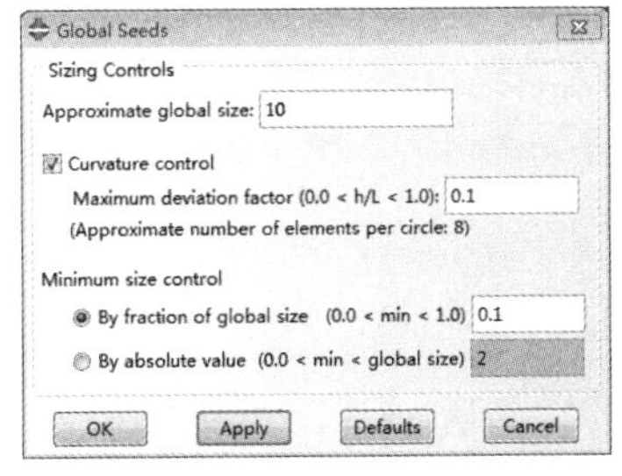

图 2-24　“全局种子”对话框

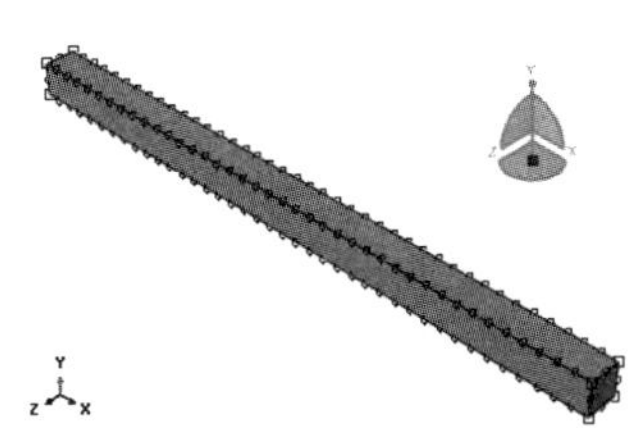

图 2-25　设置种子后的模型

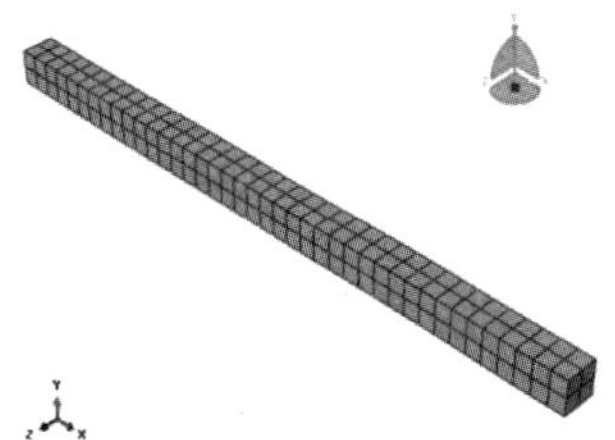

图 2-26　生成网格的模型

2.4.9　提交分析作业

1. 创建分析作业

在环境栏的 Module（模块）栏中，选择 Job（作业）模块，单击左侧工具区的 Job Manager（作业管理器）工具，或者执行菜单栏中的 Job（作业）→Manager（管理器）命令，弹出 Job Manager（作业管理器）对话框，单击 Create（创建）按钮，如图 2-27 所示，弹出 Create Job（创建作业）对话框，在 Name（名称）后面输入 Deform，如图 2-28 所示，单击 Continue...按钮，弹出 Edit Job（编辑作业）对话框，将 Description（描述）设置为 Cantilever beam，其他各参数值为默认，如图 2-29 所示，单击 OK 按钮。

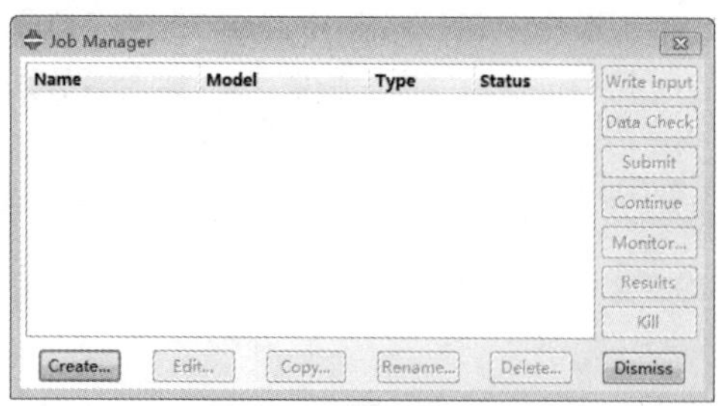

图 2-27 “作业管理器”对话框

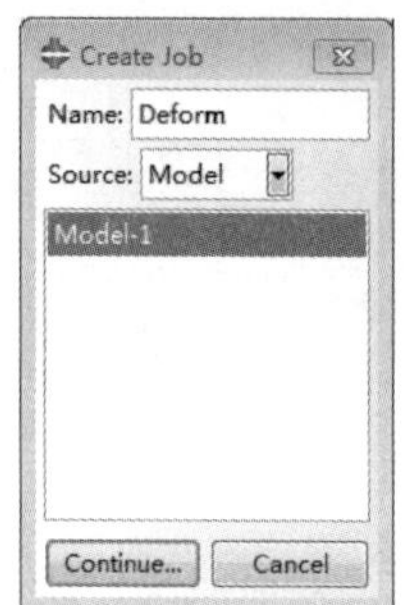

图 2-28 “创建作业”对话框

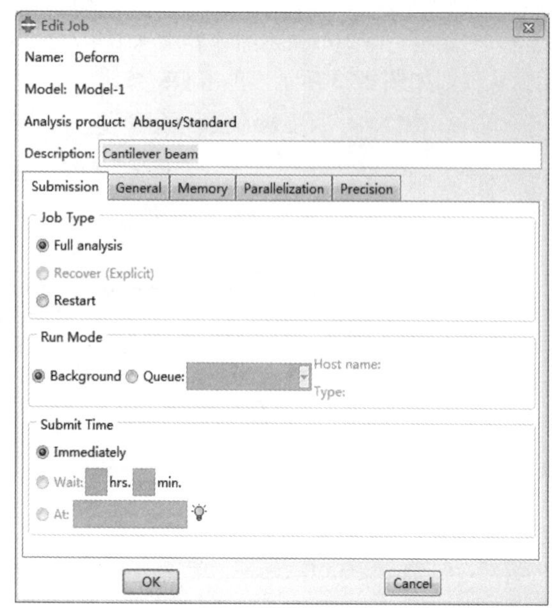

图 2-29 “编辑作业”对话框

2. 提交分析作业

在 Job Manager（作业管理器）对话框中单击 Submit（提交）按钮，在 Status（状态）栏中，依次提示 Submitted（已提交）、Running（运算中）和 Completed（已完成），此时对模型的分析已经完成，单击对话框中的 Results（结果）按钮，软件会自动进入 Visualization（可视化）模块。

如果 Status（状态）栏显示 Aborted（分析失败），则说明模型存在问题，可单击对话框中的 Monitor（监视器）来检查错误信息，然后逐次检查前面的步骤是否正确，检查修改完毕后，再次提交作业。

2.4.10 后处理

1. 显示未变形网格模型

经过提交分析作业后，软件已经自动跳转至 Visualization（可视化）模块，此时单击左侧工具区的 Plot Undeformed Shape（绘制未变形图）工具，或者在菜单栏中执行 Plot（绘图）→ Undeformed Shape（未变形图）命令，视图区显示未变型的网格模型。

2. 显示变形网格模型

单击左侧工具区的 Plot Deformed Shape（绘制变形图）工具，或者在菜单栏执行 Plot（绘图）→ Deformed Shape（变形图）命令，视图区显示变型的网格模型。

执行菜单栏中的 Plot（绘图）→Allow Multiple Plot States（允许多绘图状态）命令，再单击 Undeformed Shape（未变形图）和 Deformed Shape（变形图），视图区可同时显示未变形模型和变形模型，如图 2-30 所示。

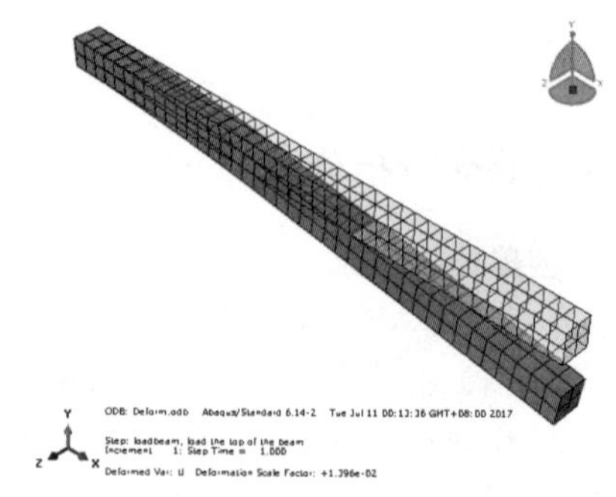

图 2-30 变形模型及未变形模型

3. 显示云纹图

单击左侧工具区的 Plot Contours on Deformed Shape（在变形图上绘制云图）工具，或者在菜单栏中执行 Plot（绘图）→Contours（云图）→on Deformed Shape（在变形图上）命令，显示出 Mises 应力的云纹图，如图 2-31 所示。

单击左侧工具区的 Plot Contours on Both Shape（同时在两个图上绘制云图）工具，或者在菜单中选择 Polt（绘图）→Contours（云图）→on Both Shape（同时在两个图上），显示出 Mises 应力的云纹图，如图 2-32 所示。

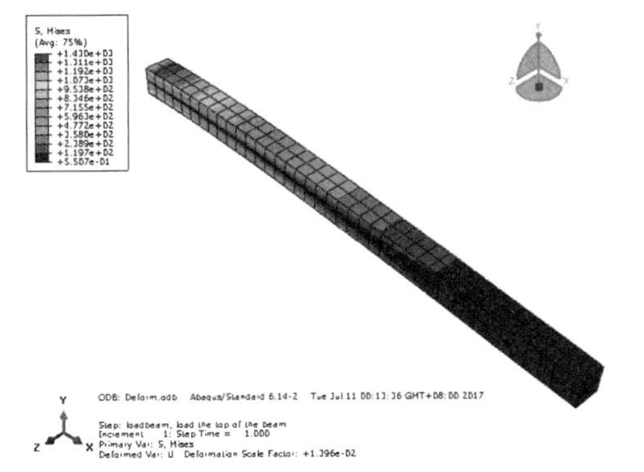

图 2-31　变形图的应力云图

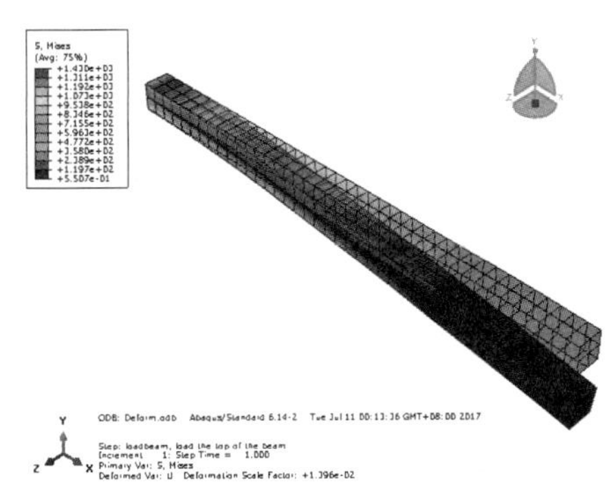

图 2-32　同时显示变形图与未变形图的应力云图

4. 显示动画

单击左侧工具区的 Animate：Scale Factor（动画：缩放系数）工具，可以先缩放系数变化时的动画，再次单击可停止动画。

5. 显示节点的 Mises 应力值

单击上方工具栏中的（Query information，查询信息）按钮，或者在菜单栏中执行 Tools（工具）→Query（查询）命令，在弹出的 Query（查询）对话框中选择 Probe values（查询值）选项，如图 2-33 所示，然后单击 OK 按钮。弹出 Probe values（查询值）对话框，如图 2-34 所示，将 Probe（查询对象）设置为 Nodes（节点），然后将鼠标移至两个表格的任意节点，此节点的 Mises 应力就会在 Probe Values 对话框中显示。

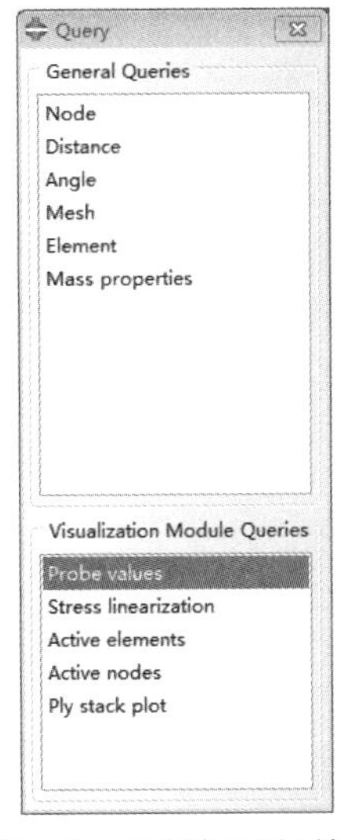

图 2-33　“查询”对话框

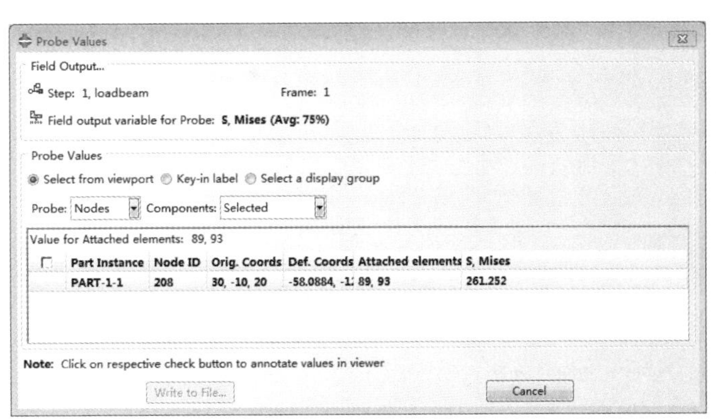

图 2-34　“查询值”对话框

6. 查询节点的位移

执行菜单栏中的 Result（结果）→Field Output（场输出）命令，弹出 Field Output（场输出）对话框，如图 2-35 所示，当前默认输出变量是 Name：S（名称：应力）、Invariant：Mises（变量：Mises 应力）。

将输出变量改为 Name：U（名称：位移）、Component：U3（变量：在方向 3 上的位移），单击 OK 按钮，此时云纹图变成对 U3 的结果显示，如图 2-36 所示，将鼠标移至所关心的节点处，此处的 U3 就会在 Probe Values 对话框中显示，如图 2-37 所示。单击 Cancel 按钮，可以关闭此对话框。

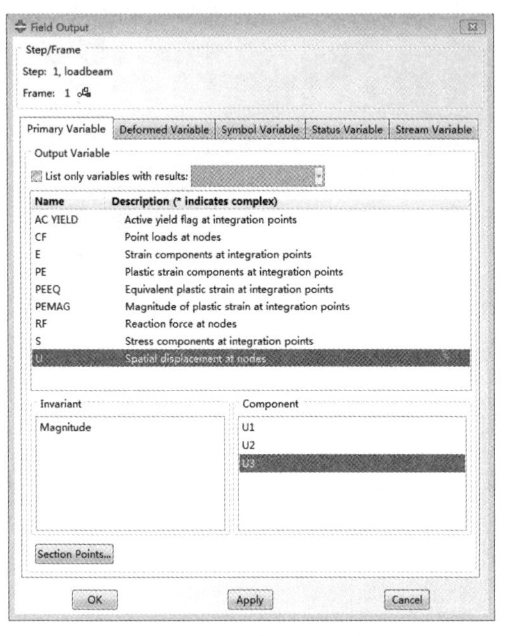

图 2-35 “场输出”对话框

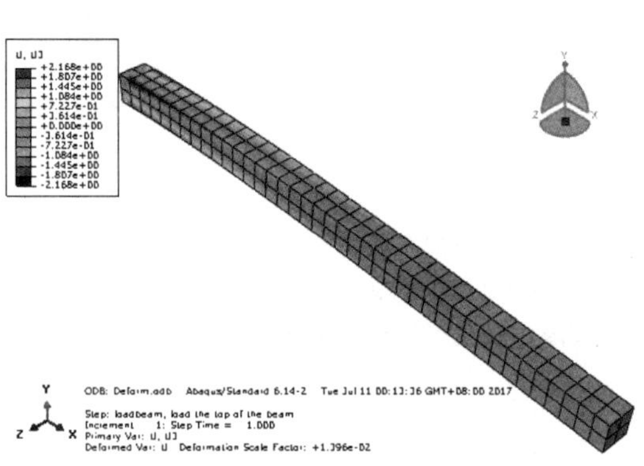

图 2-36 云纹图：方向 U3 上的变形

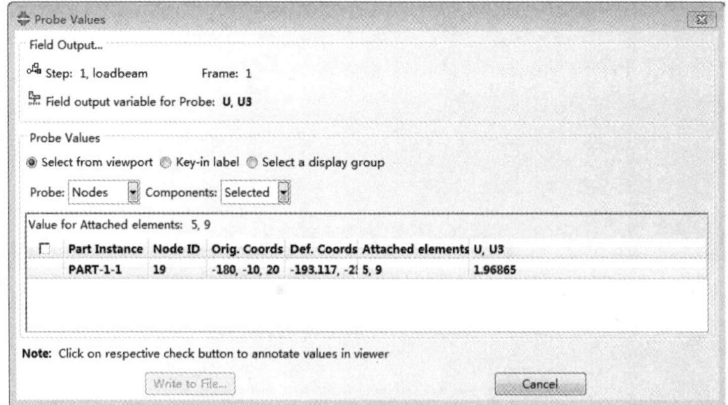

图 2-37 某节点处在方向 3 上的位移

2.4.11 退出 ABAQUS/CAE

至此，此例分析过程已完成，单击菜单栏中的 Save Model Database（保存模型数据库）按钮来保存模型，然后单击窗口右上方的按钮，或者执行菜单栏中的 File（文件）→Exit（退出）命令，退出软件。

2.5 本章小结

本章以一个简单实例初步介绍了 ABAQUS/CAE 的使用流程，需要注意以下四点：

（1）ABAQUS 可以完成多种类型的分析，如静态分析、动态分析、非线性分析、热传导分析、流体运动分析、流固耦合分析、多场耦合分析、疲劳分析、海洋工程结构分析、冲击动力学分析、设计灵敏度分析等。

（2）ABAQUS 由多个模块组成，包括前处理模块（ABAQUS/CAE）、主求解器模块（ABAQUS/Standard、ABAQUS/Explicit 和 ABAQUS/CFD），以及 ABAQUS/Aqua、ABAQUS/Design、MOLDFLOW 接口等专用模块。

（3）ABAQUS/CAE 是 ABAQUS 的交互式图形环境，可以方便快捷地构建模型，提交作业和显示分析结果。

（4）ABAQUS/Standard 是一个通用分析模块，它使用的是隐式算法，能够求解广泛领域的非线性和线性问题，如静态问题、动力模态分析、复杂多场的耦合分析等。ABAQUS/Explicit 可以进行显示动力分析，它使用的是显式求解方法，非常适用于求解复杂非线性动力学问题和准静态问题，如冲击和爆炸等短暂、瞬时的动态事件。

第 3 章　ABAQUS 的功能模块

3.1　部件模块和草图模块

在启动 ABAQUS 后，软件通常会默认进入第一个功能模块——Part（部件）模块，此模块为用户提供了强大的建模功能，一般分为两种建模方式：在 ABAQUS/CAE 中直接建模以及从其他建模软件中导入已经建好的模型。

3.1.1　创建部件

从菜单栏中执行 Part（部件）→Create（创建）命令，或者单击左侧工具区（见图 3-1）的 Create Part（创建部件）按钮，弹出如图 3-2 所示的 Create Part（创建部件）对话框。

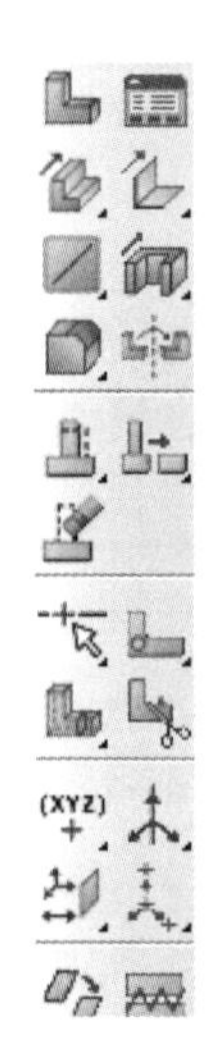

图 3-1　工具区

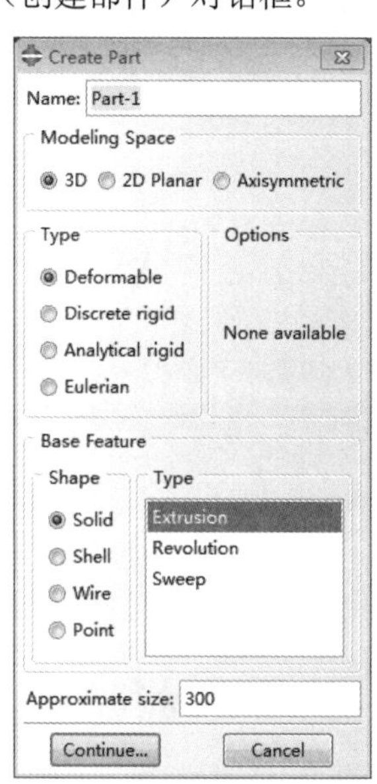

图 3-2　“创建部件”对话框

在 Create Part（创建部件）对话框中，可以选择输入的是 Name（名称）和 Approximate size（模型近似大小，其单位与模型单位一致）。其他均为单选选项，具体介绍如下：

（1）Modeling Space（模型所在空间）：3D（三维空间，默认选项）、2D Plannar（二维平面空间）和 Axisymmetric（轴对称模型）。用户可根据所要建立的模型的空间结构选择其一进行建模。

（2）Type（部件类型）：有 4 个选项，如表 3-1 所示。

表 3-1　Type 选项

选　　项	功　　能
Deformable（可变形的）	默认选项，可以创建或导入任意形状的模型并定义为可变部件，适用于绝大多数模拟对象
Discrete rigid（离散刚体）	通常用于接触分析中。类似于可变形体，可以模拟任何形状的物体
Analytical rigid（解析刚体）	仅用于模拟接触分析中的刚性接触面，当模拟较简单的刚体时使用，为接触分析提供刚性表面
Eulerian（欧拉）	欧拉部件用于定义一个域，其中的材料可以流动，用于欧拉分析

（3）Options（选项）：只有当建立轴对称可变形体时，该选项的 Include twist 才会被激活，其功能是允许轴对称的结构绕对称轴发生扭曲。

（4）Base Feature（基本特征）中 Shape（形状）：分别为 Solid（实体）、Shell（壳）、Wire（线）和 Point（点）。

① Solid（实体）：默认选项，用于建立实体模型。只有 Modeling Space（模型所在空间）选择 3D（三维空间）且 Type（类型）选择 Deformable（可变形的）或者 Discrete rigid（离散刚体）时，才出现实体模型。

② Shell（壳）：用于建立壳体模型。当 Modeling Space（模型所在空间）选择 3D（三维空间）或 Type（类型）选择 Deformable（可变形的）时，可以构建壳体模型。

③ Wire（线）：用于建立位于同一平面内的线模型。除了 Modeling Space（模型所在空间）选择 3D（三维空间）且 Type（类型）选择 Analytical rigid（解析刚体）外，均可建立线模型。

④ Point（点）：用于建立点模型，直接输入坐标值即可。除了 Type（类型）选择 Analytical rigid（解析刚体）之外，均可构建点模型。

（5）Base Feature（基本特征）中 Type（类型）：根据 Shape（形状）选择的不同而出现不同的选项，如表 3-2 所示。

表 3-2　Base Feature（基本特征）中 Shape（形状）及 Type（类型）选项

Shape（形状）选项	Type（类型）选项	功　能
Solid（实体）	Extrusion（拉伸）	采用拉伸的方式建立实体模型
	Revolution（旋转）	采用旋转的方式建立实体模型
	Sweep（扫掠）	采用扫掠的方式建立不规则实体模型
Shell（壳）	Planar（平面）	采用平面的方式建立壳模型
	Extrusion（拉伸）	采用拉伸的方式建立壳模型
	Revolution（旋转）	采用旋转的方式建立壳模型
	Sweep（扫掠）	采用扫掠的方式建立不规则壳模型
Wire（线）	Planar（平面）	采用平面的方式建立线模型
Point（点）	Coordinates（坐标）	采用坐标的方式建立点模型

提示：如果遇到需要对已经建立好的模型进行部件模块的修改，可以在模型树中单击 Parts 前的⊞按钮，选择需要修改的 Part，单击鼠标右键，选择弹出菜单中的 Edit（编辑）命令，此时会弹出 Edit Part（编辑部件）窗口，如图 3-3 所示，可对该部件的 Modeling Space（模型所在空间）、Type（部件类型）和 Options（选项）进行修改。

单击工具区中的Part Manager（部件管理器），会出现如图 3-4 所示的 Part Manager（部件管理器）对话框，其中列出了模型中的所有部件，此外还有 Create（创建）、Copy（复制）、Rename（重命名）、Delete（删除）、Lock（锁定）、Unlock（解锁）、Update Validity（更新有效性）、Ignore Invalidity（或略无效性）以及 Dismiss（关闭）操作选项。

在设置完 Create Part 对话框后，单击 Continue...按钮，进入平面草图绘制界面，如图 3-5 所示。利用左侧工具区的工具，可以绘制出点、线、面等部件要素。

当草图绘制完毕后，在提示区单击Cancel Procedure（取消程序）按钮，在提示区出现 Sketch the section for the solid extrusion 后，单击Done按钮，完成草图绘制。

例：建立一个长 100mm、宽 20mm、高 20mm 的实体模型。

执行 Part（部件）→Create（创建）→3D→Deformable（可变形的）→Solid（实体）→Extrusion（拉伸）→Continue 命令，进入草图，在左侧工具区中单击按钮，在提示区输入坐标（-50，10），按 Enter 键，确定第一个点，再输入（50，-10），按 Enter 键，确定第二点，此时草图中出现一个长 100mm、宽 20mm 的矩形，如图 3-6 所示，执行提示区 ✕ Cancel Procedure（取消程序）→Done 命令结束草图绘制，软件弹出 Edit Base Extrusion（编辑基本拉伸）对话框，如图 3-7 所示，在 Depth（深度）一栏中填写模型的深度尺寸 20，单击 OK 按钮，完成实体模型的绘制，如图 3-8 所示。

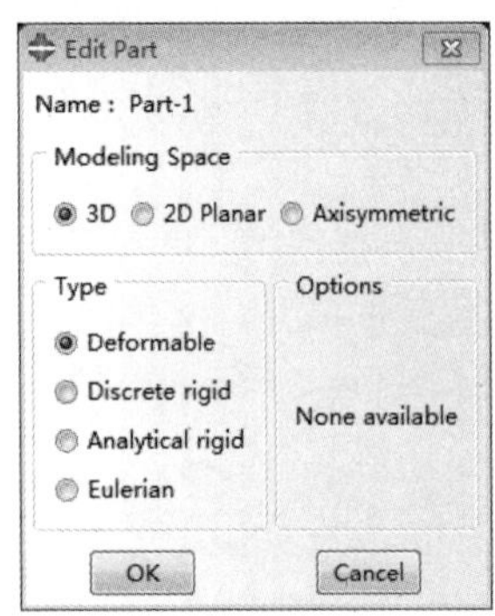

图 3-3 “编辑部件”窗口

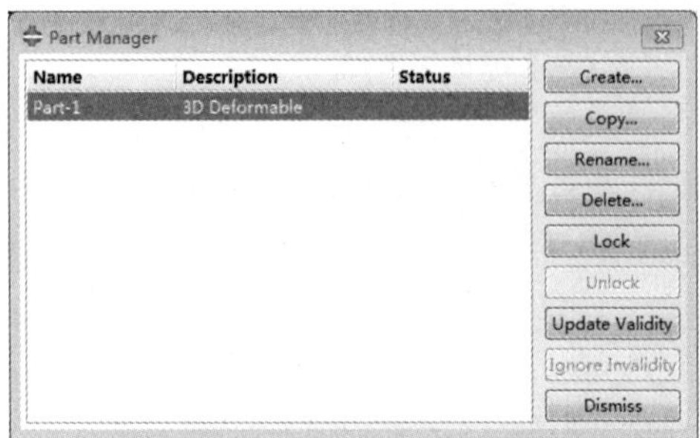

图 3-4 “部件管理器”对话框

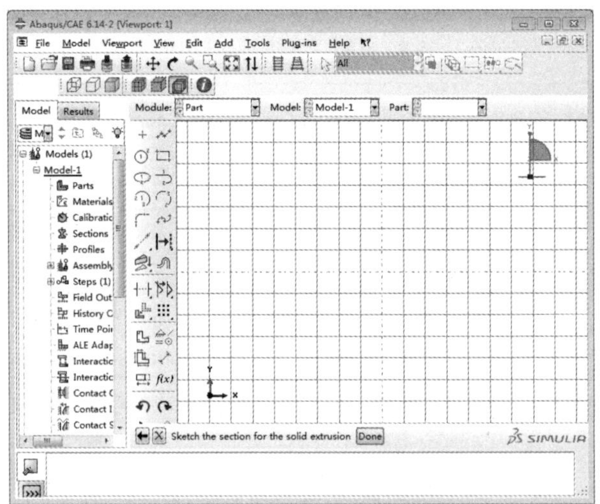

图 3-5 平面草图绘制界面

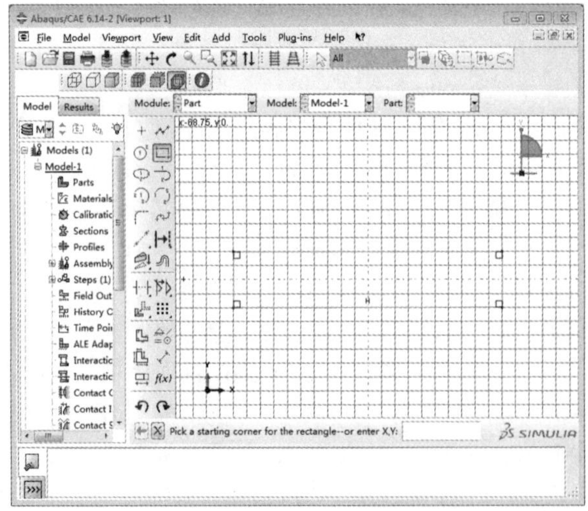

图 3-6 实体草图

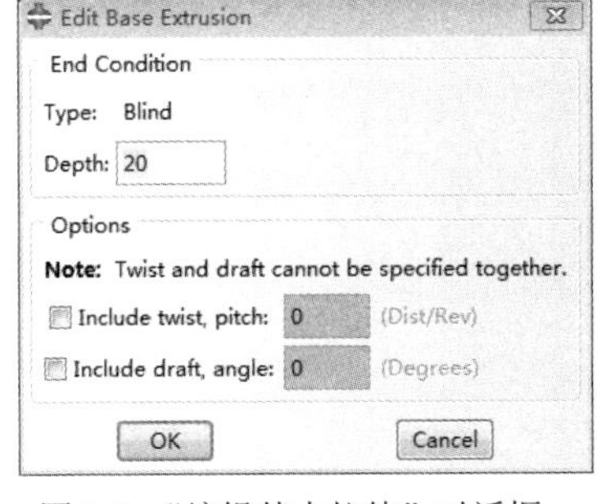

图 3-7 “编辑基本拉伸”对话框

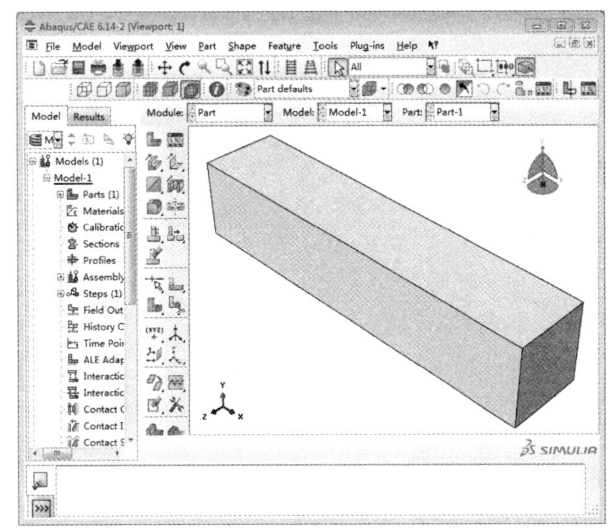

图 3-8　实体模型

3.1.2　导入部件

导入部件顾名思义就是将建立好的模型导入 ABAQUS 软件中，如前文所述，导入模型有两种方式，对其分别介绍如下。

（1）导入其他 CAD 软件建立的模型；

（2）导入 ABAQUS 建立后导出的模型。

ABAQUS 提供了强大的接口，支持 Sketch（草图）、Part（部件）、Assembly（装配件）以及 Model（模型）的导入，如图 3-9 所示。

对于每种类型的导入，ABAQUS 都支持多种不同扩展名的文件，但导入的方法和步骤是类似的。另外，还支持 Sketch（草图）、Part（部件）、Assembly（装配件）、VRML（当前视窗的模型导出成 VRML 文件）和 OBJ 的导出，如图 3-10 所示。

图 3-9　模型导入菜单

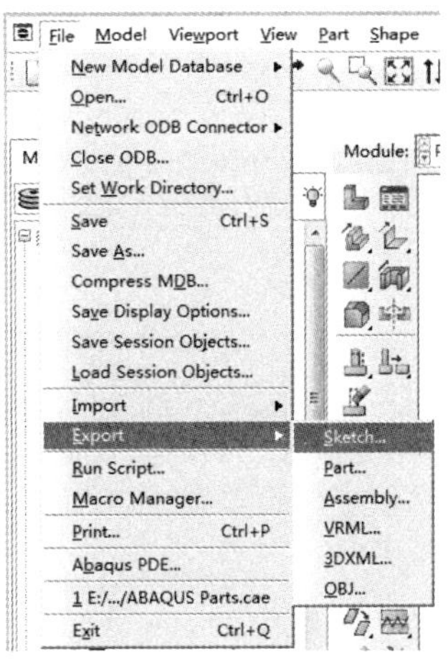

图 3-10　导出菜单

3.1.3　问题模型的修复与修改

有些模型在导入后，会出现警告对话框，这是由于模型在导入的过程中出现了几何元素丢失的情况，使得模型无效或者不精确，需要对其进行修复。

1. 模型的修复

有问题的模型在之后的操作中，可能会出现警告，此时应仔细阅读警告内容，然后单击 Dismiss（关闭）按钮。

在出现警告后，需要对导入模型进行修复，执行菜单栏中的 Tool（工具）→Geometry Edit（几何编辑）命令，或者在左侧工具区单击（几何编辑）按钮，弹出 Geometry Edit（几何编辑）对话框，如图 3-11 所示，其中左侧的 Category（类别）选项包含 Edge（边）、Face（平面）和 Part（部件）3 个选项，而其对应的编辑方法也不同，如表 3-3 所示。

图 3-11 “几何编辑”对话框

表 3-3 Geometry Edit（几何编辑）的种类与编辑方法

Category（类别）	Method（方法）
Edge（边）	Stitch（缝合）
	Repair small（修复小元素）
	Merge（合并）
	Remove redundant entities（删除多余实体）
	Repair invalid（修复无效元素）
	Remove wire（删除线）
Face（平面）	Remove（删除）
	Cover edges（覆盖边）
	Replace（替换）
	Repair small（修复小元素）
	Repair sliver（修复长条区域）
	Repair normal（修复法向）
	Offset（偏移）
	Extend（延伸）
	Blend（混合）
	From element faces（从单元面开始）
Part（部件）	Convert to analytical（转换为解析）
	Convert to precise（转换到精确）

几何修复结束后，可以通过上方菜单栏中的Query information（查询信息）工具，弹出 Query（查询）对话框，查看模型，如图 3-12 所示。

在 General Queries（通用查询）中选择 Geometry diagnostics（几何诊断），单击 OK 按钮，弹出 Geometry Diagnostics（几何诊断）对话框，如图 3-13 所示。用户可根据需要选择不同的诊断，最后单击 Highlight 按钮进行显示。

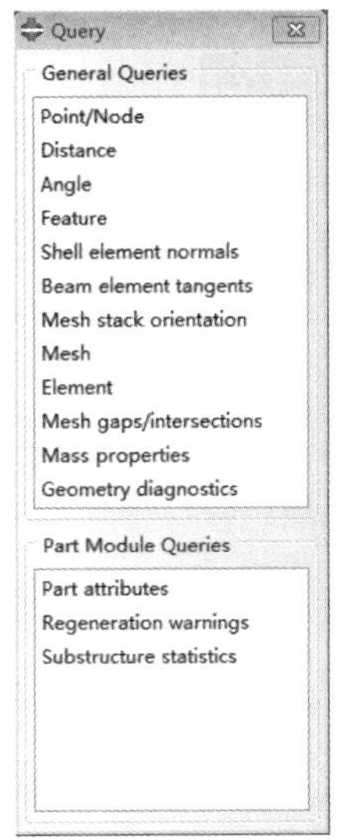

图 3-12 “查询”对话框

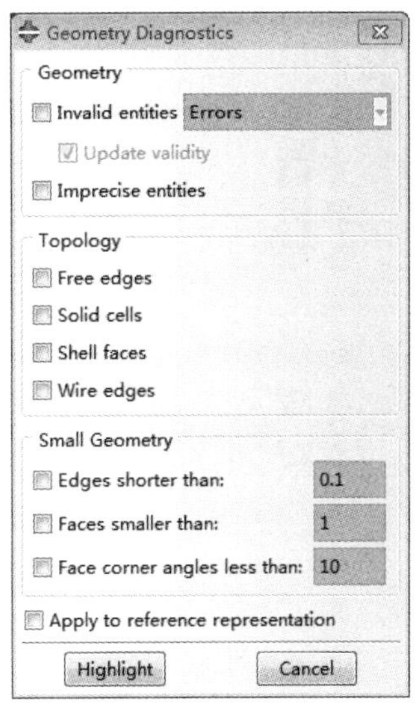

图 3-13 “几何诊断”对话框

2. 模型的修复

在创建或导入一个部件后，可以使用如图 3-14 所示的工具对此部件进行一定的修改，添加或者切除模型的一部分以及倒角等功能。

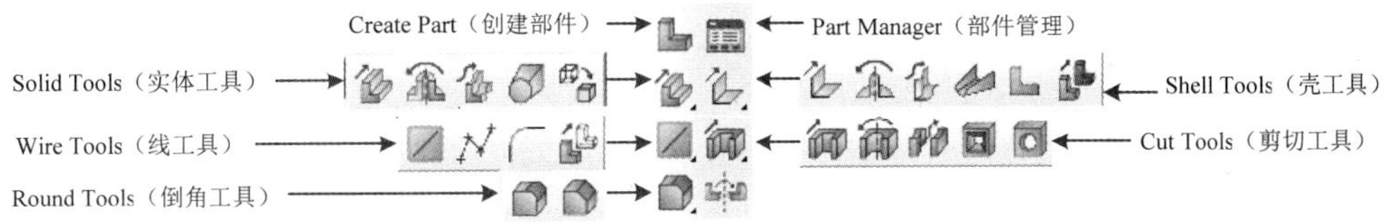

图 3-14 模型修改工具条

3.2 属性模块

ABAQUS 中的属性特征指的是模型的材料与界面特征，在属性（Property）模块中，可以为模型定义材料，并且可以模拟复杂的材料行为，使得材料表现出接近实际的力学特征。

用户可以通过环境栏中的 Module（模块）栏，选择 Property（属性）选项，进入属性模块，如图 3-15 所示。此时，软件界面上菜单栏会发生变化，如图 3-16 所示，工具区也会相应变为属性模块的工具区，如图 3-17 所示。

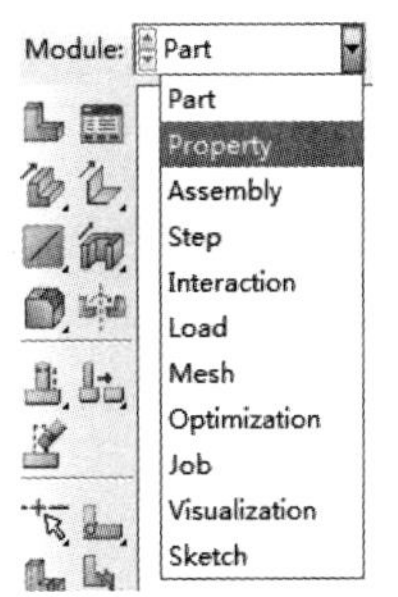

图 3-15 选择 Property（属性）选项

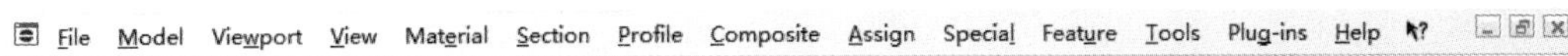

图 3-16 属性模块菜单

3.2.1 创建材料属性

从菜单栏中执行 Material（材料）→Create（创建）命令，或者单击左侧工具区的Create Material（创建材料）工具，如图 3-17 所示，弹出 Edit Material（编辑材料）对话框，如图 3-18 所示，该对话框包括以下 3 个部分：

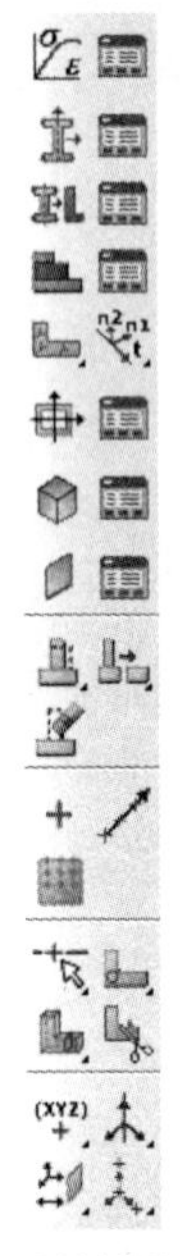

图 3-17 属性模块的工具区

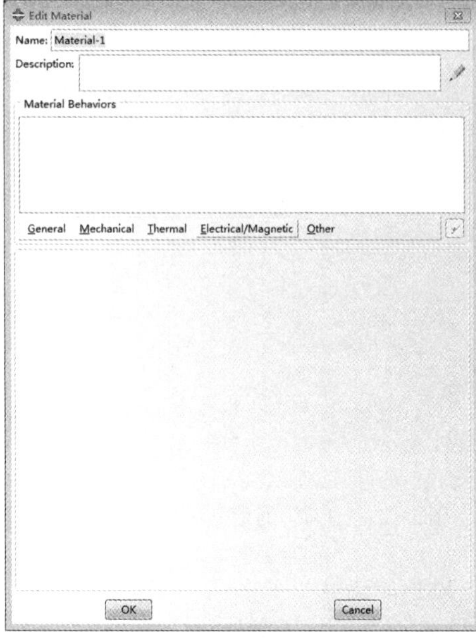

图 3-18 “编辑材料”对话框

- Name（名称）：材料参数命名。
- Description（描述：）对材料信息的说明。
- Material Behaviors（材料行为）：可以选择材料类型。

Material Behaviors（材料行为）还包含了 4 个下拉菜单，如表 3-4 所示。

表 3-4 Material Behaviors（材料行为）的下拉菜单

材料类型	下拉菜单	
General（力学）	Density（密度）	
	Depver（非独立变量）	
	Regularization（正则化）	
	User Material（用户材料）	
	User Defined Field（用户定义场）	
	User Output Variables（用户输出变量）	
Mechanical（力学）	Elasticity（弹性）	Elastic（弹性）
		Hyperelastic（长弹性）
		Hyperfoam（弹性泡沫）
		Low Density Foam（低密度泡沫）
		Hypoelastic（亚弹性）
		Porous Elastic（多孔弹性）
		Viscoelastic（黏弹性）

续表

材料类型	下拉菜单	
Mechanical（力学）	Plasticity（塑性）	Plastic（塑性）
		Cap Plasticity（Cap 塑性）
		Cast Iron Plasticity（铸铁塑性）
		Clay Plasticity（黏土塑性）
		Concrete Damaged Plasticity（混凝土损伤塑性）
		Concrete Smeared Cracking（混凝土弥散开裂）
		Crushable Foam（可压岁泡沫）
		Drucker Prager
		Mohr Coulomb Plasticity（摩尔-库伦塑性）
		Porous Metal Plasticity（多空金属塑性）
		Creep（蠕变）
		Swelling（膨胀）
		Viscous（黏性）
	Damage for Ductile Metals（延性金属损伤）	Ductile Damage（柔性损伤）
		Damage（Johnson-Cook 损伤）
		Shear Damage（剪切损伤）
		FLD Damage（FLD 损伤）
		FLSD Damage（FLSD 损伤）
		M-K Damage（M-K 损伤）
		MSFLD Damage（MSFLD 损伤）
	Damage for Traction Separation Laws（牵引分离法的损害）	Quade Damage
		Maxe Damage
		Quads Damage
		Maxs Damage
		Maxpe Damage
		Maxps Damage
	Damage for Fiber-Reinforced Composites（纤维增强复合物损伤）	Hashin Damage
	Damage for Elastomer（弹性体损伤）	Mullins Effect（穆林斯效应）
	Deformation Plasticity（变形塑性）	
	Damping（阻尼）	
	Expansion（膨胀）	
	Brittle Cracking（脆性裂纹）	
	Eos（状态方程）	
	Viscosity（黏性）	
Thermal（热学）	Conductivity（传导率）	
	Heat Generation（生热）	
	Inelastic Heat Fraction（非弹性热分数）	
	Joule Heat Fraction（焦耳热分数）	

续表

材料类型	下拉菜单	
Thermal（热学）	Latent Heat（潜热）	
	Specific Heat（比热）	
Electrical/Magnetic（电/磁）	Electrical Conductivity（电导率）	
	Dielectric（Electrical Permittivity）（绝缘（介电常数））	
	Piezoelectric（压电）	
	Magnetic Permeability（磁导率）	
Other（其他）	Acoustic Medium（声学介质）	
	Mass Diffusion（质量扩散）	Diffusivity（漫射率）
		Solubility（溶解率）
	Pore Fluid（孔隙流）	Gel（凝胶）
		Moisture Swelling（湿涨）
		Permeability（渗透性）
		Pore Fluid Expansion（孔隙流体的热膨胀）
		Porous Bulk Moduli（孔隙体积模量）
		Sorption（吸附）
		Fluid Leakoff（流体泄漏）
		Gap Flow（间隙流）
	Gasket（垫圈）	Gasket Thickness Behavior（垫圈厚度行为）
		Gasket Transverse Shear Elastic（垫圈横截面剪力弹性）
		Gasket Membrane Elastic（垫圈弹性）

3.2.2 截面特性

ABAQUS/CAE 不能直接把材料属性赋予模型，而是先实现创建包含材料属性的截面特性，再将截面特性分配给模型的各个区域。

1. 创建界面特性

单击左侧工具区中的 Create Section（创建界面）工具，弹出 Create Section（创建界面）对话框，如图 3-19 所示，该对话框包含了 Name（名称）、Category（种类）和 Type（类型）3 部分，其中 Category（种类）和 Type（类型）有着选择对应关系，如表 3-5 所示。

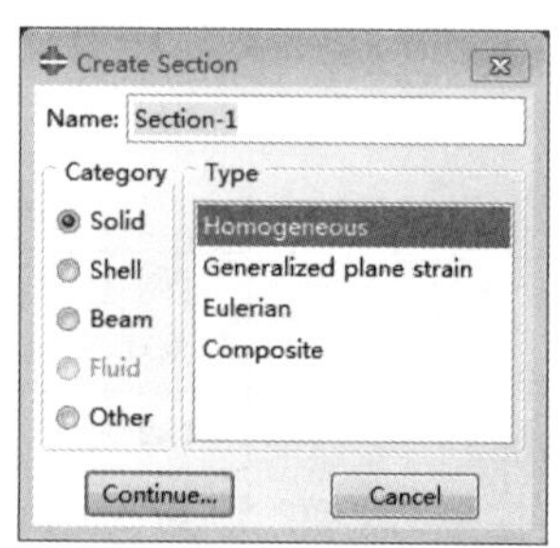

图 3-19 “创建界面”对话框

表 3-5 Category（种类）和 Type（类型）的选择关系

Category（种类）	Type（类型）
Solid（实体）	Homogeneous（匀质）
	Generalized plane strain（广义平面应变）
	Eulerian（欧拉）
	Composite（复合）
Shell（壳）	Homogeneous（匀质）
	Composite（复合）

续表

Category（种类）	Type（类型）
Shell（壳）	Membrane（膜）
	Surface（表面）
	General Shell Stiffness（通用壳刚度）
Beam（梁）	Beam（梁）
	Truss（桁架）
Fluid（流体）	Homoyeneous（均质）
	Porous（多孔的）
Other（其他）	Gasket（垫圈）
	Cohesive（黏性）
	Acoustic infinite（声媒介）
	Acoustic interface（声-固耦合）

2. 分配界面特性

在创建完截面特性后，要将其分配给模型。

首先找到需要分配截面特性的部件，即在环境栏的 Part 选项栏中选择模型，如图 3-20 所示。然后单击左侧工具区的 Assign Section（界面分配）工具，或者执行菜单栏中的 Assing（指派）→Section（截面）命令，按照提示区的提示，选择要指派截面的区域，单击鼠标中键，或是在提示区单击Done按钮，跳出 Edit Section Assignment（编辑界面指派）对话框，如图 3-21 所示，单击 OK 按钮后，被选中的区域变为绿色。

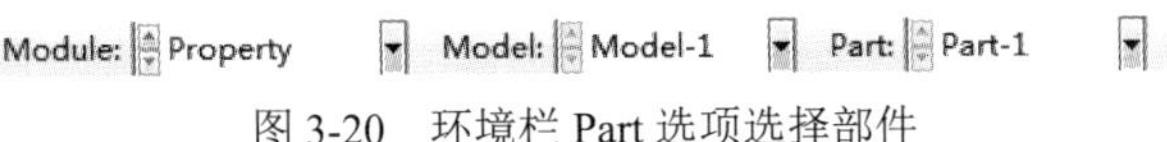

图 3-20　环境栏 Part 选项选择部件

如果在准备分配截面特性时，发现需要单独分配截面特性的部分没有分离出来，可以选用左侧工具区中适当的 Partition（拆分）工具进行分割，如图 3-22 所示。

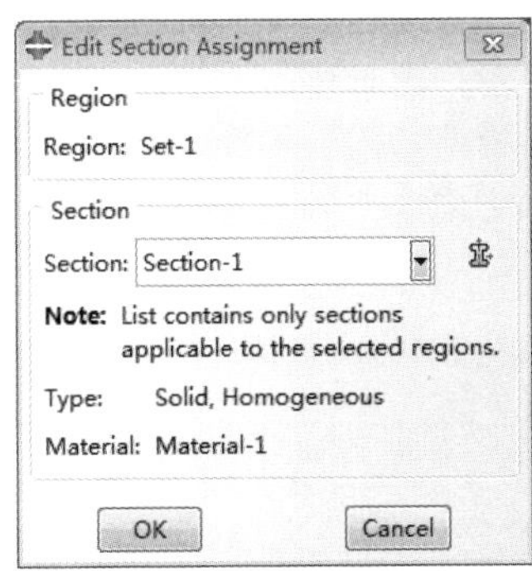

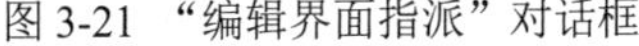

图 3-21　“编辑界面指派”对话框

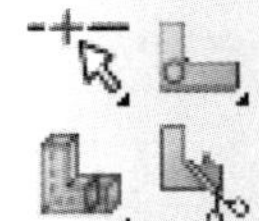

图 3-22　Partition（拆分）工具

3.2.3　梁截面特性

在 Property（属性）中还包含了定义梁的截面特性、截面方向以及切向方向。

1. 设置梁的截面特性

梁的截面特性的设置方法与其他类型的截面有所差异，主要体现在以下几个方面：

1）在创建梁的截面特性前，需要先定义梁的横截面形状和尺寸。

2）在分析梁的截面特性时，材料属性在 Edit Beam Section（编辑梁截面）对话框中定义，如图 3-23 所示，不需要通过 Create Material（创建材料）工具来设置。

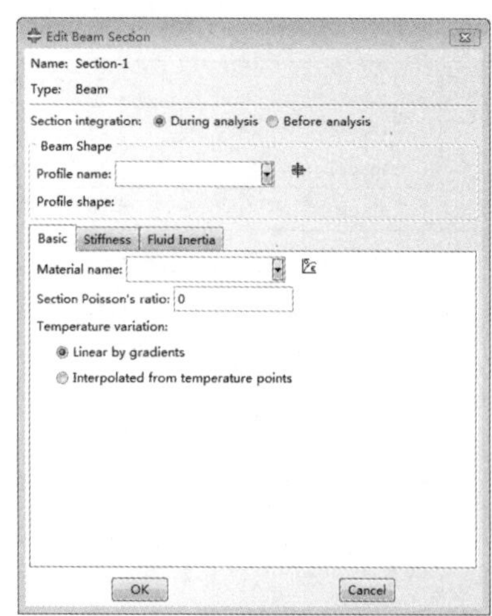

图 3-23 “编辑梁截面”对话框

2. 梁的截面方向和切向方向的设置

在分析前，还需要定义梁的横截面方向，操作方法如下：

1）执行 Assing（指派）→Beam Section Orientation（梁截面方向）命令，或者单击左侧工具区的工具，在视图区选择要定义截面方向的梁。

2）单击鼠标中键，在提示区输入梁截面不同坐标的方向 1，如图 3-24 所示，按 Enter 键，再单击提示区的 OK 按钮，完成梁截面方向的设置。

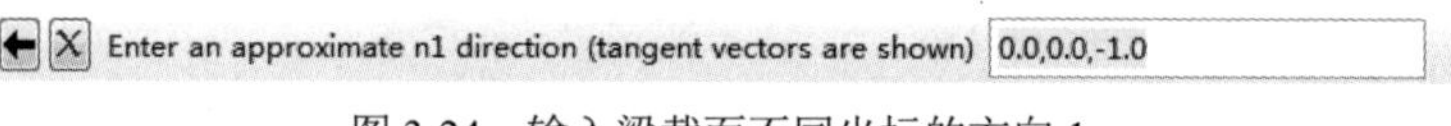

图 3-24 输入梁截面不同坐标的方向 1

当部件由线组成时，ABAQUS 会默认其切向方向，但可以改变此默认的切向方向。操作方法为：在主菜单执行 Assing（指派）→Tangent（切向）命令，或者单击工具区的工具，在展开的工具条中选择 Assigning Beam/Truss Tangent（指派梁/桁架切向）工具，在视图区选择要改变切向方向的梁，单击提示区的 Done 按钮，梁的切向方向即变为反方向，此时，梁截面的局部坐标的 2 方向也变为反方向。

3.3 装配模块

在环境栏的 Module（模块）列表中选择 Assembly（装配），即进入 Assembly（装配）功能模块。

在 Part 功能模块中创建或导入部件时，整个过程都是在局部坐标系下进行的。对于由多个部件构成的物体，必须将其在统一的整体坐标系中进行装配，使其成为一个整体，这部分工作在 Assembly（装配）功能模块中进行。

一个模型只能包含一个装配件，一个装配件可以包含多个部件，一个部件也可以被多次调用来组装成装配件。即使装配件中只包含一个部件，也必须进行装配，定义载荷、边界条件、相互作用等操作都必须在装配件的基础上进行。

3.3.1 部件实体的创建

装配的第一步是选择装配的部件，创建部件实体，具体操作方法如下。

在菜单栏中执行 Instance（实例）→Create（创建）命令，或单击左侧工具区中的 Instance Part（创建部件实例）工具，弹出 Create Instance（创建实例）对话框，如图 3-25 所示。

该对话框包括三部分，其中，Parts（部件）栏内列出了所有存在的部件，单击鼠标左键进行部件的选取，可以单选，也可以多选，只不过多选时在单击的同时要借助键盘上的 Shift 键或 Ctrl 键。Instance Type（实例类型）选项用于选择创建实体的类型，有如下两个选项：

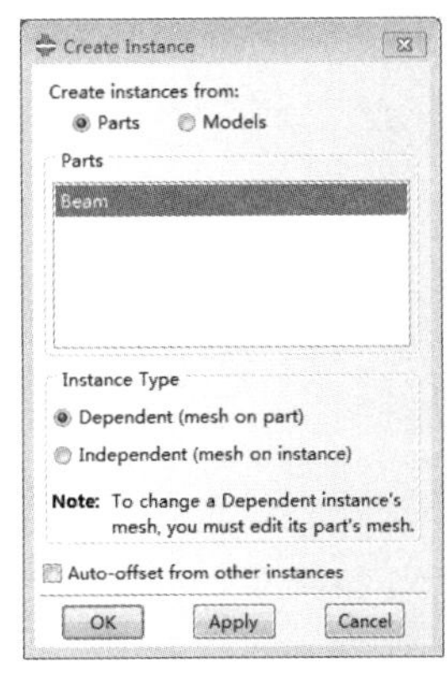

图 3-25　“创建实例”对话框

（1）Dependent（mesh on part）：用于创建非独立的部件实体，为默认选项。当对部件划分网格时，相同的网格被添加到调用该部件的所有实体中，特别适用于线性阵列和辐射阵列构建部件实体。

（2）Independent（mesh on instance）：该选项用于创建独立的部件实体，这种实体是对原始部件的复制。此时需要对装配件中的每个实体划分网格，而不是原始部件。

Auto-offset from other instances（从其他的实例自动偏移）选项，用于使实体间产生偏移而不重叠。整体坐标系的原点和坐标轴与第一个部件实体重合，当继续添加部件实体时，ABAQUS/CAE 会将新实体的坐标系对齐整体坐标系，这样部件实体间可能会产生重叠。在创建实体前，选中此选项，ABAQUS/CAE 会自动产生偏移而使各实体间无重叠。具体而言，对二维和三维的部件实体产生 *X* 方向的偏移，对轴对称部件实体产生 *Y* 方向的偏移。完成设置后，单击 OK 按钮，完成实体的创建。

部件实体创建完成后，其实体类型可以修改，方法为在模型树中选择该部件实体，双击鼠标左键，在弹出的命令菜单中可改变实体的类型。

ABAQUS/CAE 还提供以阵列方式复制部件实体，包括线性阵列和环形阵列两种模式，分别介绍如下。

1. Linear Pattern

在菜单栏中执行 Instance（实例）→Linear Pattern（线性阵列）命令，或单击左侧工具区的 Linear Pattern（线性阵列）工具，在视图区单击鼠标左键选取实体，单击提示区的 Done 按钮，弹出 Linear Pattern（线性阵列）对话框，如图 3-26 所示。该对话框包括以下几项。

（1）Direction 1（方向 1）栏用于设置线性阵列的第一个方向，默认为 *X* 轴。

① Number（数目）：该选项用于设置部件实体的数目（含原始实体），默认值为 2。

② Offset（偏移）：该选项用于设置实体间的相对距离。

③ Direction（方向）：该选项用于设置线性阵列的方向。单击 Direction…按钮，在视图区中的原始实体上选择一条线段或选择一条轴线，新实体即按该方向排列。

④ Flip（反向）：该按钮用于将线性阵列变为反方向。

（2）Direction 2（方向 2）栏用于设置线性阵列的第二个方向，默认为 *Y* 轴，其选项与 Direction 1 完全相同，不再赘述。

（3）Preview（预览）选项用于预览线性阵列的实体，默认为选择预览方式。完成设置后，单击 OK 按钮，完成线性阵列的实体创建操作，如图 3-27 所示。

2. Radial Pattern

在菜单栏中执行 Instance（实例）→Radial Pattern（环形阵列）命令，或单击左侧工具区的 Radial Pattern（环形阵列）工具。在视图区单击鼠标左键选取实体，单击提示区的 Done 按钮，弹出 Radial Pattern（环形阵列）对话框，如图 3-28 所示。该对话框包括以下四项。

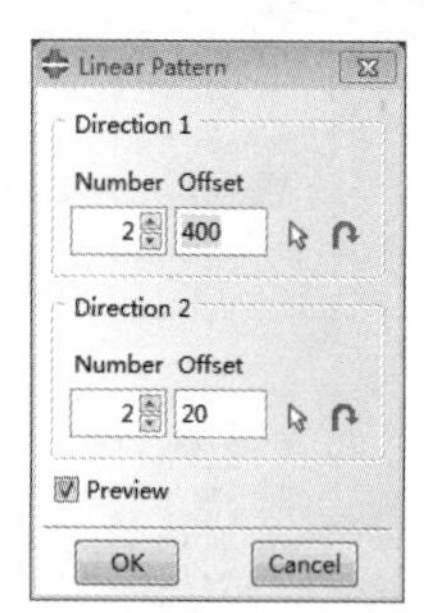

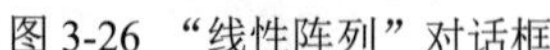
图 3-26 “线性阵列”对话框

图 3-27 线性阵列模型

（1）Number（数目）：用于设置阵列实体的数目（含原始实体），默认值为 4，最小可以设置成 2。

（2）Total angle（总角度）：用于设置原始实体与最后一个复制实体间的角度，范围为 −360° ~360° ，正值代表逆时针方向，默认为绕 *Z* 轴 90° 。

（3）Axis（选择坐标轴）：用于设置辐射阵列的旋转轴，类似于线性阵列中的 Direction（方向）功能。单击 Axis...按钮，在视图区中的原始实体上选择一条线段，新实体即以该线段为轴旋转排列。

（4）Preview（预览）：用于预览环形阵列的实体，默认为选择预览方式。单击 OK 按钮完成环形阵列，如图 3-29 所示。

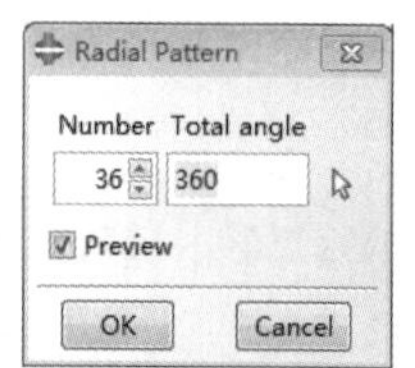

图 3-28 “环形阵列”对话框

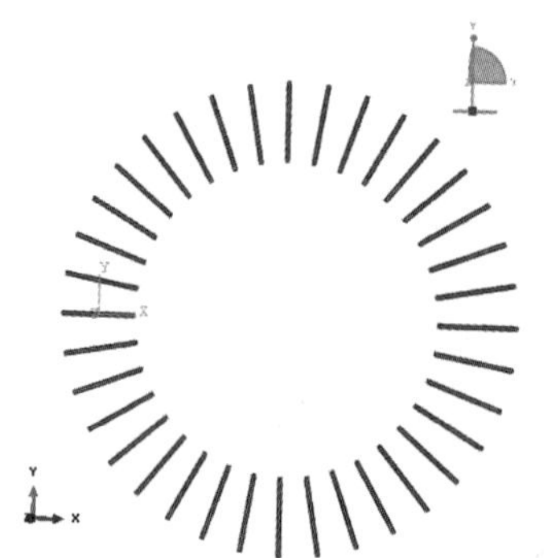
图 3-29 环形阵列模型

3.3.2 部件实体的定位

创建了实体部件之后，可以采用多种工具对实体进行定位，下面分别进行介绍。

1. 平移和旋转工具

使用平移和旋转工具可以完成部件实体在任何情况下的定位，常用工具有 Translate（平移）、Rotate（旋转）、Translate To（平移到）。下面分别对这些工具进行介绍。

（1）Translate（平移）：在菜单栏中执行 Instance（实例）→Translate（平移）命令，或单击左侧工具区的 Translate Instance（平移实例）工具，在视图区单击鼠标左键选取实体，单击提示区的 Done 按钮。有以下两种方法实现部件实体的平移：

① 在提示区按提示输入平移向量起点的坐标，按 Enter 键，继续在提示区输入平移矢量终点的坐标，再次按 Enter 键，单击 OK 按钮，完成部件实体的移动。

② 在视图区中选择部件实体上的一点，接着在视图区选择部件实体上的另一点。此时，视图区显示出实体移动后的位置，单击 OK 按钮，完成部件实体的移动。

（2）Rotate（旋转）：在菜单栏中执行 Instance（实例）→Rotate（旋转）命令，或单击左侧工具区的 Rotate Instance（旋转实例）工具，在视图区单击鼠标左键选取实体，单击提示区的 Done 按钮。

先按提示图提示输入平移向量起点的坐标，按 Enter 键，继续在提示区输入平移矢量终点的坐标，再次按 Enter 键，最后输入旋转的角度，如图 3-30 所示，单击 OK 按钮，完成实体的旋转。实体旋转范围为-360°～360°，正值表示逆时针方向旋转，软件默认角度为 90°。

图 3-30　输入旋转角度

（3）Translate To（平移到）：在菜单栏中选择 Instance（实例）→Translate To（平移到）命令，或单击左侧工具区的 Translate To（平移到）工具，在视图区单击鼠标左键选取移动实体的边（二维或轴对称实体）或面（三维实体），单击提示区的 Done 按钮，再选取固定实体的面或边，单击提示区的 Done 按钮（此工具仅适用于实体模型）。

类似于平移工具，选取平移矢量的起止点之后，需要在提示区输入移动后两实体的间隙距离，如图 3-31 所示。负值表示两实体的重叠距离，默认为 0.0，即选取的两实体的面或边接触在一起，单击 Preview 按钮预览，再单击 Done 按钮确认本次操作。若该操作无法进行，则弹出错误提示，如图 3-32 所示。

图 3-31　输入两实体间隙距离

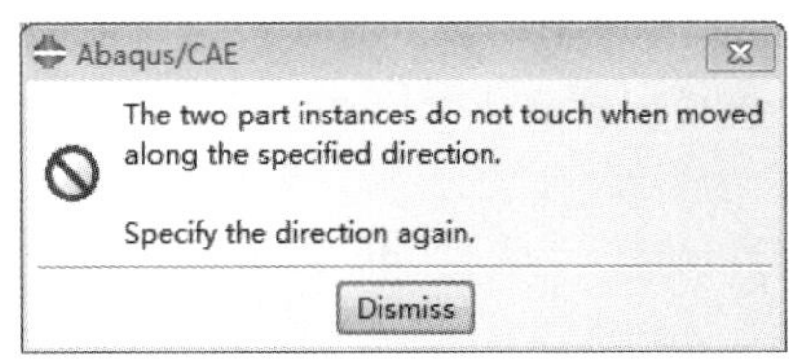

图 3-32　错误提示

2. 约束定位工具

ABAQUS/CAE 提供了一系列约束定位工具，包括在 Constraint（约束）菜单和展开工具条中。这组工具与 Translate To（移动到）工具类似，都是通过指定两个部件实体间的位置关系来移动其中一个实体，而不同的是，约束定位操作可以撤销和修改。下面简要介绍各约束定位工具的功能。

（1）Parallel Face（平行面）：在菜单栏中执行 Constraint（约束）→Parallel Face（面平行）命令，或单击左侧工具区的 Create Constraint：Parallel Face（创建约束：面平行）工具，展开工具条的左侧第一个工具，该工具用于使选取的移动实体的平面平行于选取的固定实体的平面。

（2）Parallel Edge（平行边）：在菜单栏中执行 Constraint（约束）→Parallel Edge（边平行）命令，或单击左侧工具区的 Create Constraint：Parallel Face（创建约束：面平行）工具，展开工具条的左侧第 3 个工具，该工具用于使选取的移动实体的直线段平行于选取的固定实体的直线段。

（3）Face to Face（面对面）：在菜单栏中执行 Constraint（约束）→Face to Face（共面）命令，或单击左侧工具区的 Create Constraint：Parallel Face（创建约束：面平行）工具，展开工具条的左侧第 2 个工具，该工具类似于 Parallel Face（面平行）工具，用于使选取的移动实体的平面平行于选取的固定实体的平面，并使两个基准面间产生指定的间距。

（4）Edge to Edge（平行边）：在菜单栏中执行 Constraint（约束）→Edge to Edge（共边）命令，或单击左侧工具区的 Create Constraint：Parallel Face（创建约束：面平行）工具，展开工具条的左侧第 4 个工具，该工具类似于 Parallel Edge 工具，用于使选取的移动实体的直线段与选取的固定实体的直线段重合。

（5）Coincident Point（重合点）：在菜单栏中执行 Constraint（约束）→Coincident Point（重合点）命令，或单击左侧工具区 Create Constraint：Parallel Face（创建约束：面平行）工具，展开工具条的左侧第 6 个工具，该工具用于使选取的移动实体上的点与选取的固定实体上的点重合，但移动实体的方向保持不变。

（6）Coaxial（共轴）：在菜单栏中执行 Constraint（约束）→Coaxial（共轴）命令，或单击左侧工具区的 Create Constraint：Parallel Face（创建约束：面平行）工具，展开工具条的左侧第 5 个工具，该工具用于使选取的移动实体的圆柱面或圆锥面平行于选取的固定实体的圆柱面或圆锥面共轴。

（7）Parallel CSYS（平行坐标轴）：在菜单栏中执行 Constraint（约束）→Parallel CSYS（平行坐标轴）命令，或单击左侧工具区的 Create Constraint：Parallel Face（创建约束：面平行）工具，展开工具条的右侧第 1 个工具，该工具用于使移动实体上的基准坐标系的轴平行于固定实体上的基准坐标系的轴。

这 7 种工具的操作类似于 Translate To（移动到）工具，在此不再赘述，读者可以根据提示区的提示自行练习，系统帮助文件为 ABAQUS/CAE User's Manual。

约束定位工具的操作结果不能进行预览，但可以执行模型树 Assembly（装配）→Position Constraints（位置约束）命令，将鼠标指向需要修改的操作，单击鼠标右键，在弹出的命令菜单中选择 Edit 选项，弹出 Edit Feature（编辑特征）对话框，如图 3-33 所示，可在该对话框中对该约束定位操作进行修改。

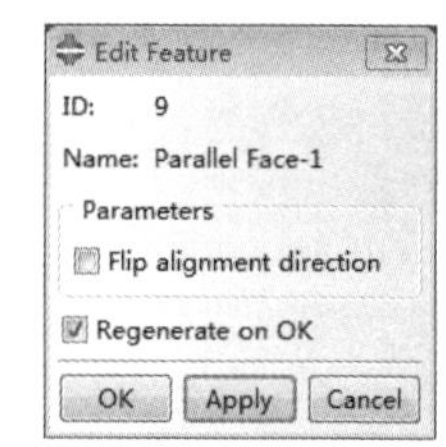

图 3-33 “编辑特征”对话框

此外，弹出的命令菜单中的 Delete 命令用于删除该约束定位操作，Suppress 和 Resume 命令用于抑制和恢复该约束定位操作。单独的约束定位操作很难对部件实体进行精确定位，往往需要几个约束定位操作的配合才能精确地定位部件实体。

当几个约束定位操作或旋转、平移操作与约束定位操作发生冲突时，可以执行 Instance（实例）→Convert Constraints（转换约束）命令移除模型树中的所有约束定位操作的特征（模型的位置保持不变），之后，再进行平移和旋转操作或新的约束定位操作。

3.3.3 部件实体的切割/合并

当装配件包含两个或两个以上的部件实体时，ABAQUS/CAE 提供部件实体的合并（Merge）和切割（Cut）功能。对选择的实体进行合并或剪切操作后，将产生一个新的实体和部件。

具体操作为：在菜单栏中执行 Instance（实例）→Merge/Cut（合并/切割）命令，或单击左侧工具区中的 Merge/Cut Instances（合并/切割实体）工具，弹出 Merge/Cut Instances（合并/切割实体）对话框，如图 3-34 所示。

此对话框中的 Part name（部件名称）栏用于输入新生成的部件的名称；Operations（操作）栏用于选择操作的类型，包括用于部件实体的合并的 Merge（合并）和用于部件实体的切割的 Cut geometry（切割几何体）两个大选项，Merge（合并）选项中还包括 Geometry（几何）、Mesh

（网格）和 Both（两种）选项。此处需要说明的是，Cut geometry（切割几何体）选项仅适用于几何部件实体；Options（选项）用于设置操作的选项。

（1）点选 Geometry（几何）单选按钮，如图 3-34（a）所示

Geometry（几何）：用于几何部件实体的合并。选择此选项后，Options（选项）栏中包含以下两大选项：

① 以下 Original Instances（原始实例）：

- Suppress（禁用）选项：用于选择进行合并或切割操作后，原始实体是否被激活。
- Delete（删除）选项：用于选择进行合并或切割操作后，原始实体是否被删除。

② Geometry（几何）-Intersecting Boundaries（相交边界）栏用于选择对部件实体边界的处理，适用于几何部件实体：

- Remove（移除）选项：用于移除合并的几何部件实体的重合边界，使之成为一个单元。
- Retain（保留）选项：用于保留合并的几何部件实体的公共部分，使之成为 3 个单元。

（2）点选 Mesh（网格）单选按钮，如图 3-34（b）所示

Mesh（网格）：用于网格实体的合并。Options（选项）栏中也包含两个大选项：

① Original Instances（原始实例）：

- Suppress（禁用）。
- Delete（删除）。

② Mesh（网格）-Merge nodes（合并节点），该栏用于选择节点的合并方式，适用于带有网格的实体：

- Boundary only（仅边界）为默认选项，仅适用于只有一个公共面的情况，此时仅沿边界合并节点。
- All（全部）选项，适用于部件有重叠时 ABAQUS/CAE 合并选取实体的所有节点。此时，Remove duplicate elements（删除复制单元）选项被激活，默认选择该选项，表示移除合并后重合的单元。
- None（无）选项，表示不合并节点，ABAQUS/CAE 将保留所有的原始节点。
- Tolerance（公差），用于输入合并节点间的最大距离，默认值为 1×10^{-6}，即间距在 1×10^{-6} 内的节点被合并，适用于带有网格的实体。

（3）点选 Both（两种）单选按钮

如图 3-34（c）所示，ABAQUS/CAE 可实现网格部件实体和划分了网格的实体部件的合并。

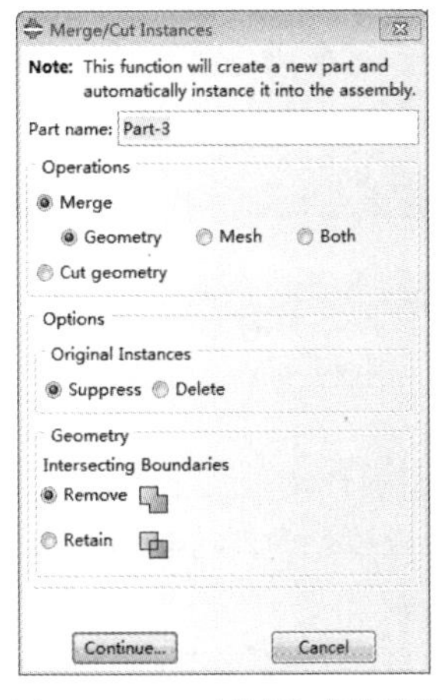

（a）Geometry（几何）单选按钮

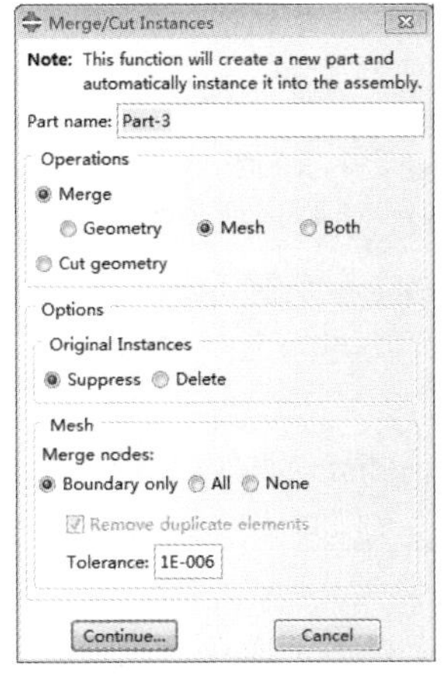

（b）Mesh（网格）单选按钮

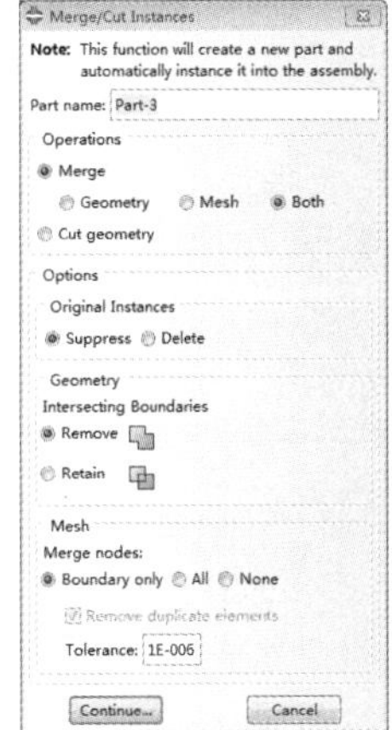

（c）Both（两种）单选按钮

图 3-34 “合并/切割实体”对话框

设置完 Merge/Cut Instances 对话框后，单击 Continue...按钮，视图区选择需要操作的实体，单击提示区的 Done 按钮，ABAQUS/CAE 进行合并或切割运算，如果操作成功，则会生成一个新的部件实体显示在视图区，而原始实体不再显示在视图区中。

此时，在环境栏的 Module 列表中选择 Part，可以看到合并或剪切操作后生成的部件。

若对类型相同的几何部件实体（Dependent 或 Independent）进行合并或剪切操作，则生成同类的实体；若几何部件实体的类型不同，则生成非独立的实体（Dependent）。当对带有网格的实体进行合并或剪切操作时，总是生成非独立的实体（Dependent）。

3.4 分析步模块

任何几何模型都可在前面介绍的这 4 个功能模块中创建。Part 模块和 Sketch 模块用于创建部件，Assembly 模块用于组装模型的各部件。

有时，需要将 Part 模块和 Assembly 模块配合起来使用，如通过 Assembly 模块中的合并（Merge）和切割（Cut）功能创建出新的部件，再进行装配。对装配件中所包含的部件的所有操作都完成后，就可以进入 Step（分析步）模块，进行分析步和输出的定义。

Step（分析步）模块主要用于分析步的输出请求设置，也可以进行求解控制与自适应网格划分。这些功能包含在菜单栏中的“分析步”“输出”及“其他”菜单中。在定义相互作用、载荷及边界条件之间，需要创建分析步；选择在初始步还是在分析步中设置接触或边界条件，载荷则只能在分析步中设置。

3.4.1 设置分析步

进入 Step（分析步）功能模块后，主菜单中的 Step 菜单及工具区中的 Create Step（创建分析步）工具和 Step Manager（步骤管理器）工具用于分析步的创建和管理。

创建一个模型数据库后，ABAQUS/CAE 默认创建初始步（Initial），位于所有分析步之前。用户可以在初始步中设置边界条件和相互作用，使之在整个分析中起作用，但不能编辑、替换、重命名和删除初始步。

ABAQUS 可以在初始步后创建一个或多个分析步，在菜单栏中执行 Step（分析步）→Create（创建）命令，或单击左侧工具区中的 Create Step（创建分析步）工具，弹出 Create Step（创建分析步）对话框，如图 3-35 所示。该对话框包括如下 3 部分：

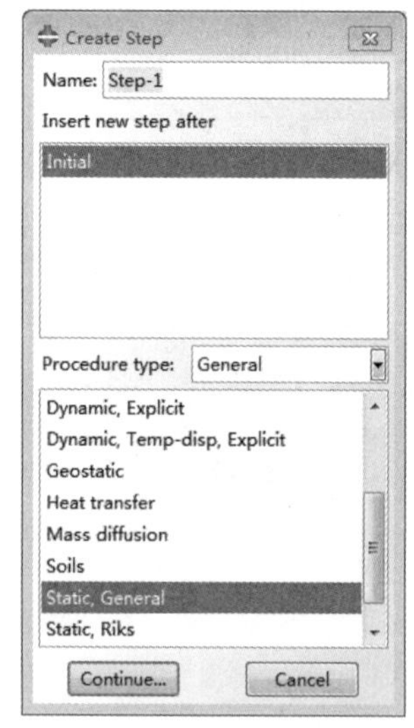

图 3-35　“创建分析步”对话框

（1）在 Name（名称）栏内输入分析步的名称，默认为 Step-*n*（*n* 表示第 *n* 个创建的分析步）。

（2）Insert new step after（在选定项目后插入新的分析步）栏用于设置创建的分析步的位置，每个新建立的分析步都可以设置在 Initial（初始步）后的任何位置。

（3）Procedure type（程序类型）栏用于选择分析步的类型。用户需要首先选择 General（通用分析步）或 Linear perturbation（线性摄动分析步），这两个选项下所包含的分析步类型各有不同。

① General（通用分析步）：用于设置一个通用分析步，可用于线性分析和非线性分析。该分析步定义了一个连续的事件，即前一个通用分析步的结束是后一个通用分析步的开始。ABAQUS 包括 14 个小类。

- Coupled temp-displacement（温度-位移耦合）：用于热-力耦合分析，当应力分布和温度分布互相影响时（如金属加工问题），需要采用该类分析步，适用于 ABAQUS/Standard 和 ABAQUS/Explicit 所选用的单元应该同时具有温度和位移自由度。
- Coupled thermal-electrical（热-电耦合）：用于线性或非线性的热-电耦合分析，仅适用于 ABAQUS/Standard。
- Coupled thermal-electrical-structural（热-电-结构耦合）：用于热-电-结构耦合分析。
- Direct cyclic（直接循环）：用于循环加载的分析。
- Dynamic, Implicit（隐式动力）：用于线性或非线性的隐式动力学分析，非线性动态响应只能采用该类分析步，仅适用于 ABAQUS/Standard。
- Dynamic, Explicit（显示动力）：用于显式动力学分析，对于大模型的瞬时动力学分析和高度不连续事件的分析特别有效，仅适用于 ABAQUS/Explicit。
- Dynamic Temp-disp, Explicit（显示动态，温度-位移）：用于显式动态温度-位移耦合分析，类似于热-力耦合分析，仅适用于 ABAQUS/Explicit，且包含惯性效应和瞬时热响应。
- Geostatic（地应力）：用于线性或非线性的地压应力场分析，仅适用于 ABAQUS/ Standard，其后往往跟随多孔流体扩散-应力耦合分析或静力学分析。
- Heat transfer（热传递）：用于传热分析，不考虑热-力耦合与热-电耦合，仅适用于 ABAQUS/Standard。
- Mass diffusion（质量扩散）：用于质量扩散分析（瞬态或稳态），仅适用于 ABAQUS/ Standard。
- Soils（土）：用于土壤力学分析，仅适用于 ABAQUS/Standard。
- Static, General（通用静力）：用于线性或非线性静力学分析，不考虑惯性及与时间相关的材料属性，仅适用于 ABAQUS/Standard。
- Static, Riks（静态，Riks）：通常用于处理不稳定的几何非线性问题（采用 Riks 方法），仅适用于 ABAQUS/Standard。
- Visco（黏性）：用于与时间相关材料（如黏弹性、黏塑性、蠕变）的线性或非线性响应分析，属于准静态分析，惯性效应被忽略，仅适用于 ABAQUS/Standard。

② Linear perturbation（线性摄动分析步）：用于设置一个线性摄动分析步，仅适用于 ABAQUS/Standard 中的线性分析。ABAQUS 包括以下 5 种线性摄动分析步。

- Buckle（屈曲）：该选项用于线性特征值屈曲分析。
- Frequency（频率）：通过特征值的提取计算固有频率和相应的振型，用户可以选用 Lanczos 特征值求解器、AMS 特征值求解器和子空间迭代特征值求解器。创建了 Frequency（频率）分析步后，会出现 Complex Frequency（综合特征值提取）；Modal Dynamic（瞬时模态动力学分析）；Random response（随机响应分析）；Response spectrum（响应谱分析）；Steady-state dynamic，Modal（基于模态的稳态动力学分析）；Steady-state dynamic，Subspace（基于子空间的稳态动力学分析）6 种分析步。
- Static, Linear perturbation（静力，线性摄动）：用于线性静力学应力/位移分析。
- Steady-state dynamic, Direct（稳态动力学，直接）：用于稳态谐波响应分析，直接求解模型在谐波激励下的稳态动力学线性响应。
- Substructure generation（子结构生成）：基于 AMS 新一代子结构。

选择分析类型后，单击 Continue...按钮，弹出 Edit Step（编辑分析步）对话框。对于不同类型的分析步，该对话框的选项有所差异，下面就几种常用的分析步进行介绍。

1. 通用静力学分析步

Static, General（通用静力）分析步，用于分析线性或非线性静力学问题，其 Edit Step（编辑分析步）对话框包括 Basic（基本信息）、Incrementation（增量）和 Other（其他）3 个选项卡页面。

（1）Basic（基本信息）选项卡：主要用于设置分析步的时间和几何非线性等，如图 3-36 所示。

① Description（描述）：用于输入对该分析步的简单描述，该描述保存在结果数据库中，进入 Visualization（可视化）模块后显示在状态区。该栏非必选项，用户也可以不对分析步进行描述。

② Time period（时间）：用于输入该分析步的时间，系统默认值为 1。对于一般的静力学问题，可以采用默认值。

③ Nlgeom（几何非线性）：用于选择该分析步是否考虑几何非线性，对于 ABAQUS/Standard 该选项默认为 Off（关闭）。

④ Use stabilization with（自动稳定）：该选项用于局部不稳定的问题（如表面褶皱、局部屈曲），ABAQUS/Standard 会施加阻尼来使该问题变得稳定。

⑤ Include adiabatic heating effects（包括绝热效应）：用于绝热的应力分析，如高速加工过程。

（2）Incrementation（增量）选项卡如图 3-37 所示。

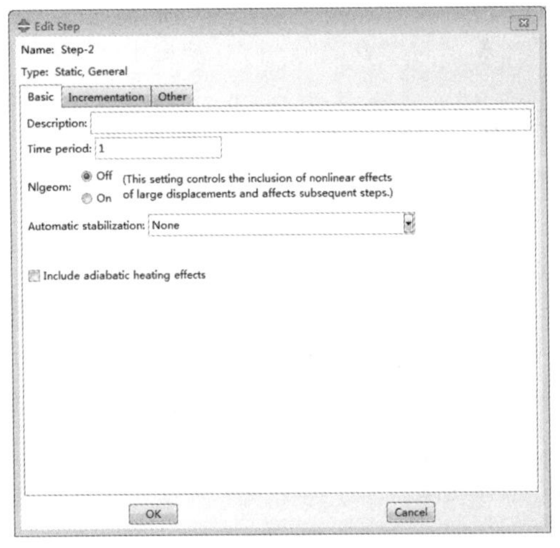

图 3-36 Basic（基本信息）选项卡

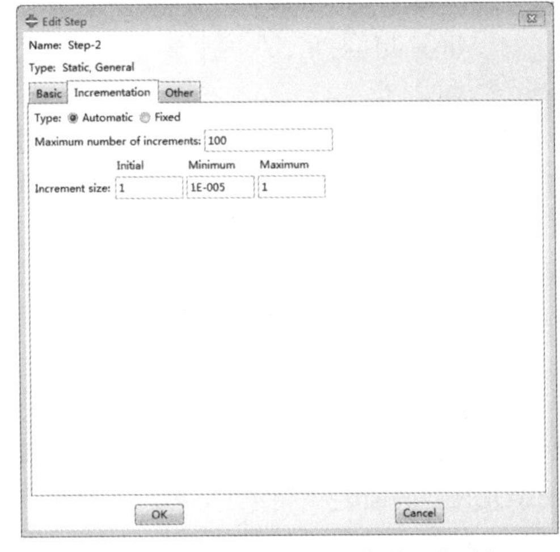

图 3-37 Incrementation（增量）选项卡

① Type（类型）：该选项用于选择时间增量的控制方法，包括两种方式：Automatic（自动）和 Fixed（固定），Automatic（自动）为默认选项，ABAQUS/Standard 根据计算效率来选择时间增量。Fixed（固定）选项，ABAQUS/Standard 采用设置的固定时间增量进行运算。在确保所设的时间增量能够收敛的情况下，可以选择该选项。

② Maximum number of increments（增量步的最大数目）：该栏用于设置该分析步的增量步数目的上限，默认值为 100。即使没有完成分析，当增量步的数目达到该值时，分析停止。

③ Increment size（时间增量大小）：该栏用于设置时间增量的大小。当选择 Automatic 时，用户可以设置 Initial（初始）、Minimum（最小）和 Maximum（最大），默认值分别为 1、1E-005 和 1。当选择 Fixed 时，只能设置时间增量的大小。

（3）Other（其他）选项卡页面，如图 3-38 所示。

① Equation Solver（方程求解器）：用于选择求解器和矩阵存储方式。

a. Method（方法）

- Direct（直接）：用于选择直接稀疏矩阵求解器，此为默认选项，适用于大多数分析。
- Iterative（迭代）：用于选择域分解的线性迭代求解器，对于大规模的模型，分析速度快于直接求解器。

b. Matrix Storage（矩阵储存）

- Use solver default（使用求解器的默认设置）：此为默认选项，ABAQUS/Standard 用于选择对称的或不对称的刚度矩阵存储方式和解答方案。仅适用于直接稀疏矩阵求解器，建议读者采用此选项。
- Unsymmetric（非对称）：选择不对称的刚度矩阵存储方式和解答方案，仅适用于直接稀疏矩阵求解器。
- Symmetric（对称）：选择对称的刚度矩阵存储方式和解答方案，适用于直接稀疏矩阵求解器和迭代求解器。

② Solution Technique（求解技术）：用于选择非线性平衡方程组的求解技巧。

- Full Newton（完全牛顿）：此为默认选项，采用牛顿方法求解非线性平衡方程组，适用于大多数情况。
- Quasi-Newton（准牛顿）：采用准牛顿方法求解非线性平衡方程组。当方程组的雅可比矩阵是对称的且在迭代过程中变化不大时，采用该方法能够加快收敛，特别是大规模的模型。如果选择该方法，用户就要设置 Number of iterations allowed before the kernel matrix is reformed（迭代次数），默认为 8，最大可以设置为 25。

③ Convert severe discontinuity iterations（转换严重不连续迭代）：用于选择非线性分析中高度不连续迭代处理方法。

- Propagate from previous step（继承自前一步分析）：此为默认选项，若出现高度不连续迭代，采用前一个通用分析步的值。
- Off（关）：若出现高度小连续迭代，开始一个新的迭代。
- On（开）：若出现高度小连续迭代，程序估计与高度不连续相关的残余载荷并检查平衡容差，判断是否开始另一个迭代或减小时间增加。

④ Default load variation with time（默认的载荷随时间的变化方式）：用于选择载荷随时间的改变方式。

- Instantaneous（瞬态）：在该分析步开始时载荷被瞬间增加，在整个分析步中保持不变。
- Ramp linearly over step（整个分析步内采用线性斜坡）：此为默认选项，在整个分析步中载荷线性增加。

⑤ Extrapolation of previous state at start of each increment（每一增量步开始时外推前一状态）：用于选择每个增量步开始时的外推方法，ABAQUS/Standard 采用外推法加速非线性分析的收敛。

- None（无）：不使用外推法。
- Lineal（线性）：此为默认选项，在开始一个增量步前外推前一个增量步的解答，第一个增量步不外推。
- Paraholic（抛物线）：二次的。在开始一个增量步前外推前两个增量步的解答，第一个增量步不外推，第二个增量步采用线性外推法。

⑥ Stop when region is fully plastic（当区域全部进入塑性时停止）：若指定区域内所有计算

点的解答是完全塑性的，该分析步结束。

⑦ Obtain long-term solution with time-domain material properties（获取含时域材料属性的长期解）：适用于热弹性或黏塑性材料。

⑧ Accept solution after reaching maximum number of iterations（接受达到最大迭代数时的解）：当在 Incrementation（增量）选项卡页面中选择 Fixed（固定）时间增量时，该选项可以被选择。若选择该选项，当增量步达到设置的上限数目时，ABAQUS/Standard 接受此时的解答。

2. 通用隐式动力学分析步

Dynamic, Implicit（隐式动力）分析步，用于分析线性或非线性隐式动力学分析问题，其 Edit Step（编辑分析步）对话框也包括 Basic（基本信息）、Incrementation（增量）和 Other（其他）3 个选项卡，其中很多选项与静力学分析相同，此处仅介绍不同的选项。

在 Incrementation（增量）选项卡中，当选择自动时间增量（Automatic）时，可以设置 Maximum increment size（最大增量步长）和 Half-increment residual tolerance（增量步中的平衡残余误差的容差）；当选择固定时间增量（Fixed）时，可以选择 Suppress half-step residual calculation 来加快收敛。

Other（其他）选项卡（见图 3-39）的参数说明如下：

（1）Extrapolation of previous state at start of each increment（每一增量步开始时外推前一状态）的选项中，除了 None（无）、Lineal（线性）、Parabolic（抛物线）选项外，还增加了 Velocity Parabolic（速度抛物线）和 Analysis product default（分析程序默认值）。

（2）Time Integrator Parameter（时间积分参数）：Analysis product default（分析程序默认值）和 Specify（指定）选项。

（3）Initial acceleration Calculation at the beginning of step（分析步开始时的初始加速度计算）：适用于分析步开始时载荷不突然变化的情况，ABAQUS/Standard 在分析步开始时不计算初始加速度。若前一个分析步也是动力学分析步，采用前一个分析步结束时的加速度作为新的分析步的加速度。若当前分析步是第一个动力学分析步，加速度为 0；在默认情况下，ABAQUS/Standard 计算初始加速度。

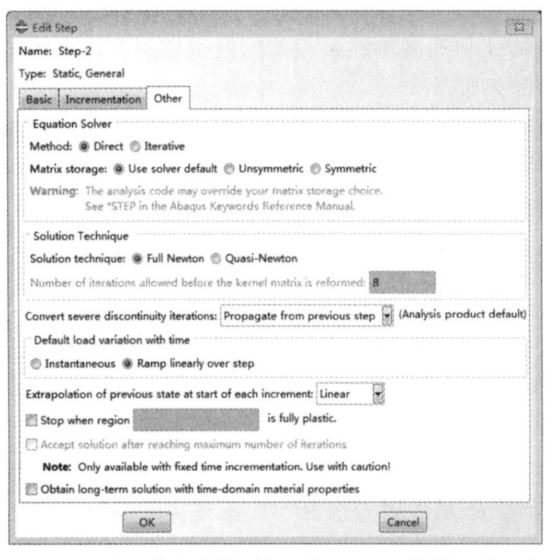

图 3-38　通用静力学分析步下的 Other（其他）选项卡

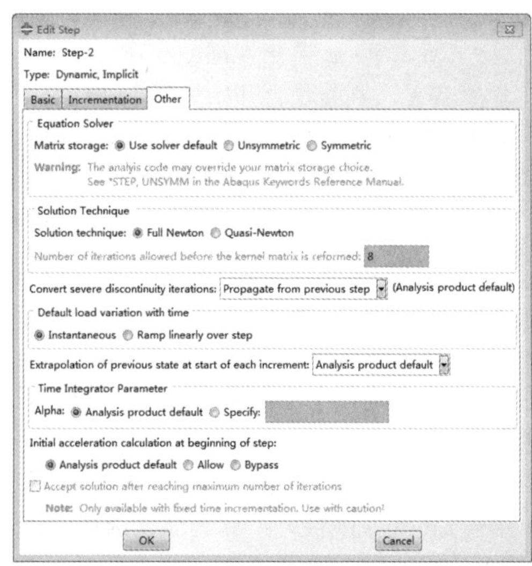

图 3-39　隐式动力学分析步下的 Other（其他）选项卡

3. 通用显式动力学分析步

Dynamic, Explicit（显式动力学）分析步用于显式动力学分析，其 Edit Step（编辑分析步）对话框除了 Basic（基本信息）、Incrementation（增量）和 Other（其他）3 个选项卡外，还包含一个 Mass scaling（质量缩放）选项卡。

Basic（基础）选项卡页面中的 Nlgeom（几何非线性）选项默认为 On（开）。Incrementation（增量）选项卡页面的相关参数介绍如下：

（1）增量类型选择 Automatic（自动）

① Stable increment estimator（稳定增量步估计）：

- Global（全局）：此为默认选项，用于估算整个模型使用当前膨胀波速的最高频率。当采用该方法具有足够的精确度时，才从 Element-by-element 方式转化为 Global 方式。若模型包含流体单元、无限元、阻尼器、厚壳、厚梁、材料阻尼、自适应网格等，该方法不被使用。若使用该方法耗费太多的计算时间，ABAQUS/Explicit 采用 Element-by-element 方法。
- Element-by-element（逐个单元）：用于估算每个单元的最高频率，该方法是保守的，得到的稳定时间增量总是小于整体估算法。

② Max. time increment（最大时间增量步）：

- Unlimited（无限制）：此为默认选项，不限制时间增量的上限。
- Value（数值）：用于设置时间增量的上限。

（2）增量类型选择 Fixed（固定）

Increment size selection（增量步值选择）：

- User-defined time increment（用户定义的时间增量）。
- Use element-by-element time increment estimator（适用逐个单元的时间增量估计器）：此为默认选项，ABAQUS/Explicit 在分析步开始时采用逐个单元估算法计算时间增量，并将此值作为固定时间增量。

无论选择自动还是固定类型，选项卡最后都包含 Time scaling factor（时间缩放系数）选项，用于输入时间增量比例因子，用于调整 ABAQUS/Explicit 计算出的稳定的时间增量，默认值为 1 不适用于用户选择固定时间增量（Fixed）中的 User-defined time increment（用户定义的时间增量）的情况。

（1）Mass scaling（质量缩放）选项卡页面用于质量缩放的定义。当模型的某些区域包含控制稳定极限的很小单元时，ABAQUS/Explicit 采用质量缩放功能来增加稳定极限，提高分析效率。

Use scaled mass and “throughout step” definitions from the previous step（使用前一分析步的缩放质量和“整个分析步”定义）：为默认选项，程序采用前一个分析步对质量缩放的定义。

Use scaling definitions below（使用下面的缩放定义）：用于创建一个或多个质量缩放定义。单击该对话框下部的 Create…按钮，弹出 Edit Mass Scaling（编辑质量缩放）对话框，如图 3-40 所示，在该对话框中选择质量缩放的类型并进行相应的设置，此处不再赘述。

设置完成后，Edit Step 对话框的 Data 列表内将显示该质量缩放的设置，用户可以单击该对话框下部的 Edit…或 Delete 按钮进行质量缩放定义的编辑或删除，如图 3-41 所示。

（2）Other（其他）选项卡页面，不同于 Static、General（通用静力学）和 Dynamic、Implicit（隐式动力学）的情况，该页面仅包含 Linear bulk viscosity parameter 和 Quadratic bulk viscosity parameter 两栏，如图 3-42 所示。

① Linear bulk viscosity parameter：用于输入线性体积黏度参数，默认值为 0.06，ABAQUS/Explicit 默认使用该类参数。

② Quadratic bulk viscosity parameter：用于输入二次体积黏度参数，默认值为 1.2，仅适用于连续实体单元和压容积应变率。

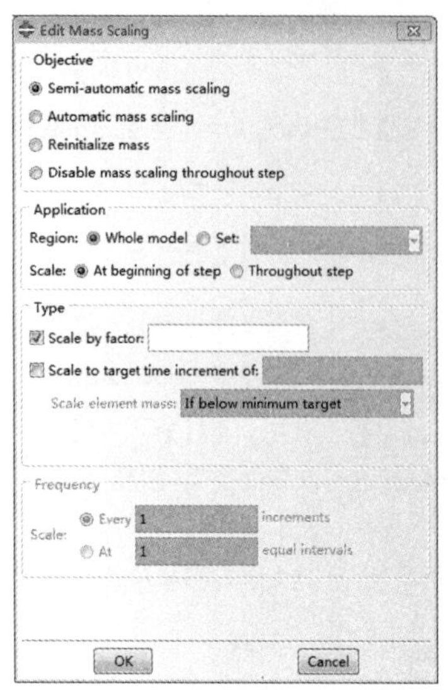

图 3-40 “编辑质量缩放”对话框

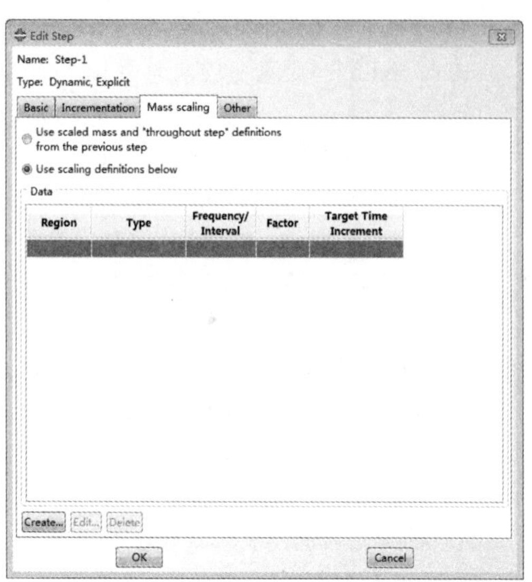

图 3-41 “编辑分析步”对话框

4. 线性摄动静力学分析步

Static, Linear perturbation（线性摄动静力）分析步用于线性静力学分析，其 Edit Step（编辑分析步）对话框仅包含 Basic（基本信息）和 Other（其他）两个选项卡，如图 3-43 所示，且选项为 Static（静力）、General（通用）的子集。

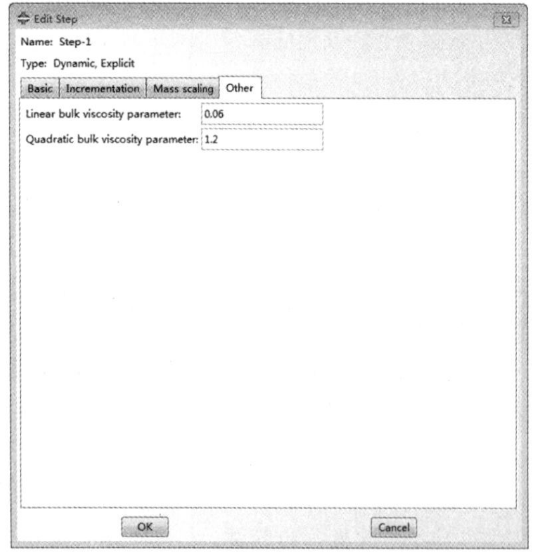

图 3-42 显式动力学分析步下的 Other（其他）选项卡

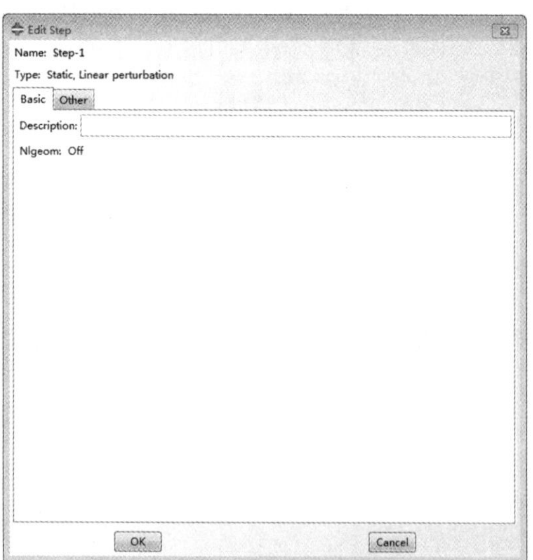

图 3-43 线性摄动静力学分析步下的“编辑分析步”对话框

（1）Basic（基础）选项卡：包含 Description（描述）栏；Nlgeom（几何非线性）为 Off（关闭），即不涉及几何非线性问题。

（2）Other（其他）选项卡：仅包含 Equation Solver（方程求解器）栏。

设置完 Edit Step（编辑分析步）对话框后，单击 OK 按钮，完成分析步的创建。此时单击工具区 Step Manager（分析步管理器）工具，可见步骤管理器内列出了初始步和已创建的分析步，可以对列出的分析步进行编辑、替换、重命名、删除和几何非线性的选择，如图 3-44 所示。另外，环境栏的 Step 列表中也列出了初始步和已创建的分析步。

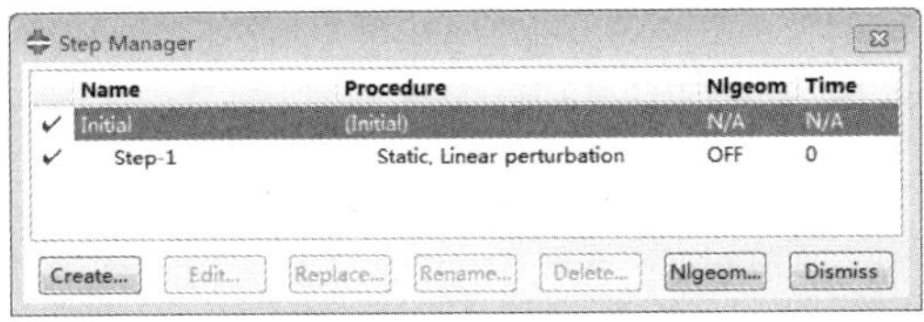

图 3-44　分析步管理器

ABAQUS 对分析步的数量没有限制，但严格限制其排列顺序。当继续创建分析步时，Create Step（创建分析步）对话框的分析步列表自动更新，仅列出可以选用的分析步。

以上为四种常用的分析步，其他分析步的使用方法可以参阅系统帮助文件 ABAQUS/CAE User's Manual 和 ABAQUS Analysis User's Manual。

3.4.2　输出设置

用户可以设置写入输出数据库的变量，包括场变量（以较低的频率将整个模型或模型的大部分区域的结果写入输出数据库）和历史变量（以较高的频率将模型的小部分区域的结果写入输出数据库）。

1. 输出请求管理器

创建了分析步后，ABAQUS/CAE 会自动创建默认的场变量输出要求和历史变量输出要求[线性摄动分析步中的 Buckle（屈曲），Frequency-Complex Frequency（频率-综合特征值提取）无历史变量输出]。

单击左侧工具区中的 Field Output Manager（场变量输出要求管理器）工具，或者在菜单栏中执行 Output（输出）→Field Output Requests（场输出请求）→Manager（管理器）命令；以及单击左侧工具区的 Field History Manager（历史变量输出要求管理器）工具，或者在菜单栏中执行 Output（输出）→History Output Requests（历史输出请求）→Manager（管理器）命令，分别弹出 Field Output Requests Manager（场变量输出要求管理器）和 History Output Requests Manager（历史变量输出要求管理器），如图 3-45（a）、（b）所示。

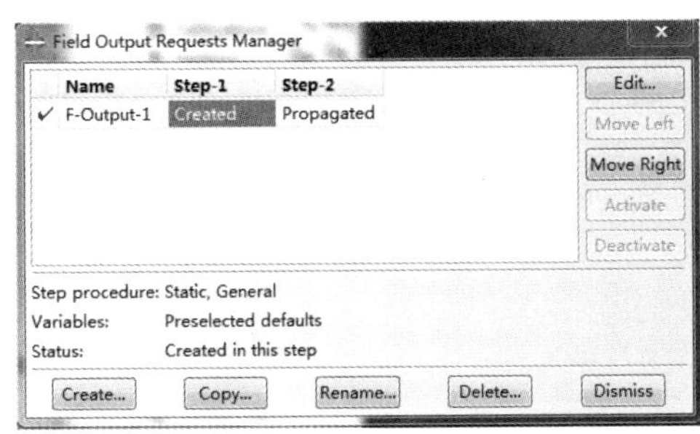

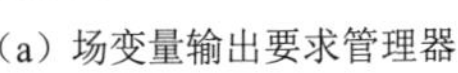

（a）场变量输出要求管理器

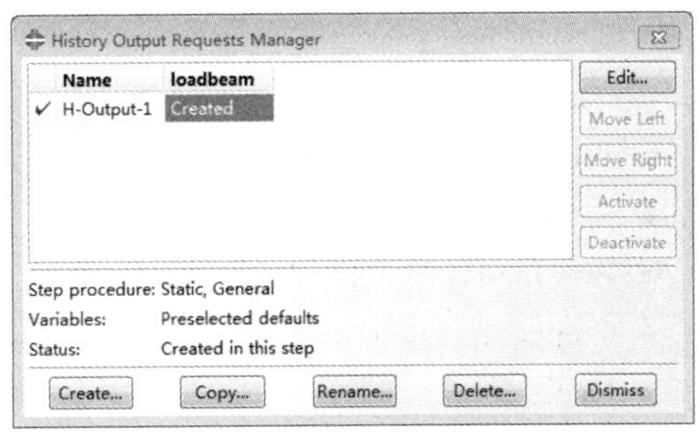

（b）历史变量输出要求管理器

图 3-45　输出要求管理器

ABAQUS 可以在场变量输出要求管理器中进行场变量输出要求的创建、重命名、复制、删除、编辑。此外，列表最左侧的 ✔ 表示该场变量输出要求被激活，单击此图标则变为 ✕，表示该场变量输出要求被抑制。

已创建的通用分析步的场变量输出要求，在之后所有的通用分析步中继续起作用，在管理器中显示为 Propagated，如图 3-45（a）所示。

该功能同样适用于线性摄动力学分析步，但必须是同种线性摄动分析步的场变量输出要求。

2. 编辑输出请求

单击场变量输出要求管理器或历史变量输出要求管理器中的 Edit...按钮，弹出 Edit Field Output Request（编辑场变量输出要求）或 Edit History Output Request（编辑历史变量输出要求）对话框，如图 3-46 所示，就可以对场变量输出要求/历史变量输出要求进行修改。

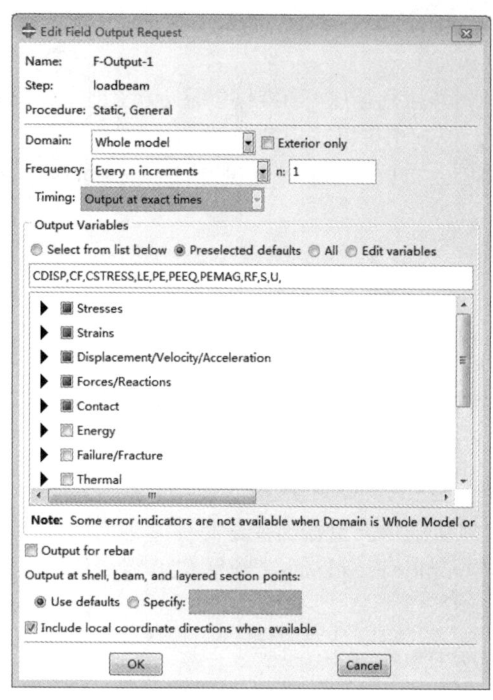

（a）编辑场变量输出要求

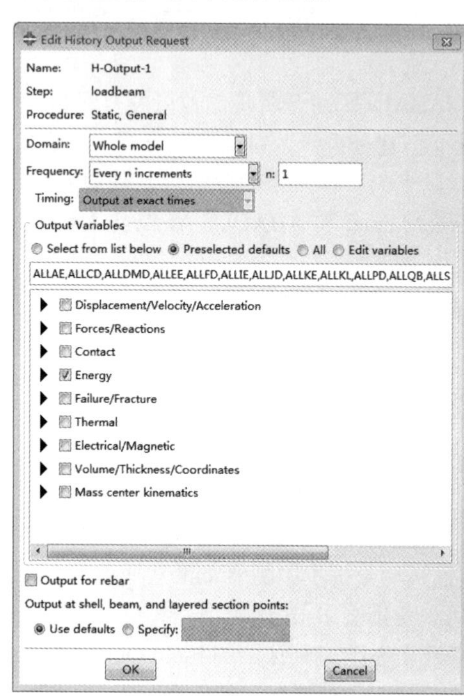

（b）编辑历史变量输出要求

图 3-46 “编辑变量输出要求”对话框

（1）编辑场变量输出要求

在 Edit Field Output Request 对话框中，用户可以对场变量输出要求进行设置。不同分析步的选项可能不完全相同，下面以通用静力分析步为例进行介绍。

① Domain（作用域）：该列表用于选择输出变量的区域。

- Whole model（整个模型），此为默认选项；
- Set（集合）；
- Bolt load（螺栓载荷）；
- Composite layup（复合层接合部）；
- Fastener（捆绑）；
- Assembled fastener set（已装配的捆绑集）；
- Substructure（子结构）；
- Interaction（相互作用）；
- Skin（蒙皮）；
- Stringer（纵梁）。

② Frequency（频率）：该栏用于设置输出变量的频率。

- Last increment（末尾增量步）；
- Every n increments（每 n 个增量步），此为默认选项；
- Evenly spaced time intervals（均匀时间间隔）；
- Every x units of time（每 x 个时间单位）；
- From time points（来自时间点）。

③ Timing（定时）：当在 Frequency（频率）列表中选择 Every x units of time（每 x 个时间单位）、Evenly spaced time intervals（均匀时间间隔）或 From time points（来自时间点）时，该列表为可选，包括 Output at exact times（在精确时间输出）和 Output at approximate times（在近似时间输出）。

④ Output Variables（输出变量）：用于选择写入输出数据库的场变量，可通过几种方式进行选择：Select from list below（从列表中选择）、All（全选）、Preselected defaults（默认选择）、Edit variables（编辑变量名称）。输出变量列表与输出变量的区域选择相对应。这是需要重点选择的部分，写入输出数据库的场变量越多，输出数据库占的系统空间也相应增大，所以用户应该根据需要选择输出变量。

⑤ Output for rebar（钢筋的输出）：用于选择写入输出数据库的场变量中是否包括钢筋的结果，Domain（作用域）中为 Whole model（整个模型）或 Set（集合）时被激活。

⑥ Output at shell，beam，and layered section points（壳，梁和复合层截面点上的输出）：用于设置写入输出数据库的场变量的截面点，Domain（作用域）中为 Whole model（整个模型）或 Set（集合）时被激活。

⑦ Include local coordinate directions when available（包括可用的局部坐标方向）：不选择该项可以减小输出数据库，默认为选择该项。

（2）编辑历史变量输出要求

Edit History Output Request 对话框与 Edit Field Output Request 对话框基本相同，现就其不同之处进行介绍（仍以 Static，General 分析步为例）。

- Domain（作用域）中增加了 Springs/Dashpots（将指定的弹簧/阻尼器的场变量写入输出数据库）和 Contour integral（将指定的围线积分中的场变量写入输出数据库）。
- 不包含 Include local coordinate directions when available（包括可用的局部坐标方向）选项。

3.4.3　分析步模块的其他功能

Step（分析步）模块除了能够设置分析步和定义输出变量外，还能通过 Output（输出）菜单和 Other（其他）菜单进行其他操作，下面进行简单介绍。

1. ALE 自适应网格

ALE 自适应网格适用于静力学分析（Static，General）、热-力耦合分析（Coupled temp-displacement），显式动力学分析（Dynamic，Explicit）、显式动态温度-位移耦合分析（Dynamic，Temp-disp，Explicit）、土壤力学分析（Soils）。

ALE 自适应网格（ALE adaptive meshing）是任意拉格朗日-欧拉（Arbitrary Lagrangian-Eulerian）分析，它综合了拉格朗日分析和欧拉分析的特征，在整个分析中保持高质量的网格而不改变网格的拓扑结构。

主菜单中的 Other（其他）下有 3 个子菜单用于 ALE 自适应网格。

（1）Other→ALE Adaptive Mesh Domain（ALE 自适应网格的区域），一个分析步只能指定一个区域。

（2）Other→ALE Adaptive Mesh Constraint（ALE 自适应网格的约束）。

（3）Other→ALE Adaptive Mesh Controls（ALE 自适应网格的控制）。

2. 求解控制

通过调整参数可以控制 ABAQUS 的分析，包括通用求解控制和线性方程组迭代求解器的控制。Other-General Solution Controls 菜单用于通用求解控制，仅适用于 ABAQUS/Standard 的通用分析步，用户通过调整变量来控制收敛和时间积分的精确性。

Other→Solver Controls 菜单用于线性方程组迭代求解器的控制，适用于通用静力学分析（Static，General）、线性摄动静力学分析（Static，Linear perturbation）、黏性分析（Visco）和传热分析（Heat transfer）。

读者要慎用通用求解控制，因为通用求解控制的默认设置适用于大多数分析，改变默认设置可能增加计算时间，产生不精确的解或导致收敛问题。

3.5 载荷模块

环境栏中 Module（模块）栏选择 Load（载荷）功能模块后，主菜单中的 Load 菜单及工具区中的 Create Load（创建载荷）工具和 Load Manager（载荷管理器）工具，分别用于载荷的创建和管理。

3.5.1 载荷

1. 定义载荷

定义载荷（Load）时，在菜单栏中执行 Load（载荷）→Create（创建）命令，或单击左侧工具区中的 Create Load（创建载荷）工具，或双击左侧模型树中的 Loads（载荷），弹出 Create Load（创建载荷）对话框，如图 3-47 所示。该对话框包括以下几项。

（1）Name（名称），在该栏内输入载荷的名称，默认为 Load-*n*（*n* 为第 *n* 个创建的载荷）。

（2）Step（分析步），该列表用于选择创建载荷的分析步。

（3）Category（种类），用于选择所选分析步的加载种类，包括 Mechanical（力学）、Thermal（热学）、Acoustic（声学）、Fluid（流体）、Electrical/Magnetic（电学/磁学）、Mass diffusion（质量扩散）、Other（其他）。对于不同的分析步，可以施加不同的载荷种类。

（4）Types for Selected Step，用于选择载荷的类型，是 Category（种类）的二级选项。

Mechanical（力学）：包括 Concentrated force（集中力）、Moment（弯矩）、Pressure（压强）、Shell edge load（壳的边载荷）、Surface traction（表面载荷）、Pipe pressure（管道压力）、Body force（体力）、Line load（线载荷）、Gravity（重力）、Bolt load（螺栓载荷）、Generalized plane strain（广义平面应变）、Rotational body force（旋转体力）、Coriolis force（科氏力）、Connector force（连接作用力）、Connector moment（连接弯矩）、Substructure load（子结构载荷）、Inertia relief（惯性释放）。

Thermal（热学）：包括 Surface heat flux（表面热通量）、Body heat flux（体热通量）、Concentrated heat flux（集中热通量）。

Acoustic（声学）：可设置 Inward volume acceleration（声媒介边界上点或节点的容积加速度）。

Fluid（流体）包括 Concentrated pore fluid（点或节点上的集中孔隙流速）、Surface porefluid（垂直于表面的孔隙流速）。

Electrical/Magnetic（电学/磁学）：包括压电分析中的 Concentrated charge（集中电荷）、Surface charge（表面电荷）、Body charge（体电荷）。

2. 集中力

如图 3-47 所示，选择 Concentrated force（集中力）之后，单击 Continue...按钮，选择施加集中力的几何实体上的参考点、顶点或网格实体上的节点，单击提示区的 Done 按钮，弹出 Edit Load（编辑载荷）对话框，如图 3-48 所示。该对话框包括以下几项。

（1）CSYS（坐标系）：用于选择载荷对应的坐标系，默认为整体坐标系（Global）。单击按钮，选择局部坐标系。

（2）CF1、CF2、CF3：分别为力在 3 个方向上的分量。与坐标轴正方向同向的力为正值，反之为负，不输入值则默认为 0。

（3）Follow nodal rotation（跟随节点旋转）：用于选择集中力是否随着节点的旋转而改变。在小变形分析中可以不作选择，认为力的方向不随模型变形方向的改变而改变；而在大变形分析中应该选择该项。

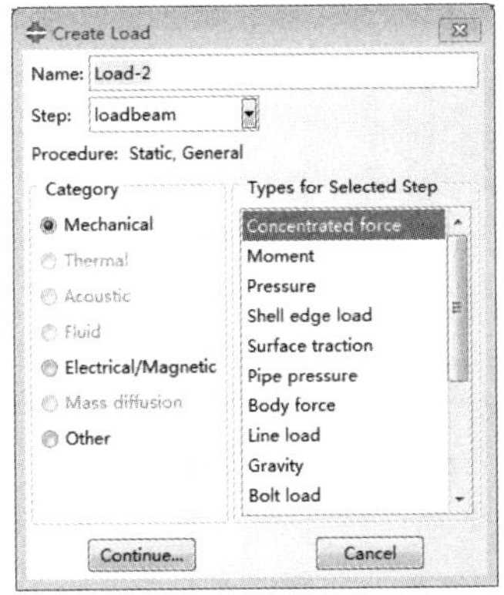

图 3-47 “创建载荷”对话框

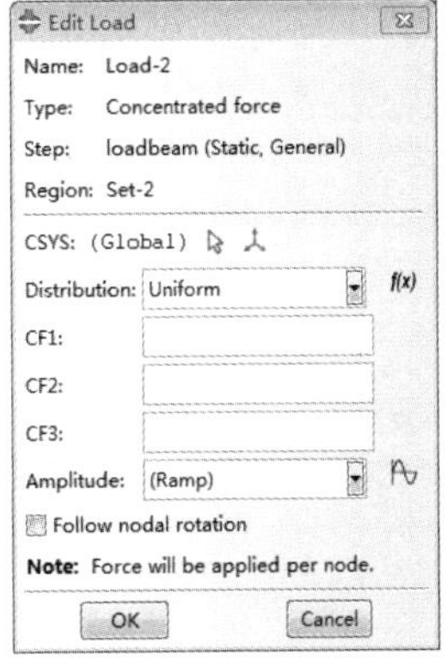

图 3-48 “编辑载荷”对话框

（4）Amplitude（幅值）：用于选择载荷随时间/频率变化的规律。

① 对于静力学问题，默认的是 Ramp，为由 0 线性增长到给定值。

② 对于动力学问题，默认的是 Instantaneous，为瞬时加载。

若已通过在菜单栏执行 Tools（工具）→Amplitude（幅值）→Create（创建）命令定义了幅值，则可以在该列表内进行选择。

若没有定义幅值，可以单击按钮定义随时间变化的加载方式，如 Equally spaced（按等时间/频率间距变化的载荷）、Tabular（由表格给定的载荷与时间/频率的关系）和 Periodic（周期变化的载荷）等。

输入集中力对应的坐标系 3 个方向上的分量的值或设置随时间变化的载荷后，单击 OK 按钮，完成集中力的施加。加载在几何顶点或参考点上的集中力会自动转换为加载在相应节点上的集中力。

3. 弯矩

如图 3-47 所示，在选择 Moment 之后，单击 Continue...按钮，选择施加力矩的几何实体上的参考点、顶点或网格实体上的节点，单击 Done 按钮，弹出 Edit Load（编辑载荷）对话框，如图 3-49 所示。该对话框包括以下几项。

（1）CSYS（坐标系）：用于选择载荷对应的坐标系，与施加集中力时的设置方法下相同。

（2）CM1、CM2、CM3：分别为绕 3 个坐标轴的力矩，力矩的正负遵守右手法则。

（3）Amplitude（幅值）：用于选择载荷随时间/频率变化的规律，与施加集中力时的设置方法相同。

（4）Follow nodal rotation（跟随节点旋转）：用于选择集中力是否随着节点的旋转而改变，与施加集中力时相同。

4. 压强

如图 3-47 所示，在选择 Pressure（压强）之后，单击 Continue...按钮，选择施加压力的几何实体的表面，载荷的方向与选择的面垂直，单击提示区的 Done 按钮，弹出 Edit Load（编辑载荷）对话框，如图 3-50 所示。

首先需要在 Distribution（分布）列表中选择压力的分布方式，每种分布方式都有各自的设置选项，分别介绍如下。

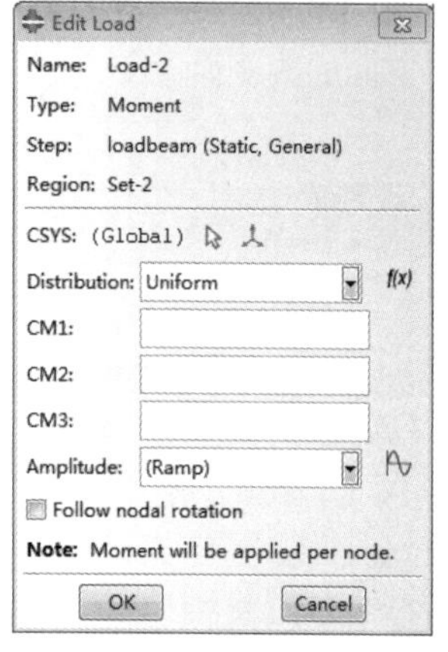

图 3-49 弯矩下“编辑载荷”对话框

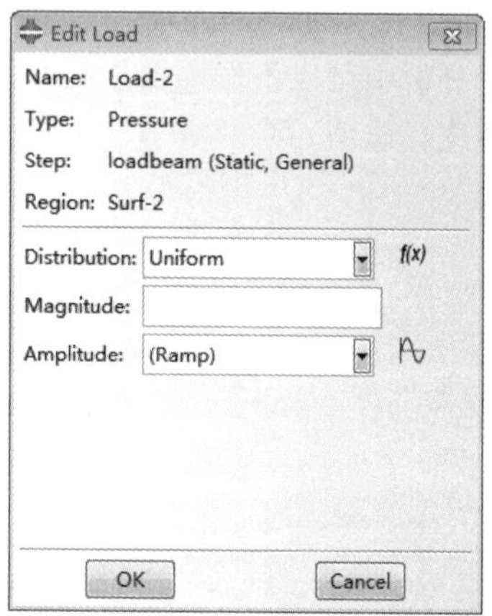

图 3-50 压强下“编辑载荷”对话框

（1）Uniform（一致），施加均匀分布的压力。

① Magnitude（大小）：输入压力值，正值为压力，负值为拉力。

② Amplitude（幅值）：该列表用于选择载荷随时间/频率变化的规律，与施加集中力时的设置方法相同，不再赘述。

（2）Hydrostatic（静水压力），仅适用于 ABAQUS/Standard。

① Magnitude（大小）：输入压力值。

② Amplitude（幅值）：用于选择载荷随时间/频率变化的规律。

③ Zero pressure height（零压强高度）：用于输入零压力处的高度。

④ Reference pressure height（参考压力高度）：用于输入参考压力值（Magnitude 栏内设定的压力值）的高度。对于三维模型以 Z 轴方向（坐标轴 3 方向）为静水压力随高度变化方向；二维模型以 Y 轴方向（坐标轴 2 方向）为静水压力随高度变化方向。

（3）User-defined（用户定义），使用用户子程序 DLOAD（ABAQUS/Standard）或 VDLOAD（ABAQUS/Explicit）定义压力。

Magnitude（大小）：如果需要可以在该栏输入压力值。在 ABAQUS/Standard 分析中，该值被输入用户子程序 DLOAD；在 ABAQUS/Explicit 分析中，该值被忽略。

（4）Stagnation（滞止压力），施加滞止压力，仅适用于 ABAQUS/Explicit。

① Magnitude（大小）：输入压力值。

② Amplitude（幅值）：用于选择载荷随时间/频率变化的规律。

③ Determine relative velocity from reference point（从参考点确定相对速度）：该选项用于选择是否将施加压力的面的速度减去参考点的速度。默认为不选择该选项；若用户选择该选项，

需要单击 Edit...按钮选择几何模型的顶点、参考点或网格模型的节点作为参考点。

（5）Viscous，施加黏性压力，仅适用于 ABAQUS/Explicit，其设置方法同滞止压力。

（6）**f(x)**：Create Analytical Field（创建解析场）按钮，该按钮用于创建分析场的表达式，创建后该分析场被列入 Distribution（分布）列表中，可选择压力按此表达式分布。

如果事先通过执行菜单栏的 Tools（工具）→ Analytical Field（解析场）→Create（创建）命令定义了分析场，那么可以直接在 Distribution（分布）列表内进行选择。

完成载荷的设置后，单击工具区的 Load Manager（载荷管理器）工具，可见载荷管理器内列出了已创建的载荷，如图 3-51 所示。

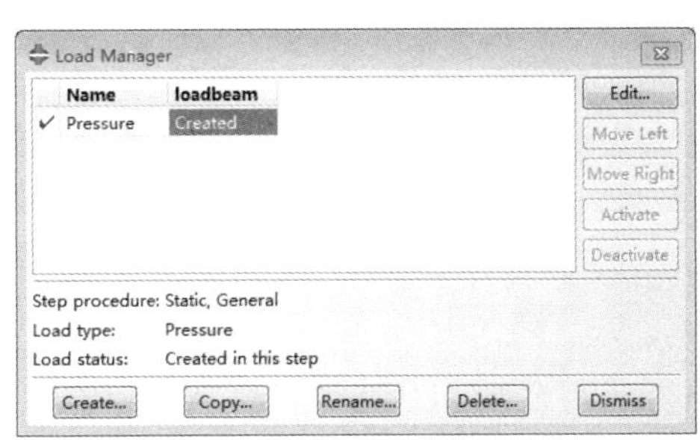

图 3-51　载荷管理器

3.5.2　边界条件

主菜单中的 BC（边界条件）菜单及工具区中的 Create Boundary Condition（创建边界条件）工具和 Boundary Condition Manager（边界条件管理器）工具，分别用于边界条件的创建和管理。

1. 创建边界条件

定义边界条件时，可以执行菜单栏中的 BC（边界条件）→Create（创建）命令，或者单击左侧工具区中的工具，还可以双击左侧模型树中的 BCs（边界条件），弹出 Create Boundary Condition（创建边界条件）对话框，如图 3-52 所示。

（1）Name（名称），在该栏内输入边界条件的名称，默认为 BC-*n*（*n* 为第 *n* 个创建的边界条件）。

（2）Step（分析步），在该列表内选择用于创建边界条件的步骤，包括初始步和分析步。

（3）Category（种类），用于选择适用于所选步骤的边界条件种类，包括 Mechanical（力学）、Fluid（流体）、Electrical/Magnetic（电学/磁学）和 Other（其他）。

（4）Types for Selected Step，用于选择边界条件的类型，是 Category 的下一级选项。对于不同的分析步，可以施加不同的边界条件类型。

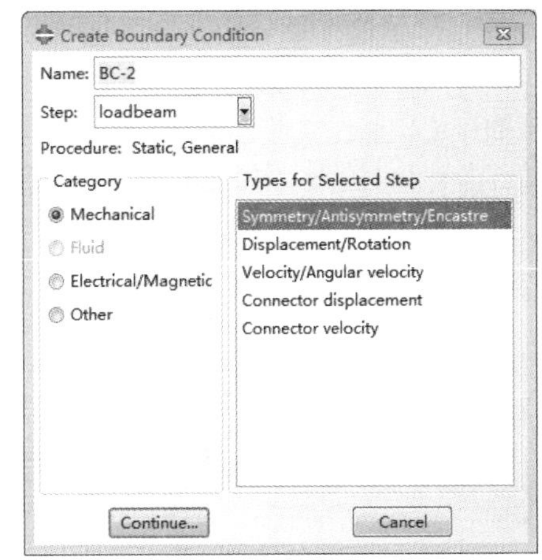

图 3-52　“创建边界条件”对话框

- Mechanical（力学）：包括 Symmetry/Antisymmetry/Encastre（对称/反对称/完全固定）、Displacement/Rotation（位移/旋转）、Acceleration/Angular acceleration（加速度/角加速度）、Velocity/Angular velocity（速度/角速度）、Connector displacement（连接位移）、Connector velocity（连接速度）、Connector acceleration（连接加速度）。
- Electrical/Magnetic（电学/磁学）：Electric potential（电势）。
- Other：包括 Temperature（温度）、Pore pressure（孔隙压力）、Fluid cavity pressure（流体气蚀区压力）、Mass concentration（质量浓度）、Acoustic pressure（声压）、Connector material flow（连接物质流动）。

2. 编辑对称/反对称/完全固定边界条件

如图 3-52 所示，选择 Symmetry/Antisymmetry/Encastre（对称/反对称/完全固定）后，单击 Continue…按钮，选择施加该边界条件的点、线、面、单元，单击提示区的 Done 按钮，弹出 Edit Boundary Condition（编辑边界条件）对话框，如图 3-53 所示。该对话框包括以下 8 种单选的边界条件。

（1）XSYMM：关于与 X 轴（坐标轴 1）垂直的平面对称（Ul=UR2=UR3=0）。

（2）YSYMM：关于与 Y 轴（坐标轴 2）垂直的平面对称（U2=UR1=UR3=0）。

（3）ZSYMM：关于与 Z 轴（坐标轴 3）垂直的平面对称（U3=UR1=UR2=0）。

（4）PINNED：约束 3 个平移自由度，即铰支约束（U1=U2=U3=0）。

（5）ENCASTRE：约束 6 个自由度，即固支约束（U1=U2=U3=UR1=UR2=UR3=0）。

（6）XASYMM：关于与 X 轴（坐标轴 1）垂直的平面反对称（U2=U3=UR1=0），仅适用于 ABAQUS/Standard。

（7）YASYMM：关于与 Y 轴（坐标轴 2）垂直的平面反对称（Ul=U3=UR2=0），仅适用于 ABAQUS/Standard。

（8）ZASYMM：关于与 Z 轴（坐标轴 3）垂直的平面反对称（Ul=U2=UR3=0），仅适用于 ABAQUS/Standard。

对于结构、载荷和边界条件对称的情况（包括正对称或反对称），可以建立对称面一侧的模型进行计算，并对该对称面施加正对称或反对称边界条件。如对称面与坐标轴 1 垂直的正对称结构，选择 XSYMM。

3. 编辑位移/旋转边界条件

如图 3-52 所示，选择 Displacement/Rotation（位移/旋转）后，单击 Continue…按钮，选择施加该边界条件的点、线、面，单击提示区的 Done 按钮，弹出 Edit Boundary Condition（编辑边界条件）对话框，如图 3-54 所示。

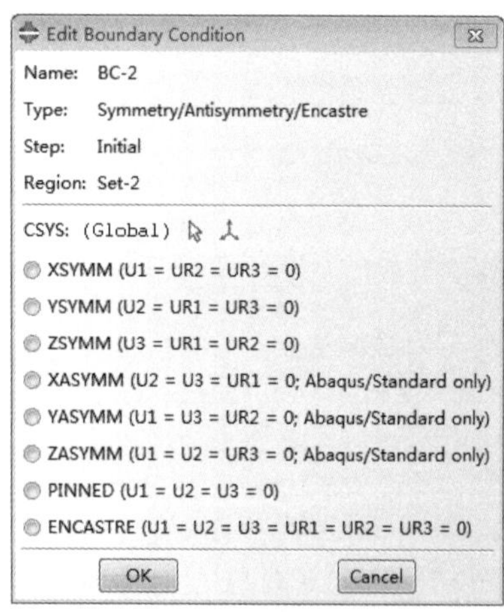

图 3-53　对称/反对称/完全固定下的“编辑边界条件”对话框

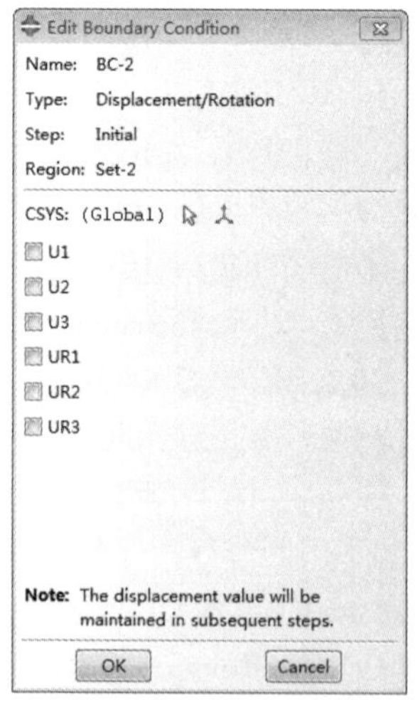

图 3-54　位移/旋转下的“编辑边界条件”对话框

（1）CSYS，用于选择坐标系，默认为整体坐标系。单击按钮，可以选择局部坐标系。

（2）Ul、U2、U3 用于指定 3 个方向的位移边界条件，UR1、UR2、UR3 用于指定 3 个方向的旋转边界条件（指定转角值为弧度）。

完成边界条件的设置后，单击工具区的 Boundary Condition Manager（边界条件管理器）工具，可见边界条件管理器内列出了已创建的边界条件。

3.5.3　预定义场的设置

主菜单中的 Predefined Field（预定义场）菜单及工具区的 Create Predefined Field（创建预定义场）工具和 Predefined Field Manager（预定义场管理器）工具，用于预定义场的创建和管理。

执行菜单栏中的 Predefined Field（预定义场）→Create（创建）命令，或单击左侧工具区中的工具，还可以双击左侧模型树中的 Predefined Field（预定义场），弹出 Create Predefined Field（创建预定义场）对话框，如图 3-55 所示。该对话框与 Create Load 对话框类似，包括以下几项。

（1）Name（名称），在该栏内输入预定义场的名称，默认为 Predefined Field-*n*（*n* 表示第 *n* 个创建的预定义场）。

（2）Step（分析步），在该下拉列表内选择用于创建预定义场的步骤，包括初始步和分析步。

（3）Category（种类），该选项用于选择适用于所选步骤的预定义场的种类，包括 Mechanical（力学）和 Other（其他）。

（4）Types for Selected Step（可用于所选分析步的类型），该列表用于选择预定义场的类型，是 Category 的二级选项。

① Mechanical（力学），在初始步中设置 Velocity（速度）。单击 Continue...按钮，选择施加该边界条件的点、线、面、单元，单击提示区的 Done 按钮，弹出 Edit Predefined Field（编辑预定义场）对话框，如图 3-56 所示。该对话框包括以下几项。

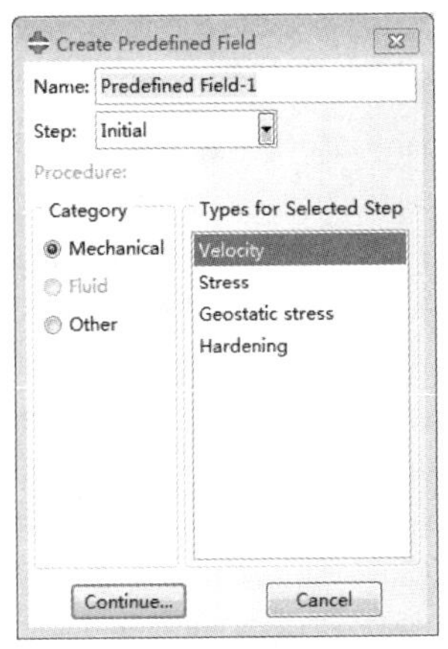

图 3-55　“创建预定义场”对话框

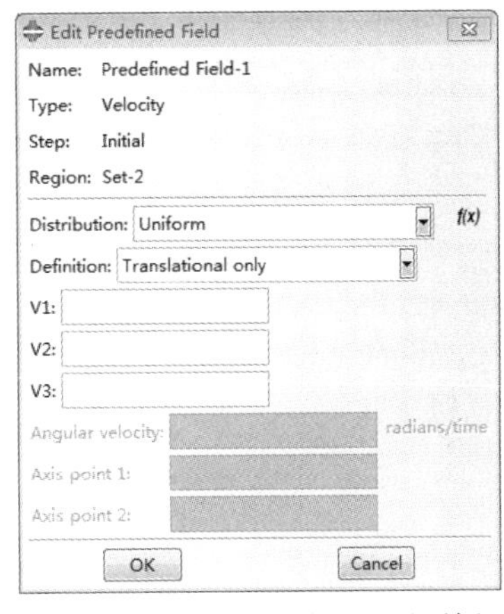

图 3-56　“编辑预定义场”对话框

a. Definition（定义），用于选择初始速度的定义方式。

- Translational only（仅平移）：用于定义初始平移速度。
- Rotational only（仅旋转）：用于定义初始旋转速度。
- Translational& rotational（平移或旋转）：用于定义初始平移速度和初始旋转速度。

b. V1，该栏用于输入坐标轴 1 方向（整体坐标系 *X* 轴）的平移速度。当在 Definition 中选择 Rotational only 时，该选项不被激活。

c. V2，该栏用于输入坐标轴 2 方向（整体坐标系 *Y* 轴）的平移速度。当在 Definition 中选择 Rotational only 时，该选项不被激活。

d. V3，该栏用于输入坐标轴 3 方向（整体坐标系 *Z* 轴）的平移速度。当在 Definition 中选择 Rotational only 时，该选项不被激活。

e. Angular velocity（角速度），该栏用于输入角速度。当在 Definition 中选择 Translational only 时，该选项不被激活。

f. Axis point 1/Axis point 2（轴上的点 1/轴上的点 2），该栏用于输入旋转轴第 1/2 点的坐标。当在 Definition（定义）中选择 Translational only 时（仅平移），该选项不被激活。对于二维模型，在 Axis point（轴上的点）栏内输入指定点的坐标，为该点绕 *Z* 轴正方向的旋转；对于轴对称模型，在 Axis radius（轴半径）栏内输入半径，为绕 *Z* 轴正方向以该指定半径旋转。

② Other，包括 Temperature（温度）和 Initial State（初始状态）等，其中 Initial State（初始状态）仅适用于初始步，输入以前的分析得到的已发生变形的网格和相关的材料状态作为初始状态场。

完成预定义场的设置后，单击工具区的 Predefined Field Manager（预定义场管理器）工具，可见预定义场管理器内列出了已创建的预定义场。该管理器的用法与载荷管理器、边界条件管理器类似。

3.5.4 定义载荷工况

主菜单中的 Load Case（载荷工况）菜单及左侧工具区的 Create Load Case（创建工况）工具和 Load Case Manager（工况管理器）工具，用于工况的创建和管理。

工况是一系列组合在一起的载荷和边界条件（可以指定非零的比例系数对载荷和边界条件进行缩放），线性叠加结构对它们的响应，仅适用于直接求解的稳态动力学线性摄动分析步（Steady-state dynamic，Direct）和静态线性摄动分析步（Static，Linear perturbation），包含工况的分析步，仅支持场变量输出。

定义工况时，执行菜单栏的 Load Case（载荷工况）→Create（创建）命令，或单击左侧工具区的 Create Load Case（创建工况）工具，弹出 Create Load Case（创建载荷工况）对话框，如图 3-57 所示，该对话框包括以下几项。

- Name（名称）：在该栏内输入工况名称，默认为 Load Case-*n*（*n* 为第 *n* 个创建的工况）。
- Step（分析步）：在该列表内选择用于创建工况的分析步。

单击 Continue...按钮，弹出 Edit Load Case（编辑载荷工况）对话框，如图 3-58 所示，该对话框包括以下几项。

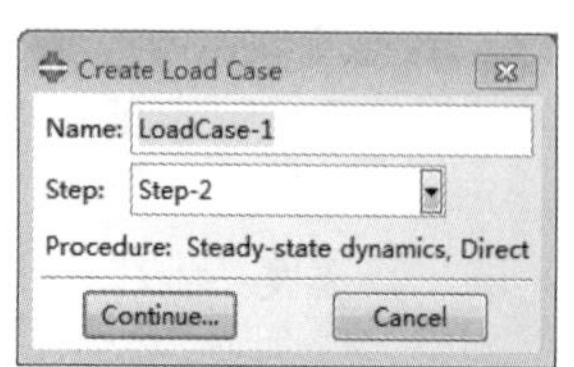

图 3-57 “创建载荷工况”对话框

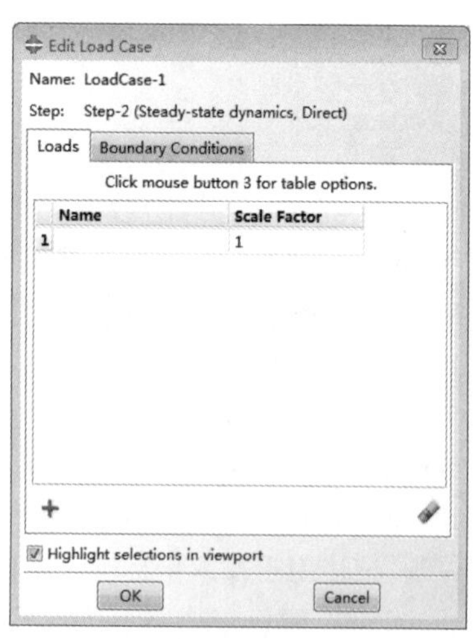

图 3-58 “编辑载荷工况”对话框

（1）Loads（载荷）：用于选择该工况下的载荷。可以在表格内输入载荷名称和非零的比例系数（可以为负数），勾选 Highlight selections in viewport（在视口中高亮显示所选对象）复选框；也可以单击 Add...（添加）按钮，在 Load Selection（负载选择）对话框中进行载荷的选择。

单击 Delete Rows（删除行）按钮，删除已添加的载荷。

（2）Boundary Conditions（边界条件）：用于选择该工况下的边界条件。边界条件的设置与载荷的设置相同。默认选择的 In addition to selections bellow，use all boundary conditions propagated or modified from the base state，表示除了表中选择的边界条件外，该工况还包含所有传播到该分析步的边界条件（在该分析步下显示 propagated 或 modified）。

完成工况的设置后，单击工具区 Load Case Manager（工况管理器）工具，可见工况管理器内列出了该分析步内已创建的工况。

3.6　相互作用模块

在定义一些相互作用之前，需要定义对应的相互作用属性，包括接触、入射波、热传导、声阻。本节主要介绍接触属性和接触的定义，其他类型的相互作用请参阅系统帮助文件。

3.6.1　相互作用的定义

1. 接触属性的定义

执行菜单栏的 Interaction（相互作用）→Property（属性）→Create（创建）命令，或单击工具区中的 Create Interaction Property（创建相互作用属性）工具，ABAQUS 弹出 Create Interaction Property（创建相互作用属性）对话框，如图 3-59 所示，该对话框包括以下两个部分。

- Name（名称）：该处输入相互作用属性的名称，默认为 IntProp-*n*（*n* 表示第 *n* 个创建的相互作用属性）。
- Type（类型）：该列表用于选择相互作用属性的类型，包括 Contact（接触）、Film condition（膜条件）、Cavity Radiation（空腔辐射）、Fluid cavity（流体腔）、Fluid exchange（液体交换）、Acoustic impedance（声学阻抗）、Incident wave（入射波）、Actuator/sensor（激励器/传感器）。

在列表中选择 Contact，单击 Continue...按钮，弹出 Edit Contact Property（编辑接触属性）对话框，如图 3-60 所示。该对话框包括 Contact Property Options（接触属性选项）列表和各种接触参数的设置区域，下面分别进行介绍。

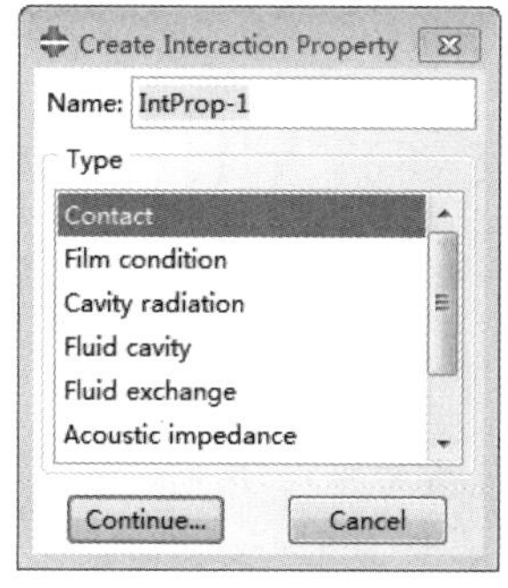

图 3-59 “创建相互作用属性”对话框

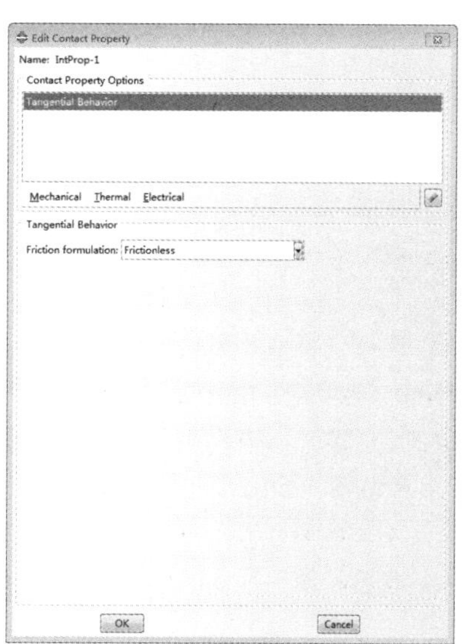

图 3-60 “编辑接触属性”对话框

（1）Mechanical（力学的），用于定义力学的接触属性。包括 Tangential Behavior（切向属性）、Normal Behavior（法向属性）、Damping（阻尼）、Damage（损伤）、Fracture Criterion（断裂准则）、Cohesive Behavior（黏性行为）、Geometric Properties（几何属性）：选择定义附加的几何属性。此处仅介绍常用的 Tangential Behavior（切向属性）和 Normal Behavior（法向属性）。

① Tangential Behavior（切向属性）：选择定义摩擦系数、剪应力极限、弹性滑动等摩擦属性。包括了 Frictionless（无摩擦）、Penalty（罚）、Static-Kinetic Exponential Decay（静摩擦-动摩擦指数衰减）、Rough（粗糙）、Lagrange Multiplier（Standard Only）（拉格朗日乘子）、User-defined（用户定义）。

② Normal Behavior（法向属性）：选择定义接触刚度等法向接触属性。

- Pressure-Overclosure（压力过盈）包括：“Hard” Contact（“硬”接触）、Exponential（指数）、Linear（线性）、Tabular（表）、Scale Factor（General Contact，Explicit）（标量因子）。
- Constraint enforcement method（约束执行方法）包括：Default（默认）、Augmented Lagrange（Standard）（增广拉格朗日）、Direct（Standard）（罚）。
- Allow separation after contact（允许接触后分离）选项。

（2）Thermal（热学）：包括 Thermal Conductance（传导热）、Heat Generation（生热）和 Radiation（辐射）。

（3）Electrical（电）：包括 Electrical Conductance（电导系数）。

读者可以修改接触属性，单击左侧工具区中的 Interaction Property Manager（相互作用属性管理器）工具，弹出如图 3-61 所示的 Interaction Property Manager（相互作用属性管理器）对话框，选择需要编辑的接触属性，单击 Edit...按钮；或在菜单栏中选择 Interaction（相互作用）→Property（属性）→Edit（编辑）命令，在下级菜单中选择需要编辑的接触属性。

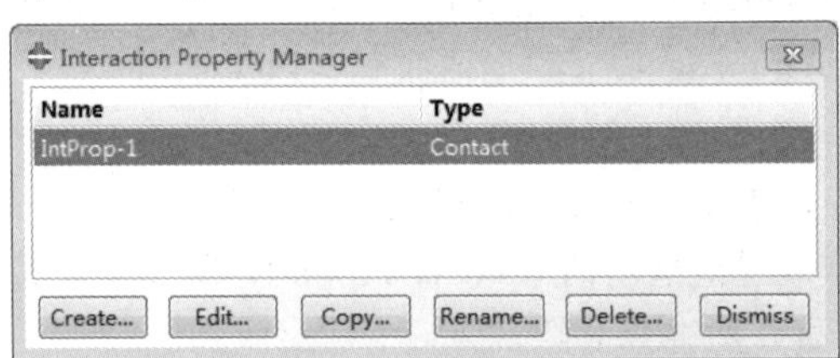

图 3-61 “相互作用属性管理器”对话框

2. 接触的定义

在 ABAQUS/Standard 中，可以定义面-面接触和自接触、压穿等类型；在 ABAQUS/Explicit 中，可以定义面-面接触、自接触、声学边界等类型。接触属性的设置适用于所有的接触类型。

在菜单栏中选择 Interaction（相互作用）→Create（创建）命令，或单击工具区中的 Create Interaction（创建相互作用）工具，弹出 Create Interaction（创建相互作用）对话框，如图 3-62 所示。该对话框包括 3 个部分。

- Name（名称）：在该栏内输入相互作用的名称。
- Step（步骤）：该栏用于选择激活相互作用的步骤，可以选择初始步或一个分析步。
- Types for Selected Step（可用于所选分析步的类型）：该列表用于选择相互作用的类型。选择不同的分析步，可用于所选分析步的类型也有所不同。

选择完成后，单击 Continue...按钮，进行接触的定义。下面分别对几种常见类型的接触定义进行介绍。

（1）定义 Surface-to-surface contact（表面与表面接触）

ABAQUS/Standard 中的面-面接触。在创建 ABAQUS/Standard 的通用分析步或者 Implicit 分析步后，在 Create Interaction 对话框中选择 Surface-to-surface contact（Standard）定义面-面接触。

单击 Continue...按钮，在视图区选择主面，单击提示区的 Done 按钮；或单击提示三中右侧的 Surface 按钮，在弹出的 Region Selection（区域选择）对话框中选择已创建的 Surface，如图 3-63 所示，单击 Continue...按钮。

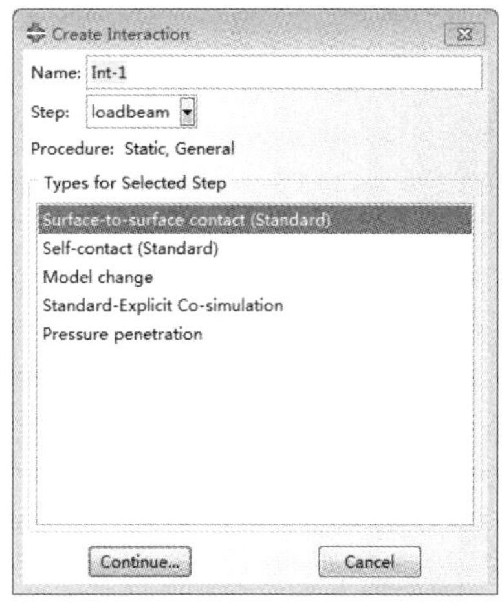

图 3-62 “创建相互作用”对话框

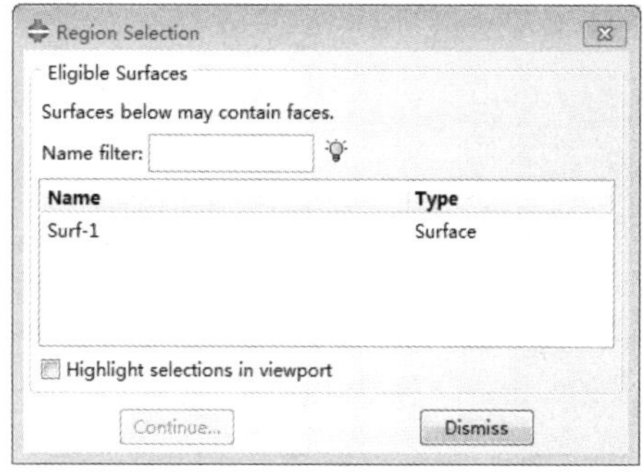

图 3-63 “区域选择”对话框

接着需要在提示区选择从面的类型，如图 3-64 所示，可以选择 Surface（面）和 Node Region（包含节点集合的区域）。

图 3-64 选择从面的类型

- 若选择 Surface，则选择从面的方法同选择主面的方法。
- 若选择 Node Region，在视图区选择从节点区域，单击提示区的 Done 按钮；或单击提示区右侧的 Sets 按钮，在弹出的 Region Selection（区域选择）对话框中选择已创建的 Set-1，单击 Continue...按钮。

面-面接触包含一个主面和一个从面组成的接触对，主面可以穿透到从面内，但从面不能穿透到主面内。接触对可以定义两个可变形面或一个可变形面和一个刚性面。若接触对包含一个可变形面和一个刚性面，则刚性面一定是主面。

随后弹出 Edit Interaction（编辑相互作用）对话框，如图 3-65 所示，下面对该对话框进行介绍。

① Switch（转换）按钮，该按钮用于交换主面和从面，在选择从面（图 3-63 中的 Surface）时被激活。

② Sliding formulation（滑动公式），用于选择滑动公式。

- Small sliding（小滑动）：用于选择小滑动公式，即在整个分析中，接触面间的相对运动都是小量。
- Finite sliding（有限滑动）：用于选择有限滑动公式，即允许接触面间的任意滑动、分离、旋转，此为默认选项。

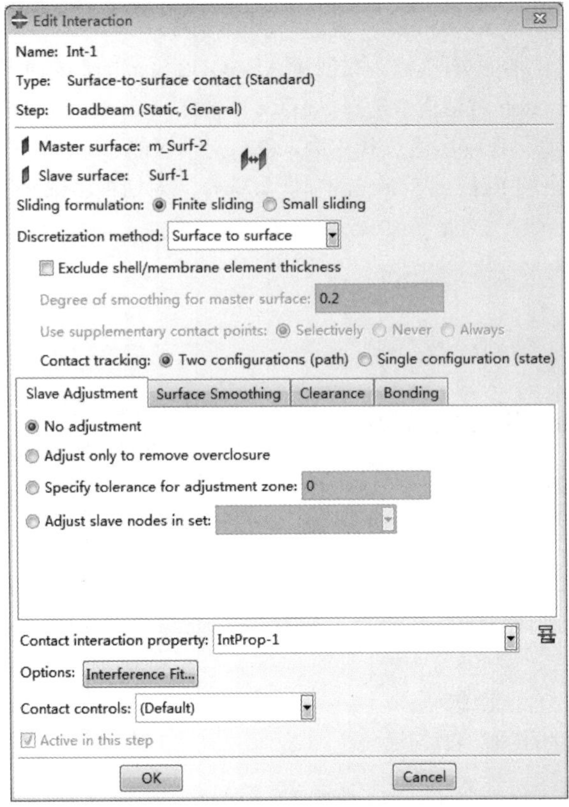

图 3-65 “编辑相互作用”对话框

③ Discretization method（离散化方法），用于选择约束增强方法，即接触离散化。

- Surface to surface（表面-表面）：该方法考虑了主面和从面的形状，提高了计算精确度，但要增加计算时间。该方法仅适用于从面。
- Node to surface（节点-表面）：此为默认选项，从面被离散成节点，每个从面节点与其投影到主面上的节点发生相互作用，接触方向为主面的法向，每一个接触条件包含一个从面节点和一组投影的主面节点。

④ Exclude shell/membrane element thickness（排除壳/膜厚度），用于选择是否考虑壳或膜的厚度。

- 当 Sliding formulation（滑动公式）栏为 Finite sliding（有限滑动）且 Discretization method（离散化方法）栏为 Node to surface（节点-表面）时，ABAQUS 不考虑壳或膜的厚度。
- 当 Sliding formulation（滑动公式）栏为 Small sliding（小滑动）或 Sliding formulation（滑动公式）栏为 Finite sliding（有限滑动）且 Discretization method（离散化方法）栏为 Surface to surface（表面-表面）时，该选项被激活，可以选择是否考虑壳或膜的厚度。

⑤ Degree of smoothing for master surface（表面平滑度），当 Sliding formulation（滑动公式）栏为 Finite sliding（有限滑动）时，可以在该栏输入主面边界长度的分数作为主面光滑参数，该值小于 0.5，默认值为 0.2。

⑥ Clearance（过盈量），当选择小滑动公式［在 Sliding formulation（滑动公式）栏选择 Small sliding（小滑动）］时，该页面用于指定主面和从面之间的初始间距或穿透，需要首先在 Initial clearance（初始间距）列表内选择间距类型，再按要求指定初始间距或穿透。

a. Not specified，不指定初始间距。

b. Uniform value across slave surface，用于指定主面和从面之间统一的间距或穿透，正值为间距，负值为穿透。

c. Computed for single-threaded bolt，用于单个螺栓连接的螺纹模拟，初始间距或穿透由 ABAQUS/Standard 计算出。

- Clearance region on slave surface：需要单击 Edit Region…按钮指定需要设置初始间距或穿透的从面节点区域，方法与定义接触时指定从面节点区域相同。
- Half-thread angle：用于输入半螺纹断面角。
- Bolt direction vector：需要单击 Edit…按钮，在视图区选择已创建的轴作为螺栓/螺栓孔中心线的方向。
- Bolt diameter：该栏用于输入螺纹的直径，用户可以选择 Major 定义最大螺纹直径，选择 Mean 定义平均螺纹直径。
- Pitch：该栏用于输入螺距。

d. Specify for single-threaded bolt，用于单个螺栓连接的接触分析，与 Computed for single-threaded bolt 的唯一区别是需要用户指定初始间距或穿透，正值为间距，负值为穿透。

⑦ Slave Node/Surface Adjustment（从节点/表面调整），该页面用于在计算开始时调整从节点/从面的位置。对从节点/从面位置的调整仅是对模型几何的调整，不产生应力/应变。

- No adjustment：此为默认选项，不调整从节点/从面的位置。
- Adjust only to remove overclosure：仅调整被主面穿透的从面区域，将这些区域精确地移动到与主面接触的位置。
- Specify tolerance for adjustment zone：用于指定一个调整区域。在该栏内输入一个距离值，从主面向外延伸该设定的距离为调整区域，ABAQUS/Standard 将调整区域内的从面精确地移动到与主面接触的位置，默认值为 0，此时的调整效果与 Adjust only to remove overclosure 选项相同，仅调整被主面穿透的从面区域。
- Adjust slave nodes in set：ABAQUS/Standard 仅调整指定节点集内包含的从面节点，不管该节点与主面的距离多大，ABAQUS/Standard 将指定节点集内包含的从面节点精确地移动到与主面接触的位置。
- Tie adjusted surfaces：当选择调整从节点/从面的位置时被激活，表示在整个分析中将主面和从面绑定在一起，即定义一个绑定接触。

⑧ Options（选项），单击 Interference Fit（干涉调整）…按钮，弹出 Interference Fit Options（干涉调整选项）对话框，如图 3-66 所示，用于设置初始过盈。

⑨ Contact interaction property（接触属性），用于选择接触属性。若之前没有设置接触属性，可以单击 Create…按钮进行创建。

⑩ Contact controls（接触控制），用于选择已建立的接触控制。

（2）定义 Self-contact（自接触）

ABAQUS/Standard 中的自接触。在创建 ABAQUS/Standard 的通用分析步后，可以在如图 3-62 所示的 Create Interaction（创建相互作用）对话框中，选择 Self-contact（Standard）定义自接触，单击 Continue...按钮，在视图区选择可变形的面，单击提示区的 Done 按钮；或单击提示区右侧的 Surface 按钮，在弹出的 Region Selection（区域选择）对话框中选择已创建的 Surface，如图 3-63 所示。单击 Continue…按钮，弹出 Edit Interaction（编辑相互作用）对话框，如图 3-67 所示，下面对其主要功能进行介绍。

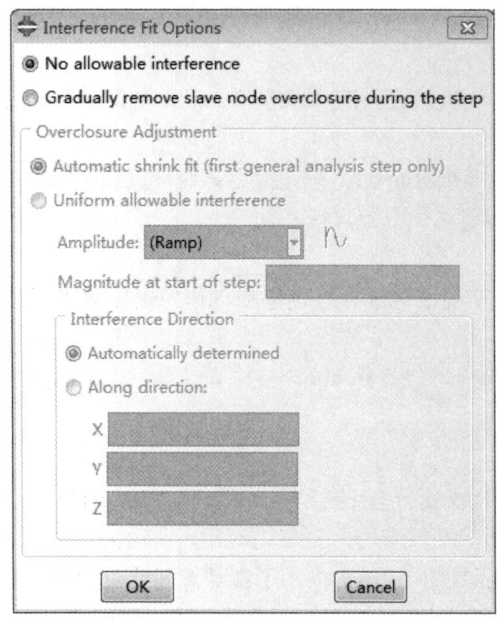

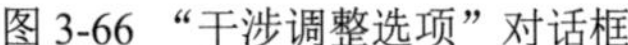

图 3-66 “干涉调整选项”对话框

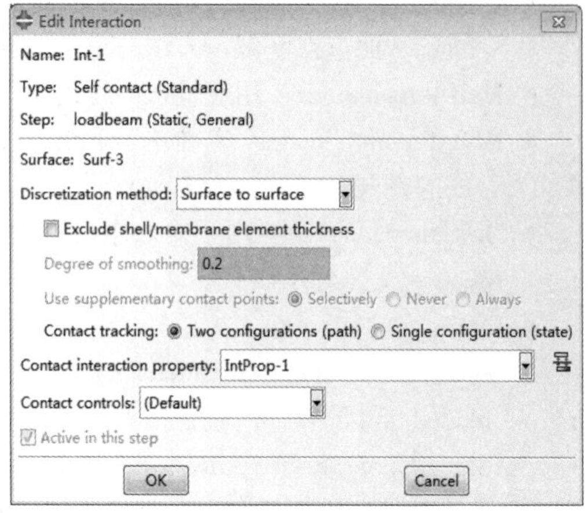

图 3-67 “编辑相互作用”对话框

① Contact interaction property（接触属性）：用于选择接触属性。若之前没有设置接触属性，可以单击 Create…按钮进行创建。

② Exclude shell/membrane element thickness（排除壳/膜厚度）：该栏用于选择是否考虑壳或膜的厚度。当 Discretization method（离散化方法）栏为 Surface to surface（表面-表面）时，该选项被激活，用户可以选择是否考虑壳或膜的厚度。当 Discretization method（离散化方法）栏为 Node to surface（节点-表面）时，ABAQUS 不考虑壳或膜的厚度。

③ Discretization method（离散化方法）：该栏用于选择约束增强方法，即接触离散化。用户可以选择 Node to surface（节点-表面）和 Surface to surface（表面-表面）两种方式，与 Surface-to-surface contact（Standard）相同。

④ Degree of smoothing（平滑度）：如同 Surface-to-surface contact（Standard），该栏用于输入主面边界长度的分数作为主面光滑参数，该值小于 0.5，默认值为 0.2。

⑤ Contact controls（接触控制）：该栏用于选择已建立的接触控制。

（3）定义 Surface-to-surface contact（Explicit step）

ABAQUS/Explicit 中的面-面接触。在创建 ABAQUS/Explicit 的分析步后，可以在 Create Interaction 对话框中选择 Surface-to-surface contact（Standard）定义面-面接触。单击 Continue…按钮，分别选择第一个表面和第二个表面/节点集合区域，弹出 Edit Interaction（编辑相互作用）对话框，如图 3-68 所示。下面对该对话框的功能进行介绍。

① Switch（转换）按钮，用于交换第一个表面和第二个表面，在选择第二个表面（图 3-63 中的 Surface）时被激活。在视图区中，第一个表面为红色，第二个表面为紫红色。

② Sliding formulation（滑动公式），该栏用于选择滑动公式。

- Finite sliding（有限滑动）：用于选择有限滑动公式，允许接触面间的任意分离、滑动、旋转，此为默认选项。
- Small sliding（小滑动）：用于选择小滑动公式，在整个分析中，接触面间的相对运动都是小量。

③ Clearance，当选择小滑动公式（在 Sliding formulation 栏选择 Small sliding）时，该页面

用于指定主面和从面之间的初始间距或穿透，设置方法与 Surface-to-surface contact（Standard）完全相同。

④ Contact interaction property（接触属性），该栏用于选择接触属性。若之前没有设置接触属性，可以单击 Create...按钮进行创建。

⑤ Contact controls（接触控制），该栏用于选择已建立的接触控制。

（4）定义 Self-contact（Explicit step）

ABAQUS/Explicit 中的自接触。在创建 ABAQUS/Explicit 的分析步后，可以在 Create Interaction（创建相互作用）对话框中选择 Self-contact（Standard）定义自接触，如图 3-62 所示。

单击 Continue...按钮，选择可变形的面，方法与 Self-contact（Standard）中面的选择相同。Edit Interaction（编辑相互作用）对话框如图 3-69 所示。下面对该对话框进行介绍。

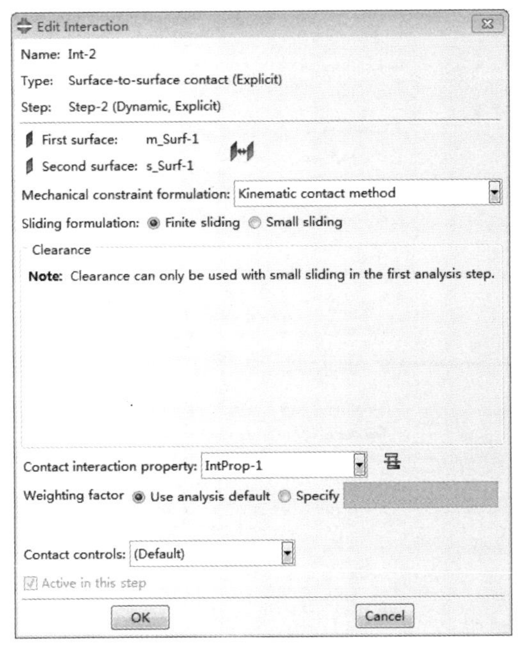

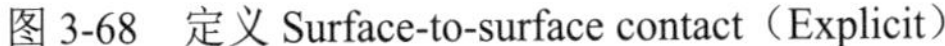
图 3-68　定义 Surface-to-surface contact（Explicit）

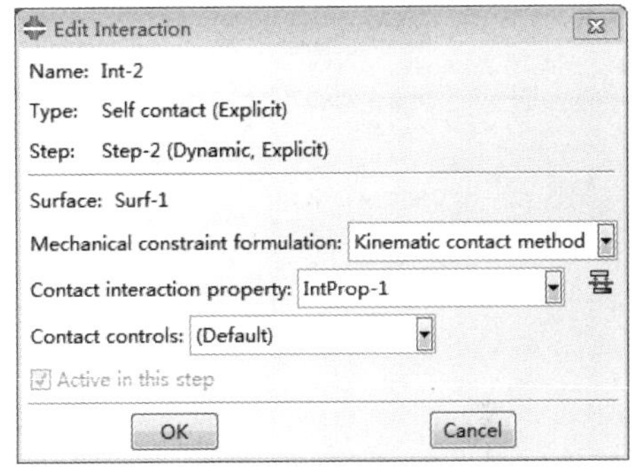

图 3-69　定义 Self-contact（Explicit）

① Contact interaction property（接触属性）：该栏用于选择接触属性。若之前没有设置接触属性，可以单击 Create...按钮进行创建。

② Contact controls（接触控制）：该栏用于选择已建立的接触控制。

3.6.2　定义约束

在 Interaction（相互作用）功能模块中，可使用主菜单中的 Constraint 菜单及工具区中的 Create Constraint（创建约束）工具和 Constraint Manager（约束管理器）工具，进行约束的定义和编辑。

在菜单栏中选择 Constraint（约束）→Create（创建）命令，或单击工具区中的 Create Constraint（创建约束）工具，弹出 Create Constraint（创建约束）对话框，如图 3-70 所示。该对话框包括以下两个部分。

- Name（名称）：用于输入约束的名称。
- Type（类型）：用于选择约束的类型，包括 Tie（绑定）、Rigid body（刚体）、Display body（显示体）、Coupling（耦合）、Adjust point（调整点）、Mpc Constraint（Mpc 约

束）、Shell-to-solid coupling（壳-实体耦合）、Embedded region（嵌入区域）、Equation（方程）。

本节主要介绍绑定约束、刚体约束、显示体约束和耦合约束，其他类型的约束请参阅系统帮助文件 ABAQUS/CAE User's Manual 和 ABAQUS Analysis User's Manual。

1. 绑定约束

绑定（Tie）约束用于将模型中的两个区域（面或节点区域）绑定在一起，使它们之间没有相对运动。该类约束允许绑定两个网格划分截然不同的区域。

在 Create Constraint 对话框的 Type 列表中选择 Tie，如图 3-70 所示。单击 Continue...按钮，需要首先在提示区选择主面的类型，与面-面接触的定义基本相同，此处不再赘述。选择从面后，弹出 Edit Constraint（编辑约束）对话框，如图 3-71 所示。下面对该对话框进行介绍。

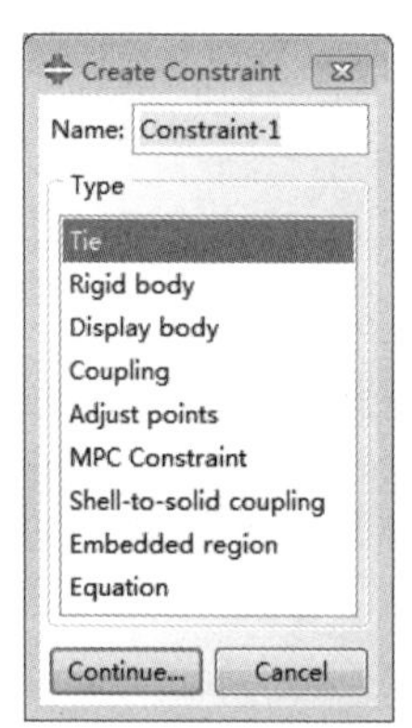

图 3-70 “创建约束”对话框

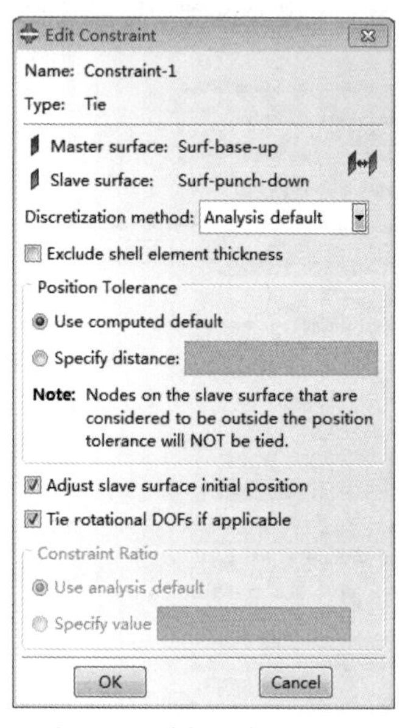

图 3-71 “编辑约束”对话框

（1）Switch（转换）按钮，该按钮用于交换主面和从面，在主面和从面的类型相同时被激活。在视图区中，主面为红色，从面为紫红色。

（2）Discretization method（离散化方法），该栏用于选择约束增强方法。

- Analysis default（分析默认值）：采用默认的约束增强方法，即在 ABAQUS/Standard 中采用 Surface to surface，在 ABAQUS/Explicit 中采用 Node to surface。
- Node to surface（节点-表面）：类似于 ABAQUS/Standard 中的面-面接触，此处不再赘述。该方法适用于两种从面类型。
- Surface to surface（表面-表面）：该方法考虑了主面和从面的形状，提高了计算精确度，但要增加计算时间。该方法仅适用于主面和从面的类型都是 Surface 的情况。

（3）Exclude shell element thickness（排除壳单元厚度），该栏用于选择是否考虑壳的厚度。

（4）Position Tolerance（位置公差），用于设置被绑定的从面节点的区域，位于该公差以外的从面节点将不被绑定。

- Use computed default（使用计算得到的默认值）：采用默认的位置公差确定被绑定的从面节点的区域。
- Specify distance（指定距离）：用于指定一个距离值，从主面延伸该设定的距离为绑定区域，ABAQUS 将区域内的从面节点进行绑定。

（5）Adjust slave surface initial position（调整从表面初始位置）：该选项用于调整从面节点的初始位置，使被绑定的从面节点移动到与主面接触的位置。该功能仅是对模型几何的调整，不产生应力/应变。

（6）Tie rotational DOFs if applicable（绑定转动自由度），该选项用于约束主面和从面间的旋转自由度。

（7）Constraint Ratio（约束比），该栏用于设置约束比率（主面和从面间距离的分数）来定位平移约束，当不选择 Tie rotational DOFs if applicable 时被激活。

- Use analysis default：（使用分析默认值）此为默认选项，ABAQUS 自动选择约束比率。
- Specify value（指定值）：用户指定一个约束比率。

设置完成，单击 OK 按钮。下面用一个例子来说明绑定约束的定义。

平压头与平板的绑定约束设置，它们之间通过螺钉连接在一起，不能发生相对运动。

1）创建主面和从面

在菜单栏选择 Tools（工具）→Surface（表面）→Create（创建）命令，在弹出的 Create Surface（创建表面）对话框中，输入 Surf-base-up 为平板上表面的名称，单击 Continue...按钮，根据提示在视图区选择面。

用同样的方法，定义压头的下表面，命名为 Surf-punch-down。

2）选择绑定的主面和从面

单击工具区中的 Create Constraint（创建约束）工具，弹出 Create Constraint（创建约束）对话框，如图 3-70 所示，单击 Continue...按钮。

在提示区单击 Surface 按钮，在弹出的 Region Selection（区域选择）对话框中选择 Surf-base-up，单击 Continue...按钮。再在提示区中单击 Surface 按钮，在弹出的 Region Selection（区域选择）对话框中选择 turf-punch-down，单击 Continue...按钮，弹出 Edit Constraint（编辑约束）对话框，如图 3-71 所示。全部采用默认设置，单击 OK 按钮，完成绑定定义。

2. 刚体约束

刚体约束（Rigid body）用于创建一个刚性区域（节点、面或单元），在整个分析过程中，该区域内节点和单元的相对位置保持不变，该区域跟随指定的一个参考点发生刚体位移。将刚度大的区域定义为刚体可以提高计算效率，在多体动力学分析中非常有用。

刚体的运动可以通过施加在参考点上的边界条件被指定；刚体可用于定义面-面接触和通用接触。

在定义刚体约束之前，必须先创建一个参考点。参考点的定义非常简单。选择主菜单中的 Tools（工具）→Reference Point（参考点）命令，在视图区选取模型上的一点，单击 Done 按钮，ABAQUS 在与该点重合的位置创建一个参考点；或在提示区输入参考点坐标，按 Enter 键，ABAQUS 在该坐标处创建一个参考点。在视图区，参考点以 $\times^{PR\text{-}n}$ 表示（n 表示已创建的第 n 个参考点）。

在 Create Constraint（创建约束）对话框的 Type 列表内选择 Rigid body，如图 3-70 所示，单击 Continue...按钮，弹出 Edit Constraint（编辑约束）对话框，如图 3-72 所示。下面对该对话框进行介绍。

（1）Region type/Region，该表格用于选择刚体区域的类型，单击 Edit...按钮选择相应的刚体区域（方法与接触面的选择相同），单击 Clear 按钮删除已选择的刚体区域。

- Body（elements）：选择几何模型或网格模型中的单元为刚体，用户可以选择单元、Cells、壳的面和线模型的边界。
- Analytical Surface：选择分析表面为刚体。

- Tie（nodes）：选择点、线、面、Cells 上的节点为刚体，这些节点有平移和旋转自由度。
- Pin（nodes）：选择点、线、面、Cells 上的节点为刚体，这些节点只有平移自由度。

（2）Reference point，该区域用于选择参考点。单击 Edit...按钮选择参考点。

- Constrain selected regions to be isothermal：该选项用于指定等温的刚体，仅适用于热-力耦合分析（Coupled temp-displacement）。
- Adjust point to center of mass at start of analysis：该选项用于将参考点定位到刚体的质心。

设置完成，单击 OK 按钮。

3. 显示体约束

显示体（Display body）是仅用于显示的部件实体，既不参与分析，也不用划分网格。显示体能被固定或跟随指定的节点发生刚体位移。

与刚体约束不同的是，不能在显示体上指定边界条件、载荷和相互作用等。显示体常被用于机械和多体动力学分析中，将刚体定义为简单形状，其复杂的真实形态用显示体代表，以提高 Visualization 功能模块中的显示质量。

在 Create Constraint 对话框的 Type 列表内选择 Display body，单击 Continue…按钮，在视图区选择部件实体，随即弹出 Edit Constraint（编辑约束）对话框，ABAQUS 可以在该对话框的 Motion control 栏中设置对显示体的约束，如图 3-73 所示。

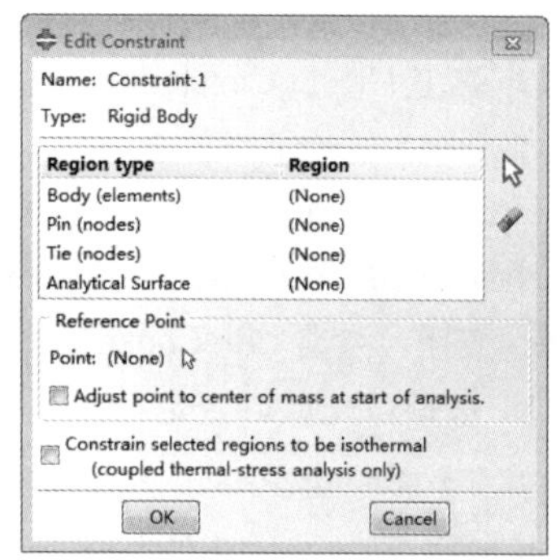

图 3-72 “编辑约束”对话框

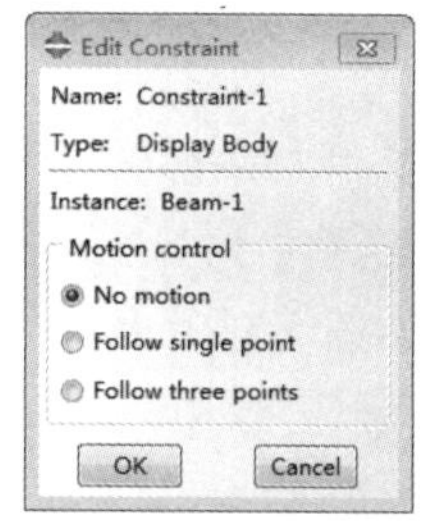

图 3-73 设置对显示体的约束

（1）No motion：为默认选项，在整个分析过程中，显示体固定不动。

（2）Follow three points：选择该选项，单击 Edit…按钮，在视图区中选择另外非显示体的部件实体上的 3 个点，这 3 个点定义一个坐标系，第一个点代表坐标原点，第二个点是 X 轴上的一点，第三个点是 X-Y 平面内的一点，在整个分析中这 3 个点不能共线。

（3）Follow single point：选择该选项，单击 Edit…按钮，在视图区选择另一个非显示体的部件实体上的一点。

设置完成后，单击 OK 按钮。最后，再单击 OK 按钮，完成全部设置。

4. 耦合约束

耦合（Coupling）约束用于将一个约束控制点和一个面的运动约束在一起。

在 Create Constraint（创建约束）对话框的 Type（绑定）列表中选择 Coupling 选项，如图 3-70 所示，单击 Continue…按钮，首先选择约束控制点，再在提示区选择约束区域的类型（Surface 或 Node Region），选择约束区域后，单击提示区的 Done 按钮，弹出 Edit Constraint（编辑约束）对话框，如图 3-74 所示。下面对该对话框进行介绍。

（1）Coupling type（耦合类型），用于选择耦合的类型。

Kinematic（运动）：用于指定运动耦合约束，如图 3-74（a）所示，约束区域内的耦合节点相对于约束控制点发生刚体运动。

Distributing（分布）：用于指定分布耦合约束，包括 Continuum distributing（连续分布）和 Structural distributing（结构分布），约束区域内的耦合节点的合力和合力矩等于约束控制点上的力和力矩。

（2）Constrained degrees of freedom（被约束的自由度），用于指定被约束的自由度，默认为约束所有的自由度。

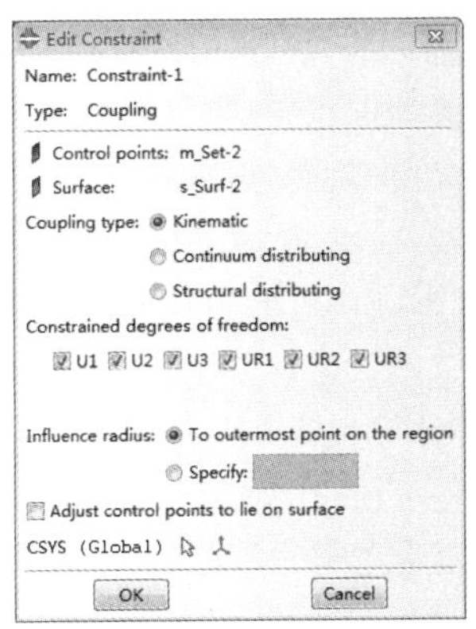

（a）Kinematic（运动）项

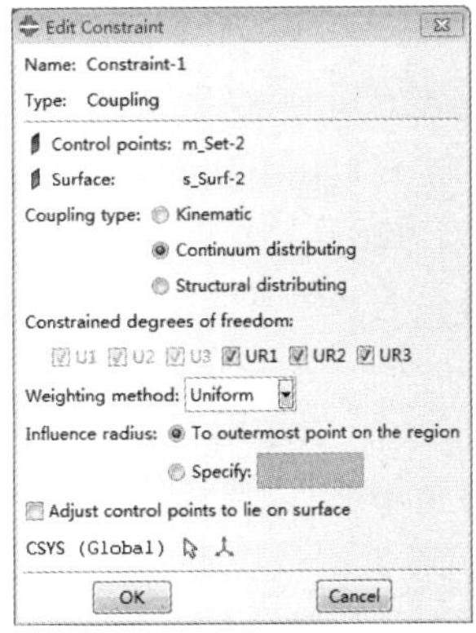

（b）Distributing（连续分布）项

图 3-74 “编辑约束”对话框

（3）Weighting method（权方法），分布耦合约束（Distributing）对约束区域内各耦合节点的运动进行加权平均，该栏用于选择加权方法，如图 3-74（b）所示。

- Uniform（一致）：此为默认选项，采用统一的加权因子 1。
- Linear（线性）：约束区域内各耦合节点的加权因子与该节点到约束控制点的距离呈线性关系：

$\omega_i=1-r_i/r_0$，其中，ω_i 为节点 i 的加权因子，r_i 为节点 i 与约束控制点间的距离，r_0 为约束区域内耦合节点与约束控制点间的最远距离。

- Quadratic（二次）：约束区域内各耦合节点的加权因子与该节点到约束控制点的距离呈二次关系：

$$\omega_i=1-(r_i/r_0)^2$$

- Cubic（立方的）：约束区域内各耦合节点的加权因子与该节点到约束控制点的距离关系为三次多项式：

$$\omega_i=1-3(r_i/r_0)^2+2(r_i/r_0)^3。$$

（4）Influence radius（影响半径），用于指定约束区域内的耦合节点。

- To outermost point on the region（到区域上的最外点）：为默认选项，约束区域内的所有节点都被指定为耦合节点。
- Specify（指定）：用于输入影响半径来指定约束区域内的耦合节点，以约束控制点为圆心、输入的影响半径值为半径的球体作为耦合节点的选择区域。

（5）Csys（坐标系），该栏用于选择耦合约束的坐标系，默认为整体坐标系。若需改变当前坐标系，单击 Edit 按钮，选择已建立的局部坐标系。

3.6.3　定义连接器

在 Interaction 功能模块中，ABAQUS 还允许使用主菜单中的 Connector 菜单及工具区中的相应工具进行连接器的定义和编辑。

连接器（Connector）通常用于连接模型装配件中位于两个不同的部件实体上的两个点，或连接模型装配件中的一个点和地面，来建立它们之间的运动约束关系，也可以选择输出变量并在 Visualization 功能模块中进行分析。与 Property 功能模块中截面特性的设置类似。

1. 连接器的截面特性

ABAQUS 中的连接器分为组合（Assembled/Complex）连接器、基础（Basic）连接器和 MPC 连接器，其中，基础连接器又分为平移（Translational）连接器和旋转（Rotational）连接器两类。

组合连接器和 MPC 则是一个平移连接器和一个旋转连接器的组合。平移连接器影响连接器两个端点的平移自由度，还可能影响第一个端点的旋转自由度；旋转连接器仅影响连接器两个端点的旋转自由度。

不同类型的连接器根据对两个端点的局部坐标系的要求不同，可分为以下 3 种情况。

- Ignored：不需要在该端点定义局部坐标系。
- Required：仅适用于连接器的第一个端点，需要在该端点定义局部坐标系。
- Optional：可以选择是否在该端点定义局部坐标系。

ABAQUS 支持多种连接器类型，规定了每种连接器两端点之间的相对运动分量（3 个方向的平移相对运动分量为 U1、U2、U3，3 个方向的旋转相对运动分量为 UR1、UR2、UR3），包括被约束的相对运动分量（在该方向两端点间产生指定的相对平移或相对旋转）和可用的相对运动分量（可以在该方向上定义连接器属性、边界条件、载荷等）。

在菜单栏中选择 Connector（连接）→Section（截面）→Create（创建）命令，或单击工具区中的 Create Connector Section（创建连接器截面）工具，弹出 Create Connector Section（创建连接器截面）对话框，如图 3-75 所示。下面对该对话框进行介绍。

（1）Name（名称），用于输入连接器截面特性的名称，默认为 ConnSect-*n*（*n* 表示第 *n* 个创建的连接器截面特性）。

（2）Connection Category（连接种类），分为 Assembled/Complex（已装配/复数）、Basic（基本信息）、MPC。

（3）Connection Type（连接类型），用于选择连接器的类型。读者若想了解各种连接器类型的详细描述，请参阅系统帮助文件 ABAQUS Analysis User's Manual。

① Assembled/Complex types（已装配/复数）：此为默认选项，用于选择组合连接器的类型。包括 Beam（梁）、Bushing（衬套）、CV Joint（CV 连接）、Cylindrical（柱坐标）、Hinge（铰）、Planar（平面）、Retractor（牵引器）、Slip Ring（滑环）、Translator（转换器）、U Joint（U 型接头）、Weld（焊接）。

② Basic types：用于选择基础连接器的类型，用户可以只选择一种连接器（平移连接器或旋转连接器），也可以选择一种平移连接器和一种旋转连接器。

- Translational type（平移连接器）：包括 Accelerometer（加速计）、Axial（轴向）、Cartesian（笛卡尔）、Join（加入）、Link（连接）、Proj Cartesian（Proj 笛卡尔）、Radial-Thrust（径向压力）、Slide-Plane（滑动平衡）、Slot（插槽）。
- Rotational type（旋转连接器）：包括 Align（对齐）、Cardan、Constant Velocity（速度常数）、Euler（欧拉）、Flexion-Torsion（弯曲-扭转）、Flow-Converter（流动转炉）、Proj Flex-Tors（工程弯曲-扭转）、Revolute（回转）、Rotation（旋转）、Rotation-Accelerometer（旋转加速度计）、Universal（全局）。

2. 连接器的特征线

连接器的特征线可以是装配件中的两个点的连线，也可以是装配件中的一个点和地面的连线。执行 Connector（约束）→Geometry（几何）→Create Wires Feature 命令，或单击工具区中的 Create Wires Feature（创建点对点的线）工具，弹出 Create Wire Feature（创建点对点的线）对话框，如图 3-76 所示。下面对该对话框进行介绍。

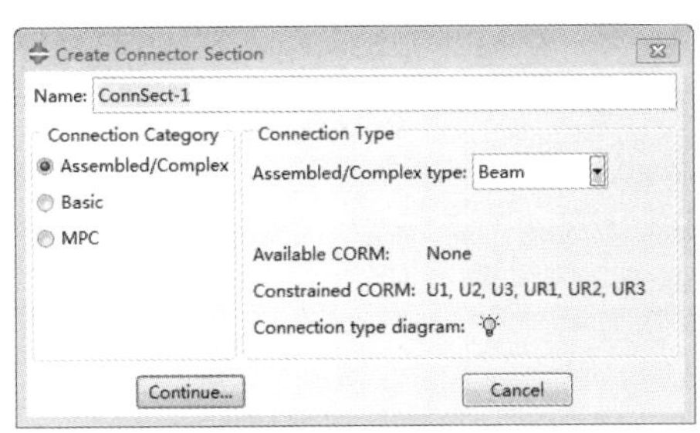

图 3-75 “创建连接器截面”对话框

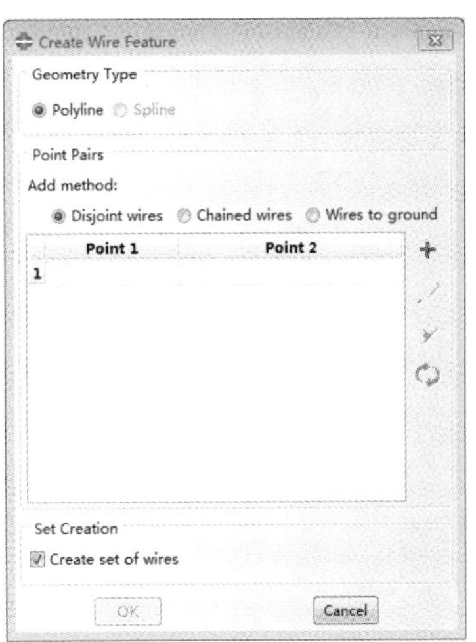

图 3-76 “创建点对点的线”对话框

（1）Point Pairs（折线），该栏用于选择特征线的类型并创建该类型下的特征线，以及已创建特征线的修改。

- Disjoint wires（分离的线条）：两个点（模型的顶点、节点或参考点）构成一条特征线，分别为特征线的第一个端点和第二个端点。
- Chained wires（成链的线条）：所有选择的点（*n* 个）首尾相连，构成 *n*（存在封闭区域）或 n-1（不存在封闭区域）条特征线，选择的第一个点为第一条特征线的第一个端点，第 n 个点为最后一条特征线的第二个端点，其他各点分别为前一条特征线的第二个端点和后一条特征线的第一个端点。
- Wires to ground（到地面的线）：模型中的一个点与地面构成一条特征线，选择的点为特征线的第二个端点。
- Add（添加）：单击 Add...按钮，按指定的特征线类型，在视图区选择点创建特征线，已经建立的特征线被列在表格中。
- Edit（编辑）：选择表格中要修改的特征线端点，激活并单击 Edit...按钮，在视图区重新选择点替换原来的端点，特征线也发生相应的变化。
- Swap（交换）：如同 Delete 按钮，单击表格中要交换端点的特征线的标号，Swap 按钮被激活，单击该按钮交换特征线的两个端点。
- Delete（删除）：单击表格中要删除的特征线的标号，Delete 按钮被激活，可以单击该按钮删除选择的特征线。

（2）Create set of wires（创建线框集合），用于选择是否创建包含该组特征线的 Set（集合），默认为选择此选项，集合名称为 Wire-n-Set-1。

单击 OK 按钮，完成设置，完成该组特征线的创建。当特征线创建完成后，可以单击 Modify Wire Feature 按钮对其进行修改，也可以删除该特征线［在菜单栏中选择 Connector（约束）→Geometry（几何）→Modify Wire Feature（修改线条特征）命令］，再重新创建特征线。

3. 连接单元

完成连接器截面特性的设置和特征线的创建后，可以将已定义的连接器的截面特性分配给指定的连接器（特征线），同时对该连接器划分相应的连接单元。

在菜单栏中选择 Connector（连接）→Assignment（指派）→Create（创建）命令，或单击工具区中的 Create Connector Assignment（创建连接指派）工具，根据提示选择特征线，弹出 Edit Connector Section Assignment（编辑连接截面指派）对话框，如图 3-77 所示。该对话框包含 Section（截面）、Orientation 1（方向 1）、Orientation 2（方向 2）3 个选项卡。

（1）Section（截面）选项卡，该页面用于选择连接器的截面特性，如图 3-77（a）所示。Create...按钮用于创建连接器的截面特性，Show 按钮用于显示已选择连接器的图例，如图 3-78 所示。

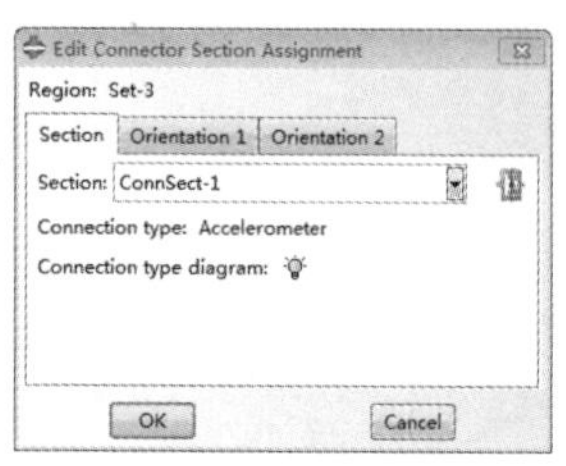

（a）“截面”选项卡

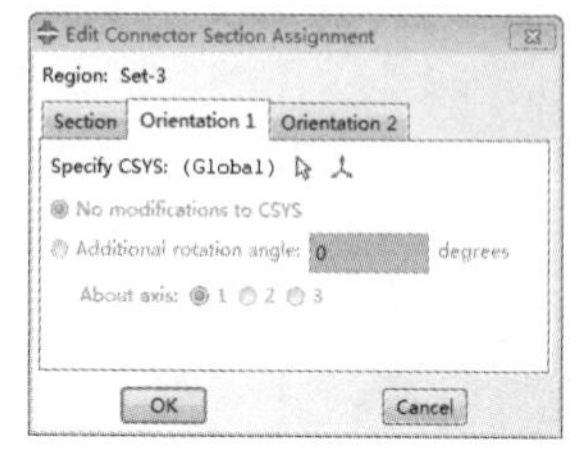

（b）“方向 1”选项卡

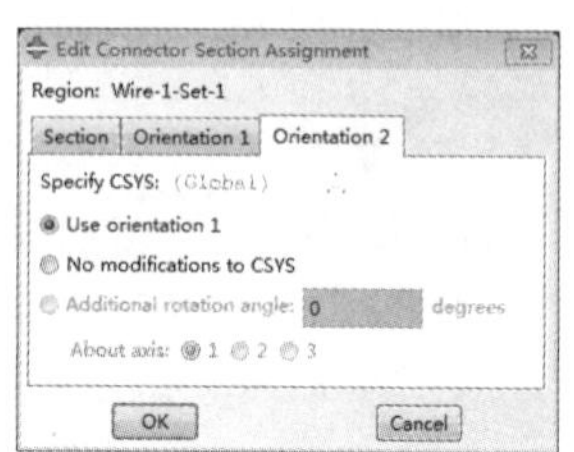

（c）“方向 2”选项卡

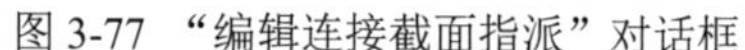

图 3-77 “编辑连接截面指派”对话框

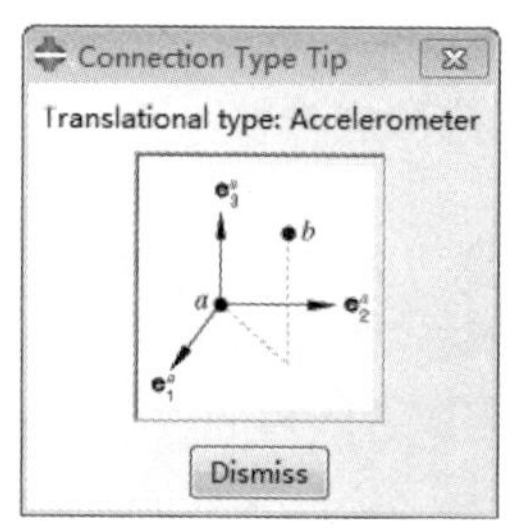

图 3-78 显示图例

（2）Orientation 1（方向 1）选项卡，该页面用于指定连接器第一个端点的坐标系，如图 3-77（b）所示。当该端点的局部坐标系要求为 Ignored（忽视）时，页面不可用。

- Specify CSYS（指定坐标系）：当想为连接器的第一个端点指定局部坐标系时，单击 Edit...按钮，选择已定义的局部坐标系，默认为选择整体坐标系。当该端点的局部坐标系要求为 Required 时，必须指定局部坐标系，否则 ABAQUS/CAE 将显示错误信息。
  - No modifications to CSYS（没有修改坐标系）：不修改已选择的局部坐标系。当用户选择了局部坐标系时，该选项被激活。
  - Additional rotation angle（附加旋转角）：该选项用于旋转局部坐标系。用户需要在后面的空格内输入旋转角度，并在下方的 About axis 栏中选择旋转轴。当用户选择了局部坐标系时，该选项被激活。

（3）Orientation 2（方向 2）选项卡，该页面用于指定连接器第二个端点的坐标系，如图 3-77（c）所示。当该端点的局部坐标系要求为 Ignored 时，该页面不可用。

- Use orientation 1（使用方向 1）：此为默认选项，使用连接器第一个端点的坐标系。
- Additional rotation angle（附加旋转角）：如同 Orientation 1 页面，当用户选择了局部坐标系时，该选项被激活，用于旋转局部坐标系。
- No modifications to CSYS（没有修改坐标系）：该选项用于选择连接器第二个端点的坐标系，默认为整体坐标系。选择该选项，Specify CSYS（指定坐标系）栏的 Edit...按钮被激活，可以单击该按钮指定局部坐标系，并且不修改已选择的局部坐标系。

单击 OK 按钮，完成设置，完成连接器截面特性的分配操作，同时 ABAQUS 自动对该连接器划分单元。

3.7 网格模块

从环境栏中的 Module（模块）列表中选择 Mesh（网格），进入 Mesh（网格）功能模块。Mesh（网格）模块主要用于几何模型的网格划分，是决定分析精度的重要环节。在创建部件（适用于非独立实体）或装配件（适用于独立实体）后，无论是否进行了 Property（属性），Interaction（相互作用）、Load（载荷）等功能模块的设置工作，都可以在 Mesh 模块中进行网格划分，而无须按模块的排列顺序一一处理。

3.7.1 种子

种子（SEED）是单元的边节点在区域边界上的标记，它决定了网格的密度。主菜单中的 Seed（种子）菜单及工具区中第一行的展开工具箱用于模型的撒种子操作。

对于非独立实体，在创建了部件后就可以在 Mesh（网格）功能模块中对该部件进行网格划分。进入 Mesh（网格）模块后，首先将环境栏的 Object（对象）选择为 Part（部件），并在 Part（部件）列表中选择要操作的部件。

按住工具区中的 Seed Part（种子部件）工具，在展开工具条中选择设置种子的工具；或在主菜单的 Seed 菜单中进行选择。该展开工具条从左到右分别为以下几项。

（1）Seed Part（种子部件）：对整个部件撒种子，显示为黑色；也可以通过选择菜单栏中 Seed（种子）→Part（部件）命令实现该操作。

（2）Delete Part Seeds（删除部件种子）：删除使用 Seed Part（种子部件）工具设置的种子，而不会删除使用 Seed Edges（为边布种）工具设置的种子；也可以通过选择菜单栏中 Seed（种子）→Delete Part Seeds（删除部件种子）命令实现该操作。

ABAQUS 中也可以通过设置边上的种子对部件进行设置，按住工具区中的 Seed Part（种子部件）工具，在展开工具条中选择设置种子的工具，或在主菜单的 Seed（种子）菜单中进行选择。该展开工具条从左到右分别为以下几项。

（1）Seed Edges（为边布种）：对整个部件撒种子，显示为白色；也可以通过选择菜单栏中 Seed（种子）→Edges（边）命令实现该操作。

（2）Delete Edge Seeds（删除为边布种）：删除使用 Seed Edges 工具设置的种子，而不会删除使用 Seed Part（种子部件）工具设置的种子。也可以通过单击菜单栏中 Seed（种子）→Delete Edge Seeds（删除为边布种）命令实现该操作。

对于独立实体，在创建了装配件后，就可以在 Mesh（网格）功能模块中对各部件实体进行网格划分。进入 Mesh（网格）模块后，首先将环境栏的 Object（对象）选择为 Assembly（装配）。

如同非独立实体，按住左侧工具区中的 Seed Part（种子部件）工具和 Seed Edges（为边布种）工具，在展开的工具条中选择设置种子的工具；或在主菜单的 Seed（种子）菜单中进行选择。这些工具的使用与非独立实体基本相同，此处不再赘述。下面举例详细说明上述工具的使用方法。

1. 为部件实例布种

本例以非独立实体为例，模型如图 3-79 所示。单击左侧工具区中的 Seed Part（种子部件）

工具，弹出 Global Seeds（全局种子）对话框，如图 3-80 所示。若为独立实体，需要先在视图区选择部件实体。

（1）Approximate global size（近似全局尺寸），该栏用于输入大致的单元尺寸，将该尺寸用于整个部件。ABAQUS/CAE 会自动调整单元尺寸，让该部件中每条边上的种子均匀分布。本例中输入 10。

（2）Curvature control（曲率控制），用于控制曲边的种子设置。本例采用默认设置。

- Maximum deviation factor（最大偏差系数）：该系数为单元的边或曲边的最大偏差和单元边长的比值，表示单元的偏差程度。偏差系数越小，曲边上的种子越多。该系数的取值范围为 0.0~1.0，默认值为 0.1，相当于对一个圆周大约划分 8 个单元。
- Minimum size factor（最小尺寸控制）：选择该系数为整体单元尺寸（Approximate global size）的分数，用于控制最小的单元尺寸，避免在不关心的高曲率区域划分过多的单元。该系数的取值范围为 0.0~1.0，默认值为 0.1，即最小的单元尺寸为整体单元尺寸的 0.1。

设置完成后，单击 OK 按钮，视图区显示设置的部件种子，如图 3-81 所示。

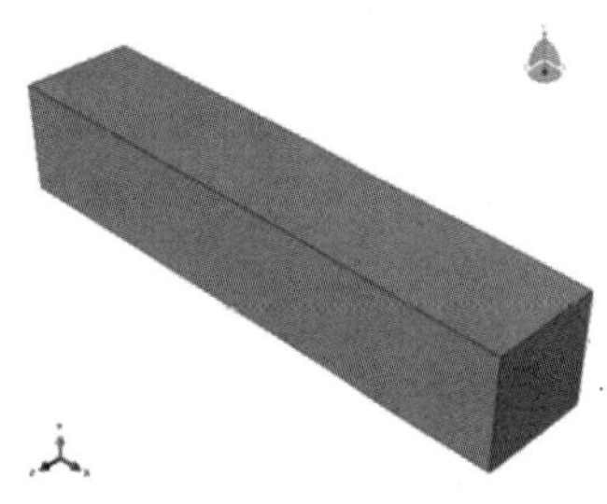

图 3-79　悬臂梁设置种子模型

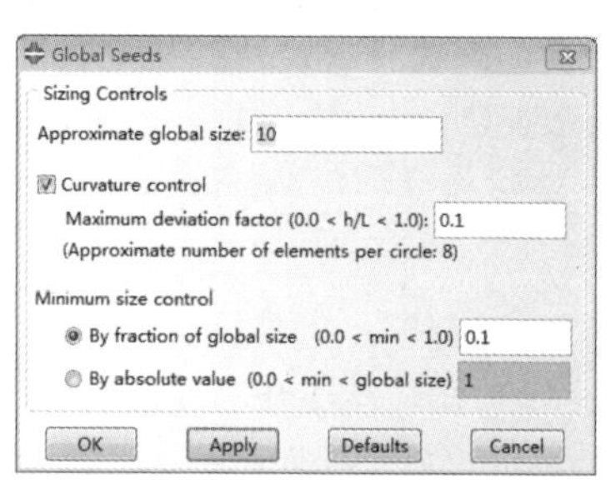

图 3-80　“全局种子”对话框

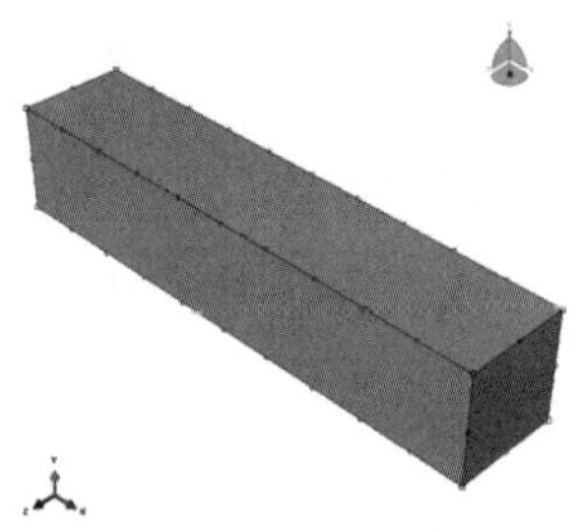

图 3-81　部件种子设置

2. 为边布种

单击左侧工具区中的 Seed Edges（为边布种）工具，根据提示选择边、面、模型区域。本例在视图区选取模型的边，单击鼠标中键，在弹出的 Local Seeds（布局种子）对话框中进行设置，该对话框包括 Basic（基本信息）和 Constraints（约束）两个页面，如图 3-82 所示，分别用于设置种子数目和选择边种子的约束方式。

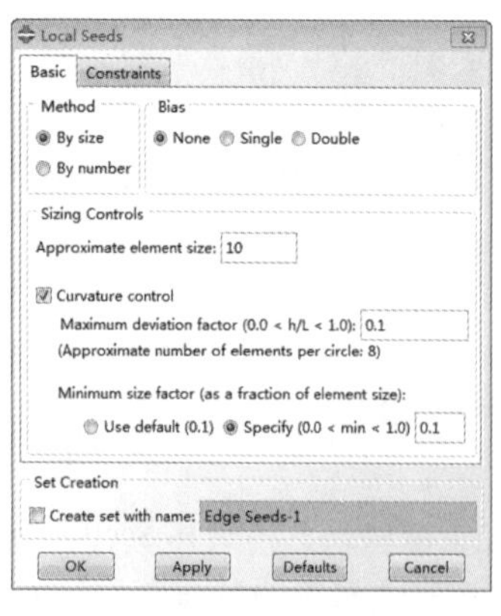

（a）“基本信息”选项卡

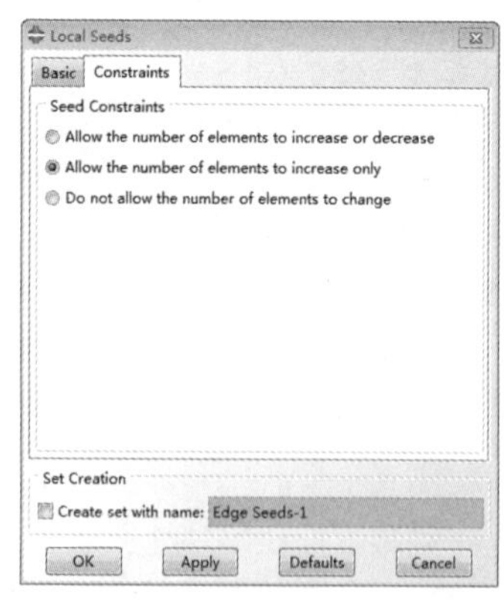

（b）“约束”选项卡

图 3-82　“布局种子”对话框

1）Basic（基本信息）页面

（1）Method（方法），用于选择 By Size（按尺寸）和 By number（按数量），即设定种子的数目或者种子间距大小。

（2）Bias（偏移），可以选择 None（无）、Single（单精度）或者 Double（两者）。默认选项是 None（无）。在选取的边上，以指定的最大单元与最小单元的比值非均匀地设置种子，显示为紫红色。

（3）Sizing Controls（尺寸控制），用于控制的种子设置。本例采用默认设置。

Maximum deviation factor（最大偏差系数）：该系数为单元的边或曲边的最大偏差和单元边长的比值，表示单元的偏差程度。偏差系数越小，曲边上的种子越多。该系数的取值范围为 0.0~1.0，默认值为 0.1，相当于对一个圆周大约划分 8 个单元。

Minimum size factor（最小尺寸因子）：该系数为整体单元尺寸（Approximate global size）的分数，用于控制最小的单元尺寸，避免在不关心的高曲率区域划分过多的单元。该系数的取值范围为 0.0~1.0，默认值为 0.1，即最小的单元尺寸为整体单元尺寸的 0.1。

（4）Set Creation（创建集合），勾选左边的 Create set with name 复选框后就可以设置 Seeds 的名字。

2）Constraints（约束）页面

（1）Allow the number of elements to increase or decrease（允许单元数目增加或减少），此为默认设置，完全不约束边种子（用圆圈表示），最终边上的单元数可以多于或少于边种子数。

（2）Allow the number of elements to increase only（只允许单元数目增加），部分约束边种子（用三角形表示），允许边的单元数多于或等于边种子数（本例采用该选项）。

（3）Do not allow the number of elements to change（不允许改变单元数），完全约束边种子（用正方形表示），最终边上的单元只能等于边种子数，而节点可能与边种子的位置不重合。ABAQUS/CAE 自动在几何顶点上设置完全约束的种子，如图 3-83 所示。

单击 OK 按钮，完成边种子的设置。视图区显示设置的边种子，如图 3-83 所示，可见此时的部件种子已被边种子（用紫红色表示）替代。

一般情况下，对于自由划分的三角形或四面体单元，ABAQUS/CAE 通常能精确地匹配节点与种子，无须对边种子进行约束。

边种子总是优先于部件种子或实体种子，如果仅设置了边种子而没有设置部件种子或实体种子，ABAQUS/CAE 根据设置的边种子自动添加未撒种子区域的网格密度。

按住工具区中的按钮，在弹出的对话框的 Basic（基本信息）栏中选择 By Size（按尺寸）选项。在视图区选取模型的四条平行边，单击鼠标中键，在提示区输入边上的大致单元尺寸 6.5，按 Enter 键，完成边种子的设置。视图区显示设置的边种子，如图 3-84 所示。

单击工具区中的Seed Edge（为边布种）按钮，在弹出的对话框的 Basic（基本信息）栏中选择 Single（单精度）或者 Double（两者），此处选择 Double（两者）选项。在视图区选取模型的两条平行边，如图 3-85 所示。单击鼠标中键，在提示区输入最大单元与最小单元的值：5 和 1（单元往两边趋向密集），按 Enter 键，单击 OK 按钮，完成边种子的设置。视图区显示设置的边种子，如图 3-85 所示。

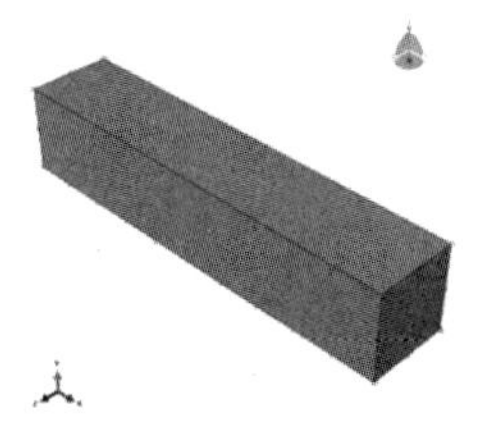

图 3-83　按个数设置后的边种子

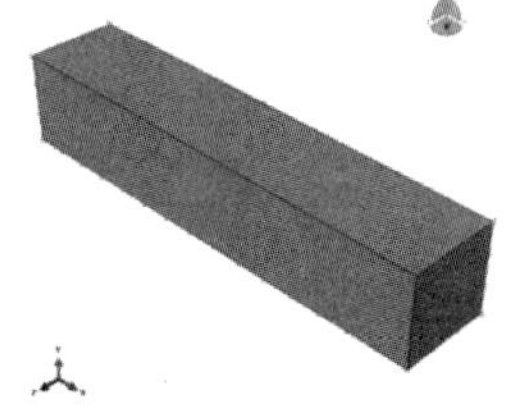

图 3-84　按尺寸设置后的边种子

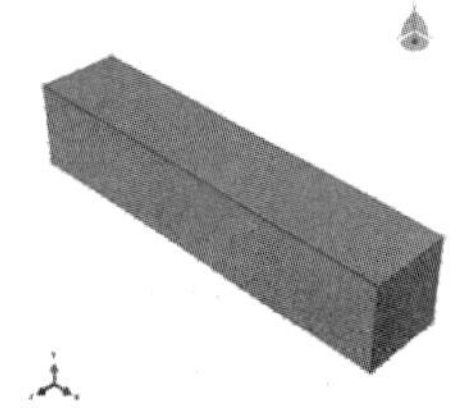

图 3-85　偏移设置后的边种子

3.7.2 设置网格控制

对于二维或三维结构，ABAQUS 可以进行网格控制，而梁、桁架等一维结构则无法进行网格控制。在菜单栏中选择 Mesh（网格）→Controls（控制）命令，或单击左侧工具区中的 Assign Mesh Controls（指派网格控制）工具，弹出 Mesh Controls（网格控制属性）对话框，如图 3-86 所示。该对话框用于选择网格划分技术（Technique）、单元形状（Element Shape）和对应的算法（Algorithm）。

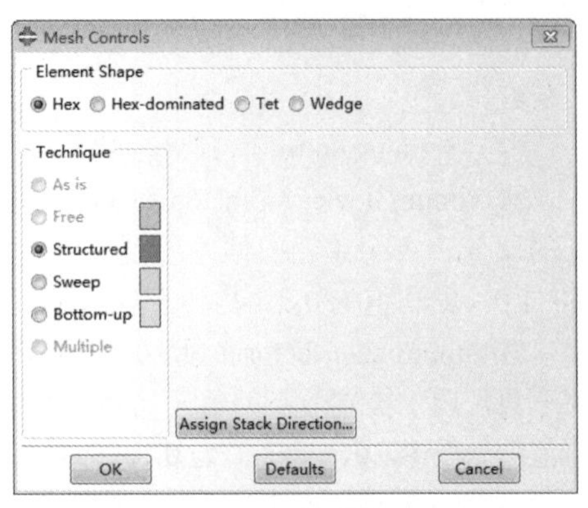

图 3-86 “网格控制属性”对话框

1. 网格形状

对于二维模型，可以选择 Quad（四边形）、Quad-dominated（四边形占优）、Tri（三角形）三种单元形状。

- Quad（四边形）：模型的网格仅包含四边形单元。
- Quad-dominated（四边形占优）：模型的网格主要使用四边形单元，允许过渡区域出现三角形单元。
- Tri（三角形）：模型的网格仅包含三角形单元。

对于三维模型，可以选择 Hex（六面体）、Hex-dominated（六面体占优）、Tet（四面体）、Wedge（楔形）四种单元形状，如图 3-87 所示。

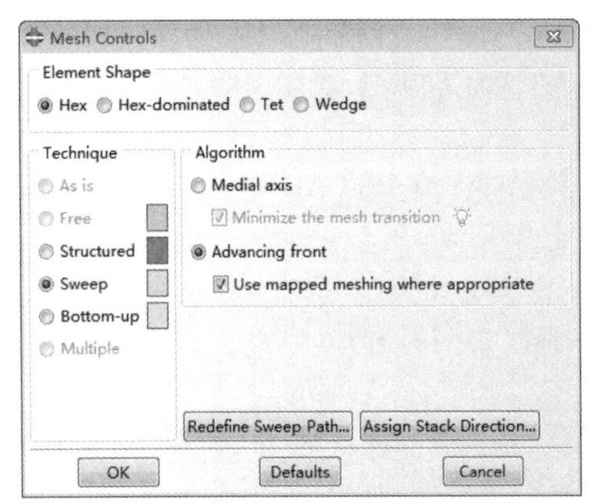

（a）Hex（六面体）形状

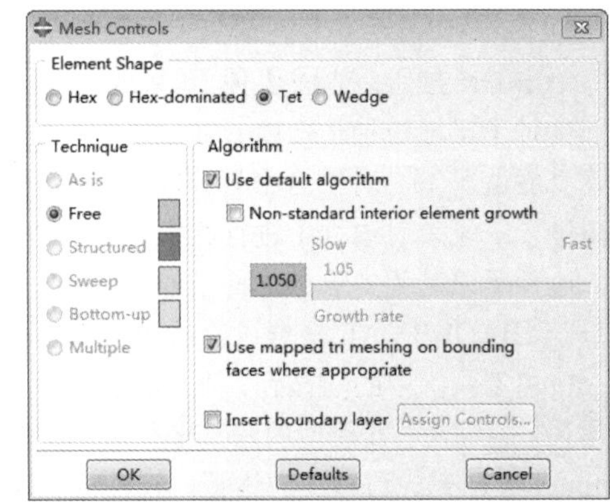

（b）Tet（四面体）形状

图 3-87 三维模型的网格控制

- Hex（六面体）：模型的网格仅包含六面体单元。
- Hex-dominated（六面体占优）：模型的网格主要使用六面体，允许过渡区域出现楔形（三棱柱）单元。
- Tet（四面体）：模型的网格只包含四面体单元。
- Wedge（楔形）：模型的网格只包含楔形单元。

2. 网格划分技术与算法

在 Mesh Controls（网格控制属性）对话框中，可选择的基本网格划分技术有：Structured（结构化）、Sweep（扫掠）、Free（自由划分）。对于二维或三维结构，这三种网格划分技术拥有各自的网格划分算法。另外 3 个选项 Bottom-up（自底向上）、As is（保持原状）和 Multiple（重复）不是网格划分技术，而是对应于某些复杂结构的网格划分方案。下面对各种网格划分技术及其算法进行介绍。

1）Sweep（扫掠网格划分技术）

ABAQUS/CAE 首先在起始边/面上生成网格，然后沿扫掠路径复制起始边/面网格内的节点，一次前进一个单元，直到目标边/面，得到该模型区域的网格。选用扫掠网格划分技术的区域显示为黄色。

一般情况下，ABAQUS/CAE 选择最复杂的边/面作为起始边/面，读者不可以自己选择起始边/面和目标边/面，但可以选择扫掠路径。

扫掠网格划分技术通常用于划分拉伸区域或旋转区域，当扫掠路径是直边或样条曲线时，得到的网格为拉伸扫掠网格；当扫掠路径是圆弧时，得到的网格称为旋转扫掠网格。

（1）二维结构的扫掠网格划分

对于二维结构，可以使用该技术划分 Quad（四边形）和 Quad-dominated（四边形占优）两种形状的单元。当起始边/面与旋转轴有一个交点时，必须使用 Quad-dominated（四边形占优），因为网格划分时在交点处会产生一层三角形单元。

Technique（网格划分技术）栏右侧仅包含 Redefine Sweep Path（重新定义扫掠路径）按钮。若该区域包含多个有效的扫掠路径，单击该按钮，提示区出现 3 个按钮，如图 3-88 所示。

图 3-88　选择扫掠路径

- Flip（翻转）：单击该按钮，扫掠路径反向，提示区出现如图 3-89 所示的两个按钮，单击 Flip（翻转）按钮改变扫掠路径的方向，单击 Yes 按钮确定该扫掠路径并回到 Mesh Controls（网格控制属性）对话框。
- Accept Highlighted（接受高亮显示的部分）：该按钮用于接受高亮显示的角点。
- Select New（选择最新）：该按钮用于选择新的扫掠路径。单击该按钮在视图区选取边作为扫掠路径，提示区如图 3-89 所示。

Arrow shows the sweep path?　Yes　Flip

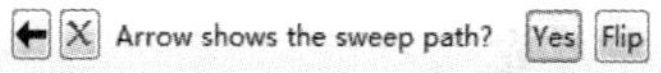

图 3-89　提示是否改变扫掠路径的方向

若该区域仅包含一个有效的扫掠路径，单击 Redefine Sweep Path（重新定义扫掠路径），提示区如图 3-89 所示。

（2）三维结构的扫掠网格划分

读者可以使用扫掠网格划分技术划分 Hex（六面体）、Hex-dominated（六面体占优）和 Wedge（楔形）单元。

ABAQUS/CAE 首先在起始面上采用自由网格划分技术来划分 Quad（四边形）、Quad-dominated（四边形占优）、Tri（三角形）3 种形状的单元，然后沿扫掠路径复制起始面内的节点，直到目标面，分别得到 3 种形状的网格。

对于 3 种形状的单元，Technique（网格划分技术）栏右侧包含的内容不尽相同，下面分别进行介绍。

① Hex（六面体）单元如图 3-87（a）所示。

a. Algorithm（算法），该栏用于选择网格划分算法。

- Medial axis（中轴算法），此为默认算法。ABAQUS/CAE 首先将要进行网格划分的区域分解为一系列简单的区域，然后使用结构化网格划分技术对这些区域进行划分。使用该算法，生成的网格往往会偏离种子，但单元形状较为规则。如果区域的形状较简单且包含较多的单元，则使用该算法划分网格比使用 Advancing front（进阶算法）更快。

- Advancing front（进阶算法），先在区域边界上生成六面体单元，接着逐步在区域内部生成六面体单元，最终完成网格划分。使用该算法，生成的网格与种子吻合得较好，产生较为均匀的网格，但在狭窄的区域可能导致网格歪斜。

当模型包含多个相连的区域时，使用进阶算法可以减少由于各区域内节点分布的不同而导致的分界面网格的不规则。若模型区域包含虚拟拓扑或不精确的部分，则只能使用进阶算法进行网格划分。

  - Use mapped meshing where appropriate（在合适的地方使用映射网格）：映射网格划分是结构化网格划分的子集，是结构化网格应用于三维四边形区域的特殊情况。选择该选项，ABAQUS/CAE 首先判断映射网格划分能否提高该四边形区域的网格质量。若能，ABAQUS/CAE 略微调整种子，使该区域中的对边具有相同数量的种子，进而运用映射网格划分（Mapped meshing）。若复杂的结构包含简单几何形状的面，特别是狭长的四边形面，选择该选项通常能提高网格质量。

b. Redefine Sweep Path（重新定义扫掠路径），该按钮用于重新定义扫掠路径，其用法此处不再介绍。

② Hex-dominated（六面体占优）单元。

a. Algorithm（算法），该栏用于选择网格划分算法。

- Medial axis（轴算法），如前所述，使用该算法，生成的网格往往会偏离种子，但单元形状较为规则。如果区域的形状较简单且包含较多的单元，则使用该算法划分网格比使用 Advancing front（进阶算法）更快。
- Advancing front（进阶算法），如前所述，当模型包含多个相连的区域时，使用该算法可以减少由于各区域内节点分布的不同而导致的分界面网格的不规则。若模型区域包含虚拟拓扑或不精确的部分，则只能使用进阶算法进行网格划分。
  - Use mapped meshing where appropriate（在合适的地方使用映射网格）：如前所述，若复杂的结构包含简单几何形状的面，特别是狭长的四边形面，选择该选项通常能提高网格质量。

b. Redefine Sweep Path（重新定义扫掠路径），该按钮用于重新定义扫掠路径，其用法与二维结构的扫掠网格划分相同，此处不再介绍。

③ Wedge（楔形）单元，仅包含 Redefine Sweep Path 按钮。

注意：

对于三维结构，只有模型区域满足以下条件，才能被划分为扫掠网格。

- 连接起始面和目标面的每个面（称为连接面）只能包含一个小面，且不能含有孤立的边或点；
- 目标面必须仅包含一个小面，且没有孤立的边或点；
- 若起始面包含两个及两个以上的小面，则这些小面间的角度应该接近 180º；
- 每个连接面应由四条边组成，边之间的角度应接近 90º；
- 每个连接面与起始面、目标面之间的角度应接近 90º；
- 如果旋转体区域与旋转轴相交，就不能使用扫掠网格划分技术；
- 如果划分区域的一条或多条边位于旋转轴上，ABAQUS/CAE 不能用六面体或楔形单元对该区域进行扫掠网格划分，而必须选择 Hex-dominated（六面体为主）形状的单元；
- 当扫掠路径是一条封闭的样条曲线时，该样条曲线必须被分割为两段或更多。

2）Structured（结构化网格划分技术）

将简单的、预先定义的规则形状的网格（如正方形或立方体）转变到将要被划分网格的几何区域上。该技术适用于简单的二维区域及用六面体单元划分的简单的三维区域。

一般情况下，该技术能够很好地控制 ABAQUS/CAE 产生的网格，但生成的网格往往会偏离种子，区域会显示为绿色。

（1）二维结构的结构化网格划分

对于二维结构，只有当模型区域内没有孔洞、孤立的边、孤立的点，且该区域包含 3～5 条逻辑边（如果包含虚拟拓扑，必须仅包含 4 条边）时，该区域才能被划分为结构化网格。该技术可以对二维结构划分 Quad（四边形）、Quad-dominated（四边形占优）、Tri（三角形）3 种形状的单元。

Technique（网格划分技术）栏右侧包含以下两个选项。

① Minimize the mesh transition（最小化网格过渡）：该选项用于减少从粗网格到细网格的过渡。默认为选择该项，在大多数情况下能够减少网格扭曲，提高网格质量，但生成的网格会更加偏离种子。该选项仅适用于 Quad（四边形）单元。

② Redefine Region Corners（重新定义区域边角）：该按钮用于重新定义该区域的角点，ABAQUS/CAE 将为选择角点侧的边合并为逻辑边，可以改变结构化网格的模式。首次单击该按钮，提示区出现 Accept Highlighted（接受高亮显示的角点）和 Select New（重新选择角点）两个按钮。若再次单击 Redefine Region Corners 按钮，则提示区出现两个按钮，如图 3-90 所示。

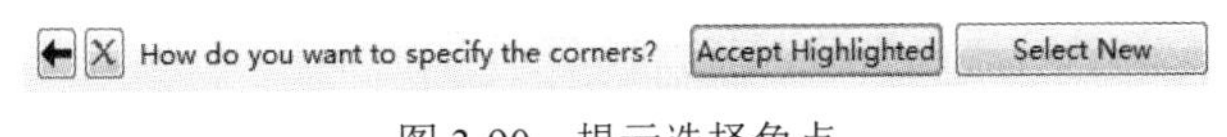

图 3-90　提示选择角点

（2）三维结构的结构化网格划分

结构化网格划分技术可以对三维结构划分 Hex（六面体）和 Hex-dominated（六面体占优）单元。当选择 Hex-dominated（六面体）时，ABAQUS/CAE 提示将得到一个完全由六面体组成的网格。

采用结构化网格划分技术时，可能出现网格的内部节点位于模型的几何区域之外，特别是模型区域中包含凹入的边界。

如果生成这种网格，读者必须重新进行网格划分，划分方法如下：

- 加密种子重新划分网格；
- 将模型分割成更小的且更规则的区域；
- 使用 Redefine Region Corners…按钮重新定义该区域的角点；
- 选择另外的网格划分技术。

对于三维结构，只有模型区域满足以下条件，才能被划分为结构化网格。

- 没有孔洞、孤立的面、孤立的边、孤立的点；
- 三维区域内的所有面必须要保证可以运用二维结构化网格划分方法；
- 面和边上的角度值应该小于 90º；
- 保证区域内的每个顶点属于 3 条边；
- 必须保证至少有 4 个面（如果包含虚拟拓扑，必须仅包含 6 条边）；
- 各面之间夹角要尽可能地接近 90º，如果面之间的角度大于 150º，就应该对它进行分割；
- 若三维区域不是立方体，每个面只能包含一个小面；若三维区域是立方体，每个面可以包含多个小面，但每个小面仅有 4 条边，且面被划分为规则的网格形状。

3）Free（自由网格划分技术）

自由网格划分技术具有很强的灵活性，适用于划分形态非常复杂的模型区域。在网格生成之前，不能对所划分的网格模式进行预测。选用自由网格划分技术的区域显示为粉红色。

（1）二维结构的自由网格划分

对于二维结构，可以使用该技术对平面或曲面划分 Quad（四边形）、Quad-dominated（四边形占优）、Tri（三角形）3 种形状的单元。对于 3 种形状的单元，Algorithm（算法）栏包含的内容不尽相同，下面分别进行介绍。

a. Quad（四边形）单元如图 3-91 所示。

- Medial axis（中轴算法）：如同扫掠网格划分 Hex（六面体），此为默认算法。
- Advancing front（进阶算法）：如同扫掠网格划分 Hex（六面体），该栏用于选择进阶算法划分网格，仍包含 Use mapped meshing where appropriate（在合适的地方使用映射网格）项。

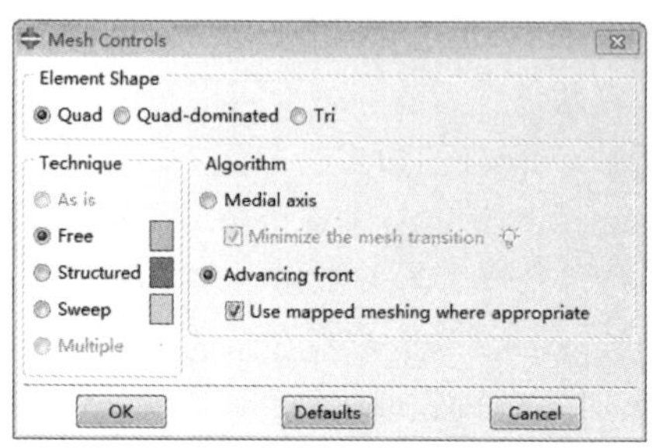

图 3-91　Quad（四边形）单元

b. Quad-dominated（四边形占优）单元。

- Medial axis（中轴算法）：如同扫掠网格划分 Hex-dominated（六面体占优），该栏用于选择中轴算法划分网格。
- Advancing front（进阶算法）：如同扫掠网格划分 Hex-dominated（六面体占优），此为默认算法，仍包含 Use mapped meshing where appropriate（在合适的地方使用映射网格）项。

c. Tri（三角形）单元：仅包含 Use mapped meshing where appropriate（在合适的地方使用映射网格）项。

（2）三维结构的自由网格划分

对于三维结构，仅能使用该技术划分 Tet（四面体）单元。ABAQUS/CAE 首先在模型区域的外部表面划分三角形网格，再用这些三角形网格生成内部的四面体单元。Mesh Controls（网格控制属性）对话框中的算法设置不同于二维结构的自由网格划分，如图 3-87（b）所示。

a. Use default algorithm（使用默认算法），该栏用于选择默认的网格划分算法。此默认算法适用于绝大多数模型，特别是具有复杂形状或狭窄的区域。若不选择该项，ABAQUS/CAE 使用 ABAQUS 6.4 及更早版本中的算法进行网格划分。

- Increase size of interior elements（增加内部元素的大小）：如果模型的网格密度足够且重点分析区域位于边界，可以选择该选项来增加内部单元的尺寸，提高计算效率。
  - Maximum growth（最大增加量），该选项用于最大限度地增加内部单元的尺寸。
  - Moderate growth（中等增加量），该选项用于适当增加内部单元的尺寸。

b. Use mapped tri meshing on bounding faces where appropriate（在边界面上合适的地方使用映射的三角形网格），类似于之前介绍的 Use mapped meshing where appropriate（在合适的地方使用映射网格）项，选择该选项，ABAQUS/CAE 首先判断映射网格划分能否提高边界面的网格质量，若能，对这些边界面运用映射网格划分代替自由网格划分，进而得到四面体单元。

3. 网格控制注意事项

（1）如果模型的几个区域能用不同的技术进行网格划分，“技术”栏的“重复”被激活，且

ABAQUS/CAE 会自动选择该选项，将各区域的网格划分技术改变为适合的类型。

（2）若用户对模型进行了分割，且分割后的区域可以用不同的技术进行网格划分，则 ABAQUS/CAE 会自动采用适合于各区域的网格划分技术，即采用“重复”网格划分方案。

（3）用户单击工具区中的“分配网格控制”工具，选择模型的几个区域，而之前已在这些区域设定了多重网格划分技术（重复），打开的 Mesh Controls（网格属性控制）对话框中“技术”栏的“保持原状”被激活，且 ABAQUS/CAE 会自动选择该选项。

（4）对于不能采用结构化技术和扫掠技术进行网格划分的复杂结构，用户可以运用 Partition（分割）工具将其分割成形状较为简单的区域，并对这些区域进行结构化或扫掠网格划分。如果模型不容易分割或分割过程过于繁杂，用户可以选用自由网格划分技术。

（5）采用映射网格划分能得到高质量的网格，但 ABAQUS/CAE 不能直接采用映射网格划分技术，只能通过“如果可能则使用映射网格”选项让程序选择映射网格划分的区域。在以下几种情况，用户可以选择该项进行映射网格划分：采用自由网格划分技术和进阶算法对二维结构划分四边形或四边形优先的单元（2D+Quad/Quad-dominated+Free+Advancing front）、采用自由网格划分技术对二维结构划分三角形的单元（2D+Tri+Free）、采用扫掠网格划分技术和进阶算法对三维结构划分六面体或六面体优先的单元（3D+Hex/Hex-dominated+Sweep+Advancing front）、采用自由网格划分技术对三维结构划分四面体的单元（3D+Tet+Free）。

（6）中轴算法和进阶算法是主要的 ABAQUS 网格划分算法，有 4 种单元形状（Element Shape）和网格划分技术（Technique）的组合能选用这两种算法：采用自由网格划分技术对二维结构划分四边形单元（2D+Quad+Free）和采用扫掠网格划分技术对三维结构划分六面体单元（3D+Hex+Sweep）默认选择中轴算法，采用自由网格划分技术对二维结构划分四边形优先的单元（2D+Quad-dominated+Free）和采用扫掠网格划分技术对三维结构划分六面体优先单元（3D+Hex-dominated+Sweep）默认选择进阶算法。对于不同的模型，用户应该比较这两种算法，得到合适的网格。

（7）若用户重新设置已划分了网格的区域的网格控制选项，则该区域内的网格会被清除。

3.7.3　设置单元类型

ABAQUS 的单元库非常丰富，可以根据模型的情况和分析需要选择合适的单元类型。在设置了网格控制（Mesh Controls）后，在菜单栏中选择 Mesh（网格）→Element Type（单元类型）命令，或单击左侧工具区中的 Assign Element Type（指派单元类型）工具，在视图区选取要设置单元类型的模型区域，弹出 Element Type（单元类型）对话框，如图 3-92 所示。

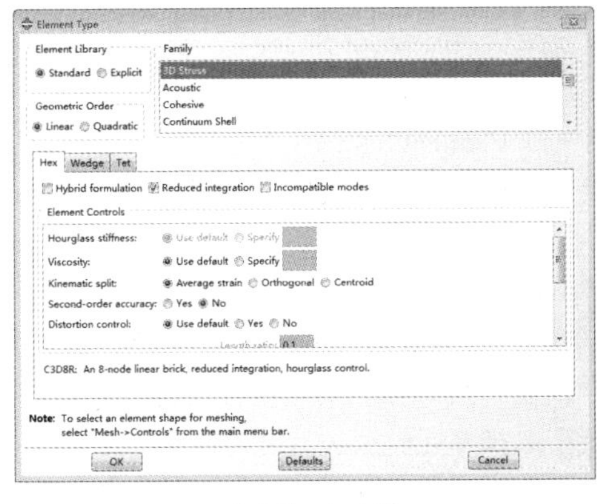

（a）Standard 项

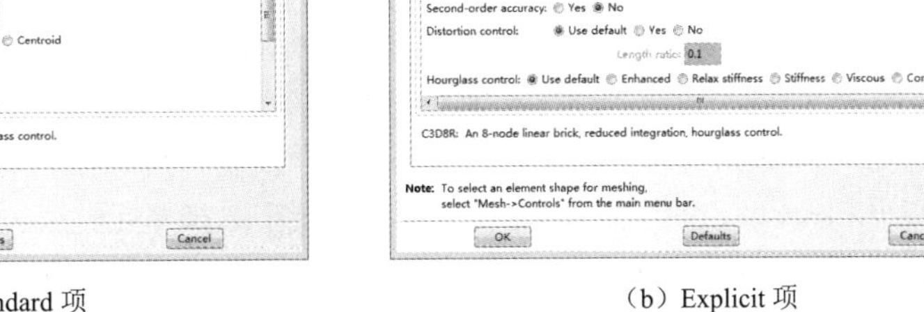

（b）Explicit 项

图 3-92　“单元类型”对话框

1）Element Library（单元库）

该栏用于选择适用于隐式或显式分析的单元库。

- Standard：此为默认选项，适用于选择 ABAQUS/Standard 分析的单元库。
- Explicit：适用于选择 ABAQUS/Explicit 分析的单元库，是 ABAQUS/Standard 单元库的子集。

2）Geometric Order（几何阶次）

该栏用于选择一次单元或二次单元。

- Linear（线性）：此为默认选项，用于选择线性（一次）单元。线性单元节点仅包含在单元的顶角处，采用线性插值，如线性线（Line）单元包含 2 个节点，线性三角形（Tri）单元包含 3 个节点，线性六面体（Hex）单元包含 8 个节点。
- Quadratic（二次）：用于选择二次单元，在单元每条边上布置中间节点，采用二次插值，如二次线（Line）单元包含 3 个节点，二次三角形（Tri）单元包含 6 个节点，二次六面体（Hex）单元包含 20 个节点。

3）Family（族）

该列表用于选择适用于当前分析类型的单元。表内列出的单元族与该模型区域的维数（三维、二维、轴对称）、类型（可变形的、离散刚体、解析刚体）、形状（体、壳线）相对应，单元名称的首字母或前几个字母往往代表该单元的种类，下面介绍各种模型区域的单元族。

- 二维变形壳包括 Plane Stress（平面应力单元，以 CPS 开头）、Plane Strain（半曲应变单元，以 CPE 开头）等 12 种单元。
- 三维变形体（Modeling Space 为 3D，Type 为 Deformable，Shape 为 Solid）和三维离散刚体包括 3D Stress（三维应力单元，以字母 C 开头）等 10 种单元。
- 三维变形壳包括 Shell（壳单元，以字母 S 开头）、Membrane（膜单元，以 M 开头）、Surface（表面单元，以 SFM 开头）等 7 种单元。
- 三维变形线包括 Beam（梁单元，以 B 开头）、Truss（桁架单元，以 T 开头）等 10 种单元，二维变形线和二维解析刚体线包括 Beam（梁单元，以 B 开头）、Truss（桁架单元，以 T 开头）等 9 种单元。
- 轴对称变形壳包括 Axisymmetric Stress（轴对称应力单元，以 CAX 开头）等 9 种单元，轴对称变形线和轴对称解析刚体线包括 Axisymmetric Stress（轴对称应力单元，以 SAX 开头）等 6 种单元。

4）Element Shape（单元形状）

该页面用于选择单元形状并设置单元控制参数（Element Controls）。该对话框默认显示与 Mesh Controls（网格控制属性）对话框中设置的单元形状（Element Shape）一致的页面（线模型为 Line，壳模型为 Ouad 或 Tri，体模型为 Hex、Wedge 或 Tet）。

例如，在 Mesh Controls（网格控制属性）对话框的 Element Shape（单元形状）栏内选择了 Wedge（楔形单元），则打开 Element Type（单元类型）对话框，默认显示 Wedge（楔形单元）页面，如图 3-93 所示。

Element Controls（单元控制）：该栏用于设置单元控制选项。每个 Element Shape（单元形状）页面内都列出了各自的单元控制选项，这些选项随着 Geometric Order（几何阶次）、Element Library（单元库）、Family（单元族）的选择而发生变化，可以根据需要进行设置。

下面介绍 Element Controls（单元控制）栏内用于选择单元类型（减缩积分单元、非协调模式单元、修正单元和杂交单元）的选项，这些单元类型可以通过该栏上端的复选框进行选择。

（1）Reduced integration（减缩积分单元）：仅适用于划分壳的四边形单元和划分实体的六面

体单元，它比完全积分单元在每个方向上少用一个积分点，线性减缩积分单元仅在单元中心包含一个积分点，而二次减缩积分单元的积分点数量与线性完全积分单元相同。

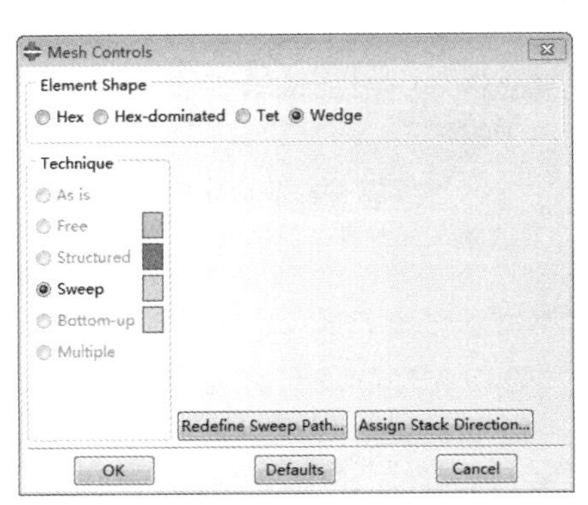

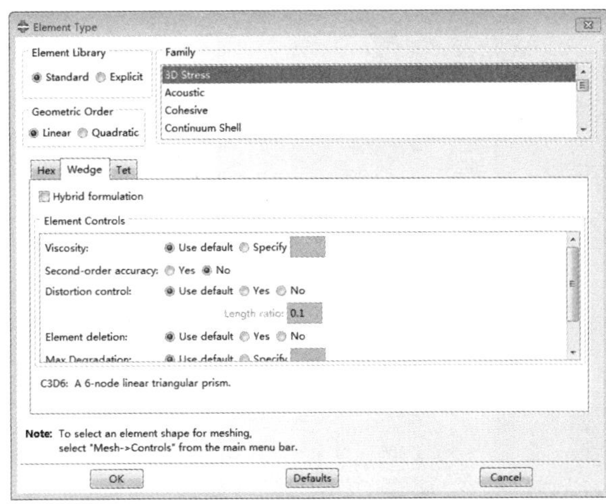

（a）“网格控制属性”对话框　　（b）“单元类型”对话框

图 3-93　“单元类型”对话框沿用“网格控制属性”对话框中的单元形状

对于四边形单元和六面体单元，ABAQUS/CAE 默认选择 Reduced integration（减缩积分单元），如图 3-92（b）所示，可以取消选择该复选框而采用完全积分单元。

（2）Incompatible modes（非协调模式单元）：仅适用于线性四边形单元和线性六面体单元，它把增强单元位移梯度的附加自由度引入线性单元，能克服剪切自锁问题，具有较高的计算精度。

建议在单元扭曲较小时选用非协调模式单元，可以用线性单元的计算时间得到与二次单元相当的计算精度。非协调模式单元与减缩积分单元不能同时被选中，可以通过勾选 Incompatible modes（非协调模式单元）复选框来选用非协调模式单元，如图 3-92（b）所示。

（3）Modified formulation（修正单元）：仅适用于二次三角形和四面体单元，它在单元的每条边上采用修正的二次插值。对于三角形和四面体单元，ABAQUS/CAE 默认选择 Modified formulation，可以取消对修正二次单元的选择。

设置完成，Element Controls 栏下端显示出读者设置的单元的名称和简单描述，单击 OK 按钮。

3.7.4　网格划分

在完成种子的设置、网格控制、单元类型的选择后，用户就可以对模型进行网格划分了。如同种子的设置一样，网格划分仍然有非独立实体和独立实体的区别，下面主要介绍非独立实体的网格划分，独立实体只需要将环境栏的“对象”（Object）选择为“装配”（Assembly），就可以进行类似的操作。

单击 Mesh Part（为部件划分网格）按钮，拾取要划分网格的部件或者分区，单击鼠标中键，即完成一个简单的自由网格划分的操作，如图 3-94 所示。注意局部种子对网格密度的影响，如图 3-95 所示。

若模型较为复杂则生成四面体网格比较耗时，用户可以先查看边界面上的三角形单元。如果可以接受，就继续对区域内部进行划分；如果不能接受，则可以改变种子和网格控制参数的设置。

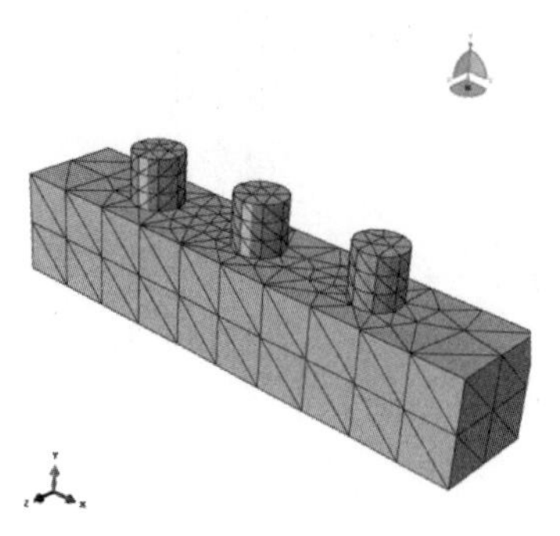

图 3-94 自由网格划分

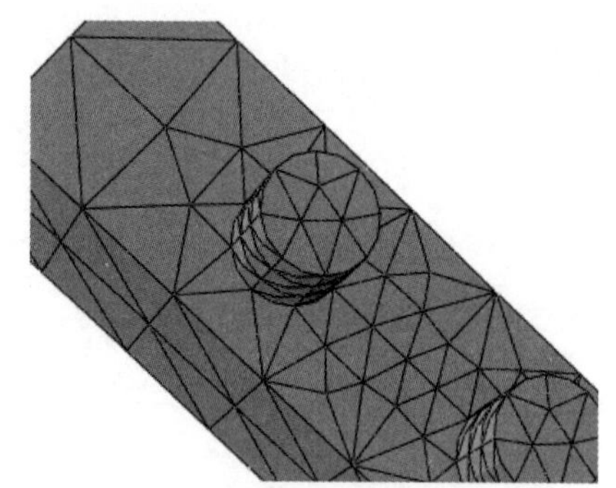

图 3-95 局部种子的影响

若用户删除或重新设置种子以及重新设置网格控制参数（包括单元形状、网格划分技术、网格划分算法、重新定义扫掠路径或角点、最小化网格过渡等），ABAQUS/CAE 会弹出对话框，单击“删除网格”或“确定”按钮删除已划分的网格，之后才能继续操作。

勾选“自动删除无效网格”（Automatically delete meshes invalidated by seed changes）项，再单击“删除网格”或“确定”按钮，那么在以后遇到同样的问题时，不再弹出对话框询问，而是直接删除网格。另外，单元类型的重新设置不需要重新划分网格。

3.7.5 检查网格

网格划分完成后，可以进行网格质量的检查。单击左侧工具区中的 Verify Mesh（检查网格）工具，或选择菜单栏中 Mesh（网格）→Verify（检查）命令，在提示区选择要检查的模型区域，如图 3-96 所示，包括 part（部件，适用于非独立实体）或 part instances（部件实体，适用于独立实体）及 element（单元）和 geometric regions（几何区域）。

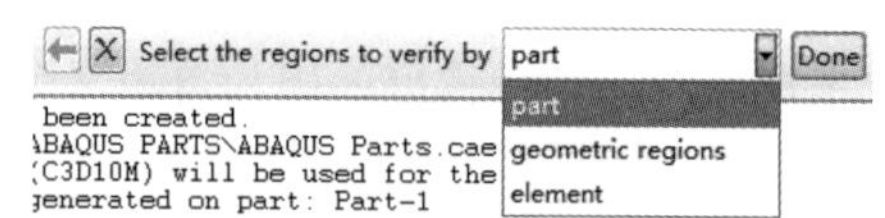

图 3-96 选择网格检查的区域

选择 part（部件）、part instances（部件实体）或 geometric regions（几何区域），选取对应的部件实体、部件或模型区域（cells），单击鼠标中键，弹出 Verify Mesh（检查网格）对话框，如图 3-97 所示，下面对该对话框进行介绍。

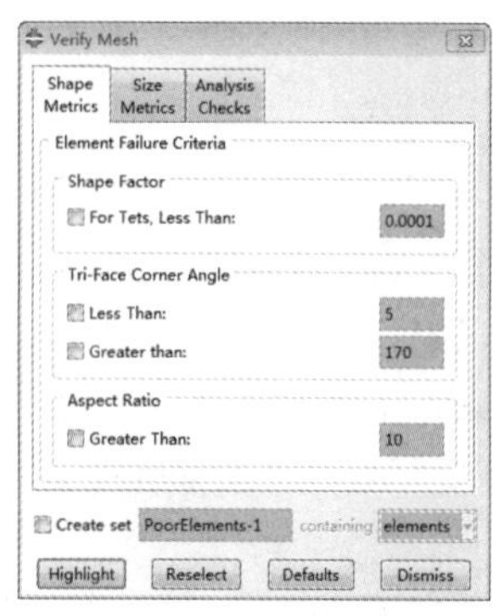

（a）“形状检查栏”选项卡

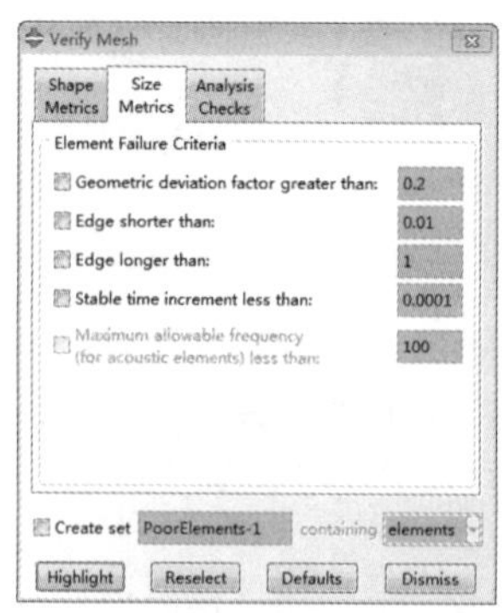

（b）“尺寸检查”选项卡

（c）“分析检查”选项卡

图 3-97 “检查网格”对话框

（1）Shape Metrics（形状检查），该选项用于逐项检查单元的形状。单击 Highlight（高亮）按钮，开始网格检查。检查完毕，视图区高亮度显示不符合标准的单元，信息区显示单元总数、不符合标准的单元数量和百分比、该标准量的平均值和最危险值。单击 Reselect（重新选择）按钮重新选择网格检查的区域；单击 Defaults（默认值）按钮，使各统计检查项恢复到默认值。

- Shape Factor-Less than（形状因子-小于）：该栏用于设置单元的形状因子的下限，仅适用于三角形单元或四面体单元。
- Face Comer Angle-Less tlan（*N* 面角的角度-小于）：该栏用于设置单元中面的边角的下限。
- Face Comer Angle-Greater than（*N* 面角的角度-大于）：该栏用于设置单元中面的边角的上限。
- Aspect Ratio-Greater than（纵横比-大于）：该栏用于设置单元纵横比（单元最长边与最短边的比）的上限。

（2）Size Metrics（尺寸指标）栏包括以下 5 种标准。该选项用于逐项检查单元的尺寸大小是否符合指标。

- Geometric deviation factor greater than（几何偏心因子大于）：该栏用于设置单元几何偏移因子上限。
- Edge shorter than（边短于）：该栏用于设置单元边长下限。
- Edge longer than（边长于）：该栏用于设置单元边长上限。
- Stable time increment less than（稳定时间增量步小于）：该栏用于设置稳定时间增量下限。
- Maximum allowable frequency less than（最大允许频率小于）：该栏用于设置最大容许频率下限。

（3）Analysis Checks（分析检查），该选项用于检查分析过程中会导致错误或警告信息的单元，错误单元用紫红色高亮度显示，警告单元以黄色高亮度显示。单击 Highlight（高亮）按钮，开始网格检查。检查完毕，视图区高亮度显示错误和警告单元，信息区显示单元总数、错误和警告单元的数量和百分比。梁（beam）单元、垫圈（gasket）单元和黏合层（cohesive）单元不能使用分析检查。

在如图 3-96 所示的提示区中选择 element（单元），选取要检查的单元，信息区显示该单元对应的各标准的值及是否通过分析检查。

3.7.6　提高网格质量

网格质量是决定计算效率和计算精度的重要因素，可是却没有判断网格质量好坏的统一标准。为了提高网格质量，有时需要对网格和几何模型等进行调整。

1. 划分网格前的参数设置

如前所述，在划分网格前，需要设置种子、网格控制参数和单元类型，这些参数的选择直接决定三维实体模型的网格质量。下面总结一些获得高质量网格的参数设置。

（1）若复杂模型的分割过程过于耗时，可以选用二次四面体单元划分网格。建议选择 Use mapped tri meshing on bounding faces where appropriate（在适当的情况下，在边界面上使用映射的三角网格）选项。如前所述，ABAQUS/CAE 会对形状简单的面选用映射网格划分，通常可以提高网格质量。

另外，若模型的网格密度足够且重点分析区域位于边界，可以选择 Increase size of interior elements（增加内部元素的大小）选项来增加内部单元的尺寸，提高计算效率。

（2）若采用扫掠技术划分网格，中轴（Medial axis）算法和进阶（Advancing front）算法的选择没有统一的标准，需要针对实际模型进行尝试。

（3）网格密度是协调计算精度和计算效率的重要参数，但合适的网格密度往往需要根据具体模型而定。一般情况下，可以在重点分析区域和应力集中区域加密种子，其他区域可以设置相对较稀疏的种子；如果需要控制一些边界区域的节点位置，可以在设置边界种子时进行约束。

（4）尽量采用结构化（Structured）或扫掠（Sweep）网格划分技术对三维实体模型划分六面体单元。如果单元扭曲较小，建议选用计算精度和效率都高的非协调模式单元，否则选用二次六面体单元。

2. 编辑几何模型

有时需要修改或调整几何模型来获得高质量的网格。

1）拆分模型

若不能直接用六面体单元对模型划分网格，读者可以运用 Partition（拆分）工具将其分割成形状较为简单的区域，并对分割后的区域划分六面体单元，也可以通过执行主菜单的 Tools（工具）→Partition（拆分）命令进行调用，如图 3-98 所示，包括 4 个分割线的工具、8 个分割面的工具和 6 个分割体（cell）的工具，具体用法此处不再赘述。

2）编辑问题模型

网格的质量不高或网格划分的失败有时是由几何模型自身的问题（如不精确区域、无效区域、小面、短边等）引起的。为了获得高质量的网格，需要对有问题的模型进行处理，常用工具包括 Geometry diagnostics（几何诊断）和 Geometry Repair Tools（几何修复工具），以及 Virtual Topology（虚拟拓扑）。下面将介绍这 3 种工具。

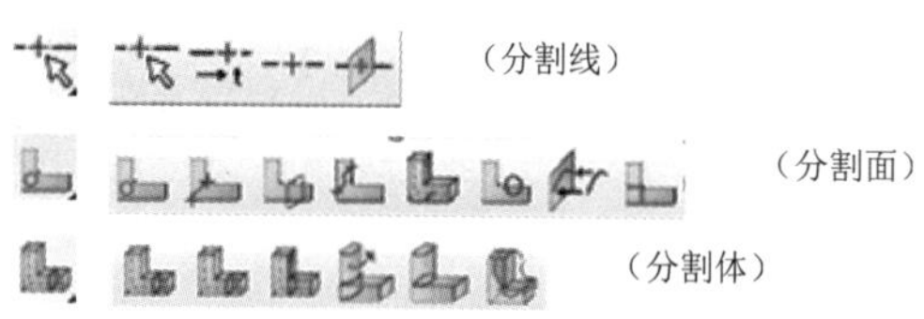

（a）工具箱

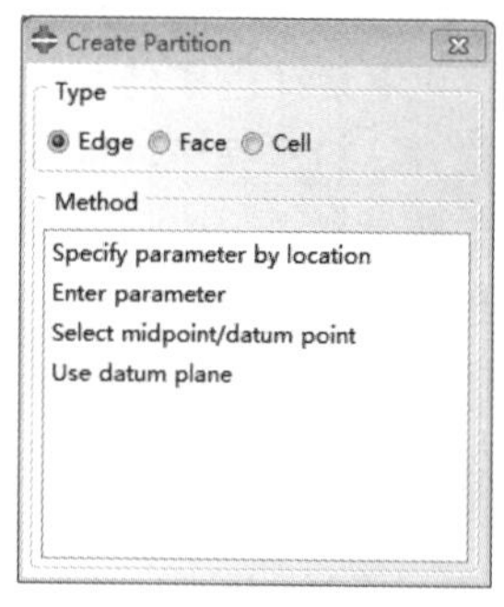

（b）“创建拆分”对话框

图 3-98 拆分工具

（1）几何诊断

首先需要对模型进行几何诊断。单击工具栏中的 Query information（询问信息）工具，或执行 Tools（工具）→Query（查询）命令，在弹出的 Query（查询）对话框中选择 Geometry diagnostics（几何诊断）选项，如图 3-99 所示，单击 OK 按钮，弹出 Geometry Diagnostics（几何诊断）对话框，如图 3-100 所示。该对话框可用于诊断模型的无效区域、不精确区域、小尺寸区域等，下面分别进行介绍。

① Invalid entities（无效的实体），该选项用于显示无效区域。ABAQUS 不能分析无效的模型，无效的部件仅能被用作显示体约束。如果部件包含无效区域，必须使用 Repair（几何修复）工具使之转变为有效模型；若几何修复无效，则必须在 CAD 软件中重新建立几何模型，再导入 ABAQUS/CAE。

② Imprecise entities（不精确的实体），该选项用于显示不精确的区域。在导入模型时，若 ABAQUS/CAE 必须降低精度才能生成实体部件，则这个部件是不精确的。

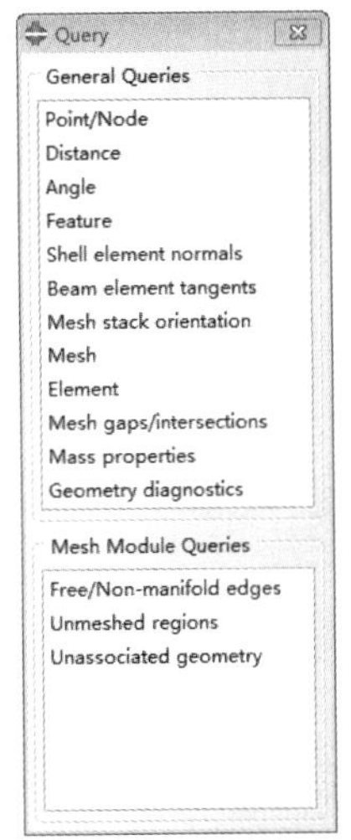

图 3-99　选择几何诊断

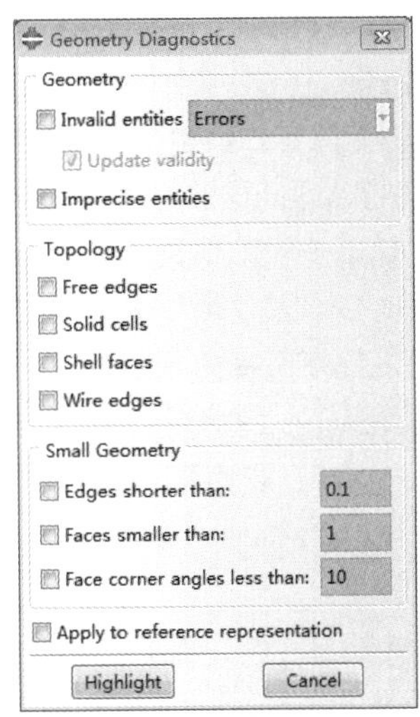

图 3-100　“几何诊断”对话框

③ Topology（拓扑），该栏用于显示指定的拓扑结构，包括 Free edges（自由边）、Solid cells（实体模型区域）、Shell faces（壳模型的面）、Wire edges（线模型的边）。

④ Small Geometry（小几何形状），该栏用于显示小尺寸区域。

- Edges shorter than（边短于）：该选项用于显示小于指定长度的短边。指定的长度必须大于 1×10^{-10}，默认长度为 0.1。
- Faces smaller than（面小于）：该选项用于显示小于指定面积的小面。指定的面积必须大于 1×10^{-12}，默认面积为 1。
- Face corner angles less than（面的顶角大于）：该选项用于显示小于指定角度的尖角。指定的角度必须小于 90º，默认角度为 10º。

单击 Highlight（高亮）按钮，将在视图区高亮度显示与已选择的选项对应的区域，信息区显示此次几何诊断的结果。若视图区有高亮度显示，单击提示区右侧的 Create Set（创建集合）按钮创建包含这些区域的集合（Set）。

（2）几何修复

通过几何诊断确定模型中的无效区域、小尺寸区域或不精确区域后，可以在 Part（部件）功能模块中选用合适的 Repair（几何修复）工具对模型进行编辑，最终在编辑后的模型上生成高质量的网格。几何修复工具可以通过执行工具区或主菜单的 Tools（工具）→Geometry Edit（几何编辑）命令进行调用，如图 3-101 所示，下面简单介绍这些工具的功能。

（a）修复工具

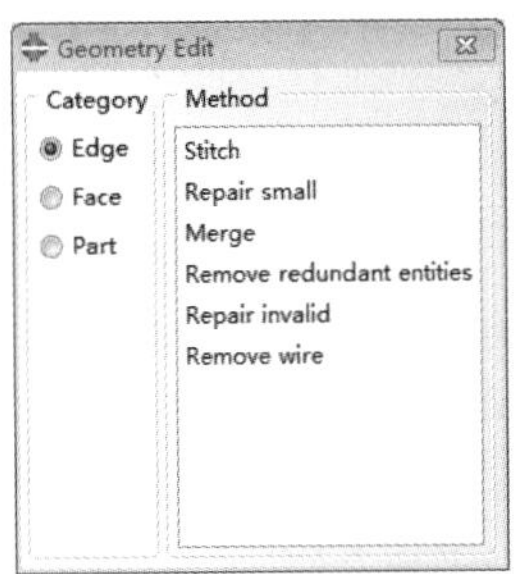

（b）“几何编辑”对话框

图 3-101　几何修复工具

① Edge（边），该页面用于选择边的修复工具。

- Stitch（缝合）：用于缝合边的裂缝。
- Repair small（修复小元素）：用于修复小元素。
- Merge（合并）：用于合并选择的相连接边，同时删除多余的顶点。
- Remove redundant entities（删除多余的实体）：导入的部件可能包含多余的顶点或边，该工具用于删除多余的顶点或边。
- Repair invalid（修复无效的元素）：在导入部件时，少数情况下会产生无效的边，该工具用于修复选择的无效边。
- Remove wire（删除线）：用于删除线模型的边。

② Face（面），该页面用于选择面的修复工具。

- Repair small faces（修复小面）：用于删除选择的小面，同时修复相邻的面，生成封闭的几何模型。
- Create face（创建面）：用于选择封闭的相邻边创建面（壳）。如果创建新的壳后使模型封闭，读者可以使用 Solid from shell 工具（下面会介绍）用这些封闭的壳生成体。
- Replace faces（更换面）：用于合并选择的相连接面，生成的面通常比原来的面更光滑。
- Repair sliver（修复长条区域）：用于修复含有狭长区域的面。
- Remove faces（删除面）：用于删除面。如果删除体模型的面，则它转变为壳模型。

③ Part（部件），该页面用于选择部件的修复工具。

- Stitch（针）：用于缝合整个部件的裂缝。
- Solid from shell（坚硬的壳）：用于选择封闭的三维壳来生成体模型。
- Repair face normals（修复面法线）：用于修复实体模型或壳模型的面法向。在导入实体模型时，少数情况下会产生负体积，选择该工具改变体的表面法向，使之具有正体积。在导入壳模型时，有时一些面的法向与壳的法向相反，选择该工具改变这些面的法向；若所有面的法向与壳的法向一致，选择该工具改变壳及所有面的法向。
- Convert to analytical（转换为解析）：选择该工具使模型的形状变得更简单，通常会改进几何形状。
- Convert to precise（转换到精确）：选择该工具使不精确的模型转变为精确的模型，通常会使模型更复杂。

（3）虚拟拓扑

模型有时会包含一些小尺寸区域（如小面或短边），这些小尺寸区域往往会增加网格密度或降低网格质量，甚至导致网格划分失败。如果这些小面或短边不是重点分析区域，则可以在 Mesh（网格）功能模块中选用虚拟拓扑（Virtual Topology）工具对它们进行编辑（也可以选用之前介绍的几何修复工具），使网格划分顺利进行。

可以单击左侧工具箱的Virtual Topology Combine Faces（虚拟拓扑合并面）工具集按钮或从菜单栏中选择 Tools（工具）→Virtual Topology（虚拟拓扑）命令调用虚拟拓扑工具。下面简单介绍这些工具的功能。

- Combine Faces（合并面）：用于合并选择的面。
- Combine Edges（合并边）：用于合并选择的线。
- Ignore Entities（忽略实体）：用于删除选择的线或顶点。删除线相当于合并面，删除顶点相当于合并线。

3. 编辑网格模型

对于已划分了网格的模型，可以通过选择菜单栏中的 Mesh（网格）→Create Mesh Part（创建网格部件）菜单命令创建仅包含网格的部件。另外，仅包含网格的部件还可以通过选择 File（文件）→Import（导入）→Part（部件）命令导入输出数据库文件（*.odb）得到。

可以通过 Edit Mesh（编辑网格）工具来获得高质量的网格。另外，ABAQUS/CAE 还提供自适应网格重划分来提高实体模型的网格质量。

1）编辑网格

在菜单栏中选择 Mesh（网格）→Edit（编辑）命令，或单击左侧工具区的 Edit Mesh（编辑网格）工具，弹出 Edit Mesh（编辑网格）对话框，如图 3-102 所示。该对话框中的 Undo（撤销）和 Redo（重做）按钮可用于撤销和恢复操作，Settings...（设置）按钮用于选择是否允许撤销操作，以及设置最多能编辑的单元数量。对于划分了网格的模型，会有如图 3-102 所示的界面，对于仅为网格部件的子集，会有稍微的变化。下面简单介绍这些工具的功能。

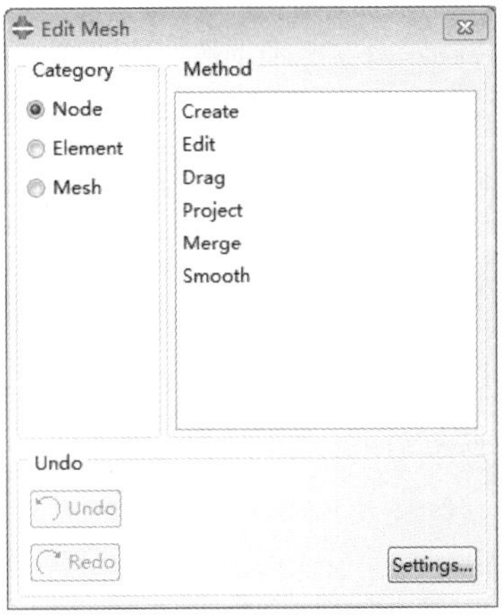

图 3-102　“编辑网格”对话框

（1）Node（节点），在 Category（类别）栏选择 Node（节点）用于编辑节点，Method（方法）栏出现相应的操作。

- Create（创建）：用于在整体坐标系或已创建的局部坐标系中创建节点，仅适用于网格部件。
- Edit（编辑）：选择节点，指定它们的坐标偏移，或输入它们在整体坐标系或已创建的局部坐标系中的新坐标。
- Drag（拖动）：选择节点，拖动它们至指定的新位置。
- Project（投影）：选择节点，指定它们投影到指定的位置。
- Merge（合并）：用于合并选择的节点，仅适用于网格部件。
- Smooth：选择节点，调整节点，使其光顺。

（2）Element（单元），在 Category（类别）栏选择 Element（单元）用于编辑单元，Method（方法）栏出现相应的操作。

- Create（创建）：用于创建单元，仅适用于网格部件。需要先在提示区选择单元形状，然后在视图区按顺序选择节点来创建单元。
- Delete（传出）：用于删除单元，可以选择是否删除不属于任何单元的节点，仅适用于网格部件。
- Collapse edge（tri/quad）［去除边（三角形/四边形）］：选择三角形或四边形单元的一条边，使边上的两个节点合并为一个节点，单元沿着指定的方向倒塌。
- Split edge（tri/quad）［拆分边（三角形/四边形）］：选择三角形或四边形单元的一条边，在边上指定的位置创建节点，该节点分割该边并与周围节点连接生成新的单元。
- Swap diagonal（tri）［交换对角线（三角形）］：选择两个相邻三角形单元的公共边，该工具用于交换两个三角形单元组成的四边形的对角线，原来的两个三角形单元也随之改变。
- Split（quad to tri）［拆分（三角形/四边形）］：用于将选择的四边形单元分割成两个三角形单元。
- Combine（tri to quad）［合并（三角形/四边形）］：用于将选择的两个三角形单元合并成一个四边形单元。

（3）Mesh（网格），在 Category（类别）栏选择 Mesh（网格）用于编辑整个网格，仅适用于网格部件，Method（方法）栏出现相应的操作。

- Offset（create solid layers）［偏移（创建实体层）］：选择三维实体单元或三维壳单元的表面，沿该面的法线方向生成一层指定厚度的三维实体单元。
- Offset（create shell layers）［偏移（创建壳层）］：选择三维实体单元或三维壳单元的表面，生成一个与该面形状相同的壳单元，并沿该面的法线方向偏移指定的距离。
- Collapse short edges（去除短边）：用于合并边长小于指定长度的边上的两个节点，适用于只包含线性三角形单元的网格。
- Convert tri to tet（将三角形单元转换为四面体单元）：用于将仅包含线性三角形单元的封闭网格转换成包含四面体单元的网格。

2）自适应网格重划分

若对模型划分了三角形、四面体自由网格或进阶算法的四边形占优的自由网格，则可以使用 Mesh（网格）模块中的 Adaptivity（自适应）菜单定义自适应网格重划分规则，进而在 Job（作业）功能模块中运行网格自适应过程。下面简单介绍自适应网格重划分规则的创建。

在菜单栏中选择 Adaptivity（自适应）→Remeshing Rule（网格重划分规则）→Create（创建）命令，或单击左侧工具区中的 Create Remeshing Rule（创建重划分规则）工具，选择模型区域，弹出 Create Remeshing Rule（创建重划分规则）对话框，如图 3-103 所示，该对话框包括如下选项。

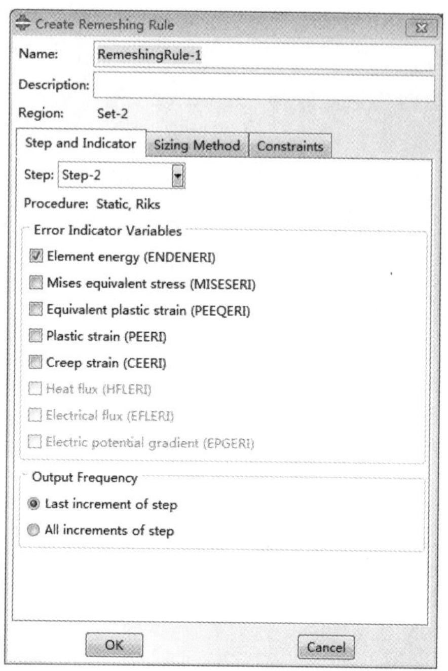

图 3-103 “创建重划分规则”对话框

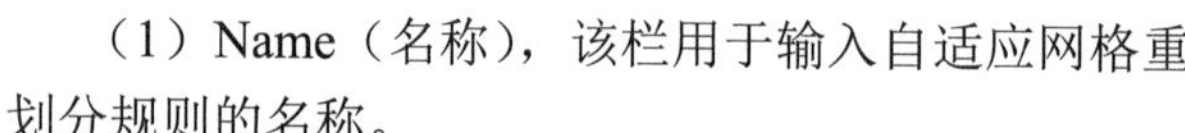

（1）Name（名称），该栏用于输入自适应网格重划分规则的名称。

（2）Description（描述），该栏用于输入对该自适应网格重划分规则的简单描述。

（3）Step and Indicator（分析步和索引），该页面用于选择分析步和误差指示变量。

① Error Indicator Variables（变量指示器错误），该栏用于选择误差指示变量。

② Step（分析步），该栏用于选择该自适应网格重划分规则的分析步，适用于 ABAQUS/Standard 分析中的静态分析（通用分析部或线性摄动分析步）、准静态分析、热-力耦合分析、热-电耦合分析、传热分析等。

③ Output Frequency（输出频率），该栏用于选择误差指示变量写入输出数据库的频率。

- Last increment of step（分析步的末尾增量步）：此为默认选项，在该分析步的最后一个增量步结束后写入误差指示变量。ABAQUS/CAE 根据最后一个增量步的误差指示变量对模型进行网格重划分。
- All increments of step（分析步中的所有增量步）：在该分析步的每个增量步结束后都写入误差指示变量。若分析不收敛，读者可以使用最近输出的误差指示变量进行手工网格重划分。

（4）Sizing Method（尺寸方法），该页面用于选择计算单元尺寸的方法。

① Default method and parameters（默认方法和参数），采用默认方法进行计算，即 Element energy（单元能量）和 Heat flux（热通量）采用 Uniform error distribution（均匀误差分布）算法，其他误差指示变量采用 Minimum/maximum control（最小/最大控制）算法。

② Uniform error distribution（均匀误差分布），采用统一误差分布网格尺寸算法，使模型区域内的每个单元都满足误差目标。

- Automatic target reduction（减少自动目标）：此为默认选项，ABAQUS 自动设置误差目标。
- Fixed target（固定目标）：该选项用于设置误差目标。

③ Millimum/maximum control（最小/最大控制），采用最小/最大控制网格尺寸算法。

- Fixed target（固定目标）：该选项用于设置最小（Minimum）和最大（Maximum）的误差目标。最大误差目标被用到结果（如应力）最高的附近区域，最小误差目标被用到结果最低的附近区域。
- Mesh Bias（网格偏移）：该栏用于设置网格尺寸分布，滑动条滑向 Strong（强）表明细化高结果值附近更大区域的网格。

（5）Constraints（约束），该页面用于设置对单元尺寸的约束。

- Rate Limits（价格限制）：该栏用于设置网格细化（Refinement）或粗化（Coarsening）的速率。Use default（使用默认）为默认设置，ABAQUS/CAE 采用中间值 5。选择 Specify（指定），指定网格细化/粗化的速率，滑动条滑向 High（高）表明加速网格的细化/粗化。选择 Do not refine/Do not coarsen（不要细化/不要粗化）指定单元尺寸的减小或者增加。
- Element Size（单元尺寸）：该栏用于设置最小和最大的单元尺寸。Auto-compute（自动计算）为默认设置，ABAQUS/CAE 自动计算最小和最大的单元尺寸，最小单元尺寸为计算前的边界种子的 1%，最大单元尺寸为计算前的边界种子的 10 倍。选择 Specify（指定），读者指定最小和最大的单元尺寸。

3.8　分析作业模块

ABAQUS 完成前面介绍的功能模块的设置后，就可以进入 Job（作业）功能模块对模型进行分析，然后在 Visualization 模块中进行结果后处理。其中，功能模块的操作顺序可以有多种选择。

一般来说，首先在 Part（部件）模块中创建部件 [有时需要与 Assembly（装配）模块配合使用]，之后在 Assembly（装配）模块中进行部件的装配。ABAQUS 可以在装配件和分析步的基础上，在 Interaction（相互作用）模块中定义相互作用、约束或连接器，以及在 Load（载荷）模块中定义载荷、边界条件、预定义场等，这两个模块通常没有先后顺序的要求。

在进入 Interaction（相互作用）模块和 Load（载荷）模块之前的任何时候，在 Step（分析步）模块中定义分析步和变量输出要求。在部件创建后（Part 模块）、Job（作业）模块之前的任何时候，都可以进入 Property（属性）模块进行材料和截面属性的设置。

如果在 Assembly（装配）模块中创建的是非独立实体，则用户可以在创建部件后（Part 模块）、Job（作业）模块之前的任何时候，在 Mesh（网格）模块中对部件进行网格划分；如果在 Assembly（装配）模块中创建的是独立实体，则可以在创建装配件后（Assembly 模块）、Job（作业）模块之前的任何时候，在 Mesh（网格）模块中对装配件进行网格划分。如图 3-104 所示，列出了独立实体和非独立实体两种情况下的功能模块使用顺序。

在工具区的 Module（模块）列表中选择 Job，进入 Job（作业）功能模块。该模块主要用于分析作业和网格自适应过程的创建和管理。

进入 Job（分析作业）功能模块后，主菜单中的 Job（作业）菜单及工具区中第一行的 Create Job（创建作业）工具和 Job Manager（作业管理器）工具，用于分析作业的创建和管理。

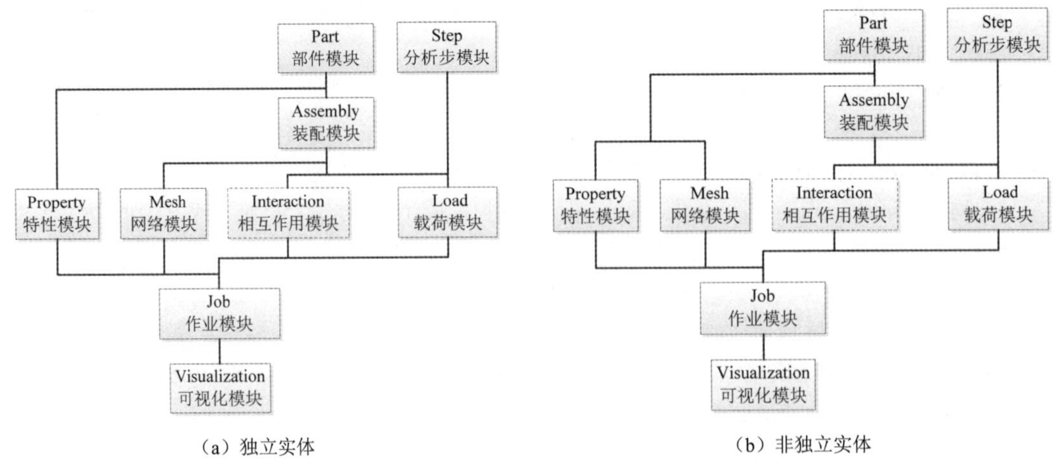

（a）独立实体　　（b）非独立实体

图 3-104　功能模块的使用顺序

1. 分析作业的创建

从菜单栏中选择 Job（作业）→Create（创建）命令，或单击左侧工具区中的 Create Job（创建作业）工具，弹出 Create Job（创建作业）对话框，如图 3-105 所示。该对话框包括以下两个部分。

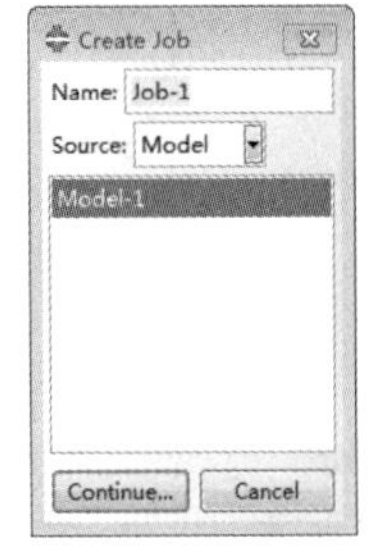

（a）Source（来源）：Model（模型）　　（b）Source（来源）：Input file（输入文件）

图 3-105　“创建作业”对话框

- Name（名称），在该栏内输入分析作业的名称，默认为 Job-*n*（*n* 表示第 *n* 个创建的分析作业）。
- Source（来源），该列表用于选择分析作业的来源，包括 Model（模型）和 Input file（输入文件）。默认选择为 Model，其下部列出该 CAE 文件中包含的模型，如图 3-105（a）所示，需要从该列表中选择用于创建分析作业的模型。若用户选择 Input file，则可以单击 Select...（选取…）按钮，选择用于创建分析作业的 inp 文件，如图 3-105（b）所示。

完成设置后，单击 Continue...按钮，就会弹出 Edit Job（编辑作业）对话框，如图 3-106 所示，可以在该对话框中进行分析作业的编辑。该对话框包括以下几项。

（1）Description（描述），用于输入对该分析作业的简单描述，并保存在结果数据库中，进入 Visualization（可视化）模块后显示在标题区该栏非必选项，可以不对分析作业进行描述。

（2）Submission（提交），该页面用于设置分析作业的提交参数。

① Job Type（作业类型），用于选择分析作业的类型。

- Full analysis（完全分析）：此为默认选项，对模型执行一个完整的分析，将分析结果写入到输出数据库。
- Recover（Explicit）（恢复）：完成一个 ABAQUS/Explicit 意外停止的分析，仅适用于

ABAQUS/Explicit。

- Restart（重启动）：该选项用于完成一个重启动分析。

重启动分析需要的文件包括输出数据库文件（job_name.odb）、模型文件（job_name.mdl）、重启动文件（job_name.res）、部件信息文件（job_name.prt）、状态外文件（job_name.stt），ABAQUS/Explicit 分析还需要打包文件（job_name.pac）、状态文件（job-name.abq）和结果选择文件（job_name.sel）。

可以在 Step（分析步）模块设置重启动信息的写入频率，默认情况下，对于 ABAQUS/Standard 分析，无重启动信息的写入；对于 ABAQUS/Explicit 分析，仅在分析步的开始和结束时写入重启动信息，不能对来自 inp 文件的分析作业进行重启动分析。

② Run Mode（运行模式），该栏用于选择运行模式。

- Background（背景）：此为默认选项，ABAQUS 在后台运行分析。
- Queue（队列）：该栏用于选择已定义的批处理队列提交分析作业。

③ Submit Time（提交时间），该栏用于选择运行分析的时间。

- Immediately（立即）：此为默认选项，分析作业立即在后台被执行或立即被提交到批处理队列。
- Wait（等待）：该选项仅在 UNIX 操作系统下可用，且仅适用于后台运行模式（Background），在指定的等待时间后运行分析。
- At（指定）：在指定的时间运行分析。对于后台运行模式（Background），该选项仅在 UNIX 操作系统下可用。

（3）General（通用），该页面用于指定一些分析作业设置。

- Preprocessor Printout（预处理打印输出）：该栏用于选择预处理打印输出。ABAQUS 会将选择的项输出到数据文件（job name.dat）中。对于来自 inp 文件的分析作业，需要在 inp 文件中指定预处理打印输出。
- Scratch directory（草稿目录）：选择用于保存分析过程中临时文件的文件夹。
- User subroutine file（用户子程序）：该栏用于选择包含用户子程序的文件。

（4）Memory（内存），该页面用于指定分配到分析中的内存。

（5）Parallelization（并行），该页面用于并行运算的设置。

- Use multiple processors（使用多个处理器）：选择用于分析的处理器数目，默认值为 2，使用并行运算。
- ABAQUS/Explicit：该栏用于选择 ABAQUS/Explicit 分析的设置。其中，Number of domains（域的个数）栏用于输入域的数目；Parallelization method（并行方法）栏用于选择并行方法，包括 Domain（拓扑域并行）和 Loop（循环级并行）。
- Multiprocessing mode（多处理器模式）：该列表用于选择多处理模式，包括 Default（基于执行分析的平台）、Threads（多线程方式）和 MPI（消息传输平台），其中，后两种模式仅适用于拓扑域并行（Domain）。

（6）Precision（精度），该页面用于精度的控制。

- ABAQUS/Explicit precision（ABAQUS/Explicit 精度）：该列表用于选择 ABAQUS/Explicit 分析的精度，包括 Single（单精度）和 Double（双精度）。
- Nodal output precision（节点变量输出精度）：该列表用于选择节点输出的精度，包括 Single（单精度）和 Full（全精度）。设置完成，单击 OK 按钮。

2. 分析作业的管理

单击 Job Manager（作业管理器）工具，已创建的分析作业出现在分析作业管理器中，如

图 3-107 所示。该管理器中下部的工具与其他管理器类似，此处不再赘述，下面介绍其右侧的工具。

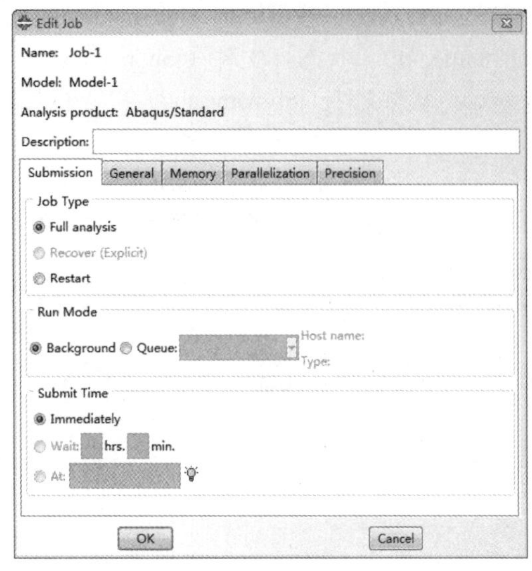

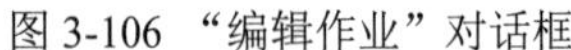
图 3-106 “编辑作业”对话框

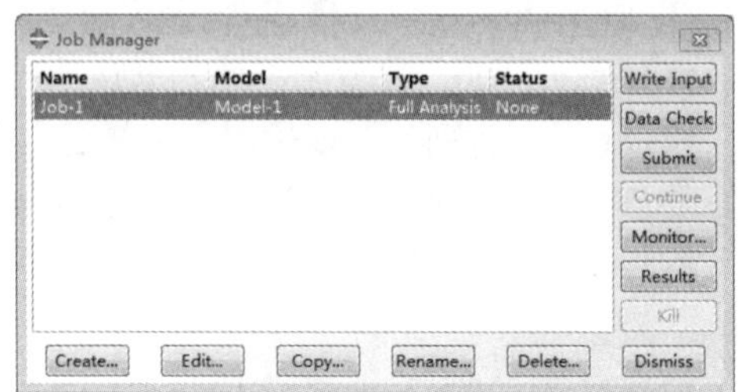

图 3-107 “作业管理器”对话框

（1）Write Input（写入输入文件）按钮，在工作目录中生成该模型的 inp 文件，等同于在主菜单中执行 Job（作业）→Write Input（写入输入文件）命令。

（2）Submit（提交）按钮，用于提交分析作业，等同于在主菜单中执行 Job（作业）→Submit（提交）命令。读者提交分析作业后，管理器中的 Status（状态）栏会相应地改变。

- None：表示没有提交分析作业。
- Submitted：表示已生成 inp 文件，分析作业正在被提交。
- Running：表示分析作业已经被提交，ABAQUS 正在运行分析作业。
- Completed：表示完成分析，结果已按要求写入输出数据库。
- Aborted：表示由于 inp 文件或分析中的错误而导致分析失败，可以在信息区或监控器中查看错误。
- Terminated 表示分析被用户终止。

注意：

若希望通过编辑 inp 文件来修改模型，除了直接对 inp 文件进行编写外，还可以使用以下两种方式。

① 单击 Write Input（写入输入文件）按钮生成 inp 文件，在 ABAQUS/CAE 外使用文字编辑器对该 inp 文件进行编辑后，再重新创建分析作业，在 Create Job（创建作业）对话框的 Source（来源）中选择 Input file 选项，如图 3-105 所示。

② 在 ABAQUS/CAE 中选择 Model（模型）→Edit Keywords（编辑关键字）命令进行关键词的编辑，再提交分析作业。

（3）Monito（监控）：按钮，用于打开分析作业监控器，如图 3-108 所示，等同于从主菜单中选择 Job（作业）→Monito（监控）命令。该对话框中的上部表格显示分析过程的信息，这部分信息也可以通过状态文件（job_name.sta）进行查阅。其下部包括以下几个页面或按钮，主要介绍如下。

- Log（日志），该页面用于显示分析各阶段的时间，这部分信息也可以通过日志文件（job_name.log）进行查阅。

- Errors（错误），该页面用于显示分析过程中的错误信息，这部分信息也可以通过数据文件（job_name.dat）、信息文件（job_name.msg）或状态文件（job_name.sta）进行查阅。
- Warnings（警告），该页面类似于 Errors（错误）页面，用于显示分析过程中的警告信息。
- Output（输出），该页面用于记录输出数据的录入。
- Results（结果），该按钮用于运行完成的分析作业的后处理，单击该按钮进入 Visualization（可视化）功能模块。该按钮等同于从主菜单中选择 Job（作业）→Results（结果）命令。
- Kill（中断），该按钮用于终止正在运行的分析作业，等同于从主菜单中选择 Job（作业）→Kill（中断）命令，或分析作业监控器中的 Kill（中断）按钮，如图 3-108 所示。

3. 网格自适应

若在 Mesh（网格）功能模块定义了自适应网格重划分规则，则可以对该模型运行网格自适应过程。ABAQUS/CAE 根据自适应网格重划分规则对模型重新划分网格，进而完成一系列连续的分析作业，直到结果满足自适应网格重划分规则，或已完成指定的最大迭代数，抑或分析中遇到错误。

单击工具区中的 Create Adaptivity Process（创建自适应过程）工具，或从主菜单中选择 Adaptivity（自适应）→Create（创建）命令，弹出 Create Adaptivity Process（创建自适应过程）对话框，如图 3-109 所示。该对话框与 Edit Job（编辑作业）对话框类似，如图 3-106 所示，下面重点介绍与 Edit Job（编辑作业）对话框的不同之处。

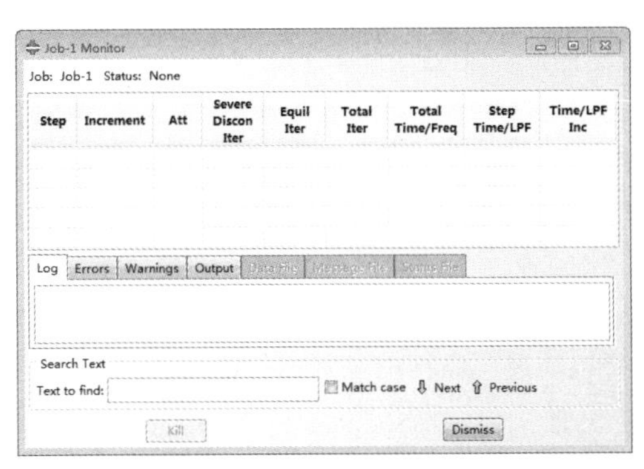

图 3-108 “作业监控”对话框

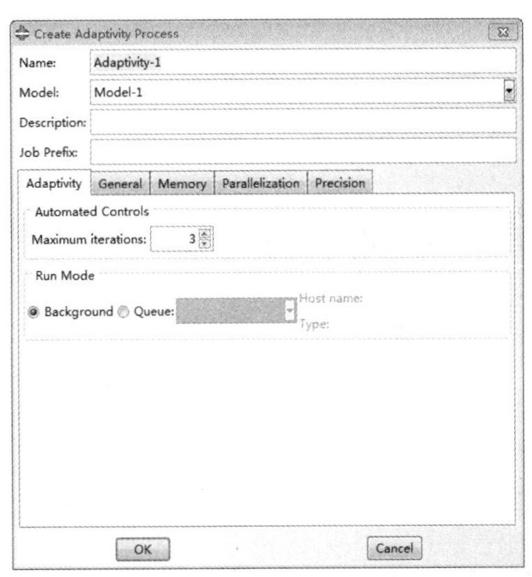

图 3-109 “创建自适应过程”对话框

（1）Name（名称），在该栏输入自适应过程的名称，默认为 Adaptivity-1（1 表示第一个创建的自适应过程）。

（2）Model（模型），该列表用于选择创建自适应过程的模型。

（3）Description（描述），该栏用于输入对该自适应过程的简单描述。

（4）Job Prefix（作业前缀），该栏用于输入该自适应过程中每个分析作业名称的前缀。若不输入，ABAQUS/CAE 则采用默认的 Adaptivi ty-1-iterm（其中，1 表示第一个创建的自适应过程，*m* 表示第 *m* 次迭代）。

（5）Adaptivity（自适应），用于设置网格自适应过程的参数。

- Maximum iterations（最大迭代）：该栏用于设置最大迭代次数。

- Run Mode（运行模式）：该栏用于选择运行模式，与 Edit Job（编辑作业）对话框的设置相同，此处不再赘述。

（6）General（通用），该页面用于设置预处理打印输出、临时文件夹和用户子程序，与 Edit Job（编辑作业）对话框的设置相同。

（7）Memory（内存），该页面用于指定分配到分析中的内存，与 Edit Job（编辑作业）对话框的设置相同。

（8）Parallelization（并行），该页面用于并行运算的设置，包含 Use multiple processors（使用多个处理器）和 Multiprocessing mode（多处理器模式）两项，均与 Edit Job（编辑作业）对话框的设置相同。

（9）Precision（精度），该页面用于精度的控制，仅包含 Nodal output precision（节点变量输出精度），与 Edit Job（编辑作业）对话框的设置相同。

设置完成，单击 OK 按钮。

单击 Adaptivity Process Manager（自适应过程管理器）工具，已创建的自适应过程出现在管理器中，如图 3-110 所示。可以单击该管理器右侧的 Submit（提交）按钮提交该自适应过程。然而，需要在分析作业管理器中进行自适应过程的监控、终止和每个迭代的结果后处理操作。

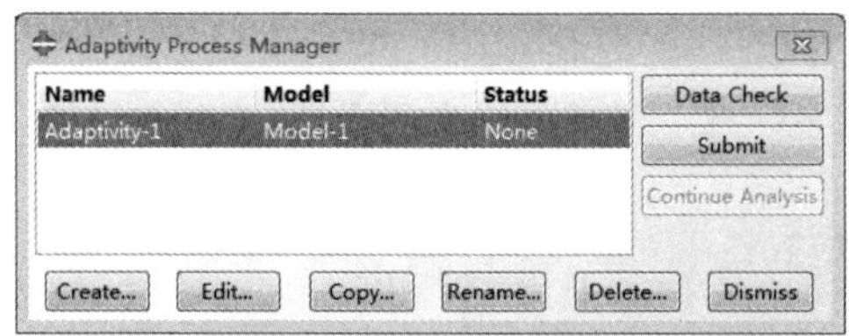

图 3-110　自适应过程管理器

3.9　后处理与可视化模块

ABAQUS 的 Visualization（可视化模块）用于模型的结果后处理，可以显示.odb 文件中的计算分析结果，包括变形前/后的模型图、各种变量的分布云图、矢量/张量符号图。材料方向图、变量的 X-Y 图表、动画，以及以文本形式选择性输出的各种变量的具体数值。这些功能及其控制选项都包含在 Result（结果）、Plot（绘图）、Animate（动画）、Report（报告）、Options（选项）和 Tools（工具）菜单中，其中大部分功能还可以通过工具区的工具进行调用。

3.9.1　在模型上显示结果

接下来将以一个.odb 文件为例，介绍 Visualization（可视化模块）模块中进行后处理的方法。在 Visualization（可视化模块）模块中，工具区中的工具可以涵盖大多数功能的调用。

1. 显示变形图

左侧工具区的 Plot Undeformed Shape（绘制未变形图）工具，和 Plot Deformed Shape（绘制变形图）工具可以使模型在变形与原始状态间切换，如图 3-111 所示为模型变形前，如图 3-112 所示为模型变形后。

2. 显示云图

单击左侧工具区的 Plot Contour on Deformed Shape 命令（在变形图上绘制云图）按钮，在视图区中显示云图，如图 3-113 所示，系统默认状态下为 Mises 应力云图。

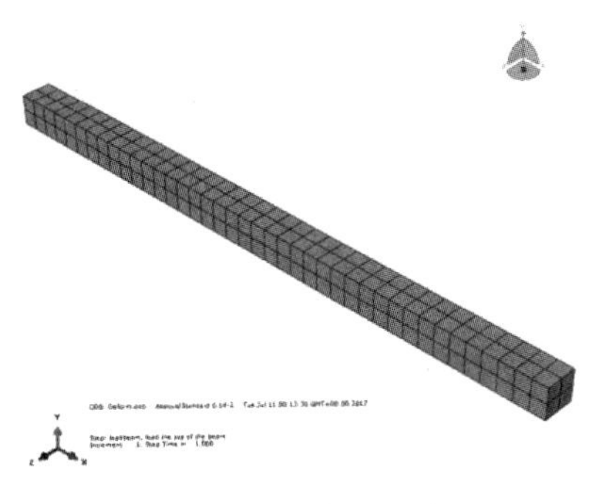

图 3-111　未变形图

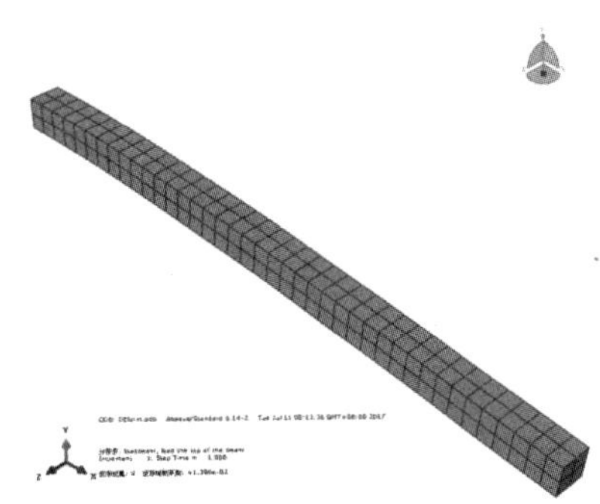

图 3-112　变形图

选择菜单栏中的 Result（结果）→Field Output（场输出）命令，弹出如图 3-114 所示的 Field Output（场输出）对话框，在该对话框中可选择输出变量的类型与绘图方式。

图 3-113　Mises 应力云图

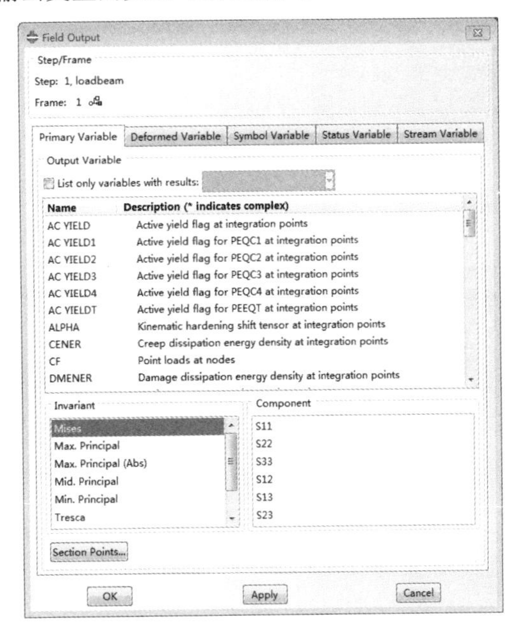

图 3-114　“场输出”对话框

当选择 RF，即反作用力时，其云图显示如图 3-115 所示，图 3-116 为应变分量（E）图。

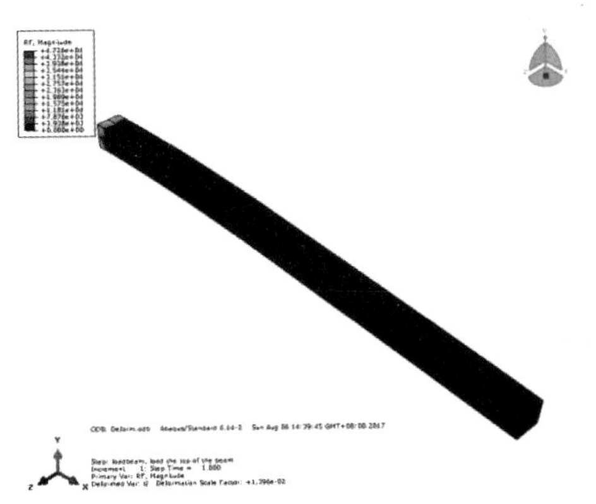

图 3-115　反作用力图

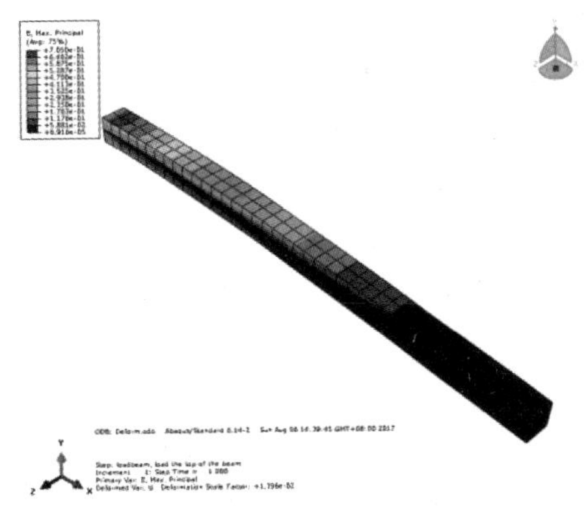

图 3-116　应变分量图

在图 3-114 所示的 Field Output（场输出）对话框中还可以选择各变量的分量，如图 3-117 所示。以应力为例，图 3-118 中 S11 云图为 X 轴拉/压应力云图。图 3-119 所示 S22 云图为 Y 轴拉/压应力云图。图 3-120 所示 S33 云图为 Z 轴拉/压应力云图。

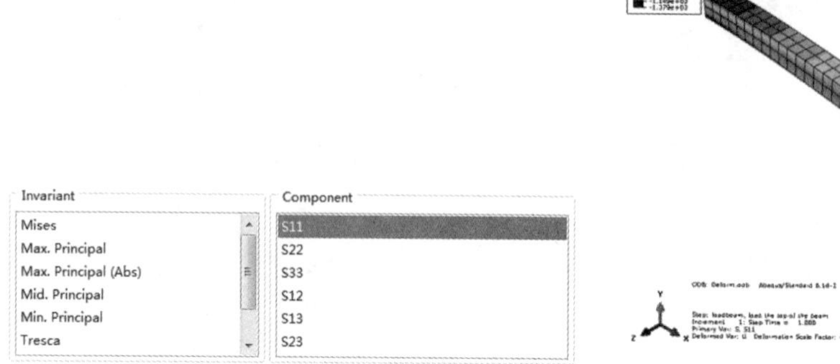

图 3-117　选择变量的分量

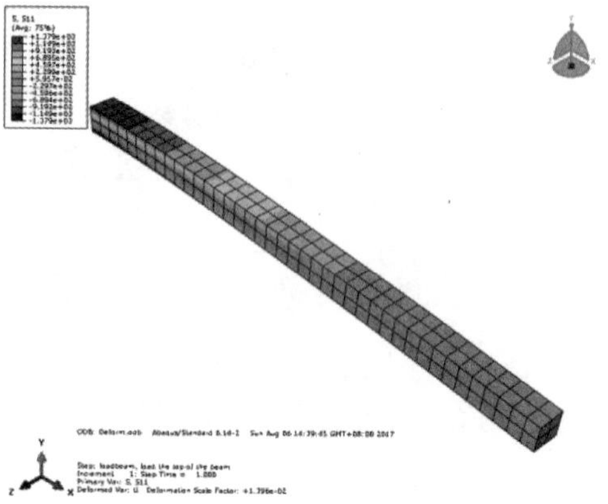

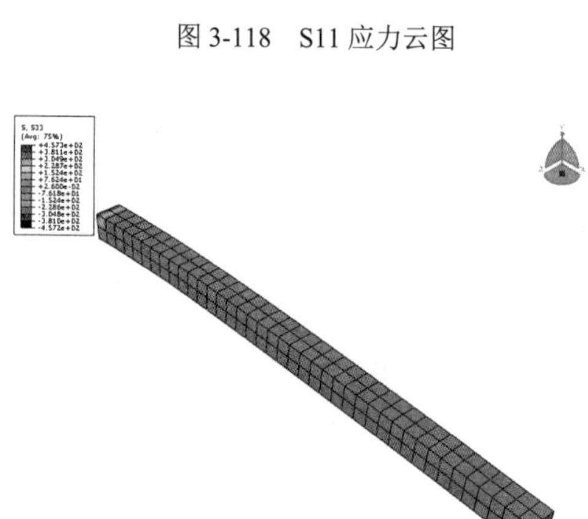

图 3-118　S11 应力云图

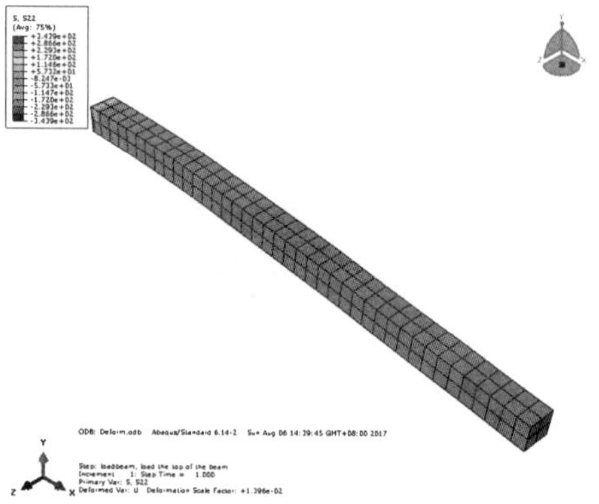

图 3-119　S22 应力云图

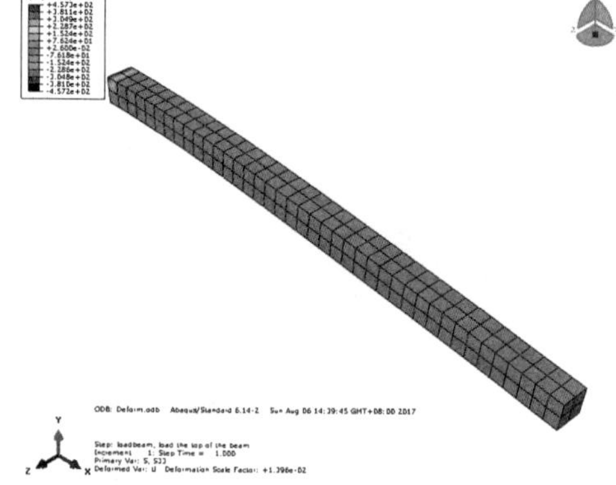

图 3-120　S33 应力云图

单击工具区中的 Common Options（通用绘图选项）工具，或者在菜单栏中选择 Options（选项）→Common（通用）命令，弹出 Common Plot Options（通用绘图选项）对话框，如图 3-121 所示。

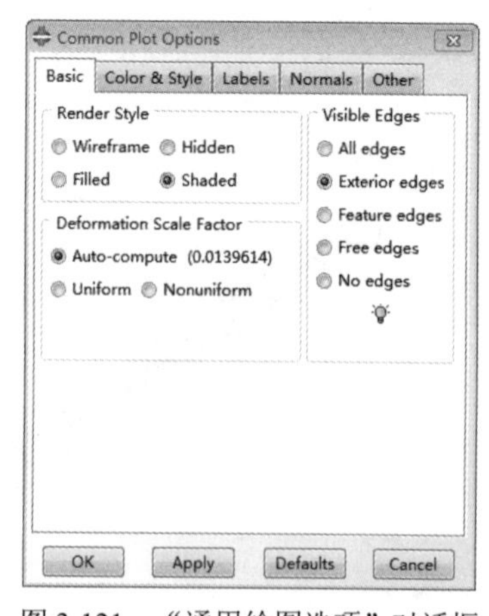

图 3-121　“通用绘图选项”对话框

（1）Basic（基本信息），包括 Render Style（渲染风格）、Deformation Scale Factor（变形缩放系数）和 Visible Edges（可见边）3 个设置选项。

① Render Style（渲染风格），该栏用于选择着色方式。

- Wireframe（线框）：仅显示线条框架。此功能还可通过单击上方工具栏中的按钮来实现。
- Hidden（消隐）：隐藏内部线条和该视角下不可见的外部线条，仅显示可见的外部结构框架。此功能还可通过单击上方工具栏中的按钮来实现。
- Filled（填充）：将外部表面按一致的颜色（默认为绿色）进行着色，显示实体。此功能还可通过单击上方工具栏中的按钮来实现。

- Shaded（阴影）：此为默认选项，在填充（Filled）的基础上考虑光照和阴影效果，显示更加真实的三维视觉效果。此功能还可通过单击上方工具栏中的按钮来实现。

② Deformation Scale Factor（变形缩放系数），该栏用于设置变形比例系数。

- Auto-compute（自动计算）：此为默认选项，ABAQUS/CAE 自动选择一个合适的比例系数进行显示。
- Uniform（一致）：该选项用于设置一个统一的变形比例系数。选择此选项后，用户需要在其下方出现的 Value（数值）栏内输入一个比例系数，如图 3-122 所示。
- Nonuniform（不一致）：该选项用于分别设置 3 个方向的变形比例系数。选择此选项后，用户需在其下方出现的 *X*、*Y*、*Z* 栏内分别输入与该方向对应的比例系数，如图 3-123 所示。

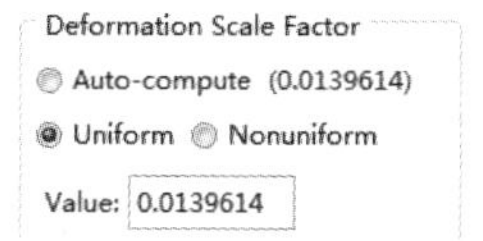

图 3-122　一致缩放系数选项

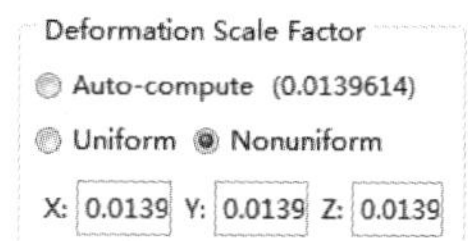

图 3-123　不一致缩放系数选项

③ Visible Edges（可见边），该栏用于选择边的显示方式。该栏的选项需要和 Render Style（渲染风格）栏的选项配合使用。

- All edges（所有边）：显示所有边。只有在 Render Style（渲染风格）栏选择 Wireframe（线框）时，视图区才能显示模型内部的边。
- Exterior edges（外部边）：此为默认选项，只显示模型外部的边。
- Feature edges（特征边）：只显示模型外部的特征边。
- Free edges（自由边）：显示仅属于一个单元的边。该选项可用于显示模型中的孔洞和裂缝。
- No edges（无）：不显示单元的所有边，仅适用于 Render Style（渲染风格）栏选择 Filled（填充）或 Shaded（阴影），如图 3-124 所示。

（2）Color/Style（颜色/风格），该选项卡用于设置模型颜色和边的线型，如图 3-125 所示。

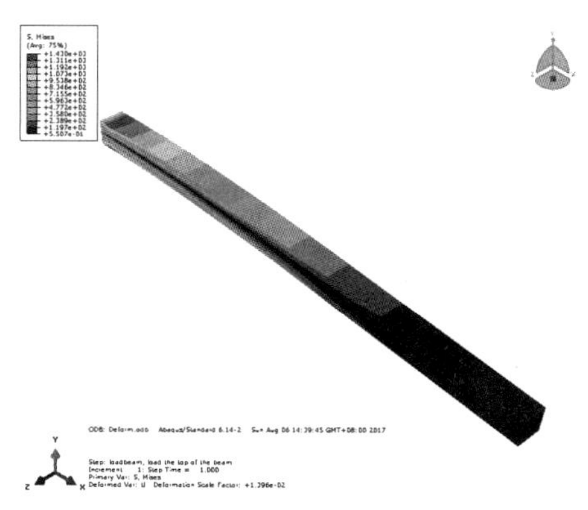

图 3-124　不显示单元所有边的云图

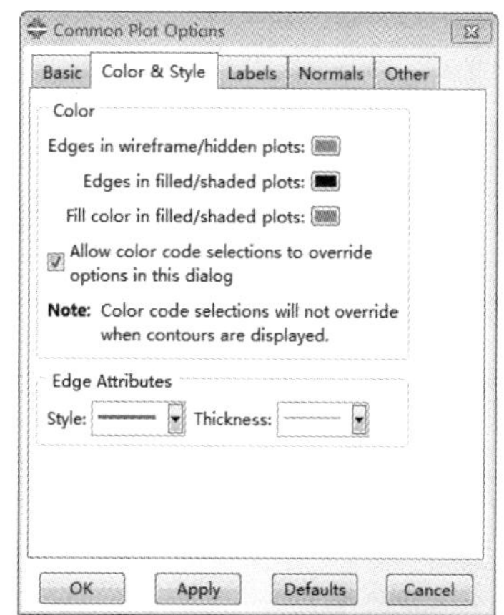

图 3-125　"颜色与风格"选项卡

- Edges in wireframe/hidden plots（线框/消隐图中的边）：在 Basic（基本信息）选项卡的 Render Style（渲染风格）栏选择 Wireframe（线框）或 Hidden（消隐）时，该栏用于选择线的颜色，默认为绿色。

- Edges in filled/shaded plots（填充/阴影图中的边）：在 Basic（基本信息）选项卡的 Render Style（渲染风格）栏选择 Filled（填充）或 Shaded（阴影）时，该栏用于选择线的颜色，默认为黑色。
- Fill color in filled/shaded plots（在填充/阴影图中填充颜色）：该栏用于选择实体的填充颜色，默认为绿色，适用于 Basic（基本信息）选项卡的 Render Style（渲染风格）栏选择 Filled（填充）或 Shaded（阴影）时。
- Allow color code selections to override options in this dialog（允许颜色代码选择集覆盖此对话框中的选项）：默认为选择该项，允许色码（Color Code）的选择优先于该对话框的选择，色码通过选择菜单中的 Tools（工具）→Color Code（色码）命令后，在 Labels（标签）选项卡中进行编辑和选择。
- Style（风格）：该列表用于选择边的线型。
- Thickness（厚度）：该列表用于选择边线的粗细程度。

（3）Labels（标签），该选项卡用于设置单元、节点的编号和标记，如图 3-126 所示。

- Set Font for All Model Labels…（为所有模型标签设置字体）：该按钮用于设置模型编号的字体。
- Show element labels（显示单元编号）：该栏用于显示单元编号，其后的 Color（颜色）用于选择字体颜色。
- Show face labels（显示面编号）：该栏用于显示面的编号，其后的 Color（颜色）用于选择字体颜色。
- Show node labels（显示节点编号）：该栏用于显示节点标记，其后的 Color（颜色）用于选择字体颜色，而 Symbol（符号）和 Size（大小）栏被激活，分别用于选择标记的颜色、符号和大小。

（4）Normals（法线），该选项卡用于控制法线的显示和设置，如图 3-127 所示。默认为不显示法线，选择 Show normals（显示法线）选项，可以将其激活。

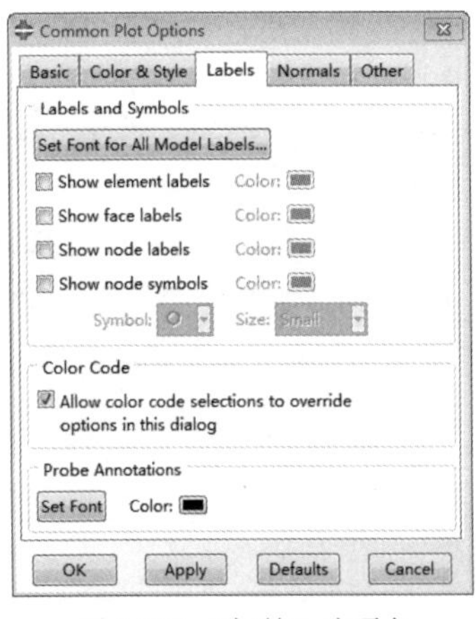

图 3-126 “标签”选项卡

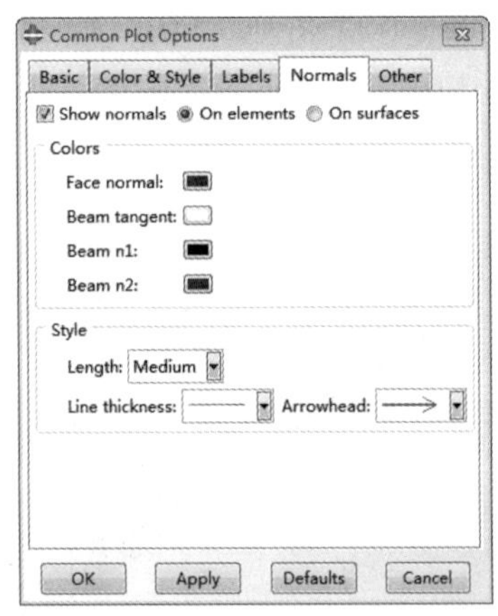

图 3-127 “法线”选项卡

- On elements/On surfaces（在单元上/在表面上）：该栏用于选择显示模型中单元/表面的法线。
- Colors（颜色）：该栏用于选择 Face normal（面法线）、Beam tangent（梁切向）、Beam n1（梁的 n1 方向）和 Beam n2（梁的 n2 方向）标记的颜色。
- Style（风格）：该栏用于选择表示法线标记的 Length（长度）、Line thickness（线厚度）和 Arrowhead（箭头）。

（5）Other（其他），该选项卡用于设置单元的缩放和模型的透明度，如图 3-128 所示。

3. 符号变量

符号变量图以符号（如箭头）显示矢量或张量的结果，箭头的方向代表矢量/张量的方向，符号的长度代表矢量/张量的大小。

单击工具区中的 Plot Symbols On Deformed Shape （在变形图上绘制符号）工具，或选择菜单栏中的 Plot（绘图）→Symbols（符号）→On Deformed Shape（在变形图上）命令，视图区显示模型变形后的主应力的张量符号图，如图 3-129 所示。

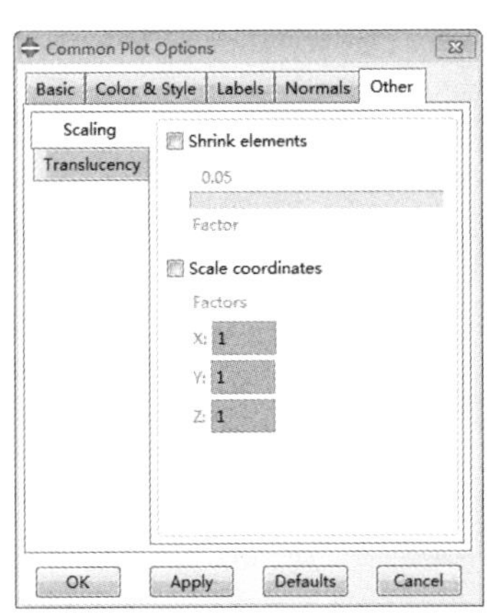

图 3-128 “其他”选项卡

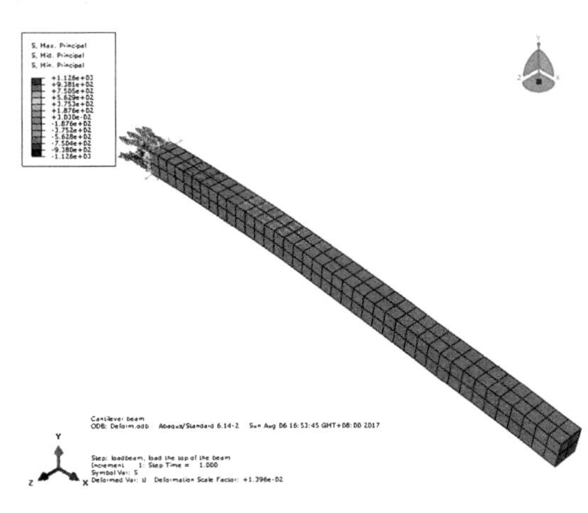

图 3-129　符号变量图

3.9.2　图表输出

ABAQUS/CAE 能显示两个变量间的关系图表，并能将其以表格形式输出到文件。单击工具区中的 Create *XY* Data（创建 *XY* 数据）工具，或者选择菜单栏中的 Tools（工具）→*XY* Data（*XY* 数据）→Create（创建）命令，弹出 Create *XY* Data（创建 *XY* 数据）对话框，如图 3-130 所示。该对话框用于选择数据来源。

- ODB history output（OBD 历史变量输出）：*X-Y* 曲线的数据来源于输出数据库的历程变量，得到选择的历程变量与时间的关系图表。
- ODB field output（OBD 场变量输出）：*X-Y* 曲线的数据来源于输出数据库的场变量，得到选择的场变量与时间的关系图表。
- Thickness（厚度）：*X-Y* 曲线的数据来源于与壳单元厚度相关的变量，仅在壳单元划分的区域有效。
- Free Body（自由体）：*X-Y* 曲线的数据来源于当前会话中的自由体。
- Operate on *XY* data（操作 *XY* 数据）：*X-Y* 曲线的数据来源于已经保存的 *X-Y* 曲线的数据，通过制定新的 *X-Y* 数据与保存的 *X-Y* 数据的数学关系来得到新的 *X-Y* 图表。
- ASCII file（ASCII 文件）：*X-Y* 曲线的数据来源于文本文件。该文件至少包含两列数据，用户需要指定 *X*、*Y* 轴数据对应的列数及读入数据的间隔行数。
- Keyboard（键盘）：*X-Y* 曲线的数据来源于 ABAQUS/CAE 环境中手工输入的表格。
- Path（路径）：用户需要先创建路径，再得到某个场变量沿路径的变化图表。

下面介绍常用的几种 *X-Y* 图表的创建：历程变量与时间的关系曲线，某个场变量与时间的关系曲线，还有沿路径显示某个变量的变化情况。

1. 历程变量 *XY* 数据输出

在如图 3-130 所示的 Create *XY* Data（创建 *XY* 数据）对话框中选择来源为 ODB history output（OBD 历史变量输出），单击 Continue...按钮，弹出如图 3-131 所示的 History Output（历史变量输出）对话框。

在 Variables（变量）选项卡中可以选择输出的历史变量。例如，按住 Shift 键选择 CPRESS 项目，如图 3-132 所示，单击 Plot（绘制）按钮，绘制这几个节点的接触压力曲线，如图 3-133 所示。

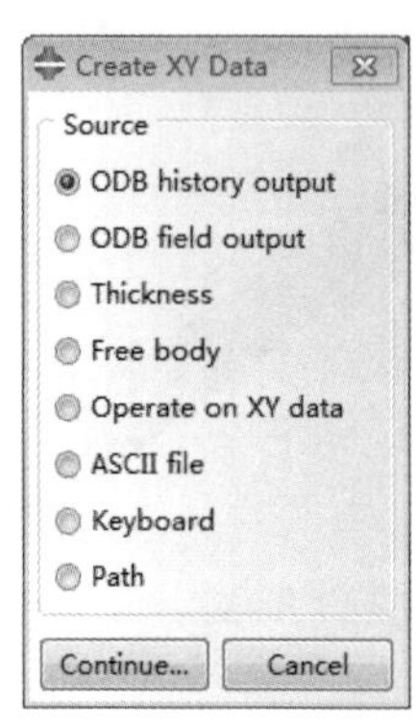

图 3-130 “创建 *XY* 数据”对话框

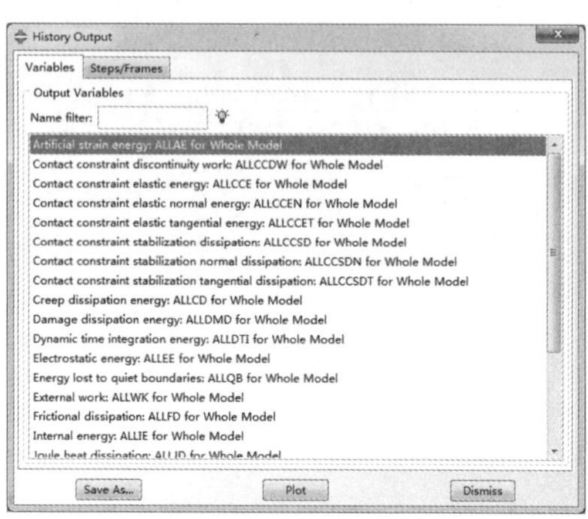

图 3-131 “历史变量输出”对话框

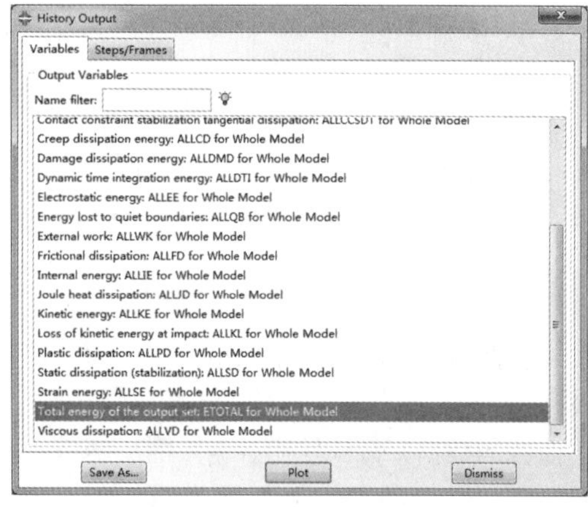

图 3-132 选择绘制项目

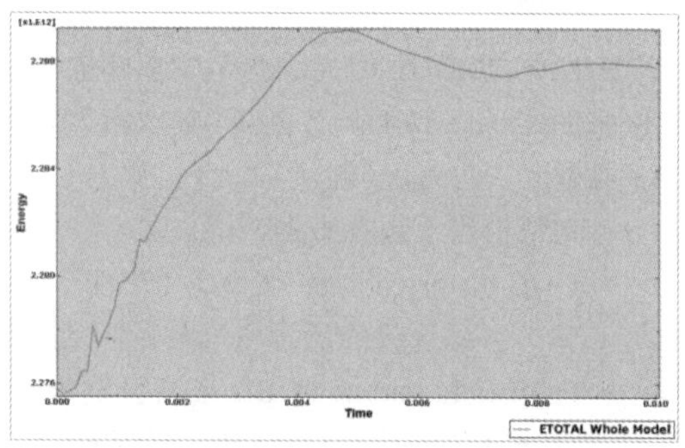

图 3-133 总能量变化曲线

2. 场变量 *XY* 数据输出

在如图 3-130 所示的 Create *XY* Data（创建 *XY* 数据）对话框中选择来源为 ODB field output（OBD 场变量输出），单击 Continue...按钮，弹出如图 3-134 所示的 *XY* Data from ODB Field Output（来自 ODB 场输出的 *XY* 数据）对话框。

（1）Active Steps/Frames（分析步/帧），该按钮用于选择图表中时间轴（*X* 轴）的坐标范围。单击该按钮，在弹出的 Active Steps/Frames（分析步/帧）对话框中激活或抑制分析步和增量步。

（2）Variables（变量），该页面用于选择位于图表 *Y* 轴的场变量。

- Position（位置）：用于选择场变量的位置，默认为 Integration Point（积分点）。
- Variables（列表）：该列表显示出保存在输出数据库中的场变量，并随着 Position（位置）的选择而自动更新，用于场变量的选择。

- Edit（编辑）：用于在该栏内输入场变量的名称，按 Enter 键选中该变量。

（3）Elements/Nodes（单元/节点），用于选择单元、节点。

① Pick from viewport（从视口中拾取），在视图区选取一个或多个单元，右侧的表格内列出已选取的单元。

- Add Selection（添加选择集）：添加单元/节点。
- Edit Selection（编辑选择集）：编辑已选取的单元/节点。
- Delete Selection（删除选中）：删除已选取的单元/节点。

② Element labels（单元标签），指定单元/节点的标号。在右侧表格内的 Part instance（部件实例）列选择部件实体，在其后的 Labels（标签）栏内输入用于 *X-Y* 图表的单元/节点的标号，用逗号或冒号隔开。Add Row（添加行）和 Delete Row（删除行）按钮分别用于添加和删除行。

③ Element sets（单元集），选取集合内包含的单元/节点。右侧表格内列出了单元集合，若模型包含较多的集合，用户可以通过 Name filter（名称过滤）栏进行集合名称的过滤。

④ Internal sets（内部集），选取 ABAQUS/CAE 产生的内部集合中的单元。用户仍然可以通过 Name filter（名称过滤）栏进行内部集合名称的过滤。

设置完成，单击 Save 按钮用于保存数据表，单击 Plot 按钮用于显示图表。

下面显示如图 3-135 所示平面接触区内一个节点的 Mises 应力与时间的关系图表。

在 *XY* Data from ODB Field Output（来自 ODB 场输出的 *XY* 数据）对话框的 Variables（变量）选项卡页面内，选择 Position（位置）栏内的 Unique Nodal（单个节点），展开变量列表中的 S：Stress components（应力分量），选中 Mises（Mises 应力）[也可以在 Edit（编辑）栏内输入 Mises，按 Enter 键]。

在 Elements/Nodes（节点）选项卡页面内，单击 Edit Selection（编辑选择集）按钮，在视图区选取接触边界处的一个节点，单击鼠标中键，返回 *XY* Data from ODB Field Output（来自 ODB 场输出的 *XY* 数据）对话框，单击 Plot（绘图）按钮，视图区显示该节点的 Mises 应力与时间的关系图表，如图 3-135 所示。

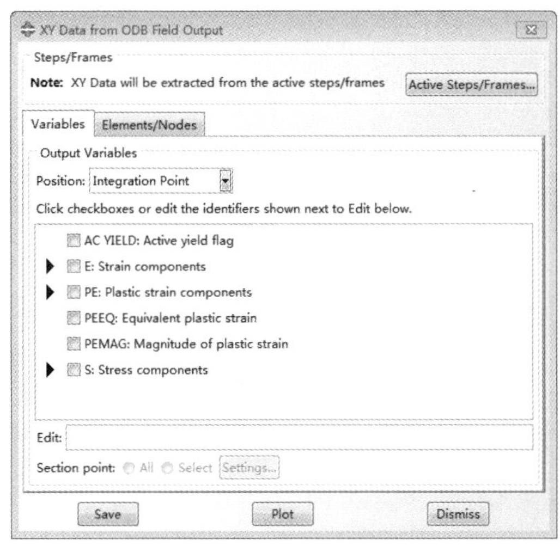

图 3-134 “来自 ODB 场输出的 *XY* 数据”对话框

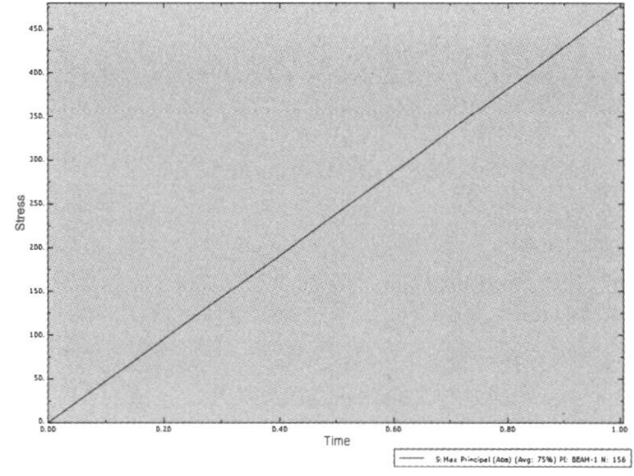

图 3-135 Mises 应力与时间的关系图表

从菜单栏中选择 Tools（工具）→*XY* Data（*XY* 数据）→Manager（管理）命令，或单击工具区中的工具右侧的 *XY* Data Manager（*XY* 数据管理器）工具，弹出 *XY* Data Manager（*XY* 数据管理器）对话框。选择列表中的三行，如图 3-136 所示。单击右侧的 Plot 按钮，视图区显示 3 个节点的位移与时间的关系图表，如图 3-137 所示。

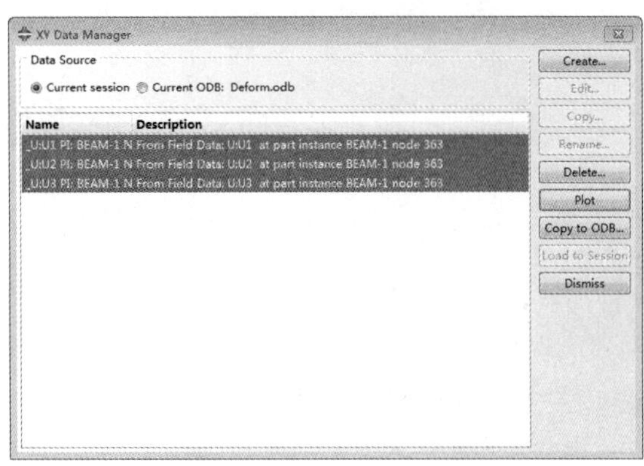

图 3-136　*XY* 数据管理器

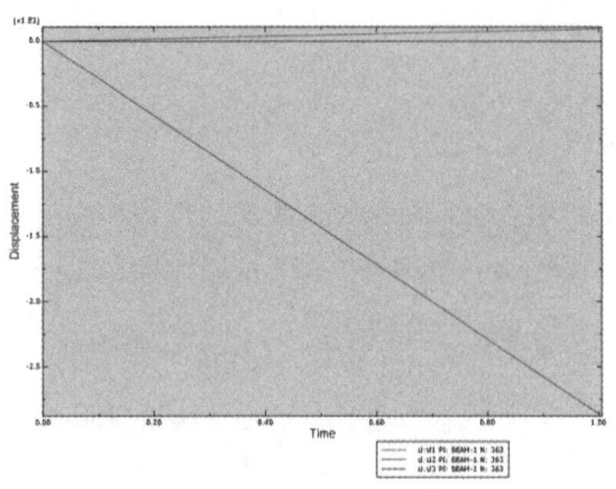

图 3-137　3 个节点的位移与时间的关系图表

3. 关于路径的 *XY* 变量输出

在如图 3-130 所示的 Create *XY* Data（创建 *XY* 数据）对话框中选择来源为 Path（路径），弹出图 3-138 所示的 *XY* Data from Path（来自路径的 *XY* 数据）对话框。

从菜单栏中选择 Tools（工具）→Path（路径）→Manager（管理器）命令，在图 3-139 所示的 Path Manager（路径管理器）对话框中，可以对路径进行创建与管理。单击 Create（创建）按钮，弹出如图 3-140 所示的 Create Path（创建路径）对话框，点选 Node list（节点列表）单选按钮，单击 Continue…按钮，弹出如图 3-141 所示的 Edit Node List Path（编辑节点列表路径）对话框。

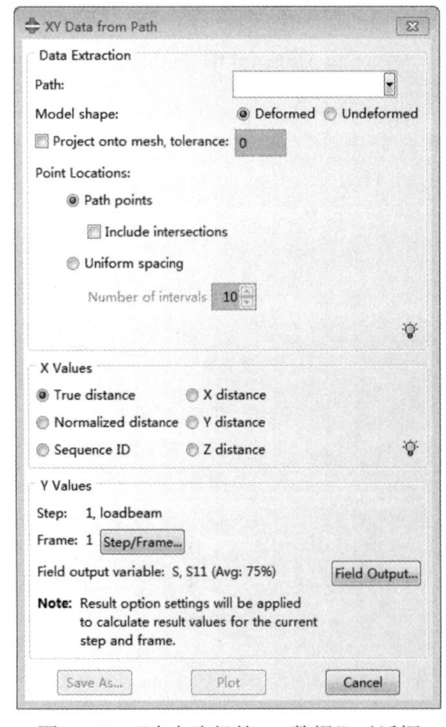

图 3-138　“来自路径的 *XY* 数据”对话框

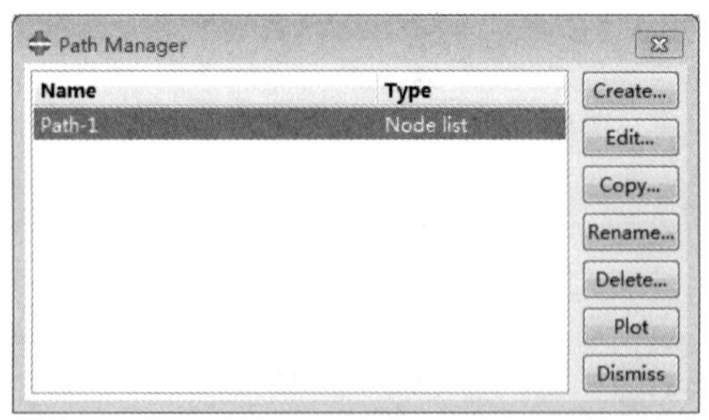

图 3-139　“路径管理器”对话框

在图 3-141 所示的 Edit Node List Path（编辑节点列表路径）对话框中，在 Part Instance（部件实例）中选择“BEAM-1”，在 Node Labels（节点编号）中输入“5：80：5”，即使用 5 号节点～80 号节点，间隔 5 个编号调用，单击 OK 按钮完成设置，创建的路径如图 3-142 所示。

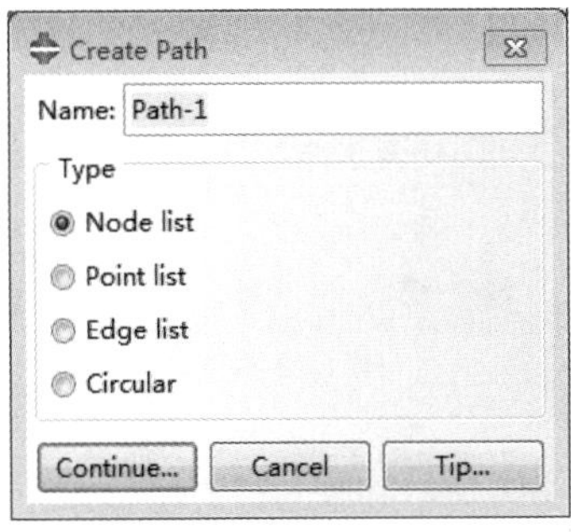

图 3-140　“创建路径”对话框

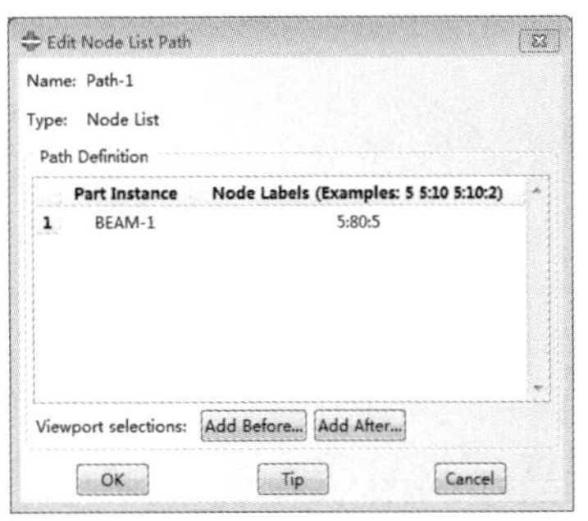

图 3-141　“编辑节点列表路径”对话框

此时调出 *XY* Data from Path（来自路径的 *XY* 数据）对话框，发现 Path（路径）栏中已显示可用路径“Path-1”，如图 3-143 所示。在 *XY* Data from Path（来自路径的 *XY* 数据）对话框中可以创建一系列关于路径的应力曲线，单击 Save As...（另存为...）按钮保存，单击 Plot（绘制）按钮，可绘制关于路径的应力曲线，如图 3-144 所示。

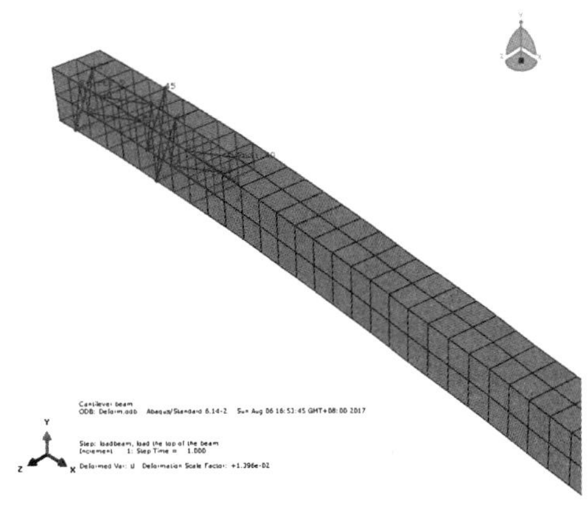

图 3-142　创建的路径

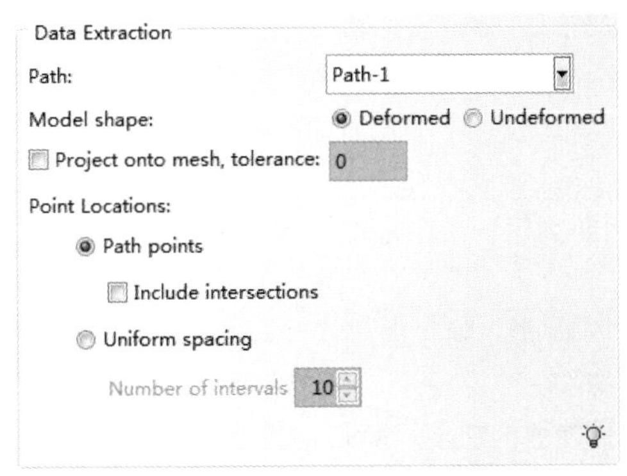

图 3-143　可用路径

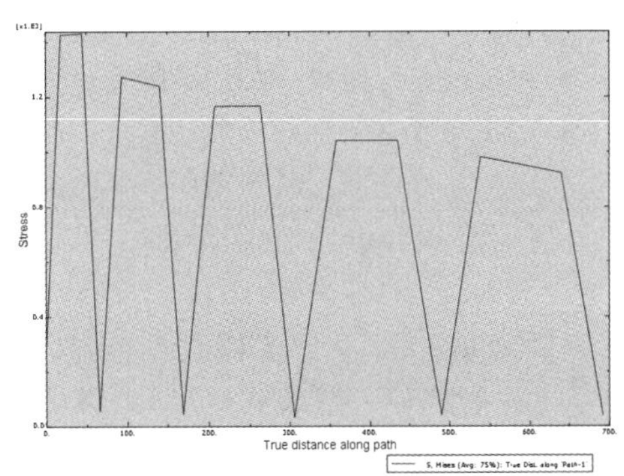

图 3-144　绘制关于路径的应力曲线

3.9.3　动画制作

ABAQUS/CAE 的可视化模块提供云图、变形图、矢量/张量符号图、材料方向图的动画显示，通过 Animate 菜单或工具区内的工具实现。

- Animate：Scale Factor（动画：缩放系数）工具：按顺序显示从分析开始到选择的增量步为止的变形动画，适用于变形图、显示在变形后模型上的云图或矢量/张量符号图（对于显示在变形后模型上的云图或矢量/张量符号图，同时显示变形和场变量）。
- Animate：Time History（动画时间历程）工具：以增量步的顺序显示整个分析过程的变形图、云图、矢量/张量符号图或材料方向图的动画。如果云图或矢量/张量符号图显示在变形前的模型上，则视图区仅显示场变量的变化过程。另外，时间历程动画也适用于与时间相关的 *X-Y* 图表。

先选择合适的模型显示（如云图、变形图），再单击以上介绍的动画工具，视图区显示相应的动画，再次单击该工具即可停止动画，视图区重新出现之前选择的模型显示。

图 3-145　动画控制箱

环境栏右方的工具箱可以用来控制动画的显示，如图 3-145 所示。

从左起第 1~4 个工具用于选择动画中的图像，选择了图像后，动画暂停。

单击 Frame Selector（帧选择器）工具，在弹出的 Frame Selector（帧选择器）对话框中选择图像，此时动画暂停。

工具箱中的后两个工具用于选择观察点（在变形动画显示中不动的点）。单击 Set View Camera to Move with a Node（设定观察点随意个节点移动）工具，在视图区选择一个节点作为观察点，则动画在显示模型的变形过程中该节点保持不动。若用户想恢复初始的动画显示，单击 Set View Camera to the Global CSYS（将观察点设定到全局坐标系）工具。

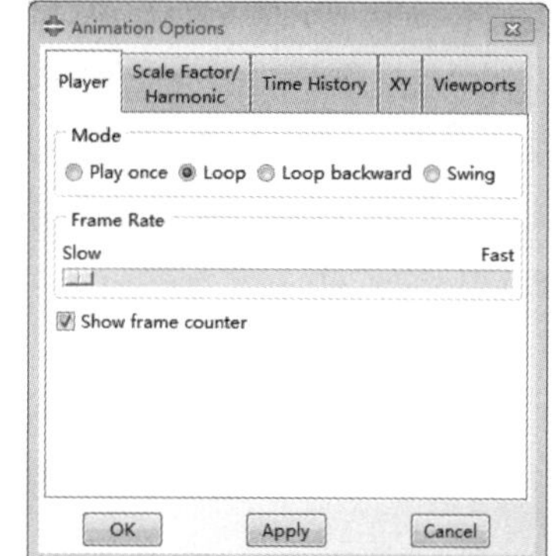

图 3-146　“动画选项”对话框

从菜单栏中选择 Options（选项）→Animation（动画）命令，或单击工具区中动画显示工具栏内的 Animation Options（动画选项）工具，弹出 Animation Options（动画选项）对话框，如图 3-146 所示。该对话框包含 5 个页面。

（1）Player（播放器），该页面用于设置动画的播放选项，如图 3-146 所示。

① Mode（模式），该栏用于设置动画的播放模式。

- Play once（播放一次）：按第一个画面到最后一个画面的顺序播放一次动画。
- Loop（循环）：此为默认选项，按第一个画面到最后一个画面的顺序循环播放，显示完最后一个画面后跳到第一个画面。
- Loop backward（向后循环）：按最后一个画面到第一个画面的顺序反向循环播放，显示完第一个画面后跳到最后一个画面。
- Swing（摇摆）：先按第一个画面到最后一个画面的顺序播放，再按最后一个画面到第一个画面的顺序播放，并重复播放此动画。

② Frame Rate（帧频率），拖动滑动条控制动画播放的速度，默认为最快的速度（Fast）。

③ Show frame counter（显示帧计数），用于选择是否在视图区右上角显示画面计数器，默认为选择该选项。若选择播放时间历程（Time History）动画，则状态区也会显示增量步和分析步时间的变化情况。

（2）Scale Factor/Harmonic（缩放系数/谐波），该页面用于设置 Scale Factor（比例因子）和 Harmonic（谐波）动画的参数。

① Relative Scaling（相对比例），该栏用于选择变形范围。

- Full cycle（全循环）对于 Scale Factor（比例因子）动画，产生反向变形，即比例系数的变化范围为 0～1；对于 Harmonic（谐波）动画，产生全周期的简谐振动（0º～360º）。
- Half cycle（半循环）对于 Scale Factor（比例因子）动画，仅产生真实变形，即比例系数的变化范围为 0～1；对于 Harmonic（谐波）动画，产生半周期的简谐振动（0º～180º）。

② Frames（帧），该栏用于选择动画中的图像数量，默认值为 7。

（3）Time History（时间历程），该页面用于设置 Time History（时间历程）动画的播放参数。

① Frame-based（基于帧），此为默认选项，基于增量步显示动画，画面数为增量步的数量。

② Time-based（基于时间），基于时间显示动画。

- Time increment（时间增量）：该栏用于设置动画的时间增量，默认为整个分析的时间，即动画仅包含分析开始时和分析结束时的两个画面。
- Min time（最小时间）：该栏用于设置动画的起始时间。默认为 Auto-compute（自动计算），即分析开始的时间；用户可以在 Specify（指定）栏内进行设置。
- Max time（最大时间）：该栏用于设置动画的结束时间。默认为 Auto-compute（自动计算），即分析结束的时间；用户可以在 Specify（指定）栏内进行设置。

（4）*XY*，该页面用于设置与时间相关的 *XY* 图表动画的播放参数。当显示 *XY* 图表的动画时，ABAQUS/CAE 产生一条垂直于 *X* 轴的直线，并沿 *X* 轴从左到右移动（基于增量步），在该直线与 *X-Y* 曲线的相交处出现一个符号。

① Draw using highlight method（采用高亮方法绘制），该选项用于高亮度显示直线和符号，默认为选择该项。

② Show line（显示直线），该选项用于显示垂直于 *X* 轴的直线，默认为选择该项，此时用户需要设置直线的颜色、线型和粗细。

- Color（颜色）：用于选择直线的颜色，在不选择 Draw using highlight method（采用高亮方法绘制）项时被激活。
- Style（风格）：用于选择直线的线型。
- Thickness（厚度）：用于选择直线的粗细。

③ Show symbol（显示符号），该选项用于显示直线与 *X-Y* 曲线相交处的符号，默认为选择该项，同时用户需要设置符号的颜色、形状和大小。

- Color（颜色）：用于选择符号的颜色，在不选择 Draw using highlight method（采用高亮方法绘制）项时被激活，默认为 ABAQUS/CAE 自动选择各符号的颜色。
- Symbol（风格）：用于选择符号的形状，默认为 Default（默认），ABAQUS/CAE 自动选择各符号的形状。
- Size（大小）：用于选择符号的大小。

（5）Viewports（视口），该页面用于设置动画显示的视窗。

① Animated Viewports（动画视口），该列表用于选择显示动画的视窗。

② Animation type（动画类型），该栏用于选择动画的类型。

设置完成，单击 OK 按钮。

在播放动画的状态下，ABAQUS 可以将动画以文件形式保存下来，具体方法：从菜单栏中选择 Animate（动画）→Save As（另存为）命令，在弹出的 Save Image Animation（保存图像动画）对话框中进行相关的设置后保存动画。

3.10　本章小结

ABAQUS 的所有功能都集成到各功能模块中，用户根据需要在 ABAQUS/CAE 主界面中激活各功能模块，对应的菜单和工具栏随即出现在界面中。

ABAQUS 的模型是基于 CAD 软件中的部件和组装的概念建立起来的。ABAQUS 的模型包括一个或多个部件，所有部件都在部件模块中建立，部件的草图在草图模块中创建，各部件在装配模块中进行组装，属性模块用于定义材料属性和截面特性。

随后，需要进入分析步功能模块进行分析步和输出的定义，也可以进行求解控制和自适应网格划分的设置。在载荷功能模块施加载荷和边界条件及在相互作用功能模块定义接触前，需要创建分析步，选择在初始步还是分析步中设置接触和边界条件，载荷则只能设在分析步中。然后在网格模块划分网格，在作业模块提交作业，最后在视化模块观察结果。

本章详细介绍了各个模块的功能，读者可以多加练习，并进一步从后面章节的学习中加以巩固。

第 4 章　ABAQUS 的 INP 文件和单元介绍

4.1　输入文件的组成和结构

1. 一个输入文件由模型数据和历史数据两部分组成

模型数据的作用：定义一个有限元模型，包括单元、节点、单元性质、材料等有关说明模型自身的数据。模型数据可被组织到部件中（部件可以被组装成一个有意义的模型）。

历史数据定义的是模型发生了什么——事情的进展、模型响应的载荷、历史被分成一系列的时间步。每一步就是一个响应（静态加载、动态响应等），时间步的定义包括过程类型（如静态应力分析、瞬时传热分析等），对于时间积分的控制参数或者非线性解过程、加载和输出要求。

一个最小的有限元模型至少由以下信息组成：几何模型、单元特性、材料数据、载荷、边界条件、分析类型及输出要求。

2. ABAQUS 输入文件的结构形式

（1）必须有一个*HEADING 开头。

（2）模型数据：定义节点、单元、材料、初始条件等。模型数据的层次为部件、组装、模型。

（3）必需的模型数据。几何数据：模型的几何形状是用单元和节点来定义的，结构性单元的截面是必须定义的，如梁单元。特殊的特征也可以用特殊的单元来定义，如弹簧单元、阻尼器、点式群体等。材料的定义：材料是必须定义的，如使用的是钢、岩石、土等材料。

（4）可选的模型数据：部件和组合、初始条件、边界条件、运动约束、相互作用、振幅定义、输出控制、环境特性、用户子程序、分析附属部分。

（5）历史数据：定义分析的类型、载荷、输出要求等。分析的目的就是预测模型对某些外部载荷或者某些初始条件的反应。

一个 ABAQUS 分析是建立在 STEP 的概念上的（在历史数据中描述），在分析中可以定义多个 STEP。每个 STEP 用*STEP 开始，用*END STEP 结束。*STEP 是历史数据和模型数据的分界点，第一次出现在*STEP 前面的是模型数据，后面的是历史数据。

① 必需的历史数据。响应类型：必须立刻出现在*STEP 选项后面。ABAQUS 中有两种响应步，一种是总体分析响应步，可以是线性和非线性的；另一种是线性扰动步。

② 可选历史数据。

- 载荷：通常定义某种施加的载荷类型和大小。载荷可以描述成时间的函数。
- 边界条件输出控制。
- 辅助控制。
- 再生单元和曲面。

4.2 INPUT 文件的书写规则和外部导入

4.2.1 书写 INPUT 文件的语法和原则

1. 关键词行

- 必须以*开始，后面接的是选项的名字，然后定义选项的内容。例如：

```
*MATERIAL   NAME=STEEL
```

- 如果有参数，则参数和关键词之间必须用“，”隔开。
- 在参数之间必须用“，”隔开。
- 关键词行中的空格可以忽略。
- 每行的长度不能超过 266 个字符。
- 关键词和参数对大小写是不区分的。
- 参数值通常对大小写也是不区分的，但是唯一的例外是文件名区分大小写。
- 关键词和参数，以及大多数情况下的参数值是不需要全拼写出来的，只要它们之间能相互区分就可以了。
- 假设参数有响应的值，则赋值号是“=”。
- 关键词行可以延续，如参数的名字很长，要在下一行继续这个关键词的话就可以用“，”来连接。例如：

```
*ELASTIC,TYPE=ISOTROPIC, DEPENDENCIES=1
```

- 有些选项允许 INPUT 和 FILE 的参数作为一个输入文件名，这样的文件名必须包括一个完整的路径名或者是一个相对路径名。

2. 数据行

数据行如果和关键词相联系，那么必须紧跟关键词行。

- 一个数据行包括空格在内不能超过 266 个字符。
- 所有的数据条目之间必须用“，”隔开。
- 一行中必须包括指定说明的数据条目的数字。
- 每行结尾的空数据域可以省略。
- 浮点数最多可以占用 20 个字符。
- 整数可以是 10 个字符。
- 字符串可以是 80 个字符。
- 延续行可以被用到特定的情况。

3. 标签

标签（如曲面名、集名）是区分大小写的，长度可以有 80 个字符长。标签中的空格是可以省略的，除非用引号来标示，否则不能省略。没有用引号来标示的标签必须用字母来开头。如果一个标签用引号来定义那么引号也是标签的一部分。标签的开始和结束不能用双重“_”。

4. 数据行重复

数据行可以重复，即每行数据可以有一行响应的变量，也可以有几行，同样也可以有多行数据行对应各自的变量行。

4.2.2　从外存储器中导入模型或者历史数据

关键字*INCLUDE 可以用来导入外部 ABAQUS 输入文件（完整的输入文件或者输入文件的某一段），这个文件可以包含模型数据、历史数据、其他的*INCLUDE 信息及注释行等。*INCLUDE 可以嵌套使用，最大嵌套层为 6 层。

ABAQUS 运行中，若遇到*INCLUDE 命令，则会立即执行该命令，导入该命令所指向输入文件中的数据。执行完毕后，继续执行原来的文件。用法如下：

```
*INCLUDE, INPUT=file_name
```

4.2.3　文件的执行

1. 数据的检查

```
*abaqus job=tutorial datacheck interactive
*abaqus datacheck job=frame interactive
```

2. 运行

```
*abaqus job=tutorial interactive
*abaqus job= tutorial continue interactive
*abaqus continue job= tutorial interactive
```

4.3　文件的类型介绍和常用指令

ABAQUS 产生几类文件：有些是在 ABAQUS 运行时产生，运行后自动删除；其他一些用于分析、重启、后处理、结果转换或其他软件的文件则被保留。详细说明如下：

1. model_database_name.cae

模型信息、分析任务等。

2. model_database_name.jnl

日志文件：包含用于复制已存储模型数据库的 ABAQUS/CAE 命令。

.cae 和.jnl 构成支持 CAE 的两个重要文件，要保证在 CAE 下打开一个项目，这两个文件必须同时存在。

3. job_name.inp

输入文件：由 abaqus Command 支持计算起始文件，它也可由 CAE 打开。

4. job_name.dat

数据文件：文本输出信息，记录分析、数据检查、参数检查等信息。ABAQUS/Explicit 的分析结果不会写入这个文件。

5. job_name.sta

状态文件：包含分析过程信息。

6. job_name.msg

此文件是计算过程的详细记录，分析计算中的平衡迭代次数、计算时间、警告信息等，可由此文件获得，用 STEP 模块定义。

7. job_name.res

重启动文件用 STEP 模块定义。

8. job_name.odb

输出数据库文件即结果文件，需要由 Visuliazation 打开。

9. job_name.fil

此文件也为结果文件，可被其他应用程序读入的分析结果表示格式，ABAQUS/Standard 记录分析结果。ABAQUS/Explicit 的分析结果要写入此文件中则需要转换，如 convert=select 或 convert=all。

10. abaqus.rpy

记录一次操作中几乎所有的 ABAQUS/CAE 命令。

11. job_name.lck

阻止并写入输出数据库，关闭输出数据库则自行删除。

12. model_database_name.rec

此文件包含用于恢复内存中模型数据库的 ABAQUS/CAE 命令。

13. job_name.ods

场输出变量的临时操作运算结果自动删除。

14. job_name.ipm

内部过程信息文件：启动 ABAQUS/CAE 分析时开始写入，记录了从 ABAQUS/Standard 或 ABAQUS/Explicit 到 ABAQUS/CAE 的过程日志。

15. job_name.log

日志文件：包含了 ABAQUS 执行过程的起止时间等。

16. job_name.abq

ABAQUS/Explicit 模块才有的状态文件，记录分析、继续和恢复命令，为 restart 所需的文件。

17. job_name.mdl

模型文件：在 ABAQUS/Standard 和 ABAQUS/Explicit 中运行数据检查后产生的文件，在 analysis、continue 指令下被读入并重写，为 restart 所需的文件。

18. job_name.pac

打包文件：包含了模型信息，仅用于 ABAQUS/Explicit，该文件在执行 analysis、continue、recover 指令时读入，为 restart 所需的文件。

19. job_name.prt

零件信息文件：包含了零件与装配信息，为 restart 需要的文件。

20. job_name.sel

结果选择文件：用于 ABAQUS/Explicit，执行 analysis、continue、recover 指令时写入并由 convert=select 指令时读入，为 restart 所需的文件。

21. job_name.stt

状态外文件：数据检查时写入的文件，在 ABAQUS/Standard 中可在 analysis、continue 指令下读入并写入，在 ABAQUS/Explicit 中可在 analysis、continue 指令下读入，为 restart 所需的文件。

22. job_name.psf

脚本文件：用户定义 parametric study 时需要创建的文件。

23. job_name.psr

参数化分析要求的输出结果，为文本格式。

24. job_name.par

参数更改后重写的参数形式表示的 inp 文件。

25. job_name.pes

参数更改后重写的 inp 文件。

在 ABAQUS/CAE 出现之前，ABAQUS 分析模型都是通过输入文件定义的，凡是 ABAQUS/CAE 可以实现的任务，使用 INP 文件同样可以完成，有些 ABAQUS/CAE 中不能完成的高级操作，则必须使用输入文件来完成。与用户交互界面相比，使用关键字定义分析模型直观，而且有些高级操作具有不可替代的作用。

ABAQUS 中的关键字包括几何模型的创建、模型的装配、分析步的定义、边界条件和载荷的施加、单元类型的选择等几乎所有操作，如表 4-1 和表 4-2 所示，列出来一些经常使用的关键词和用途。

表 4-1　ABAQUS 输入文件指令介绍

操作过程	指令	说明
一般	*HEADING	定义分析的标题
节点定义	*NCOPY	使用平移、旋转、镜射的方法来产生新的节点集
	*NFILL	在两组节点集中产生完整的节点。节点距离可以是相等，或者成等比级数
	*NGEN	在一条直线或曲线中产生节点集
	*NODE	定义节点的坐标
	*NSET	将某些节点集聚一起并给予命名，之后在应用时便可直接使用该节点集来定义其性质
单元定义	*ELCOPY	产生新的单元
	*ELEMENT	定义单元
	*ELGEN	当以*ELEMENT 定义完一个单元时，便可依次来产生新的单元
	*ELSET	给予一单元或一单元集名称
元素性质定义	*RIGID SURFACE	在接触问题中定义刚性面
	*BEAM SECTION	定义梁断面元素
	*SHELL SECTION	定义元素断面
	*SOLID SECTION	定义固体元素
接触问题	*CONTACT PAIR	定义可能互相接触的一对面
	*FRICTION	定义摩擦模型
材料性质	*MATERIAL	定义材料性质
	*DAMPING	在动态问题中，用来定义阻尼系数
	*DENSITY	在模态分析或瞬时分析时，定义材料比重
	*ELASTIC	定义线性弹性性质，对于等向性材料与非等向性材料均可
	*PLASTIC	使用 Miaes 或是 Hill 降服曲面来定义弹塑性材料，要先定义*ELASTIC
	*EXPANSION	定义热膨胀系数，可以是等向性与非等向性
约束条件	*BOUNDARY	用来描述某些节点固定位移（不能移动）与固定角度（不能转动）
	*EQUATION	用来约束多个点线性的关系（移动或转动）
	*MPC	定义多点的约束

续表

操作过程	指令	说明
历程输入	*STEP	定义分析步骤的起始
	*END STEP	定义分析步骤的结束
	*INITIAL CONDITION	用来定义分析的初始条件，可以是初始应力、应变、速度等
	*RESTART	用来控制分析结果（restart file*.res）的存取
	*USER SUBROUTINE	使用子程序
过程定义	*DYNAMIC	使用直接积分法来做动态应力、应变分析
	*FREQENCY	计算自然频率及模态形状
	*MODAL DYNAMIC	使用模态叠加来做时间历时的动态分析
	*STATIC	静态分析
	*STEADY STATE DYNAMICS	动态反应的稳态解
加载定义	—	—
力控制	*CLOAD	施加集中力或集中力矩 OP=NEW；去除原本施力状态 OP=MOD：在原本施力状态下多加上其他的力或是修正原有的力（要加在节点上）
	*DLOAD	施加分布力（加在面上，各面定义依不同元素形态而异）
位移控制	*BOUNDARY	施加位移、角度等
	*MODAL DAMPING	在模态分析中定义阻尼系数
输出*.dat	*EL PRINT	定义哪些单元的应力、应变等变量要输出
	*ENERGY PRINT	输出弹性应变能、动能或塑性能等
	*MODAL PRINT	输出模态分析中的大小
	*MONITOR	观察某点某一自由度，可用于初步判断分析是否正确，输出*.sta
	*NODE PRINT	输出节点位移反力等
	*PRINT	输出 CONTACT：用于复杂接触问题中，可用来观察接触或分离 FREQUENCY：输出的频率
输出*.fil	*EL FILE	输出至.FIL 中，可以在 post 中观看
	*ENERGY FILE	似*ENERGY PRINT
	*NODE FILE	似*NODE PRINT

表 4-2　ABAQUS 后处理指令整理

指令	说明
*ANIMATE	用来产生动画
*SET，BC DISPLAY=ON	在执行*DRAW 时，显示边界条件
*SET，HARD COPY=ON	将屏幕所见输出成其他格式
*CONTOUR	定义一轮廓线形式的输出，面上以不同颜色表示*SET，FILL：以不同颜色显示*SET，CLABEL：以曲线显示
*DETAIL	将模型仅就某部分输出，如某些节点或单元
*DRAW	将变形前后的图形输出*DR，DI：同时显示变形前后图
*ELSET	在后处理中，将某些单元加入或搬移特定单元集
*END	结束后处理
*HELP	在线说明，使用（？）来辅助

续表

指令	说明
*HISTORY	输出变量（如某点应力）对时间曲线
*SET LOAD DISPLAY=ON	在执行*DRAW 时，显示施力
*NSET	在后处理中，将某些节点加入或搬移特定节点集
*RESTART	指定所要观察的.RES 文档、步骤或 INC 等
*SET	设定某些值的开启与关闭
*SHOW	显示某些值
*VECTOR PLOT	矢量图
*VIEW	设定观看角度，也可直接用鼠标单击
*WINDOW	增加、移除或修改窗口
*ZOOM	放大或缩小窗口
SET/SHOW PARAMETER	建立/显示参数

4.4　单元介绍

ABAQUS 有各种各样的单元，构成了庞大的单元库。可扩展的单元库为使用者提供了一套强大的工具，可以解决许多不同类型的问题。本节主要介绍影响单元特性的 5 个方面的问题。每一种单元都由单元族、自由度（和单元族直接相关）、节点数、数学描述（即单元列式）、积分 5 个特性来表征。每一种单元都有自己特有的名字，单元的名字标志着一种单元的 5 个特性。

4.4.1　单元族

应力分析中最常见的单元族包括实体单元、壳单元、梁单元、刚体单元、膜单元、无限单元、特殊目的单元（如弹簧、粘壶和质量）、桁架单元。如图 4-1 所示，单元族之间一个明显的区别是每一个单元族所假定的几何类型不同。

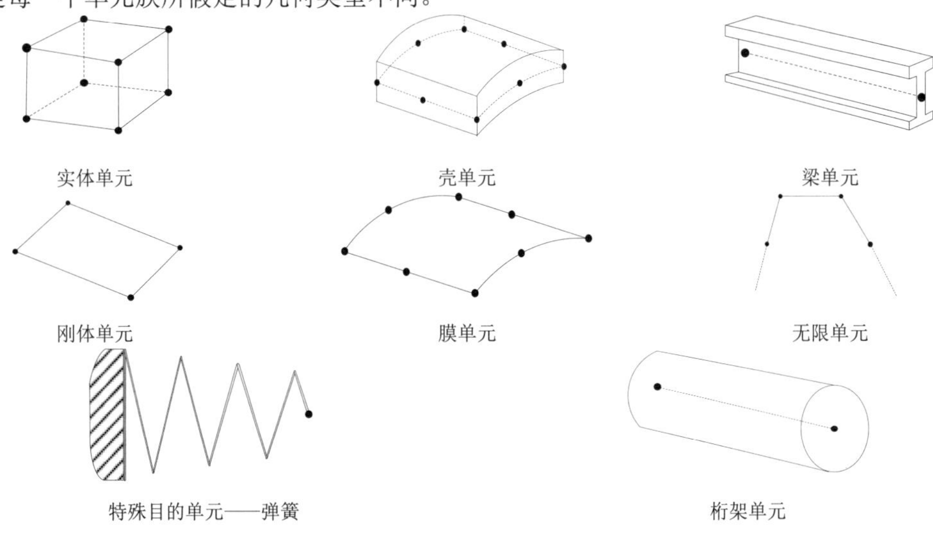

图 4-1　常用单元族

单元名字里的开始字母标志着这种单元属于哪一种单元族。例如，SR4 中的 S 表示它是壳单元，C3D81 中的 C 表示它是实体单元。

4.4.2 自由度

自由度（dof）是分析中计算的基本变量。不同的分析模块中，自由度各不相同。对于壳和梁单元的应力/位移模拟分析，自由度是每一节点处的平动和转动；对于热传导模拟分析，自由度为每一节点处的温度。因此，热传导分析要求应用与应力分析不同的单元，因为它们的自由度不同。

ABAQUS 中自由度的排序规则如下：

1：1 方向的平动；

2：2 方向的平动；

3：3 方向的平动；

4：绕 1 轴的转动；

5：绕 2 轴的转动；

6：绕 3 轴的转动；

7：开口截面梁单元的翘曲；

8：声压或空隙压力；

9：电势；

11：温度（或物质扩散分析中归一化浓度），对梁和壳，指厚度方向第一点温度；

12：梁和壳厚度上其他点的温度。

其中，方向 1、2、3 分别对应于整体坐标的 1、2 和 3 方向，除非已经在节点处定义了局部坐标系。

轴对称单元是一个例外，其位移和转动自由度指的是：

1：*r*-方向的平动；

2：*z*-方向的平动；

3：*r-z* 平动内的转动。

其中，方向 *r* 和 *z* 分别对应于整体坐标的 1-和 2-方向，除非已经在节点处定义了局部坐标系。

4.4.3 节点数目——插值的阶数

ABAQUS 仅在单元的节点处计算位移或任何其他的自由度。在单元内的任何其他点处，位移是节点位移差值获得的。通常插值的阶数由单元采用的节点数决定。

仅在角点处存在节点的单元，如图 4-2 所示的 8 节点实体单元，在每一方向上采用线性插值，因此常常称这类单元为线性单元或一阶单元。

具有边中点节点的单元，如图 4-3 所示的 20 节点实体单元，采用二次插值，因此常常被称为二次单元或二阶单元。一般情况下，单元的节点数在其名字中进行标记。例如，C3D8 为 8 节点实体单元；S8R 为 8 节点一般壳单元。梁单元族的记法稍有不同：插值的阶数在单元的名字中标记。例如，一阶三维梁单元叫作 B31，而二阶三维梁单元叫作 B32。

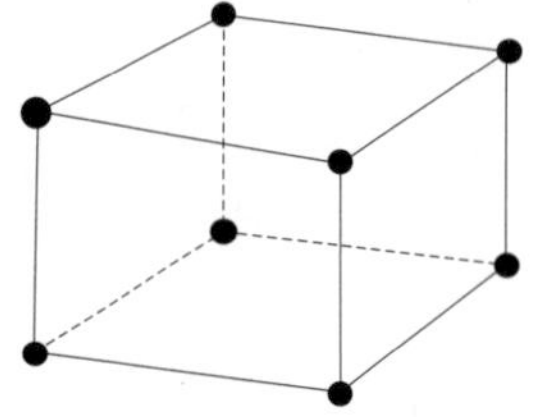

图 4-2　8 节点实体单元

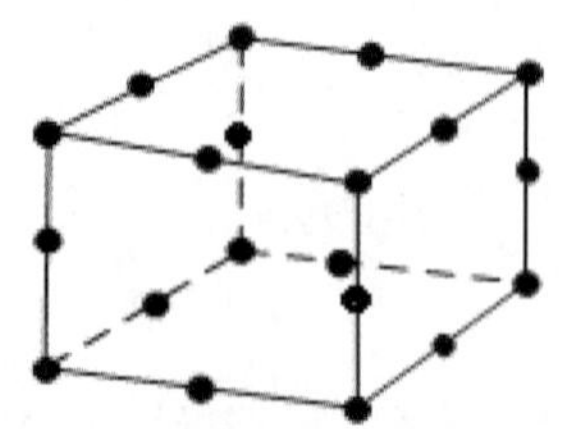

图 4-3　20 节点实体单元

4.4.4 数学描述

ABAQUS 中所有的应力/位移单元行为都是基于拉格朗日或物质描述的：在整个分析过程中和一个单元相关的物质保持和这个单元相关，而且物质不能穿越单元边界。在欧拉或空间描述中，单元在空间固定，而物质在单元之间流动。欧拉方法通常用于流体力学分析。ABAQUS 运用欧拉方法来模拟对流换热。

为了适用于不同类型的物理行为，ABAQUS 中的某些单元族包含具有几种不同列式的单元。例如，壳单元族有 3 个类别：具有一般壳体理论的列式，具有薄壳理论的列式，具有厚壳理论的列式。某些单元族除了有标准的列式，还有一些其他供选择的列式。具有其他供选择列式的单元可以由其单元名字末尾的附加字母来识别。例如，实体、梁和桁架单元族包括了杂交单元列式，杂交单元由其名字末尾的“H”字母标识（如 C3D8H 和 B31H）。

有些单元列式可求解耦合场问题。例如以字母 C 开头和字母 T 结尾的单元（如 C3D8T）具有力学和热学自由度，可用于力-热学耦合问题的仿真计算。

4.4.5 积分

ABAQUS 应用数值技术积分每一单元体上各种变量。对于大部分单元，ABAQUS 运用高斯积分方法来计算单元内每一个高斯点处的物质响应。对于实体单元，有全积分和减缩积分两种选择，选择结果将影响单元精度。

ABAQUS 在单元名字末尾用字母“R”来识别减缩积分单元，对杂交单元，末尾字母为 RH。例如，CAX4 是全积分、线性、轴对称实体单元；而 CAX4R 是减缩积分、线性、轴对称实体单元。

4.5 本章小结

ABAQUS 拥有广泛适用于各类结构的庞大的单元库。单元类型的选择对模拟计算的精度和效率有重大的影响。

单元节点的有效自由度依赖于此节点所在的单元类型。

单元的名字完整地标明了单元族、单元的列式、节点数及积分类型。

所有的单元都必须指定截面特性，它不仅可用来提供定义单元几何形状所需的附加数据，而且还可以用来识别相关的材料性质定义。

对于实体单元，ABAQUS 参照整体笛卡尔坐标系来定义单元的输出变量，如应力和应变。分析中，可以把整体坐标系转为局部材料坐标系。

对于三维壳单元，ABAQUS 参照位于壳表面上的坐标系来定义单元的输出变量，用户可自行定义一个局部材料坐标系。

为了提高计算效率，模型中的任何部分都可以定义为一个刚性体，它仅在其参考点上有自由度。

第 5 章　结构静力学分析与实例

结构分析是有限元分析方法最常用的一个应用领域。结构是一个广义的概念，包括土木工程结构，如建筑物；航空结构，如飞机机身；汽车结构，如车身骨架；海洋结构，如船舶结构等。此外还包括各种机械零部件，如活塞、传动轴等。本章介绍 ABAQUS 用于结构静力学分析的方法和步骤，通过本章的学习，让读者进一步熟悉前面章节介绍的各模块功能，了解 ABAQUS 的强大功能。

5.1　线性静态结构分析概述

结构线性静力学分析计算是结构在不变的静载荷作用下的受力分析。它不考虑惯性和阻尼的影响。静力学分析的载荷可以是不变的惯性载荷（如离心力和重力），以及通常在许多建筑规范值所定义的等价静力风载和地震载荷等（可近似等价于静力作用随时间变化）的作用。

5.1.1　静力学分析的基本概念

静力学分析是计算在固定不变载荷作用下结构的响应，它不考虑惯性和阻尼影响。可是，静力学分析可以计算那些固定不变的惯性载荷对结构的影响（如重力和离心力），以及那些可以近似为等价静力作用的随时间变化载荷（如通常在许多建筑规范中所定义的等价静力风载和地震载荷）的作用。

静力学分析用于计算由不包括惯性和阻尼效应的载荷作用于结构或部件上引起的位移、应力、应变和力。固定不变的载荷和响应是一种假定，即假定载荷和结构响应随时间的变化非常缓慢。静力学分析所施加的载荷包括：外部施加的作用力和压力、稳态的惯性力（如重力和离心力）、强迫位移、温度载荷（对于温度应变）及能流（对于核能膨胀）等。

5.1.2　结构静力学分析的特点

静力学分析的结果包括位移、应力、应变和力等。静力学分析所施加的载荷包括以下几个方面。

- 外部施加的作用力和压力。
- 稳态的惯性力（如重力和离心力）。
- 温度载荷（对于温度应变）。
- 强制位移。
- 能流（对于核能膨胀）。

静力学分析既可以是线性的也可以是非线性的。非线性静力学分析包括所有类型的非线性，如大变形、塑性、蠕变、应力刚化、接触（间隙）单元、超单元等。本章主要讨论线性静力学分析，对于非线性分析详见后续相关章节。

5.1.3　结构静力学分析的方法

线性静力学问题是简单且常见的有限元分析类型，不涉及任何非线性分析（材料非线性、几何非线性及接触等），也不考虑惯性及与时间相关的材料属性。在 ABAQUS 中，该类问题通常采用静态分析步或静态线性摄动分析步进行分析。

线性静力学问题很容易求解，因此用户往往更关心的是计算精度和求解效率：希望在获得较高精度的前提下尽量缩短计算时间，特别是大型模型。计算精度和求解效率的高低主要取决于网格的划分，包括种子的设置、网格控制和单元类型的选取。应尽量选用精度和效率都较高的二次四边形/六面体单元，在主要的分析部位设置较密的种子；若主要分析部位的网格没有大的扭曲，使用非协调单元（如 CPS4I、C3D8I）效果较好。对于复杂模型，可以用精度较高的二次三角形/四面体单元进行网格划分。

5.1.4 结构静力学分析的步骤及要求

1. 结构静力学分析的基本步骤

（1）建立几何模型。

（2）定义材料属性。

（3）进行模型装配。

（4）定义分析步。

（5）施加边界条件和载荷。

（6）定义作业，求解。

（7）结果分析。

2. 静力学分析的主要要求

（1）采用线性结构单元。

（2）对于网格密度需要注意：应力和应变急剧变化的局域，通常也是用户感兴趣的区域，需要有比较密的网格。当考虑非线性效应的时候，要用足够的网格来得到非线性效应。在静力学分析中，分析步必须为一般静力学分析步，即 General Static。

（3）材料可以是线性或者非线性的、各向异性或者正交各向同性的、常数或者跟温度相关的。

5.2 线性静力学分析实例

本节详细介绍对一个固定的轴承座进行静力学分析的全过程。

1. 创建模型

模型如图 5-1 所示。可以通过 ABAQUS 自带的 Part 模块进行草图编辑建模，也可以通过导入 Step 格式文件进行建模。

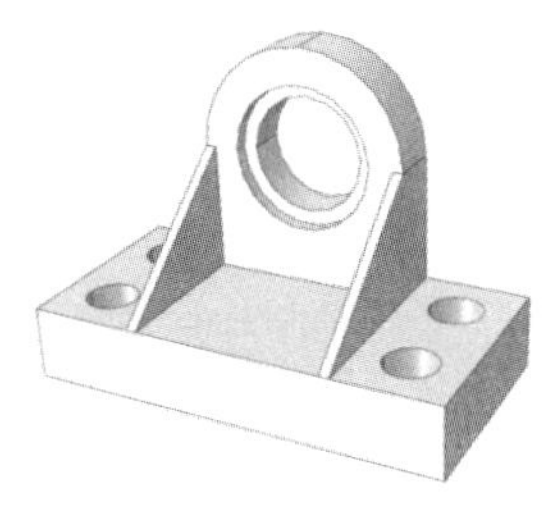

（a）轴承座

（b）轴瓦

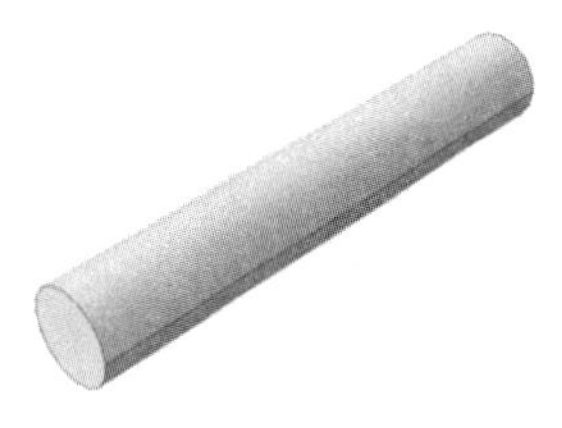

（c）轴模型

图 5-1 轴承座、轴瓦、轴模型图

2. 属性设置

（1）单击Create Material（创建材料）按钮，新建一个材料，定义为“Steel”，选择 Material Behaviors（材料行为）中的 Elastic（弹性），如图 5-2 所示。

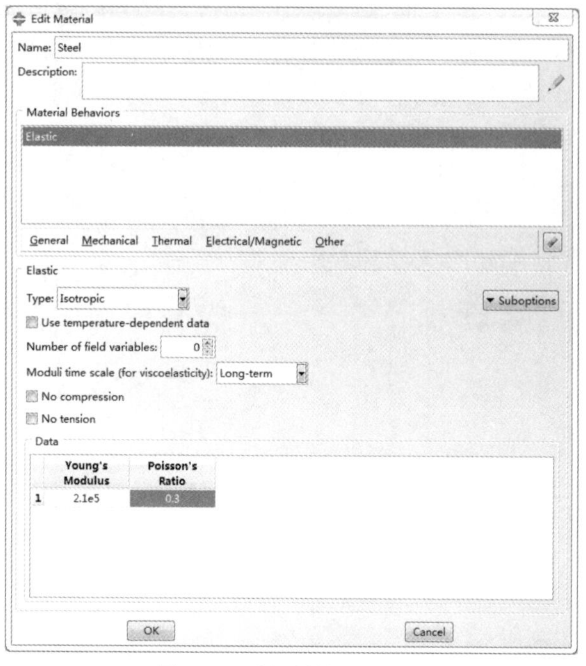

图 5-2 “编辑材料”对话框

（2）单击Create Section（创建截面）按钮，弹出图 5-3 所示的“Create Section（创建截面）”对话框，在 Name（名字）文本框中输入 SolidSteel，在其下进行设置，单击 Continue...按钮，弹出 Edit Section（编程截面）对话框，如图 5-4 所示，在其中进行选择，最后单击 OK 按钮。

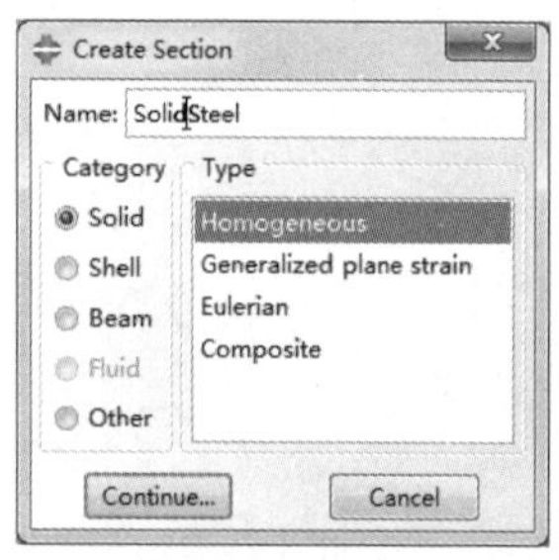

图 5-3 “创建截面”对话框

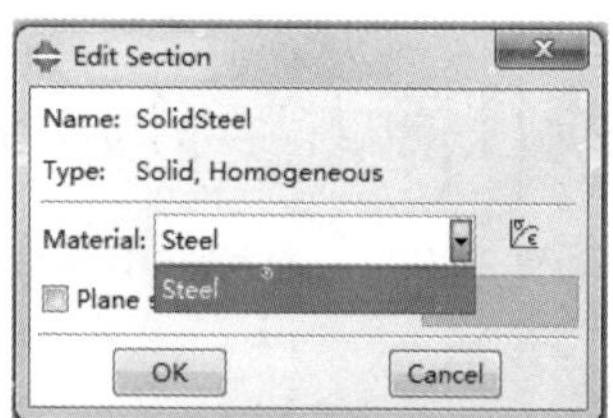

图 5-4 “编辑截面”对话框

（3）单击Assign Section（截面指派）按钮，对模型进行截面指派。单击按钮后，在视图中选取需要指派截面的模型，完成后单击鼠标中键，弹出图 5-5 所示的 Edit Section Assignment（编辑截面指派）对话框。同样的操作分别对轴承座、轴瓦和轴进行截面指派，效果如图 5-6～图 5-8 所示。

3. 装配

（1）进入（Assembly）装配模块，单击Create Instance（创建实体）按钮，进入图 5-9 所示的 Create Instance（创建实例）对话框，依次选择 3 个部件，点选 Dependent（mesh on part）单选按钮，即非独立（网格在零件上），单击 OK 按钮后，完成各部件的实例化，效果如图 5-10 所示。

图 5-5 “编辑截面指派”对话框

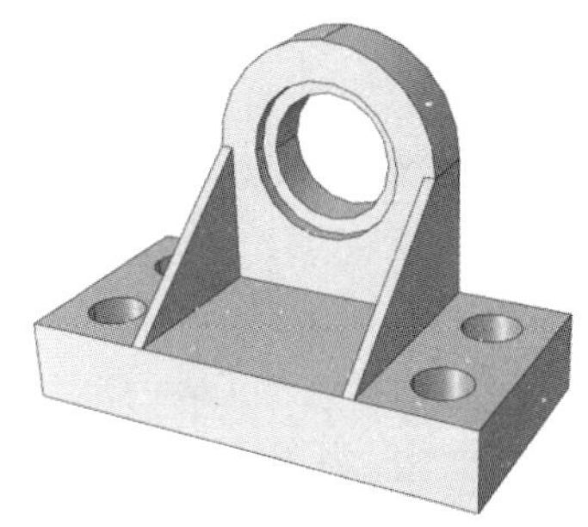

图 5-6　完成轴承座截面指派

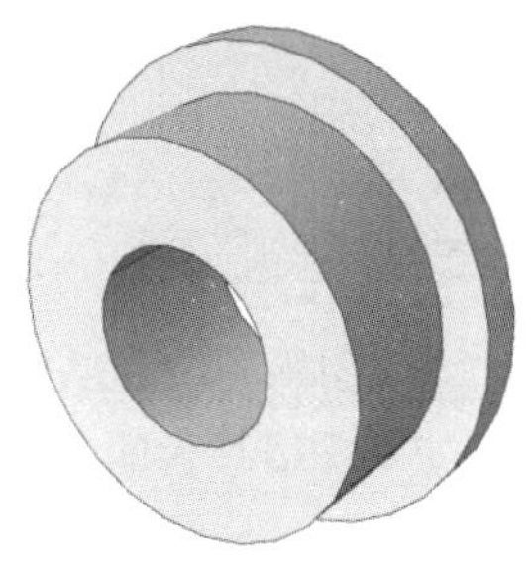

图 5-7　完成轴瓦的截面指派

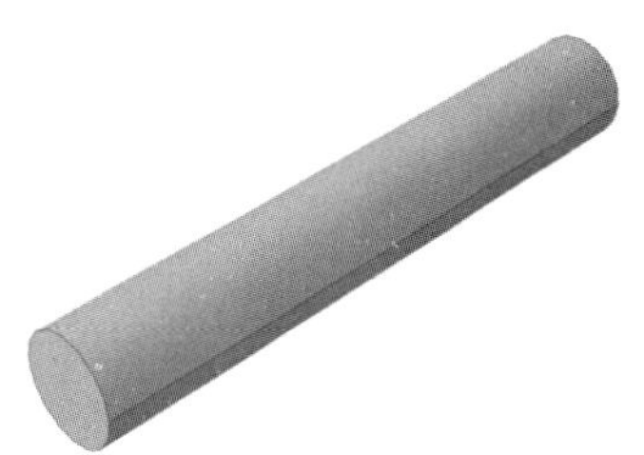

图 5-8　完成轴的截面指派

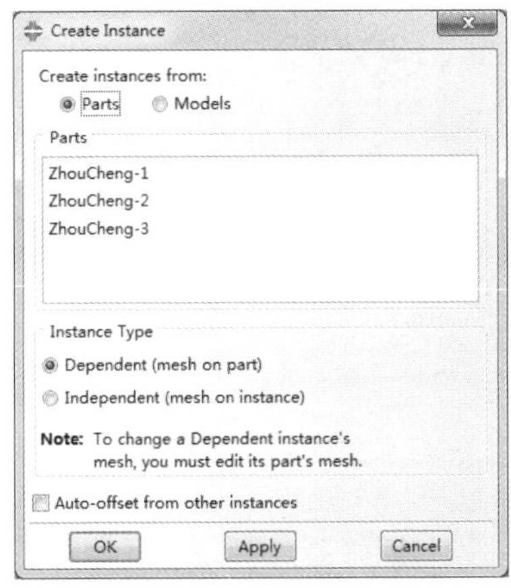

图 5-9 “创建实例”对话框

图 5-10　部件实例化

（2）在实例化完成后进行实例位置关系的定义。单击Create Constraint：（创建约束：共轴）按钮和Translate To（平移到）按钮，分别进行相合接触圆周面的同轴约束和接触平面约束。约束完成后效果如图 5-11 所示。

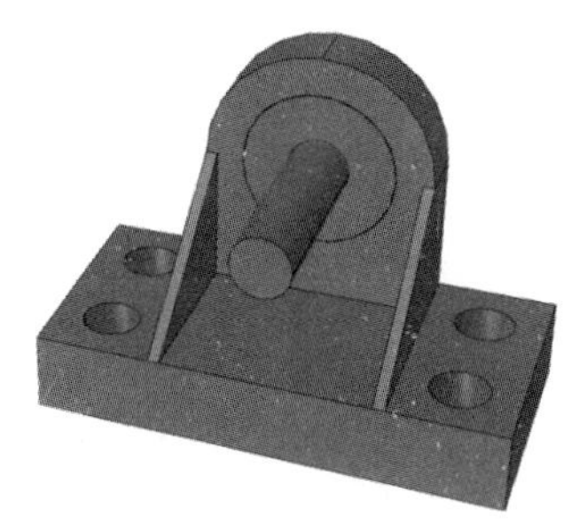

图 5-11　完成实例约束

4. 设置分析步与输出请求

（1）单击Create Step（创建分析步）按钮，弹出如图 5-12 所示的 Create Step（创建分析步）对话框，定义分析步名称并选择分析类型，在此选择 Static, General（通用静力学）分析步，单击 Continue…按钮，弹出图 5-13 所示的 Edit Step（编辑分析步）对话框。

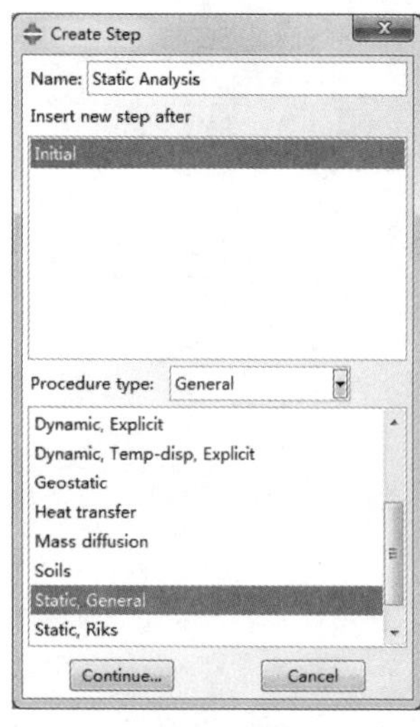

图 5-12 “创建分析步”对话框

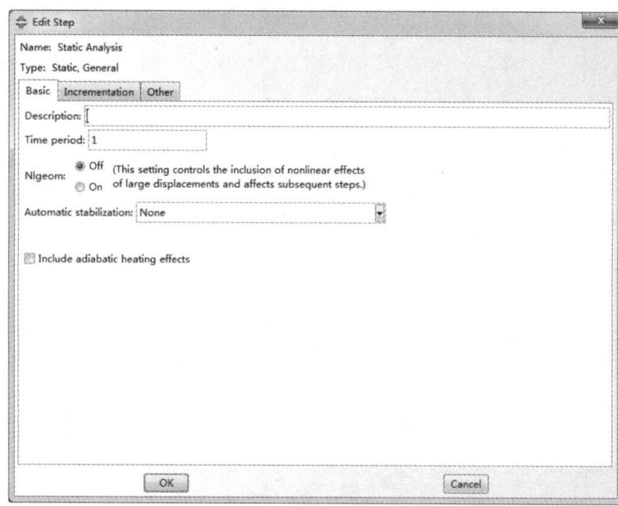

图 5-13 “编辑分析步”对话框

（2）单击Field Output Manager（场输出管理器）按钮，弹出 Field Output Requests Manager（场输出请求管理器）对话框，如图 5-14 所示，选择 Edit...按钮，弹出如图 5-15 所示的 Edit Field Output Request（编辑场输出请求）对话框，选择输出 Stresses（应力）和 Strains（应变），如图 5-16 所示。

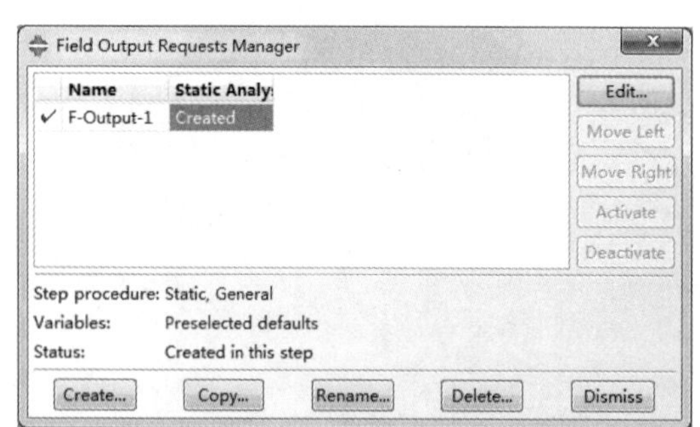

图 5-14 “场输出请求管理器”对话框

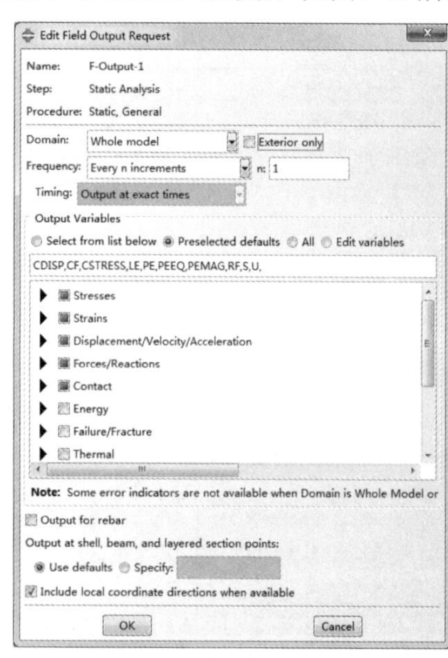

图 5-15 “编辑场输出请求”对话框

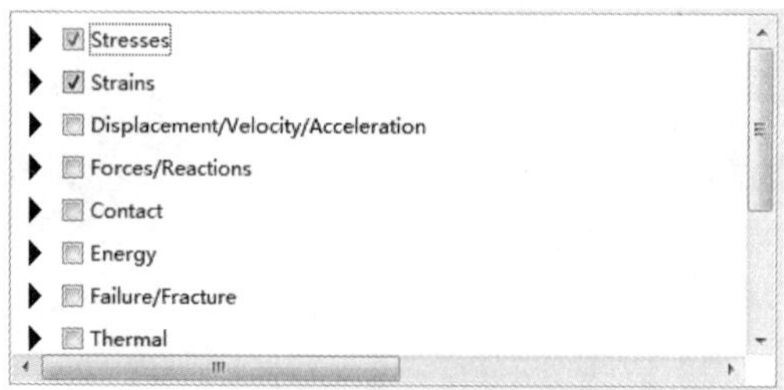

图 5-16 选择输出应力和应变

5. 创建显示体约束

进入 Interaction（相互作用）模块，对本实例进行显示体约束。

（1）单击工具栏中的 Create Constraint（创建约束）按钮，弹出 Create Constraint（创建约束）对话框，输入约束名称，在 Type（类型）菜单中选择 Display body（显示体），如图 5-17 所示。单击 Continue...按钮，在视图中选取轴瓦的实体模型，在弹出的 Edit Constraint（编辑约束）对话框中点选 Follow three points（跟随 3 个点）单选按钮，如图 5-18 所示。

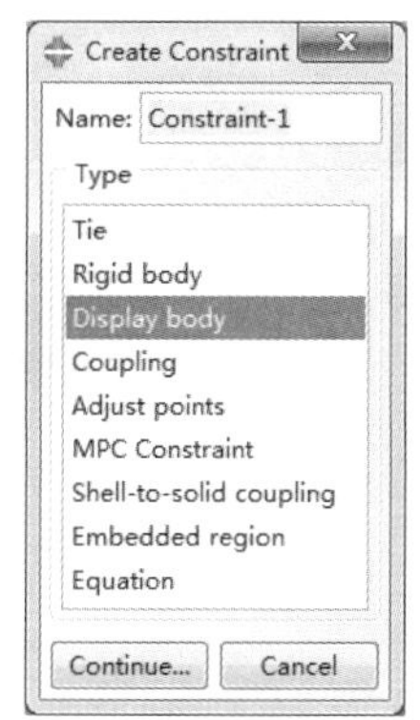

图 5-17 “创建约束”对话框

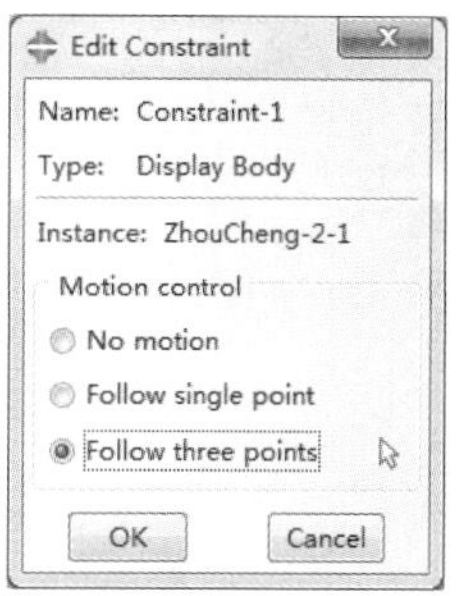

图 5-18 “编辑约束”对话框

单击 （选择）按钮，在视图中选择轴承座的实体孔壁上的 3 个点，如图 5-19 所示。

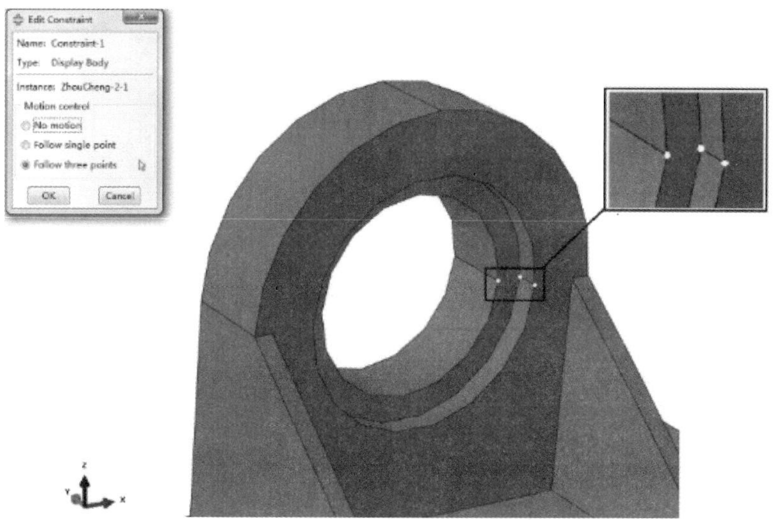

图 5-19　选择 3 个点

（2）定义轴的显示体约束，与轴瓦的定义方式相同。

6. 载荷与边界条件

进入 Load（载荷）模块，对本实例的模型施加 Pressure（压力）和相应的边界条件。

（1）轴承孔的圆柱面的上半部分承受轴瓦的推力载荷，下半部分受到径向的压力载荷，为了方便载荷的定义，防止运算出错，需要对这个圆柱面进行分割。

在 Part 模块中选择轴承座，单击工具栏中的 Partition Face（分割面）工具，在弹出的工具栏中选择 Partition Face：Use Shortest Path Between 2 Points（分割面：使用两点间连线）工具，在大小两个圆柱面边缘分别选择两个点，完成曲面的分割。圆柱面分割结果如图 5-20 所示。

（2）载荷，在模块列表中选择 Load（载荷）模块，在上方的 Tools（工具）菜单中选择 Surface（表面）→Create（创建）选项，弹出 Create Surface（创建表面）对话框，在视图中选取大小两个圆柱面的上半部分和下半部分，分别创建两个表面，用于施加推力和压力载荷，如图 5-21 和图 5-22 所示。

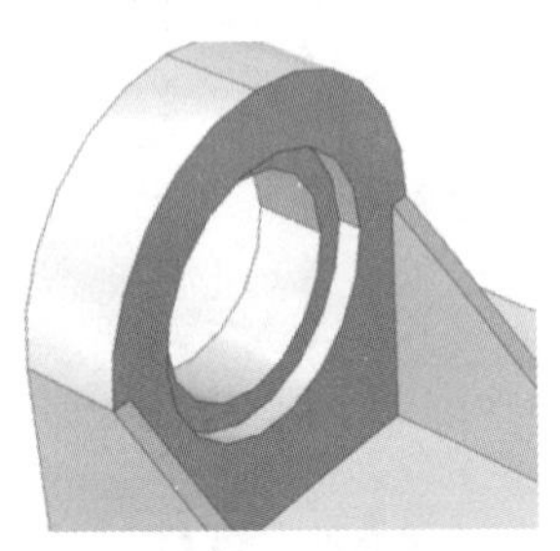

图 5-20 分割曲面

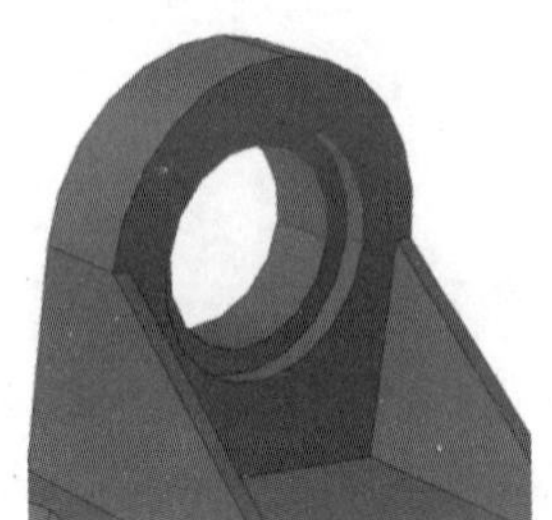

图 5-21 施加推力载荷

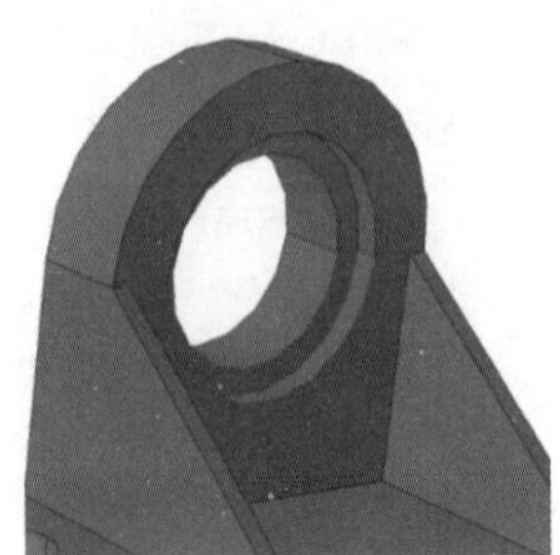

图 5-22 施加压力载荷

（3）首先定义圆柱面下表面的径向压力载荷。单击Create Load（创建载荷）按钮，弹出如图 5-23 所示的对话框，定义载荷的名称后，在 Step（分析步）列表中选择 Static Analysis 选项，在 Types for Selected Step（可用于所选分析步）类型栏内选择 Pressure（压强），单击 Continue...按钮后，单击提示区右侧的 Surface（表面）按钮，在弹出的 Region Selection（区域选择）中选取对应的上下圆柱面，单击 Continue...按钮，弹出图 5-24 所示的 Edit Load（编辑载荷）对话框，在 Magnitude（大小）栏中输入 50，单击 OK 按钮，效果如图 5-25 所示。

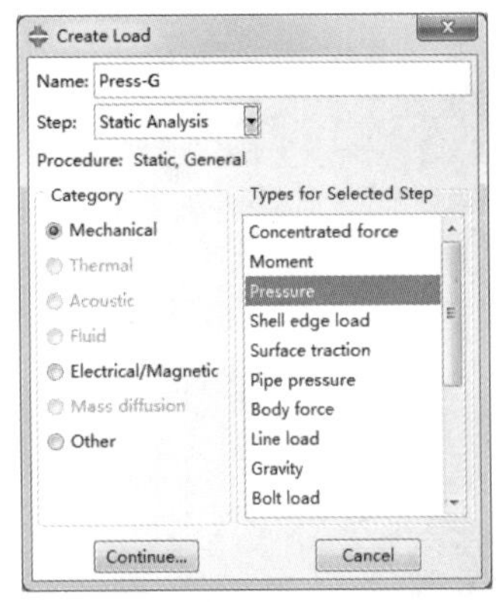

图 5-23 “创建载荷”对话框

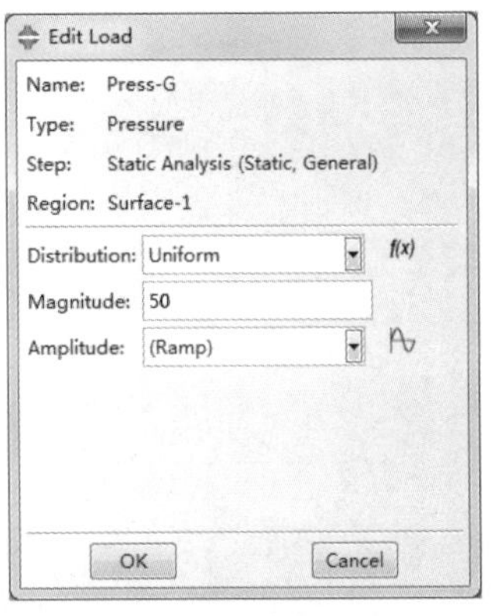

图 5-24 “编辑载荷”对话框

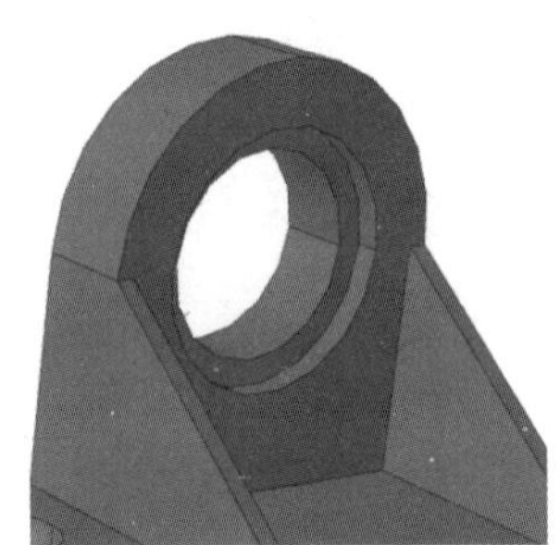

图 5-25 压力载荷

（4）边界条件

轴承座通过 4 个安装孔进行固定，因此边界条件为对这 4 个安装孔和基座底面进行固定约束。

单击工具栏中的Create Boundary Condition（创建边界条件）按钮，在弹出的如图 5-26 所示的对话框中创建一个类型为 Symmetry/Antisymmetry/Encastre（对称/反对称/完全固定）的边界条件，单击 Continue...按钮后，在弹出的如图 5-27 所示的对话框中选择 ENCASTRE（U1=U2=U3=UR1=UR2=UR3=0）进行完全固定。边界条件所选择的区域为轴承基座的 4 个固定孔及基座的下底面，产生的边界条件如图 5-28 所示。

7. 划分网格

进入 Mesh（网格）模块，对部件进行网格划分。由于轴和轴瓦都设置为显示体，因此无须对其进行网格划分，只需对基座进行划分即可。

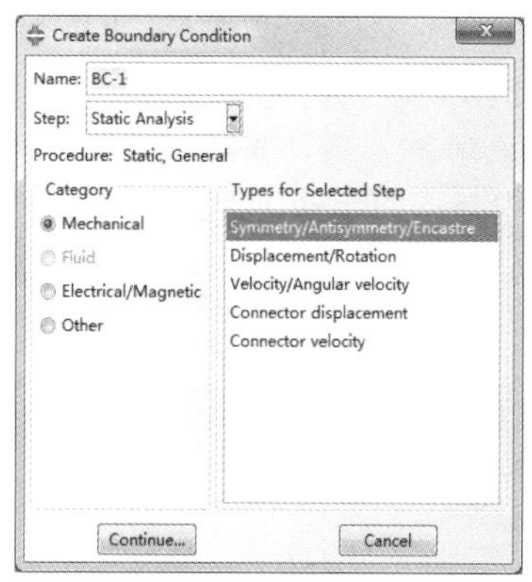

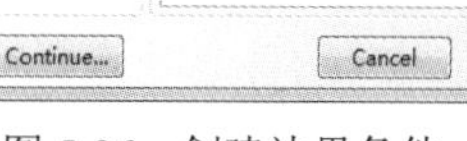

图 5-26 创建边界条件

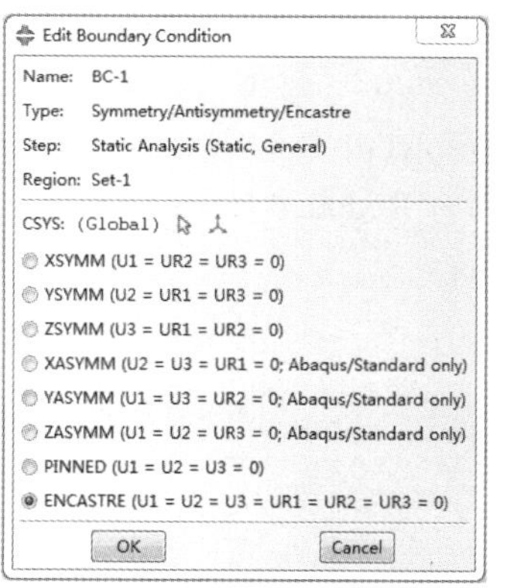

图 5-27 编辑边界条件

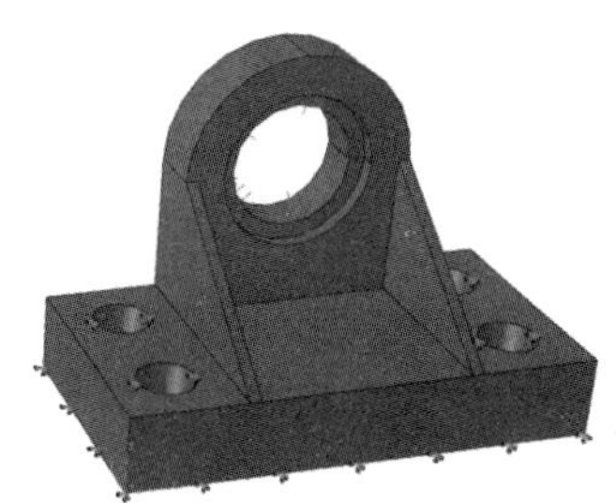

图 5-28 边界条件

（1）布种

单击工具箱中的Seed Part Instance（全局种子）按钮，弹出如图 5-29 所示的 Global Seeds（全局种子）对话框，在 Approximate global size（近似全局尺寸）栏中填入 3，单击 OK 按钮完成布种，如图 5-30 所示。

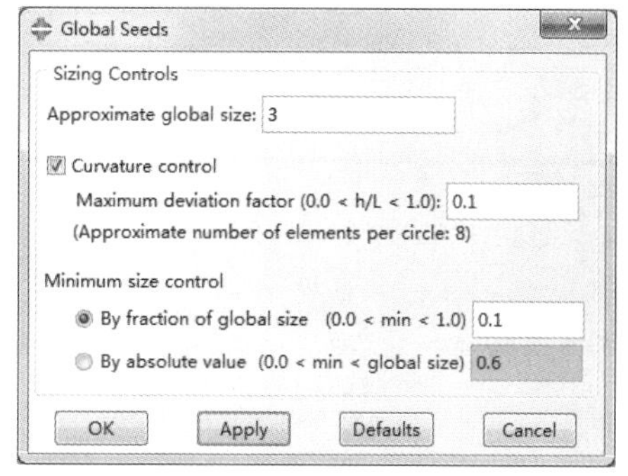

图 5-29 全局种子设置

图 5-30 完成布种

（2）网格控制

单击工具箱中的Assign Mesh Controls（指派网格控制）按钮，弹出如图 5-31 所示的 Mesh Controls（网格控制属性）对话框，可以看到无法对部件进行六面体单元划分，因此需要对模型进行分割，拆分成多个分区，再对其进行六面体单元网格划分。

单击工具箱中的Partition Cell：Define Cutting Plane（拆分几何元素）按钮，在视图中选择 3 个点来控制分区平面，分区后的部件如图 5-32 所示。

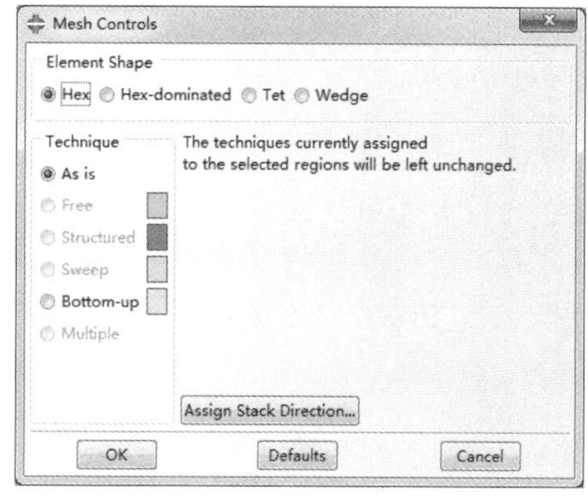

图 5-31 “网格控制属性”对话框

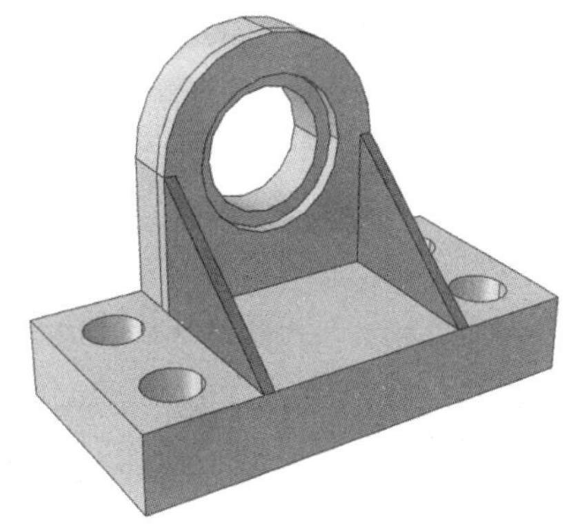

图 5-32 实例分区（5 个分区）

对拆分分区后的部件进行网格控制属性设置，如图 5-33 所示，选择网格技术（Technique）为扫掠（Sweep），选择进阶算法（Advancing Front）进行网格划分。

单击工具栏的 Assign Element Type 按钮，弹出如图 5-34 所示的对话框，进行单元类型的设置。在对话框中取消对 Reduced Integration（缩减积分）的选择，选择 C3D20 单元类型。

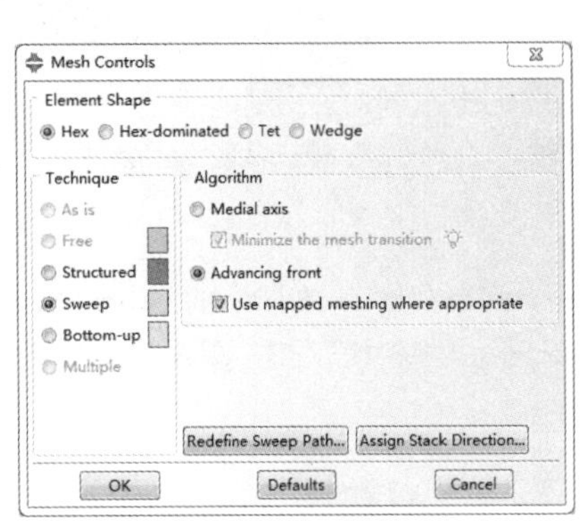

图 5-33 网格控制属性

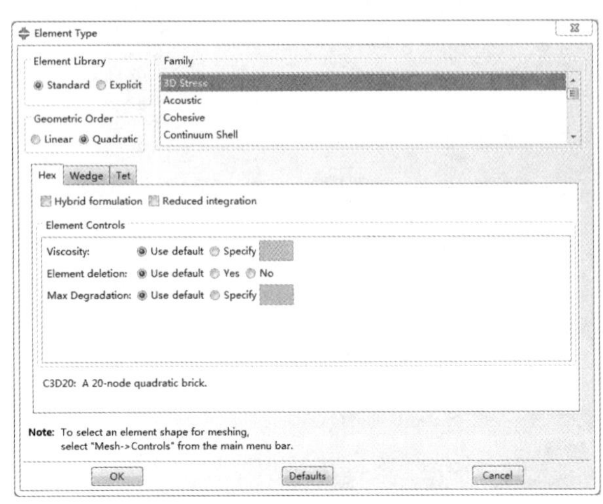

图 5-34 单元类型

单击工具栏中的 Mesh Part Instance（创建网格部件）按钮，进行网格划分，如图 5-35 所示。

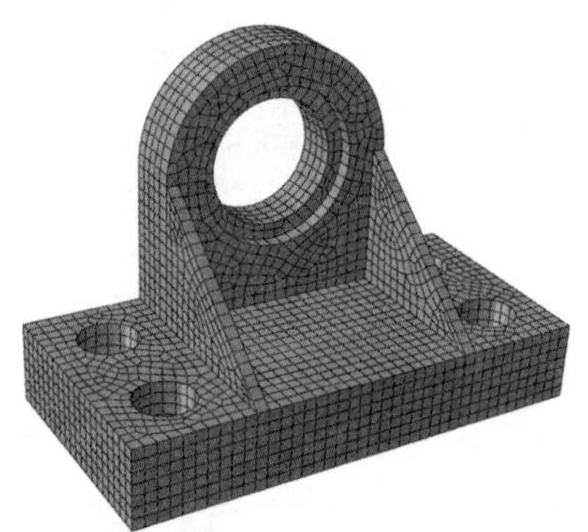

图 5-35 划分网格

8. 运行分析

（1）创建分析作业

在 Module 列表中选择 Job 进入作业模块，单击工具栏中的 Job Manager（作业管理）按钮，弹出如图 5-36 所示的 Job Manager（作业管理器）对话框，单击 Create（创建）按钮，在弹出的如图 5-37 所示的 Create Job（创建作业）对话框中输入作业名称，单击 Continue...按钮，进入如图 5-38 所示的 Edit Job（编辑作业）对话框，单击 OK 按钮。

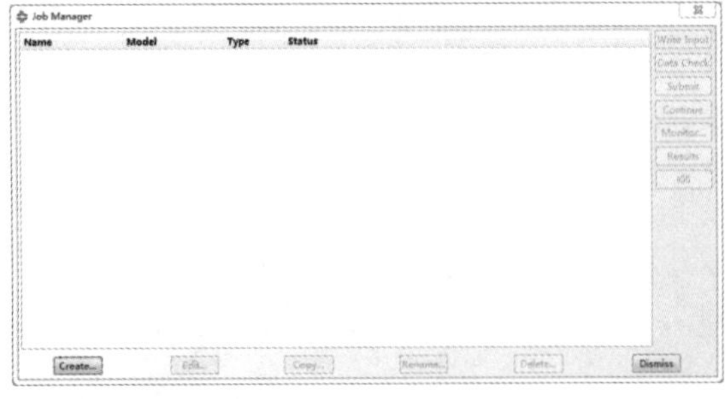

图 5-36 “作业管理器”对话框

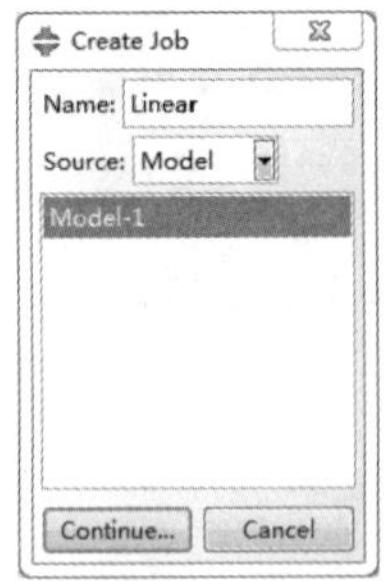

图 5-37 “创建作业”对话框

（2）提交分析作业

在如图 5-36 所示的作业管理器中单击 Data Check 按钮进行数据检查，检查无误后单击 Submit 按钮进行分析。

9. 后处理

单击作业管理器中的 Results 按钮，进入 Visualization（可视化）模块，在视图区显示如图 5-39 所示的无变形图。

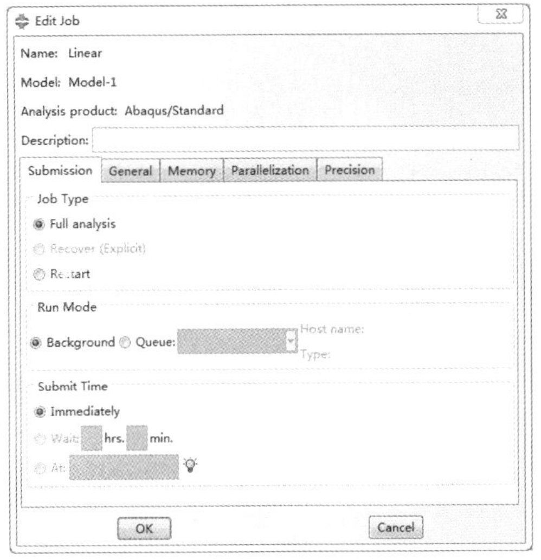

图 5-38　“编辑作业”对话框

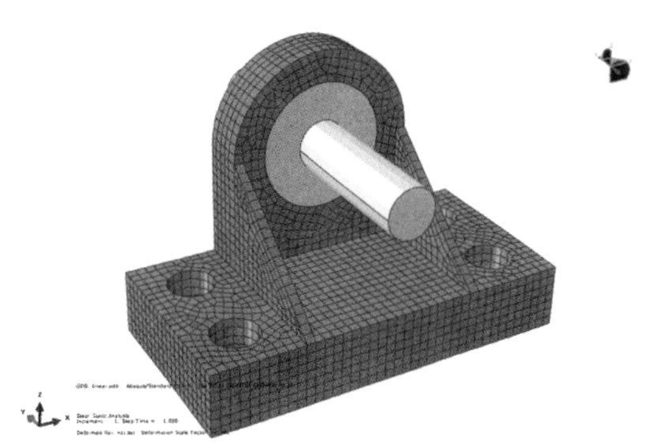

图 5-39　无变形图

单击工具栏中的 Create Display Group（创建显示组）工具，弹出如图 5-40 所示的 Create Display Group（创建显示组）对话框，在 Item（项）栏中选择 Part Instance（部件实例）选项，在右侧的列表中选择 ZHOUCHENG-1-1，单击下方的 Intersect 按钮，显示只有轴承座的模型，如图 5-41 所示。

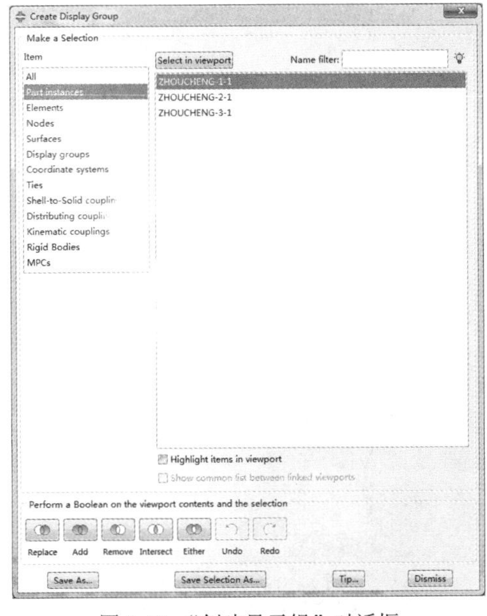

图 5-40　“创建显示组”对话框

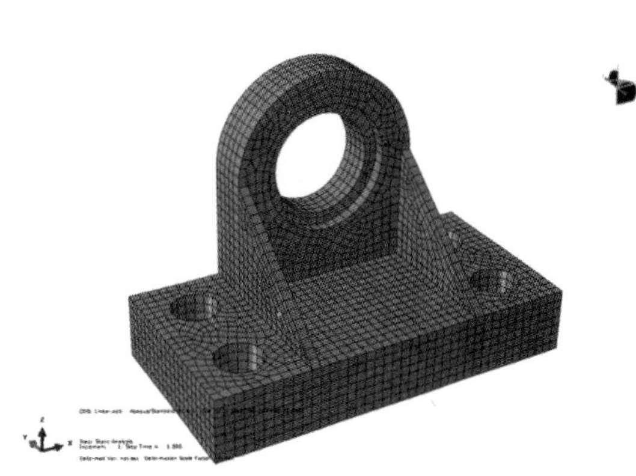

图 5-41　只显示轴承座

单击 Field Output Dialog 按钮，可以选择在视图区显示不同的云图，如图 5-42～图 5-51 所示。

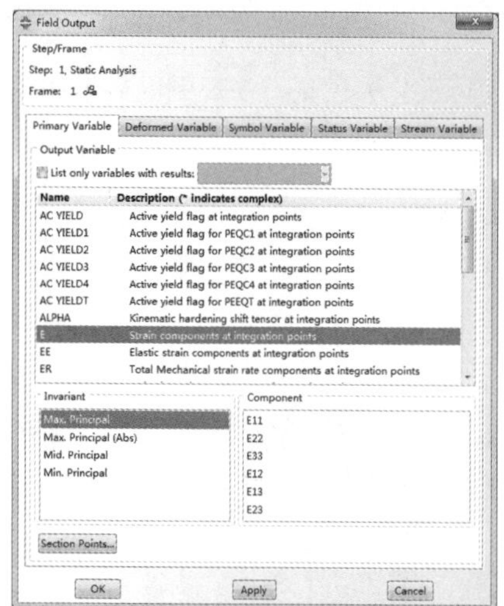

图 5-42　选择积分点应变

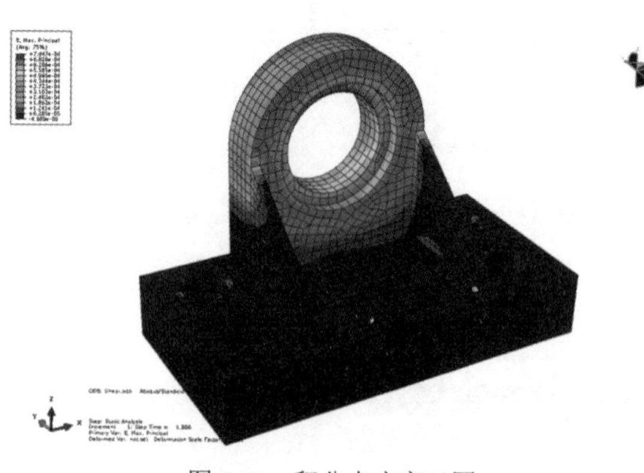

图 5-43　积分点应变云图

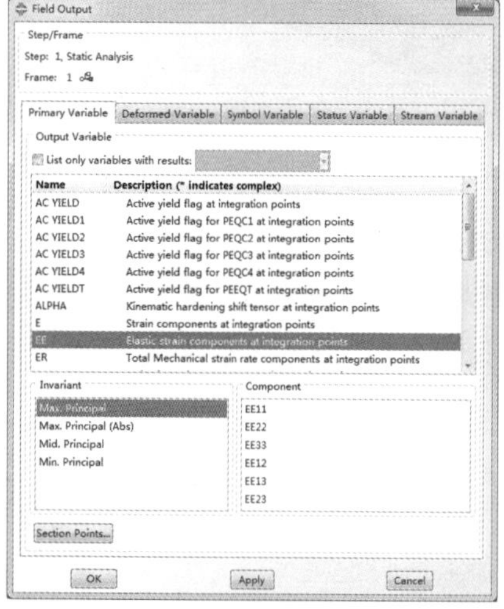

图 5-44　选择弹性应变

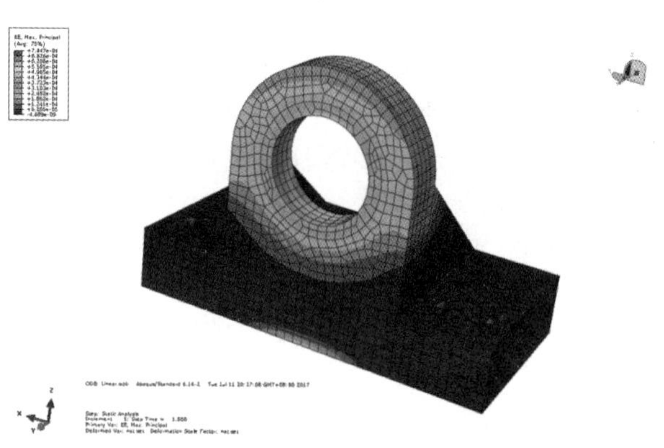

图 5-45　弹性应变云图

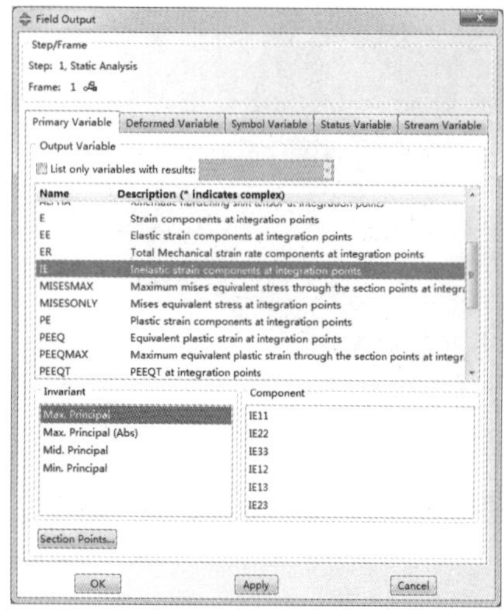

图 5-46　选择非弹性应变

图 5-47　非弹性应变云图

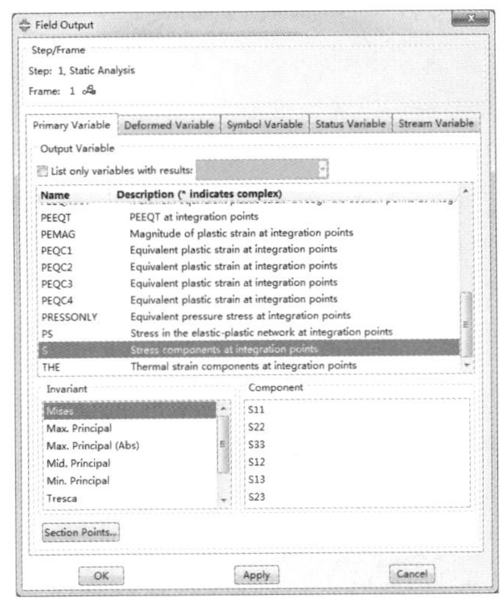

图 5-48　选择最大 Mises 应力

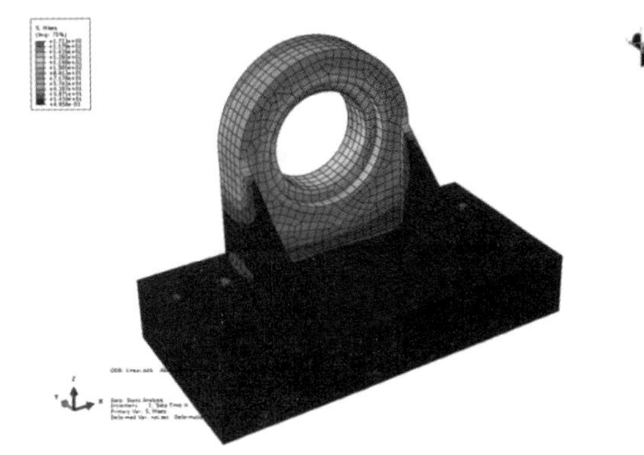

图 5-49　最大 Mises 应力云图

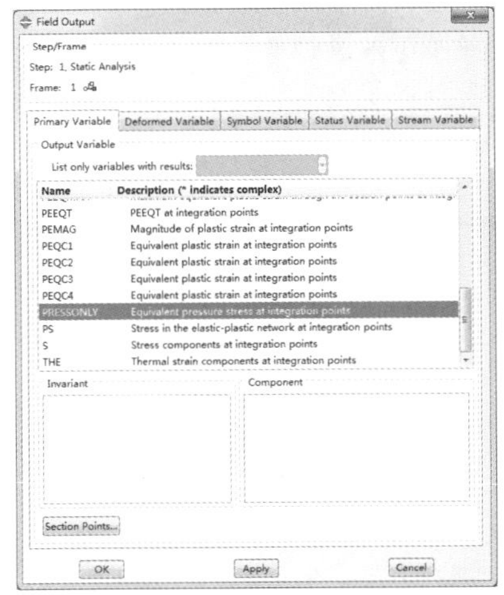

图 5-50　选择等效压应变

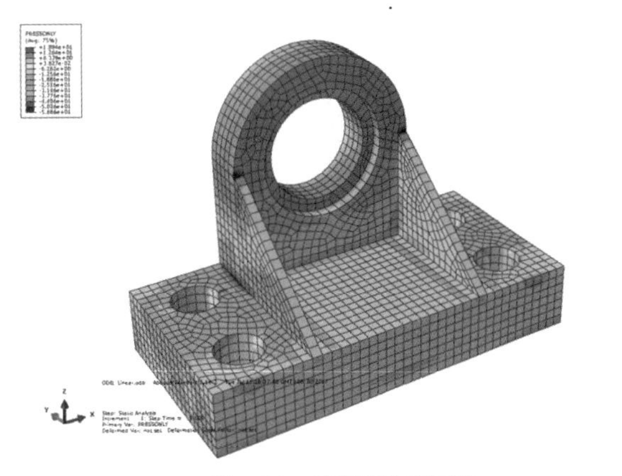

图 5-51　等效压应变云图

5.3　非线性分析概述

线性分析是对事物物理本质的一种近似描述，对于绝大多数问题来说，线性分析是不能够解决问题的。非线性问题在日常生活中更为普遍，这就需要我们掌握非线性分析方法。非线性分析本身很复杂。一是对问题的描述复杂，例如对材料非线性性质的描述（如怎样正确选用某些指标来定义材料的损伤、失效，由于要得到材料的真实本构关系很困难，因此正确地表述也存在难度），对非线性过程的描述（如接触分离现象）；二是求解非线性方程的过程复杂，例如求解稳定问题时用到的弧长法等。

5.3.1　线性与非线性的区别

1. 线性分析

到目前为止所讨论的分析实例均为线性情形，也就是施加的载荷和系统响应间存在线性关系。

例如，如果一线性弹簧在 10N 的载荷下伸长 1m，那么施加 20N 的载荷就会伸长 2m。这意味着在线性分析中，结构的柔度阵只需计算一次（将刚度阵集成并求逆即可得到）。其他载荷情形下，结构的线性响应可通过将新的载荷向量与刚度阵的逆相乘得到。

此外，结构对不同载荷情形的响应，可以通过用常数进行比例变换或相互叠加的方式，来得到结构对新载荷的响应。这就要求新载荷是先前各载荷的线性组合。载荷的叠加原则是假定所有载荷的边界条件相同。

ABAQUS 在线性动力学模拟中使用了载荷的叠加原理。

2. 非线性分析

结构的非线性问题指结构的刚度随其变形而改变的问题。实际上所有的物理结构均为非线性的，而线性分析只是一种方便的近似。显然，线性分析对包括加工过程的许多结构模拟来说是不够的，例如，锻造或冲压、压溃分析、橡胶部件、轮胎和发动机垫圈分析等问题。一个简单的例子就是具有非线性刚度响应的弹簧。

对于非线性问题由于刚度依赖于位移，所以不能再用初始柔度乘以所施加的载荷的方法来计算任意载荷时弹簧的位移了。在非线性分析中结构的刚度阵在分析过程中必须进行许多次的生成、求逆，这使得非线性分析求解比线性分析耗时多得多。

由于非线性系统的响应不是所施加载荷的线性函数，因此不可能通过叠加来获得不同载荷的解。每种载荷都必须作为独立的分析进行定义及求解。

5.3.2 非线性问题的来源

1. 材料非线性

大多数金属在应变时都具有良好的线性应力—应变关系，但在应变较大时，材料会发生屈服，此时材料的响应变成了非线性和不可逆的。

材料的非线性也可能与应变以外的其他因素有关。应变率相关材料的材料参数和材料失效都是材料非线性的表现形式。材料性质也可以是温度和其他预先设定的场变量的函数。

2. 几何非线性

几何非线性发生在结构位移的大小影响到结构响应的情形。这可能由于以下几种原因：大挠度或转动、"突然翻转"、初应力或载荷硬化。例如，端部受竖向载荷的悬臂梁，如图 5-52 所示。若端部挠度较小，分析时可以认为是近似线性的。然而若端部的挠度较大，结构的形状乃至其刚度都会发生改变。另外，若载荷不能保持与梁垂直，载荷对结构的作用将发生明显的改变。当悬臂梁自由端部挠曲时，载荷可以分解为一个垂直于梁的分量和另一个沿梁的长度方向作用的分量。所有这些效应都会对悬臂梁的非线性响应产生影响（也就是梁的刚度随它所承受载荷的增加而不断变化）。

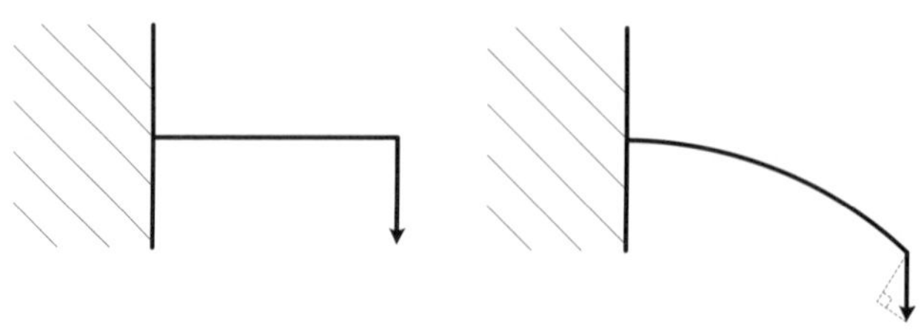

图 5-52　悬臂梁的大挠度

可以预料大挠度和转动对结构承载方式有重要影响。然而，并非位移相对于结构尺寸很大时，几何非线性才显得重要。例如，一块很大的平板在所受压力下的"突然翻转"现象。当平板突然翻转时，刚度就变成了负的。这样，尽管位移的量值相对于板的尺寸来说很小，在模拟分析中仍有严重的几何非线性效应，这是必须加以考虑的。

此时，只需对模型做些小的修改就可以将几何非线性效应包含于分析中。

首先要在定义分析步时考虑几何非线性效应，要给出分析步中允许的最大增量步的数目。如果 ABAQUS 需要比此数目更多的增量步来完成分析，它将中止分析并给出出错信息。

分析步中默认的增量步数是 100，但如果题目有显著的非线性，可能会需要更多的增量步。用户给出的增量步数目是 ABAQUS 可以采用的增量步数的上限，而不是它所必须使用的增量步数。

在非线性分析中，一个分析步是发生于一段有限的“时间”内的。除非该问题中惯性效应或率相关效应是重要因素，否则这里的“时间”并没有物理含义。

用户是在这个理解背景下指定初始时间增量 $\Delta T_{\text{initial}}$ 和此分析步的总时间 ΔT_{total} 的。这些数据也指定了第一个增量步中所施加的载荷的比例。初始载荷增量的计算见式（5-1）。

$$\text{初始载荷增量}=\frac{\Delta T_{\text{initial}}}{\Delta T_{\text{total}}}\times\text{载荷值} \tag{5-1}$$

初始时间增量的选择对于某些非线性模拟计算可能会很关键，但对大多数分析来说，初始时间增量的大小介于总分析步时间的 5%～10%之间通常是足够的，除非模型中包含率相关材料效应或阻尼器等情况。在静态模拟计算时，为了方便，总分析步时间通常均置为 1.0。当总分析步时间为 0.1 时，所施加载荷的比例总是等于当前的时间步大小，也就是当时间步为 0.5 时施加的载荷就是总载荷的 50%。

初始增量大小必须指定，但后面的增量大小却由 ABAQUS 自动控制。尽管也可以对增量大小进行进一步的人工控制，但 ABAQUS 的自动控制对于大多数非线性模拟计算来说是适合的。

如果收敛性问题造成过多的增量减小，使得增量值降到了最小值以下，ABAQUS 就会中止分析。默认的最小容许时间增量 $\Delta T_{\min}$ 为 10^{-5} 乘以总分析步时间。

除了总分析步时间的限制外，ABAQUS 对最大时间增量 $\Delta T_{\max}$ 没有默认的上界限制。用户也可以根据 ABAQUS 模拟计算的实际情况，指定不同的最小和/或最大容许的增量大小。如果知道模拟计算在所加载荷过大时，求解会出现问题（如模型在大载荷时会经历塑性变形），为了减小 $\Delta T_{\max}$，此时就可以指定最大容许增量步。

在几何非线性分析中，局部的材料方向在每个单元中可能随变形而转动。对于壳、梁及桁架单元，局部的材料方向总是随变形而转动的。

对于实体单元，仅当单元参照非默认的局部材料方向时，局部材料方向才随变形而动，而在默认情况下局部材料方向在整个分析中将始终保持不变。

在节点上定义的局部方向在整个分析中始终保持不变，不随变形而转动。详细情况请参阅帮助文档的相关章节。

一旦在一个分析步中包括几何非线性，所有的后继分析步中都会自动考虑几何非线性。如果在一个后继分析步中没有要求几何非线性，ABAQUS 会发出警告信息并声明仍然包括几何非线性。

模型的大变形并不是唯一的重要几何非线性效应。ABAQUS 中刚度矩阵的计算也包括由于施加载荷引起的单元刚度项（称为载荷刚度）的计算，这些项能改善计算的收敛情况。另外，壳的薄膜载荷、缆索和梁的轴向载荷都对结构在横向载荷响应的刚度产生很大影响，所以在考虑几何非线性时，这种由于横向载荷对薄膜刚度的影响应该考虑在内。

3. 边界非线性

若边界条件随分析过程发生变化，就会产生边界非线性问题。如图 5-53 所示的悬臂梁，它随施加的载荷发生挠曲，直至碰到障碍。

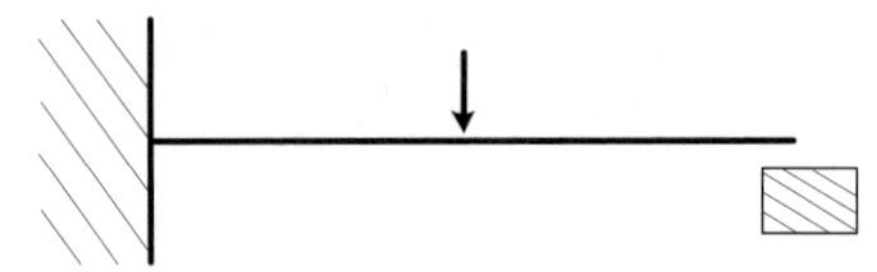

图 5-53　将碰到障碍物的悬臂梁

梁端部的竖向挠度与载荷在它接触到障碍以前是线性关系。在端部碰到障碍后梁端部的边界条件发生突然的变化，阻止竖向挠度继续增大，因此梁的响应将不再是线性的。边界非线性是极度不连续的，在模拟分析中发生接触时，结构的响应特性会在瞬时发生很大变化。

另一个边界非线性的例子是将板材材料冲压入模具的过程。在与模具接触前，板材在压力下的伸展变形是相对容易产生的，在与模具接触后，由于边界条件的改变，必须增加压力才能使板材继续成型。

5.3.3 非线性问题求解方法

用户在使用 ABAQUS 进行一般的非线性问题求解时，并不会接触到 ABAQUS 的理论模型。但是，对 ABAQUS 处理非线性问题的理论与方法有一定的了解，将对用户深入了解有限元方法、ABAQUS 求解过程有重要的作用。如果求解出现问题，对求解理论有一定的了解，能迅速找到问题症结所在，对于实际项目的分析可以提高效率与求解精确度。

因此 ABAQUS 将计算过程分为许多载荷增量步，并在每个载荷增量步结束时寻求近似的平衡构形。ABAQUS 通常要经过若干次迭代才能找到某一载荷增量步的可接受的解。所有增量响应的和就是非线性分析的近似解。

本节将引入一些新概念来描述分析中的不同组成部分。清楚地理解分析步、载荷增量步和迭代步的区别是很重要的。

模拟计算的加载过程包含单个或多个步骤，所以要定义分析步。它一般包含分析过程选择、载荷选择和输出要求选择。而且每个分析步都可以采用不同的载荷、边界条件、分析过程和输出要求。以板材变形为例说明：

步骤一：将板材夹于刚性夹具上。

步骤二：加载使板材变形。

步骤三：确定变形板材的自然频率。

增量步是分析步的一部分。在非线性分析中，一个分析步中施加的总载荷被分解为许多小的增量，这样就可以按照非线性求解步骤来进行计算。

当提出初始增量的大小后，ABAQUS 会自动选择后继的增量大小。每个增量步结束时，结构处于（近似）平衡状态，结果可以写入、输入数据库文件、重启动文件、数据文件或结果文件中。选择某一增量步的计算结果写入、输入数据库文件的数据称为帧（frames）。

迭代步是在某一增量步中找到平衡解的一种尝试。如果模型在迭代结束时不是处于平衡状态，ABAQUS 将进行另一轮迭代。

随着每一次迭代，ABAQUS 得到的解将更接近平衡状态；有时需要进行许多次迭代才能得到一个平衡解。当平衡解得到以后一个增量步才完成，即结果只能在一个增量步的末尾获得。

结构对于一个小的载荷增量 ΔP 的非线性响应如图 5-54 所示。ABAQUS 利用基于 U_0 时的结构初始刚度 K_0 和增量 ΔP 来计算结构的位移修正值 c_a。利用 c_a 将结构的构形更新为 U_a。

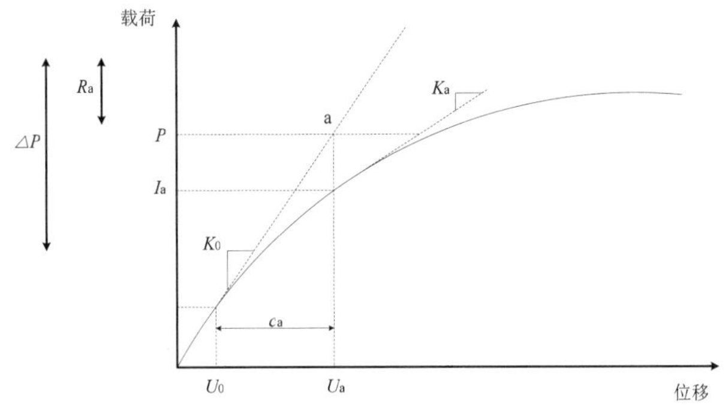

图 5-54　一个增量步中的首次迭代

基于结构新构形U_a，ABAQUS 形成新的刚度K_a。利用K_a来计算更新后的构形中结构的内部作用力I_a。所施加的总载荷P和I_a的差值计算见式（5-2）：

$$R_a = P - I_a \tag{5-2}$$

式中　R_a——迭代的作用力残差值。

如果R_a在模型的每一自由度上均为零，图 5-54 中的 a 点将位于载荷—位移曲线上，结构将处于平衡状态。在非线性问题中，几乎不可能使R_a等于零，因此 ABAQUS 将R_a与容许残差进行比较。

如果R_a比作用力容许残差小，ABAQUS 就接受结构的更新构形作为平衡结果。默认的容许残差设置为结构中对时间进行平均的作用力的 0.5%。ABAQUS 在整个模拟过程中自动从空间分布和对时间平均的角度计算该值。

若R_a比目前的容许残差小，就认为P和I_a处于平衡状态，U_a就是结构在当前载荷下合理的平衡构形。而 ABAQUS 在接受此解前，还要检查位移修正值c_a与总的增量位移$\Delta U_a = U_a - U_0$相比是否更小。若c_a大于增量位移的 1%，ABAQUS 将重新进行迭代。只有这两个收敛性检查都得到满足，才认为此载荷增量下的解是收敛的。

上述收敛判断规则有一个例外，即线性增量情况。线性增量的定义是指增量步内最大的力残差小于时间平均力乘以10^{-8}的增量步，凡严格满足这个定义的增量步无须再进行迭代，也无须进行任何检查即可认为其解是可接受的。

若迭代结果不收敛，ABAQUS 将进行另一种迭代以使内部和外部作用力达到平衡，如图 5-55 所示。第二种迭代采用前面迭代结束时计算得到的刚度K_a和R_a，一起来确定另一位移修正值c_b，这使得系统更加接近平衡状态。

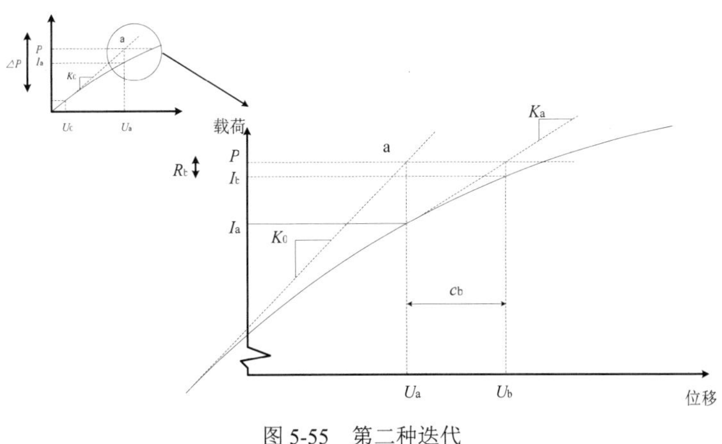

图 5-55　第二种迭代

ABAQUS 利用结构新构形U_b中的内部作用力计算新的作用力残值R_b，再次将任意自由度上的最大作用力残值与作用力残值容许值进行比较，将第二种迭代的位移修正值c_b与增量位移$\Delta U_b = U_b - U_0$进行比较，如果需要的话 ABAQUS 将进行进一步的迭代。

对于非线性分析中的每次迭代，ABAQUS 要重新形成模型的刚度矩阵并求解方程组。从计算耗时的角度来说，这意味着每次迭代等价于进行一次完整的线性分析。现在可以清楚地看到非线性分析的计算耗时可能要比线性问题大许多倍。

可以在每一收敛的增量步上保存结果，所以非线性模拟计算中得到的输出数据量将是线性分析中可得到数据量的很多倍。因此在规划计算机资源时，就应考虑这些因素及计划选择的非线性模拟计算的类型。

ABAQUS 自动调整载荷增量步的大小，因此它能便捷而有效地求解非线性问题。用户只需在每个分析步计算中给出第一个增量的大小，ABAQUS 会自动调解后续增量的大小。

若用户未提供初始增量大小，ABAQUS 会试图将该分析步的全部载荷都作为第一增量步载荷来施加，这样在高度非线性的问题中 ABAQUS 不得不反复减小增量大小，从而导致 CPU 时间的浪费。

一般来说，提供一个合理的初始增量大小是有很有必要的，因为只有在很平缓的非线性问题中才可能将一个分析步中的所有载荷施加于一个增量步中。

在一个载荷增量里得到收敛解所需的迭代步数会随系统的非线性模拟而变化。默认情况下，如果在 16 次迭代中仍不收敛或出现发散，ABAQUS 会放弃当前增量步，并将增量大小置为先前值的 25%重新开始计算，即利用比较小的载荷增量来找到收敛的解。

若此增量仍不收敛，ABAQUS 将再次减小增量大小。ABAQUS 允许一个增量步中最多有 5 次增量减小，否则就会中止分析。

如果增量步的解在少于 5 次迭代时就收敛，这表明找到解答相对容易，因此，如果连续两个增量步只需少于 5 次的迭代就可以得到收敛解，那么 ABAQUS 会自动将增量大小提高 50%。

5.4 非线性分析实例

5.4.1 几何非线性实例——薄板的形变

本小节将针对线性材料制成的薄板发生大尺度形变而导致的非线性问题进行讲解。如图 5-56 所示为一个薄板，该板与整体轴 1 的夹角为 30°，一端固定，另一端被限制在轨道上，仅能沿平行于平板的轴向移动。该斜板是由各向同性线弹性材料构成，其弹性模量为 2.7×109Pa，泊松比 v=0.33。

图 5-56 薄板模型

1. 创建部件

进入“Part”模块，弹出图 5-57 所示的 Create Part（创建部件）对话框，创建一个三维平面壳单元模型，单击 Continue…按钮进入草图编辑器，薄板草图如图 5-58 所示。

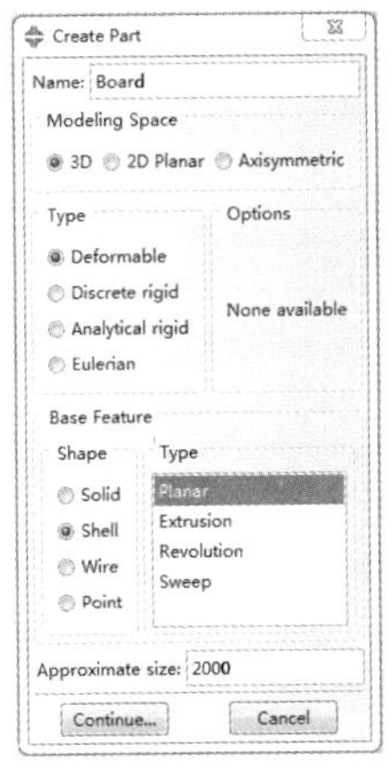

图 5-57 “创建部件”对话框

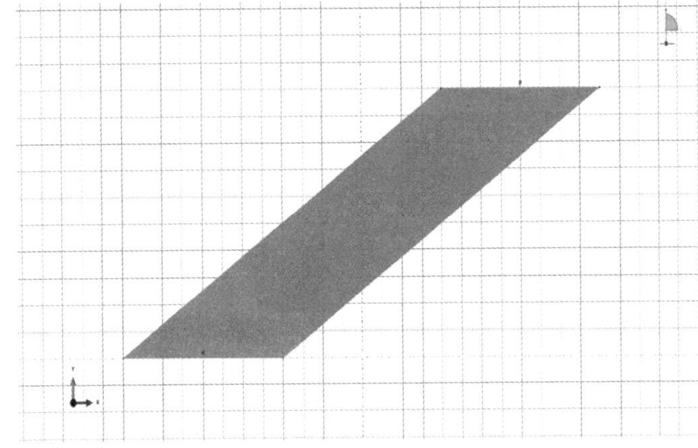

图 5-58　薄板草图

2. 创建材料和截面属性

（1）创建材料

进入 Property（属性）模块，单击 Create Material 按钮，材料名称定义为 Steel，进入 Edit Material（编辑材料）对话框，选择 Mechanical Behaviors（材料行为）中的 Elasticity（弹性）选项，如图 5-59 所示。

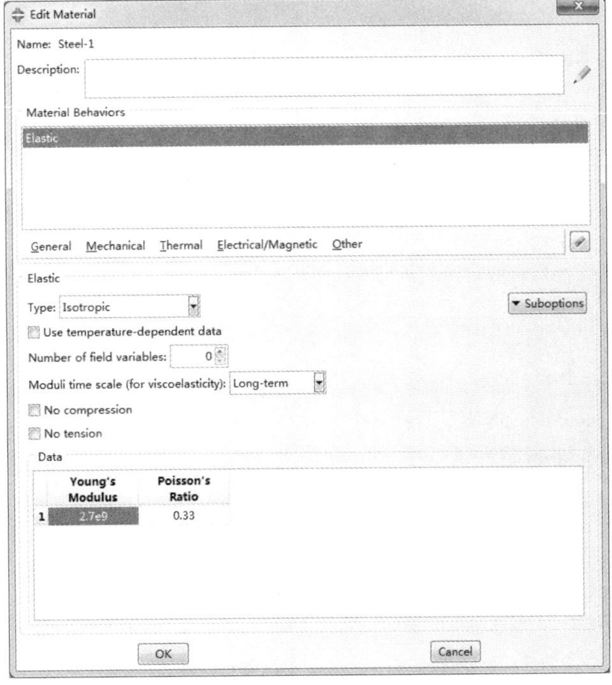

图 5-59 “编辑材料”对话框

（2）创建截面

单击 Create Section 按钮，进入如图 5-60 所示的 Create Section（创建截面）对话框，选

择类别为 Shell（壳），类型为 Homogeneous（均质），单击 Continue…按钮，在弹出的 Edit Section（编辑截面）对话框中输入厚度 10，如图 5-61 所示。

图 5-60 “创建截面”对话框

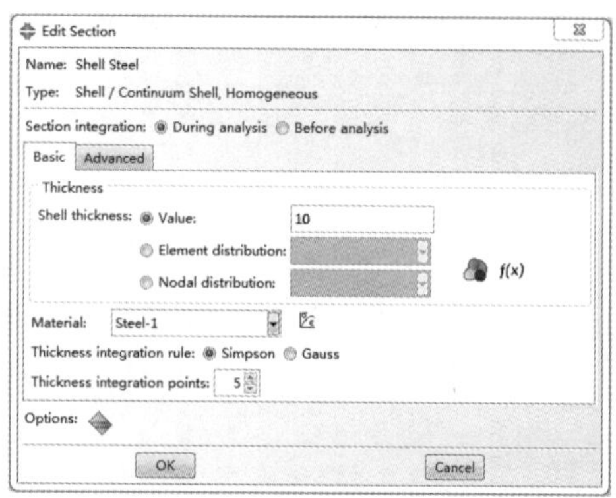

图 5-61 “编辑截面”对话框

（3）创建坐标系

使用创建基准坐标系工具，定义一个如图 5-62 所示的基准直角坐标系。从主菜单中选择 Assign（指派）→Material Orientation（材料方向）命令，选择整个部件作为局部材料方向的有效区域。在视图中选择刚才建立的基准坐标系，在弹出的如图 5-63 所示的 Edit Material Orientation（编辑材料方向）对话框中选择 Axis 3（轴 3）作为法线方向，单击 OK 按钮完成设置。

图 5-62 用于定义局部材料方向的基准坐标系

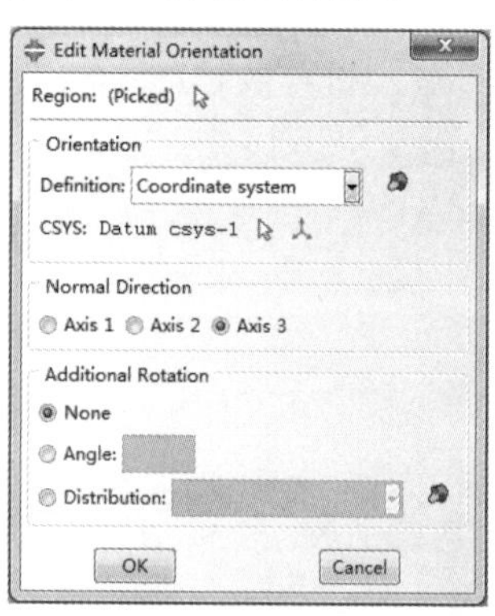

图 5-63 “编辑材料方向”对话框

（4）指派截面

单击Assign Section（截面指派）按钮，在视图中拾取部件，单击鼠标中键，弹出如图 5-64 所示的 Edit Section Assignment（截面指派）对话框，选择之前创建的 Shell Steel，单击 OK 按钮完成设置。

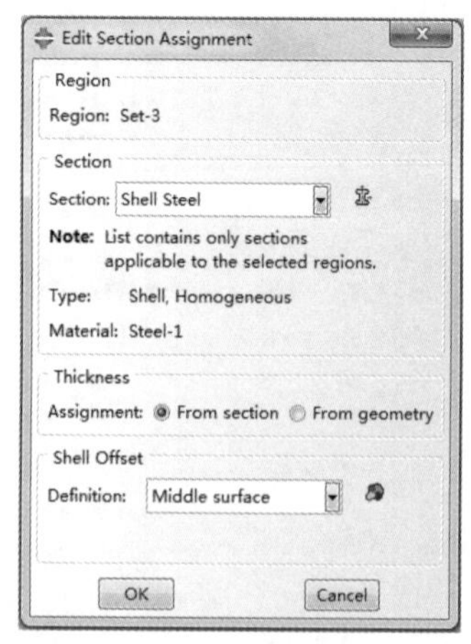

图 5-64 “编辑截面指派”对话框

3. 实例化

进入 Assembly（装配）模块，单击Create Instance（创建实例）按钮，弹出如图 5-65 所示 Create Instance（创建实例）对话框，对部件进行实例化操作，然后单击工具箱中的Partition Face：Use Shortest Path Between 2 Points 按钮，拾取薄板两个长边的中点，完成对模型的分区，如图 5-66 所示。

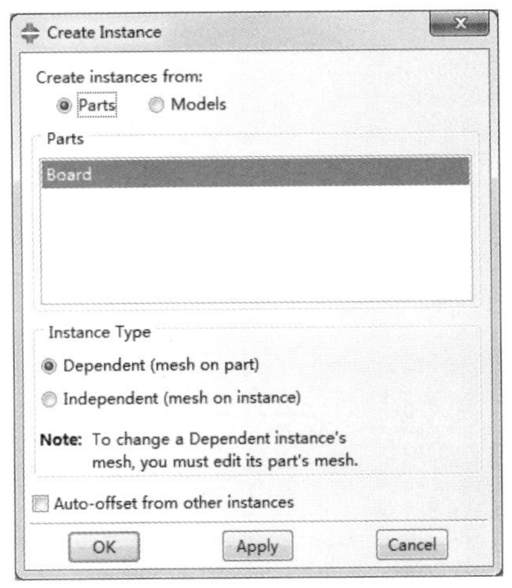

图 5-65 “创建实例”对话框

图 5-66　模型分区

4. 分析步

进入 Step 模块，单击Create Step 按钮，弹出如图 5-67 所示的 Create Step（创建分析步）对话框，输入分析步名称，选择 Static，General（通用静态学）分析，单击 Continue...按钮，弹出如图 5-68 所示的 Edit Step（编辑分析步）对话框，在 Nlgeom（几何非线性）选项选择 Off，在 Incrementation（增量）选项卡中输入 Initial Incrementation Size（初始增量步）为 0.1，单击 OK 按钮完成设置。

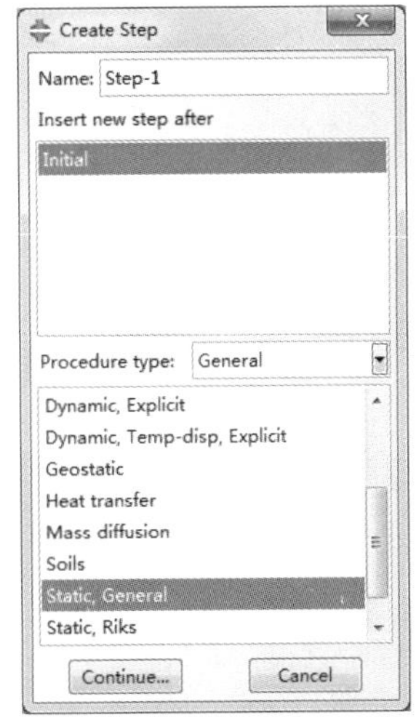

图 5-67 “创建分析步”对话框

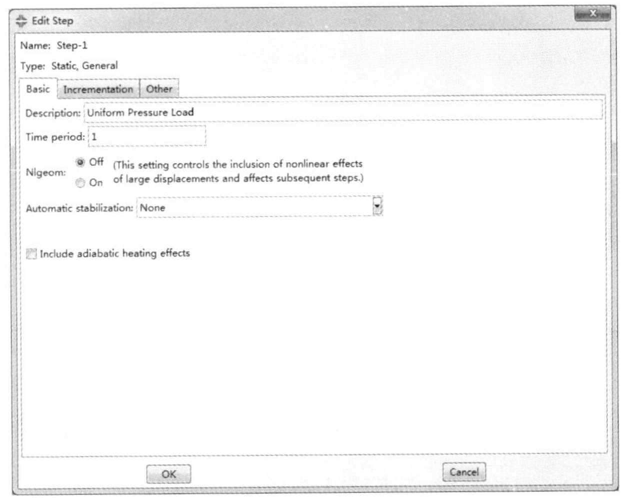

图 5-68 “编辑分析步”对话框

5. 载荷与边界条件

（1）边界条件

进入 Load 模块，单击Create Boundary Condition 按钮，弹出如图 5-69 所示的 Create Boundary Condition（创建边界条件）对话框，选择 Step-1（分析步），在薄板上部短边上创建一个 Displacement/Rotation（位移/转角）力学边界条件，单击 Continue...按钮后，在弹出的如图 5-70 所示的 Edit Boundary Condition（编辑边界条件）对话框中限制除 U2 以外的所有自由度。

图 5-69 “创建边界条件”对话框

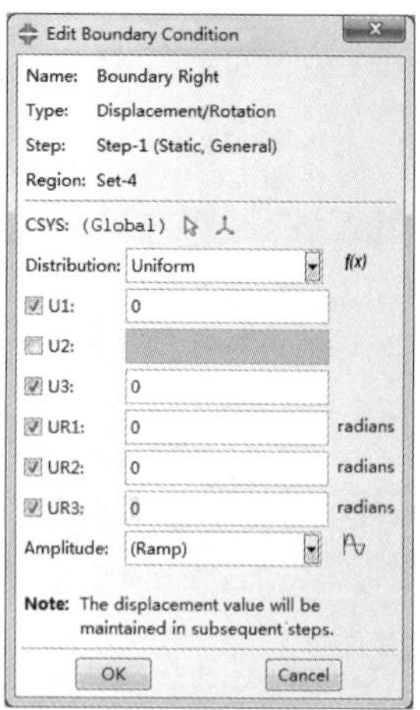

图 5-70 “编辑边界条件”对话框

以同样的方式，在薄板下部短边上创建一个边界条件，对其所有的自由度进行约束，如图 5-71、图 5-72 所示。

（2）载荷

单击 Create Load 按钮，弹出如图 5-73 所示的 Create Load（创建载荷）对话框，选择 Pressure（压强），然后选择部件的两个分区后确认，在弹出的如图 5-74 所示的 Edit Load（载荷编辑）对话框中输入压强大小后确认。

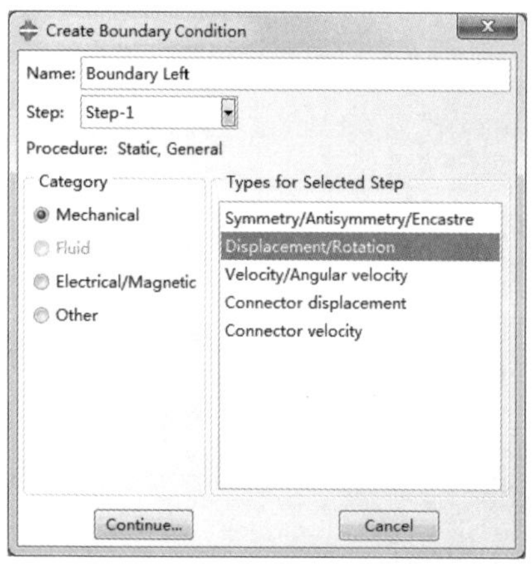

图 5-71 “创建边界条件”对话框

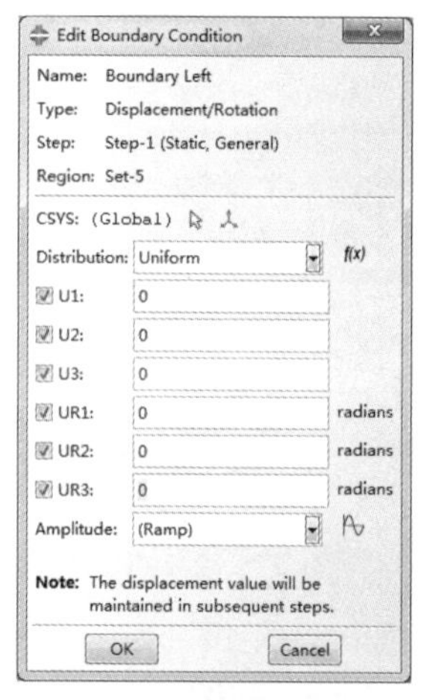

图 5-72 “编辑边界条件”对话框

图 5-73 “创建载荷”对话框

图 5-74 “载荷编辑”对话框

6. 网格划分

进入 Mesh 模块，单击 Seed Part Instance 按钮，在弹出的如图 5-75 所示的对话框中输入近似全局尺寸数据，确认后，单击 Assign Mesh Controls 按钮（指派网格控制），在如图 5-76 所示的对话框中选择网格的 Technique 为 Structured（结构），单击 OK 按钮，关闭对话框。

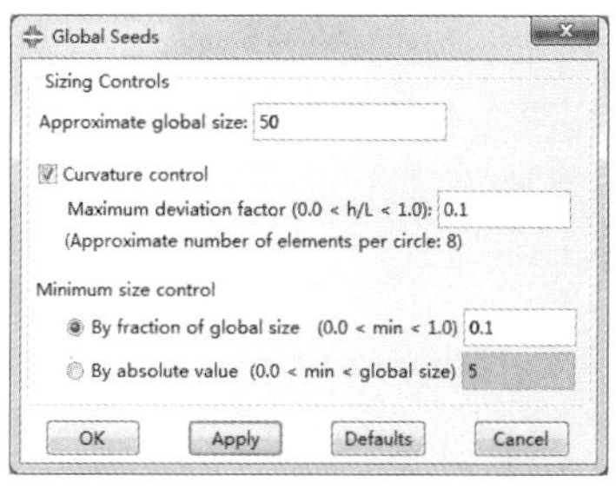

图 5-75 “全局种子”对话框

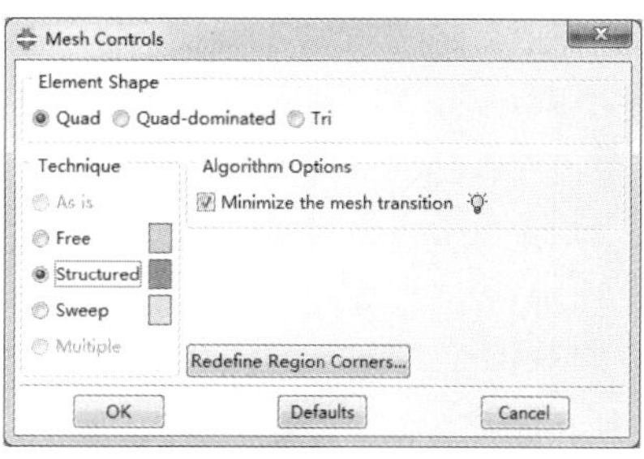

图 5-76 “网格控制”对话框

单击 Assign Element Type 按钮，按照如图 5-77 所示设置网格的单元类型，完成后单击 Mesh Part Instance 进行网格划分，如图 5-78 所示。

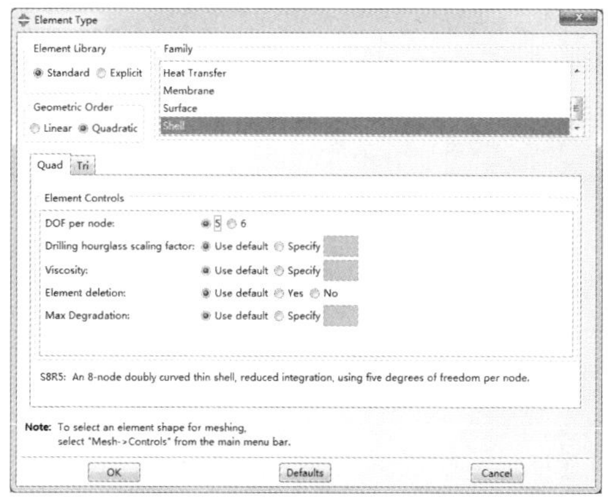

图 5-77 “单元类型”对话框

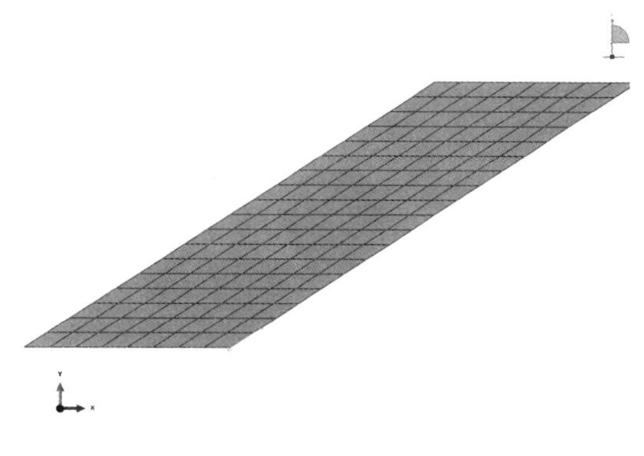

图 5-78 网格划分

7. 分析作业

进入 Job 模块，单击 Create Job（创建作业）按钮创建作业，如图 5-79 所示，单击 Continue...按钮，弹出如图 5-80 所示的 Edit Job（编辑作业）对话框，单击 OK 按钮完成作业的创建。

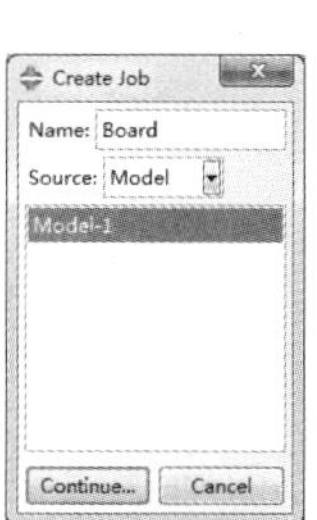

图 5-79 “创建作业”对话框

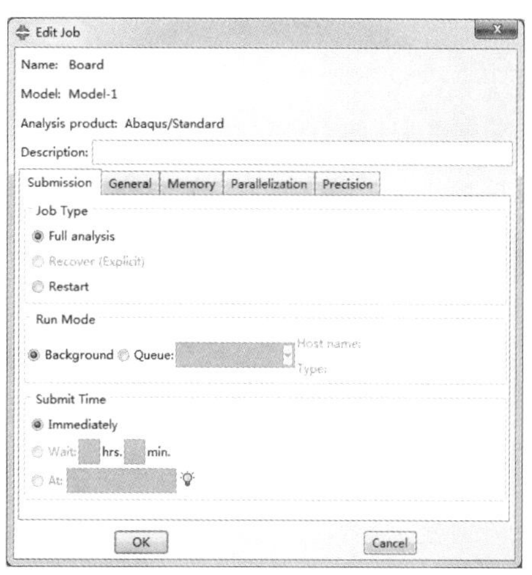

图 5-80 “编辑作业”对话框

单击Job Manager 按钮，弹出如图 5-81 所示的 Job Manager（作业管理器）对话框，单击 Submit 按钮提交作业。

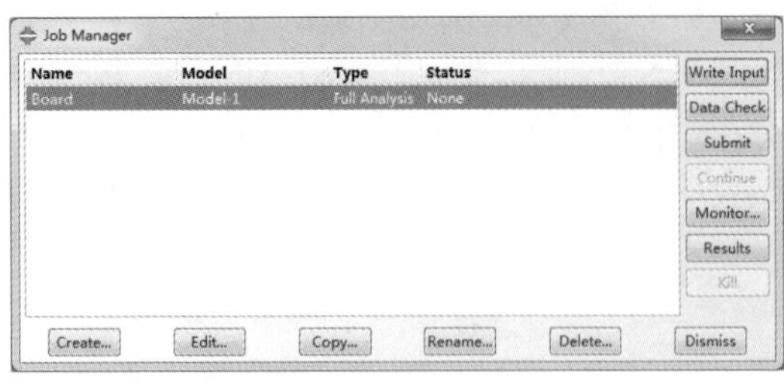

图 5-81 “作业管理器”对话框

8. 后处理

运算完成后单击 Job Manager（作业管理器）中的 Results，进入 Visualization 可视化模块。单击Common Options 按钮，弹出如图 5-82 所示的 Common Plot Options（通用绘图选项）对话框，选择 Deformation Scale Factor（变形缩放系数）为 Uniform（一致），数值为 1。单击按钮，视图中显示了 1∶1 变形后的模型，如图 5-83 所示。

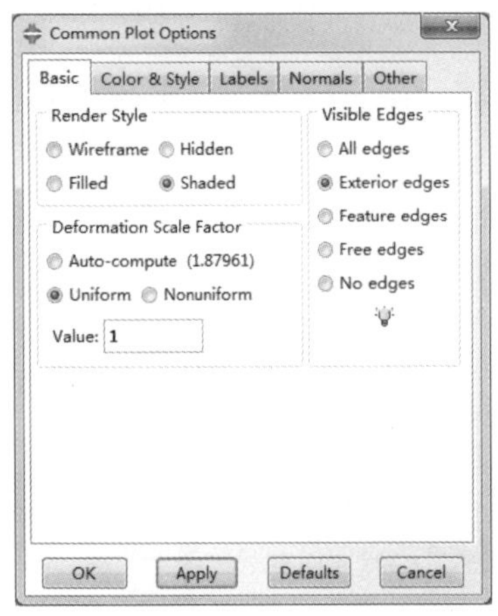

图 5-82 “通用绘图选项”对话框

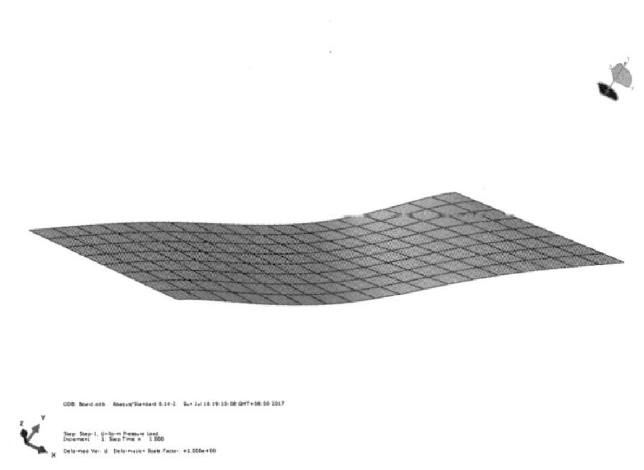

图 5-83 1∶1 变形图

单击Field Output Dialog 按钮，选择不同的变量，单击 Apply（应用）按钮可在视图区显示不同的云图，如图 5-84～图 5-93 所示。

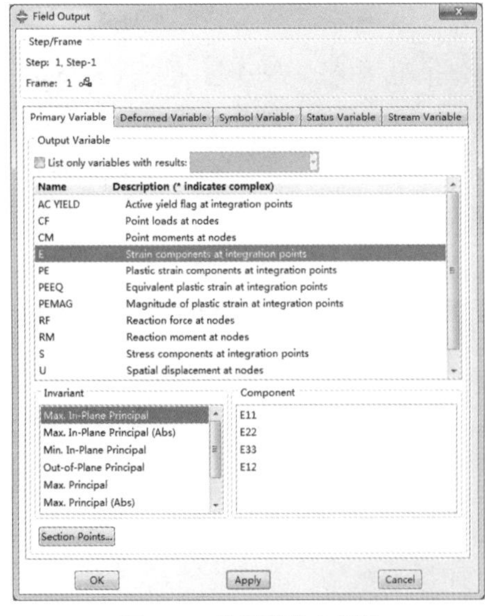

图 5-84 选择积分点变量

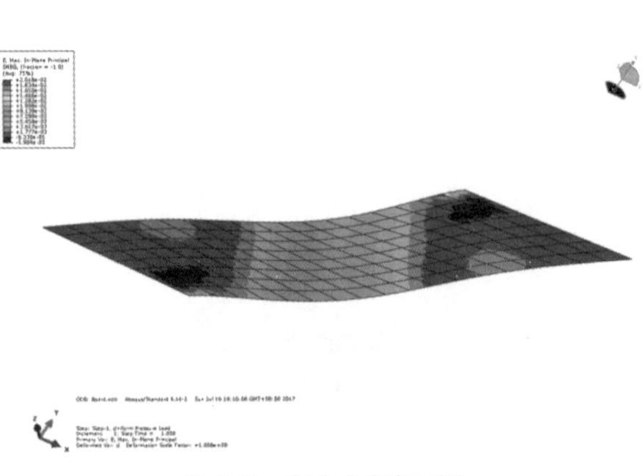

图 5-85 积分点应变云图

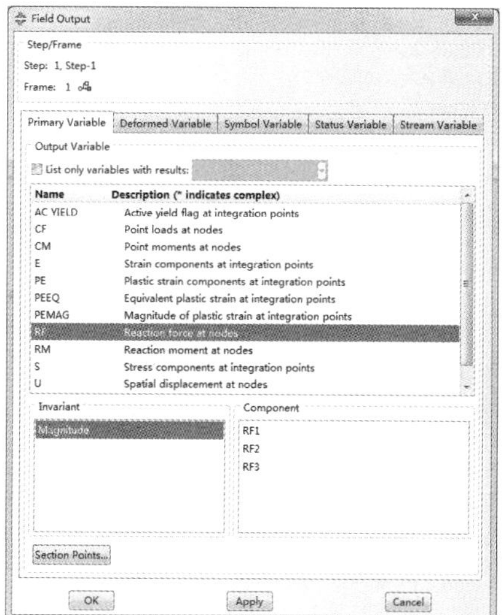

图 5-86　选择支点反力

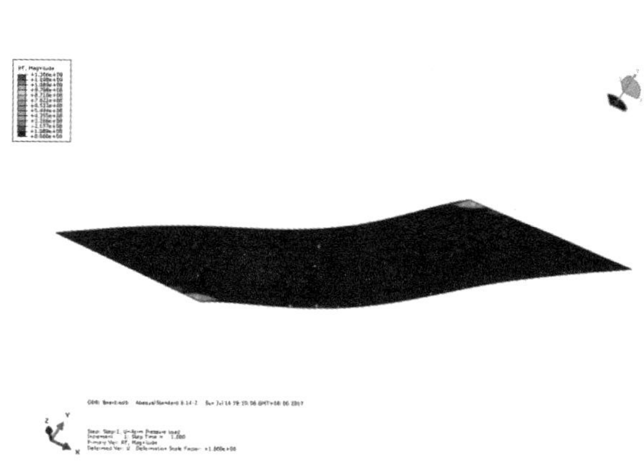
图 5-87　支点反力云图

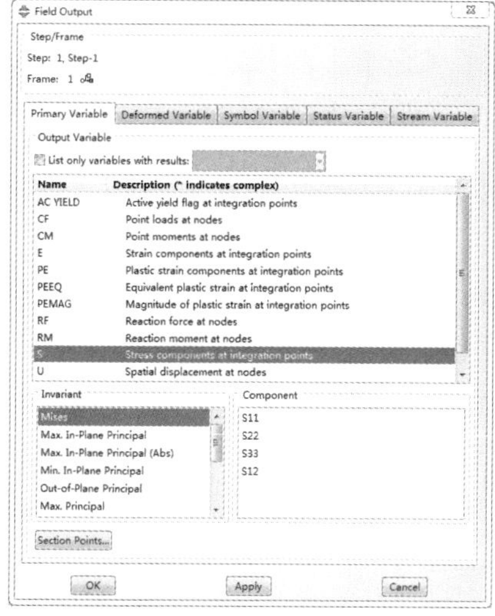

图 5-88　选择最大 Mises 应力

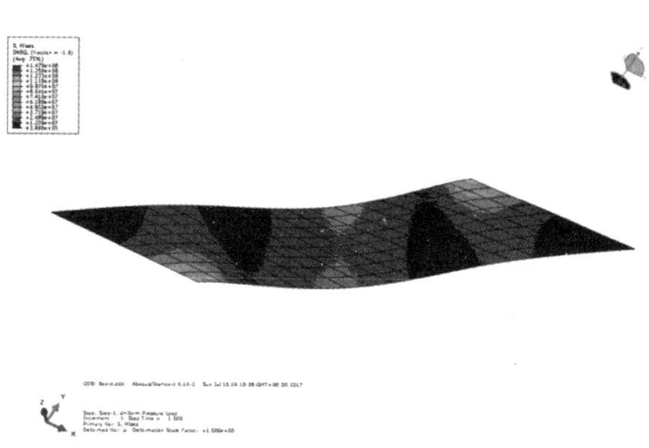
图 5-89　最大 Mises 应力云图

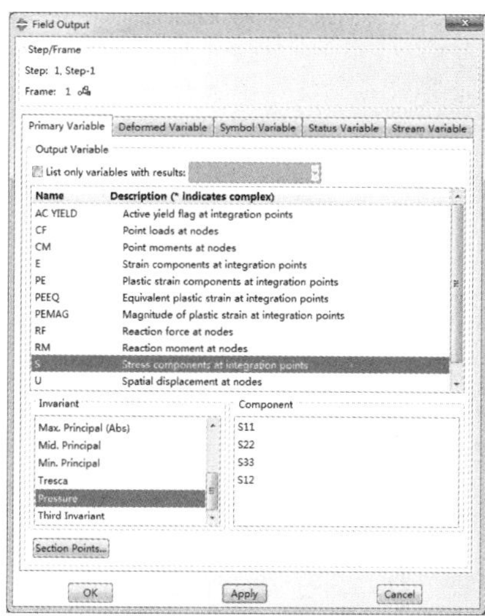

图 5-90　选择等效压应变

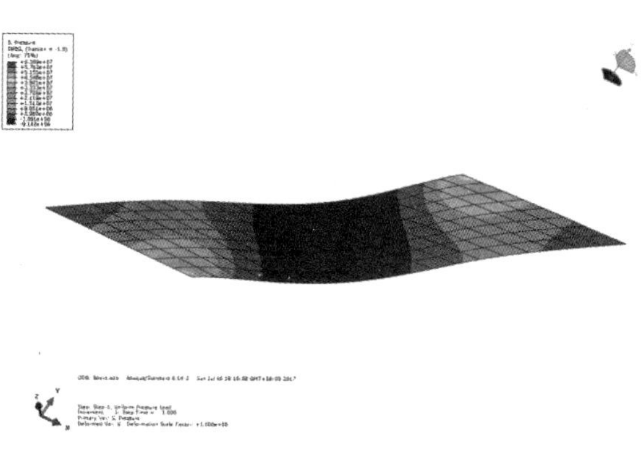
图 5-91　等效压应变云图

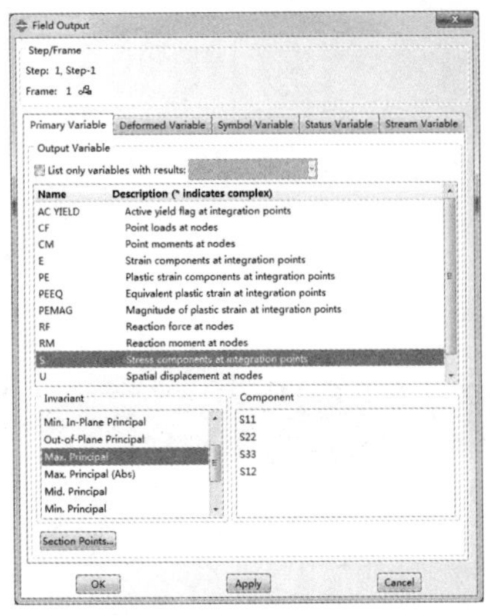

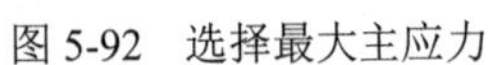

图 5-92　选择最大主应力

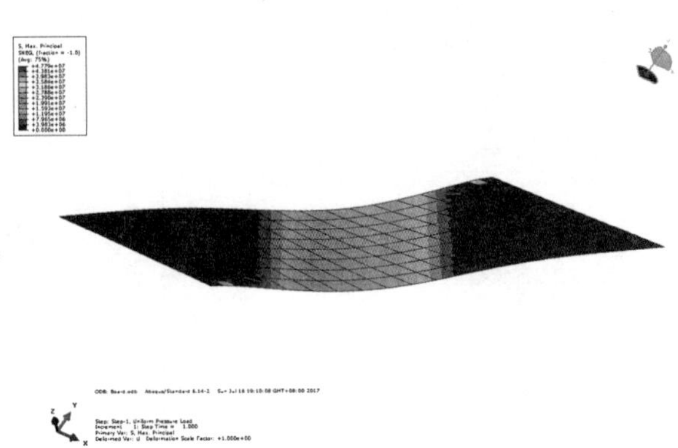

图 5-93　最大主应力云图

5.4.2　材料非线性实例——橡胶块的超弹性

如图 5-94 所示的橡胶支座，橡胶垫的上下表面固定在厚度相同的钢板上，通过钢板，将载荷均匀传递给橡胶垫。

由于该实例中的模型和载荷都是轴对称的，所以在模拟中使用轴对称模型进行分析，取模型的一个过对称轴的截面进行分析即可。

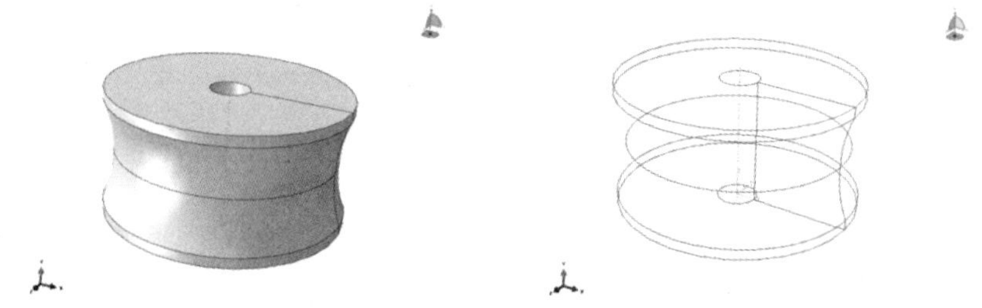

图 5-94　支座效果图

1. 创建部件

进入 Part（部件）模块，单击 Create Part（创建部件）按钮，创建一个轴对称壳单元模型，草图绘制如图 5-95 所示。

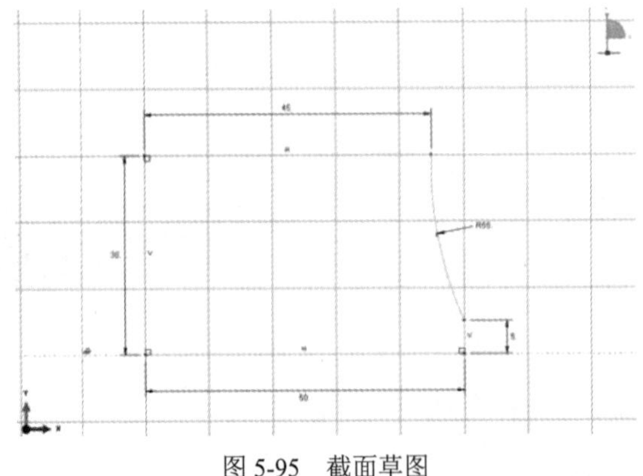

图 5-95　截面草图

创建完成的模型如图 5-96 所示，并按照图 5-97 所示对其进行分区。

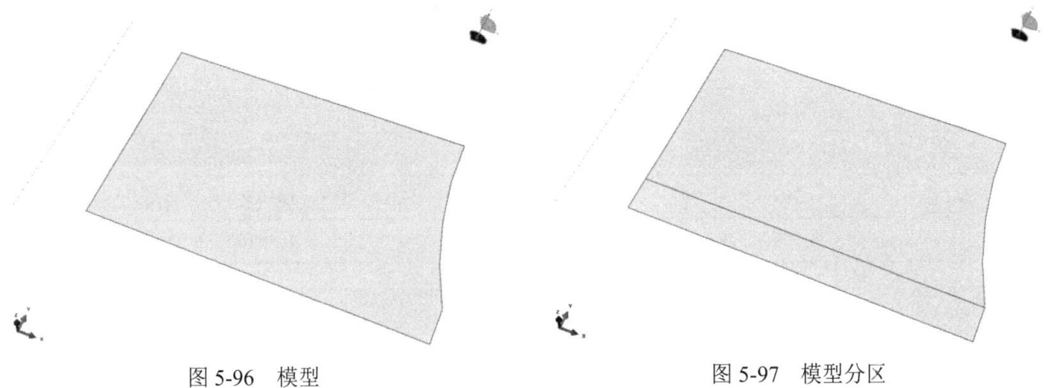

图 5-96　模型

图 5-97　模型分区

2. 创建材料及截面属性

（1）创建材料

进入 Property（属性）模块，单击 Create Material（创建材料）按钮，创建名为 Rubber 的材料，单击 Continue...按钮后，弹出如图 5-98 所示的 Edit Material（编辑材料）对话框，根据表 5-1～表 5-3 所示的数据，分别按照图 5-99～图 5-101 所示进行编辑。

表 5-1　单轴拉伸试验

应力/MPa	应　变
0.054	38000
0.152	133800
0.254	221000
0.362	345000
0.459	460000
0.583	624200
0.656	851000
0.730	1426800

表 5-2　双轴拉伸试验

应力/MPa	应　变
0.089	20000
0.255	140000
0.503	420000
0.958	1490000
1.703	2750000
2.413	3450000

表 5-3　平面剪切试验

应力/MPa	应　变
0.055	69000
0.342	282800
0.758	1386200
1.269	3034500
1.779	4062100

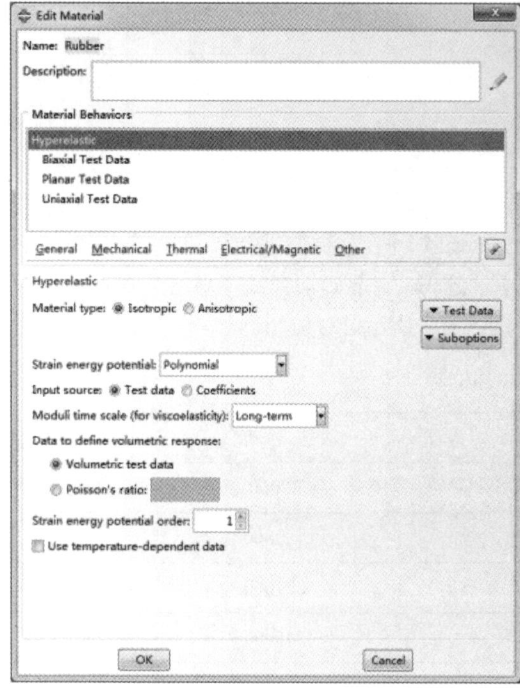

图 5-98　“编辑材料”对话框

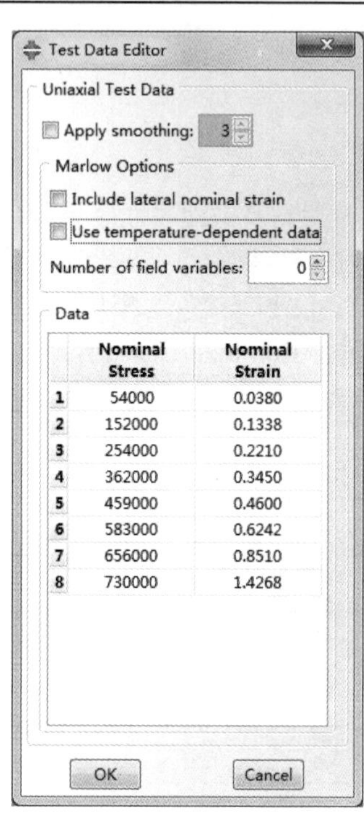

图 5-99　输入单轴试验数据

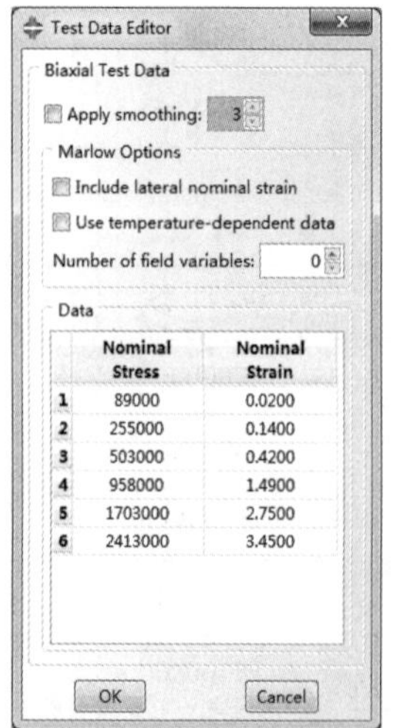

图 5-100　输入双轴实验数据

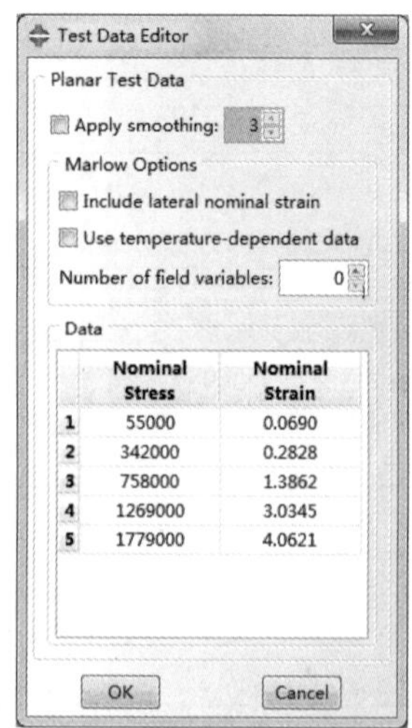

图 5-101　输入平面试验数据

以同样的方式，创建名为 Steel 的线弹性材料，其弹性模量为 2×10^5MPa，泊松比为 0.3。

（2）创建截面

单击 Create Section 按钮，弹出如图 5-102 所示的 Create Section（创建截面）对话框，输入名称，将界面类型定义为 Solid，Homogeneous（实体、均质），单击 Continue…按钮后，在弹出的如图 5-103 所示的 Edit Section（编辑截面）对话框中选择对应的材料。

（3）指派截面

单击 Assign Section（截面指派）按钮，进行截面指派，分别如图 5-104、图 5-105 所示。

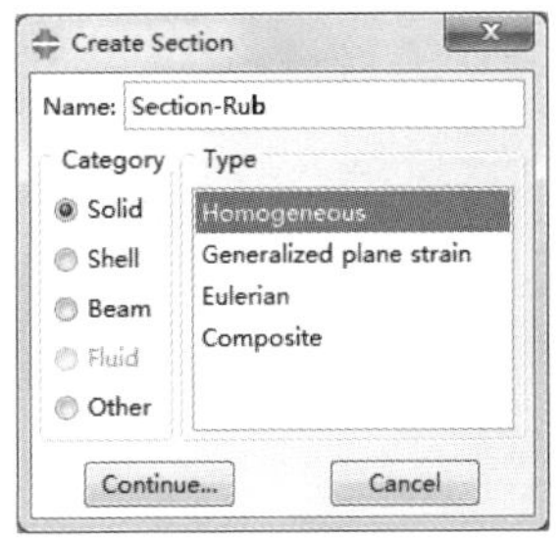

图 5-102　“创建截面”对话框

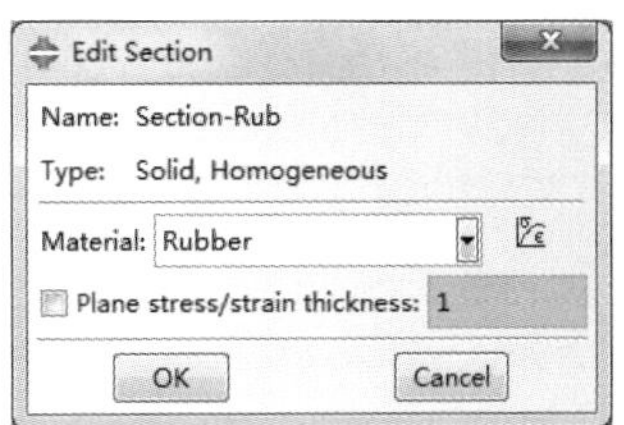

图 5-103　“编辑截面”对话框

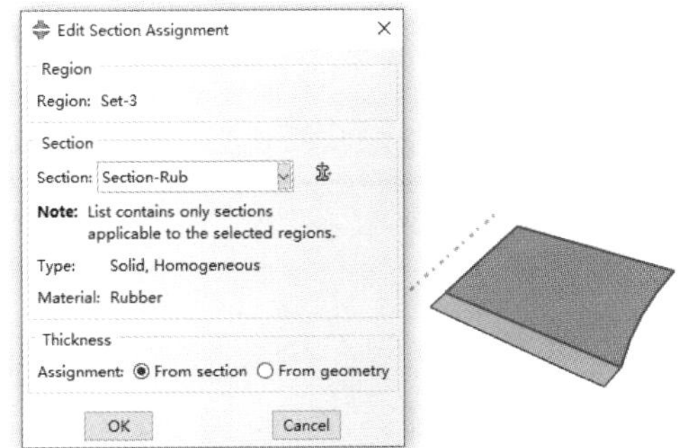

图 5-104　指派橡胶材料

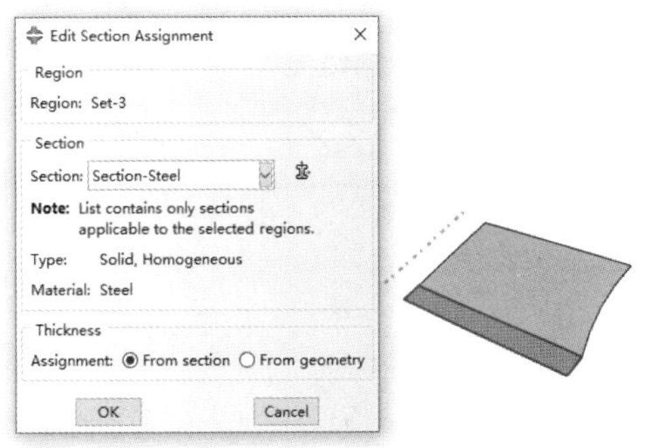

图 5-105　指派钢材料

3. 实例化

进入 Assembly（装配）模块，单击 Create Instance（创建实例）按钮，弹出如图 5-106 所示的 Create Instance（创建实例）对话框，选择对应部件，完成部件的实例化，如图 5-107 所示。

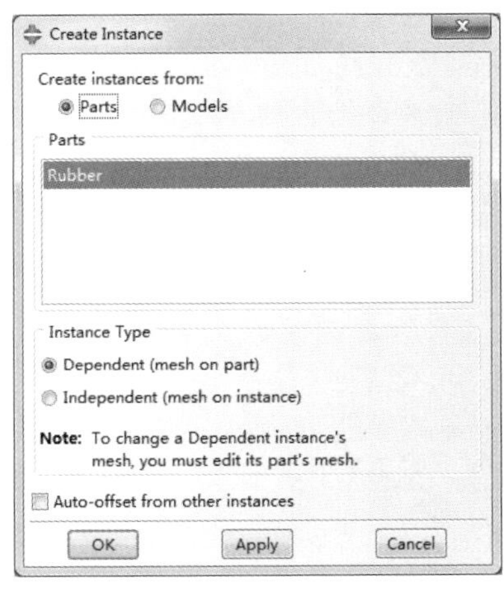

图 5-106　“创建实例”对话框

图 5-107　部件实例化

4. 分析步

(1) 创建分析步

进入 Step（分析步）模块，单击Create Step（创建分析步）按钮，弹出如图 5-108 所示的对话框，输入分析步名称，选择 Static, General（通用静力）分析步，单击 Continue…按钮后弹出如图 5-109 所示的 Edit Step（编辑分析步）对话框，在 Nlgeom（几何非线性）选项处点选 On 单选按钮，在 Incrementation（增量）选项卡中，设置初始时间增量为 0.01，单击 OK 按钮完成分析步设置。

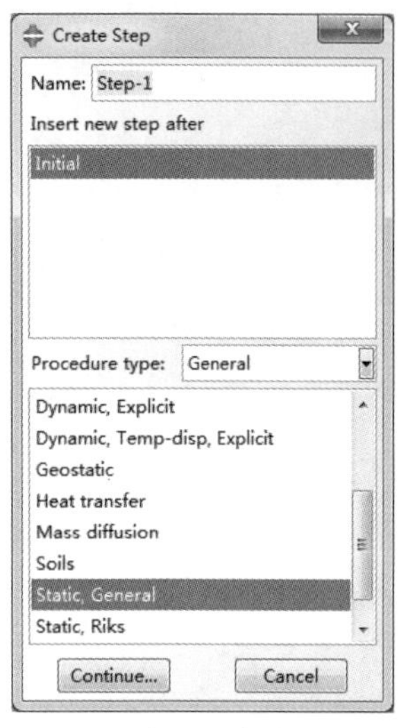

图 5-108 “创建分析步”对话框

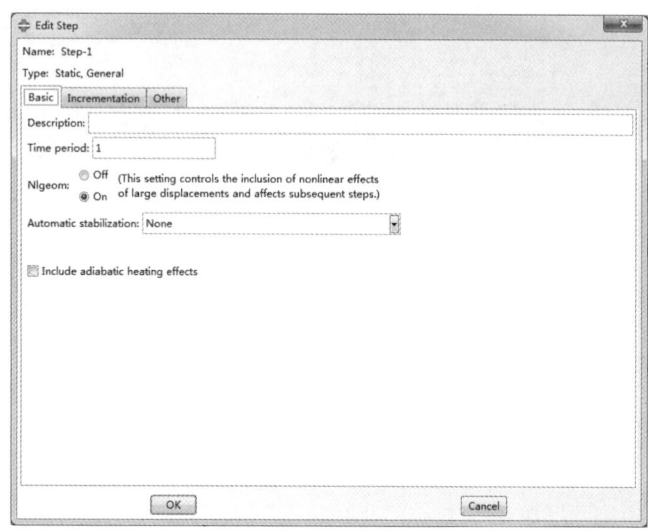

图 5-109 “编辑分析步”对话框

(2) 编辑场输出请求

单击Field Output Manager（场输出管理器）按钮，弹出如图 5-110 所示的 Field Output Requests Manager（场输出请求管理器）对话框，单击 Edit...（编辑...）按钮，弹出如图 5-111 所示的 Edit Field Output Request（编辑场输出请求）对话框，并按照图中设置输出请求。

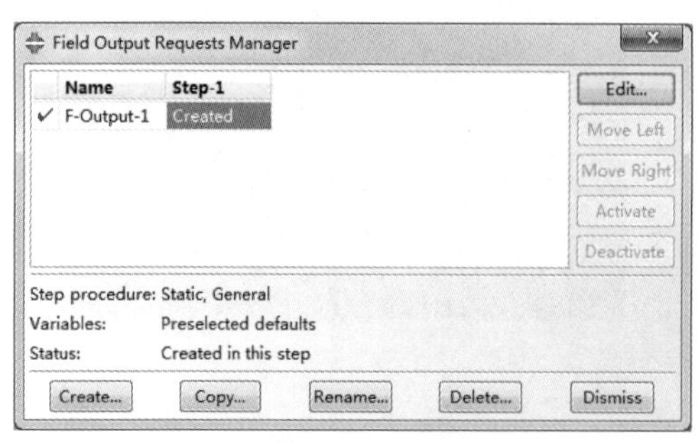

图 5-110 “场输出请求管理器”对话框

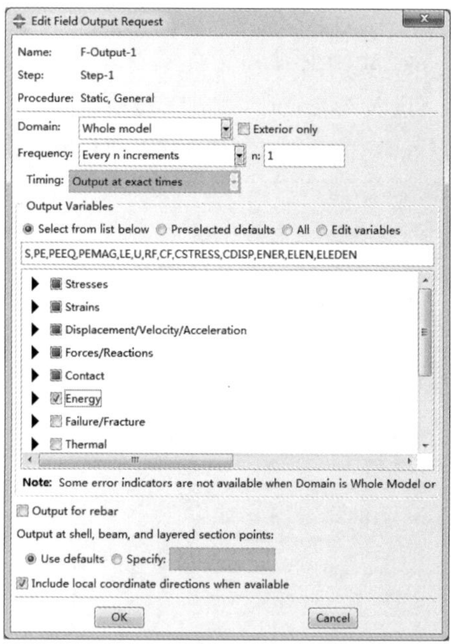

图 5-111 “编辑场输出请求”对话框

5. 载荷与边界条件

（1）施加载荷

进入 Load 模块，单击Create Load 按钮，弹出如图 5-112 所示的 Create Load（创建载荷）对话框，创建一个 Pressure（压强）类型的载荷，并按照图 5-113 中的数据进行设置。

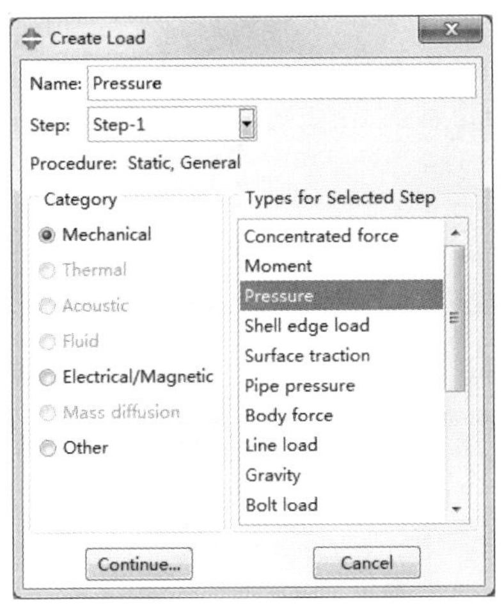

图 5-112 “创建载荷”对话框

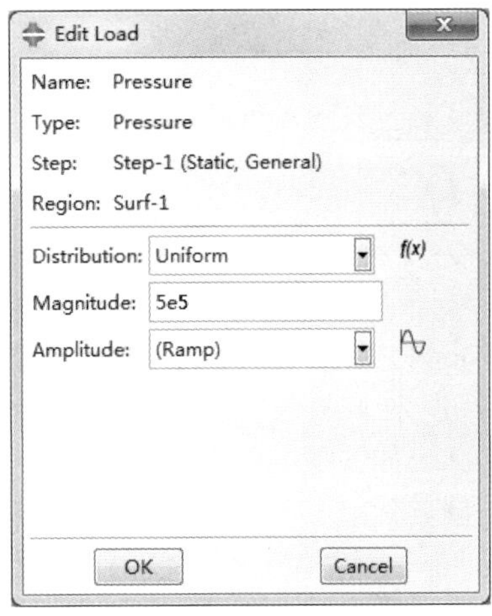

图 5-113　编辑载荷

（2）施加边界条件

单击Create Boundary Condition（创建边界条件）按钮，弹出如图 5-114 所示的 Create Boundary Condition（创建边界条件）对话框，选择 Mechanical（力学）、Symmetry/AntiSymmetry/Encastre（对称/反对称/完全固定）类型，拾取模型的上边线，确认后弹出如图 5-115 所示的 Create Boundary Condition（编辑边界条件）对话框，点选 YSYMM(U2=UR1=UR3=0)单选按钮，单击 OK 按钮完成设置。

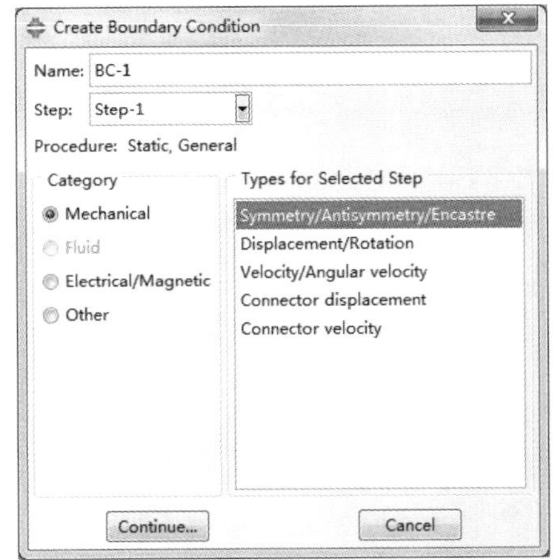

图 5-114 “创建边界条件”对话框

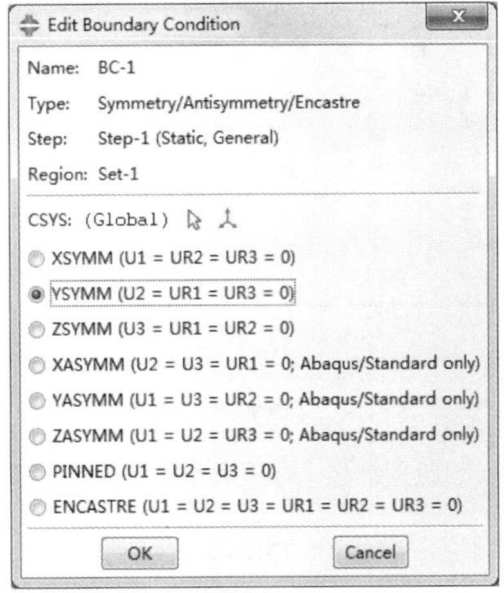

图 5-115 “编辑边界条件”对话框

6. 网格划分

进入 Mesh 模块，单击Seed Edges（局部种子）按钮，弹出如图 5-116 所示的 Local Seeds（局部种子）对话框，对模型实例的所有边进行布种。其中，所有的水平边均布种单元数量为 30，橡胶垫部分竖边布种单元数为 30，钢板部分竖边布种单元数量为 1，布种完成如图 5-117 所示。

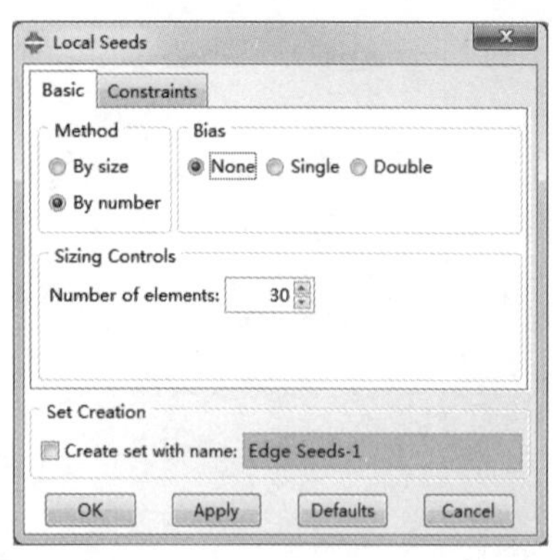

图 5-116 “局部种子”对话框

图 5-117 完成布种

单击Assign Mesh Controls（指派网格控制）按钮，拾取两个分区，单击 Continue…按钮后，弹出如图 5-118 所示的 Mesh Controls（网格控制属性）对话框，选择 Technique 类型为 Structured（结构网格），单击 OK 按钮完成设置。

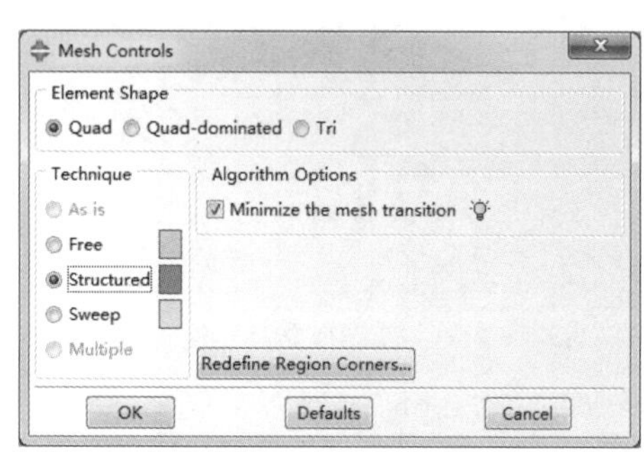

图 5-118 “网格控制属性”对话框

单击Assign Element Type（指派单元类型）按钮，选定橡胶部分分区，单击 Continue…按钮后弹出如图 5-119 所示的 Element Type（单元类型）对话框，选择 CAX4H 型单元。重复该操作，对钢板部分分区选择 CAX4I 型单元，如图 5-120 所示。

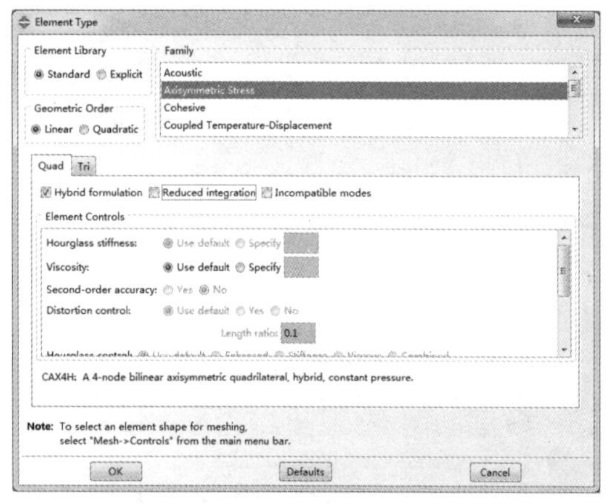

图 5-119 “单元类型”对话框

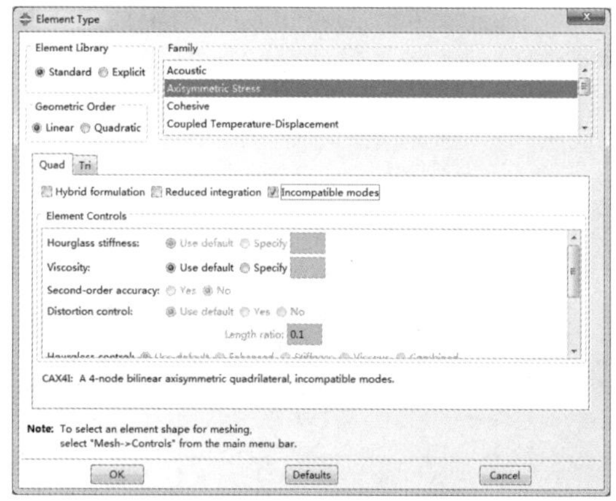

图 5-120 非协调模式单元

单击Mesh Part Instance（网格划分）按钮，完成网格划分，如图 5-121 所示。

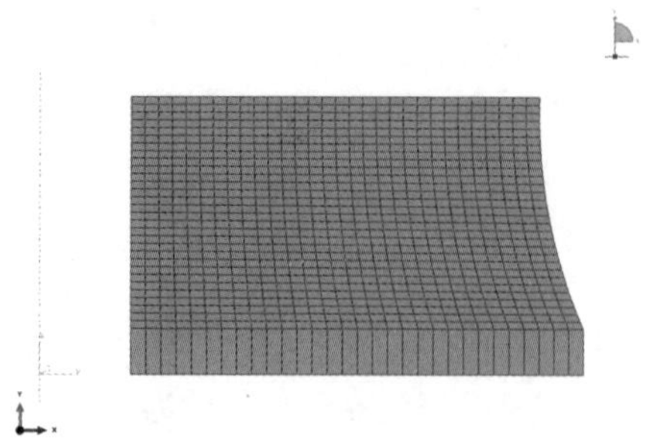

图 5-121 完成网格划分

7. 分析作业

进入 Job 模块，单击Create Job（创建作业）按钮，弹出如图 5-122 所示的 Create Job（创建作业）对话框，输入作业名称，单击 Continue…按钮，在弹出的图 5-123 所示的 Edit Job（编辑作业）对话框中单击 OK 按钮，完成创建。

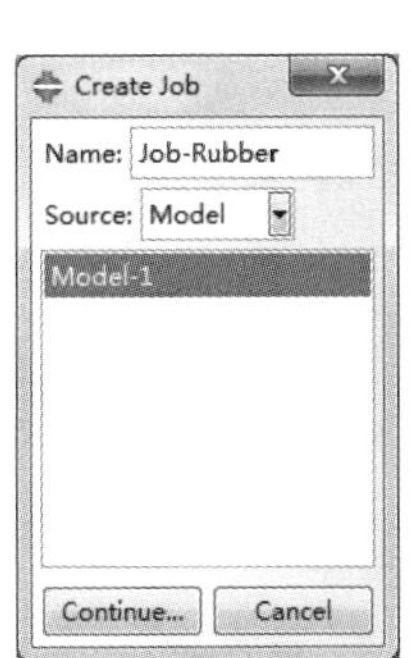

图 5-122　“创建作业”对话框

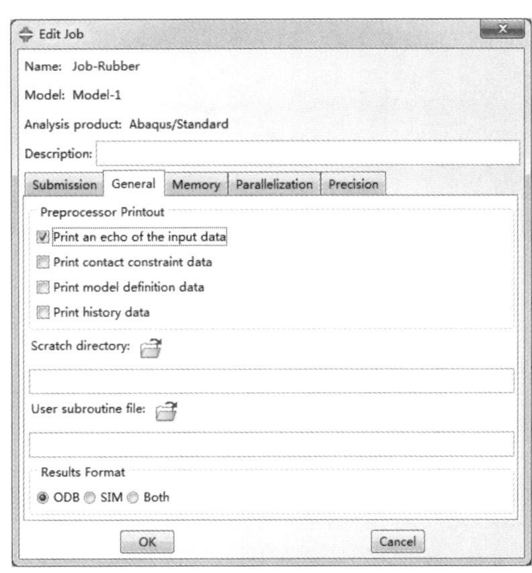

图 5-123　“编辑作业”对话框

8. 后处理

分析作业完成后，单击Filed Output Dialog 按钮，选择需要输出的变量，单击 Apply（应用）按钮，可在视图区输出不同的云图，如图 5-124～图 5-139 所示。

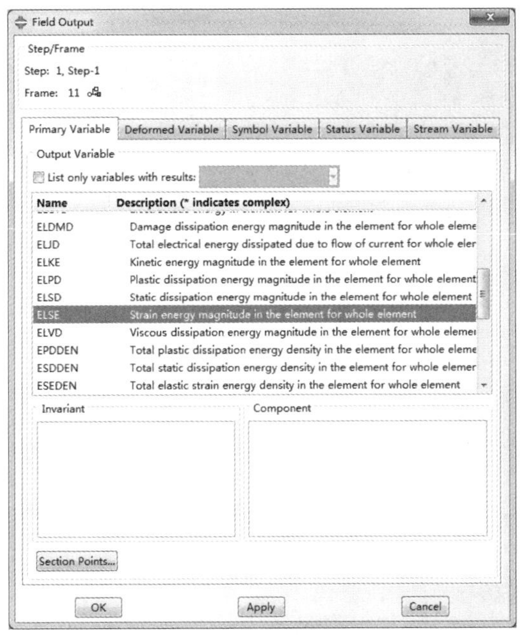

图 5-124　选择应变能

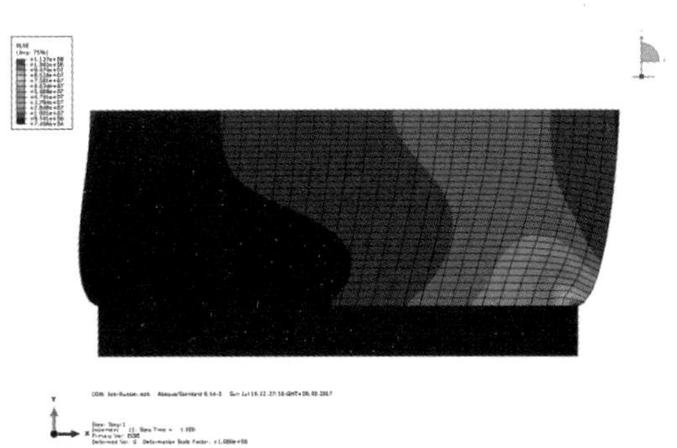

图 5-125　应变能云图

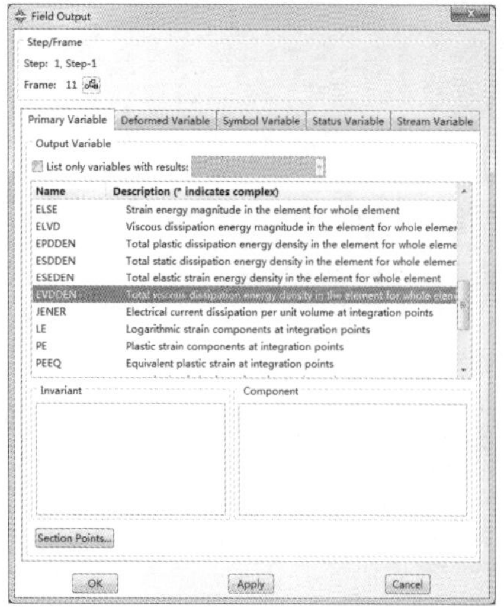

图 5-126 选择弹性应变能密度

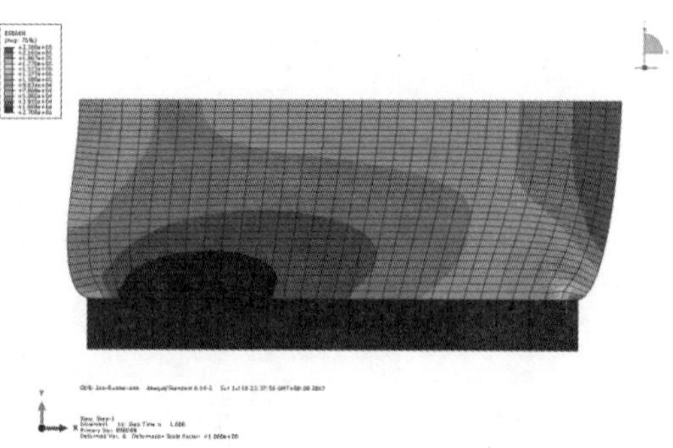

图 5-127 弹性应变能密度云图

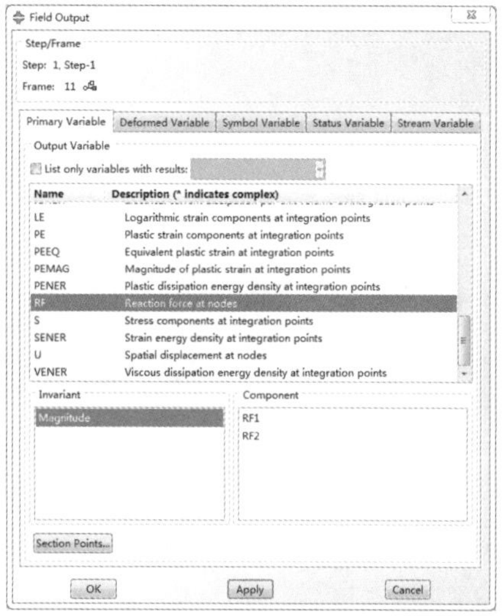

图 5-128 选择反作用力

图 5-129 反作用力云图

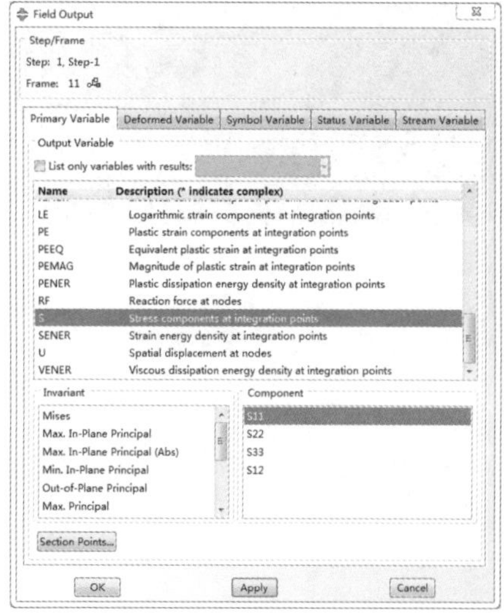

图 5-130 选择积分点应力分量

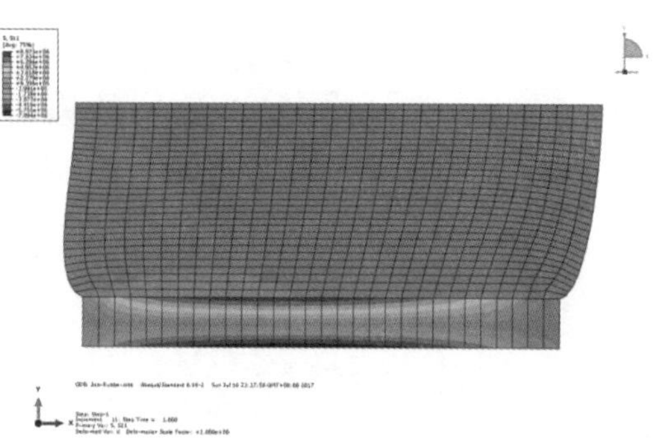

图 5-131 第一主应力云图

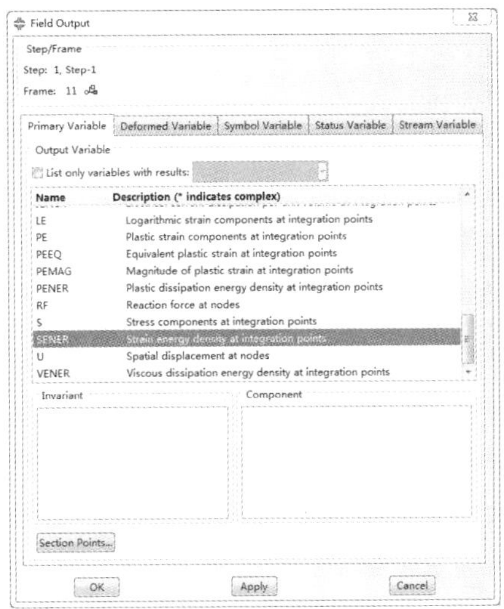

图 5-132　积分点处应变能密度

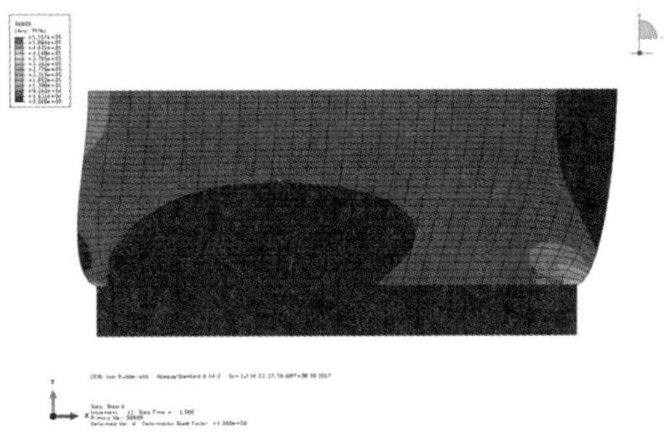

图 5-133　积分点处的应变能密度云图

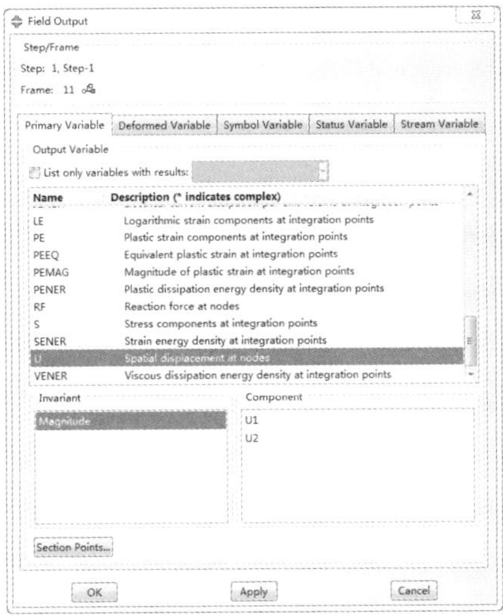

图 5-134　选择空间位移

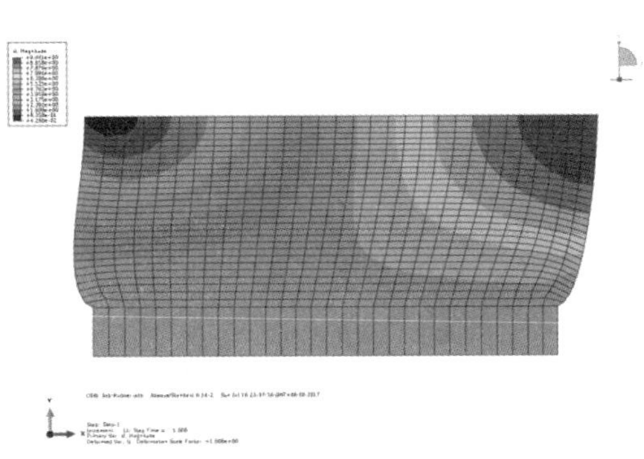

图 5-135　节点位移云图

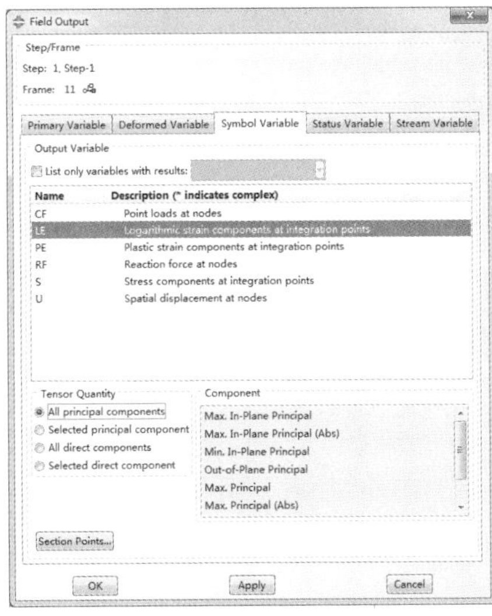

图 5-136　选择对数应变分量

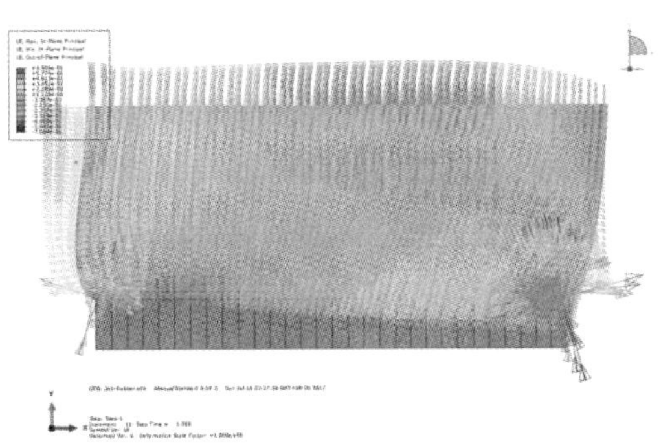

图 5-137　对数应变分量符号图

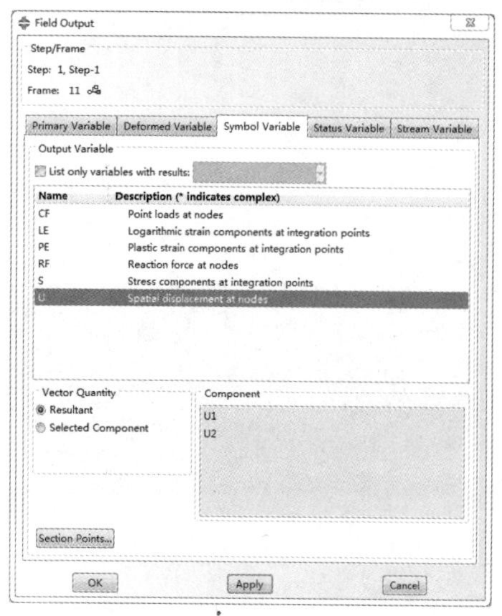

图 5-138 选择符号变量下变形

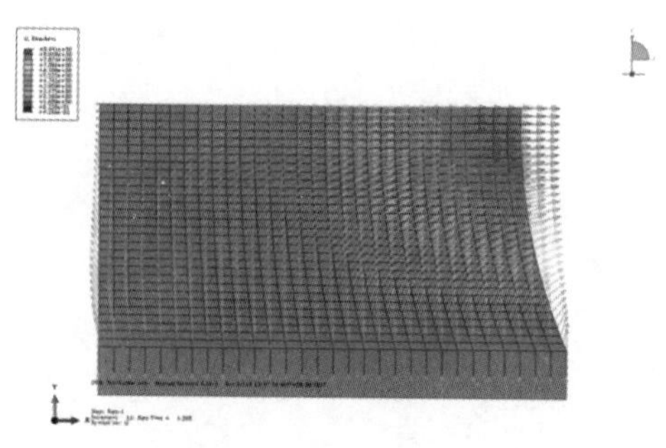

图 5-139 变形符号图

5.5 本章小结

线性静力学问题的求解难度较低，因此用户更关注于计算的精度和求解的效率，其关键在于网格的划分，包括种子的布置、网格控制和单元类型的选取。

结构问题中有三种导致非线性的因素：材料、几何和边界（接触）。非线性问题是利用 Newton-Raphson 法来进行迭代求解的，因此求解非线性问题比线性问题所需要的计算机资源多很多倍。

第 6 章　动力学分析与实例

在工程结构的设计工作中，动力学设计和分析是必不可少的一部分。几乎所有的现代工程结构都面临着动力问题。在航空航天、船舶和汽车等行业，动力学问题更加突出，在这些行业中有大量的旋转结构，如轴、轮盘等。这些结构一般来说在整个机械中占有极其重要的地位，它们的损坏大部分是由于共振引起较大振动应力而引起的。由于处于旋转状态，它们所受外界激振力比较复杂，因此更要求对这些关键部件进行完整的动力设计和分析。本章将讲解 ABAQUS 强大的动力学分析功能的基础知识及分析方法。

6.1　动力学分析概述

动态模拟是将惯性力包含在动力学平衡方程中（见式 6-1）：

$$M\ddot{u} + I - P = 0 \tag{6-1}$$

式中　M——结构的质量；

$\ddot{u}$——结构的加速度；

I——结构中的内力；

P——所施加的外力。

动态分析和静态分析最主要的不同在于平衡方程中包含惯性力项（$M\ddot{u}$）。两者的另一个不同之处在于内力的定义。在静态分析中，内力仅由结构的变形引起；而动态分析中的内力包括运动（例如阻尼）和结构变形的公共影响。

6.1.1　固有频率与模态

最简单的动力学问题是弹簧上的质量振动，如图 6-1 所示为质量-弹簧系统。

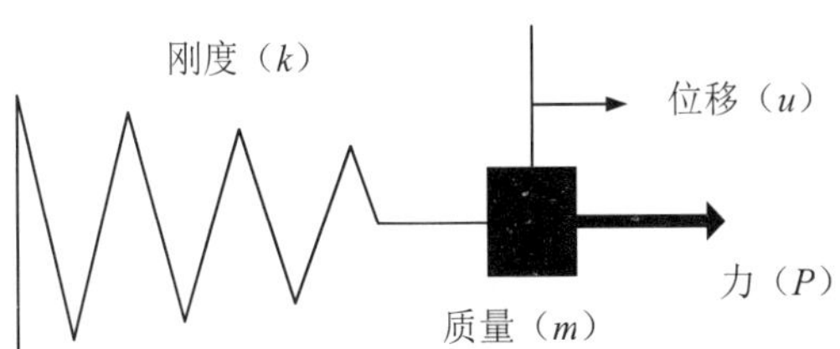

图 6-1　质量-弹簧系统

弹簧的内力为 ku，代入式（6-1）中，得到运动方程（见式 6-2）：

$$M\ddot{u} + ku - P = 0 \tag{6-2}$$

这个质量-弹簧系统的固有频率（单位是弧度/秒见式 6-3）：

$$\omega = \sqrt{\frac{k}{m}} \tag{6-3}$$

如果质量块被移动后再释放，它将以这个频率振动。假若以此频率施加一个动态外力，位移的幅度将剧烈增加，即出现共振现象。

实际的结构具有多个固有频率。因此，在设计结构时要避免使各固有频率与可能的载荷频率过分接近。固有频率可以通过分析结构在无载荷（动力平衡方程中的 P=0）时的动态响应而

得到。此时，运动方程（见式 6-4）变为

$$M\ddot{u} + I = 0 \tag{6-4}$$

对于无阻尼系统，$I = ku$，代入式 6-4 中，则方程见式 6-5：

$$M\ddot{u} + ku = 0 \tag{6-5}$$

这个方程解（见 6-6）的形式为

$$u = \phi e^{i\omega t} \tag{6-6}$$

将式（6-6）代入到运动方程中便得到了特征值问题方程见 6-7：

$$k\phi = \lambda M\phi \tag{6-7}$$

式中，$\lambda=\omega^2$。

该系统具有 n 个特征值，此处 n 是有限元模型的自由度数，记为 λ_j 第 j 个特征值。它的平方根 ω_j 是结构的第 j 阶固有频率，并且 ϕ_j 是相应的第 j 阶特征向量。特征向量就是模态（也称为振型），因为它是结构在第 j 阶振型下的变形状态。

6.1.2 振型叠加

在线性问题中，结构在载荷作用下的动力响应可以用固有频率和振型来表示，即结构的变形可以采用振型叠加的技术由各振型的组合得到，每一阶模态都要乘以一个标量因子。模型中位移矢量 u 定义见式 6-8：

$$u = \sum_{i=1}^{\infty} \partial_i \phi_i \tag{6-8}$$

式中 ∂_i——振型 ϕ_1 的标量因子。

这一技术只在模拟小变形、线弹性材料及无接触条件情况下是有效的，即必须是线性问题。

在结构动力学问题中，结构的响应往往取决于相对较少的几阶振型，这使得振型叠加方法在计算这类系统的响应时特别有效。考虑一个含有 10 000 个自由度的模型，则对运动方程的直接积分需要在每个时间点上求解 10 000 个联立方程组。但若结构的响应采用 100 阶振型来描述，那么在每个时间步上只需求解 100 个方程。更重要的是，振型方程是解耦的，而原来的运动方程是耦合的。虽然在计算振型和频率时需要花费一些时间作为代价，但在计算响应时将节省大量的时间。

如果在模拟中存在非线性，那么在分析中固有频率会发生明显的变化，因此叠加方法将不再适用。在这种情况下，需要对动力平衡方程直接积分，这将比振型分析要花费更多的时间。

具有下列特点的问题才适于进行线性瞬态动力学分析：

- 系统是线性的——具有线性材料特性，无接触条件，无非线性几何效应；
- 响应只受较少的频率支配，当响应中各频率成分增加时，例如撞击和冲击问题，振兴叠加方法的有效性将大大降低；
- 载荷的主要频率在所提取的频率范围内，以确保对载荷的描述足够精确；
- 任何突然加载所产生的初始加速度都能用特征模态精确描述；
- 系统的阻尼不能过大。

6.1.3 阻尼

如果一个无阻尼结构作自由振动，则它的振幅会保持恒定不变。然而，在实际中由于结构运动而能量耗散，振幅将逐渐减小直至振动停止，这种能量耗散称为阻尼。通常假定阻尼为粘滞的或正比于速度。式（6-1）可以写成包含阻尼的形式（见式 6-9）：

$$M\ddot{u} + (k\dot{u} + C\dot{u}) - P = 0 \tag{6-9}$$

式中 C——结构的阻尼阵；

u——结构的速度。

能量耗散来自于诸多因素，其中包括结构结合处的摩擦和局部材料的迟滞效应。阻尼概念对于无须顾及能量吸收过程的细节表征而言是一个很方便的方法。

在 ABAQUS 中，是针对无阻尼系统计算其振型的。然而，大多数工程问题还是包含阻尼的，尽管阻尼可能很小。有阻尼的固有频率和无阻尼的固有频率的关系式见式 6-10

$$\omega_d = \omega\sqrt{1-\varsigma^2} \tag{6-10}$$

式中 ω_d为阻尼特征值；

$\varsigma = \dfrac{c}{c_0}$（$\varsigma$ 为临界阻尼比，c 为该振型的阻尼，c_0 为临界阻尼。）

对 ς 较小的情形（$\varsigma < 0.1$），有阻尼征系统的特征频率非常接近于无阻尼系统的相应值。当 ς 增大时，采用无阻尼系统的特征频率就不太准确。当 ς 接近于 1 时，就不能采用无阻尼系统的特征频率了。

当结构处于临界阻尼（$\varsigma = 1$）时，施加一个扰动后，结构不会有摆动而是很快地恢复到静止的初始状态，如图 6-2 所示。

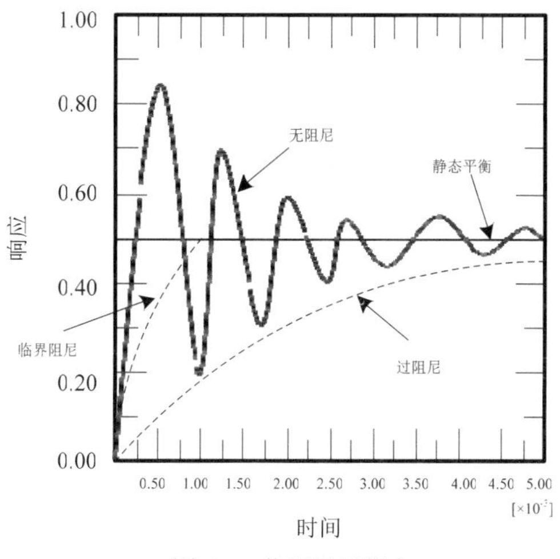

图 6-2 临界阻尼状态

模拟动力学过程要定义阻尼。阻尼是分析步定义的一部分，每阶振型可以定义不同数量的阻尼。

在 ABAQUS 中，为了进行瞬时模态分析，可定义不同类型的阻尼：直接模态阻尼、瑞利（Rayleigh）阻尼和复合模态阻尼。

1. 直接模态阻尼

采用直接模态阻尼可以定义对应于每阶振型的临界阻尼比 ς 。ς 的典型取值范围是 1%～10%。直接模态阻尼允许精确定义每阶振型的阻尼。

2. 瑞利阻尼

瑞利阻尼假设阻尼矩阵是质量矩阵和刚度矩阵的线性组合（见式 6-11）：

$$C = \alpha M + \beta K \tag{6-11}$$

式中 α 和 β——用户定义的常数。

尽量假设阻尼正比于质量和刚度没有严格的物理基础，但实际上我们对于阻尼的分布知之甚少，也就不能保证使用更为复杂的阻尼模型是正确的。一般来讲，这个模型对于大阻尼系统——临界阻尼超过 10%时，是失效的。相对于其他形式的阻尼，可以精确地定义系统每阶模态的瑞利阻尼。

3. 复合阻尼

在复合阻尼中，可以定义每种材料的临界阻尼比。复合阻尼是对应于整体结构的阻尼。当结构中有许多不同种类材料时，这一选项是十分有用的。

在大多数线性动力学问题中，恰当地定义阻尼对于获得精确的结果是十分重要的。但是阻尼只是对结构吸收能量这种特性的近似描述，而不是去仿真造成这种效果的物理机制。所以，确定分析中所需要的阻尼数据是很困难的。有时，可以从动力试验中获得这些数据，但是在多数情况下，需要通过经验或参考资料获得数据。在这些情况下，要仔细地分析计算结果，应该通过参数分析来评价阻尼系数对于模拟的敏感性。

事实上，ABAQUS 的所有单元均可用于动力分析。选取单元的一般原则与静力学分析相同。但是，在模拟冲击和爆炸载荷时，应选用一次单元。因为它们具有集中质量公式，在模拟应力波效果方面优于采用二次单元的一致质量公式。

在动力分析中，剖分网格需要考虑响应中将被激发的振型，网格剖分应能充分反映那些振型。因为能满足静态模拟要求的网格，不一定能计算高频振型的动态响应。

如图 6-3 所示的平板，用一次壳单元剖分的网格对于受均布载荷的静力学分析以及一阶振型的预测是适用的。但是，该网格对于精确模拟第六阶振型就显得太粗糙了。

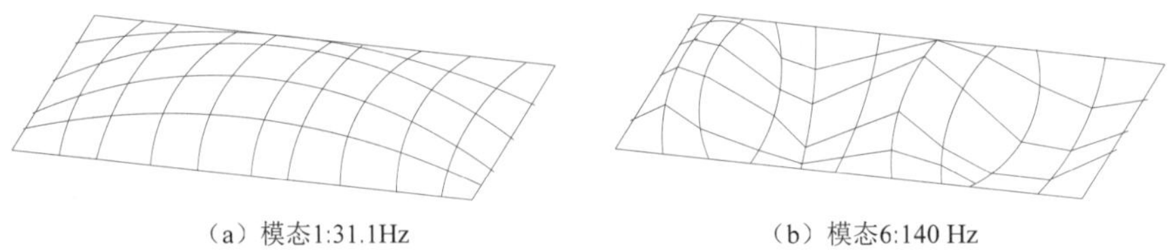

（a）模态1:31.1Hz　　（b）模态6:140 Hz

图 6-3　平板的粗网格

图 6-4 显示了同样的平板用一次单元进行更精细的网格剖分后所模拟的结果。由图 6-4 看出，第六阶振型的位移看起来明显较好，预测的频率也更为准确。因此，可以得出：如果作用在平板上的动载会显著地激发该阶振型，则应采用精细的网格；采用粗网格将得不到精确的结果。

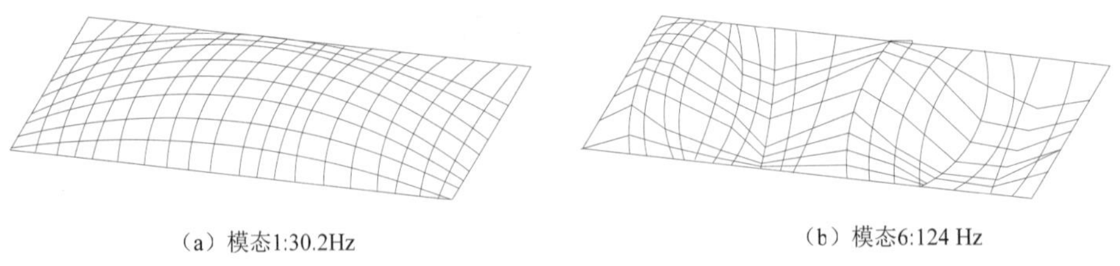

（a）模态1:30.2Hz　　（b）模态6:124 Hz

图 6-4　平板的精细网格

6.1.4　瞬态动力学

瞬态动力学分析需要求解半离散的方程组。离散是指结构由离散的节点描述；半离散是指在方程的导出过程中，每个时刻都要满足平衡。在瞬态分析中，连续的时间周期分为许多时间间隔，并且只有在离散的时间上才能得到解。

对于线性动力学问题，动力学行为由两个独立的特性决定：线弹性（动力）结构行为和施加的动力载荷。

因此，求解动力学问题的一种方法是：首先可不考虑施加的载荷进行结构动力分析（即模态分析）来确定特征值；其次基于结构的特征值和特征模态计算给定载荷历程的结构动力响应。这一过程称为模态分析或模态叠加法。由于高阶模态不准确，因而比较成功的应用大都在于有低频范围的激振结构。

另一种方法，动力学方程可以作为施加载荷的函数而直接积分。积分方法有多种，重要的一点就是稳定性和精度。这些方法可以用于短波长问题，只要有限元网格足够细密，就能够描述这些局部的现象。

用于瞬态动力分析的运动方程和通用运动方程相同（见式 6-12）：

$$[M]\{u\}+[C]\{u\}+[K]\{u\}=\{F(t)\} \tag{6-12}$$

这是瞬态分析的最一般形式，载荷可为时间的任意函数；对于线性问题矩阵$[M]$、$[C]$和$[K]$均与$\{u\}$及其时间导数无关。

基于求解方法，ABAQUS 允许在瞬态动力分析中包括各种类型的非线性——大变形、接触问题及塑性材料等。常用的求解方法如图 6-5 所示。

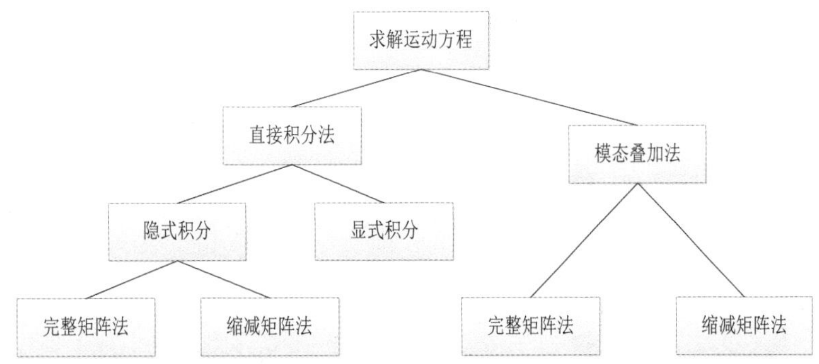

图 6-5　瞬态动力学求解方法

其中，缩减矩阵和完整矩阵的主要区别如下。

（1）缩减矩阵用于快速求解；根据自由度写出$[K]$、$[C]$和$[M]$等矩阵，主自由度是完全自由度的子集；缩减的$[K]$是精确的，但缩减的$[C]$和$[M]$是近似的。此外，还有一些其他缺陷。

（2）完整矩阵不进行缩减；采用完整的$[M]$、$[C]$和$[M]$矩阵。

6.2　动力学问题实例

6.2.1　线性动力学问题实例——模态分析

模态分析常用于确定零部件的固有频率，使得在设计过程中充分考虑如何规避这些频率，同时最大限度地减少对这些频率的激励，避免过度震动和噪声的产生。

本示例分析的是联轴器，6 个螺孔呈均匀分布，轴的断面只能做旋转运动，底端和另一端面配合，求该零件的前 30 阶频率和对应振型。

1. 创建部件

进入 Part（部件）模块，单击Create Part（创建部件）按钮，弹出如图 6-6 所示的 Create Part（创建部件）对话框，创建一个三维 Solid、Revolution（实体、旋转）部件，单击 Continue…按钮进入草图，如图 6-7 所示，单击鼠标中键，完成草图的绘制，生成如图 6-8 所示的部件。

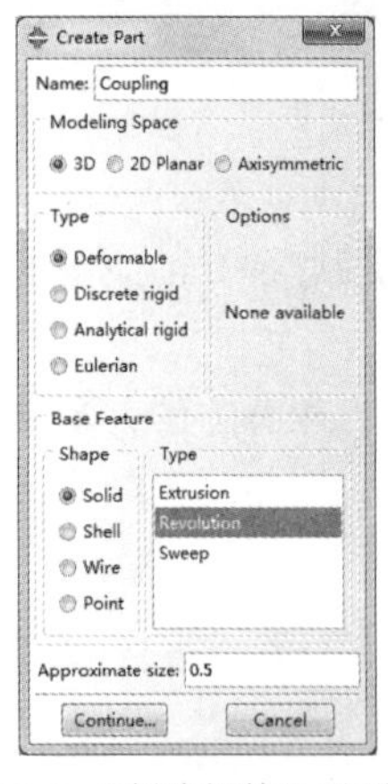

图 6-6 “创建部件”对话框

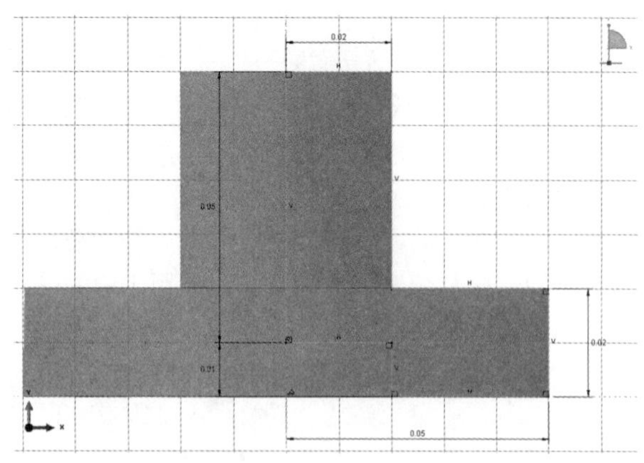

图 6-7 绘制部件草图

单击Create Cut：Extrude 按钮，选定联轴器环形表面后，选择草图绘制的基准线，确认后进入如图 6-9 所示的草图绘制界面，按照既定尺寸位置画出一个圆孔，选定圆孔，单击Radial Pattern（环形阵列）按钮，弹出如图 6-10 所示的 Radial Pattern（环形阵列）对话框，选择数量为 6，阵列总角度为 360，生成均匀分布的圆孔。

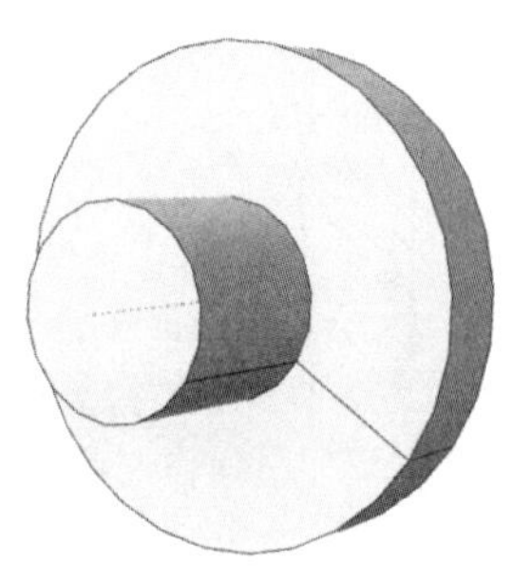
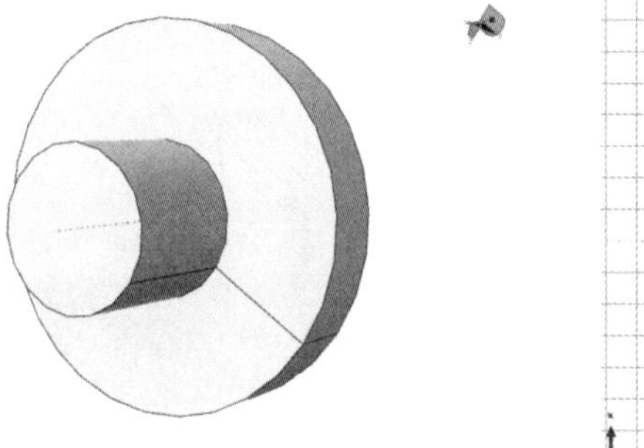

图 6-8 联轴器主体

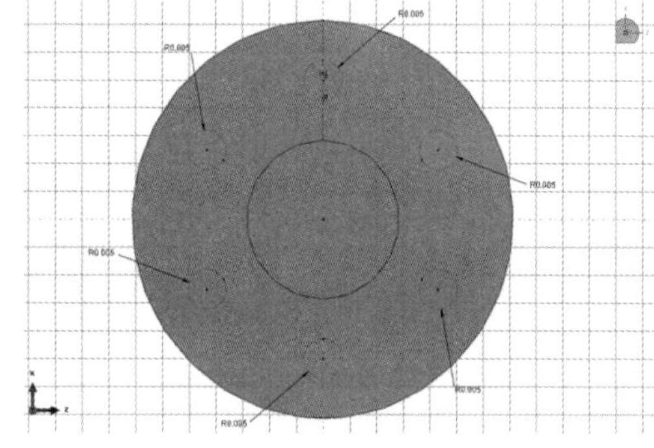

图 6-9 绘制螺孔草图

绘图完成后单击鼠标中键，弹出如图 6-11 所示的 Edit Cut Extrusion（编辑切削拉伸）对话框，选择 Type（切削类型）为 Through All（通过所有），单击 OK 按钮，生成如图 6-12 所示的模型。

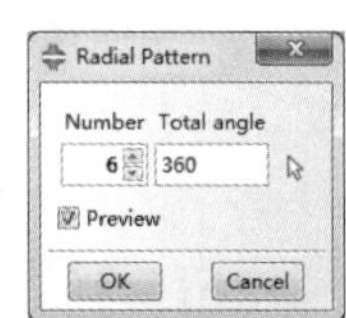

图 6-10 “编辑环形阵列”对话框

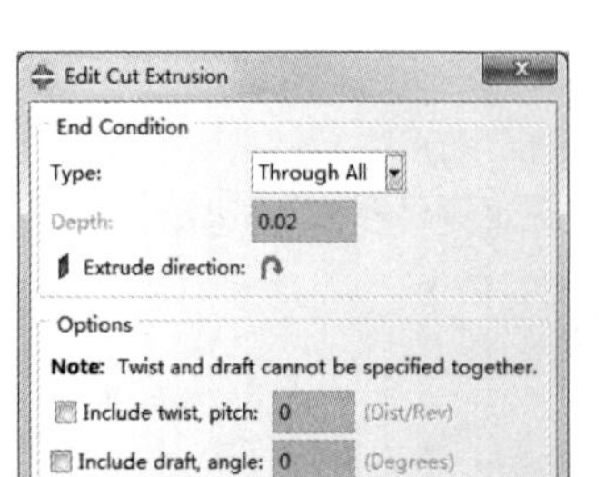

图 6-11 “编辑切削拉伸”对话框

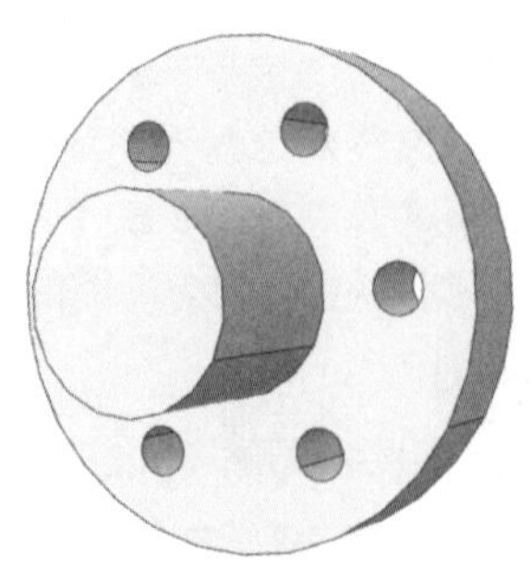

图 6-12 建模完成

2. 创建材料和截面属性

（1）创建材料

进入 Property（属性）模块，单击 Create Material（创建材料）按钮，创建名为 Steel 的材料，单击 Continue...按钮后，弹出如图 6-13 所示的 Edit Material（编辑材料）对话框，分别按照图 6-14 中的数据进行编辑。

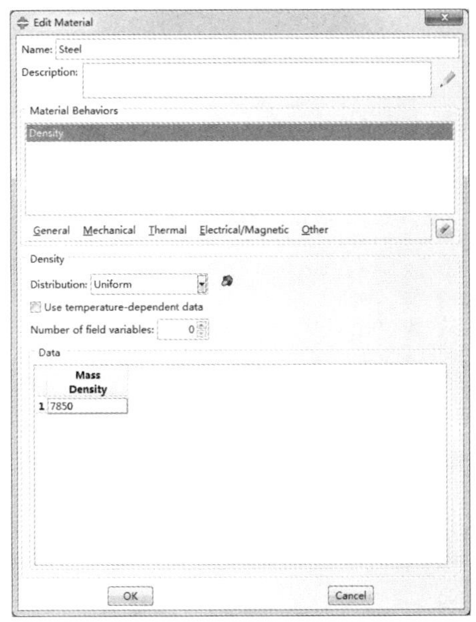

图 6-13 “编辑材料”对话框

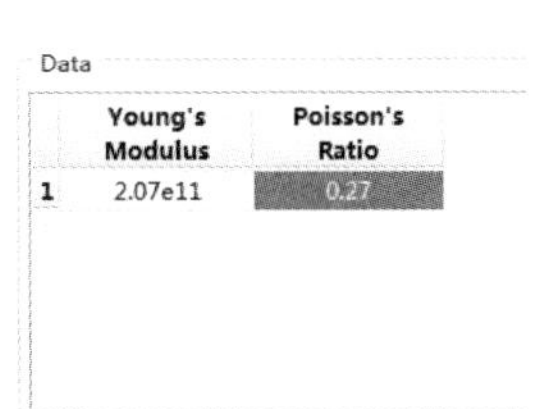

图 6-14　线弹性材料参数

（2）创建截面

单击 Create Section（创建截面）按钮，弹出如图 6-15 所示的对话框，输入名称，将界面类型定义为 Solid，选择 Homogeneous（实体、均质），单击 Continue...按钮后，在弹出的如图 6-16 所示的 Edit Section（编辑截面）对话框中选择对应的材料。

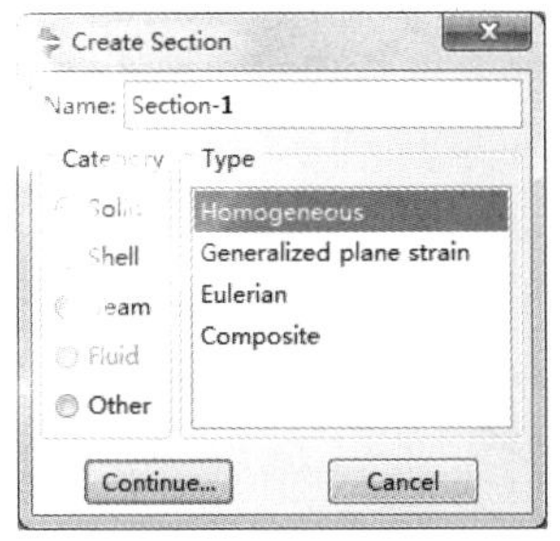

图 6-15 “创建截面”对话框

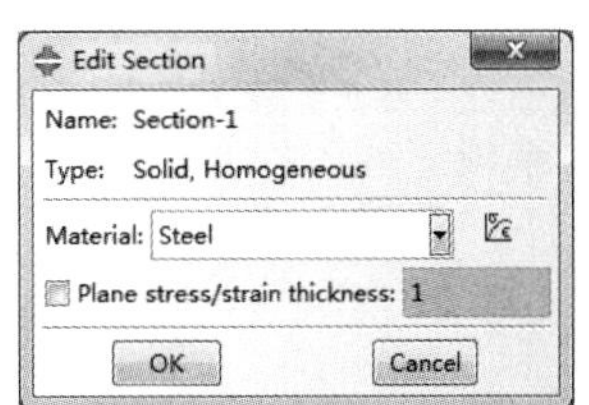

图 6-16 “编辑截面”对话框

单击 Assign Section（截面指派）按钮，进行截面指派。

3. 实例化

进入 Assembly（装配）模块，单击 Create Instance（创建实例）按钮，弹出如图 6-17 所示的 Create Instance（创建实例）对话框，选择对应部件，完成部件的实例化，如图 6-18 所示。

4. 分析步

进入 Step 模块，单击 Create Step（创建分析步）按钮，弹出如图 6-19 所示的 Create Step（创建分析步）对话框，输入分析步名称，选择 Linear perturbation, Frequency（线性摄动，频率）

分析步，单击 Continue…按钮后弹出如图 6-20 所示的 Edit Step（编辑分析步）对话框，按照图中所示进行分析步设置。

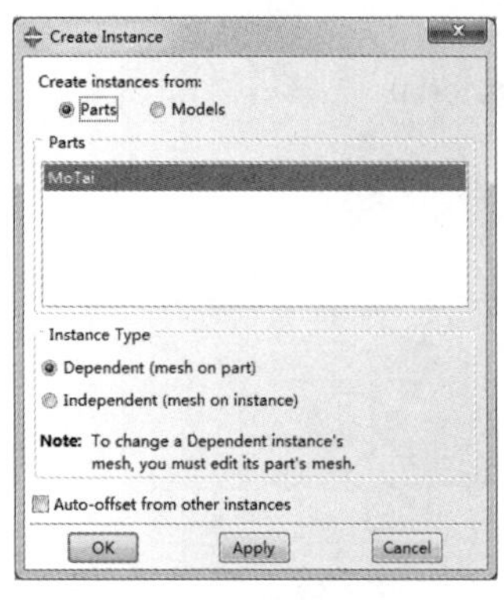

图 6-17 “创建实例”对话框

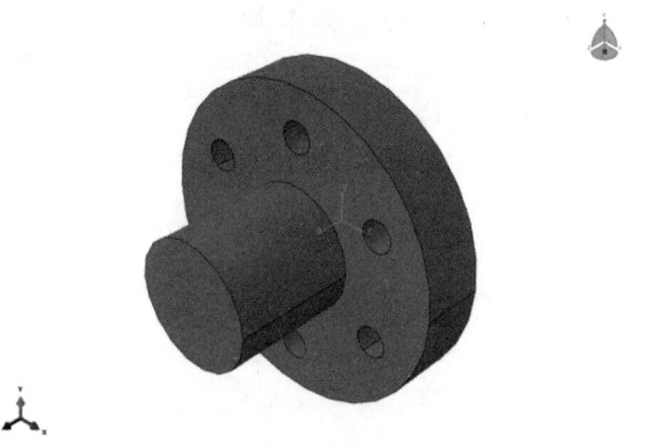

图 6-18 实例化

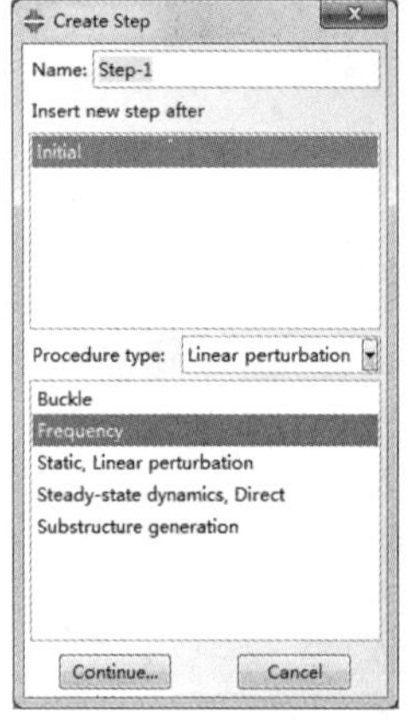

图 6-19 “创建分析步”对话框

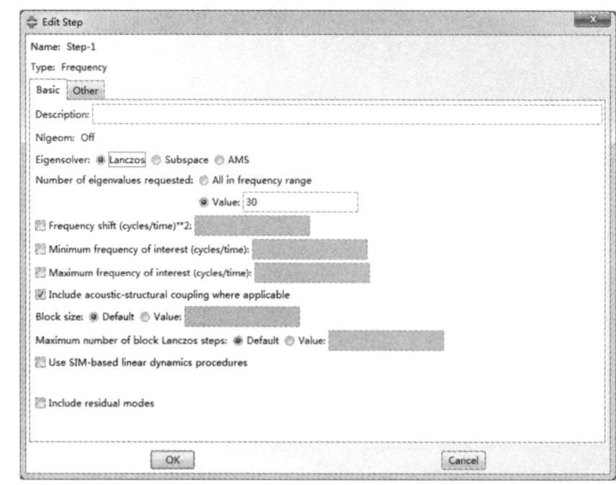

图 6-20 “编辑分析步”对话框

5. 施加边界条件

进入 Load（载荷）模块，单击 Create Boundary Condition 按钮，弹出如图 6-21 所示的 Create Boundary Condition（创建边界条件）对话框，选择 Mechanical（力学）、Displacement/Rotation（位移/转角）类型，拾取模型的上部小头端面，确认后弹出如图 6-22 所示的 Edit Boundary Condition（编辑边界条件）对话框，勾选除 UR3 以外的所有项，单击 OK 按钮完成设置。

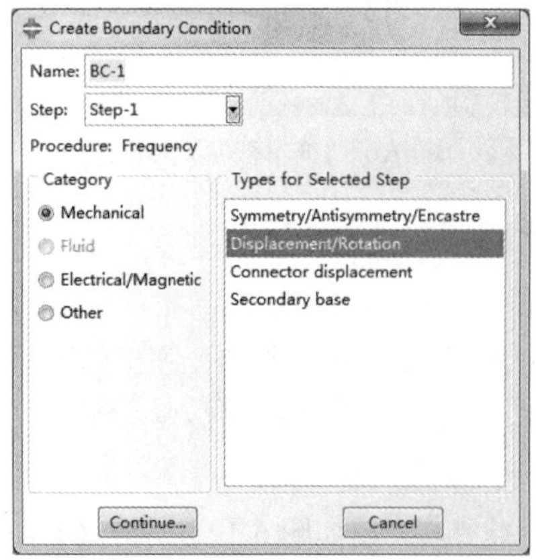

图 6-21 “创建边界条件”对话框

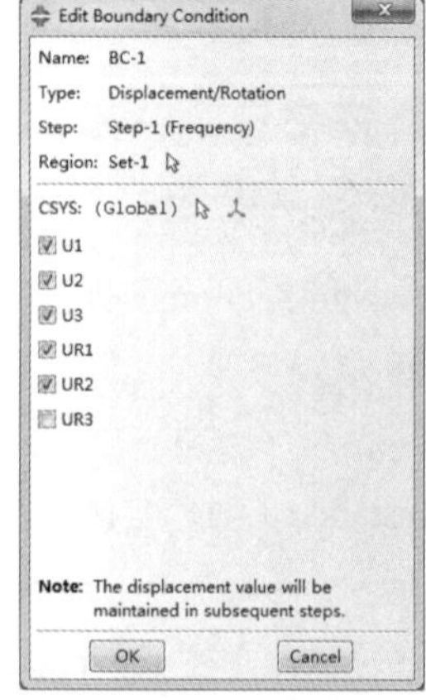

图 6-22 “编辑边界条件”对话框

单击Create Boundary Condition（创建边界条件）按钮，弹出如图 6-23 所示的 Create Boundary Condition（创建边界条件）对话框，选择 Mechanical（力学）、Symmetry/AntiSymmetry/Encastre（对称/反对称/完全固定）类型，拾取模型的底部大端面，确认后弹出如图 6-24 所示的 Edit Boundary Condition（编辑边界条件）对话框，选择 ZSYMM(U3=UR1=UR2=0)项，单击 OK 完成设置。

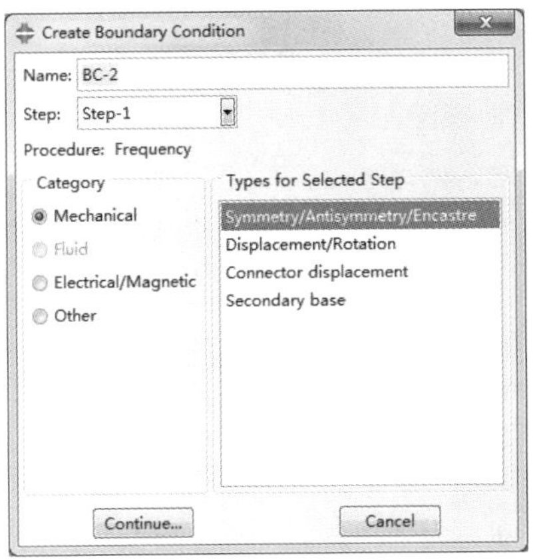

图 6-23　“创建边界条件”对话框

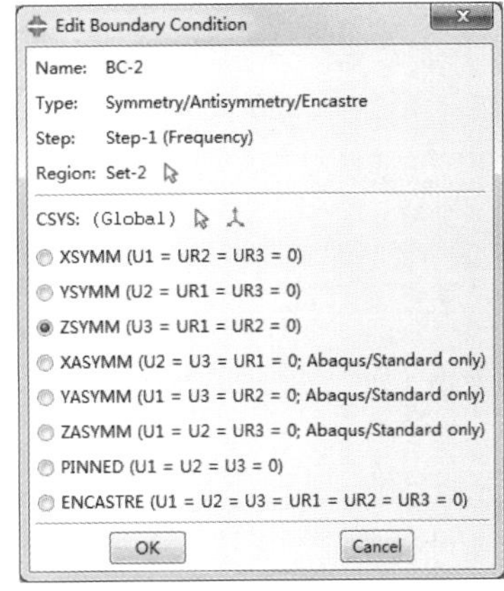

图 6-24　“编辑边界条件”对话框

6. 划分网格

进入 Mesh 模块，单击Seed Part Instance（全局种子）按钮，弹出如图 6-25 所示的 Global Seeds（全局种子）对话框，模型实例近似全局尺寸定义为 10，布种完成如图 6-26 所示。

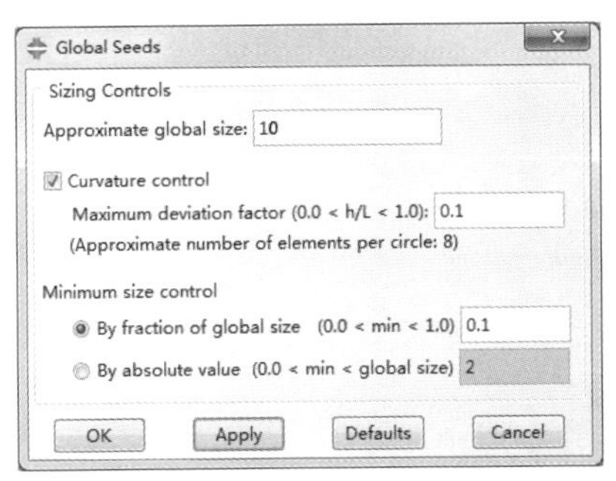

图 6-25　“全局种子”对话框

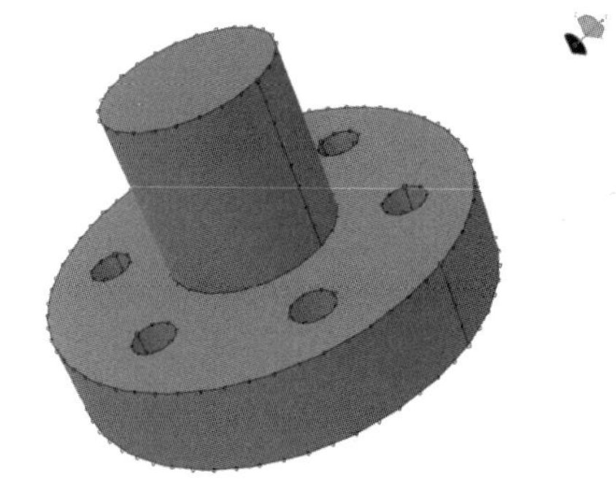

图 6-26　实例布种

单击Assign Mesh Controls（指派网格控制）按钮，拾取部件，单击 Continue...按钮后，弹出如图 6-27 所示的 Mesh Controls（网格控制属性）对话框，选择 Element Shape（单元形状）为 Tet（四面体）、Technique（技术）类型为 Free（自由网格），单击 OK 按钮完成设置。

单击Assign Element Type（指派单元类型）按钮，选定部件，单击 Continue...按钮后弹出如图 6-28 所示的 Element Type（单元类型）对话框，选择 C3D4 型单元。

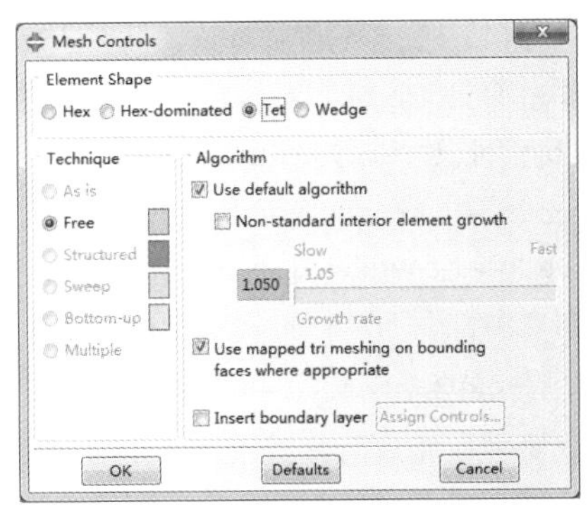

图 6-27　“网格控制属性”对话框

单击Mesh Part Instance(划分网格)按钮，

完成网格划分，如图 6-29 所示。

图 6-28 “单元类型”对话框

图 6-29 完成网格划分

7. 分析作业

进入 Job（作业）模块，单击Create Job（创建作业）按钮，弹出如图 6-30 所示的 Create Job（创建作业）对话框，输入作业名称，单击 Continue...按钮，在弹出的图 6-31 所示的 Edit Job（编辑作业）对话框中单击 OK 按钮，完成创建。

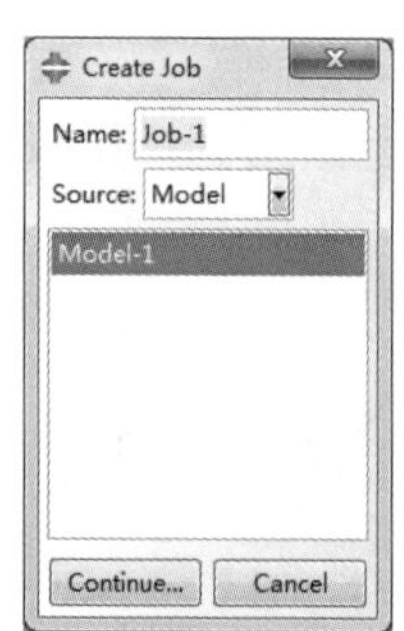

图 6-30 “创建作业”对话框

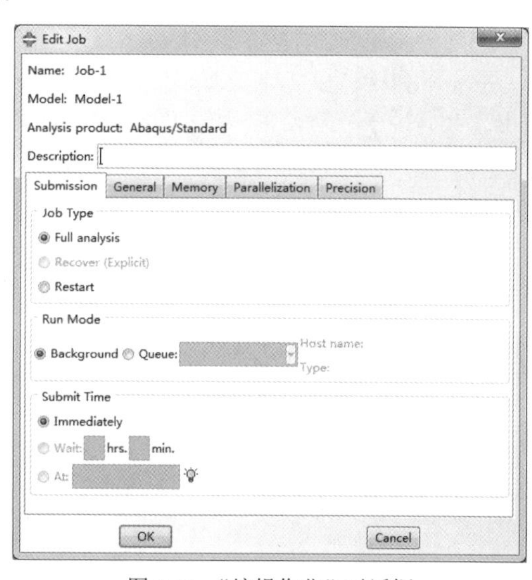

图 6-31 “编辑作业”对话框

单击 Data Check（数据检查）在信息区显示：

“Job Job-1: Analysis Input File Processor completed successfully.

Job Job-1: Abaqus/Standard completed successfully.

Job Job-1 completed successfully.”

则表示检查通过，可以提交作业。

8. 后处理

分析作业完成后，进入 Visualization（可视化）模块，单击Filed Output Dialog 按钮，选择位移变量，单击 Apply 按钮，可在视图区输出不同阶模态的位移云图，如图 6-32～图 6-46 所示。

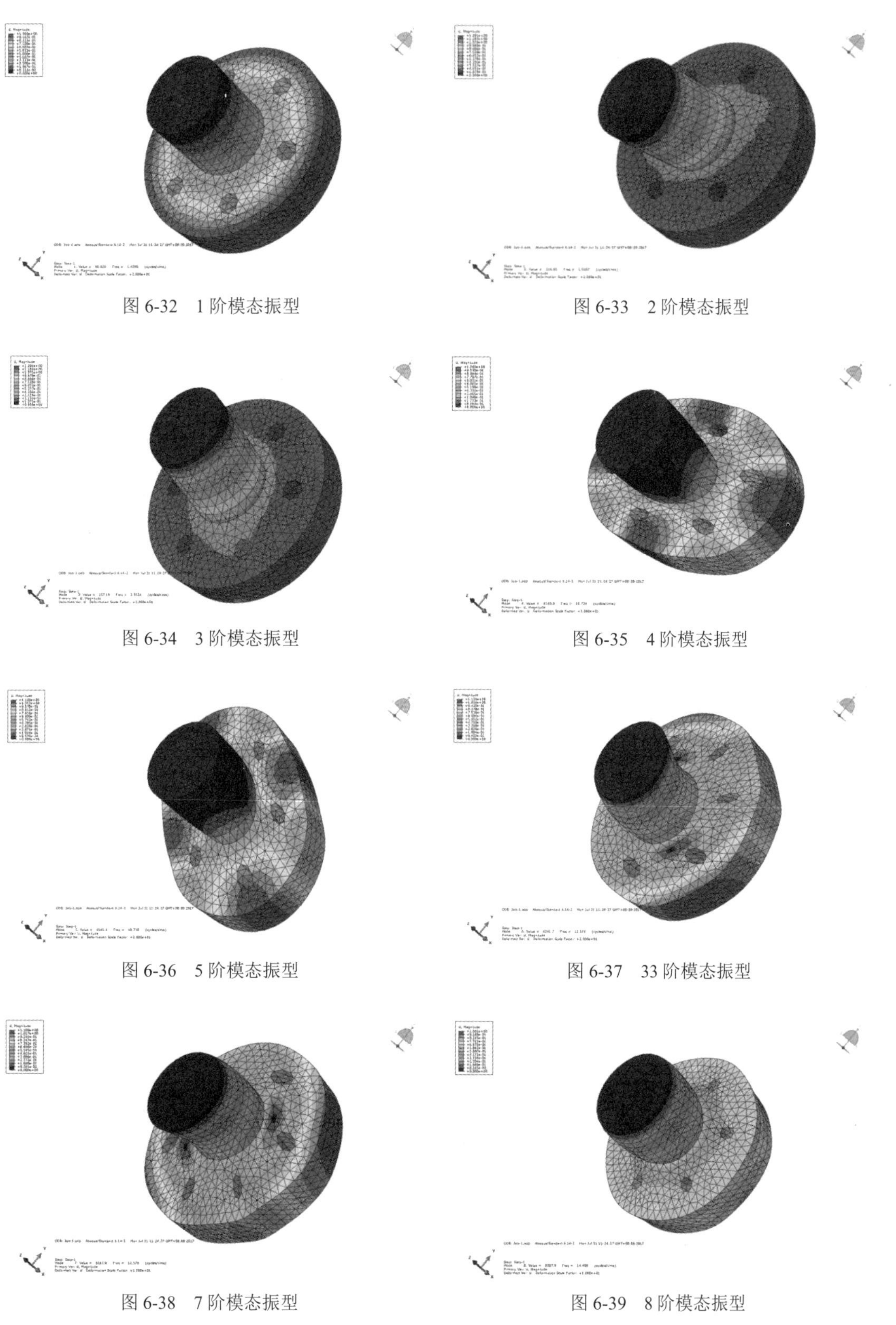

图 6-32　1 阶模态振型

图 6-33　2 阶模态振型

图 6-34　3 阶模态振型

图 6-35　4 阶模态振型

图 6-36　5 阶模态振型

图 6-37　33 阶模态振型

图 6-38　7 阶模态振型

图 6-39　8 阶模态振型

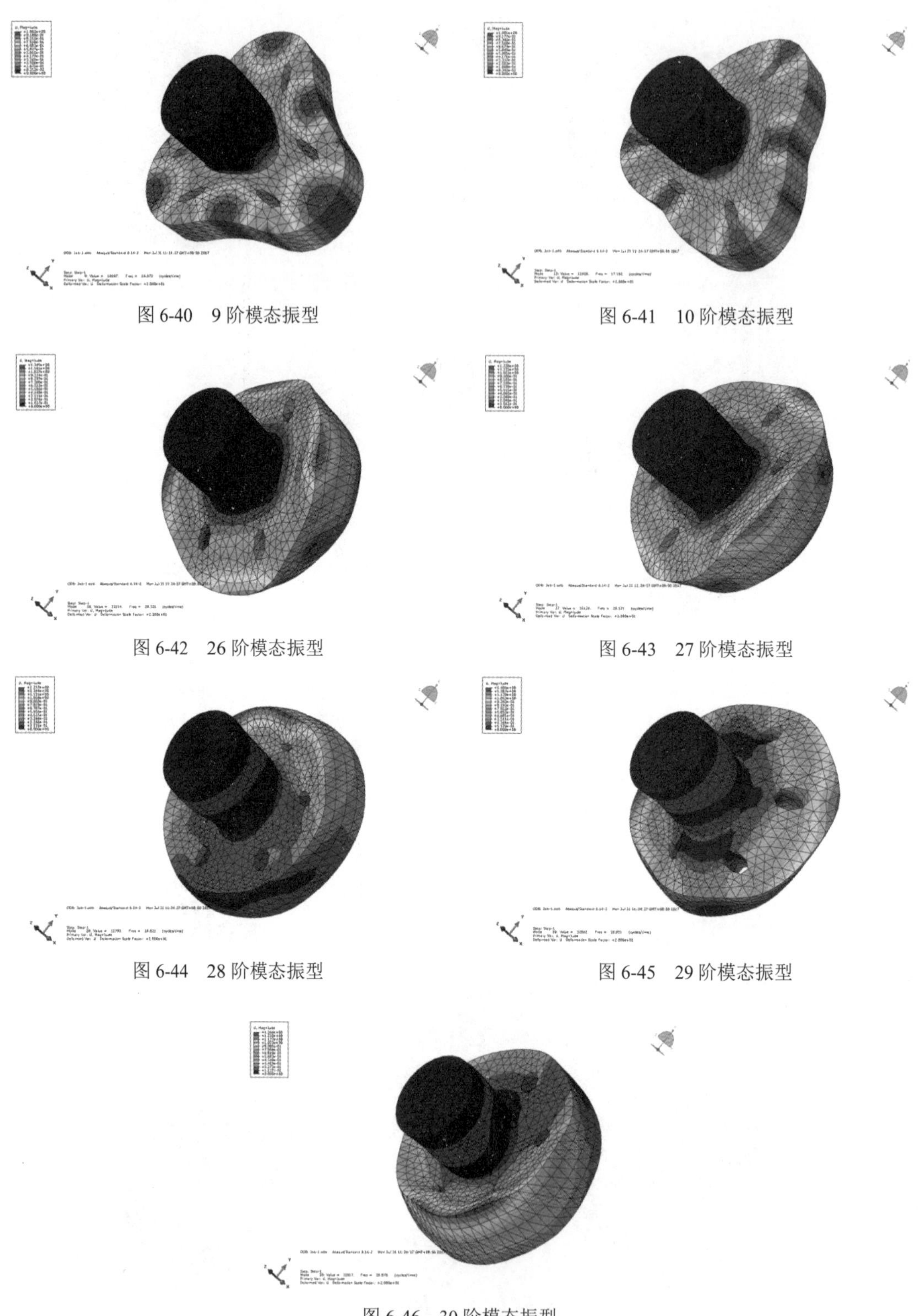

图 6-40　9 阶模态振型

图 6-41　10 阶模态振型

图 6-42　26 阶模态振型

图 6-43　27 阶模态振型

图 6-44　28 阶模态振型

图 6-45　29 阶模态振型

图 6-46　30 阶模态振型

在主菜单中选择 Options→Common，弹出如图 6-47 所示的 Common Plot Options（通用绘图选项）对话框，在 Labels 选项卡中，勾选 Show node labels（显示节点编号）复选框，效果如图 6-48 所示。

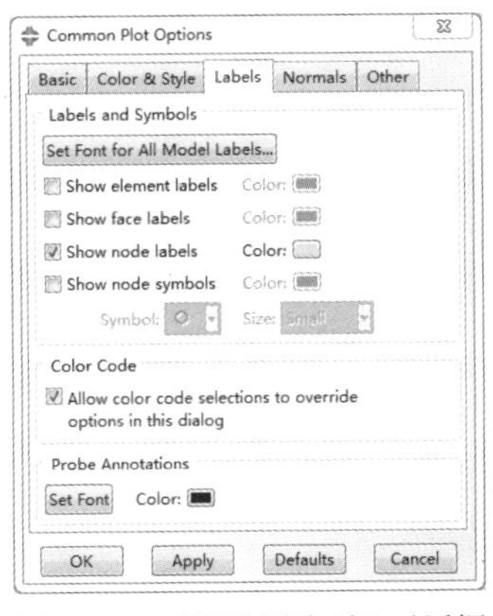

图 6-47　“通用绘图选项”对话框

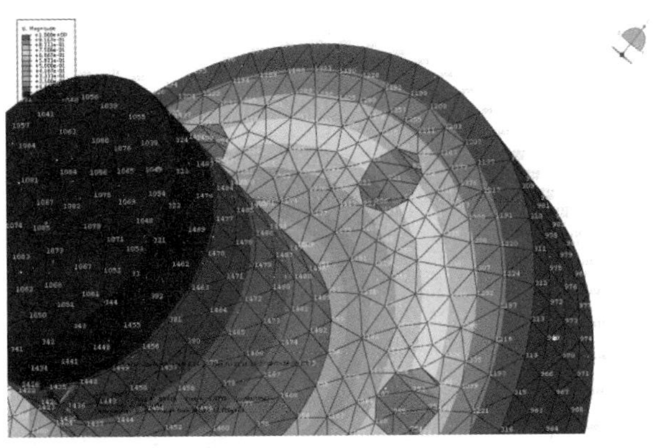

图 6-48　显示节点编号

单击Create *XY* Data（创建 *XY* 数据），弹出如图 6-49 所示的 Create *XY* Data（创建 *XY* 数据）对话框，点选 ODB field output（ODB 场变量输出）单选按钮，弹出如图 6-50 所示的 *XY* Data from ODB Field Output（来自 ODB 场输出的 *XY* 数据）对话框。

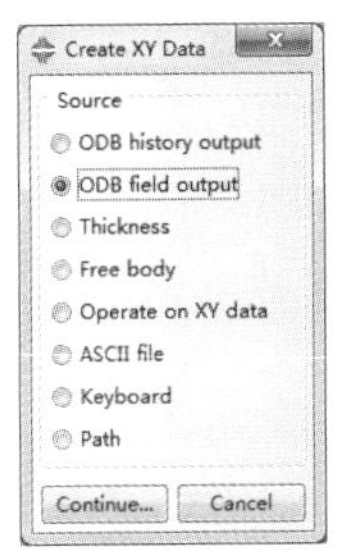

图 6-49　“创建 *XY* 数据”对话框

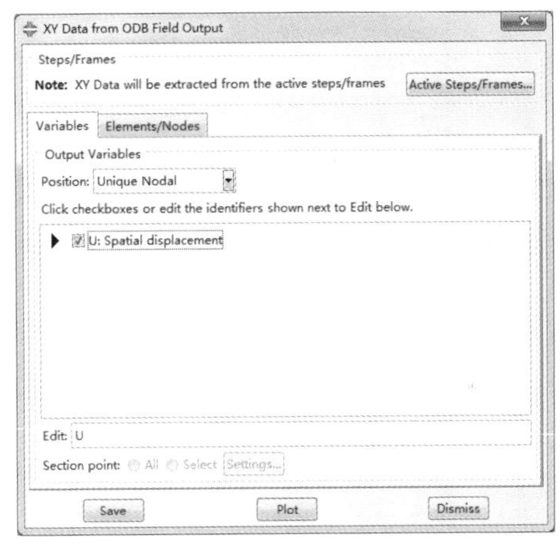

图 6-50　“来自 ODB 场输出的 *XY* 数据”对话框

在 Variables（变量）选项卡中，选择 Unique Nodal（唯一节点的）选项，勾选 U：Spatial displacement（U：空间位移）复选框，切换到 Elements/Nodes（单元/节点）选项卡，在 Node labels（节点编号）中输入 1198，如图 6-51 所示，单击 Plot（绘制）按钮，生成该节点随模态变化的空间位移曲线图，如图 6-52 所示。

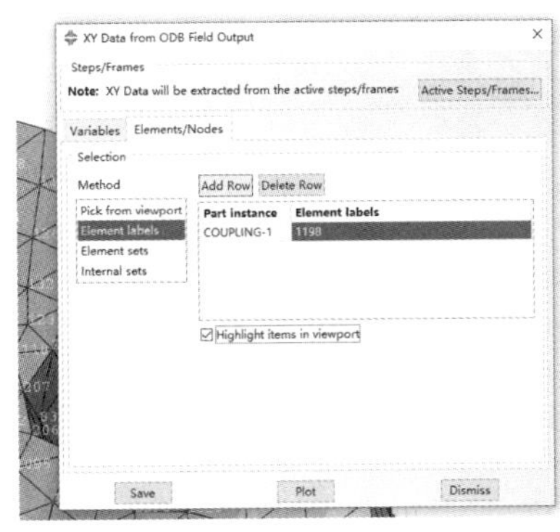

图 6-51　“单元/节点”选项卡

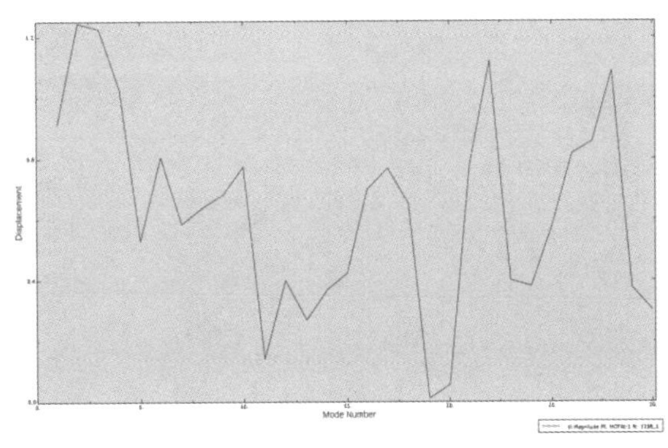

图 6-52　节点 1198 随模态变化的位移曲线

6.2.2 非线性动力学问题实例——冲击与侵彻

本节实例针对钢球冲击钢板的过程，分析钢板对钢球的冲击的响应。钢球和钢板模型如图 6-53 所示。为了更直观地体现钢板内部的形变和受力状态，钢板模型取半圆形。

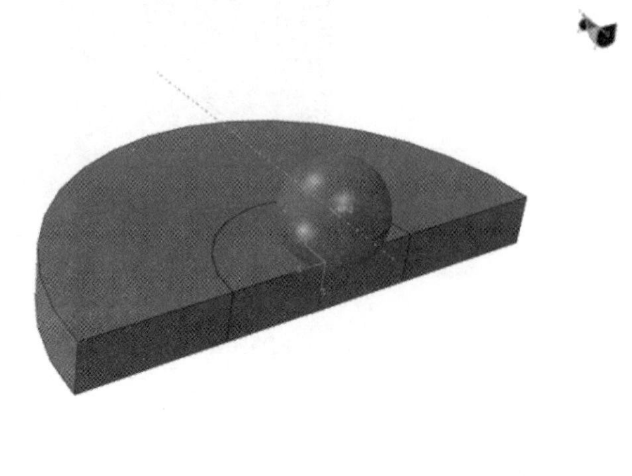

图 6-53　钢球和钢板模型

1. 创建部件

进入 Part（部件）模块，单击 Create Part（创建部件）按钮，弹出如图 6-54 所示的 Create Part（创建部件）对话框。输入零件名称，选择 Modeling Space（模型空间）为 3D、Type（类型）为 Deformable（可变形），在 Base Feature（基本特征）中选择 Shape（形状）为 Solid（实体）、Type（类型）为 Revolution（旋转），单击 Continue...按钮，进入草图。绘制一个半圆，单击 Continue...按钮，弹出如图 6-55 所示的 Edit Feature（编辑特征）对话框，输入旋转的角度为 360°，单击 OK 按钮，完成钢球部件的创建。

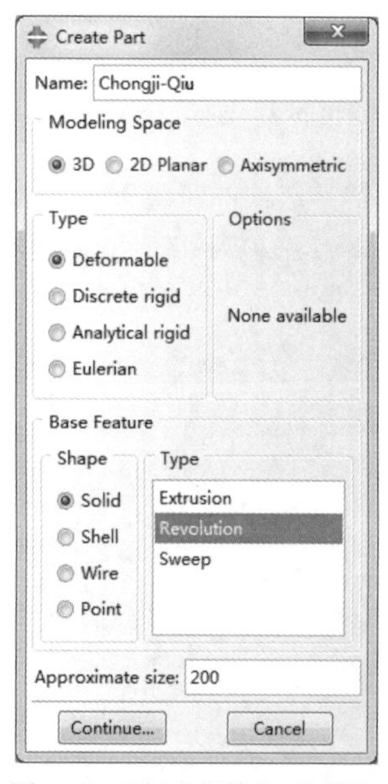

图 6-54 “创建部件”对话框 1

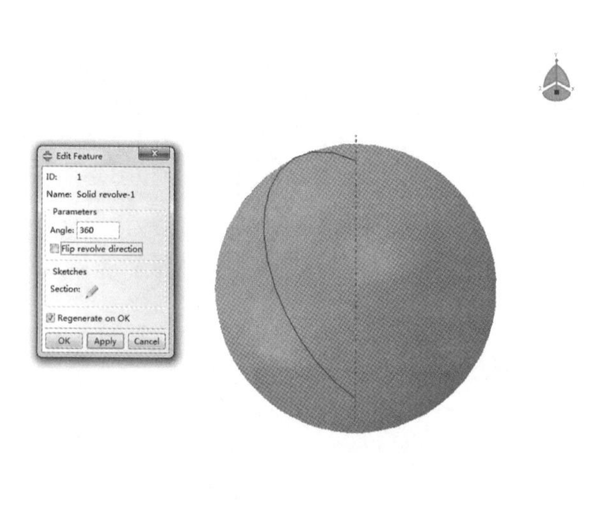

图 6-55 “编辑特征”对话框

钢板部件的创建过程与钢球创建过程相同，但在 Create Part（创建部件）对话框的 Base Feature（基本特征）下的 Type（类型）中选择 Extrusion（拉伸），如图 6-56 所示。在草图界面中绘制一个半圆，单击 Continue...按钮，弹出如图 6-57 所示的 Edit Base Extrusion（编辑拉伸深度）对话框，在该对话框中输入拉伸深度，即为钢板的厚度。

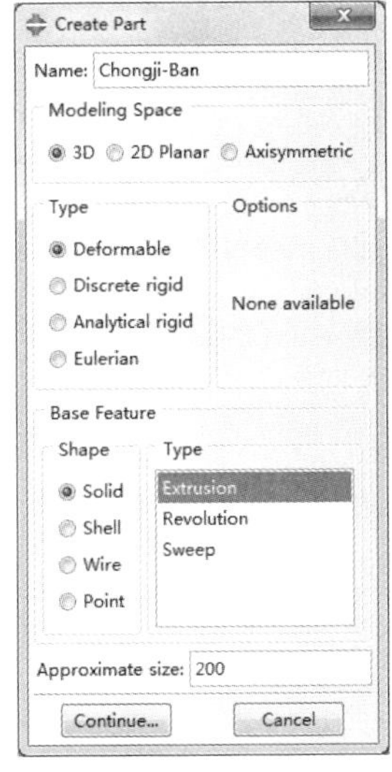

图 6-56　“创建部件”对话框 2

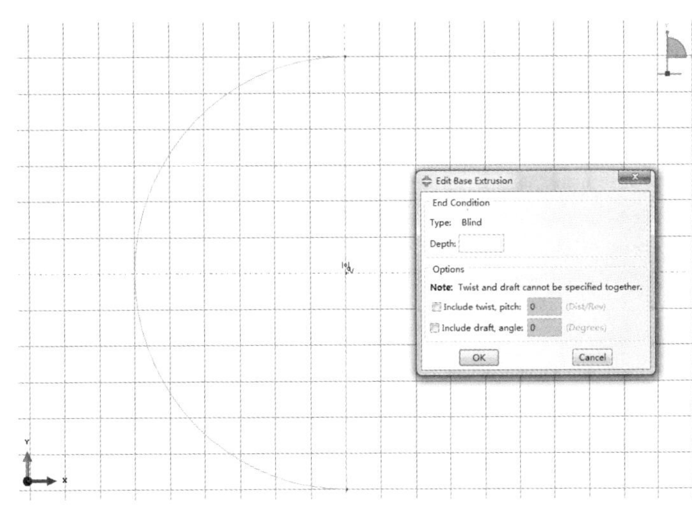

图 6-57　“编辑拉伸深度”对话框

2. 创建材料和指派截面

进入 Property（属性）模块，单击 Create Material（创建材料）按钮，新建一个材料，定义为 Material-Qiu，选择材料行为（Mechanical）中的 Elasticity（弹性）和 Density（密度），输入图 6-58 和图 6-59 中的数据，单击 OK 按钮完成创建。按照相同的操作，如图 6-60 所示创建名为 Material-Ban 的材料，材料属性如图 6-61、图 6-62 所示。

Edit Material
Name: Material-Qiu
Description:
Material Behaviors
Density
General　Mechanical　Thermal　Electrical/Magnetic　Other
Density
Distribution: Uniform
Use temperature-dependent data
Number of field variables: 0
Data

	Mass Density
1	7800

OK　Cancel

图 6-58　“编辑材料”对话框

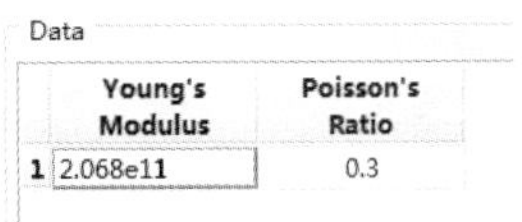

Data

	Young's Modulus	Poisson's Ratio
1	2.068e11	0.3

图 6-59　线弹性材料数据

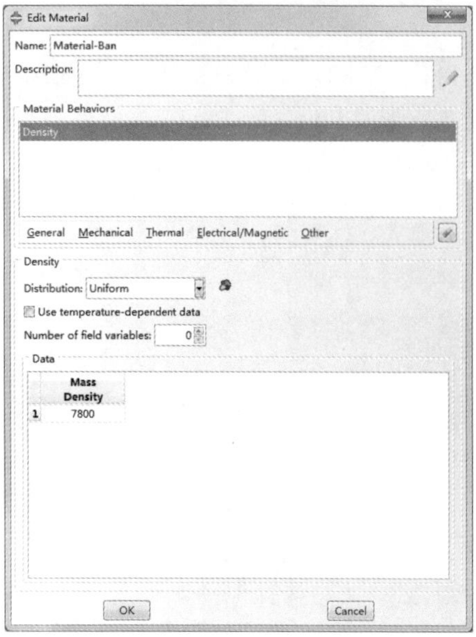

图 6-60 创建名为 Material-Ban 的材料

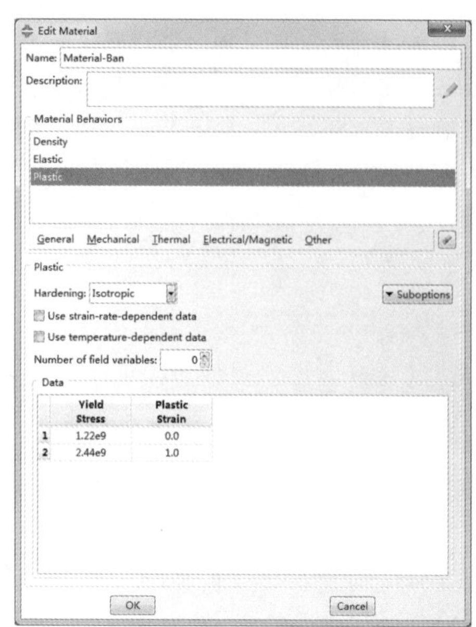

图 6-61 塑性材料参数

完成两种材料对应的截面创建，并分别指派给两个部件。

Data

	Young's Modulus	Poisson's Ratio
1	2.078e11	0.3

图 6-62 线弹性材料数据

3. 实例化

进入 Assembly（装配）模块，单击 Create Instance（创建实例）按钮，选择所有部件，单击 OK 按钮，完成实例化，如图 6-63 所示。单击按钮，拾取球体，进行平移操作，进行装配，完成后如图 6-64 所示。

图 6-63 实例化

图 6-64 将球体向上平移

4. 分析步

进入 Step（分析步）模块，单击 Create Step（创建分析步）按钮，弹出如图 6-65 所示的对话框，选择 Dynamic, Explicit（显式动力）分析步，单击 Continue...按钮，弹出如图 6-66 所示 Edit Step（编辑分析步）对话框，输入时间长度为 4e-5，单击 OK 按钮，完成分析步的创建。

5. 相互作用

进入 Interaction（相互作用）模块，定义接触。单击 Create Interaction Property（创建相互作用）按钮，弹出如图 6-67 所示 Create Interaction Proper...（创建相互作用属性）对话框，输入名称，Type（类型）选择 Contact（接触）选项，单击 Continue...按钮后弹出如图 6-68 所示的

“编辑接触属性”对话框，直接单击 OK 按钮，定义一个无摩擦的接触属性。

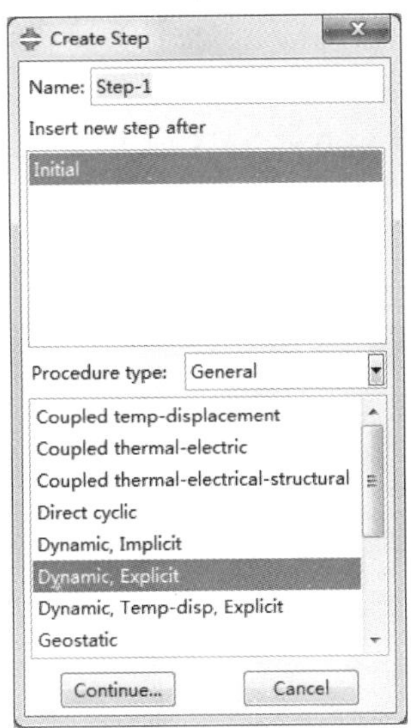

图 6-65 “创建分析步”对话框

图 6-66 “编辑分析步”对话框

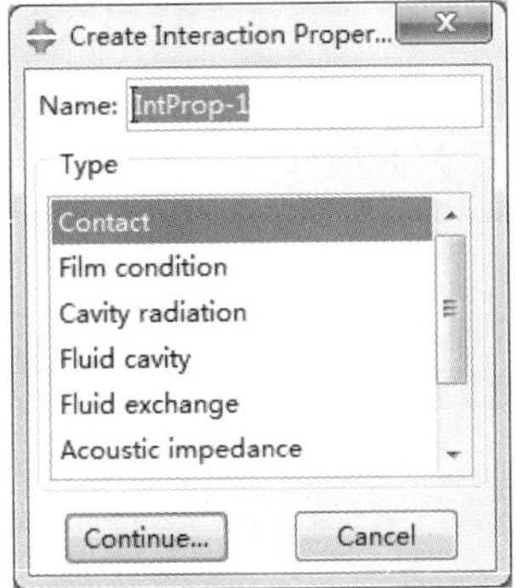

图 6-67 “创建相互作用属性”对话框

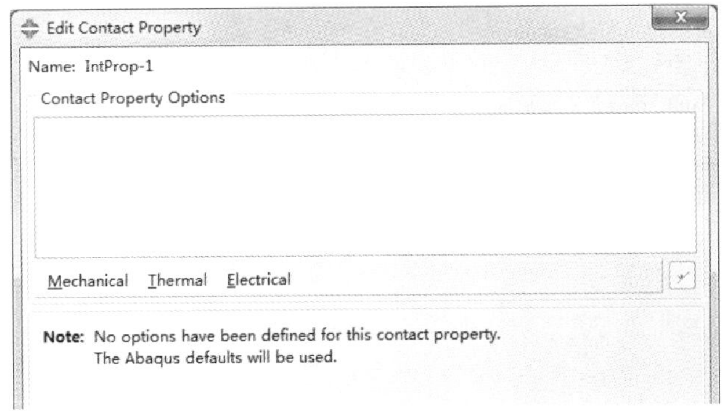

图 6-68 “编辑接触属性”对话框

选择菜单栏中的 Tools（工具）→Reference Point（基准点）命令，或单击按钮拾取球心点，建立一个位于球心的参考点。在左侧工具区单击 Create Constraint（创建约束）按钮，弹出如图 6-69 所示的 Create Constraint（创建约束）对话框。

弹出如图 6-70 所示的 Edit Constraint（编辑约束）对话框，在 Region Type（区域类型）中选择 Body Elements（体单元），单击按钮，拾取球体后确认，使用之前创建的点作为 Reference Point（参考点），将球体定义为刚体。

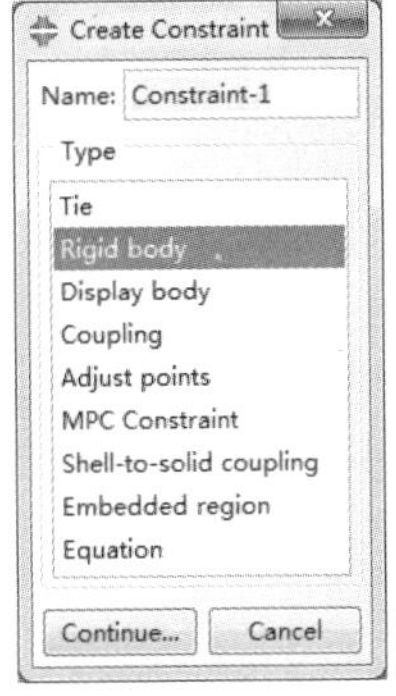

图 6-69 “创建约束”对话框

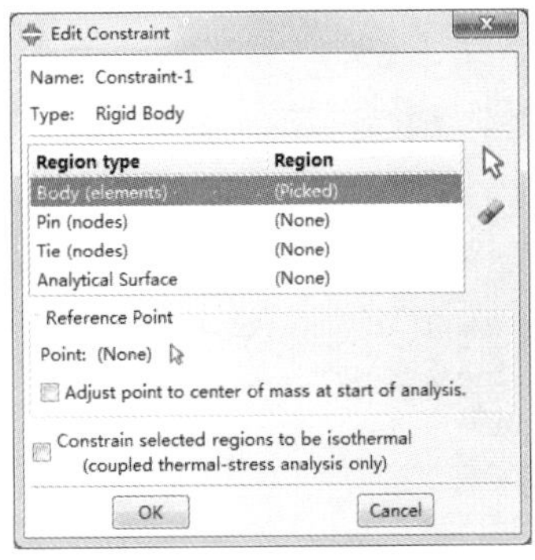

图 6-70 “编辑约束”对话框

返回 Part（部件）模块，进入钢板部件，单击工具栏中的Partition Face Sketch 按钮，选择钢板上表面，再拾取半圆的直径边，确定后进入草图，对其进行分区，如图 6-71 所示。单击菜单栏中的 Tools（工具）→Partition（分区），或单击Create Partition：Extrude/Sweep Edges 按钮，弹出如图 6-72 所示的对话框，选择 Cell（几何元素）类的 Extrude/Sweep edges（拉伸/扫掠边），选择刚画好的小圆弧，再选择钢板厚度方向的边线作为扫掠方向，单击 OK 按钮完成扫掠分区，如图 6-73 所示。

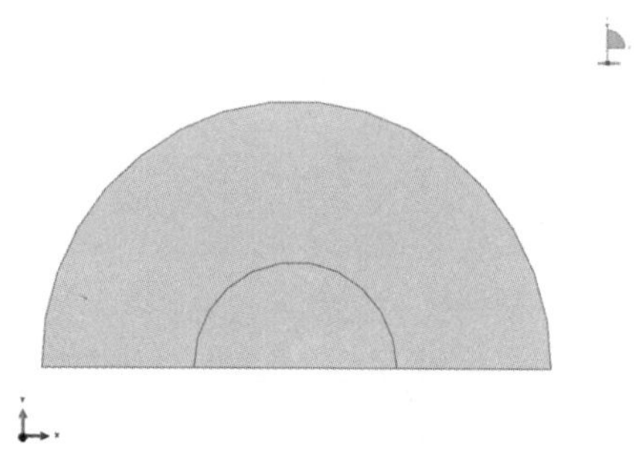

图 6-71 平面分区

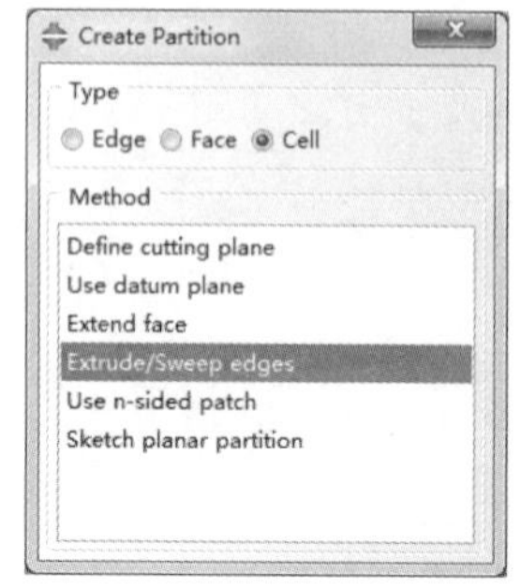

图 6-72 “创建分区”对话框

返回相互作用模块，单击按钮，弹出如图 6-74 所示的 Create Interaction（创建相互作用）对话框，选择 Surface-to-surface contact（Explicit）选项。选择球面为主表面，钢板上的分区部分为第二表面，如图 6-75 所示，单击确认后弹出如图 6-76 所示的 Edit Interaction（编辑相互作用）对话框，接受默认设置，单击 OK 按钮确认。

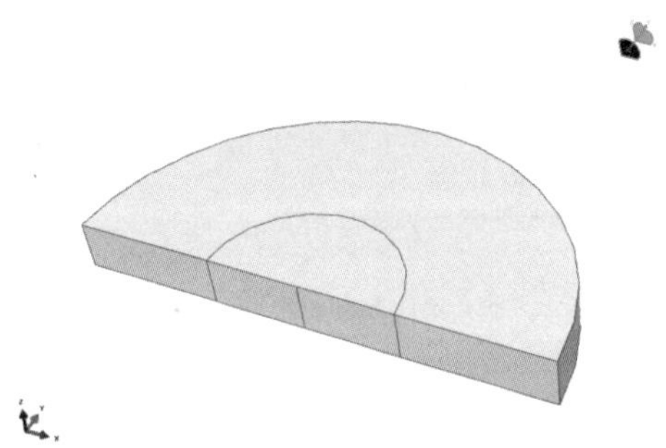

图 6-73 完成扫掠分区

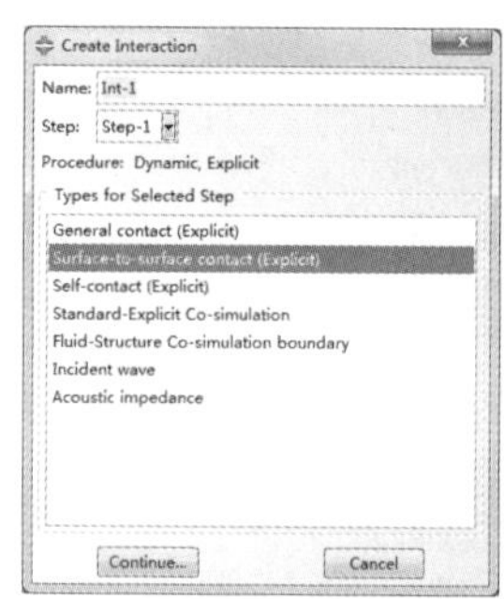

图 6-74 “创建相互作用”对话框

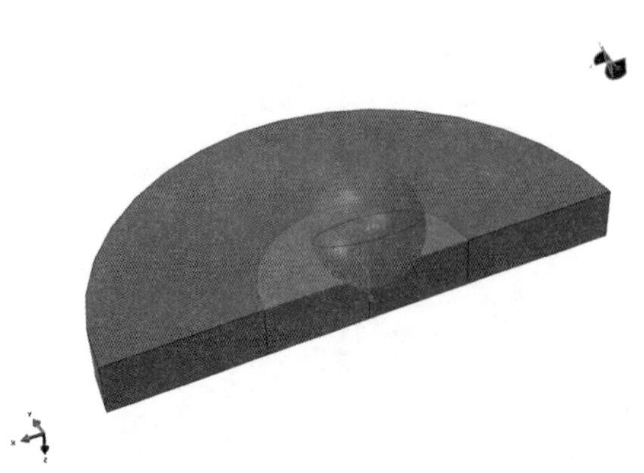

图 6-75 选定接触面

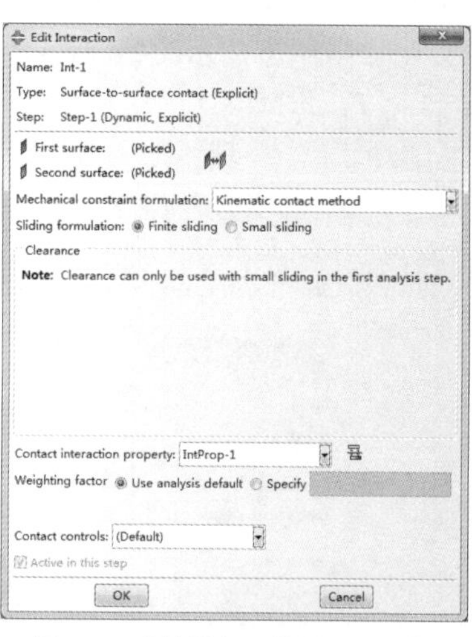

图 6-76 “编辑相互作用”对话框

6. 载荷与边界条件

进入 Load（载荷）模块，单击 Create Boundary Condition 按钮，弹出如图 6-77 所示的 Create Boundary Condition（创建边界条件）对话框，选择 Mechanical（力学）、Symmetry/AntiSymmetry/Encastre（对称/反对称/完全固定）类型，在如图 6-78 所示视图区拾取钢板的圆弧面，确认后弹出如图 6-79 所示的 Edit Boundary Condition（编辑边界条件）对话框，选择 ENCASTRE(U1=U2=U3=UR1=UR2=UR3=0)项，单击确认完成设置。约束后的模型如图 6-80 所示。

图 6-77 “创建边界条件”对话框

图 6-78 边界条件拾取面

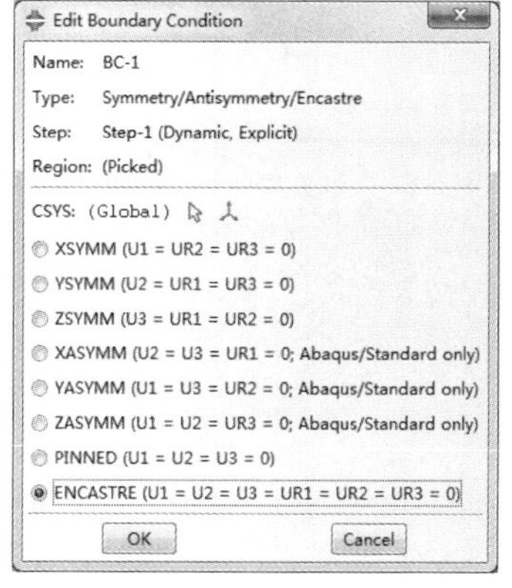

图 6-79 “编辑边界条件”对话框

图 6-80 固定约束

单击 Create Predefined Field（创建预定义场）按钮，创建预定义场，弹出如图 6-81 所示的 Create Predefined Field（创建预定义场）对话框，选择分析步为 Initial，类别为 Mechanical（力学）的 Velocity（速度），单击 Continue...按钮后，在弹出的如图 6-82 所示的对话框中输入各方向的速度，单击 OK 按钮。

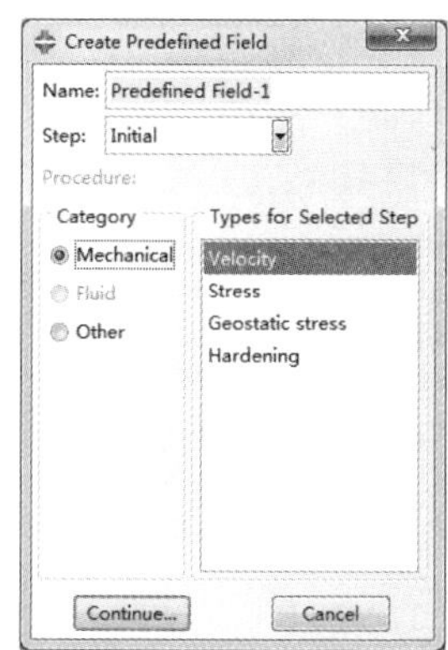

图 6-81 “创建预定义场”对话框

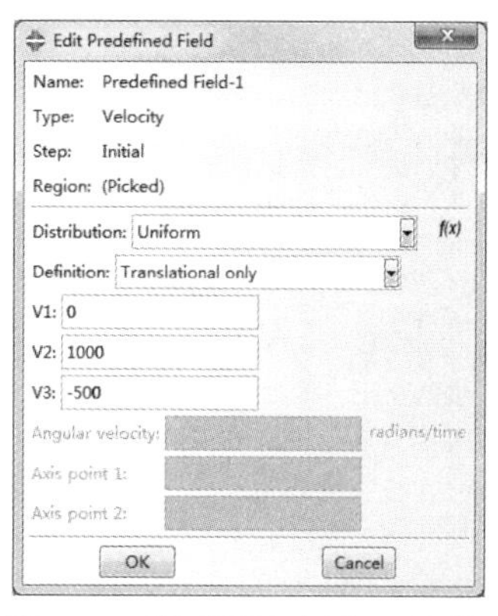

图 6-82 “编辑预定义场”对话框

7. 划分网格

进入 Mesh（网格）模块，单击 Seed Edges（局部种子）按钮，对实例进行局部布种。钢板厚度方向边上的种子个数为 20，水平面内圆弧上的种子个数为 50，确认后模型种子如图 6-83 所示。单击 Mesh Part Instance（划分网格）按钮进行网格划分，如图 6-84 所示。

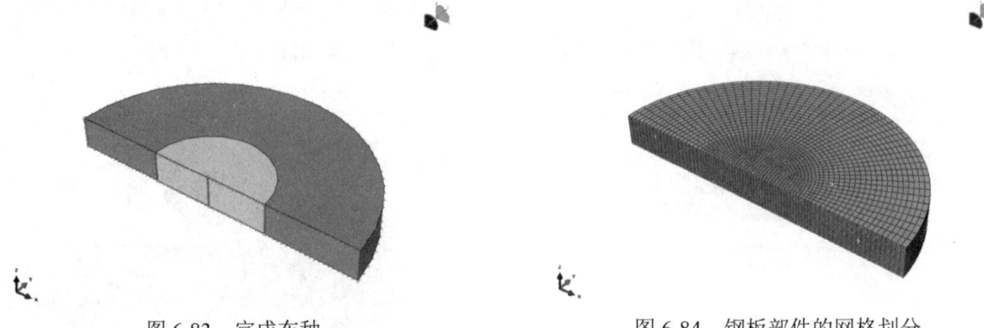

图 6-83　完成布种　　图 6-84　钢板部件的网格划分

选择钢球部件进行网格划分，单击 Seed Part Instance 按钮，设置近似全局尺寸为 20，单击 Assign Mesh Controls（指派网格控制）按钮，将网格属性设置为以六面体为主，如图 6-85 所示。单击 Mesh Part Instance 按钮进行网格划分，划分结果如图 6-86 所示。

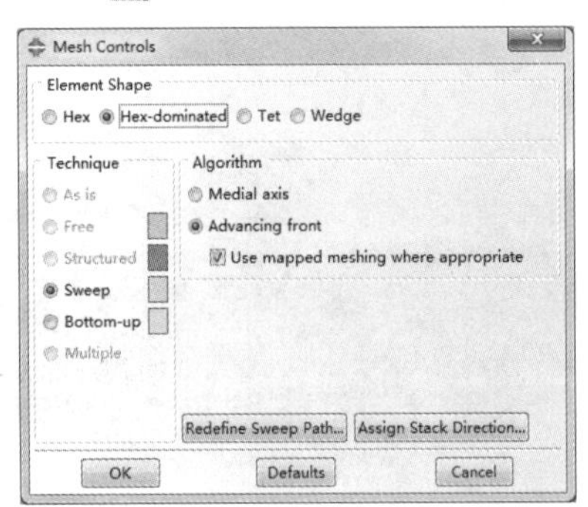

图 6-85　“网格控制属性”对话框

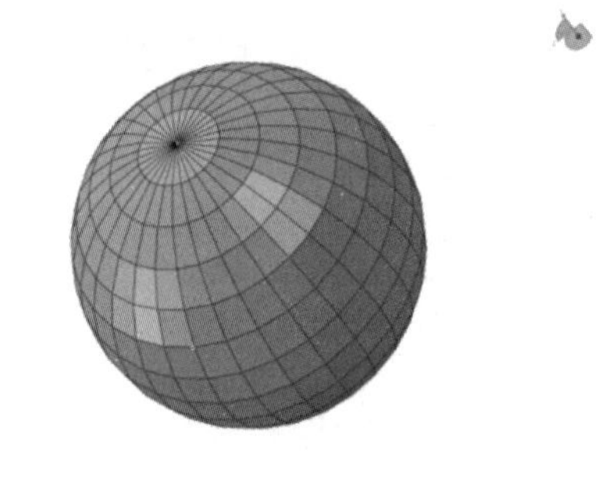

图 6-86　钢球部件的网格

8. 作业

进入 Job（作业）模块，单击 Create Job 按钮，弹出如图 6-87 所示的 Create Job（创建作业）对话框，输入作业名称，单击 Continue...按钮，在弹出如图 6-88 所示的 Edit Job（编辑作业）对话框中单击 OK 按钮，完成创建。

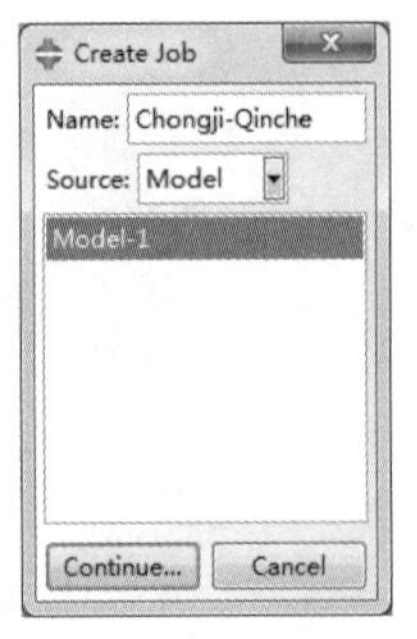

图 6-87　“创建作业”对话框

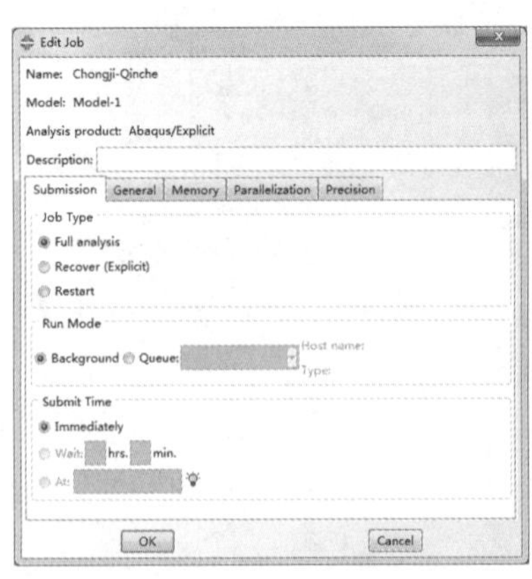

图 6-88　“编辑作业”对话框

9. 后处理

分析作业完成后，单击 Results（结果）按钮，进入 Visualization（可视化）模块，单击Filed Output Dialog 按钮，选择不同的变量，单击 Apply 按钮，可在视图区输出不同的变量云图，如图 6-89～图 6-98 所示。

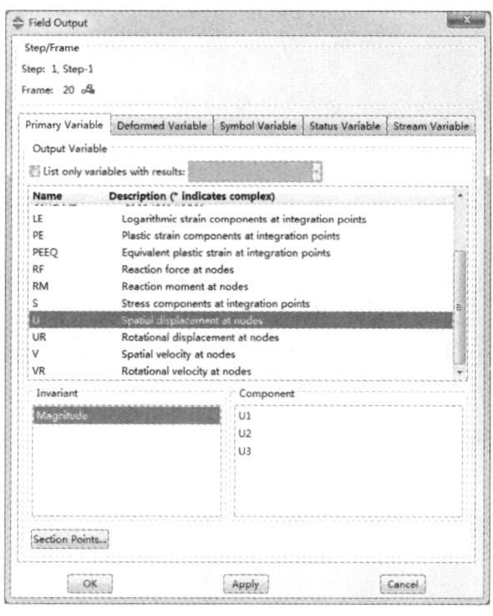

图 6-89　主变量下的空间位移

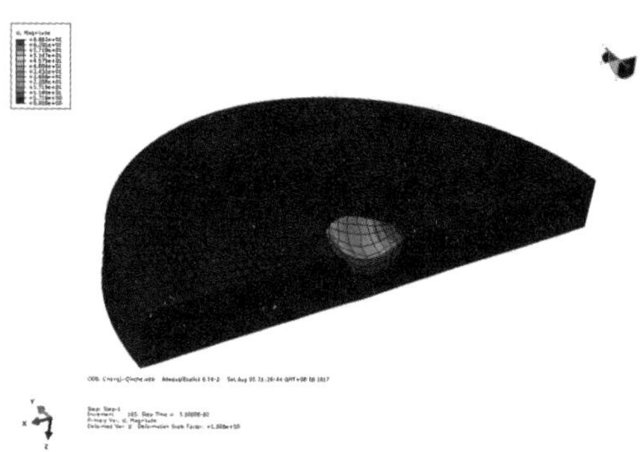

图 6-90　空间位移云图

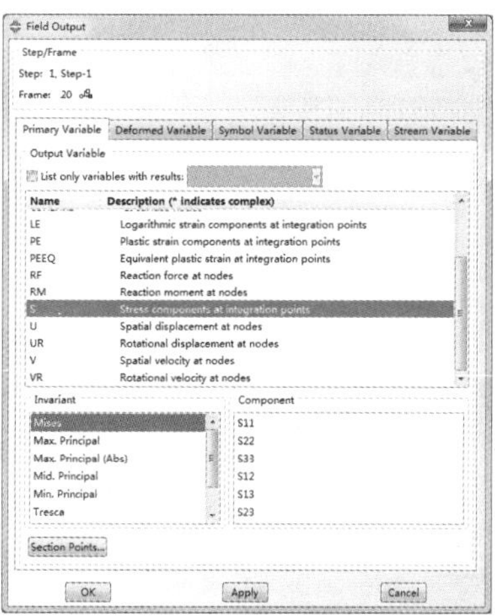

图 6-91　主变量下的应力

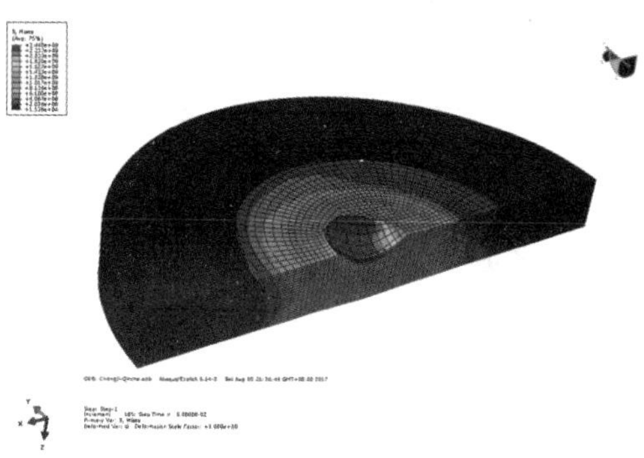

图 6-92　应力云图

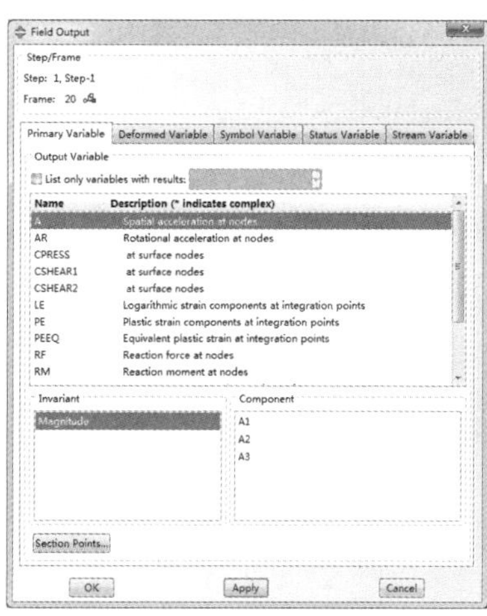

图 6-93　主变量下的加速度

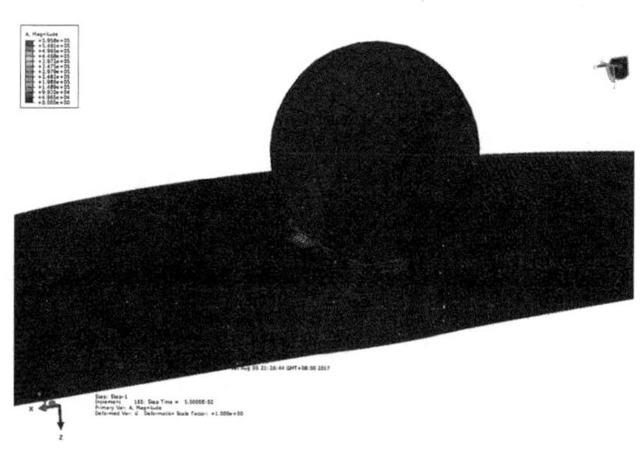

图 6-94　加速度云图

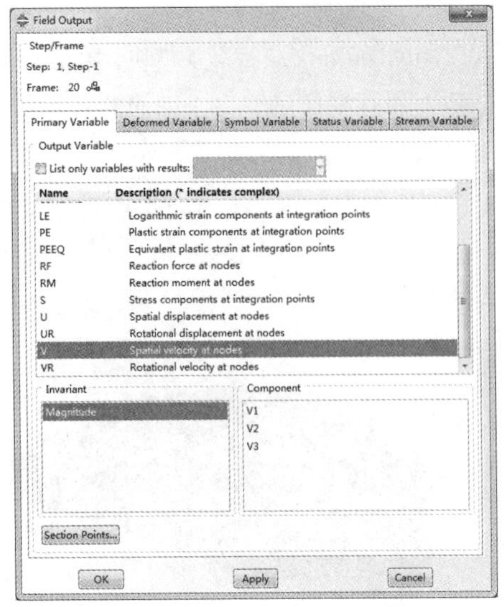

图 6-95　主变量下的速度

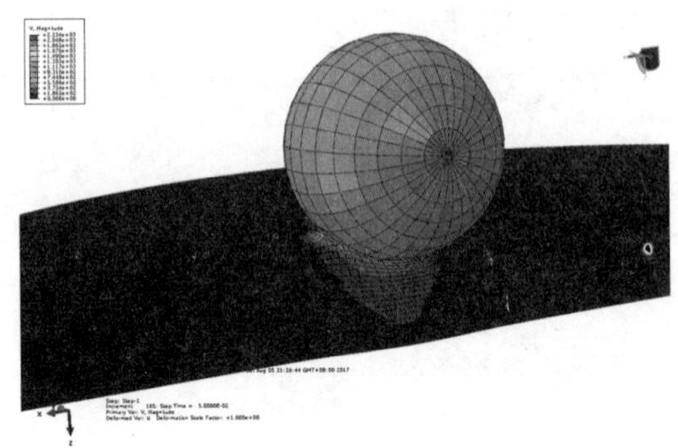

图 6-96　速度云图

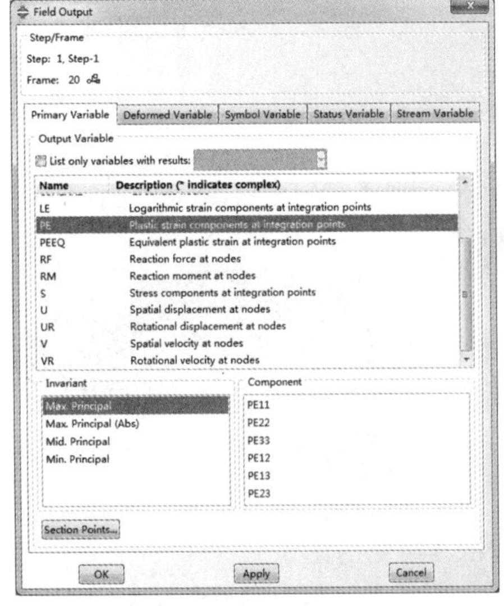

图 6-97 主变量下的塑性应变

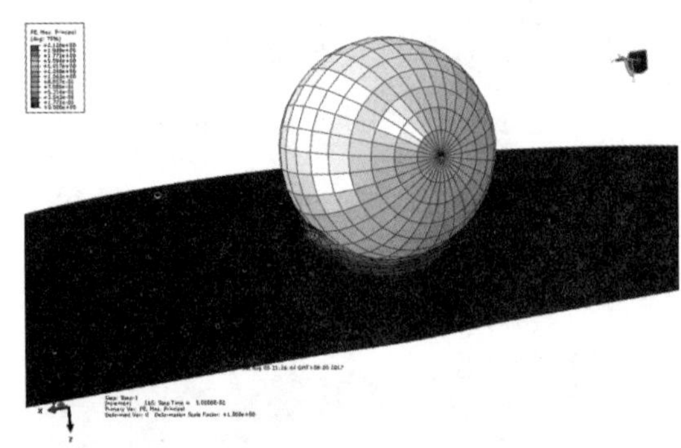

图 6-98　塑性应变云图

6.3　本章小结

动力学分析包含了结构的惯性效应，频率提取程序可提取结构的自振频率和振型，通过振型叠加技术，可利用振型确定线性系统的动力响应，但对于非线性问题，这种方法并不可取。现行动力学分析程序可以计算瞬态载荷下的瞬态响应、谐波载荷下的稳态响应等。为了准确地体现出结构的动力特性，必须提取足够多的振型。

模态分析技术并不适用于非线性的动力学分析，在这类分析中必须采用直接时间积分法。

第 7 章　接触问题分析与实例

许多工程问题涉及两个或多个部件间的接触。在这类问题中，彼此接触的两个物体间存在沿接触面法向的相互作用力。如果接触面间存在摩擦，沿接触面的切线方向也会产生剪力以抵抗物体间切向运动（滑动）。通常接触模拟的目标是确定接触面积及计算所产生的接触压力。

7.1　接触问题概述

在有限元中，接触条件是一类特殊的不连续的约束，它允许力从模型的一部分传递到另一部分。当两个表面接触时产生接触作用，当两个接触的面分开时，就不再存在约束作用，所以这种约束是不连续的。因此，分析方法必须能够判断什么时候两个表面是接触的且采用相应的接触约束。同样，分析方法也必须能判断什么时候两个表面分开并解除接触约束。

在 ABAQUS 接触分析过程中，必须在模型的各个部件上创建可能接触的面。一对彼此可能接触的面，称为接触对，必须被标识。最后必须定义各接触面服从的本构模型。这些接触面间的相互作用的定义包括摩擦等行为。

7.1.1　接触面间的相互作用

接触面间的相互作用包含两个部分：一部分是接触面的法向作用，另一部分是接触面的切向作用。切向部分包括接触面间的相对运动（滑动）和可能的摩擦剪应力。

1. 接触面法向性质

两个面之间分开的距离称为间隙。当两个面之间的间隙变为零，接触约束就起作用了。在接触问题的公式中，对接触面之间相互传递接触压力的大小未作任何限制。当接触压力变为零或负值时，接触面分离，约束就被撤出。这个行为称为“硬”接触。图 7-1 中的接触压力-间隙关系中描述了这种行为。

当接触条件从“开”（正的间隙）到“闭”（间隙为零）时，接触压力发生剧烈的变化，有时使得接触计算很难完成。进一步的信息可参阅用户手册的相关章节。

2. 表面的滑动

除了要确定在某一点是否发生接触外，分析中还必须计算两个表面间的相互滑动关系。这个问题可能是一个很复杂的计算关系。因此，在 ABAQUS 中对小滑移量和有限滑动量做了区分。其中，接触面间小滑移量问题的计算量较少。“小滑移”通常很难定义，但遵循的原则是，当一点与一表面接触时，只要这点滑动量不超过一个典型的单元尺度的很小部分，就可以近似地认为是“小滑移”。

3. 摩擦

当表面接触时，就像传递法向力一样，接触面间也可以传递切向力。所以分析时需要考虑阻止面之间相对滑动趋势的摩擦力。库仑摩擦是常用的描述接触面的相互作用的摩擦模型。这个模型用摩擦系数 u 来描述两个表面间的摩擦行为。乘积 μp 给出了接触面之间摩擦剪应力的极限值，这里 p 是两个接触面之间的接触压力。直到接触面之间的剪应力达到摩擦剪应力的极限 μp 时，接触面间才发生相对滑动。大多数表面的 u 通常小于单位 1。图 7-2 中的实线描述了库仑摩擦模型的行为：当它们黏结在一起即剪应力小于 μp 时，表面间的相对运动（滑移）量为零。

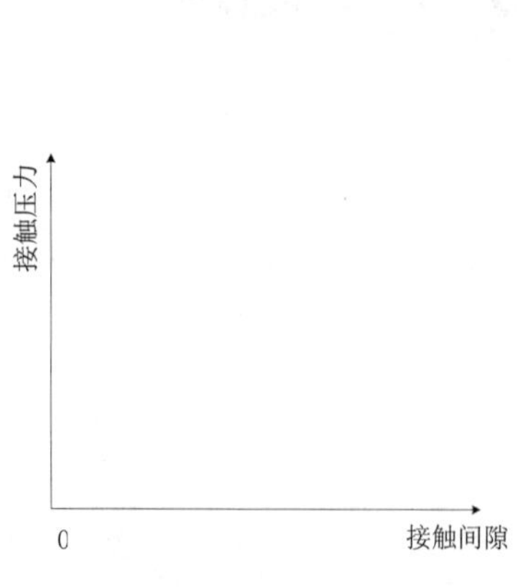

图 7-1　硬接触的接触压力与间隙的关系图

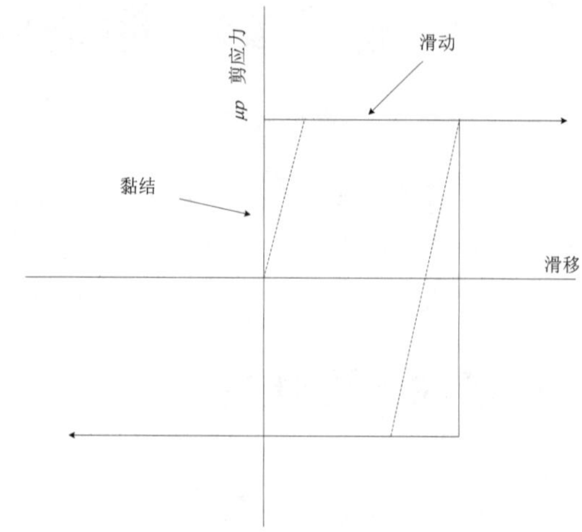

图 7-2　摩擦特性

在分析过程中，在黏结和滑移两种状态间的不连续性，可能导致收敛问题。只有在摩擦力对模型的响应有显著的影响时才应该在分析中考虑摩擦。如果在有摩擦的接触分析中出现收敛问题，首先必须尝试改进的方法之一就是在摩擦的前提下重新进行分析。

模拟真实的摩擦行为可能非常困难，因此在默认情况下，ABAQUS 使用一个允许“弹性滑动”的罚摩擦公式，见图 7-2 中的虚线。

“弹性滑动”是指表面黏结在一起时所发生的小量级的相对运动。ABAQUS 会自动选择罚刚度（虚线的斜率），从而这个允许的“弹性滑动”的滑动值只有单元特征长度非常小的部分那么大。

罚摩擦公式适用于大多数问题，其中包括大部分金属成型问题。对于必须包括理想的黏结-滑动摩擦行为的问题中，可以使用拉格朗日摩擦公式。

使用拉格朗日摩擦公式需要花费更多的计算机资源，其原因是在使用拉格朗日摩擦公式时 ABAQUS 需对每个摩擦接触的表面节点额外增加变量。同时，解的收敛会很慢，需要更多的迭代计算。

通常刚开始滑动时与滑动中的摩擦系数是不同的。前者称为静摩擦系数，后者称为动摩擦系数。在 ABAQUS/Standard 中用指数衰减规律来模拟静和动摩擦系数的变化。在本书中不讨论这个摩擦公式。

在模型中考虑了摩擦，就会在求解的方程组中增添不对称项。如果 μ 值小于 0.2，不对称项的值及其影响将非常小；一般而言，采用正规的、对称求解器法求解的效果还是很好（接触面的曲率很大除外）的。

在摩擦系数较大时，会自动调用非对称求解器求解，因为它将改进收敛速度。但是，非对称求解器所需的计算机内存和硬盘空间是对称求解器的两倍。

7.1.2　接触的定义

在 ABAQUS 中定义两个结构之间接触的第一步是创建面，接着成对创建可能相互接触的面之间的相互作用。每一个相互作用调用一个接触属性。接触间的压力-间隙关系及摩擦的性质都是接触属性的一部分。

1. 定义接触面

接触面通过可能成为接触面的单元面来生成。假设在 ABAQUS/CAE 中已经定义了单元面。

（1）在实体单元上的接触面

对于二维和三维实体单元，可以指定部件的区域形成接触面或由 ABAQUS 自动确定部件的自由面。对于前者可选择部件副本的面形成接触面，而后者在定义接触面时只需简单地选择整个部件副本，ABAQUS 将略去实体内单元，只保留与表面有关的单元。

（2）在壳、膜和刚性单元上的接触面

对于壳、膜和刚性单元，必须指明单元的哪个面来形成接触面。单元正法向方向的面称为 SPOS 面，而单元负法向方向的面则称为 SNEG 面，具体如图 7-3 所示。单元的连接次序就定义了单元正法向。单元正法向可以在 ABAQUS/CAE 中观察到。

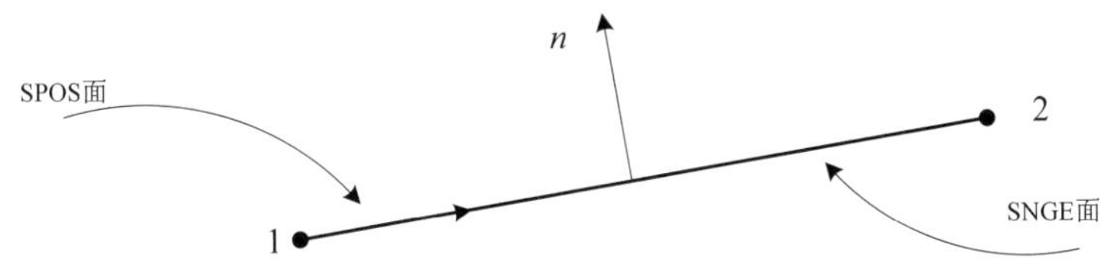

图 7-3　在二维壳或刚性单元上创建接触面

2. 刚性接触面

刚性接触面是刚性体的表面。刚性接触面可以定义为一个解析面或者基于刚性体的单元表面定义。

解析刚性接触面有两种基本形式。在二维模型中给出的解析刚性接触面是一个二维的分段刚性面。接触面的横截面轮廓线可在二维平面上用直线、圆弧和曲线定义。三维的刚性接触面的横截面可用相同的方式在用户指定的平面上定义。这样这个横截面可以绕一个轴扫掠成旋面或沿一个矢量拖拉成三维的面，如图 7-4 所示。

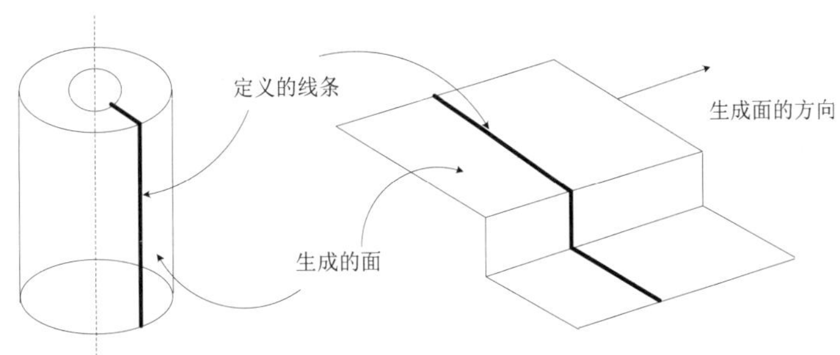

图 7-4　解析型的刚性接触面

解析型的刚性接触面的优点在于只用少量的几个点便可定义，并且计算效率高。然而在三维情况下，创建的形状受到限制。

离散形式的刚性面是基于构成刚性体的单元的，这样它可以创建比解析刚性面更为复杂的刚性接触面。离散的刚性面创建的方法与可变形体的面的创建方法相同。

在接触相互作用中，刚性接触面永远是主面。

刚性接触面要足够大以保证从属节点不滑出该面和落到其背面。如果这种情况发生，解通常不能收敛，应延展刚性面或沿其周边弯折边角（见图 7-5）避免从属节点落到主面的背面。

变形体的网格要剖分得足够精细，以便于与刚性面上的特征相互作用。如果与刚性面相接触的单元的尺寸为 20mm，而刚性面上有 10mm 宽的特征，则没有点来描述这个特征，刚性接触面的形状将侵入可变形的接触面，如图 7-6 所示。

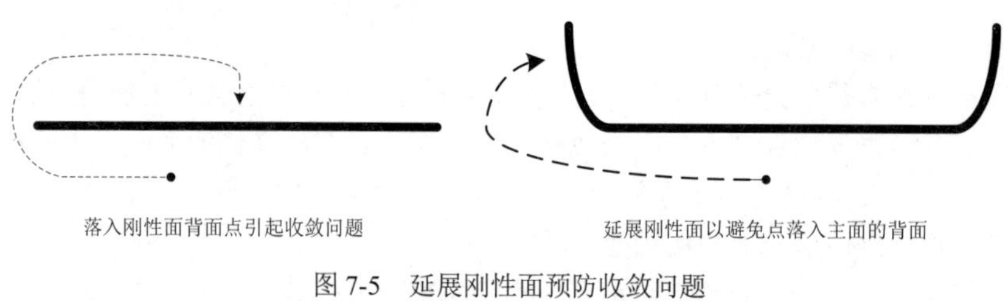

图 7-5 延展刚性面预防收敛问题

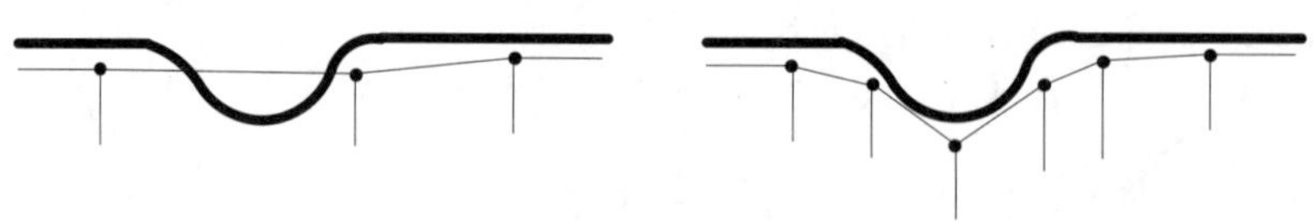

图 7-6 刚性接触面侵入可变形的接触面

当可变形的接触面网格剖分得足够细时，ABAQUS 将阻止刚性面对从面的侵入。ABAQUS/Standard 的算法要求接触相互作用的主面光滑。刚性接触面永远是主面，所以要求其光滑。ABAQUS 并不要求离散的刚性接触面光滑，但提高离散的刚性接触面细化水平可以控制光滑度。解析的刚性接触面上有突变的角要用倒圆角，使其光滑。

刚性接触面的法向永远指向与之接触的从面。如果这一要求没有满足，ABAQUS 将认为可变形的从面上的所有点都为过约束，如此分析将因收敛困难而中断。

解析刚性接触面的法向定义为：构成刚性面的每条线段和弧线的起点至终点的矢量方向逆时针旋转 90° 来确定，如图 7-7 所示。

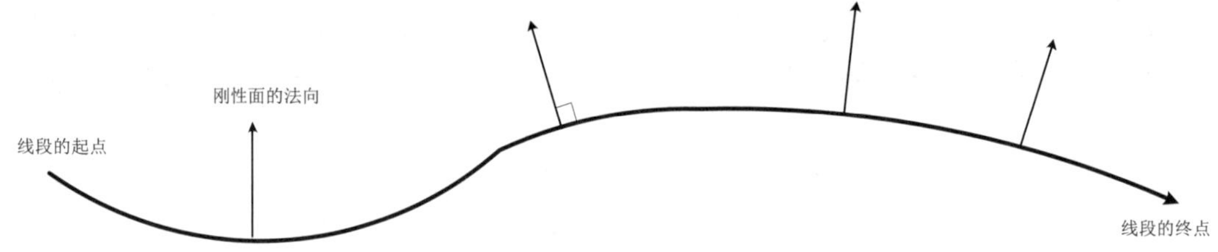

图 7-7 解析刚性接触面的法向

由于离散的刚性接触面由刚性单元生成，所以其法线在生成刚性单元时就已经定义了。

3. 接触相互作用

在 ABAQUS 模拟分析中，通过给接触相互作用赋予面的名字来定义两个面之间可能的接触。在定义接触相互作用时，必须指定相对滑动量是小还是有限量。

默认设置是较为普遍的有限滑动公式。如果两个表面相对滑动的量比单元面特征尺度小得多时，使用小滑动公式计算的效率更高。

每个接触相互作用必须调用接触属性，这与每个单元必须调用单元属性的方式类似。接触属性包括摩擦这类的本构关系。

4. 从面和主面

ABAQUS 使用单纯的主-从接触算法：从面上的节点不能侵入主面的任何部分；而该算法对主面没有做限制；主面可以在从面的节点之间侵入从面，如图 7-8 所示。

因为存在严格的主-从关系，所以必须小心地选择主、从接触面以获得最佳的接触分析结果。一些简单的规则如下：

- 从面应该是网格划分得更精细的面；

- 如果主、从面的网格密度相近，从面硬定义在较软的材料部件上。

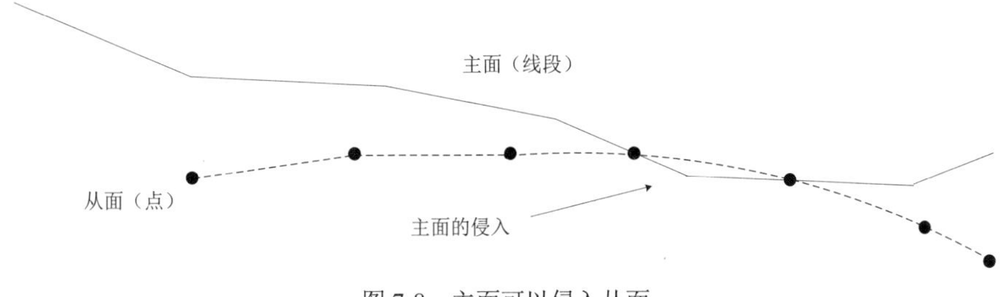

图 7-8　主面可以侵入从面

5. 小滑动与有限滑动

当使用小滑动公式时，ABAQUS 在分析开始时就建立从属点和主面之间的关系。一旦 ABAQUS 确定主面的哪个部分将与从面的节点发生作用，那么在整个分析过程中这些关系将维持不变，即绝不改变主面的那个部分与从属接触表面的节点的作用关系。

如果模型中有几何非线性，小滑动算法要考虑主面的转动和变形及由此改变的载荷路径，随着载荷路径改变而改变接触力。如果在模型中没有几何非线性，则忽略主面的转动和变形，载荷的路径维持不变。

有限滑动接触公式要求 ABAQUS 频繁判断主面上的区域与从面的每个节点的接触状态。这个计算很复杂，尤其是两个接触体都在变形时。在这种模拟过程中的结构可以是二维的也可以是三维的。

当结构折叠靠向自身时就发生了自接触，在变形体自接触问题中，ABAQUS 也可使用有限滑移公式。但这个功能仅对二维问题（平面应力、平面应变及轴对称）有效。

有限滑动公式对刚-柔接触的计算没有柔-柔接触的计算那么复杂。在主面是刚性的情况下，有限滑动分析可应用在二维和三维的模型中。

6. 单元选择

为接触分析选择单元时，一般来说，在将会形成从面的模型部分用一阶单元比较好。

二阶单元在接触分析中有时会出现问题，原因在于，二阶单元对均布的压力计算节点等效载荷的方式上。例如，*A* 面上一个二维的二阶单元对均布压力 *p* 的节点等效载荷，如图 7-9 所示。

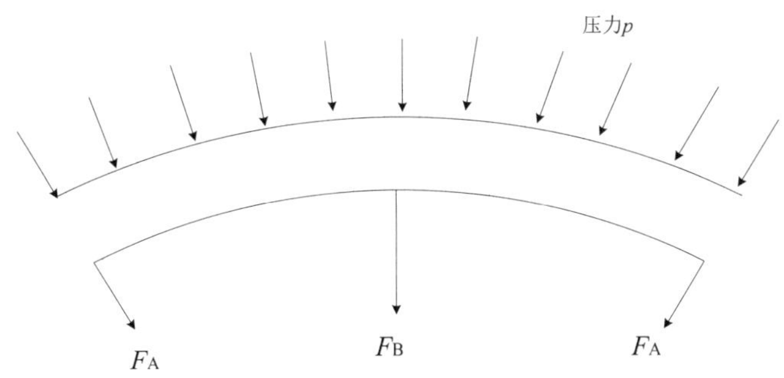

图 7-9　作用在二维的二阶单元上的均布压力的等效节点载荷

接触算法的关键是确定作用在从面节点上的力；而这种算法很难从图 7-9 所示的分布中区分究竟是均布接触压力还是单元的实际分布力。

对于三维二阶块体单元的等效节点力更会引起混淆，因为在均布压力作用下，这些节点力甚至连符号都不相同，这使得接触算法遇到很大的困难，尤其对于非均匀的接触更是如此。

因此，为了避免这类问题，ABAQUS 自动在二阶三维实体或楔形体单元中的面上加一个中面节点来标识从面。

对于均布压力，虽然带有中面节点的二阶单元的各等效节点力量值有相当大差异，但每个节点力与均布压力有相同的正负号。

对于作用的压力，一阶单元的各等效节点力总是与其正负号和量值一致。因此，由节点力所表示的给定压力的分布与接触状态之间没有歧义性。

如果几何形状复杂并需要用自动剖分形成网格时，在 ABAQUS 中应该用修正的二阶四面体单元（C3D10M），C3D10M 单元专门用于复杂接触的分析。

标准的二阶四面体（C3D10）的角节点接触力为零，这样将导致接触压力的预测值很差。因此 C3D10 单元不应该在接触问题中使用。而修正的四面体单元（C3D10M）可以计算出精确的接触压力。

7.1.3 接触算法

理解 ABAQUS 的接触算法有助于理解和诊断输出文件中的信息和成功地进行接触分析。

图 7-10 所示为 ABAQUS/Standard 中用的接触算法流程图。该算法建立在 ABAQUS 非线性分析中所讨论过的 Newton-Raphson 技术的基础之上。

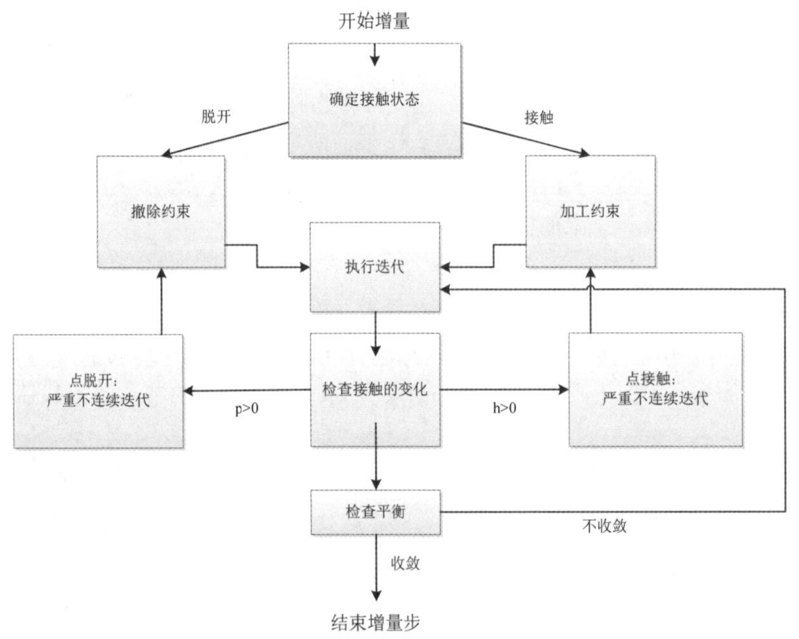

图 7-10 接触分析逻辑流程图

ABAQUS 在每个增量步开始之前检查所有接触的相互作用状态，以判断从属节点是脱开还是闭合。在图 7-10 中 p 表示从属节点上的接触压力，h 表示从属节点对主面的侵入距离。

如果一个节点是闭合的，ABAQUS 将确定它是在滑动还是黏结。ABAQUS 对每个闭合节点加以约束，而对那些接触状态从闭合到脱离变化的节点撤除约束，然后 ABAQUS 再次进行迭代并用计算修正值来改变模型。

在检验力或力矩的平衡前，ABAQUS 先检查从属节点上接触状态的变化。若节点在迭代后间隙变为负值或零，则它的状态由脱离变为闭合。

若节点在迭代后接触压力变为负值，则它的状态则由闭合变为脱开。如果检测到当前迭代步的接触状态有变化，ABAQUS 将它标识为严重不连续迭代（severe discontinuity iteration），且不进行平衡检验。

在第一次迭代结束后，ABAQUS 通过改变接触约束来反映接触状态的改变，然后进行第二次迭代。ABAQUS 重复这个过程，直到接触状态不再变化才结束迭代。

接着的迭代为第一次平衡迭代，并且 ABAQUS 进行正常的平衡收敛检查。如果收敛检查失败，ABAQUS 将进行下一次迭代。

每当一个严重不连续迭代发生时，ABAQUS 将内部平衡迭代计数器重新置零。这个平衡迭代的计数用于确定是否因收敛慢而放弃这个增量步。ABAQUS 重复整个过程直至获得收敛的结果，如图 7-10 所示。

在信息和状态文件中，每完成一个增量步就会总结显示有多少次严重不连续迭代和多少次平衡迭代。增量步的总迭代数是这两者之和。

通过区分这两类迭代，可以看到 ABAQUS 非常适合处理接触计算和很恰当地完成平衡迭代。当严重不连续迭代数很多而平衡迭代很少时，ABAQUS 对确定合适的接触状态就会出现困难。

在默认情况下，ABAQUS 会放弃那些超过 12 个严重不连续迭代的增量步，而改用更小的增量步。如果没有严重不连续迭代，那么接触状态从一个增量步到另一个增量步之间没有改变。

7.1.4　接触问题分析的关键技术

接触工程是常见的工程分析，ABAQUS 具有非常强的接触分析处理能力，但在进行接触分析时需要掌握以下关键技术。

1. 接触面间距离的定义

定义接触面之间的距离一般有如下 3 种方法。

（1）根据几何模型的装配尺寸定义

这种方法要求在用 CAD 软件（如 PRO/E）或者分析软件（如 ABAQUS）建立几何模型时考虑各个部件之间的装配关系，即各个部件之间装配的相对位置要精确，ABAQUS 软件根据装配部件之间的相对位置来判断接触面（主面和从面）的距离，从而确定各个部件之间的接触状态。

如果几何模型是通过 CAD 软件建立的，之后再导入到 ABAQUS 软件中处理，各个部件之间很有可能存在装配误差，所以一般都会在定义接触面对时，给参数 ADJUST 设置一个位置误差限度，用来调整从面节点的初始坐标。

基本格式如下：

```
*CONTACT PAIR,INTERACTION=<接触属性的名称>, ADJUST=<位置误差限度><从面名称>, <主面名称>
```

具体操作步骤为：在 ABAQUS/CAE 中打开“相互作用”模块，执行主菜单的相互作用→创建命令，在编辑相互作用（Edit Interaction）对话框的“从节点/表面调整”选项卡区域选中“为调整区域指定容差”选项，在其后输入位置误差限度的值。

（2）使用关键字*CONTACT INTERFERENCE 定义

这种方法对于求解较大的初始过盈接触问题很适用，使用关键字*CONTACT PAIR INTERACTION 定义接触面之间的距离或过盈量，类似于在两个部件之间施加载荷，该关键字不能在初始分析步中定义，只能在后续分析步中定义。

基本格式如下：

```
*CONTACT PAIR,INTERACTION=<幅值曲线的名称>, <从面名称>,<主面名称>, <过盈量或间隙量>
```

具体操作步骤为：在 ABAQUS/CAE 中打开“相互作用”模块，执行主菜单的“相互作用→创建”命令，单击（非初始步外的分析步）“编辑相互作用”对话框底部“选项”区域的“干涉调整”按钮。

如果几何装配模型中各个部件之间存在装配误差，也要通过定义接触面时的参数 ADJUST 来调整各个部件之间的装配间隙，否则关键字*CONTAC TINTERFERENCE 中的参数<过盈量或间隙量>不会起作用。基本格式中的参数<过盈量或间隙量>为负值表示过盈接触，正值表示两个面之间是缝隙接触。

（3）使用关键字*CLEARANCE 定义

使用关键字*CLEARANCE 可以定义两个接触面之间的初始过盈量或间隙量，但是它只能应用于小滑移，并且不需要使用参数 ADJUST 调整从面节点的位置。

在 ABAQUS 软件中，分析模型各个部件的接触表面可以在基于单元的实体上定义，也可以在基于几何实体上定义，接触面的类型可以是基于单元、节点、解析刚性面和多个表面的，可以根据分析模型的具体情况具体设定。下面主要讲解一下刚性接触面的定义。

刚性表面是刚性体的表面。可以是基于已经建立的刚性解析表面部件的，也可以是基于离散刚性表面部件的，还可以是基于在“相互作用”模块中通过执行“约束→创建”命令约束成“刚体”命令确定的刚性表面。

2. 几何模型和分析模型的区别

几何模型可以是其他 CAD 软件建立的 CAD 模型，也可以是分析软件自己建立的几何分析模型，只包括几何特征要素（包括点、线及面等），没有任何其他的约束条件（例如，边界条件的设定、载荷的施加以及结果数据的输出设定等），可以但不限于包括几何模型各个零部件之间的几何装配约束。

分析模型是包括几何模型在内的，并通过分析软件整个前处理过程建立起来的最终要递交求解的模型，既包括几何模型的特征要素，也包括分析软件施加的各种约束条件。

3. 通用接触的特点及具体实现方式

在求解接触问题时经常会碰到通用接触算法，下面就简单介绍通用接触的特点及具体的实现方式。

（1）通用接触的特点及其适用范围

通用接触分析多用于具有复杂拓扑关系的接触分析模型中。该算法非常容易使用，软件自动分析模型并建立模型实体间的接触关系，从而节省分析人员的时间成本。

通用接触算法一般比双面接触算法的执行更快。

（2）通用接触分析中丰富的接触定义

对于接触分析模型，可以定义全局或者局部摩擦系数。

用户通过自定义可以控制接触厚度（尤其是壳）；可以接触对的方式指定接触域（而不是 ALL ELEMENT BASED)；可以设置特征边界条件；也可以为指定的接触区域单独分配接触属性，基本格式如下：

```
    *CONTACT
    *CONTACT INCLUSIONS, ALL ELEMENT BASED
    *CONTACT PROPERTY ASSIGNMENT, prop_1（以全局的方式重新指定属性）Surf_1,surf_2,
prop_2（局部修改）
    Surf_3,surf_4,prop_3（局部修改）
```

（3）通用接触、算法定义的基本格式

最常用、最简单的通用接触算法定义，即整个模型的“自动接触”的基本格式如下：

```
    *CONTACT,
```

```
*CONTACT INCLUSIONS, ALL ELEMENT BASED
```

（4）通用接触算法的主选项和子选项

1）主选项

```
*CONTACT
```

2）子选项

①常用的选项：

```
*CONTACT INCLUSIONS
*CONTACT PROPERTY ASSIGNMENT
```

②不常用的选项：

```
*SURFACE PROPERTY ASSIGNMENT
*CONTACT EXCLUSIONS
```

③很少用的选项：

```
*CONTACT FORMULATION
*CONTACT CONTROLS ASSIGNMENT
```

7.2　接触问题实例

7.2.1　接触问题基础实例——法兰的密封尺寸

如图 7-11 所示的法兰盘接头分为上下两部分，上部为钢材质，下部为铝材质，接头承受 200kN 的轴向载荷，初步设计其使用的密封圈放在上下盘中间距离内边 10mm 处。通过对法兰接头进行受力分析，以确认其在受力时的形变情况，确定密封位置因形变而分开的距离，以便选择合适的密封尺寸。

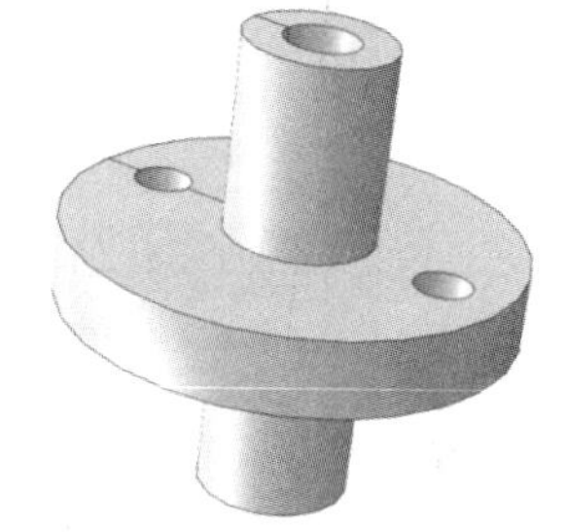

图 7-11　法兰盘接头示意图

1. 创建部件

进入 Part（部件）模块，分别对法兰盘上下部件进行建模，部件类型为二维平面壳体。部件如图 7-12、图 7-13 所示。

图 7-12　上部件

图 7-13　下部件

2. 创建材料和截面指派

进入 Property（属性）模块，分别按照图 7-14 和图 7-15 中的数据创建铝材和钢材两种材料。创建对应的截面，并进行截面指派。

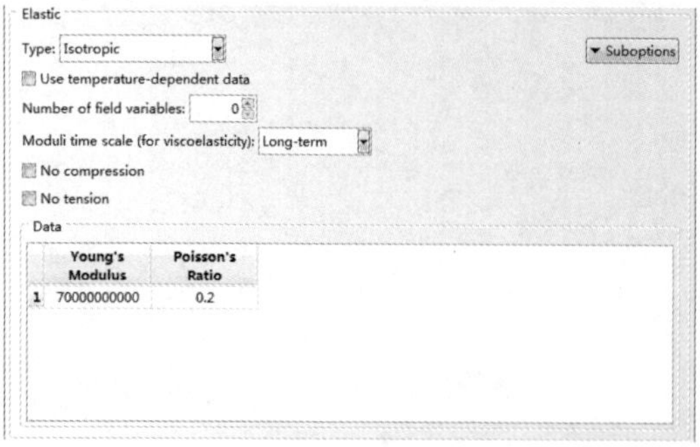

图 7-14 铝材料属性

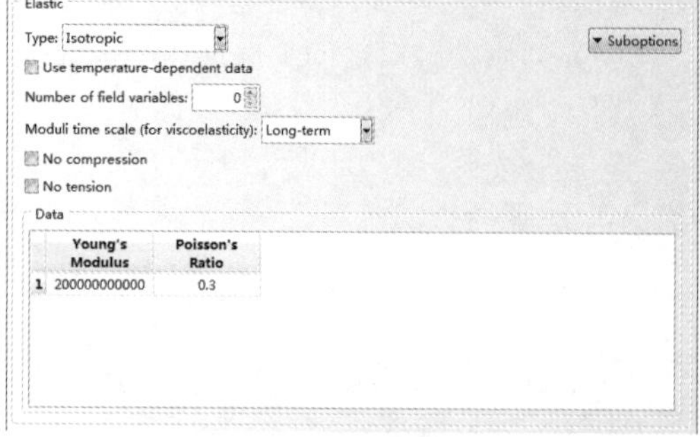

图 7-15 钢材料属性

3. 实例化

进入 Assembly（装配）模块，单击 Create Instance（创建实例）按钮，选择对应部件，完成部件的实例化，如图 7-16 所示。

隐藏部件实例的下半部分，如图 7-17 所示，单击菜单栏的 Tools（工具）→Surface（表面）→Create（创建）命令弹出如图 7-18 所示的 Create Surface（创建表面）对话框，选择上部分的下边线定义为 Surf-1，再以同样的方式定义下部分的上边线为 Surf-2。单击菜单栏的 Tools（工具）→Surface（表面）→Manager（管理器）命令，弹出如图 7-19 所示的对话框，查看已经创建的表面。

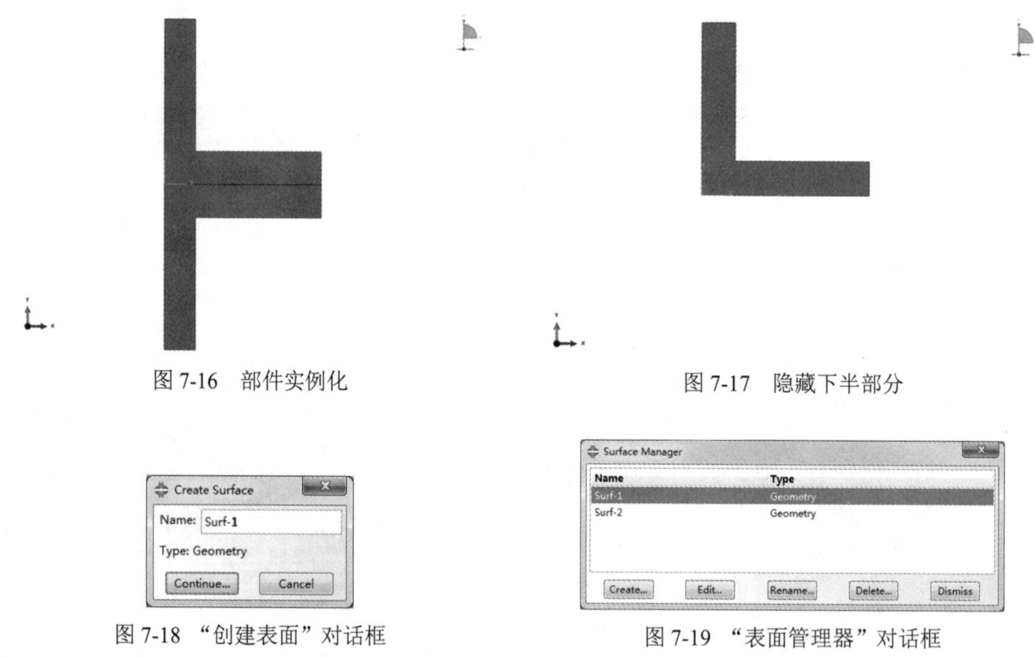

图 7-16 部件实例化

图 7-17 隐藏下半部分

图 7-18 “创建表面”对话框

图 7-19 “表面管理器”对话框

4. 分析步

进入 Step（分析步）模块，创建一个 Static, General（通用静力）分析步，使用默认设置即可。

5. 相互作用

进入 Interaction（相互作用）模块，单击 Create Interaction Property（创建相互属性）按钮，弹出如图 7-20 所示的 Create Interaction Property（创建相互作用属性）对话框，输入名称，

选择 Type（类型）为 Contact（接触），单击 Continue…按钮，在弹出的如图 7-21 所示的 Edit Contact Property（编辑接触属性）对话框中，选择 Friction Formulation（摩擦公式）为 Penalty（罚函数），Friction Coeff（摩擦系数）为 0.1，单击 OK 按钮完成设置。

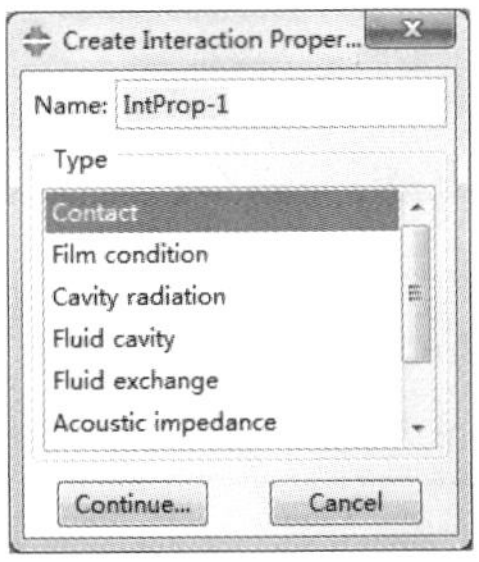

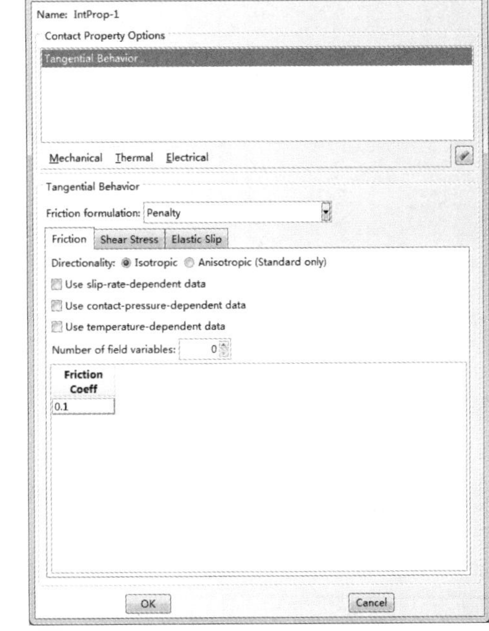

图 7-20 "创建相互作用属性"对话框

图 7-21 "编辑接触属性"对话框

单击 Create Interaction（创建相互作用）按钮，弹出如图 7-22 所示的 Create Interaction（创建相互作用）对话框，输入名称，选择 Surface to-surface contact（Standard），弹出如图 7-23 所示的 Edit Interaction（编辑相互作用）对话框，选择之前创建的 Surf-1 为主表面，Surf-2 为从表面，单击 OK 按钮完成设置。

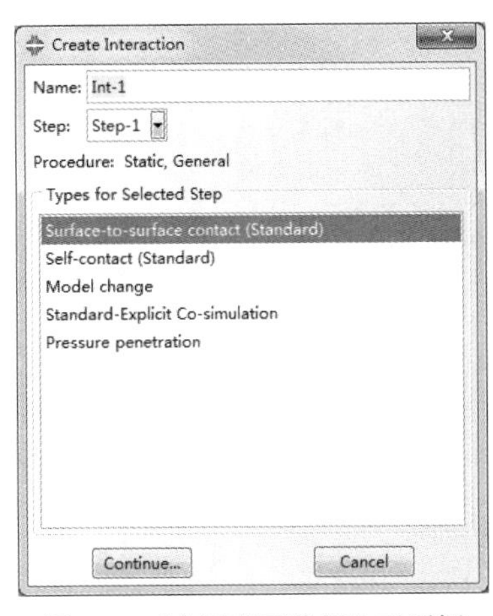

图 7-22 "创建相互作用"对话框

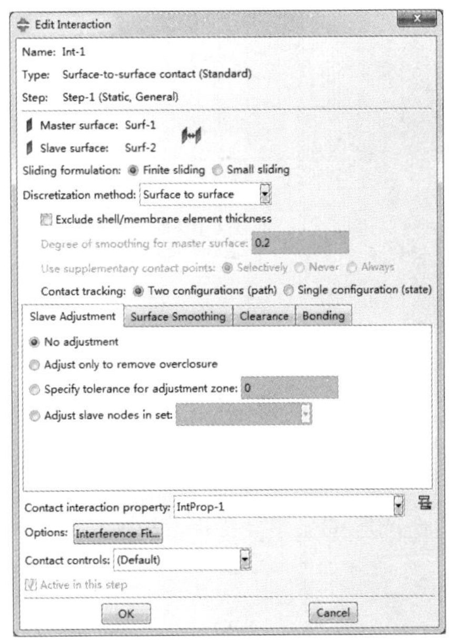

图 7-23 "编辑相互作用"对话框

此外，还需要考虑连接法兰盘的螺栓造成的影响，最简单的方式是在上下法兰的螺孔中心处各取一点，用约束方程将这两个点联系起来，如图 7-24、图 7-25 所示。

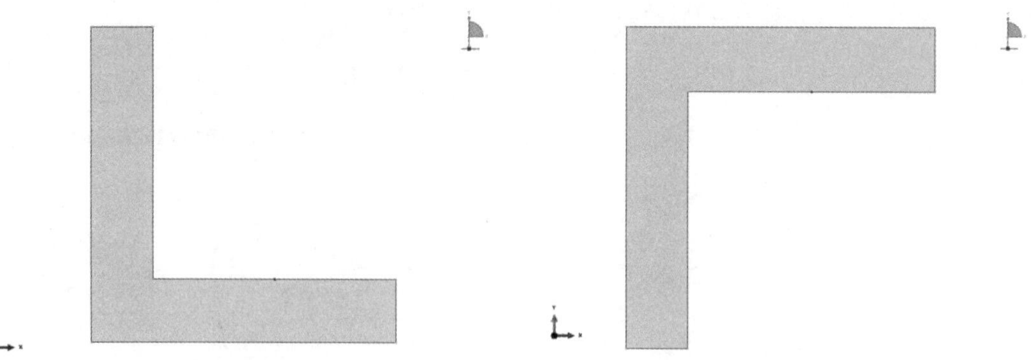

图 7-24　上部件螺孔中心点　　　　图 7-25　下部件螺孔中心点

将上下法兰上的点分别定义成几何集，如图 7-26 所示，用于后续约束方程的定义。

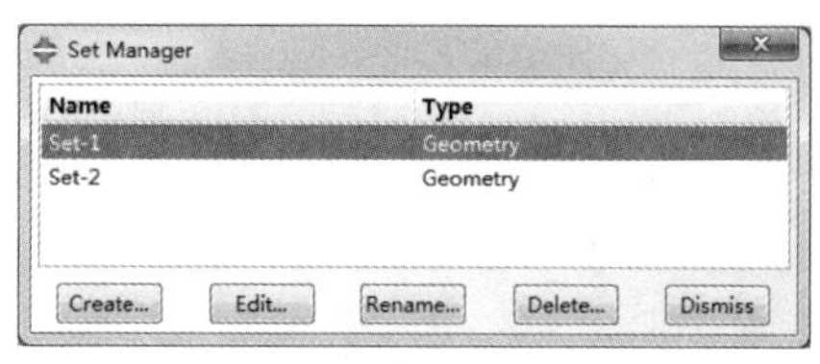

图 7-26　几何集

单击Create Constraint（创建约束）按钮，弹出如图 7-27 所示的 Create Constraint（创建约束）对话框，选择 Equation（方程），单击 Continue...按钮，弹出如图 7-28 所示的 Edit Constraint（编辑约束）对话框，按照图中数据进行约束方程的定义。以同样的方法，定义如图 7-29 和图 7-30 所示的约束方程。

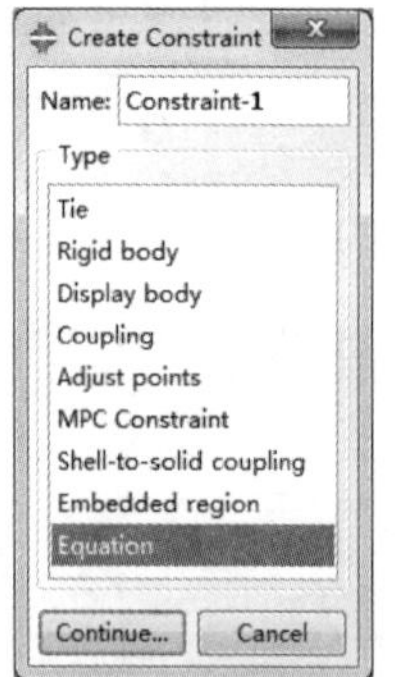

图 7-27　选择 Equation（方程）

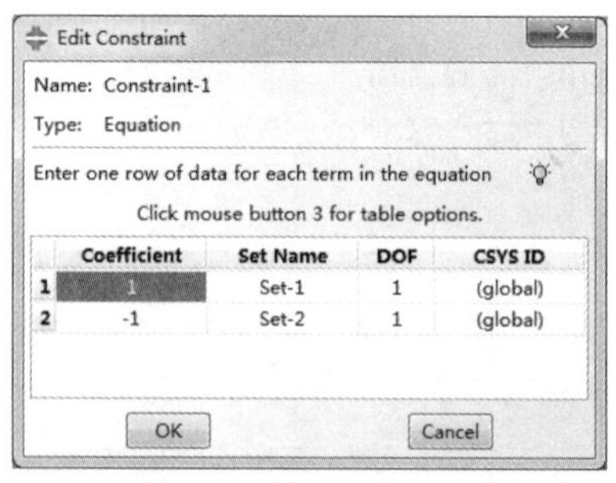

图 7-28　“编辑约束”对话框

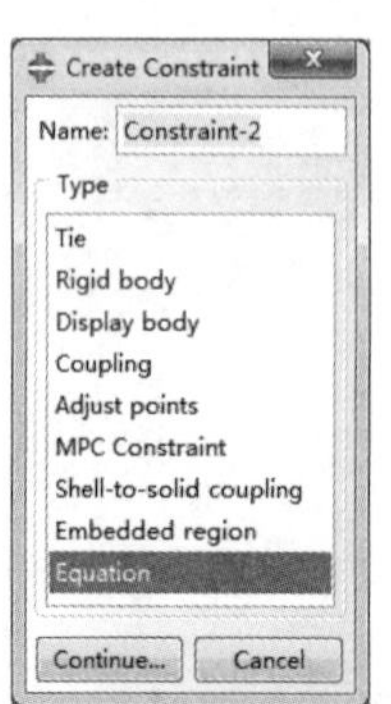

图 7-29　“创建约束”对话框

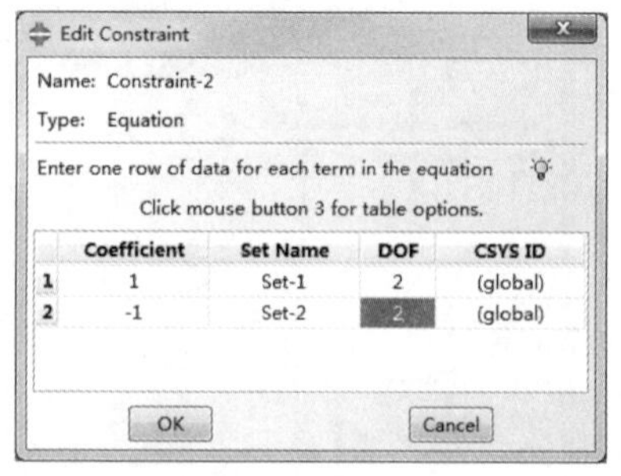

图 7-30　定义约束方程

6. 载荷与边界条件

上下法兰顶部都施加了 200kN 的轴向载荷，转换为分布载荷，$P=F/S$，将运算出的结果作为压强载荷施加给部件。

进入 Load（载荷）模块，单击Create Load（创建载荷）按钮，弹出如图 7-31 所示的 Create Load（创建载荷）对话框，在对应分析步创建 Pressure（压强）载荷，单击 Continue...按钮后，拾取法兰上下端面，如图 7-32 所示，之后在图 7-33 所示的 Edit Load（编辑载荷）对话框中输入计算出的压强数值，完成载荷施加。

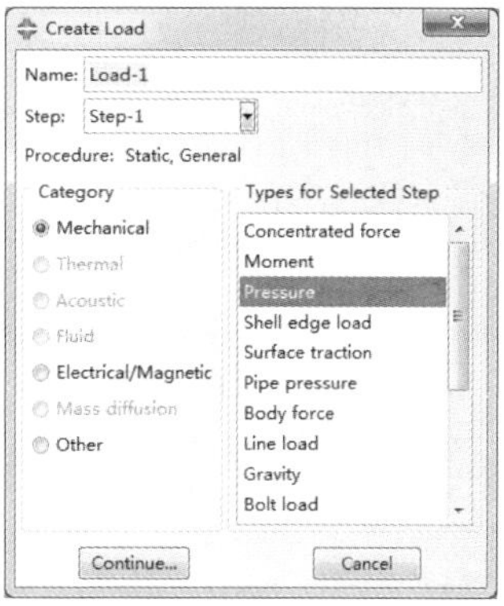

图 7-31　“创建载荷”对话框

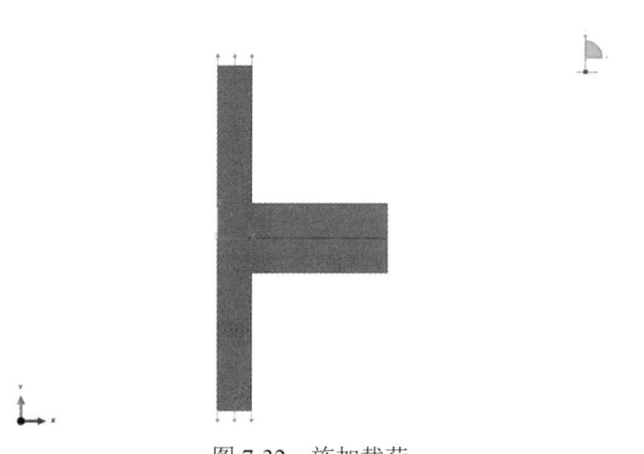

图 7-32　施加载荷

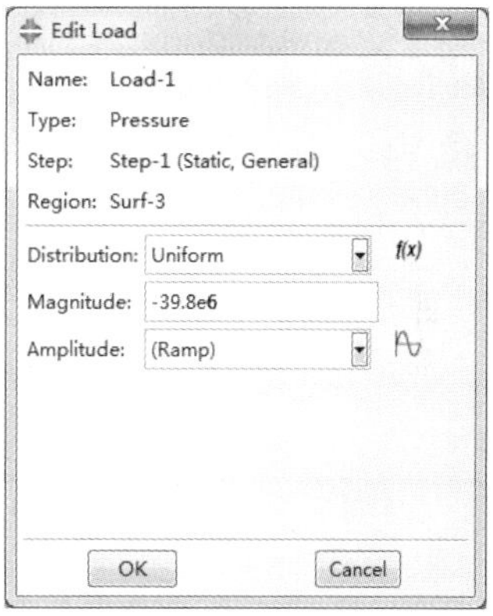

图 7-33　“编辑载荷”对话框

7. 划分网格

进入 Mesh（网格）模块，单击Seed Part Instance（全局种子）按钮，进行布种，布种结果如图 7-34、图 7-35 所示。

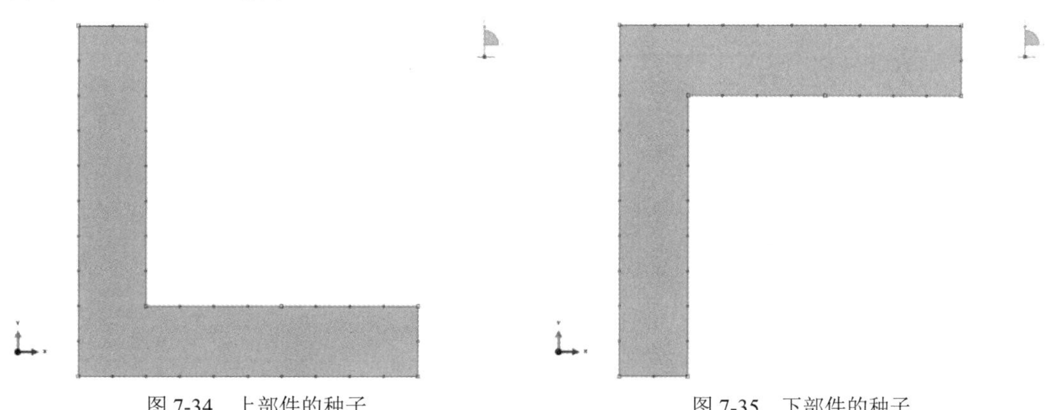

图 7-34　上部件的种子　　图 7-35　下部件的种子

单击Assign Mesh Controls（指派网格控制）按钮，弹出图 7-36 所示的 Mesh Controls（网格控制）对话框，选择 Quad（四边形），Technique（技术）项选择 Free（自由）网格，单击 OK 按钮，关闭对话框。单击Mesh Part Instance（划分网格）按钮，进行网格划分，结果如图 7-37 所示。

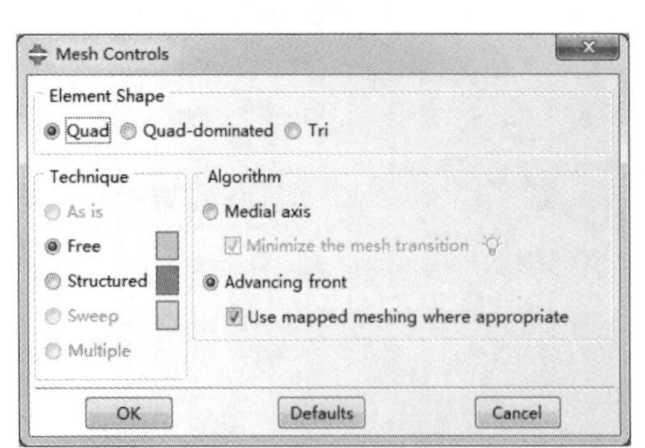

图 7-36 “网格控制”对话框

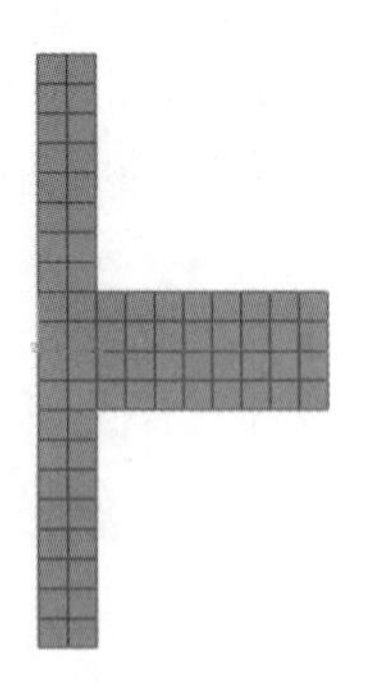

图 7-37 网格划分

8. 作业

进入 Job（作业）模块，单击Create Job（创建作业）按钮，弹出如图 7-38 所示的 Create Job（创建作业）对话框，输入作业名称，单击 Continue...按钮，在弹出的图 7-39 所示的 Edit Job（编辑作业）对话框中单击 OK 按钮，完成创建。

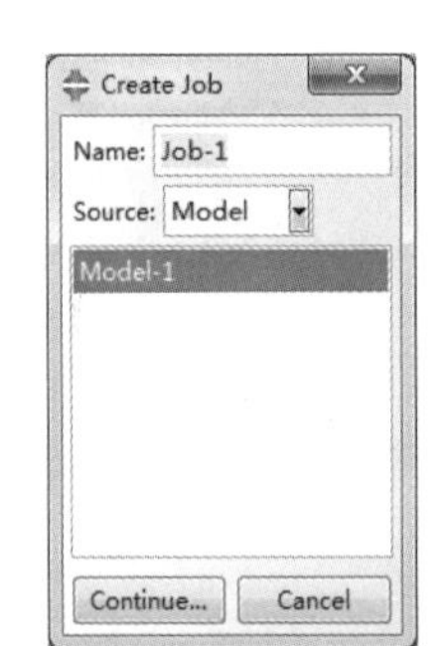

图 7-38 “创建作业”对话框

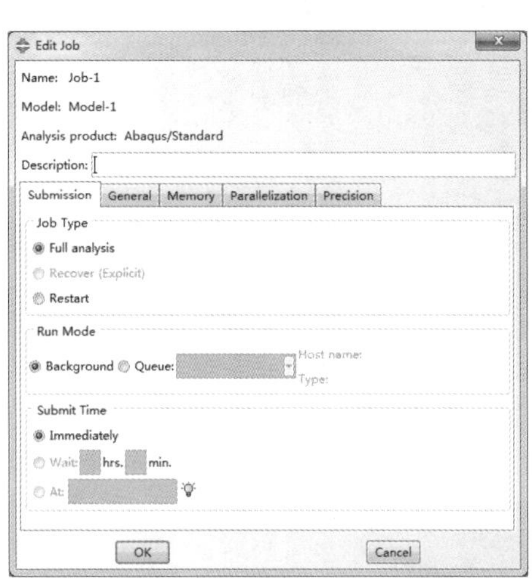

图 7-39 “编辑作业”对话框

9. 后处理

分析作业完成后，进入 Visualization（可视化）模块，单击 Filed Output Dialog 按钮，选择不同的变量，单击 Apply 按钮，可在视图区输出不同的变量云图，如图 7-40～图 7-43 所示。

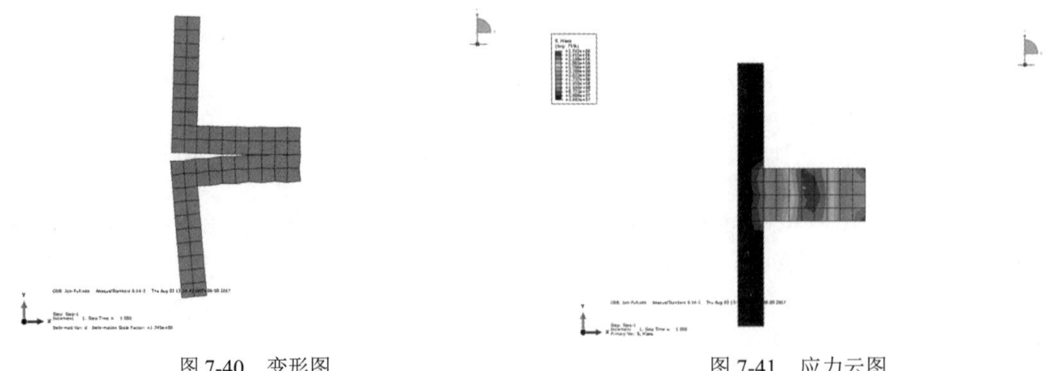

图 7-40 变形图

图 7-41 应力云图

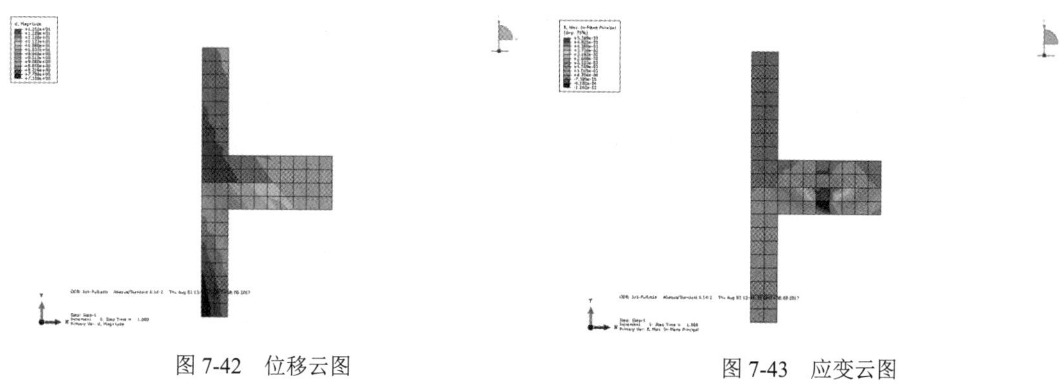

图 7-42　位移云图　　　　图 7-43　应变云图

7.2.2　塑性加工过程仿真

本节实例对塑性加工的过程进行有限元分析。

1. 创建部件

毛坯部件为 2D Planar Shell（二维平面壳）部件，冲头、冲模、夹具部件均为 2D Planar Analytical Rigid Shell（二维平面刚性壳）部件，其结构如图 7-44 所示。

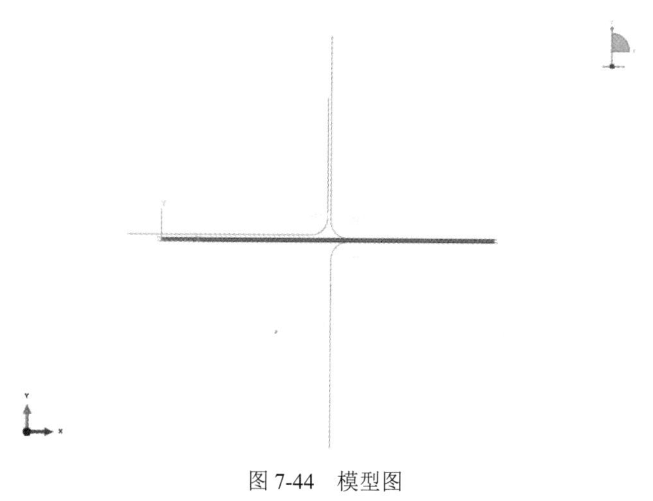

图 7-44　模型图

2. 创建材料和截面指派

毛坯材质为高强度钢，其在非弹性范围的应力应变特性如表 7-1 所示。当发生塑性变形时，材料经历了较大的硬化。

表 7-1　屈服应力与塑性应变数据

屈服应力（Pa）	塑性应变
4E8	0.00
4.2E8	0.02
5E8	0.20
6E8	0.50

进入 Property（属性）模块，分别按照图 7-45 和图 7-46 中的数据创建高强度钢材料。创建对应的截面，并进行截面指派。

毛坯在变形时会出现明显的扭转变形，所以，在一个随毛坯运动而旋转的坐标系下给出的应力和应变值用于解释分析的结果。因此，需要建立一个随着单元的变形而移动的局部坐标系。单击Create Datum CSYS：3 Point（创建局部坐标系：3 个点）按钮，选择毛坯部件作为坐标系赋予区域，在视图区单击基准坐标系作为 CSYS（选择 Axis，并接受 0.0 的旋转），建立的局部坐标系如图 7-47 所示。

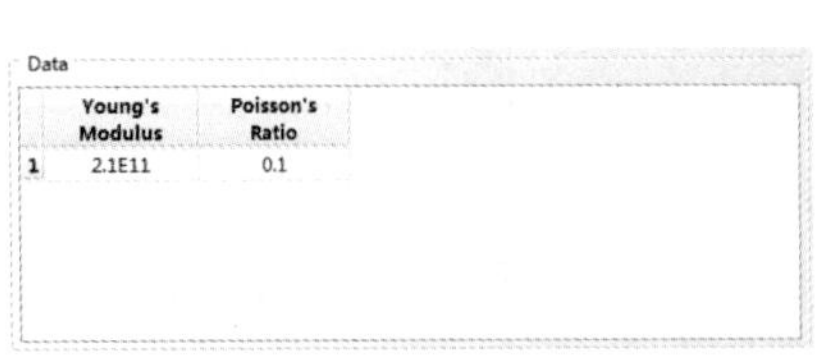

Data

	Young's Modulus	Poisson's Ratio
1	2.1E11	0.1

图 7-45　弹性参数

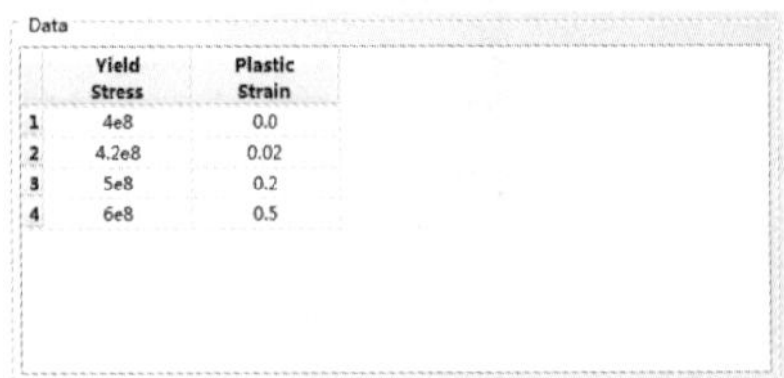

Data

	Yield Stress	Plastic Strain
1	4e8	0.0
2	4.2e8	0.02
3	5e8	0.2
4	6e8	0.5

图 7-46　塑性参数

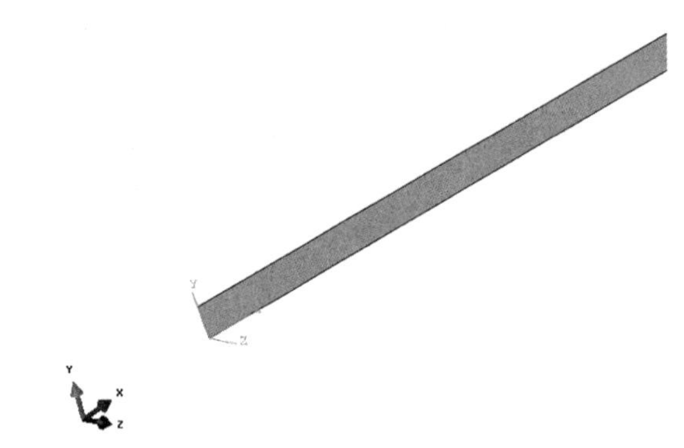

图 7-47　局部坐标系

3. 实例化

进入 Assembly（实例）模块，单击Create Instance（创建实例）按钮，弹出如图 7-48 所示的对话框，选择对应部件，完成部件的实例化，如图 7-49 所示。

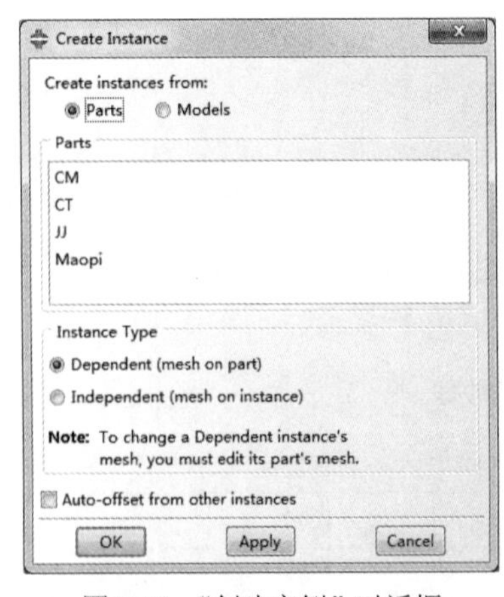

图 7-48 “创建实例”对话框

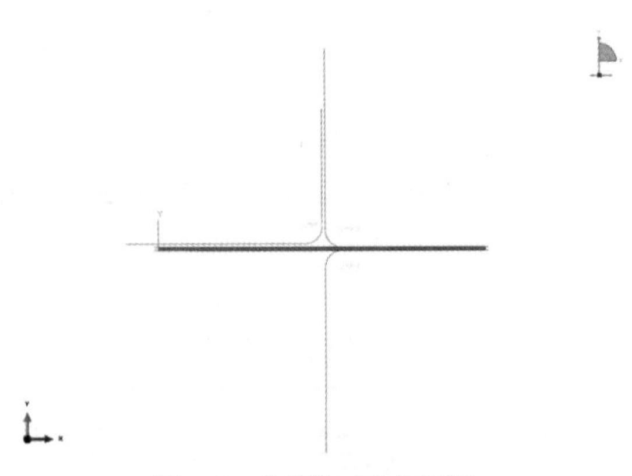

图 7-49　实例化（完成装配）

对各个部件上的几何元素建立几何集对于施加载荷和设置边界条件很方便。下面创建 6 个几何集，用于后续的操作。几何集管理器如图 7-50 所示。其中，Maopi-Left 为毛坯的左侧垂直边，Ref-Chongmo、Ref-Chongtou、Ref-Jiaju 分别为冲模、冲头和夹具部件的参考点，Middle-Left、

Middle-Right 为毛坯左右侧竖边的中点。

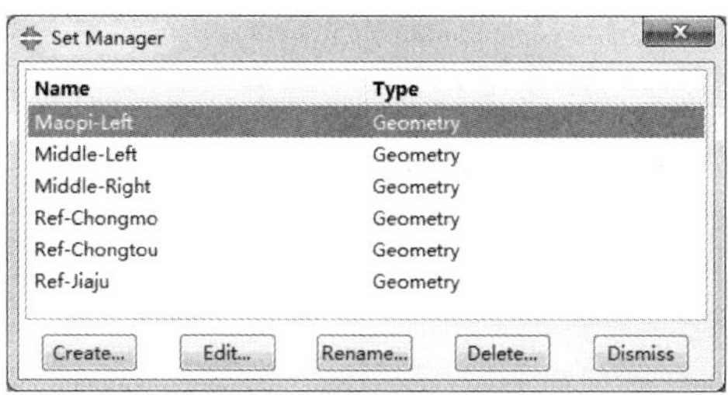

图 7-50　几何集管理器

4. 分析步

ABAQUS 在分析运算过程中通常会尝试在部件之间建立较为平稳的接触方式，以免出现较大的过约束和压力的剧烈变化，而导致迭代运算难以收敛。模拟的过程分为 5 步，下面对各个分析步进行简明概述。

分析步 1

在这个分析步中，需要建立毛坯和夹具之间的明确接触关系，用位移边界条件将夹具压在毛坯上。分析步的设置如图 7-51～图 7-54 所示。

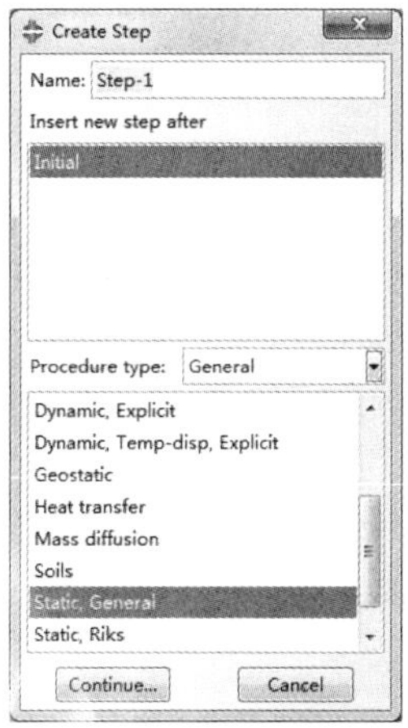

图 7-51　分析步 1 的设置

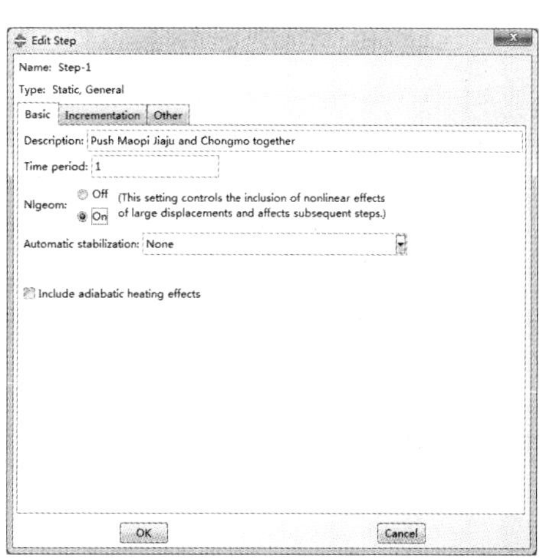

图 7-52 “编辑分析步”对话框

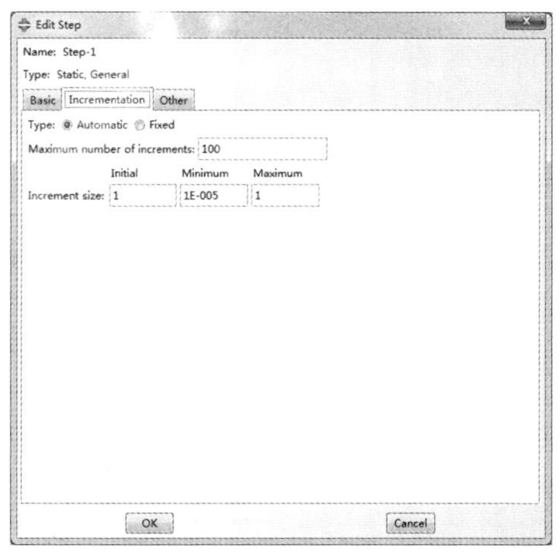

图 7-53 “时间增量设置”选项卡

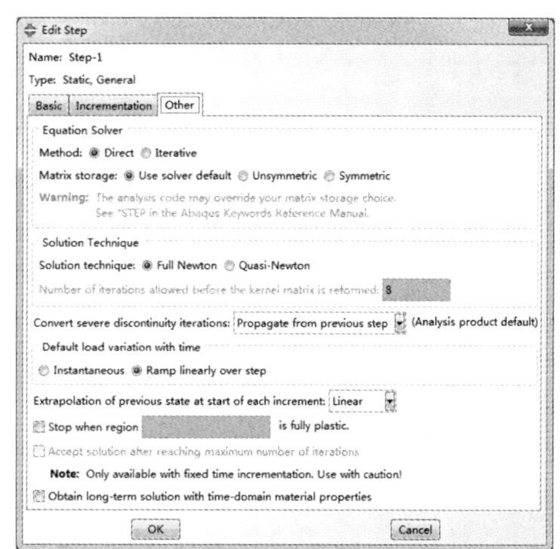

图 7-54 “其他设置”选项卡

分析步 2

由于在分析步 1 中已经建立了毛坯、夹具和冲模之间的接触关系，因此需要在分析步 2 中撤除毛坯右端的约束。因为这个分析步中只是撤除毛坯上的垂直方向的约束，所以只需一个时间增量步即可，分析步的设置如图 7-55、图 7-56 所示。

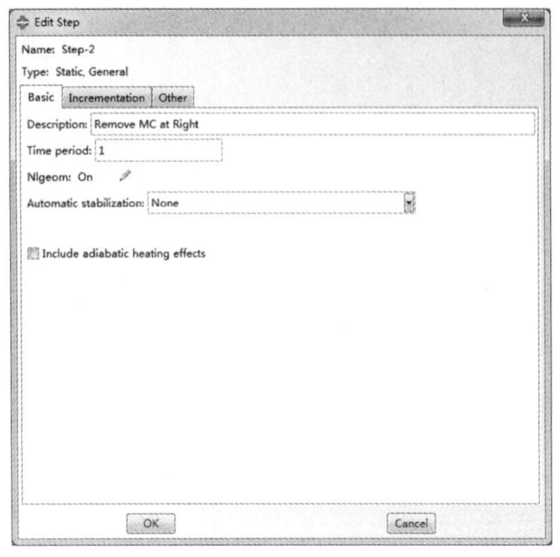

图 7-55　分析步 2 的设置

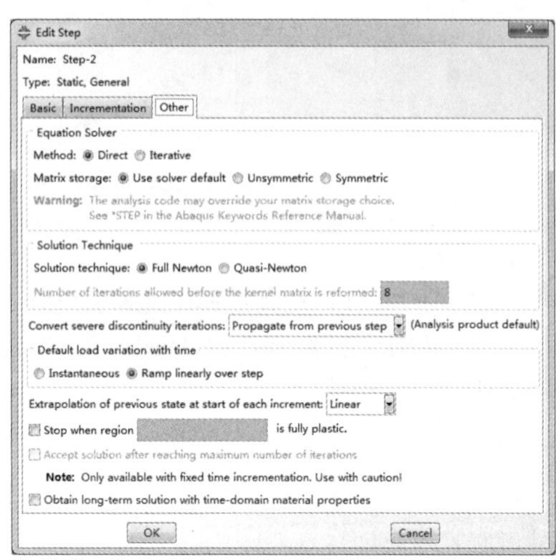

图 7-56　“其他设置”选项卡

分析步 3

在塑性加工的成型过程中，夹具夹持力的大小是主要的控制因素之一，因此在分析过程中需要用一个可变载荷来定义。在这个分析步中使用边界条件代替力载荷，来体现夹具的向下移动。分析步的设置如图 7-57、图 7-58 所示。

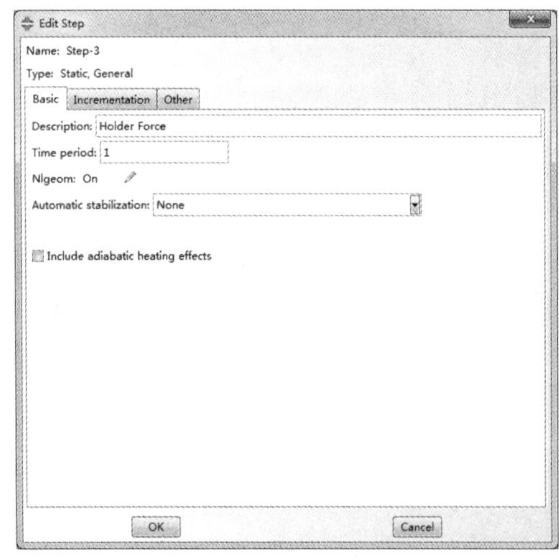

图 7-57　分析步 3 的设置

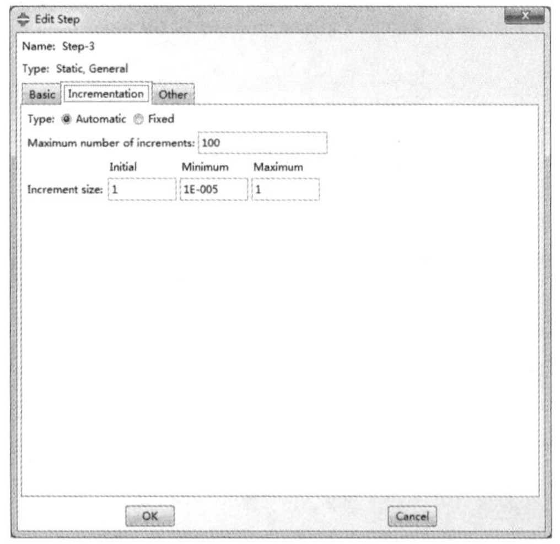

图 7-58　“时间增量设置”选项卡

分析步 4

在分析开始时，冲头和毛坯是分离的，这是为了避免建立毛坯、夹具和冲模之间的接触关系时出现干涉。因此，在分析步 4 中，将冲头垂直向下移动，直到足以与毛坯相接触。此外需要撤去毛坯左端的垂直向约束，并在毛坯的上表面施加一个较小的压力，将其拉向冲头的接触面，分析步的设置如图 7-59、图 7-60 所示。

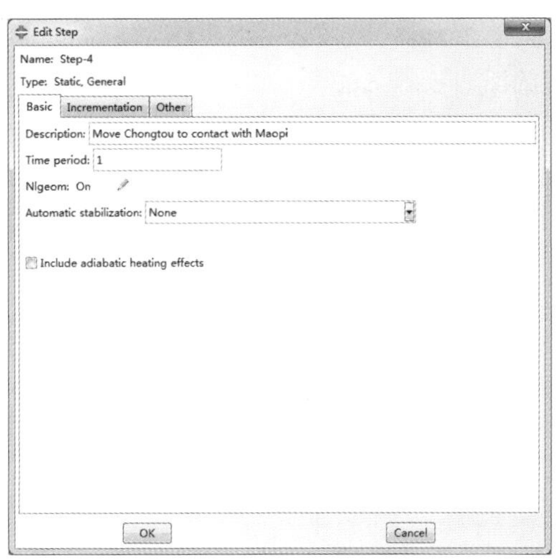

图 7-59　分析步 4 的设置

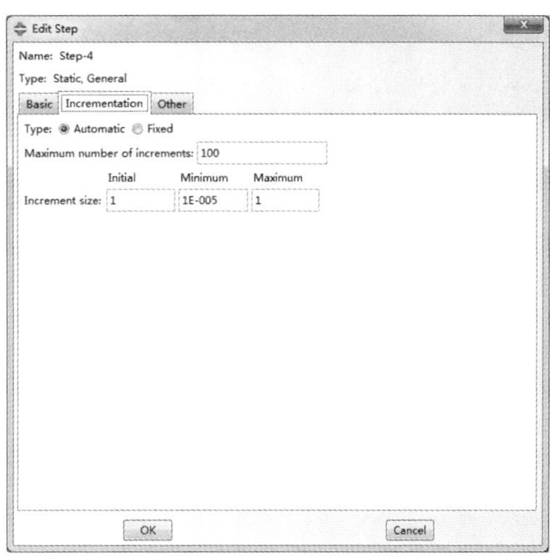

图 7-60　“时间增量设置”选项卡

分析步 5

在最后的分析步中，需要撤去作用在毛坯上的压力，通过冲头的向下移动完成加工成型操作，分析步的设置如图 7-61、图 7-62 所示。

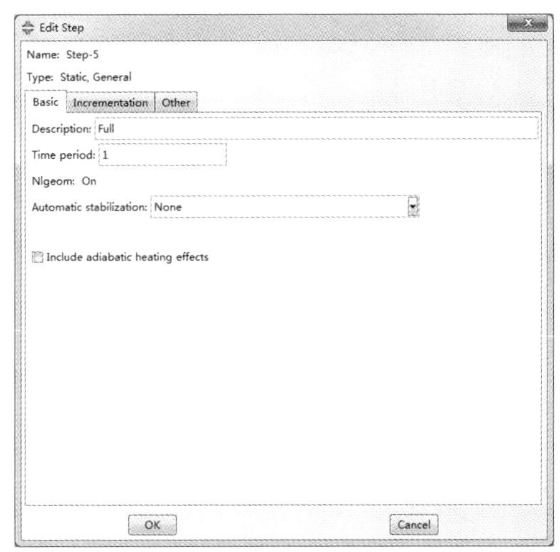

图 7-61　分析步 5 的设置

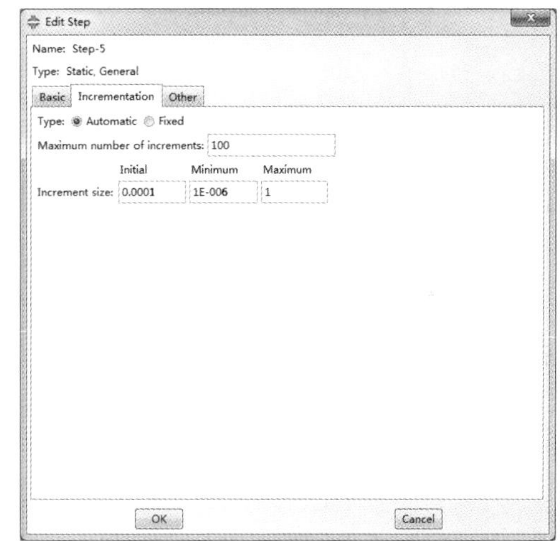

图 7-62　“时间增量设置”选项卡

完成分析步的定义后，选择需要监控的自由度，从菜单栏选择 Output（输出）→DOF Monitor（自由度监控器）命令，弹出如图 7-63 所示 DOF Monitor（自由度监控器）对话框，并按图中参数设置。

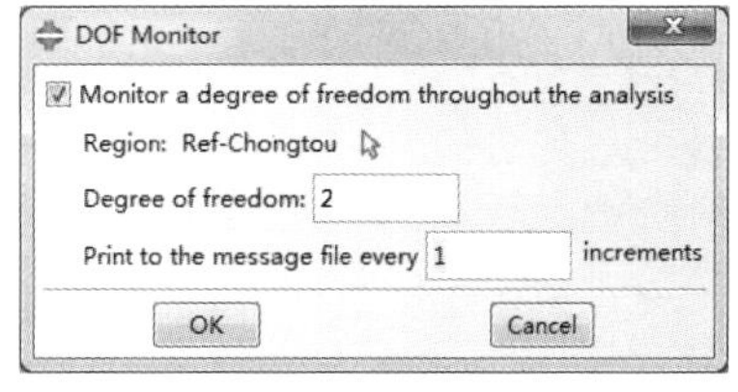

图 7-63　“自由度监控器”对话框

单击按钮，弹出如图 7-64 所示的 Region Selection（区域选择）对话框，选择 Ref-Chongtou 选项，单击 Continue...按钮，回到图 7-63 所示的对话框，输入 Degree of freedom（自由度）值为 2，单击 OK 按钮完成设置。

5. 相互作用

进入 Interaction（相互作用）模块，为了便于相互作用的定义，需要定义如图 7-65 所示的平面，其中，毛坯顶面为 Surf-Maopi-1，底面为 Surf-Maopi-2，冲模朝向毛坯的面为 Surf-Chongmo，冲头朝向毛坯的面为 Surf-Chongtou，夹具朝向毛坯的面为 Surf-Jiaju。

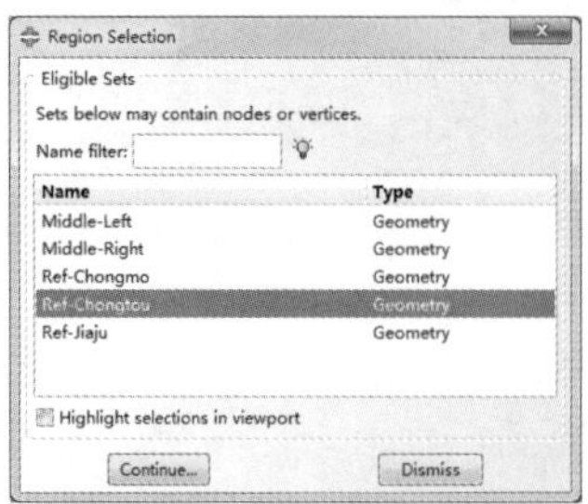

图 7-64 “区域选择”对话框

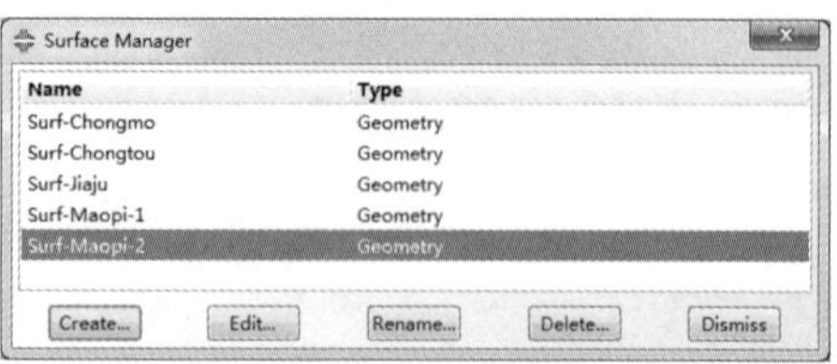

图 7-65 创建表面

在定义冲头、冲模、夹具和毛坯之间的接触时，刚性接触面必须为主面，每个接触相互作用都需要调用对应的相互作用属性。假设毛坯与冲头间摩擦系数为零，毛坯与其他两个工具之间的摩擦系数为 0.1。

单击Create Interaction Property（创建相互作用属性）按钮，按照如图 7-66、图 7-67 所示参数定义两个接触相互作用。

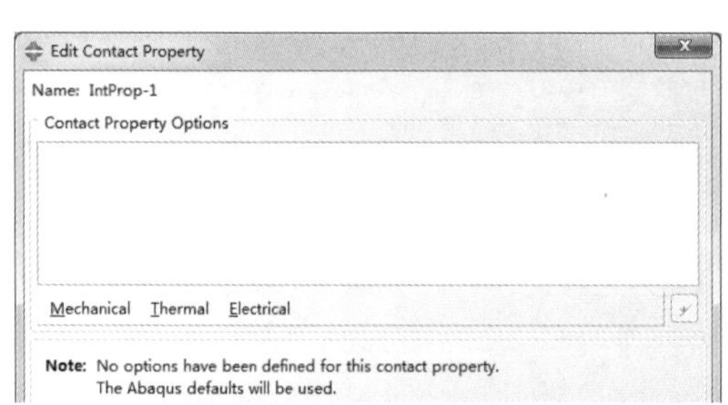

图 7-66 无摩擦的接触属性

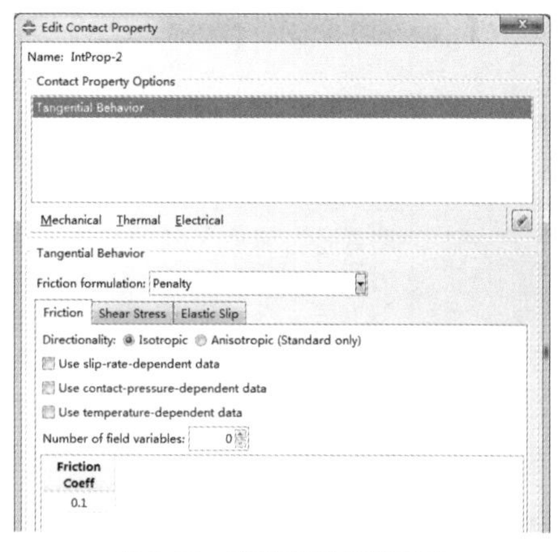

图 7-67 有摩擦的接触属性

单击Create Interaction（创建相互作用）按钮，创建冲模、夹具、冲头和毛坯之间的相互作用，具体参数如图 7-68～图 7-71 所示。

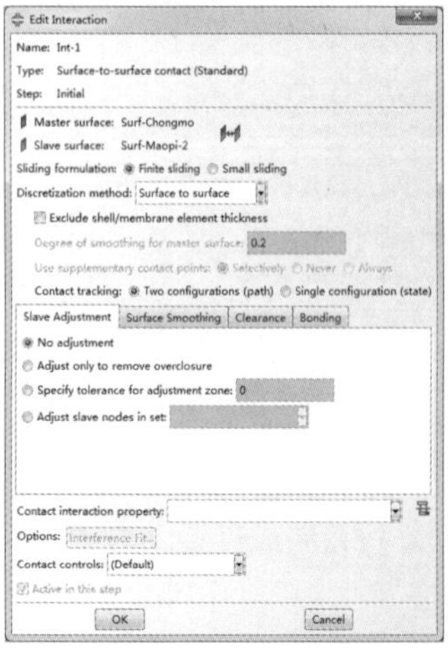

图 7-68 冲模与毛坯间的有摩擦接触

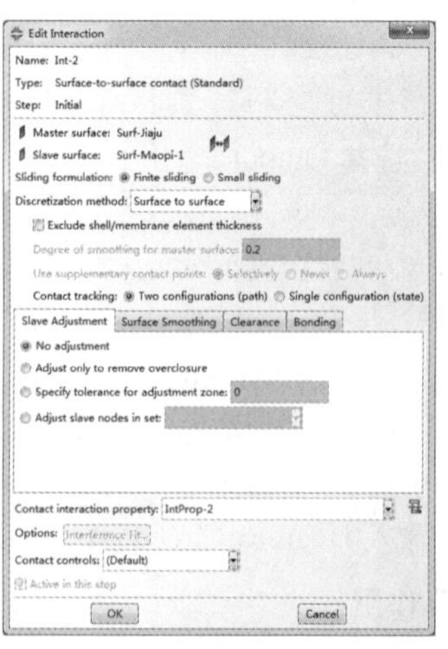

图 7-69 夹具和毛坯间的有摩擦接触

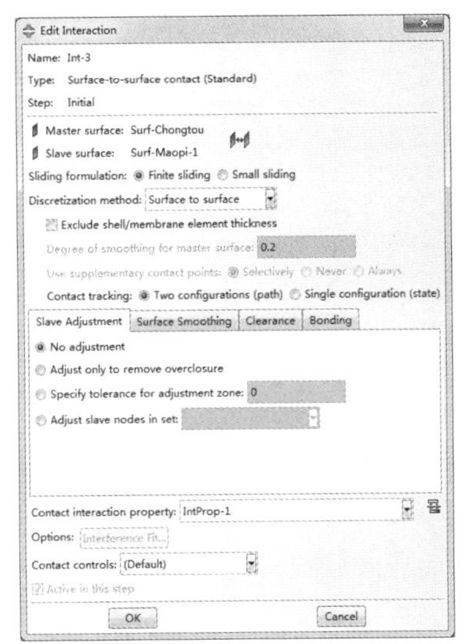

图 7-70　冲头和毛坯间的无摩擦接触

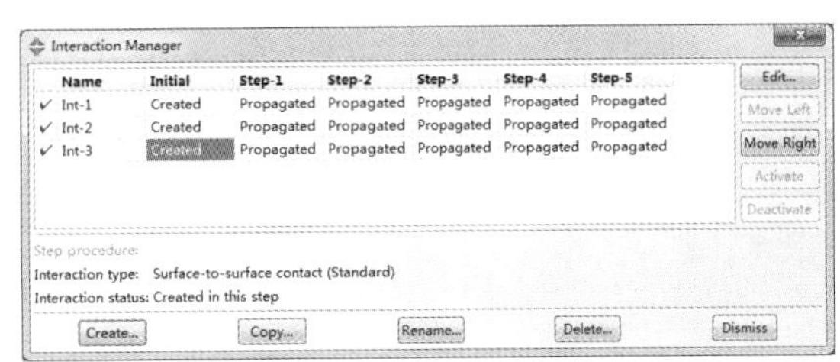

图 7-71　相互作用管理器

6. 载荷与边界条件

进入 Load（载荷）模块，单击 Create Boundary Condition（创建世界条件）按钮，按照如表 7-2 所示内容创建边界条件，单击 Boundary Condition Manager（边界条件管理器）按钮，打开图 7-72 所示边界条件管理器，得到如图 7-73 所示的模型。

表 7-2　边界条件

边界名称	几何集	边界条件值
BC-Maopi	Maopi-Left	XYSMM
BC-Chongmo	Ref-Chongmo	U1=UR3=0.0,U2=1E-08
BC-Jiaju	Ref-Jiaju	U1=UR3=0.0,U2=-1E-08
BC-Chongtou	Ref-Chongtou	U1=U2=UR3=0
BC-Middle-Left	Middle-Left	U2=0.0
BC-Middle-Right	Middle-Right	U2=0.0

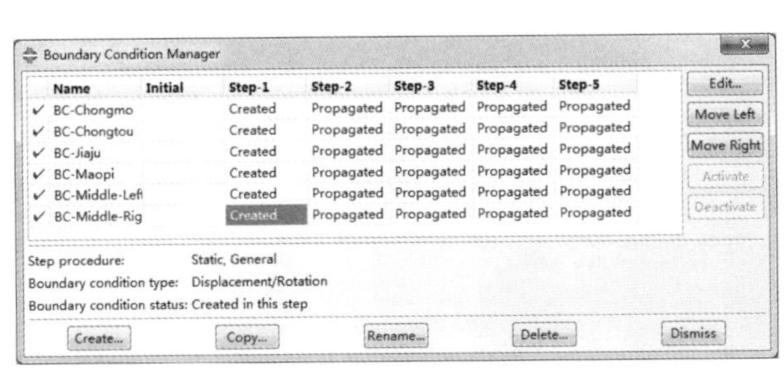

图 7-72　边界条件管理器

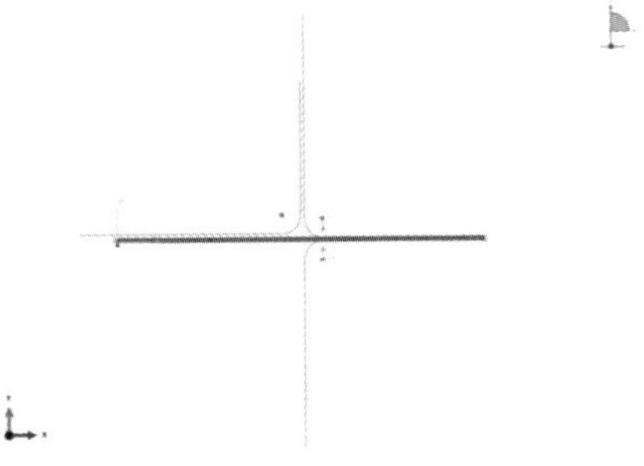

图 7-73　分析步 1 中施加边界条件后的模型

在分析步 1 中，毛坯与夹具、冲模之间的接触关系已经建立，且完全约束了毛坯在 2 方向的自由度，确保毛坯不会平移。在分析步 2 中需要取消激活 BC-Middle-Right，打开边界条件管理器，选定该边界条件在 Step-2 的单元格，单击管理器右侧的 Deactivate 按钮，如图 7-74 所示。

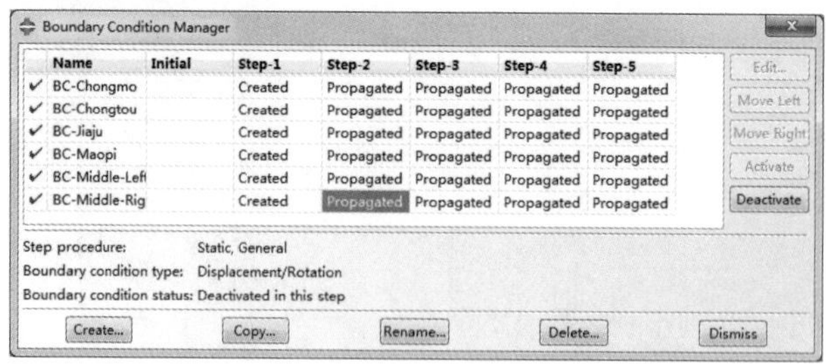

图 7-74　分析步 Step-2 中取消激活

在分析步 3 中，需要撤销用于夹具向下移动的边界条件，以一个集中力代替。在边界条件管理器中编辑 BC-Jiaju 的边界条件，撤销 U2 的约束，如图 7-75 所示。同时单击 Create Load 按钮，在 Step-3 中创建一个载荷，对 Ref-Jiaju 施加一个载荷，如图 7-76 所示，在弹出的图 7-77 所示对话框中，输入 CF2 的值为“-4.4e5”。载荷在分析步之间的传递关系如图 7-78 所示。

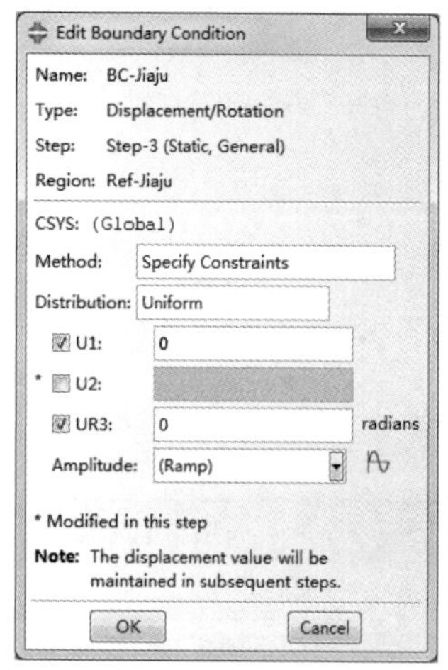

图 7-75　撤销边界条件 U2 的约束

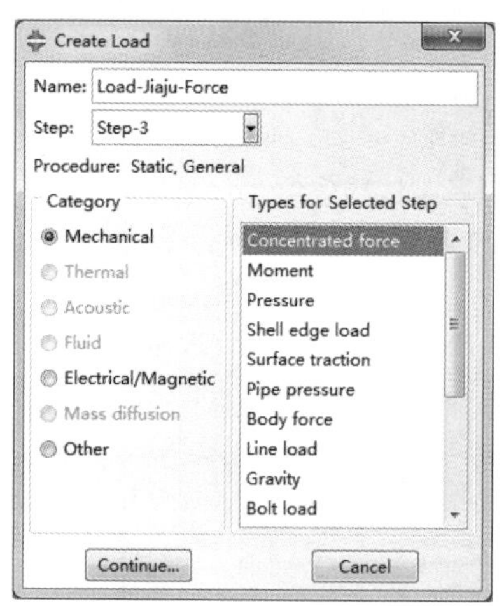

图 7-76　“创建载荷”对话框

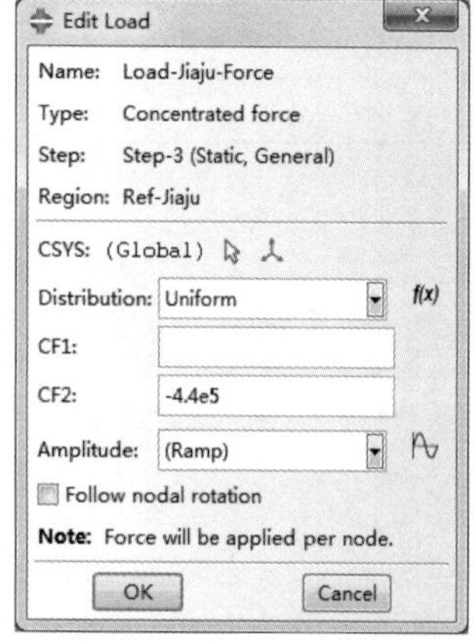

图 7-77　“编辑约束”对话框

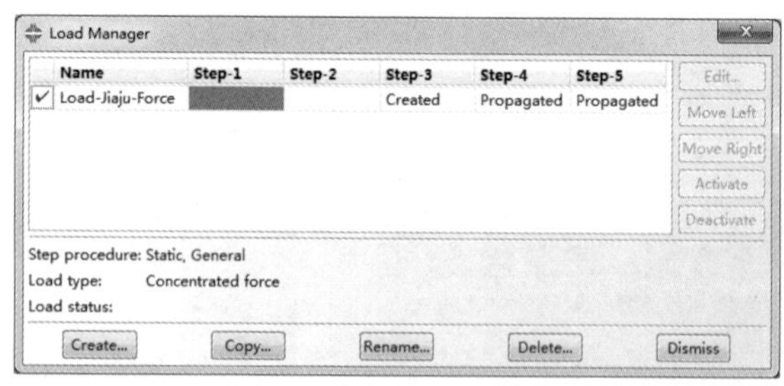

图 7-78　载荷与传递状态

在分析步 4 中，需要使冲头沿 2 方向向下移动，直至恰好与毛坯接触，因此需要撤销 Middle-Left 集的竖直向约束，在毛坯上端施加一个较小的压力，将毛坯拉向与冲头的接触面。在 Step-4 中接触 Middle-Left 的边界条件，如图 7-79 所示，并改变 BC-Chongtou 的边界条件，在 U2 输入“-1”。

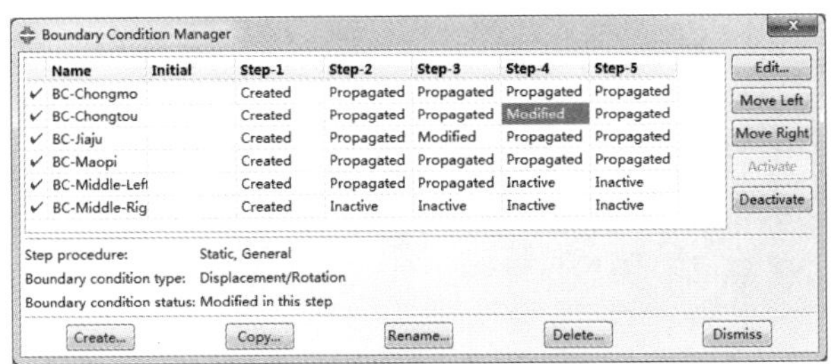

图 7-79　边界条件的传递方式

从载荷管理器中创建一个名为 Small-Pressure 的压强载荷，压强大小为 1000Pa，如图 7-80 所示。

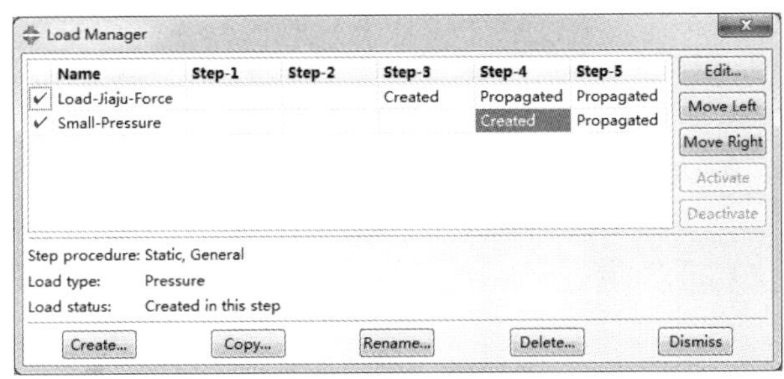

图 7-80　载荷的传递方式

在分析步 5 中撤销施加在毛坯上表面的分布力，冲头向下移动，完成成型加工。在如图 7-81 所示的 Load Manager（载荷管理器）中，撤销 Step-5 中的 Small-Pressure 载荷，同时在边界条件管理器中，编辑 BC-Chongtou 边界条件，如图 7-82 所示，将 U2 项修改为-15，如图 7-83 所示。

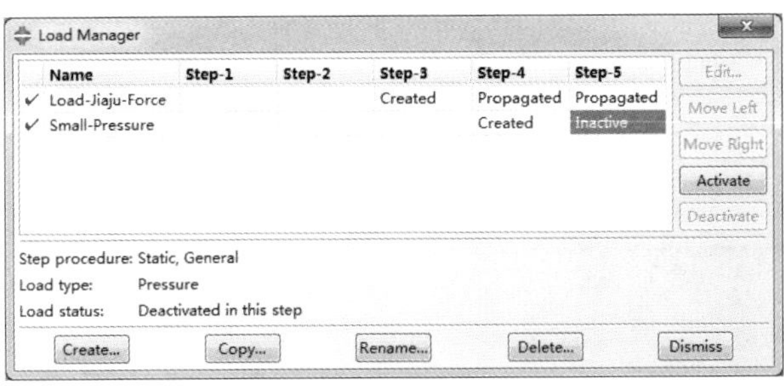

图 7-81　载荷管理器

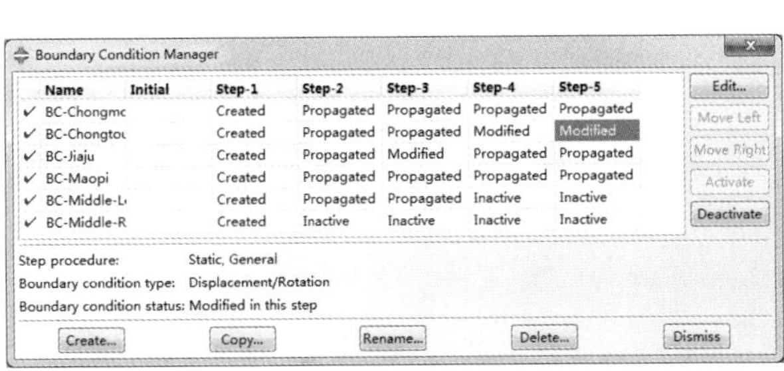

图 7-82　边界条件传递方式

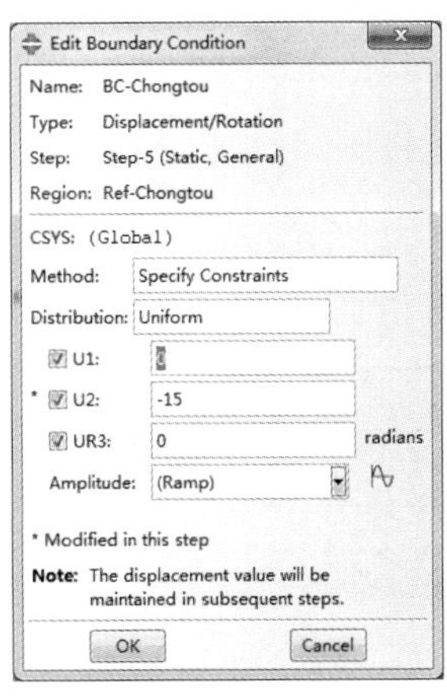

图 7-83　“编辑边界条件”对话框

7. 网格划分

进入 Mesh（网格）模块，单击 Assign Element Type（指派单元类型）按钮，指定毛坯部件所用单元类型为 CPE4I，如图 7-84 所示。对毛坯的水平和竖直边进行布种，分割单元数量分别为 100 和 4。单击 Mesh Part（网格部件）按钮，进行网格划分，划分结果如图 7-85 所示。

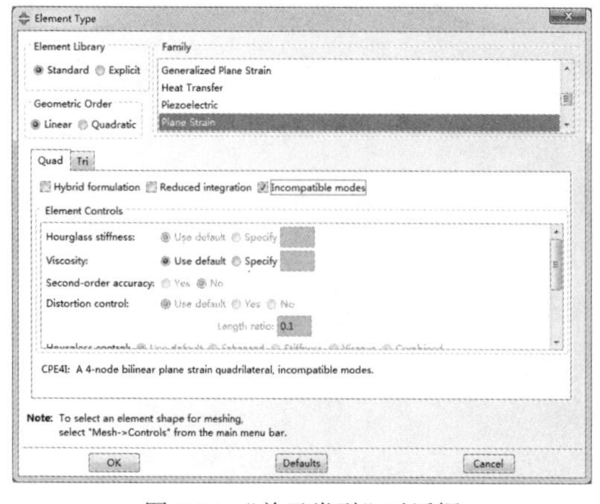

图 7-84 “单元类型”对话框

图 7-85 网格划分

8. 分析作业

进入 Job（作业）模块，单击 Create Job（创建作业）按钮，创建作业，进行分析。

9. 后处理

分析完成后，单击 Results（结果），进入 Visualization（可视化）模块。

单击 Filed Output Dialog 按钮，选择应力变量，显示出分析步 1～4 下的应力云图，如图 7-86～图 7-89 所示。

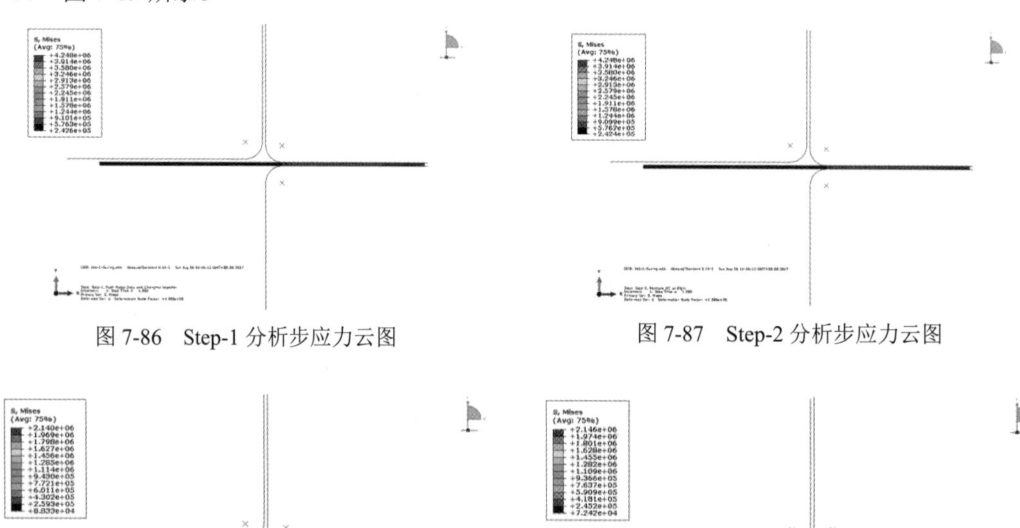

图 7-86 Step-1 分析步应力云图

图 7-87 Step-2 分析步应力云图

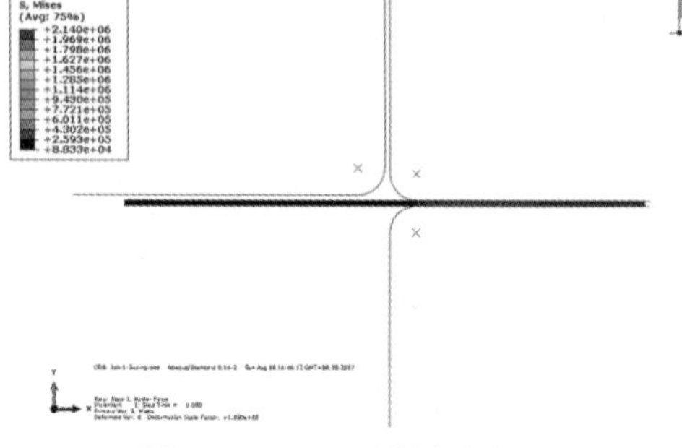

图 7-88 Step-3 分析步应力云图

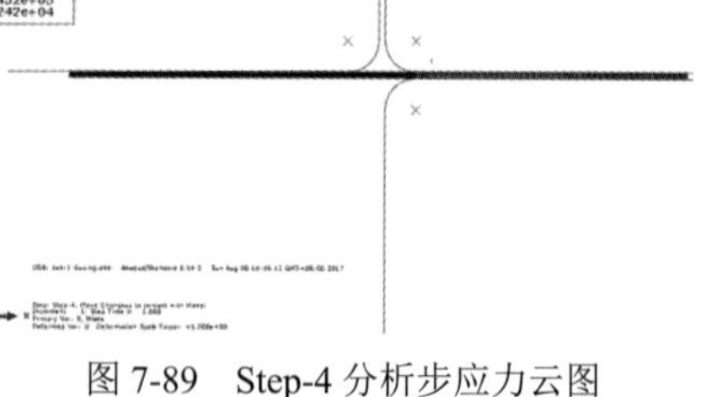

图 7-89 Step-4 分析步应力云图

分析步 5 的应力云图如图 7-90～图 7-99 所示。

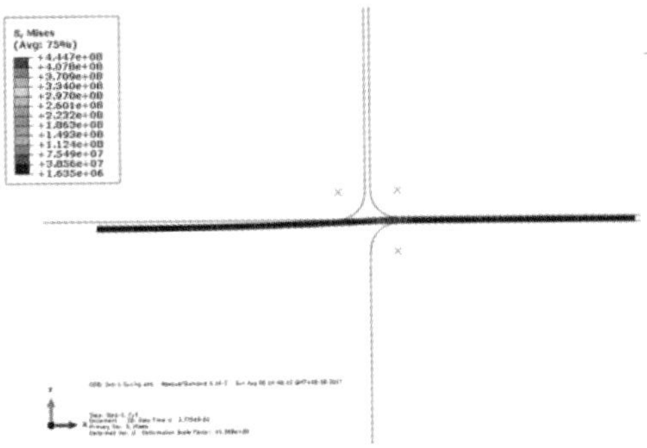

图 7-90　Step-5，INC=20 的应力云图

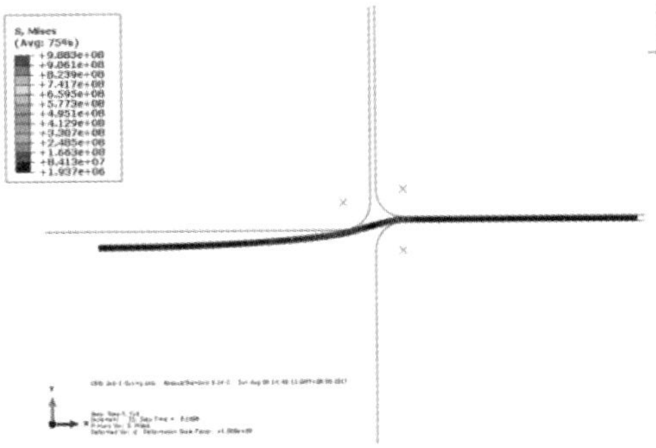

图 7-91　Step-5，INC=35 的应力云图

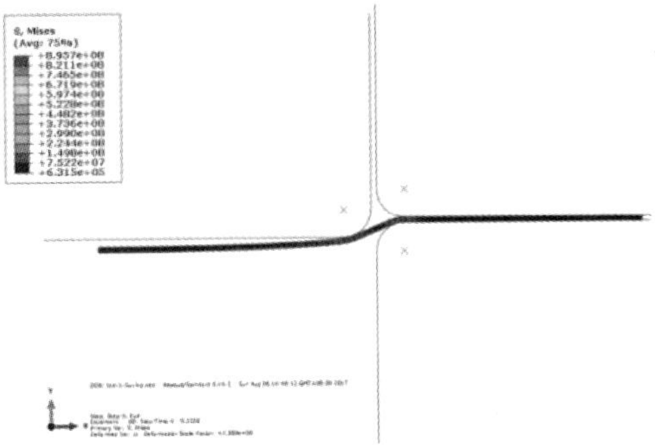

图 7-92　Step-5，INC=60 的应力云图

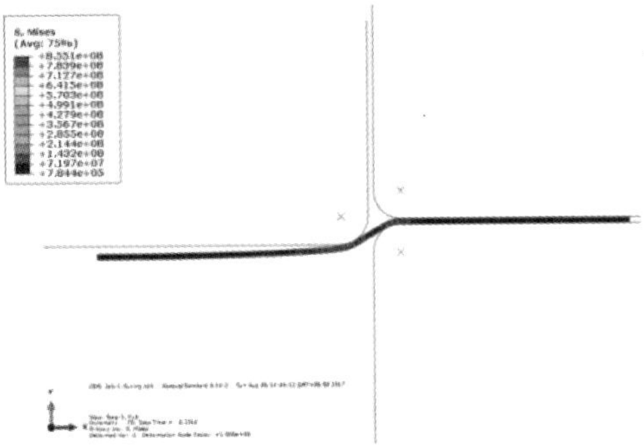

图 7-93　Step-5，INC=70 的应力云图

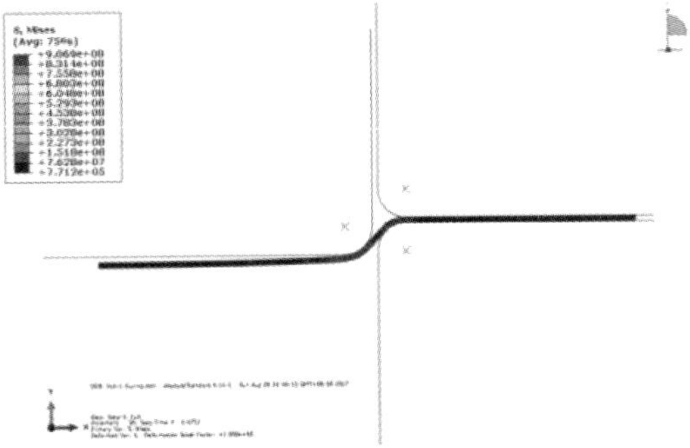

图 7-94　Step-5，INC=95 的应力云图

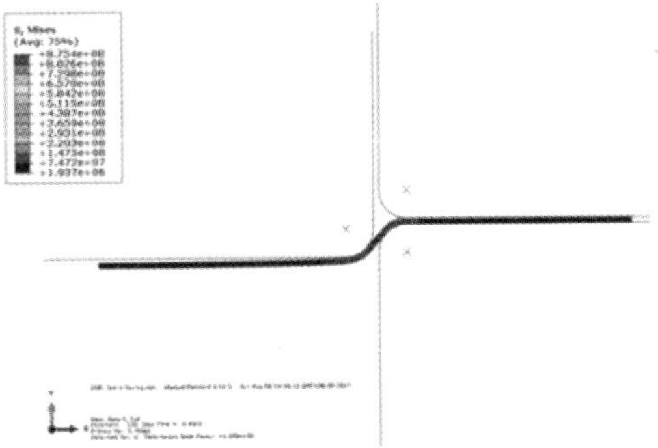

图 7-95　Step-5，INC=120 的应力云图

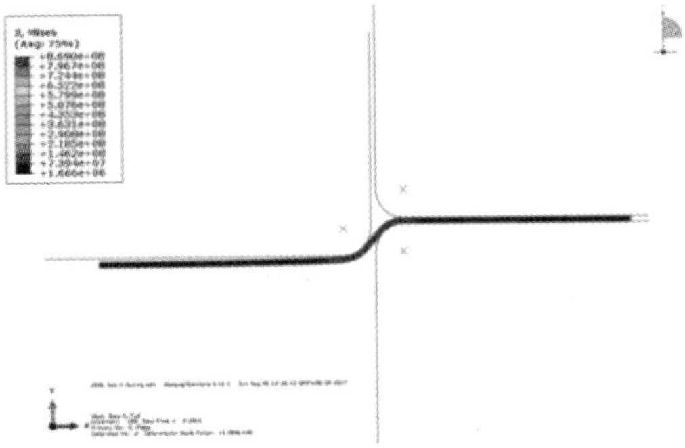

图 7-96　Step-5，INC=180 的应力云图

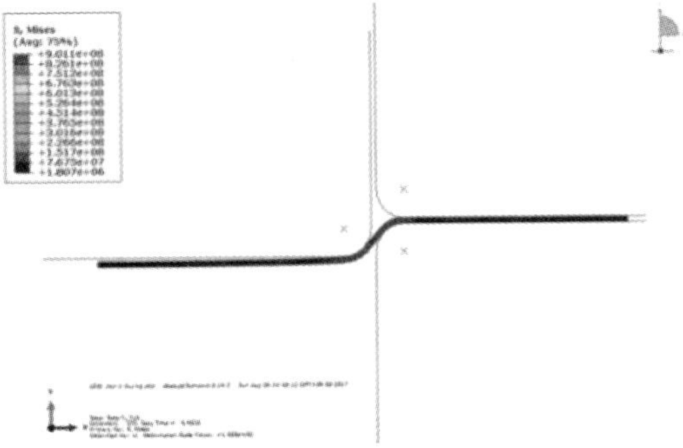

图 7-97　Step-5，INC=370 的应力云图

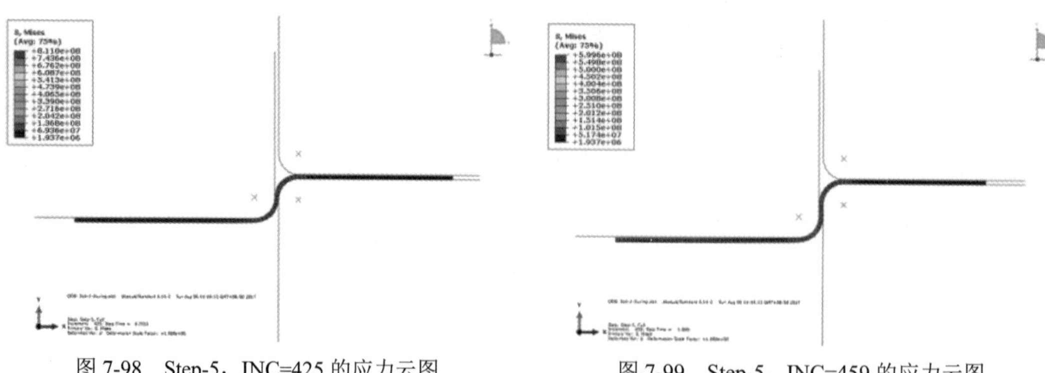

图 7-98　Step-5，INC=425 的应力云图　　图 7-99　Step-5，INC=459 的应力云图

Step-1～Step-4 的应变云图如图 7-100～图 7-103 所示。

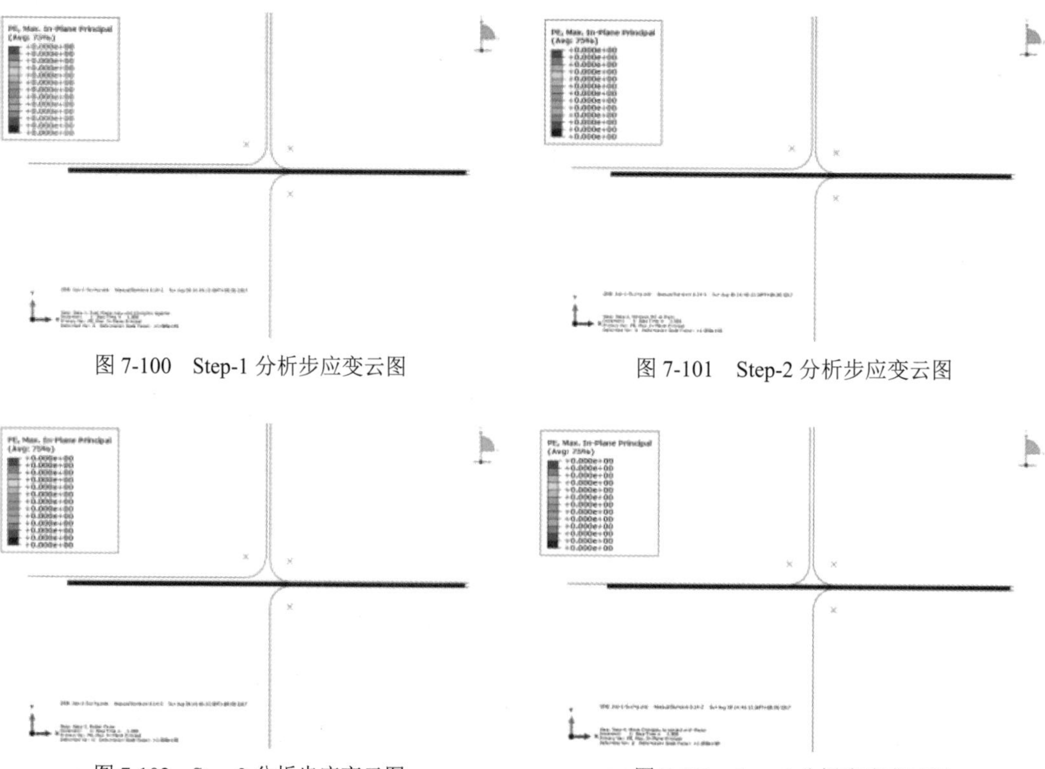

图 7-100　Step-1 分析步应变云图　　图 7-101　Step-2 分析步应变云图

图 7-102　Step-3 分析步应变云图　　图 7-103　Step-4 分析步应变云图

Step-5 的应变云图如图 7-104～图 7-113 所示。

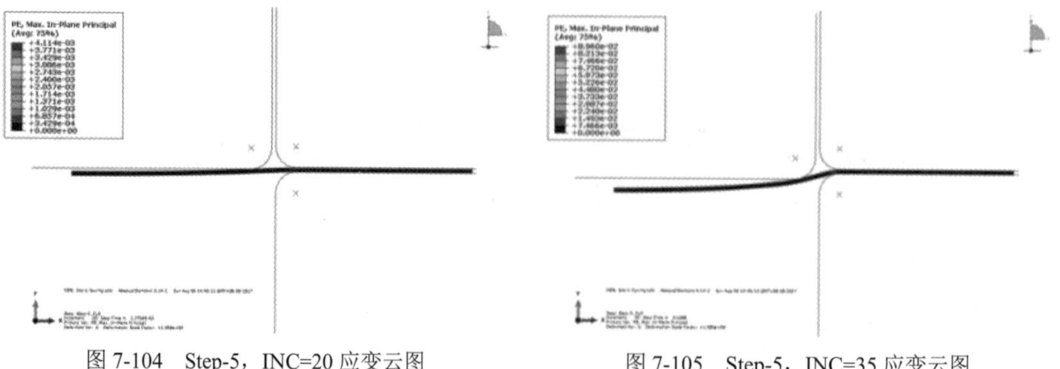

图 7-104　Step-5，INC=20 应变云图　　图 7-105　Step-5，INC=35 应变云图

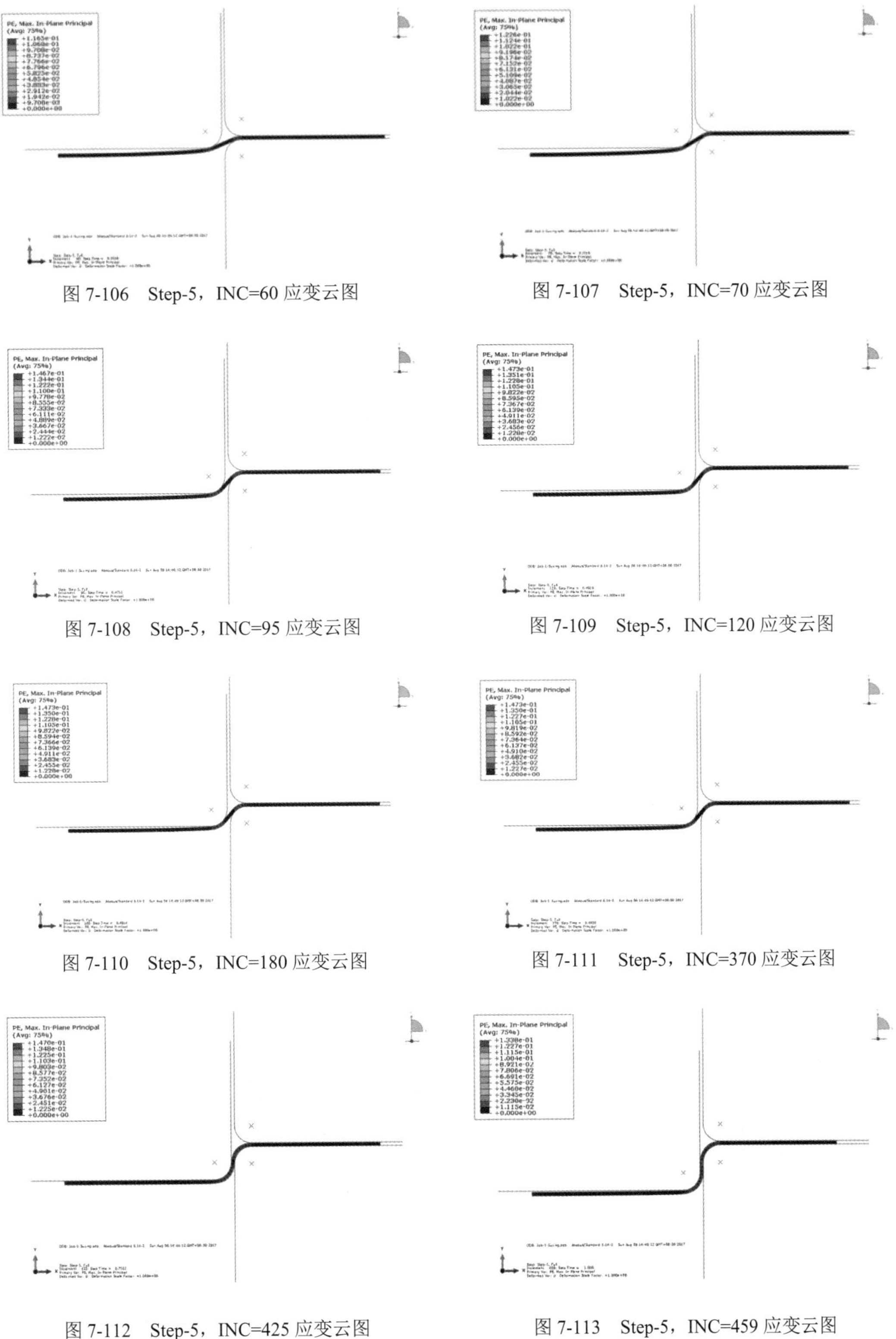

图 7-106　Step-5，INC=60 应变云图

图 7-107　Step-5，INC=70 应变云图

图 7-108　Step-5，INC=95 应变云图

图 7-109　Step-5，INC=120 应变云图

图 7-110　Step-5，INC=180 应变云图

图 7-111　Step-5，INC=370 应变云图

图 7-112　Step-5，INC=425 应变云图

图 7-113　Step-5，INC=459 应变云图

选择菜单栏中的 View（视图）→ODB Display Options（ODB 显示选项）命令，在 Sweep/Extrude（扫掠/拉伸）选项卡中勾选 Extrude elements（拉伸单元）复选框，Depth（深度）为 50，如图

7-114 所示，拉伸后的效果如图 7-115 所示。

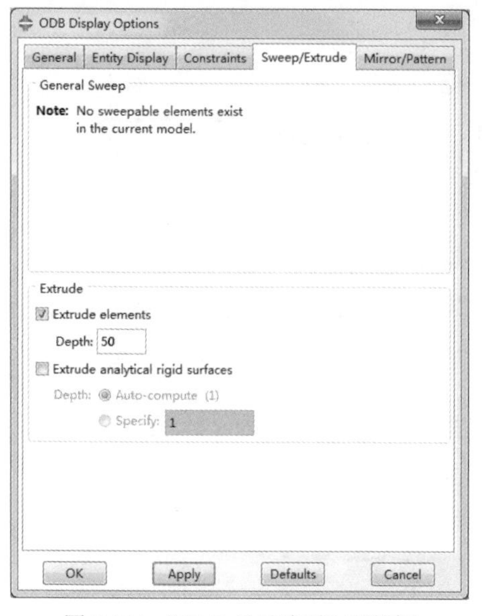

图 7-114 “ODB 显示选项”对话框

图 7-115 拉伸

拉伸显示后的 Step-1～Step-4 的应力云图如图 7-116～图 7-119 所示。

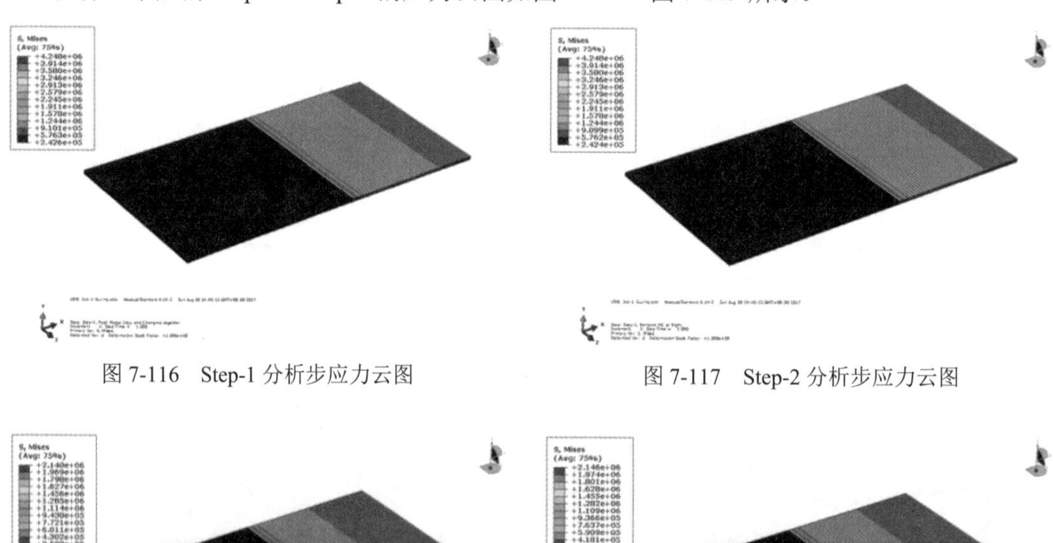

图 7-116 Step-1 分析步应力云图

图 7-117 Step-2 分析步应力云图

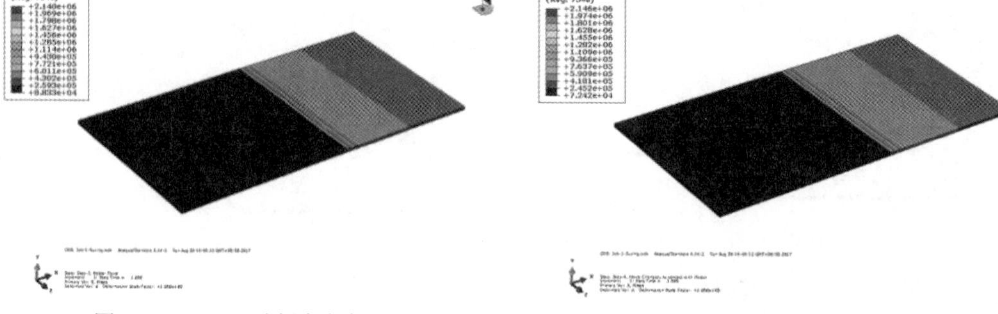

图 7-118 Step-3 分析步应力云图

图 7-119 Step-4 分析步应力云图

拉伸显示后的 Step-5 的应力云图如图 7-120～图 7-129 所示。

图 7-120　Step-5，INC=20 的应力云图

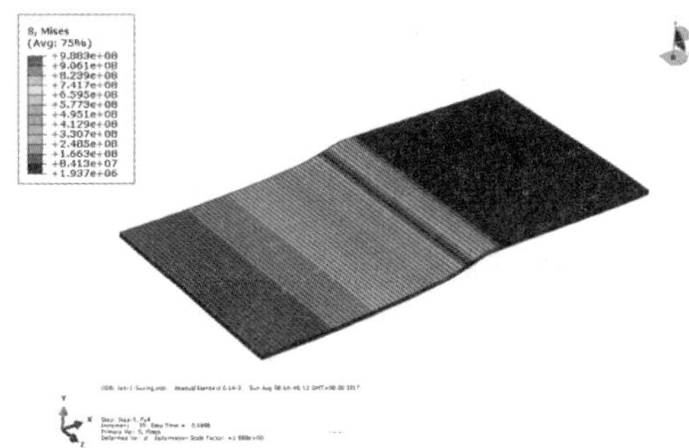

图 7-121　Step-5，INC=35 的应力云图

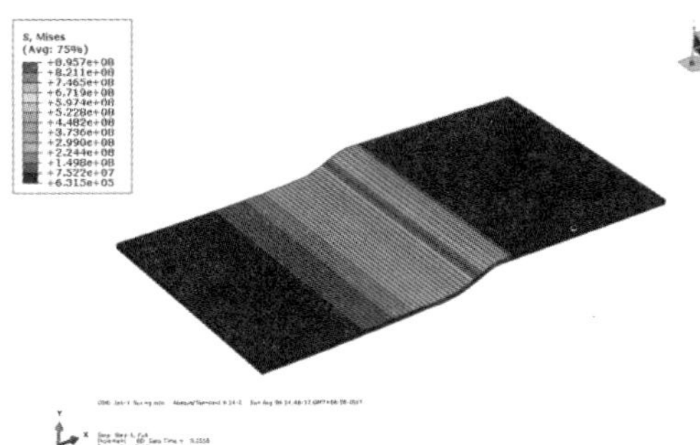

图 7-122　Step-5，INC=60 的应力云图

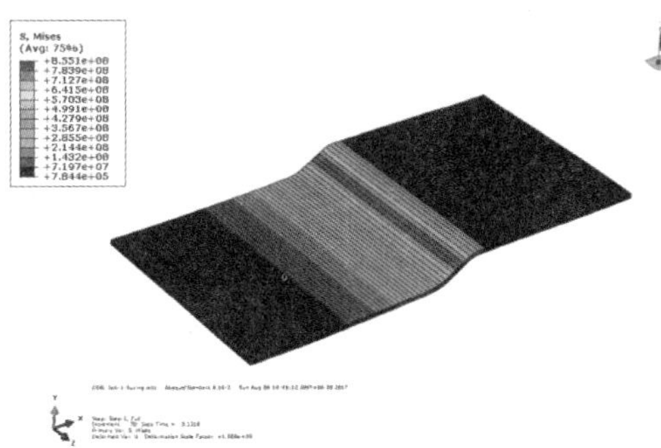

图 7-123　Step-5，INC=70 的应力云图

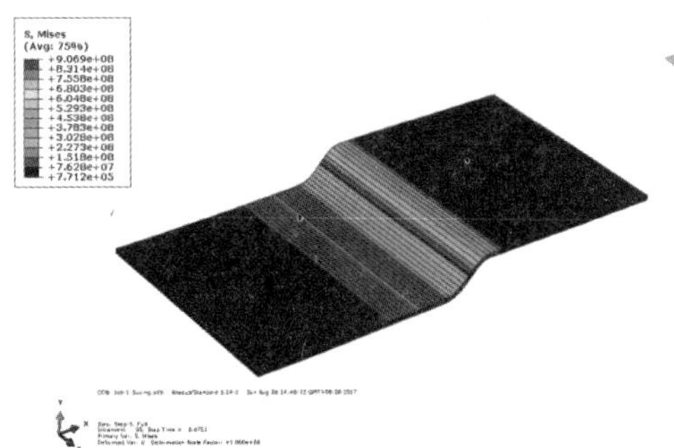

图 7-124　Step-5，INC=95 的应力云图

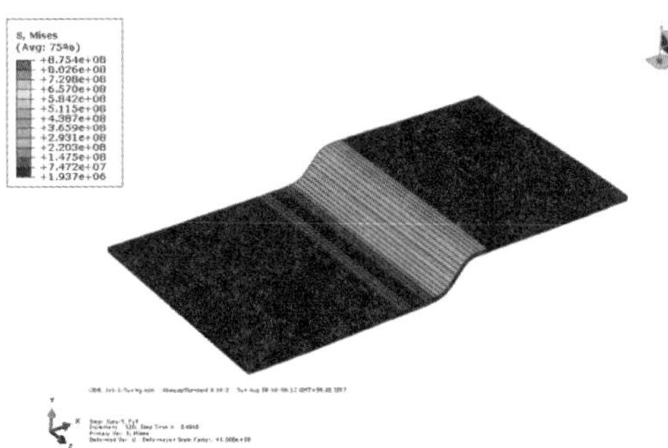

图 7-125　Step-5，INC=120 的应力云图

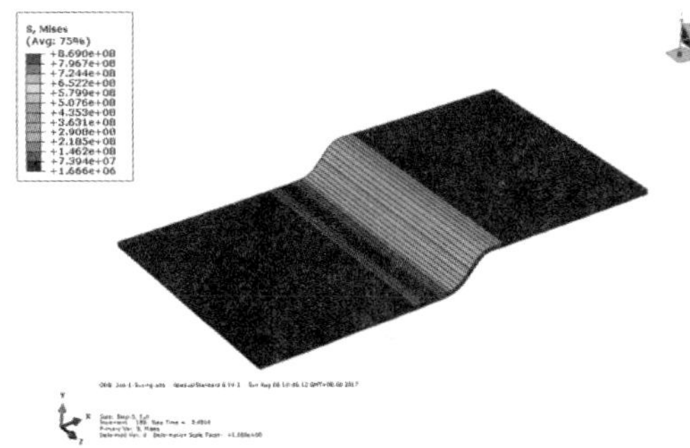

图 7-126　Step-5，INC=180 的应力云图

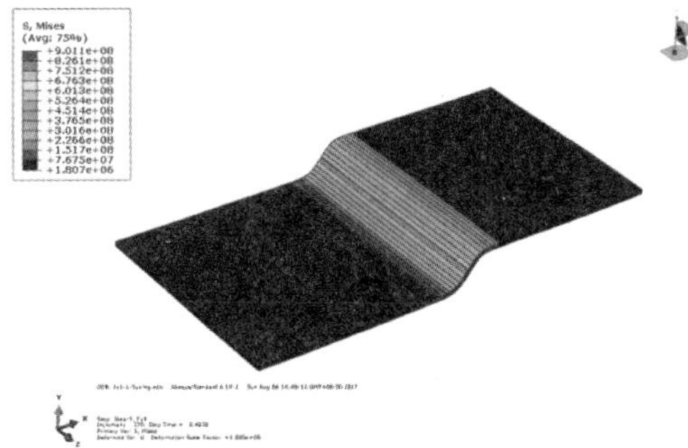

图 7-127　Step-5，INC=370 的应力云图

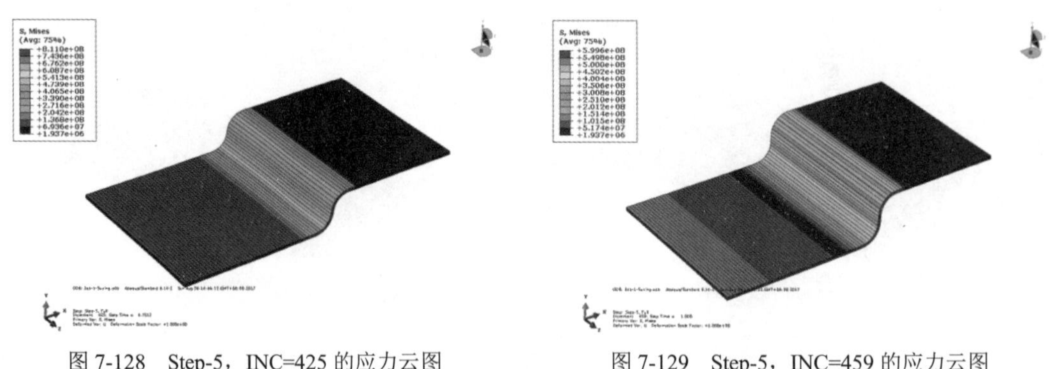

图 7-128　Step-5，INC=425 的应力云图　　图 7-129　Step-5，INC=459 的应力云图

7.3　本章小结

在分析接触问题时需要谨慎，如果必要，将分析的过程分解成多个步骤，并且缓慢地施加载荷，可以保证建立良好的接触条件。

一般在 ABAQUS/Standard 中，对每一个部分的分析最好采用不同的分析步，即使是仅将边界条件改为加载，也会发现，分析所使用的分析步数目要多于预期，而模型的收敛却更容易。如果试图在同一个分析步中施加所有的载荷，接触问题的分析将难以完成。

ABAQUS/Explicit 中提供了两种不同的模拟接触算法：通用接触和接触对。通用接触相互作用允许用户对模型的多个部分或全部区域定义接触；接触对相互作用是用来描述在两个表面之间的接触，或是一个单一表面和它自身之间的接触。

在 ABAQUS/Explicit 中，壳、膜或刚体单元的单侧表面都必须进行定义，这样当表面横越时法线方向不会发生翻转。

第 8 章　结构热分析与实例

自然界中的热影响无处不在，无时不有。在某种程度上，几乎所有的工程问题都与热有关，如焊接、铸造，以及各种冷热加工过程、高温环境中的热辐射、内燃机、管路系统、电子元件、涡轮机等。本章将进一步介绍利用 ABAQUS 进行热力学分析的步骤和方法，掌握用 ABAQUS 进行热力学分析操作。

8.1　热分析简介

根据传热问题的类型和边界条件的不同，可以将热分析分成几种类型：与时间无关的稳态热分析和与时间有关的瞬态热分析；材料参数和边界条件不随温度变化的线性传热，材料和边界条件对温度敏感的非线性传热；包含温度影响的多场耦合问题等。

8.1.1　ABAQUS 可以求解的热学问题

ABAQUS 可以求解以下类型的传热问题。

（1）非耦合传热分析。此类分析中，模型的温度场不受应力应变场或电场的影响。在 ABAQUS/Standard 中可以分析热传导、强制对流、边界辐射等传热问题，其分析类型可以是瞬态或稳态、线性或非线性。

（2）顺序耦合热应力分析。此类分析中的应力应变场取决于温度场，但温度场不受应力应变场的影响。此类问题使用 ABAQUS/Standard 来求解，具体方法为，首先分析传热问题，然后将得到的温度场作为已知条件，进行热应力分析，得到应力应变场。分析传热问题所使用的网格和热应力分析的网格可以不同，ABAQUS 会自动进行插值处理。

（3）完全耦合热应力分析。此类分析中的应力应变场和温度场之间有着强烈的相互作用，需要同时求解。可以使用 ABAQUS/Standard 或 ABAQUS/Explicit 来求解此类问题。

（4）绝热分析。在此类分析中，力学变形产生热，而且整个过程的时间极其短暂，不发生热扩散，可以使用 ABAQUS/Standard 或 ABAQLTS/Explicit 来求解。

（5）热电耦合分析。此类分析使用 ABAQUS/Standard 来求解电流产生的温度场。

（6）空腔辐射。用 ABAQUS/Standard 来求解非耦合传热问题时，除了边界辐射外，还可以模拟空腔辐射。

热应力分析及热—机耦合分析是热分析中应用范围非常广泛的分析类型。

8.1.2　传热学基础知识

热分析遵循热力学第一定律，即能量守恒定律。

对于一个封闭的系统（没有质量的流入或流出，见式 8-1）：

$$Q - W = \Delta U + \Delta KE + \Delta PE \tag{8-1}$$

式中　Q——热量；

W——做功；

ΔU——系统内能；

ΔKE——系统动能；

ΔPE——系统势能。

对于大多数工程传热问题：$\Delta KE = \Delta PE = 0$；

通常考虑没有做功：$W = 0$，则：$Q = \Delta U$；

对于稳态热分析：$Q = \Delta U = 0$，即流入系统的热量等于流出的热量；

对于瞬态热分析：$q = \dfrac{dU}{dt}$，即流入或流出的热传递速率等于系统内能的变化。

1. 热传导

热传导可以定义为完全接触的两个物体之间或一个物体之间的不同部分之间由于温度梯度而引起的内能的交换。热传导遵循傅里叶定律（见式 8-2）：

$$q^{"} = -k\frac{\mathrm{d}T}{\mathrm{d}x} \tag{8-2}$$

式中 q——热流密度（W/m^2）；

K——导热系数（$W/$（m-℃））；

“-” ——热量流向温度降低的方向。

2. 热对流

热对流是指固体的表面与它周围接触的流体之间，由于温差的存在引起的热量的交换。热对流可以分为两类：自然对流和强制对流。热对流用牛顿冷却方程来描述：

$$q^{"} = h(T_\mathrm{s} - T_\mathrm{B}) \tag{8-3}$$

式中 h——对流换热系数（或称为膜传热系数、给热系数、膜系数等）；

T_s——固体表面的温度；

T_B——周围流体的温度。

3. 热辐射

热辐射是指物体发射电磁能，并被其他物体吸收转变为热的热量交换过程。物体温度越高，单位时间辐射的热量越多。热传导和热对流都需要有传热介质，而热辐射无须任何介质。实质上，在真空中的热辐射效率最高。

在工程中通常考虑两个或两个以上物体之间的辐射，系统中每个物体同时辐射并吸收热量。它们之间的净热量传递可以用斯蒂芬—玻尔兹曼方程来计算（见式 8-4）：

$$q = \varepsilon\sigma A_1 F_{12}(T_1^4 - T_2^4) \tag{8-4}$$

式中 q——热流率；

ε——辐射率（黑度）；

σ——斯蒂芬—玻尔兹曼常数，约为 $5.67\times10^{-8}\mathrm{W/m^2\cdot K^4}$；

A_1——辐射面 1 的面积；

F_{12}——由辐射面 1 到辐射面 2 的形状系数；

T_1——辐射面 1 的绝对温度；

T_2——辐射面 2 的绝对温度。

由式 8-4 可以看出，包含热辐射的热分析是高度非线性的。

4. 稳态传热

如果系统的净热流率为 0，即流入系统的热量加上系统自身产生的热量等于流出系统的热量：$q_{流入}+q_{生成}-q_{流出}=0$，则系统处于热稳态。在稳态热分析中任一节点的温度不随时间的变化而变化。稳态热分析的能量平衡方程为（以矩阵形式表示，见式 8-5）：

$$[K][T]=[Q] \tag{8-5}$$

式中　$[K]$——传导矩阵，包含导热系数、对流系数及辐射率和形状系数；

$[T]$——节点温度向量；

$[Q]$——节点热流率向量，包含热生成。

ABAQUS 利用模型几何参数、材料热性能参数以及所施加的边界条件，生成$[K]$、$[T]$以及$[Q]$。

5. 瞬态传热

瞬态传热过程是指一个系统的加热或冷却过程。在这个过程中系统的温度、热流率、热边界条件以及系统内能随时间都有明显变化。根据能量守恒原理，瞬态热平衡可以表达为（以矩阵形式表示，见式 8-6）：

$$[C][\dot{T}]+[K][T]=[Q] \tag{8-6}$$

式中　$[K]$——传导矩阵，包含导热系数、对流系数及辐射率和形状系数；

$[C]$——比热矩阵，考虑系统内能的增加；

$[T]$——节点温度向量；

$[\dot{T}]$——温度对时间的导数；

$[Q]$——节点热流率向量，包含热生成。

如果有下列情况产生，则为非线性热分析：

①材料热性能随温度变化，如 $K(T)$、$C(T)$；

②边界条件随温度变化，如 $h(T)$等；

③含有非线性单元；

④考虑辐射传热。

非线性热分析的热平衡矩阵方程见式 8-7：

$$[C(T)][\dot{T}]+[K(T)][T]=\{Q(T)\} \tag{8-7}$$

式中各参数含义同式（8-6）。

ABAQUS 热分析的边界条件或初始条件可分为七种：温度、热流率、热流密度、对流、辐射、绝热和生热。

8.1.3 热应力分析的基本原理

研究物体的热问题主要包括两个方面的内容。

（1）传热问题的研究：确定温度场。

（2）热应力问题的研究：在已知温度场的情况下确定应力应变。

在此重点讨论热应力问题。

1. 热应力问题中的物理方程

设物体内部存在温差的分布 $\Delta T(x,y,z)$，那么这个温差将引起热膨胀，其膨胀量为 $\alpha_T\Delta T(x,y,z)$，α_T 叫热膨胀系数（Thermal Expansion Coefficient)，则该物体的物理方程由于增加了热膨胀量将变为下面式 8-8～式 8-11：

$$\varepsilon_{xx}=\frac{1}{E}[\sigma_{xx}-\mu(\sigma_{yy}+\sigma_{zz})]+\alpha_T\Delta T \tag{8-8}$$

$$\varepsilon_{yy}=\frac{1}{E}[\sigma_{yy}-\mu(\sigma_{xx}+\sigma_{zz})]+\alpha_T\Delta T \tag{8-9}$$

$$\varepsilon_{zz}=\frac{1}{E}[\sigma_{zz}-\mu(\sigma_{yy}+\sigma_{xx})]+\alpha_T\Delta T \tag{8-10}$$

$$\gamma_{xy}=\frac{1}{G}\tau_{xy},\gamma_{yz}=\frac{1}{G}\tau_{yz},\gamma_{zx}=\frac{1}{G}\tau_{zx} \tag{8-11}$$

可以将上式写成指标形式（见式 8-12）：

$$\varepsilon_{ij}=D_{ijkl}^{-1}\sigma_{kl}+\varepsilon_{ij}^{0} \quad 或者 \quad \sigma_{ij}=D_{ijkl}(\varepsilon_{kl}+\varepsilon_{ij}^{0}) \tag{8-12}$$

其中（见式 8-13）：

$$\varepsilon_{ij}^{0}=[\alpha_T\Delta T \quad \alpha_T\Delta T \quad \alpha_T\Delta T \quad 0 \quad 0 \quad 0]^{T} \tag{8-13}$$

2. 虚功原理

除弹性物理方程外，平衡方程、边界条件、几何方程与普通弹性问题相同，弹性问题的虚功原理的一般表达式为 $\delta U-\delta W=0$，也就是式 8-14：

$$\int_{\Omega}\sigma_{ij}\delta\varepsilon_{ij}\mathrm{d}\Omega-\left(\int_{\Omega}\overline{b}_i\delta u_j\mathrm{d}\Omega+\int_{S_p}\overline{p}_i\delta u_i\mathrm{d}A\right)=0 \tag{8-14}$$

将上面的物理方程代入，可得式 8-15：

$$\int_{\Omega}D_{ijkl}(\varepsilon_{kl}-\varepsilon_{ij}^{0})\delta\varepsilon_{ij}\mathrm{d}\Omega-\left(\int_{\Omega}\overline{b}_i\delta u_j\mathrm{d}\Omega+\int_{S_p}\overline{p}_i\delta u_i\mathrm{d}A\right)=0 \tag{8-15}$$

进一步可以写成式 8-16：

$$\int_{\Omega}D_{ijkl}\varepsilon_{kl}\delta\varepsilon_{ij}\mathrm{d}\Omega-\left(\int_{\Omega}\overline{b}_i\delta u_j\mathrm{d}\Omega+\int_{S_p}\overline{p}_i\delta u_i\mathrm{d}A+\int_{\Omega}D_{ijkl}\varepsilon_{ij}^{0}\delta\varepsilon_{ij}\mathrm{d}\Omega\right)=0 \tag{8-16}$$

该式即热应力问题的虚功原理。

3. 有限元分列式

设单元的节点位移向量为（见式 8-17）：

$$q^{e}=[u_1 \quad v_1 \quad w_1 \quad \ldots \quad u_n \quad v_n \quad w_n] \tag{8-17}$$

与一般弹性问题的有限元分析列式一样，将单元内的力学参量都表示为节点位移的函数关系，即（式 8-18～式 8-20）

$$u=Nq^{e} \tag{8-18}$$

$$\varepsilon=Bq^{e} \tag{8-19}$$

$$\sigma=D(\varepsilon-\varepsilon^{0})=DBq^{e}-D\varepsilon^{0}=Sq^{e}-D\alpha_T\Delta T[1 \quad 1 \quad 1 \quad 0 \quad 0 \quad 0]^{T} \tag{8-20}$$

其中，N、D、S、B 分别为单元的形状函数、弹性系数矩阵、应力矩阵和几何矩阵，它们与一般弹性问题中所对应的矩阵相同。不同之处在于其中包含了温度应变的影响，可以看出，温度变化对正应力有影响，而对剪应力没有影响。

对单元的位移和应变分别求变分得到式 8-21 和式 8-22：

$$\delta u=N\delta q^{e} \tag{8-21}$$

$$\delta\varepsilon=B\delta q^{e} \tag{8-22}$$

将单元的位移和应变表达式以及虚应变代入虚功方程中，由于节点位移的变分增量的任意性，消去该项可得式 8-23：

$$K^{e}q^{e}=P^{e}+P_0^{e} \tag{8-23}$$

其中（见式 8-24～式 8-26）

$$K^{e}=\int_{\Omega}B^{T}DB\mathrm{d}\Omega \tag{8-24}$$

$$P^{e}=\int_{\Omega^{e}}N^{T}\overline{b}\mathrm{d}\Omega+\int_{S_p^{e}}N^{T}\overline{p}\mathrm{d}A \tag{8-25}$$

$$P_0^e = \int_{\Omega^e} B^T D\varepsilon^0 \mathrm{d}\Omega \tag{8-26}$$

此处的P_0^e称为温度等效载荷。可以看出，与一般弹性问题相比，有限元方程的载荷端增加了温度等效载荷P_0^e。

8.1.4　热应力分析中的主要问题

模型的温度场发生变化时，模型会产生变形，其应力应变场也会发生相应的改变。使用ABAQUS/Standard 进行热应力分析的基本步骤如下。

（1）设定材料的线胀系数，其相应的关键词如下：

```
*MATERIAL，NAME=<材料名称>
*EXPANSION
<线胀系数>
```

（2）设定模型的初始温度场。可以直接给出温度值，也可以读入传热分析的结果文件（扩展名为.odb 或.fil），从而得到初始温度场。其相应的关键词如下：

直接给出温度值：

```
*INITIAL CONDITIONS，TYPE=TEMPERATURE
<节点集合或节点编号>，<温度值>，…
读入传热分析的结果文件:
*INITAIL CONDITONS，TYPE=TEMPERATURE，FILE=<文件名>，STEP=<分析步编号>，INC=<
时间增量步编号>
```

其中，STEP 和 INC 的含义：读入传热分析结果文件中分析步和时间增量步的温度场。读入传热分析的结果文件时，需要用到传热分析和热应力分析的 PRT 文件（扩展名为.pit）。热应力分析和传热分析模型中的实体名称要相同。

（3）修改在分析步中的温度场。与上面设定初始温度场的方法类似，可以直接给出温度值，也可以读入传热分析的结果文件（扩展名为.odb 或.fil）。其相应的关键词如下：

直接给出温度值：

```
*TEMPERATURE
<节点集合或节点编号>，<温度值>，…
```

读入传热分析的结果文件：

```
TEMPERATURE，FILE=<文件名>，BSTEP=<分析步编号>，BINC=<时间增量步编号>，BSTEP=<
分析步编号>，EINC=<时间增量步编号>
```

其中，BSTEP 和 BINC 的含义：在传热分析结果文件中，从哪个分析步和时间增量步开始读取温度场；ESTEP 和 EINC 的含义：在传热分析结果文件中，在哪个分析步和时间增量步结束读取温度场（默认值为与 BSTEP 和 BINC 相同）。

8.2　热分析实例

8.2.1　ABAQUS 瞬态热分析——金属散热管的温度场研究

如图 8-1 所示是一个轴对称的金属散热管，其使用的材质为不锈钢，弹性模量为 1.9e9Pa，泊松比为 0.3，导热系数 26，管体内的流体温度为 250℃，对流系数为 249，外部空气的温度为39℃，对流系数为 62，求其温度场分布。

由于散热管长度较长，且为重复型轴对称结构，因此对其进行简化，取其截面作为简化运算的实用模型，如图 8-2 所示。

图 8-1 模型示意图

图 8-2 实用计算模型

1. 创建模型

进入 Part（部件）模块，单击 Create Part（创建部件）按钮，弹出如图 8-3 所示的 Create Part（创建部件）对话框，选择 Axisymmetric（轴对称）模型，Base Feature（基本特征）为 Shell（壳单元），单击 Continue...按钮，进入草图，按照如图 8-4 所示的尺寸建模完成后得到如图 8-5 所示的部件。

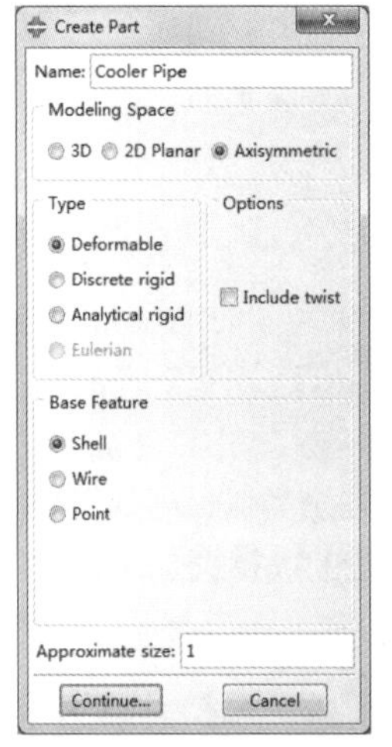

图 8-3 “创建部件”对话框

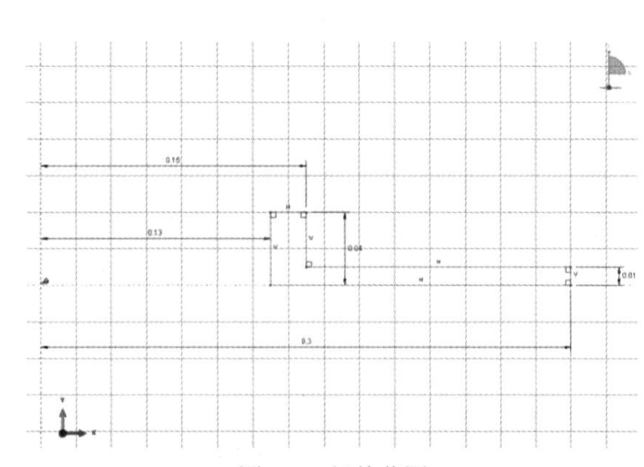

图 8-4 部件草图

2. 创建材料属性

进入 Property（属性）模块，单击 Create Material（创建材料）按钮，在弹出的如图 8-6 所示的 Edit Material（编辑材料）对话框中添加 Conductivity（传导率）、Density（密度）、Elasticity（弹性）、Specific Heat（比热）四个材料特性。四种特性的具体数值如图 8-7～图 8-10 所示。

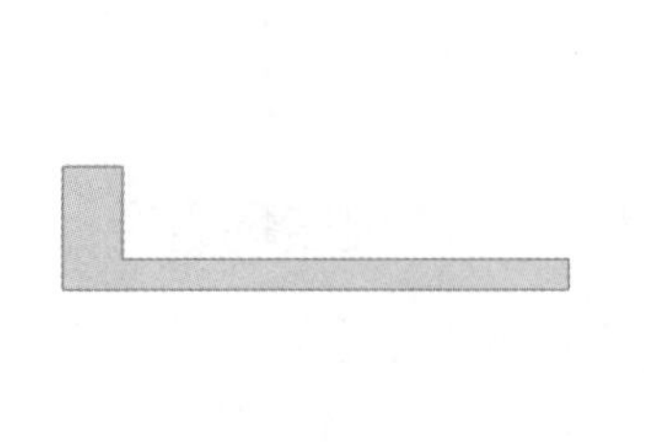

图 8-5 创建部件

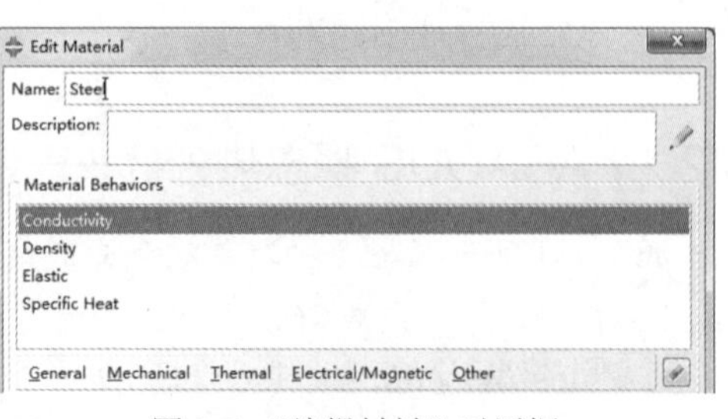

图 8-6 “编辑材料”对话框

图 8-7　传导率

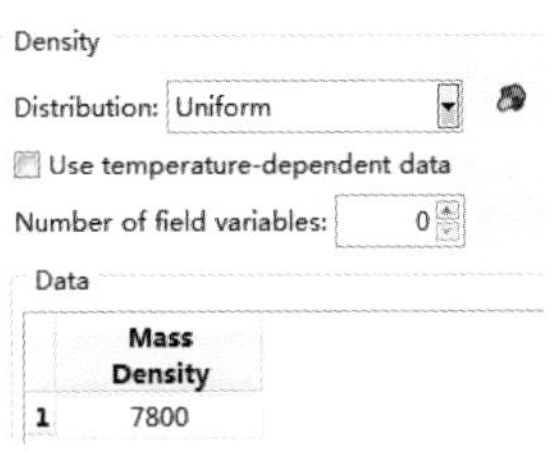

图 8-8　密度

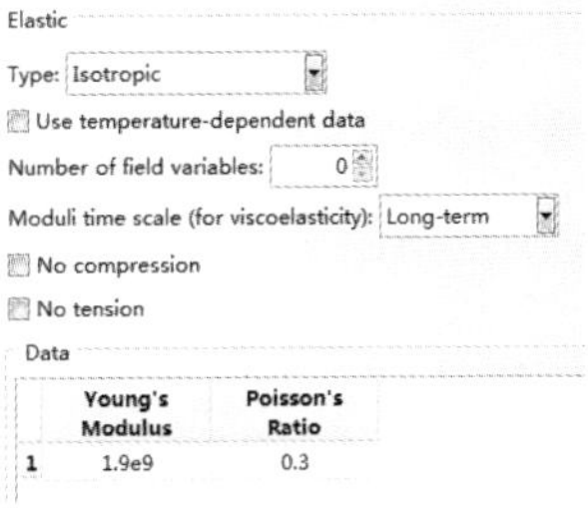

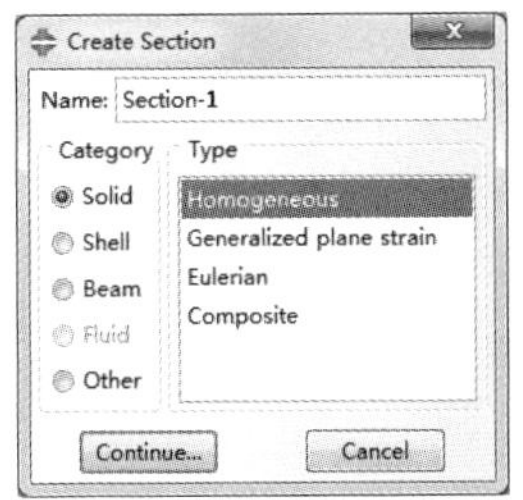

图 8-9　弹性系数

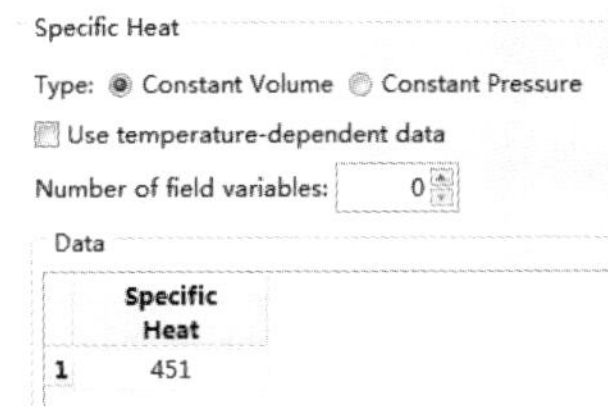

图 8-10　比热

单击 Create Section（创建截面）按钮，弹出如图 8-11 所示的 Create Section（创建截面）对话框，创建一个均质实体截面（Homogeneous Solid），单击 Continue...按钮后弹出如图 8-12 所示的 Edit Section（编辑截面）对话框，选择事先定义好的材料。

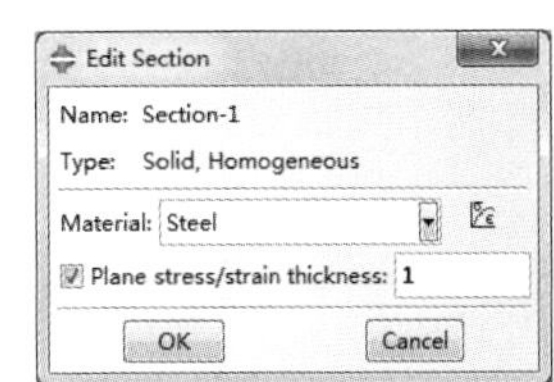

图 8-11　“创建截面”对话框

图 8-12　“编辑截面”对话框

3. 装配

进入 Assembly（装配）模块，单击 Create Instance（创建实例）按钮，在弹出的如图 8-13 所示的 Create Instance（创建实例）对话框中完成部件的实例化，如图 8-14 所示。

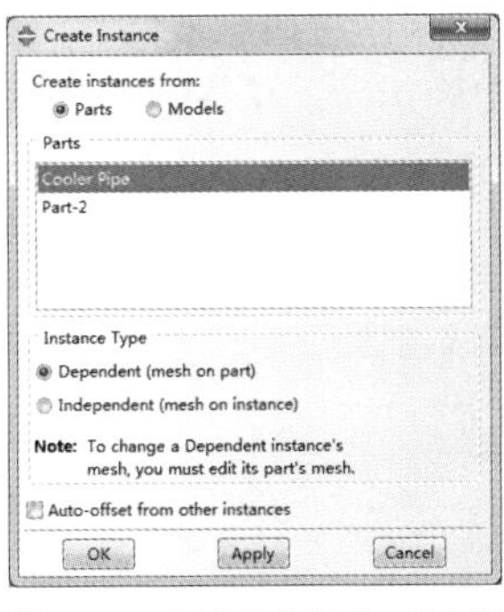

图 8-13　“创建实例”对话框

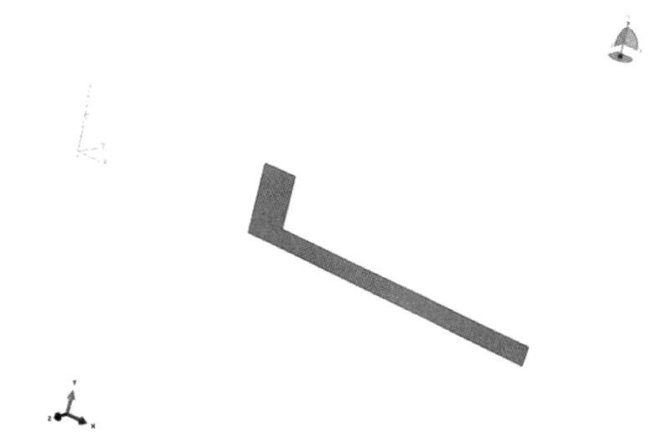

图 8-14　部件实例化

4. 分析步

进入 Step（分析步）模块，单击 Create Step（创建分析步）按钮，弹出如图 8-15 所示的 Create Step（创建分析步）对话框，创建一个 Heat Transfer（热传导）分析步，单击 Continue...

按钮，弹出如图 8-16 所示的 Edit Step（编辑分析步）对话框，点选 Transient（瞬态）单选按钮，定义 Time Period（时间长度）为 2.5。

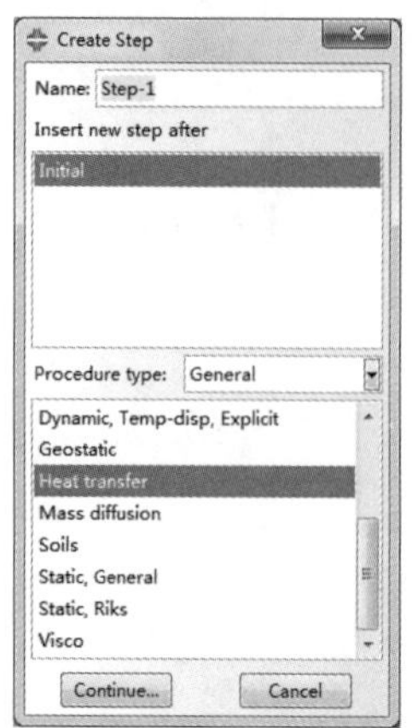

图 8-15 “创建分析步”对话框

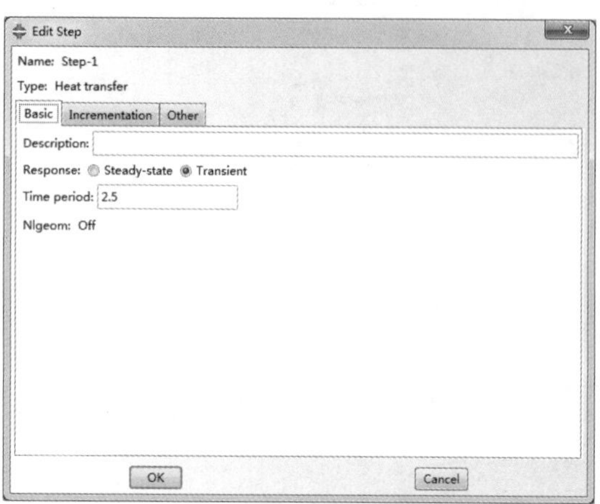

图 8-16 “编辑分析步”对话框

将对话框切换到 Incrementation（增量）选项卡，按照图 8-17 中的数值进行设置。

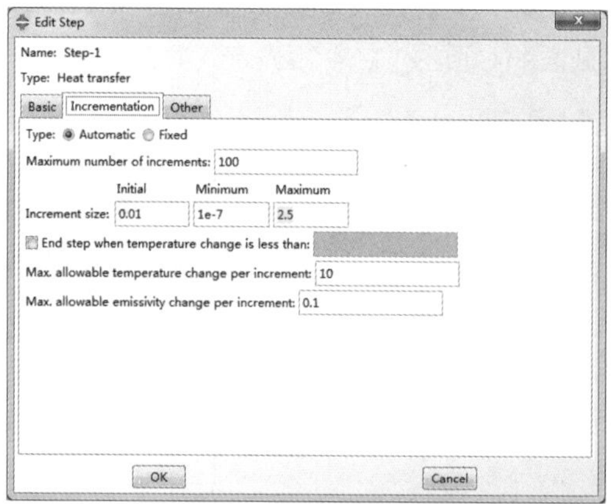

图 8-17 “设置”选项卡

5. 载荷与边界条件

进入 Load（载荷）模块，单击Create Boundary Condition（创建边界条件）按钮，创建如图 8-18 所示的温度边界条件，拾取如图 8-19 所示的边，单击确认后，在弹出的如图 8-20 所示的 Edit Boundary Condition（编辑边界条件）对话框中输入相应的数据。

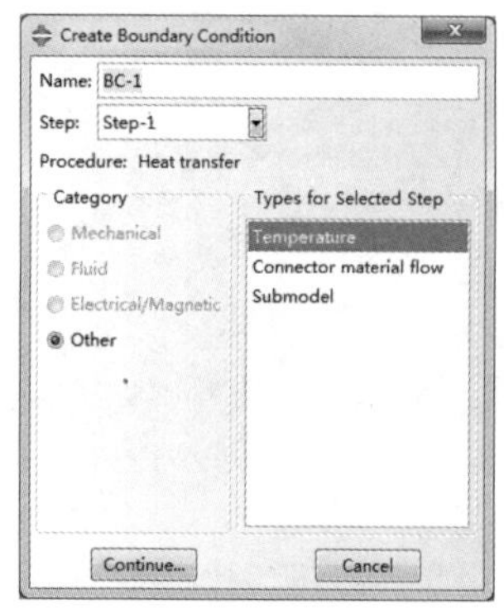

图 8-18 “创建边界条件”对话框

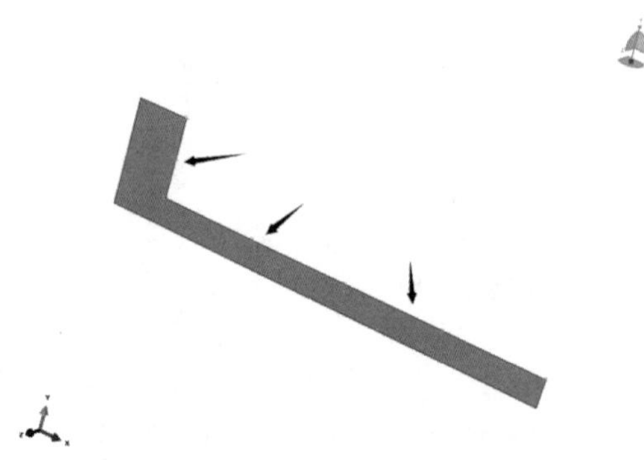

图 8-19 边界条件施加位置

以同样的方式对图 8-21 所示的边定义大小为 250 的温度边界。

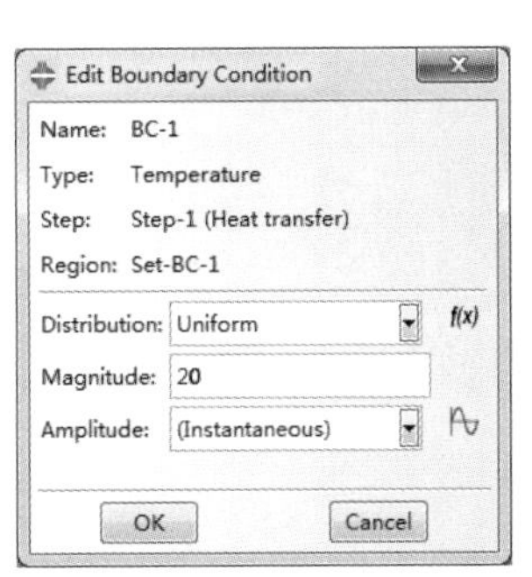

图 8-20　“编辑边界条件”对话框

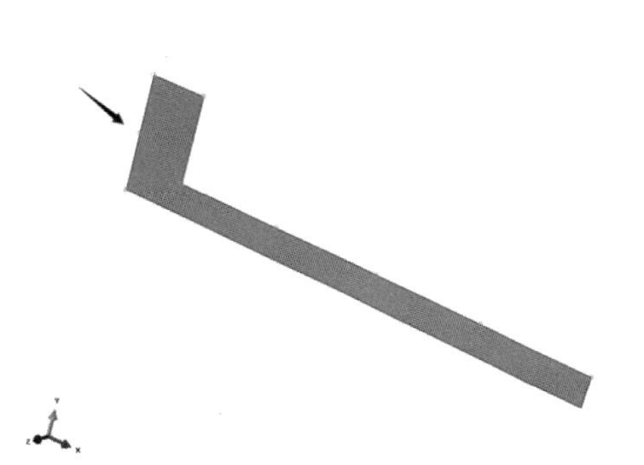

图 8-21　边界条件施加位置

6.　网格划分

进入 Mesh（网格）模块，单击Seed Part Instance（全局种子）按钮，弹出如图 8-22 所示的 Global Seeds（全局种子）对话框，输入数据，完成如图 8-23 所示的布种。

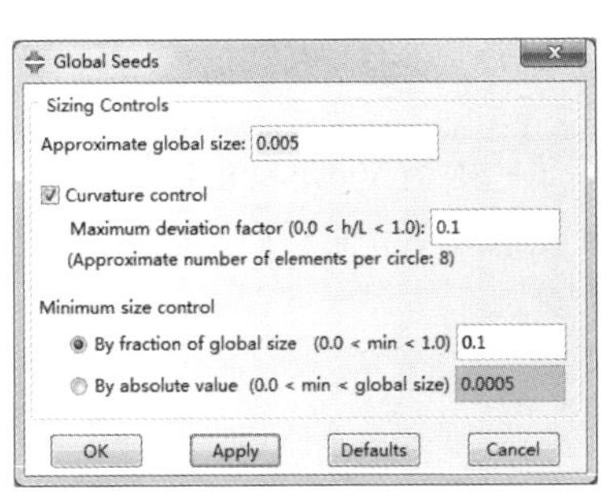

图 8-22　“全局种子”对话框

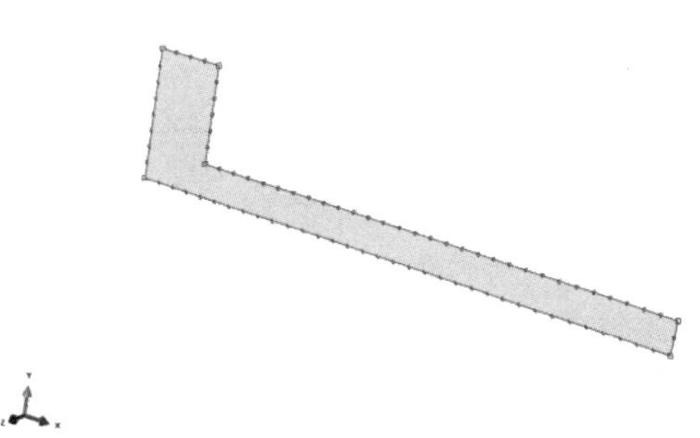

图 8-23　布种

单击Assign Element Type（指派单元类型）按钮，弹出如图 8-24 所示的 Element Type（单元类型）对话框，选择 Heat Transfer（热传递族），定义单元类型为 DCAX4，单击 OK 按钮。再单击Mesh Part Instance（划分网格）按钮，完成如图 8-25 所示的网格划分。

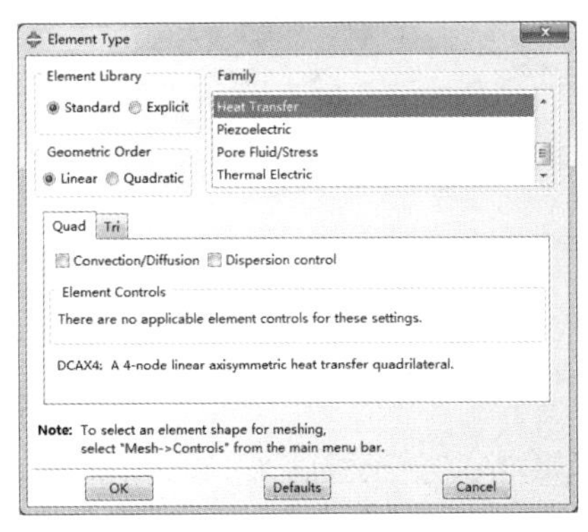

图 8-24　“单元类型”对话框

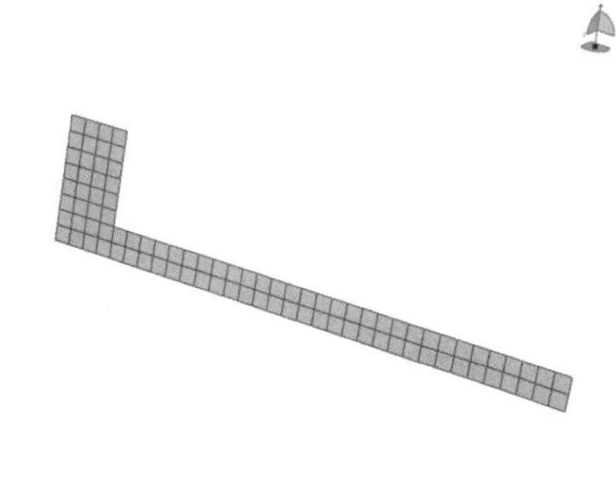

图 8-25　网格划分

7. 作业

进入 Job（作业）模块，单击 Create Job（创建作业）按钮，创建一个分析作业，并在图 8-26 所示的 Parallelization（并行）选项卡中，按照图中参数进行设置。

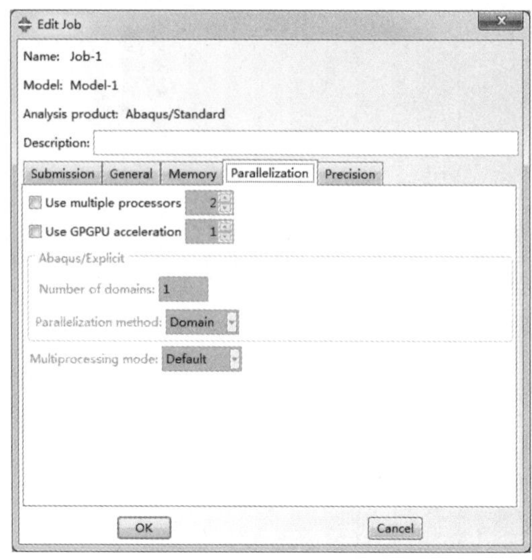

图 8-26 “并行”选项卡

8. 后处理

计算完成后，进入 Visualization（可视化）模块。执行菜单栏中的 View→ODB Display Options 命令，弹出如图 8-27 所示的 ODB Display Options（ODB 显示选项）对话框，在 Sweep/Extrude 选项卡中输入旋转角度，将模型拓展为图 8-28 所示的图形。

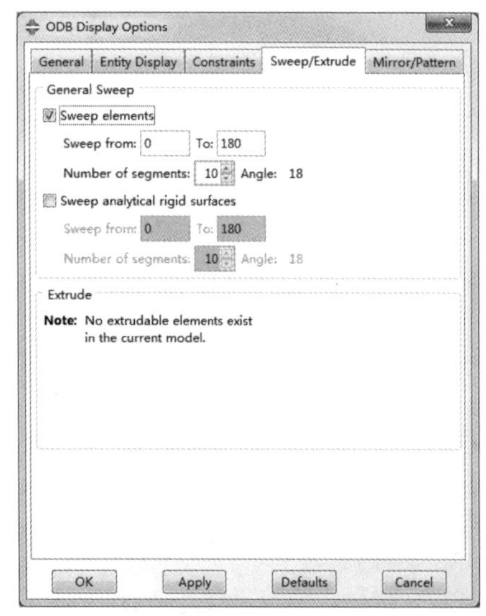

图 8-27 ODB 显示选项

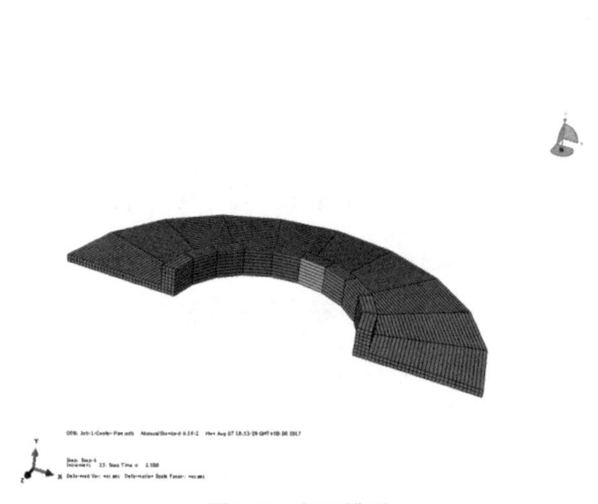

图 8-28 扩展模型

在图 8-29 所示的 Mirror/Pattern（镜像/图样）选项卡中，将扩展模型以 *XZ* 平面为镜像平面，生成如图 8-30 所示的镜像模型。镜像完成后，再对其进行阵列操作，数据如图 8-31 所示，生成如图 8-32 所示的模型。

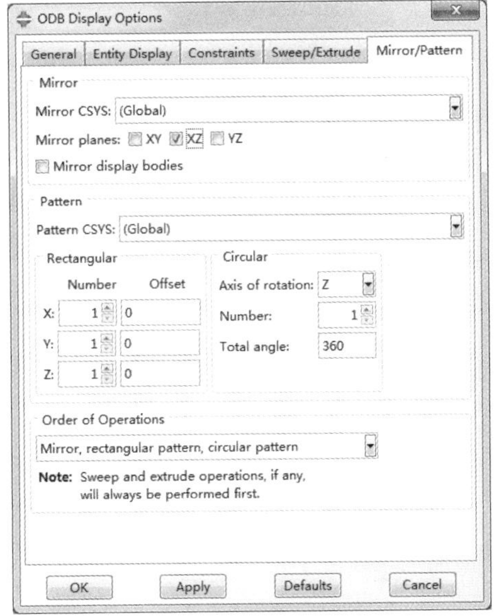

图 8-29　镜像设置

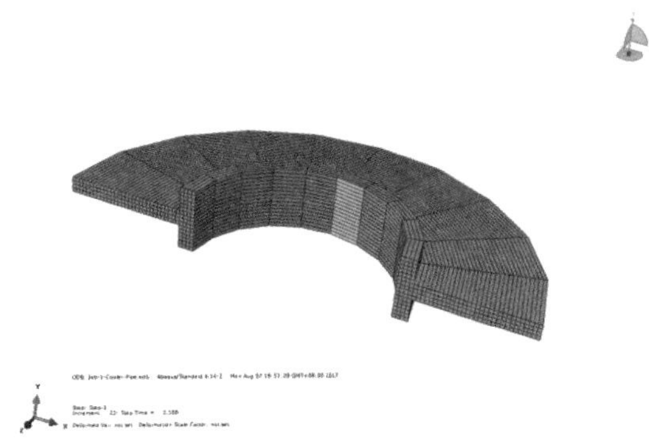

图 8-30　镜像模型

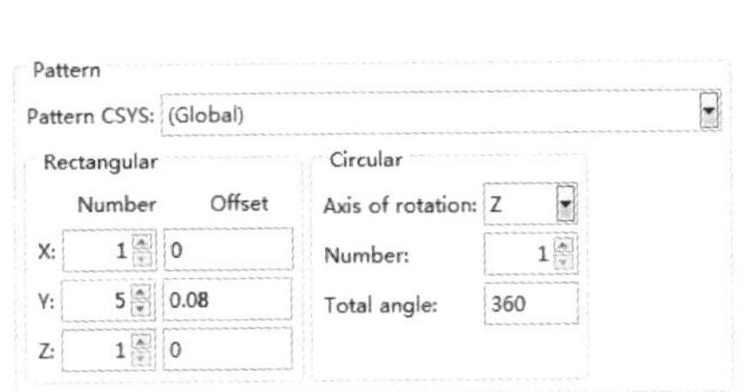

图 8-31　阵列设置

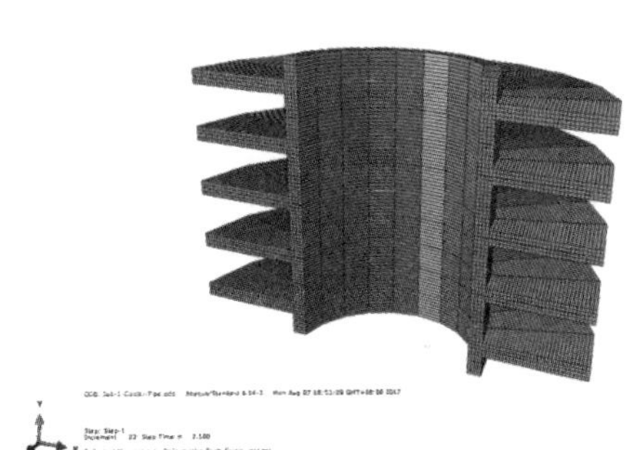

图 8-32　阵列后的模型

单击 Plot Contours on Deformed Shape（在变形图上绘制云图）按钮，选择变量为 HFL，显示不同 Increment（增量步）下的热流量合矢量云图，如图 8-33～图 8-36 所示。

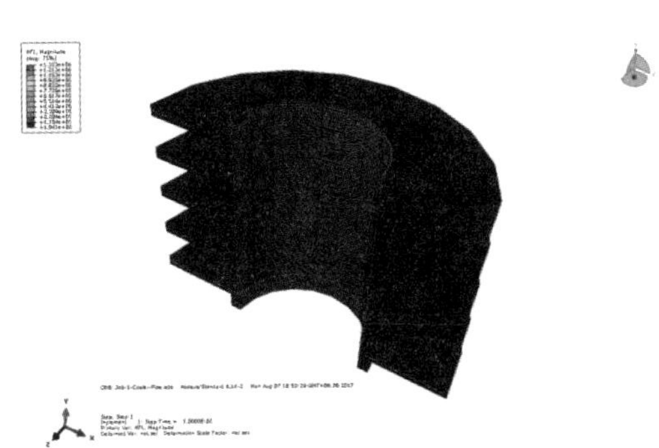

图 8-33　热流量合矢量（Increment=1，HFL）

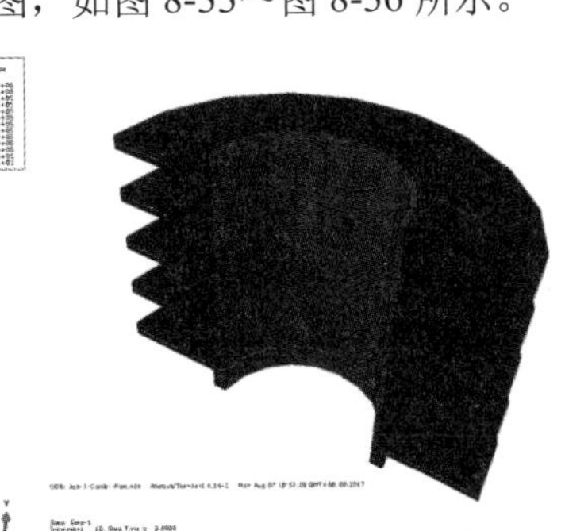

图 8-34　热流量合矢量（Increment=10, HFL）

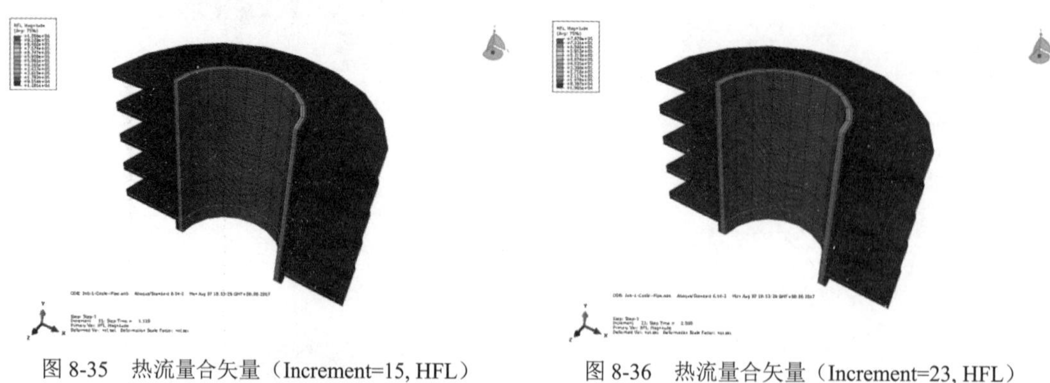

图 8-35　热流量合矢量（Increment=15, HFL）　　图 8-36　热流量合矢量（Increment=23, HFL）

选择变量为 HFL1，显示不同 Increment（增量步）下的热流量分矢量云图如图 8-37～图 8-40 所示。

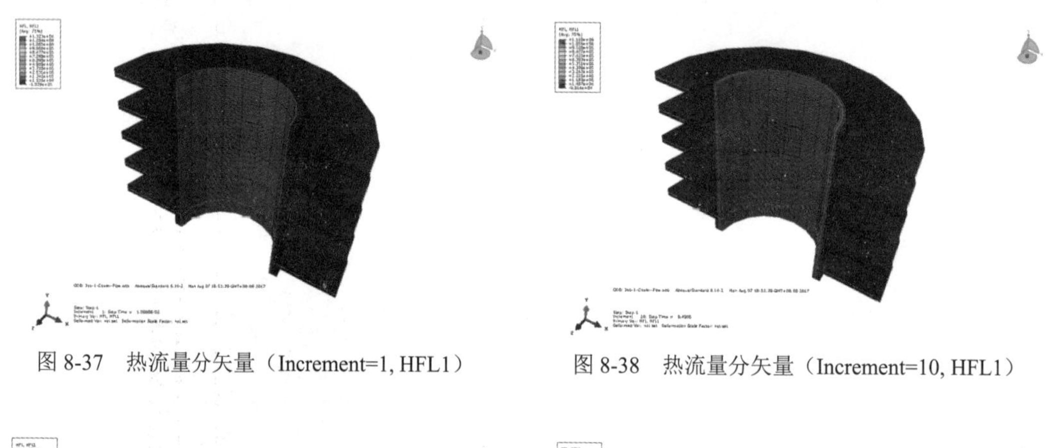

图 8-37　热流量分矢量（Increment=1, HFL1）　　图 8-38　热流量分矢量（Increment=10, HFL1）

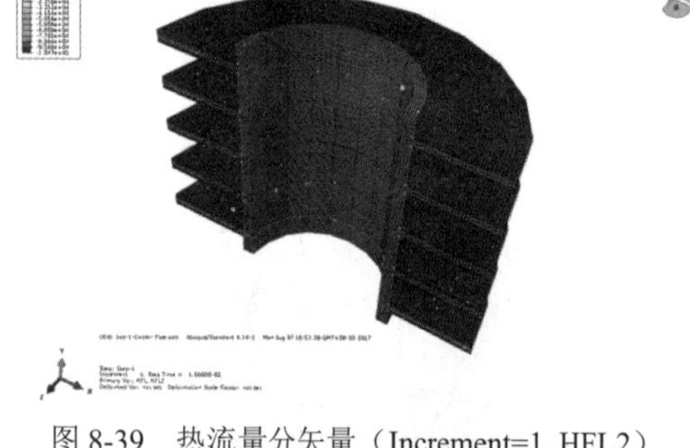

图 8-39　热流量分矢量（Increment=1, HFL2）

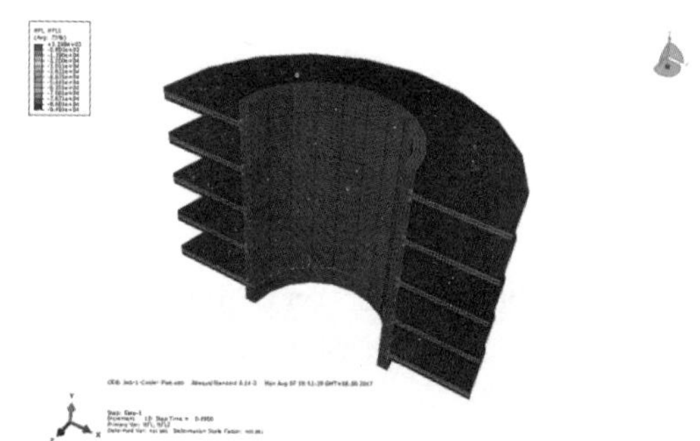

图 8-40　热流量分矢量（Increment=10, HFL2）

8.2.2　ABAQUS 热应力分析——刹车盘片的热效应

汽车的刹车分为油盘式刹车和鼓式刹车两种。由于盘式刹车的散热性能较好，所以应用较为广泛。

本实例所使用的刹车盘，材料为钢材，外径为 140mm，内径为 90mm，厚度为 6mm，刹车盘上的圆环外径为 140mm，内径为 100mm，厚度为 2mm，材质同样为钢材。

1. 创建部件

刹车盘、圆环和刹车卡钳均可用扫掠截面草图的形式创建，如图 8-41 所示，在 Create Part（创建部件）对话框中进行相应设置，建立对应的模型。

2. 实例化

进入 Assembly（实例化）模块，将部件实例化，调整相对位置后如图 8-42 所示。单击按钮，弹出如图 8-43 所示的 Merge/Cut Instances（部件合并）对话框，将 Brake-1 和 Brake-2 两个部件合并。

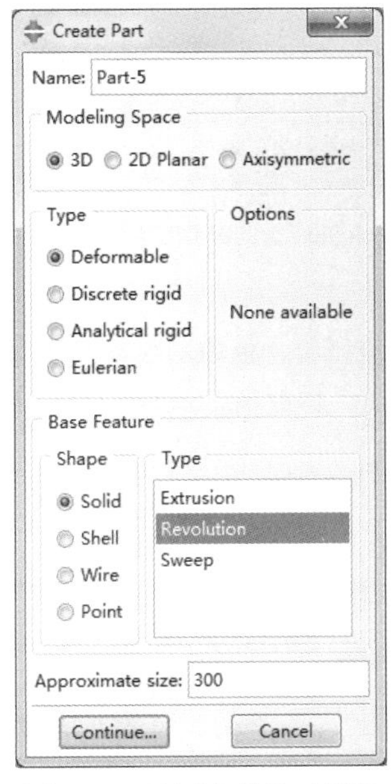

图 8-41　“创建部件”对话框

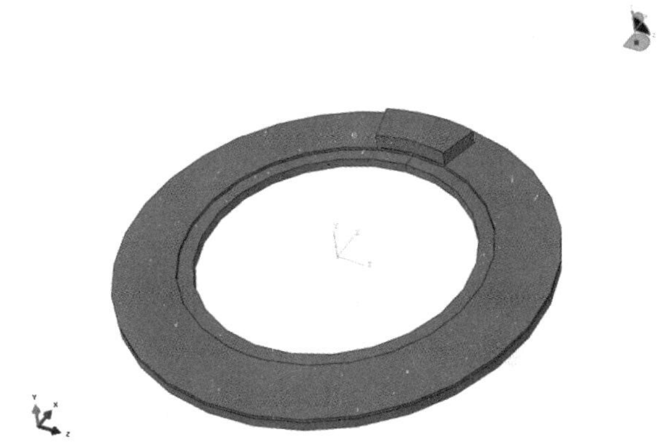

图 8-42　部件实例化

为了便于创建相互作用及施加载荷，需要定义一系列的几何集。执行菜单栏中的 Tools（工具）→Set（集）→Create（创建）命令，将圆环上表面创建为 Disk-Up-Set 集，如图 8-44 所示。

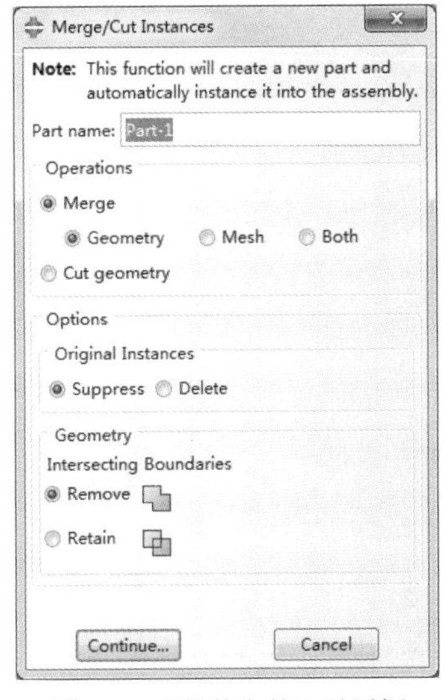

图 8-43　“部件合并”对话框

图 8-44　创建几何集 Disk-Up-Set

执行菜单栏中的 Tools（工具）→Surface（表面）→Create（创建）命令，将图 8-45 中所示表面创建为 Surf-D，即圆环上表面；图 8-46 中所示表面创建为 Surf-P，即卡钳与圆环相接触的表面。

在实例坐标系原点位置创建一个 Reference Point（参考点），名称为 RP-1。

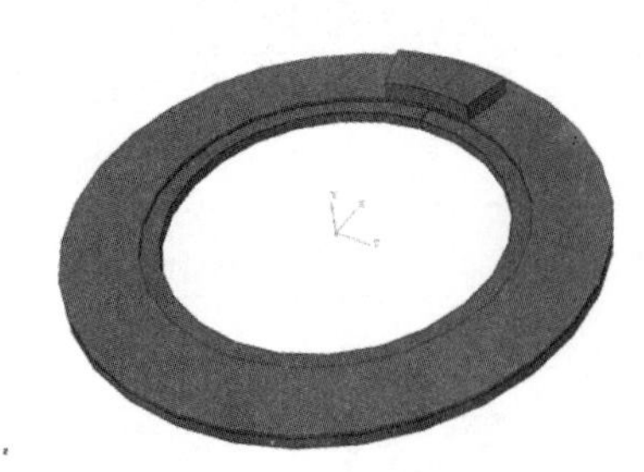

图 8-45 Surf-D 区域

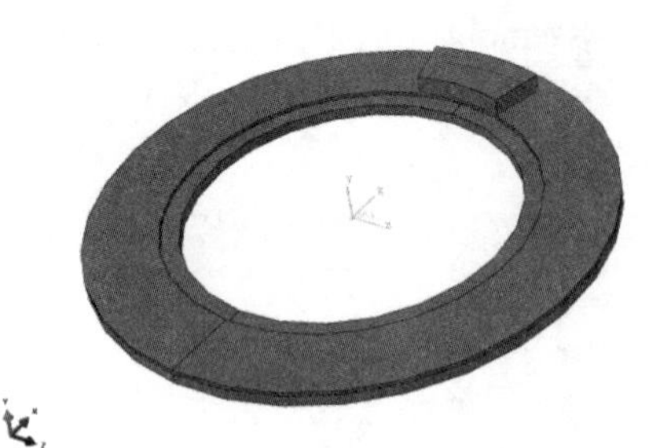

图 8-46 Surf-P 区域

3. 创建材料和截面属性

进入 Property（属性）模块，单击 Create Material（创建材料）按钮，在图 8-47、图 8-49 所示的对话框中根据表 8-1 和表 8-2 中所给出的材料数据创建两种材料，具体的材料属性如图 8-48、图 8-50 所示。

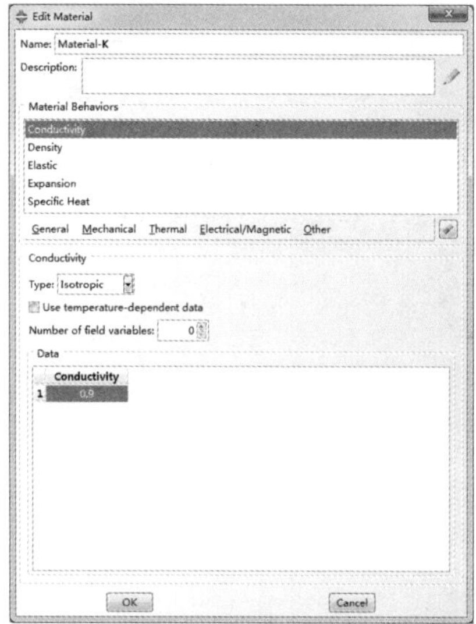

图 8-47 编辑材料属性

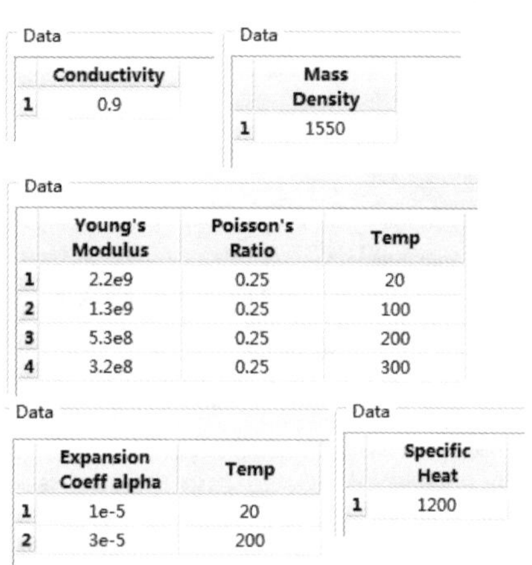

Data

	Conductivity
1	0.9

Data

	Mass Density
1	1550

Data

	Young's Modulus	Poisson's Ratio	Temp
1	2.2e9	0.25	20
2	1.3e9	0.25	100
3	5.3e8	0.25	200
4	3.2e8	0.25	300

Data

	Expansion Coeff alpha	Temp
1	1e-5	20
2	3e-5	200

Data

	Specific Heat
1	1200

图 8-48 Material-K 材料具体参数

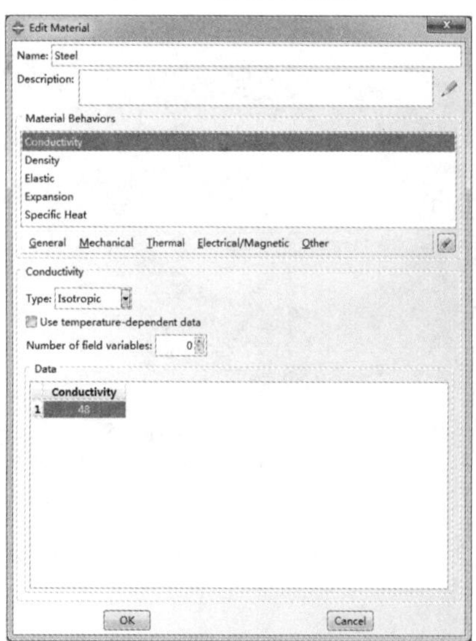

图 8-49 编辑 Steel 材料

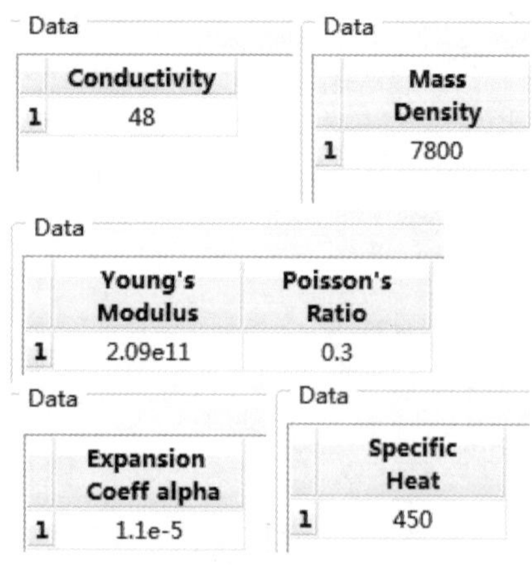

Data

	Conductivity
1	48

Data

	Mass Density
1	7800

Data

	Young's Modulus	Poisson's Ratio
1	2.09e11	0.3

Data

	Expansion Coeff alpha
1	1.1e-5

Data

	Specific Heat
1	450

图 8-50 Steel 材料具体参数

表 8-1　材料温度与摩擦系数的关系

温度/℃	20	100	200	300	400
摩擦系数	0.37	0.38	0.41	0.39	0.24

表 8-2　材料弹性模量与热膨胀系数

温度/℃	20	100	200	300
弹性模量/Pa	2.2e9	1.3e9	5.3e8	3.2e8
热膨胀系数/K-1	1e-5		3e-5	

4. 创建分析步

进入 Step（分析步）模块，单击 Create Step（创建分析步）按钮，创建 Step-1 分析步，选择分析步类型为 General（通用）→Dynamic, Temp-disp, Explicit（动力，温度-位移，显式），如图 8-51 所示。在弹出的如图 8-52 所示的 Edit Step（编辑分析步）对话框中，修改 Time period（时间长度）为 0.001。参考上述操作，再创建同类型的分析步 Step-2，时间长度为 0.015，其他参数默认即可。

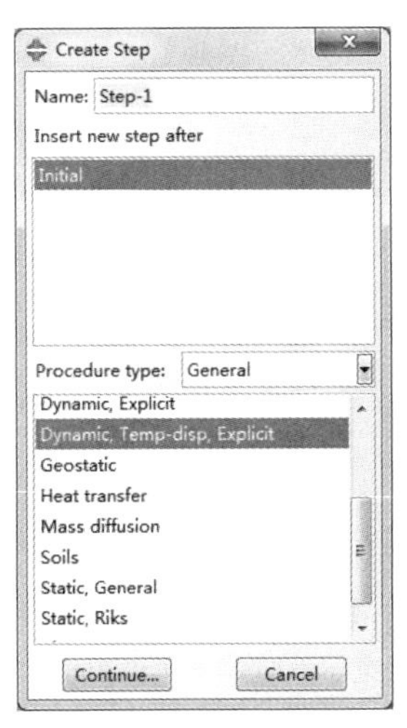

图 8-51　“创建分析步”对话框

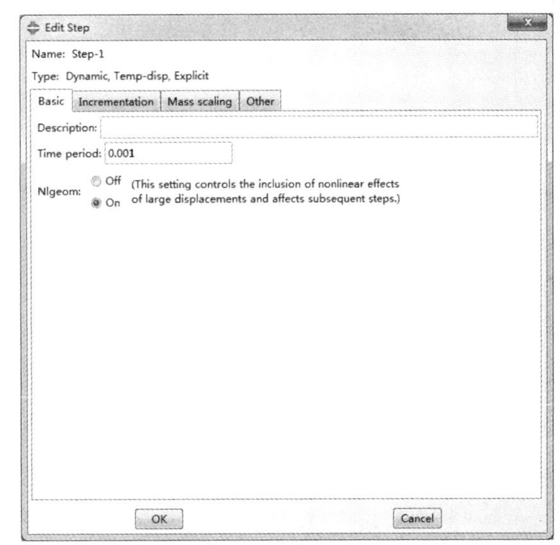

图 8-52　“编辑分析步”对话框

5. 相互作用

单击 Create Interaction Property（创建相互关系属性）按钮，创建一个如图 8-53 所示，包含多个参数的接触相互作用属性，并按照图 8-54～图 8-56 所示参数进行设置。

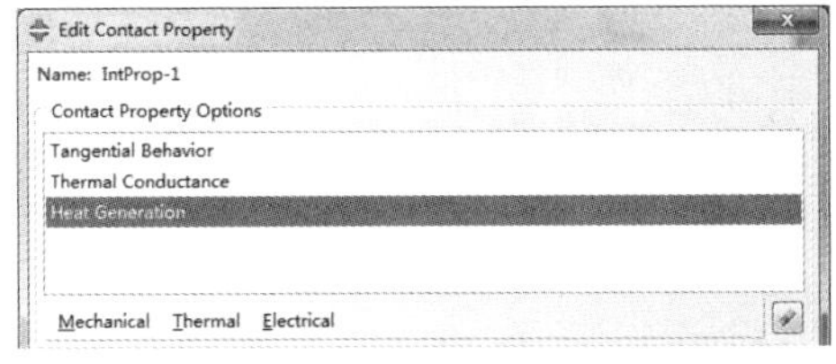

图 8-53　“编辑接触属性”对话框

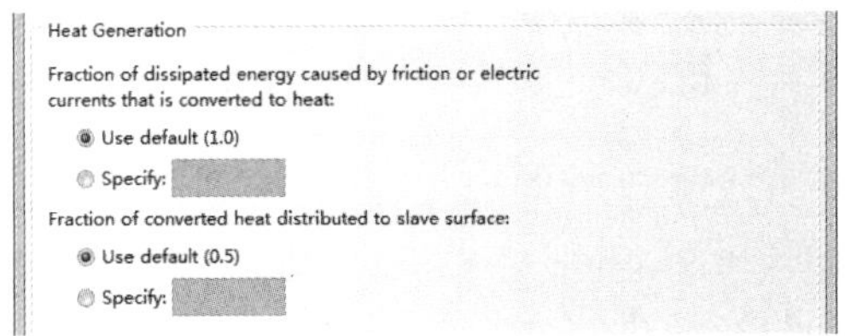

图 8-54　生热参数

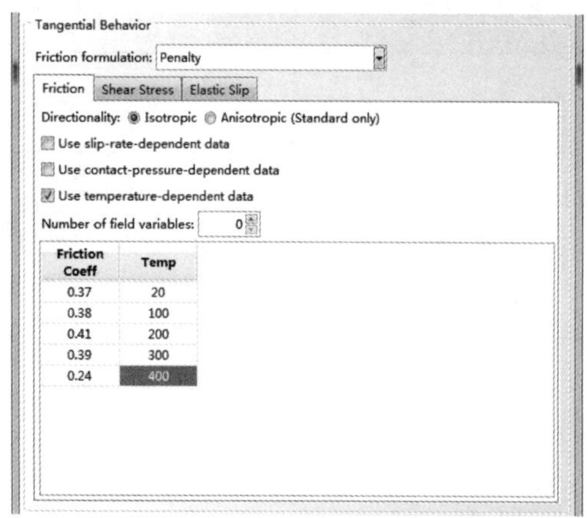

图 8-55　切向行为参数

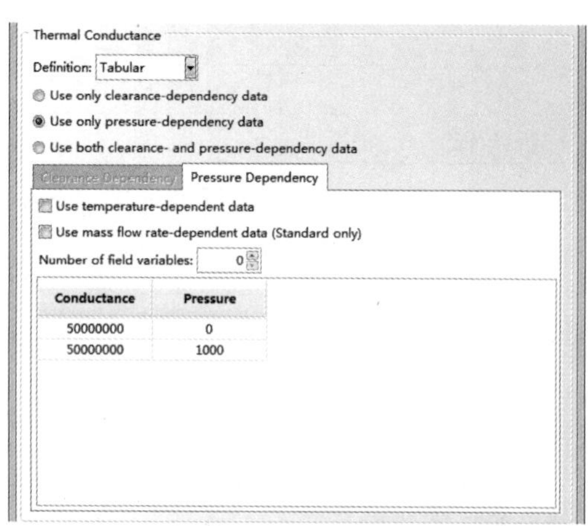

图 8-56　热传导参数

单击Create Interaction（创建相互作用）按钮，弹出如图 8-57 所示的对话框，选择 Surface-to-surface contact（Explicit）[表面与表面接触（显式）] 选项，单击 Continue...按钮后选择 Surf-P 为主表面，Surf-D 为从表面，确认后弹出如图 8-58 所示对话框，单击 OK 按钮完成设置。

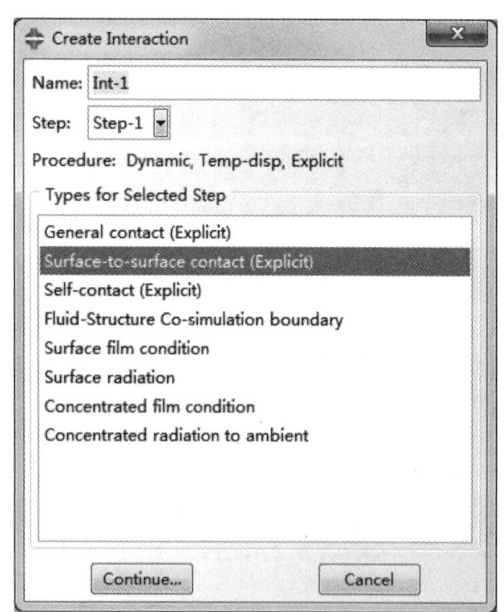

图 8-57 “创建相互作用”对话框

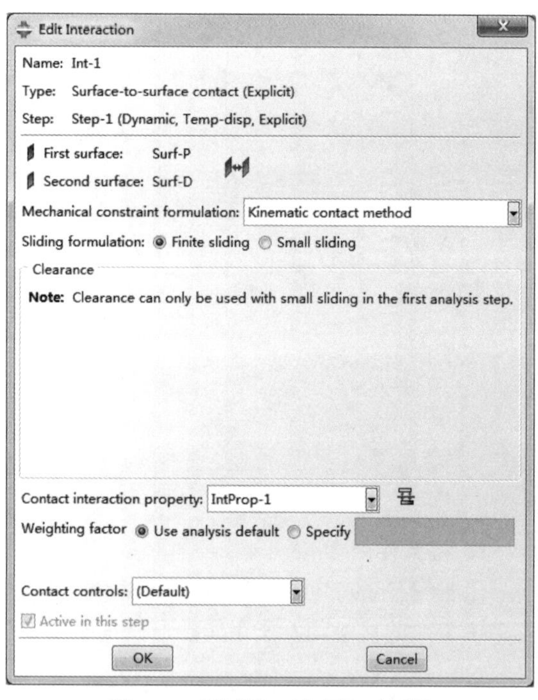

图 8-58 “编辑相互作用”对话框

再创建一个 Surface film condition（表面热交换）类型的相互作用，如图 8-59 所示，选择作用的表面为 Surf-D，单击 Continue...按钮，弹出如图 8-60 所示的对话框，Definition（定义）项选择 Embedded Coefficient（内置系数），Film coefficient（膜层散热系数）值为 100，Film coefficient amplitude（膜层散热系数幅值）值为 Instantaneous（瞬时），Sink definition（水槽定义）为 Uniform（一致），Sink temperature（环境温度）值为 20，Sink amplitude 为 Amp-1。单击 Sink amplitude（环境温度幅值）右侧面的按钮，弹出如图 8-61 所示的 Create Amplitude（创建幅值）对话框，

输入名称，选择 Tabular（表），弹出如图 8-62 所示的 Edit Amplitude（编辑幅值）对话框，按图中内容输入参数，单击 OK 按钮关闭对话框。

单击 Create Constraint（创建约束）按钮，创建一个刚体约束，单击 Continue…按钮，弹出如图 8-63 所示的 Edit Constraint（编辑约束）对话框，其中，Pin（nodes）项选择圆环内圈的区域，如图 8-64 所示，Reference Point 则选择之前创建好的 RP-1。

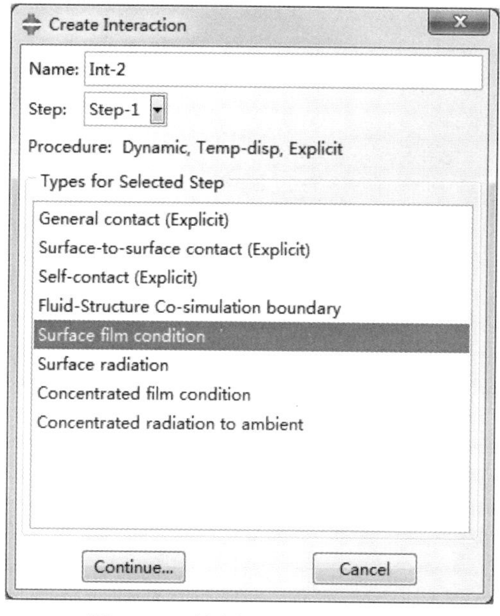

图 8-59 “创建相互作用”对话框

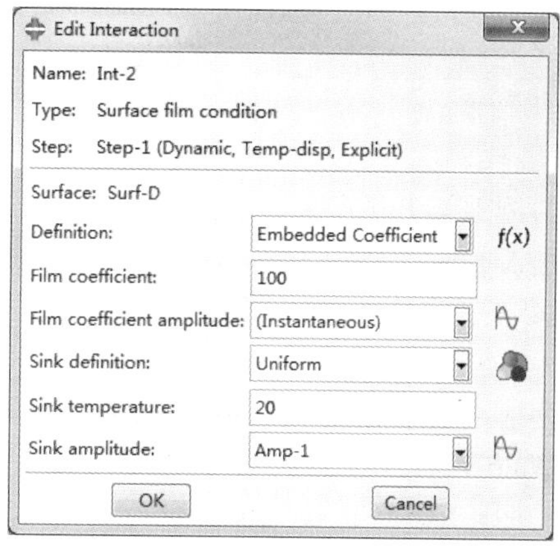

图 8-60 “编辑相互作用”对话框

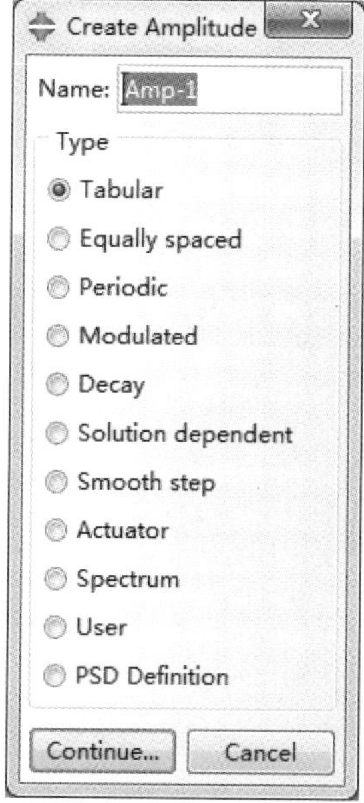

图 8-61 “创建幅值”对话框

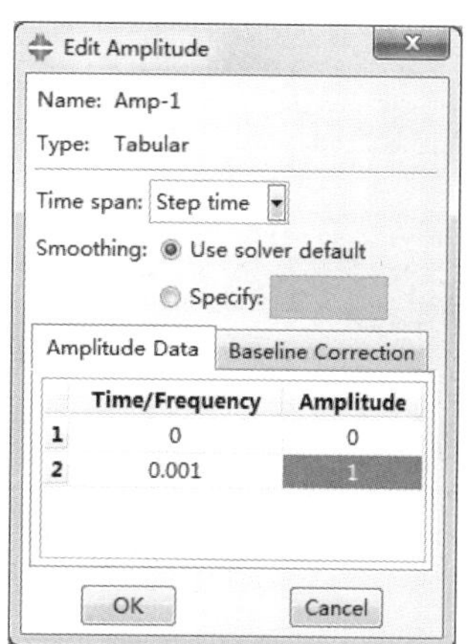

图 8-62 “编辑幅值”对话框

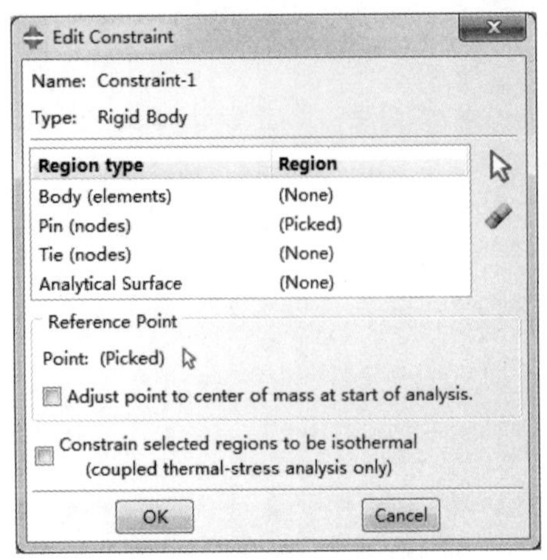

图 8-63 “编辑约束”对话框

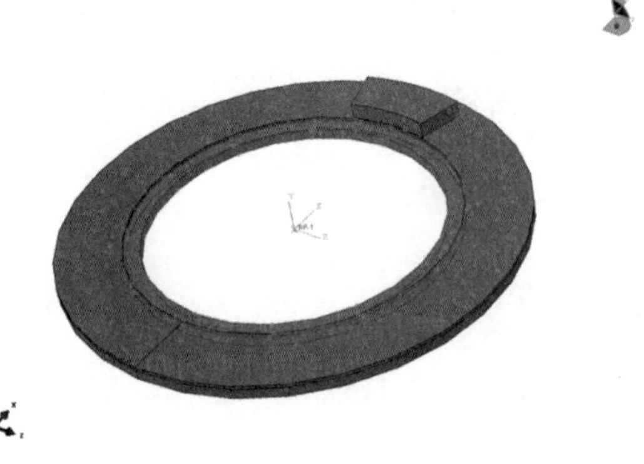

图 8-64 约束部分

6. 载荷与边界条件

进入 Load（载荷）模块，单击 Create Load（创建载荷）按钮，选择卡钳部件的上表面为加载面，创建一个压强载荷，弹出如图 8-65 所示的对话框，输入压强大小，Amplitude（幅值）选择 Amp-1。

单击 Create Boundary Condition（创建边界条件）按钮，在 Step-1 中创建 3 个边/位移/转角类型的边界条件。

边界条件 BC-D：选中图 8-66 所示的区域，在图 8-67 所示对话框中输入相应数据。

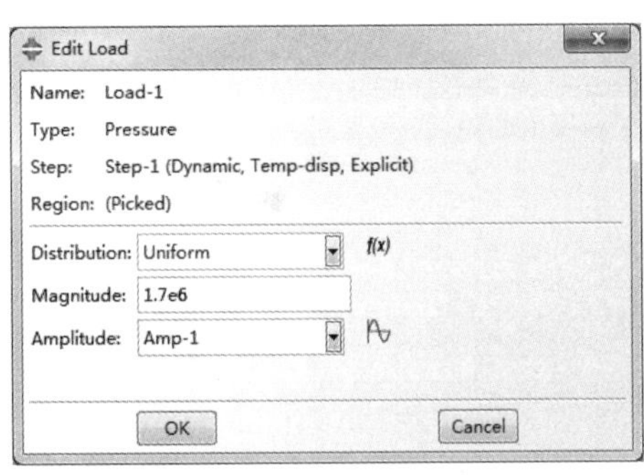

图 8-65 “编辑载荷”对话框

图 8-66 边界条件 BC-D

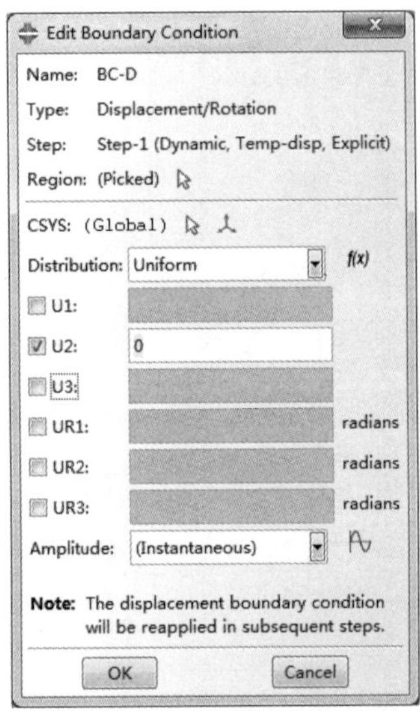

图 8-67 进行 BC-D 边界条件设置

边界条件 BC-P：选中图 8-68 所示的区域，在图 8-69 所示对话框中输入相应数据。

边界条件 BC-RP-1：选中图 8-70 中参考点 RP-1，在图 8-71 所示对话框中输入相应数据。

图 8-68　边界条件 BC-P

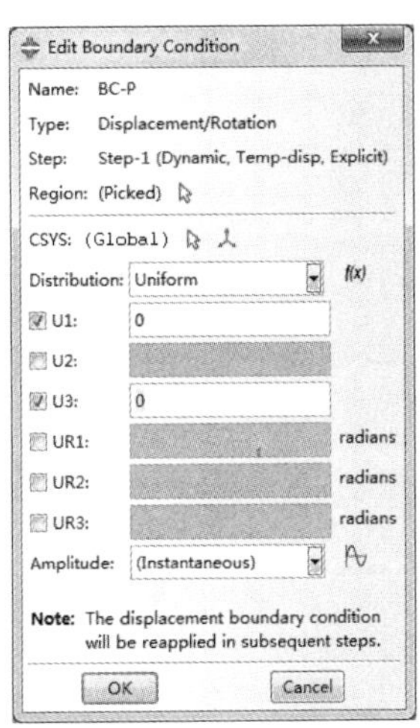

图 8-69　进行 BC-P 边界条件设置

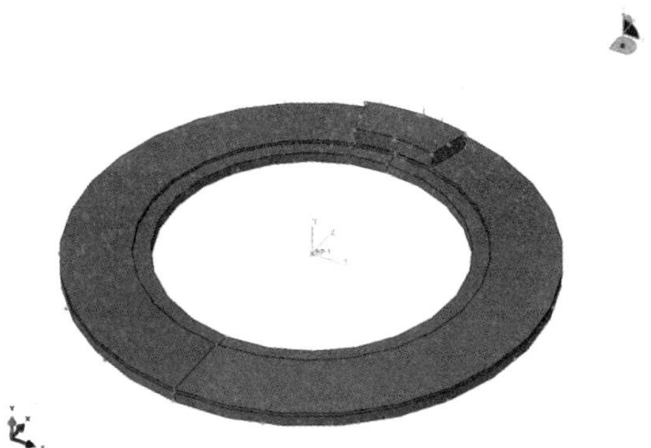

图 8-70　边界条件 BC-RP-1

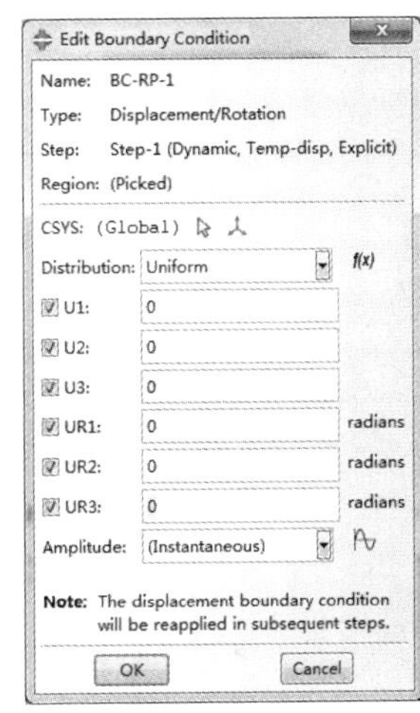

图 8-71　进行 BC-RP-1 边界条件设置

单击 Boundary Condition Manager（边界条件管理器）按钮，弹出如图 8-72 所示的对话框，选择 Step-2 分析步下的 BC-RP-1 边界条件，单击 Edit...按钮，弹出如图 8-73 所示的对话框，并修改相应数据。

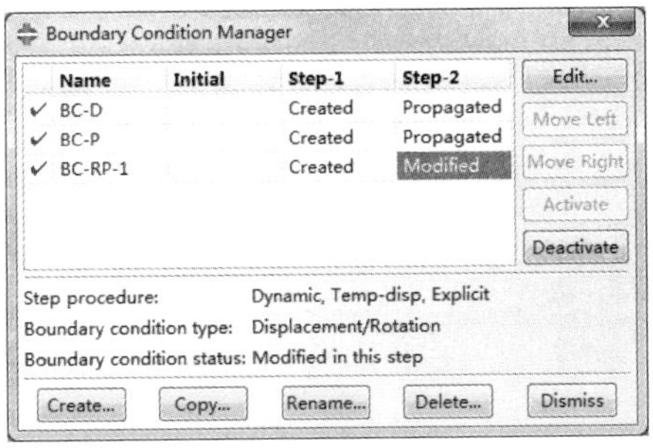

Boundary Condition Manager

Name	Initial	Step-1	Step-2
✓ BC-D		Created	Propagated
✓ BC-P		Created	Propagated
✓ BC-RP-1		Created	Modified

Edit... Move Left Move Right Activate Deactivate

Step procedure: Dynamic, Temp-disp, Explicit
Boundary condition type: Displacement/Rotation
Boundary condition status: Modified in this step

Create... Copy... Rename... Delete... Dismiss

图 8-72　“边界条件管理器”对话框

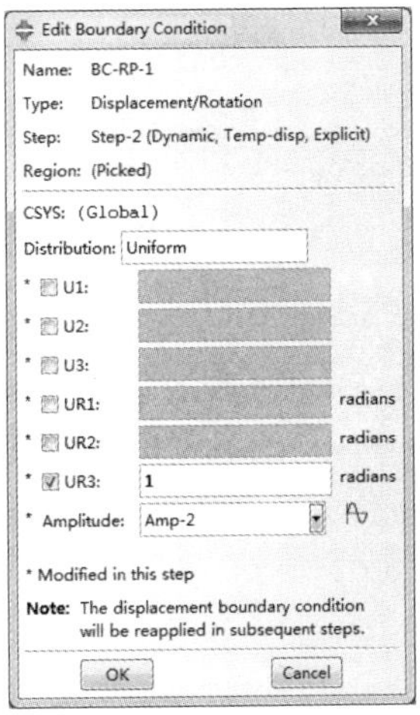

Edit Boundary Condition

Name: BC-RP-1
Type: Displacement/Rotation
Step: Step-2 (Dynamic, Temp-disp, Explicit)
Region: (Picked)
CSYS: (Global)
Distribution: Uniform
* U1:
* U2:
* U3:
* UR1: radians
* UR2: radians
* UR3: 1 radians
* Amplitude: Amp-2
* Modified in this step
Note: The displacement boundary condition will be reapplied in subsequent steps.

OK　Cancel

图 8-73　“编辑边界条件”对话框

单击图 8-73 所示对话框中的按钮，按照图 8-74 所示创建一个平滑分析步类型的幅值，其参数设置如图 8-75 所示。

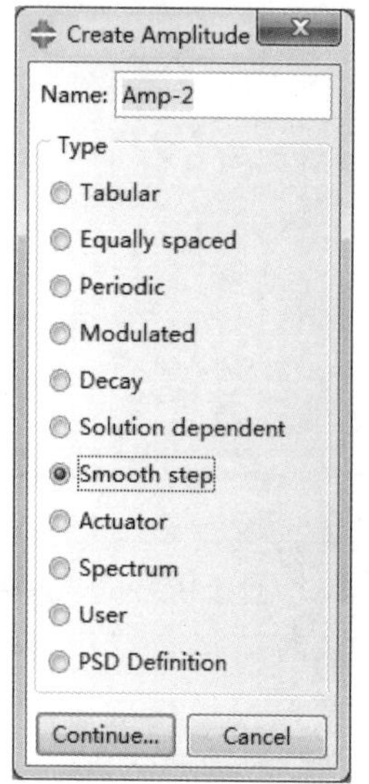

图 8-74 “创建幅值”对话框

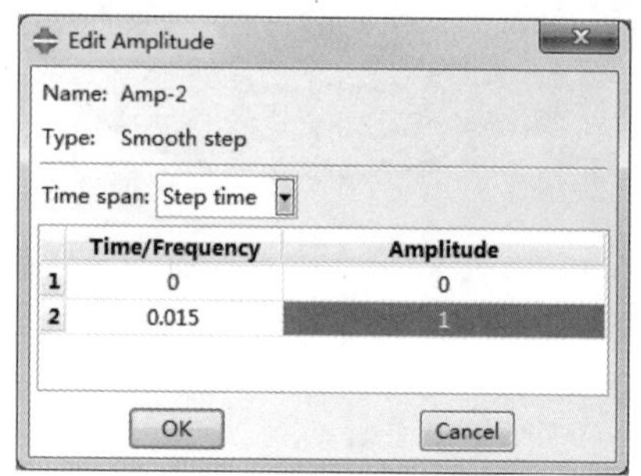

图 8-75 “编辑幅值”对话框

7. 网格划分

进入 Mesh（网格）模块，单击Seed Edges（局部种子）按钮，弹出如图 8-76 所示的 Local Seeds（局部种子）对话框，对圆盘部件所有圆弧设置单元数为 20，对卡钳部件所有圆弧设置单元数为 4，径向直边单元数为 4，轴向直边单元数为 3，得到模型如图 7-77 所示。

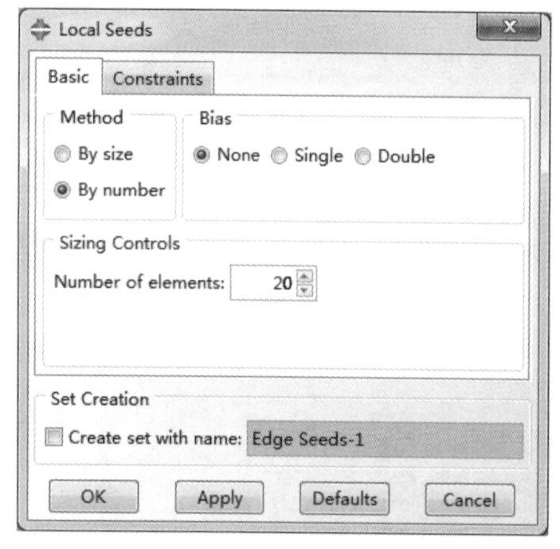

图 8-76 “局部种子”对话框

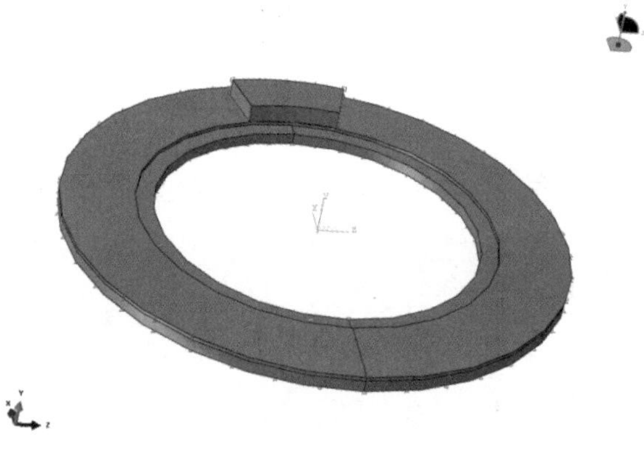

图 8-77 模型布种

单击Assign Element Type（指派单元类型）按钮，弹出如图 8-78 所示 Element Type（单元类型）对话框，按照图中参数进行设置，选择 C3D8RT 型单元，完成后单击Mesh Part Instance 按钮进行网格划分，划分结果如图 8-79 所示。

8. 分析作业与后处理

进入 Job（作业）模块，创建作业并进行运算，完成后进入 Visualization（可视化模块），查看分析运算结果。单击Filed Output Dialog 按钮，选择需要输出的变量，单击 Apply 按钮，可在视图区输出不同的云图，如图 8-80～图 8-91 所示。

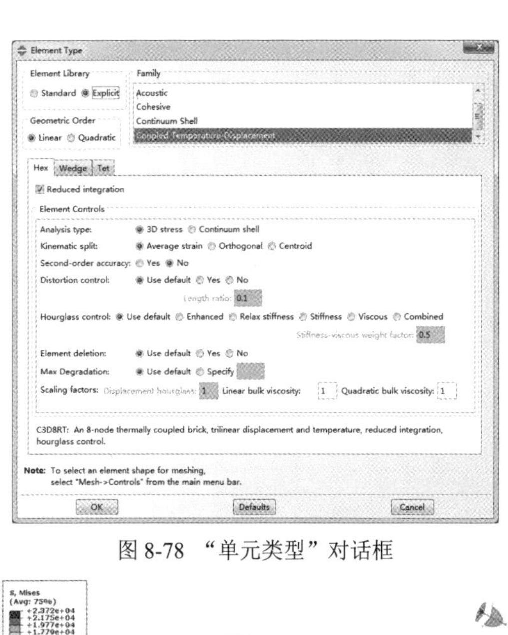

图 8-78　“单元类型”对话框

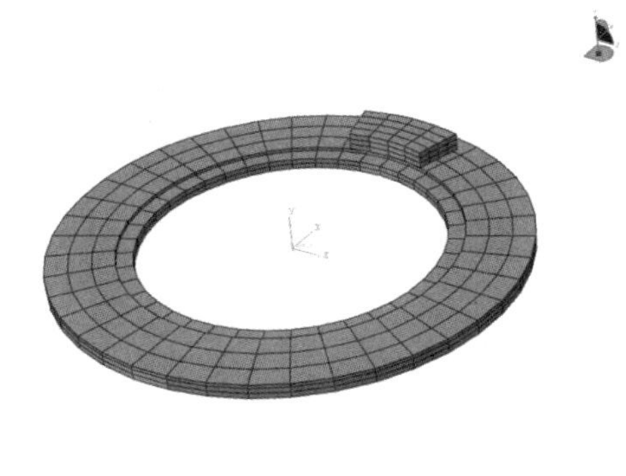

图 8-79　网格划分

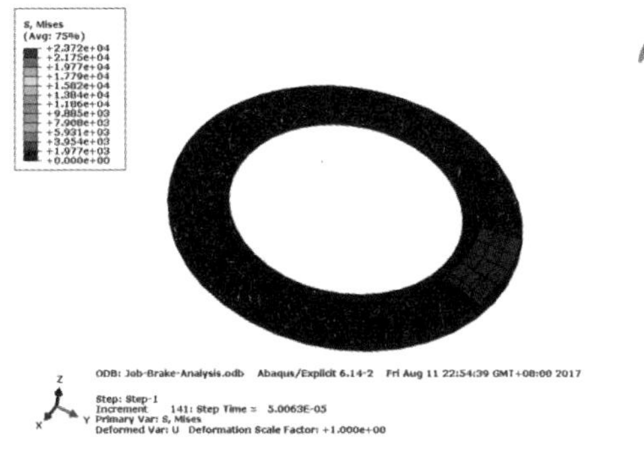

图 8-80　Step-1，INC=1 应力云图

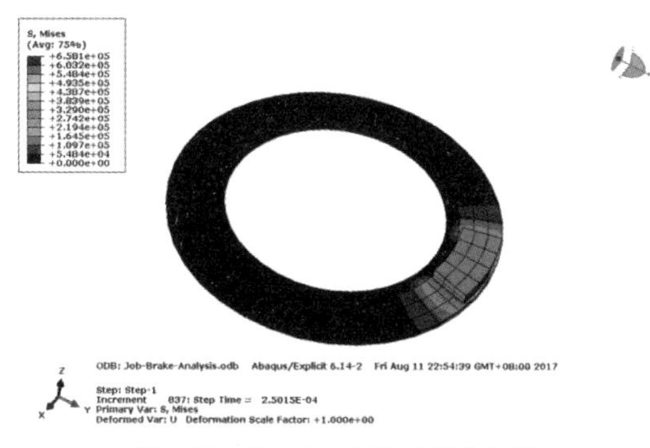

图 8-81　Step-1，INC=5 应力云图

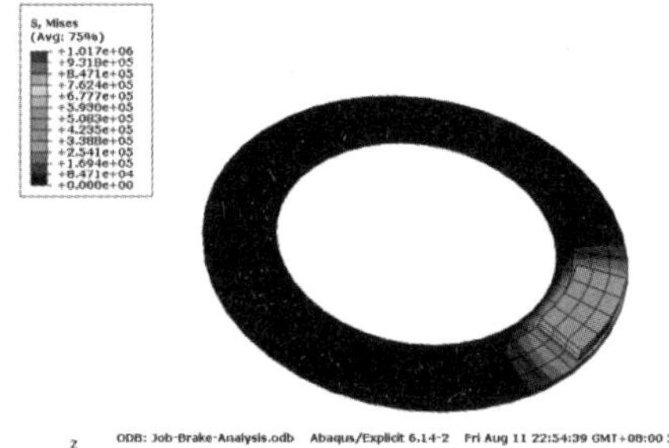

图 8-82　Step-1，INC=10 应力云图

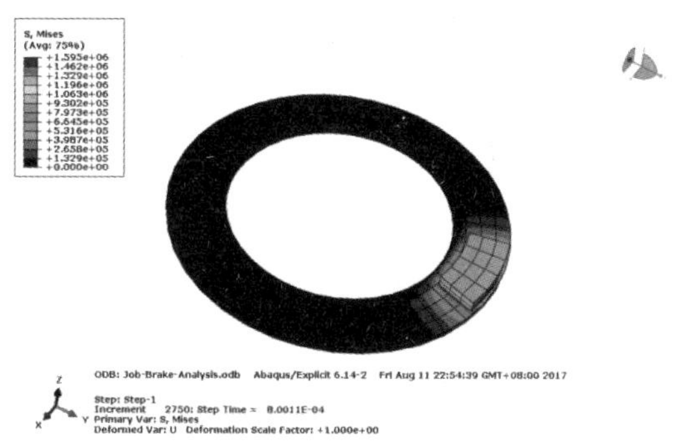

图 8-83　Step-1，INC=16 应力云图

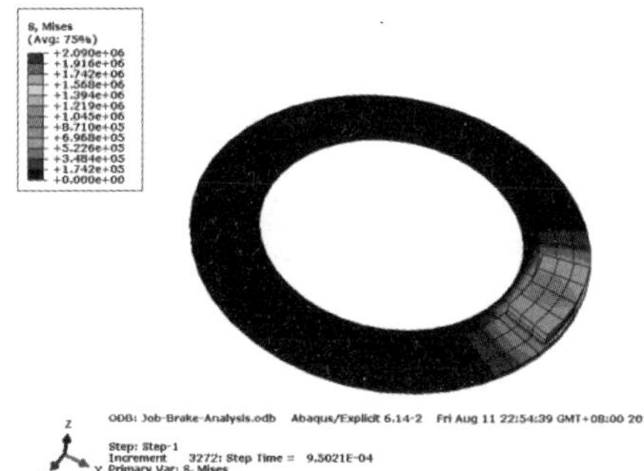

图 8-84　Step-1，INC=19 应力云图

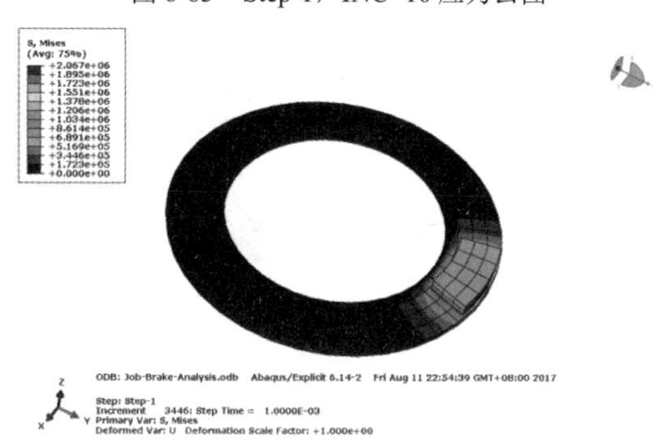

图 8-85　Step-1，INC=20 应力云图

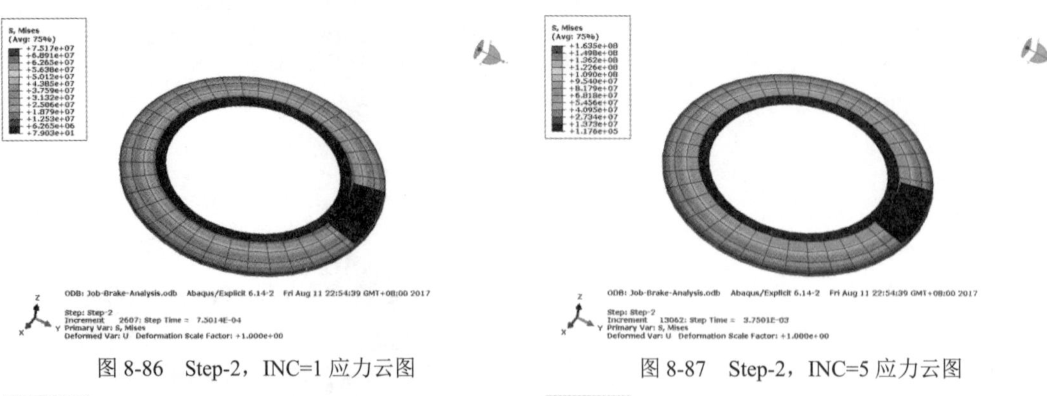

图 8-86　Step-2，INC=1 应力云图　　图 8-87　Step-2，INC=5 应力云图

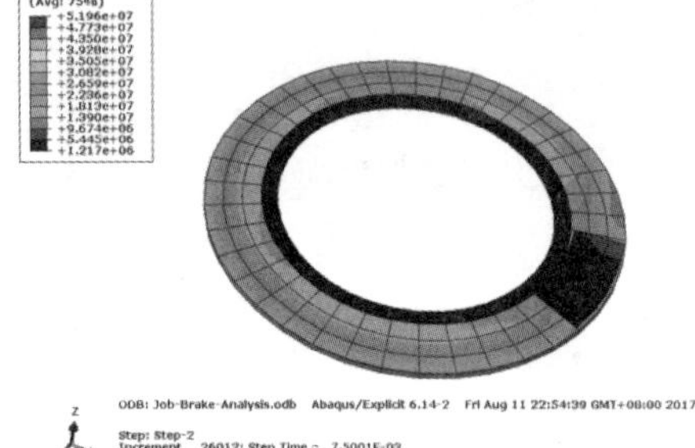

图 8-88　Step-2，INC=10 应力云图

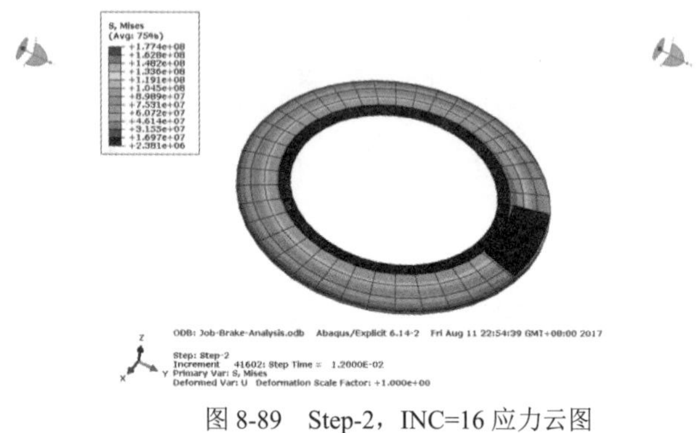

图 8-89　Step-2，INC=16 应力云图

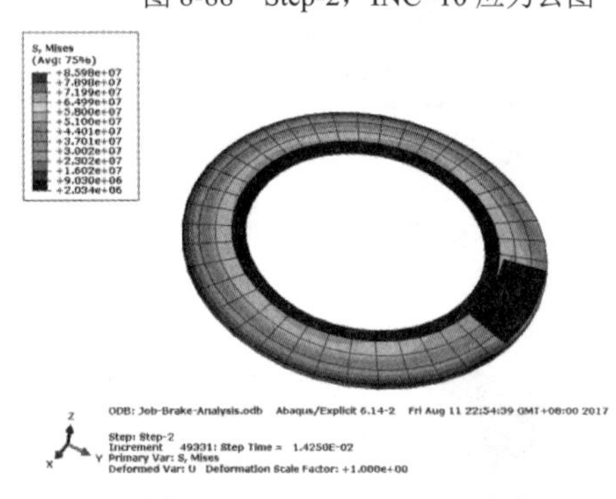

图 8-90　Step-2，INC=19 应力云图

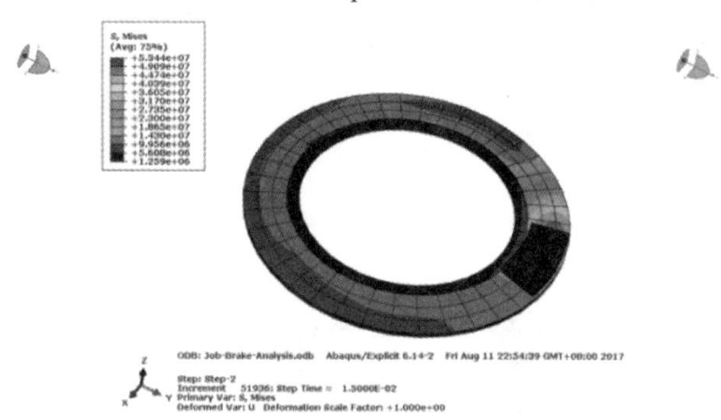

图 8-91　Step-2，INC=20 应力云图

单击Filed Output Dialog 按钮，选择变量 NT11，即节点温度，如图 8-92～图 8-97 所示。

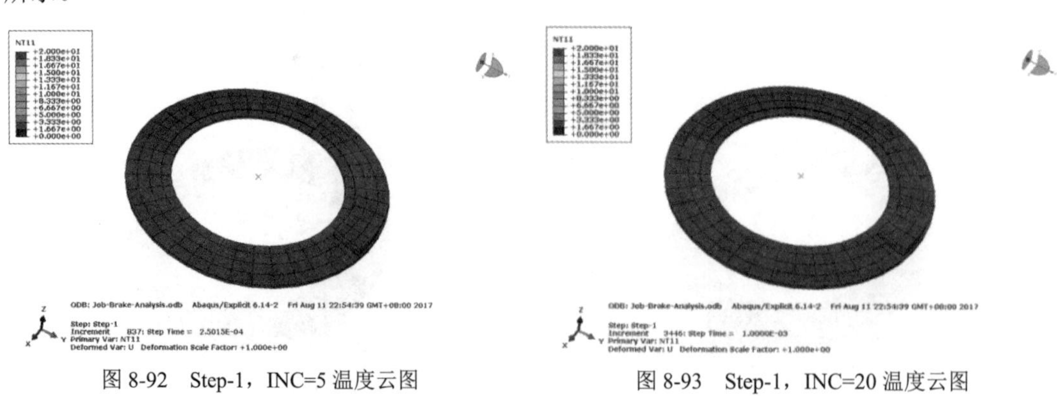

图 8-92　Step-1，INC=5 温度云图　　图 8-93　Step-1，INC=20 温度云图

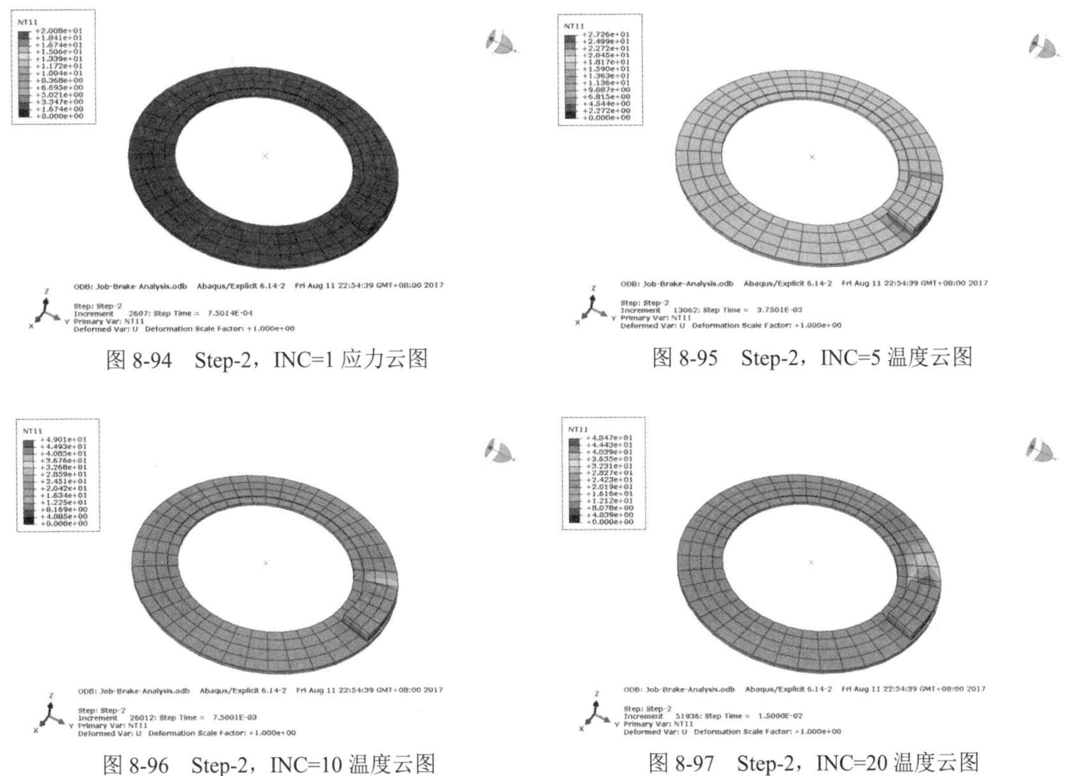

图 8-94　Step-2，INC=1 应力云图

图 8-95　Step-2，INC=5 温度云图

图 8-96　Step-2，INC=10 温度云图

图 8-97　Step-2，INC=20 温度云图

8.3　本章小结

几乎所有的工程问题都与热有关，如焊接、铸造，以及各种冷热加工过程、高温环境中的热辐射、内燃机、管路系统、电子元件、涡轮机等。

根据传热问题的类型和边界条件的不同，可以将热分析分成几种类型：与时间无关的稳定热分析和与时间有关的瞬态热分析；材料参数和边界条件不随温度变化的线性传热，材料和边界条件对温度敏感的非线性传热；包含温度影响的多场耦合问题等。

本章重点介绍了利用 ABAQUS 进行结构热分析的步骤与方法，通过 ABAQUS 瞬态热分析与 ABAQUS 热应力分析两个实例进行讲解分析。

（1）ABAQUS 瞬态热分析——金属散热管的温度场研究

该实例主要介绍了通过金属散热管的温度场研究进行的瞬态热分析，主要是对温度场的预定义，以及瞬态热分析的结果变量和历史变量的输出设置。

（2）ABAQUS 热应力分析——刹车盘片的热效应

本实例是以刹车盘片的热效应为研究背景的案例，读者可以了解刹车盘片的热效应过程的热分析，对热应力的场的定义和设置，进一步加深对结构热分析等知识点的认识。

第 9 章　ABAQUS/Explicit 显式分析与实例

ABAQUS 软件中的显式非线性动态求解方法是应工程实际的需要而产生的，它是一种真正的动态求解过程，它在实际工程中，当惯性力非常大且随着时间变化较快时，就变成了动力学问题。ABAQUS/Standard 和 ABAQUS/Explicit 两个分析模块都具有解决各个类型问题的能力，对于一个确定的实际问题，采用哪个分析模块需要综合考虑各种因素。对于采用任何算法都可以求解的问题，求解效率可能起着决定性的作用。

在前面的章节中，已经介绍了显式动态程序的基本内容。显式动态程序对于求解广泛的、各种各样的非线性固体和结构力学问题是一种非常有效的工具，它是对隐式求解器，如 ABAQUS/Standard 的一个补充。

本章将介绍 ABAQUS 进行显式动力学分析的步骤，通过实例的学习，熟悉使用 ABAQUS/Explicit 进行显式动力学分析。

9.1　瞬态动力学分析概述

ABAQUS 软件中的显式动态求解方法是应工程实际需要而产生的，它是一种真正的动态求解过程。它的最初发展是为了模拟高速冲击问题，在这类问题中惯性发挥了主导性的作用。在工程实际中，当惯性力非常大且随时间变化较快时，问题将变成动力学问题。

动力学问题在实际中有着广泛的应用领域，其形式包括振动、冲击、离心力等，最常遇到的动力学问题可以归为以下两类。

1. 承受周期性载荷或随机载荷

所谓承受周期性载荷是指周期性的机械力载荷对设备或者结构所产生的影响。这类设备或结构，如高速旋转的电动机、往复运动的发动机等，它们承受着本身惯性及周围介质或结构的相互作用。这类问题的主要参数有振幅和频率等。

所谓承受随机载荷是指无规则运动的机械力载荷对设备或者结构所产生的影响。随机载荷在数学分析上不能用确切的函数表示，只能用概率和统计的方法来描述其规律。随机载荷主要是由外力的随机性引起的，如强风、海浪及地震等。

2. 承受非周期性载荷

所谓承受非周期性载荷是指非周期性的机械力载荷对设备或者结构的影响，其特点是作用时间短暂，但加速度很大，其一般会涉及波在介质中的传播问题。

在实际中典型的体现就是碰撞和冲击，例如汽车碰撞、飞机的降落、船舶的抛锚以及爆炸等。这类问题的主要参数有波形、加速度、碰撞或冲击的持续时间等。

无论是哪类动力学问题都对设备或者结构的可靠性造成危害，例如，承受周期性载荷的设备或结构在某一激振频率下产生共振，可能引起振动加速度超过设备或结构的极限而遭受破坏；或者在碰撞或者冲击的瞬时，作用于设备或结构上的惯性载荷及由此引起的个别部件中产生的应力，可能超过设备或结构的允许值而造成破坏；也可能由于多次冲击作用形成设备或结构的疲劳积累，使设备或者结构损坏或者强度极限降低。因此可以说动态问题的产生和形式是多种多样的，其对设备或结构造成损害也是复杂多样且比较严重的。

9.2　动力学显式有限元方法

9.2.1　显式与隐式方法的区别

下面将介绍 ABAQUS/Explicit 求解器的算法，本节不仅比较隐式和显式时间积分，而且讨论显式方法的优势。

显式与隐式方法的区别在于：

（1）显式方法需要很小的时间增量步，它仅依赖于模型的最高固有频率，而与载荷的类型和持续的时间无关。通常的模拟需要取 10 000～1 000 000 个增量步，每个增量步的计算成本相对较低。

（2）隐式方法对时间增量的大小没有内在限制，增量的大小通常取决于精度和收敛情况。典型的隐式模拟所采用的增量步数目要比显式模拟小几个数量级。然而，由于在每个增量步中必须求解一套全域的方程组，所以对于每一增量步的成本，隐式方法远高于显式方法。

9.2.2　显式时间积分

ABAQUS/Explicit 应用中心差分方法对运动方程进行显式的时间积分，应用前一个增量步的动力学条件计算下一个增量步的动力学条件。在增量步开始时，程序求解动力学平衡方程，表示为用节点质量 M 乘以节点加速度 $\ddot{u}$ 等于节点的合力（所施加的外力 P 与单元内力 I 之差见式 9-1），即

$$M\ddot{u} = P - I \tag{9-1}$$

在增量步开始时（t 时刻），计算加速度见式 9-2：

$$\ddot{u}\big|_{(t)} = (M)^{-1}(P-I)\big|_{(t)} \tag{9-2}$$

显式算法总是采用对角的或者集中的质量矩阵，所以求解加速度并不复杂，不必同时求解联立方程。任何节点的加速度完全取决于节点的质量和作用于节点上的合力，使得节点的计算成本非常低。

对于加速度在时间上进行积分，需采用中心差分方法，在计算速度的变化时假设速度为常数。应用这个速度的变化值加上前一个增量步中点的速度来确定当前增量步中点的速度，见式 9-3：

$$\dot{u}\big|_{\left(t+\frac{\Delta t}{2}\right)} = \dot{u}\big|_{\left(t-\frac{\Delta t}{2}\right)} + \frac{\Delta t\big|_{(t+\Delta t)} + \Delta t\big|_{(t)}}{2}\ddot{u}\big|_{(t)} \tag{9-3}$$

速度对时间的积分加上在增量步开始时的位移来确定增量步结束时的位移，见式 9-4：

$$u\big|_{(t+\Delta t)} = u\big|_{(t)} + \Delta t\big|_{(t+\Delta t)}\,\dot{u}\big|_{\left(t+\frac{\Delta t}{2}\right)} \tag{9-4}$$

至此，在增量步开始时提供了满足动力学平衡条件的加速度。得到加速度，在时间上“显式地”得到前推速度和位移。“显式”是指在增量步结束时的状态仅依赖该增量步开始时的位移、速度和加速度。这种方法可以精确地积分常值的加速度。为了使该方法产生精确的结果，要求时间增量要足够小，从而在增量步中的加速度几乎为常数。由于时间增量必须很小，所以一个典型的分析需要成千上万个增量步。

下面是显式动力学计算的流程。

（1）节点计算

① 动力学平衡方程（见式 9-5）

$$\ddot{u}\big|_{(t)} = (M)^{-1}(P-I)\big|_{(t)} \tag{9-5}$$

② 对时间显式积分（见式 9-6）：

$$\dot{u}\big|_{\left(t+\frac{\Delta t}{2}\right)} = \dot{u}\big|_{\left(t-\frac{\Delta t}{2}\right)} + \frac{\Delta t\big|_{(t+\Delta t)} + \Delta t\big|_{(t)}}{2}\ddot{u}\big|_{(t)}\;;\quad u\big|_{(t+\Delta t)} = u\big|_{(t)} + \Delta t\big|_{(t+\Delta t)}\,\dot{u}\big|_{\left(t+\frac{\Delta t}{2}\right)} \tag{9-6}$$

（2）单元计算

① 根据应变速率 $\dot{\varepsilon}$，计算单元应变增量 $\mathrm{d}\varepsilon$

② 根据本构关系计算应力 σ （见式 9-7）：

$$\sigma|_{(t+\Delta t)} = f(\sigma_{(t)}, \mathrm{d}\varepsilon)\text{。} \tag{9-7}$$

③ 集成单元节点内力 $I_{(t+\Delta t)}$。

（3）设置时间 t 为 $t+\Delta t$，返回步骤（1）。

9.2.3 显式和隐式的比较

对于隐式和显式积分程序，都是以所施加的外力 P、单元内力 I 和节点加速度的形式定义平衡，平衡式见式 9-8：

$$M\ddot{u} = P - I \tag{9-8}$$

其中，M 是质量矩阵。两个程序求解节点加速度，并应用同样的单元计算获得单元内力。两种方法之间最大的不同在于求解节点力加速度的方式上。在隐式程序中，通过直接求解的方法求解一组线性方程组，与应用显式方法进行节点计算的成本相比较，求解这组方程组的计算成本要高得多。

在完全 Newton 迭代求解方法的基础上，ABAQUS/Standard 使用自动增量步。在时刻 $t+\Delta t$ 增量步结束时，Newton 方法寻求满足动力学平衡方程的条件，并且计算出同一时刻的位移。由于隐式算法是无条件的，所以时间增量 Δt 比应用于显式方法的时间增量相对大一些。

显式方法则特别适用于求解高速动力学事件，它需要许多小的时间增量来获得高精度的解答。如果事件持续时间非常短，则可能得到高效率的解答。

在显式分析中，可以很容易地模拟接触条件和其他一些极度不连续的情况，并且能够一个节点一个节点地求解而不必迭代。为了平衡在接触时的外力和内力，可以调节节点的加速度。

此外，显式方法最显著的特点是没有在隐式方法中所需要的整体切向刚度矩阵。由于是显式地前推模型的状态，所以不需要迭代和收敛准则。

9.3 ABAQUS/Explicit 解决的问题

了解两个方法的这些特性，能够帮助读者确定哪一种方法更适合解决所面临的问题。在讨论显式动态程序如何工作之前，有必要了解 ABAQUS/Explicit 适合求解哪类问题。

1. 高速动力学事件

最初发展显式动力学方法是为了分析那些用隐式方法（如分析材料的动力学事件）作为此类模拟的例子，如分析一块钢板在短时爆炸载荷下的响应。因为迅速施加的巨大载荷，结构的响应变化非常快。对于捕获动力响应，精确地跟踪板内的应力波是非常重要的。

2. 复杂的接触问题

应用显式动力学方法去建立接触条件的公式要比应用隐式方法容易得多。ABAQUS/Explicit 能够比较容易地分析包括许多独立物体相互作用的复杂接触问题。ABAQUS/Explicit 特别适合分析受冲击载荷并随后在结构内部发生复杂的相互接触作用结构的瞬间动态响应问题。如电路板跌落试验：一块插在泡沫封装中的电路板从 1m 的高度跌落到地板上。这个问题包括封装与地板之间的冲击，以及在电路板和封装之间的接触条件的迅速变化。

3. 复杂的后屈曲问题

ABAQUS/Explicit 能够比较容易地解决不稳定的后屈曲（postbuckling）问题。在此类问题中，随着载荷的施加，结构的刚度会发生剧烈变化。在后屈曲响应中常常包括接触相互作用的影响。

4. 材料的退化和实效问题

在隐式分析程序中，材料的退化（degradation）和失效（failure）常常导致严重的收敛困难，但是 ABAQUS/Explicit 能够很好地模拟这类材料。混凝土开裂的模型就是一个材料退化的例子，其拉伸裂纹导致了材料的刚度成为负值。金属的延性实效是一个材料实效的例子，其材料刚度能够退化并且一直降低到零，在这段时间内，模型中的单元被完全除掉。

5. 高度非线性的准静态问题

ABAQUS/Explicit 常常能够有效地解决某些本质上是静态的问题。准静态过程模拟（包括复杂的接触，如锻造、滚压和薄板成型等过程）一般属于这类问题。薄板成型问题通常包含非常大的膜变形和复杂的摩擦接触条件。块体成型问题的特征有大扭曲、模具之间的相互接触及瞬间变形。

9.4　显示问题分析实例

9.4.1　ABAQUS/Explicit 实例——圆盘结构动力学分析

本实例通过综合利用频率分析、模态动力学分析及显式动力学分析的方法，对圆盘结构进行动力学分析，通过不同的方法可以获得不同的结构性能相关信息，可以针对具体问题采用不同的分析方法。用于分析的圆盘直径为 500mm、厚度为 1.5mm，圆盘中心位置有一个直径为 80mm 的圆孔，圆孔的边缘固定。所使用的材料为钢材，其弹性模量为 2.1e11Pa，泊松比为 0.3，密度为 7800kg/m^3。

1. 频率分析问题

（1）创建部件

进入 Part（部件）模块，单击工具栏中的 Create Part（创建部件）按钮，弹出如图 9-1 所示的 Create Part（创建部件）对话框，输入部件名称，创建一个 3D、Deformable（可变形）、Planar（平面）、Shell（壳）模型，单击 Continue...按钮进入草图，如图 9-2 所示，生成的部件如图 9-3 所示。

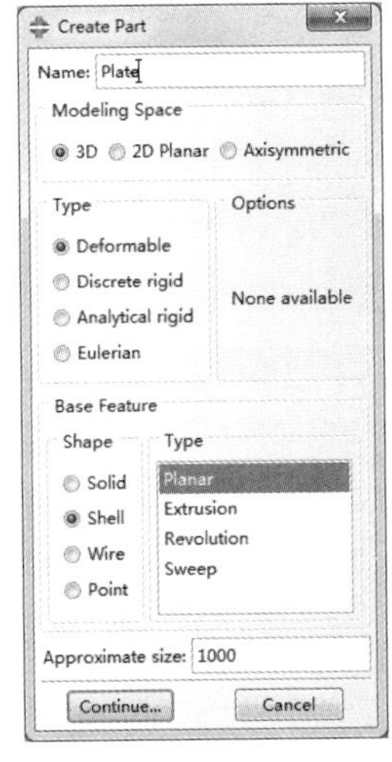

图 9-1　“创建部件”对话框

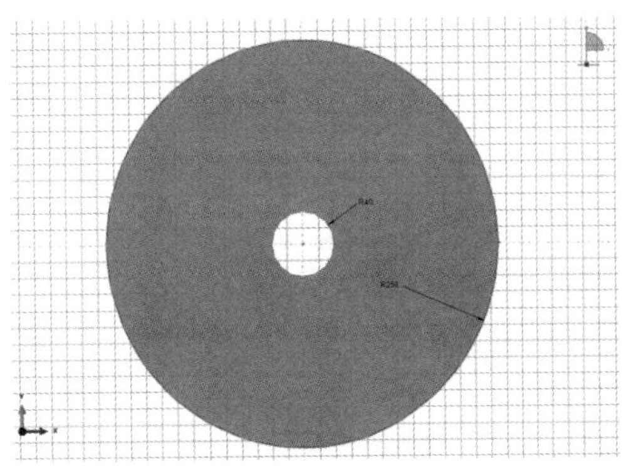

图 9-2　绘制草图

（2）创建材料和截面属性

进入 Property（属性）模块，单击 Create Material（创建材料）按钮，弹出如图 9-4 所示的 Edit Material（编辑材料）对话框，按照前文提到的数据，输入材料的密度和弹性系数。

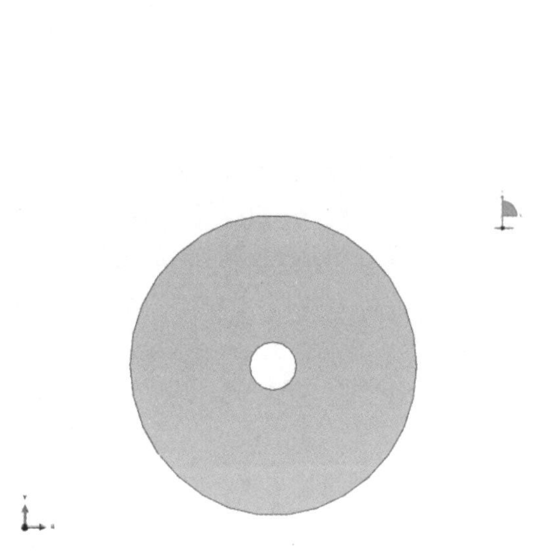

图 9-3　生成的部件

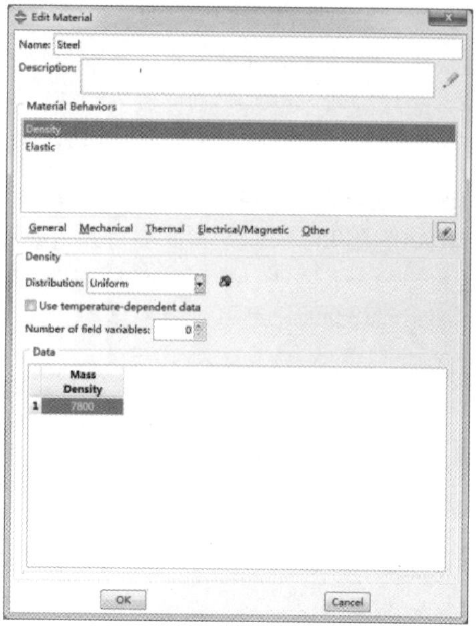

图 9-4　“编辑材料”对话框

单击 Create Section（创建截面）按钮，弹出如图 9-5 所示的对话框，输入要创建的截面名称，选择类别为 Shell（壳）、Homogeneous（均质），单击 Continue...按钮，弹出如图 9-6 所示的对话框，输入壳的厚度为 1.5，选择材料为 Steel，单击 OK 按钮完成设置。

图 9-5　“创建截面”对话框

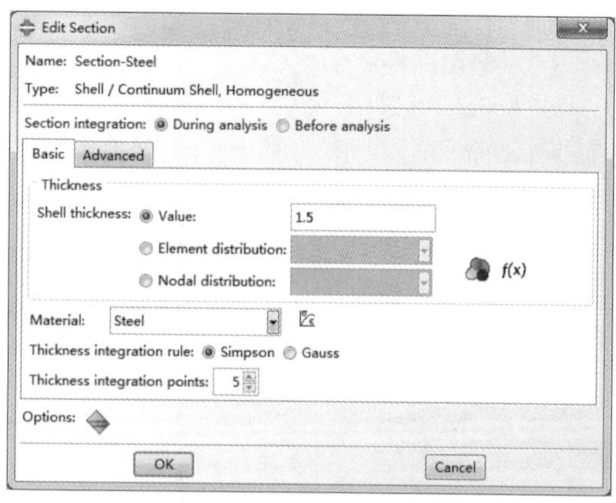

图 9-6　“编辑截面”对话框

单击 Assign Section（截面指派）按钮，在视图区拾取圆盘部件，单击 OK 按钮，弹出如图 9-7 所示的对话框，选择创建好的截面，单击 OK 按钮。

（3）定义装配实例

进入 Assembly（装配）模块，单击 Create Instance（创建实体）按钮，弹出如图 9-8 所示的对话框，勾选要实例化的部件，单击 OK 按钮，完成部件实例化，如图 9-9 所示。

选择菜单栏中的 Tools（工具）→Set（集）→Create（创建）命令，在弹出的如图 9-10 所示的对话框中输入集名称，类型为 Geometry（几何），在视图中选择圆盘内孔边缘，单击 OK 按钮。

图 9-7　“编辑截面指派”对话框

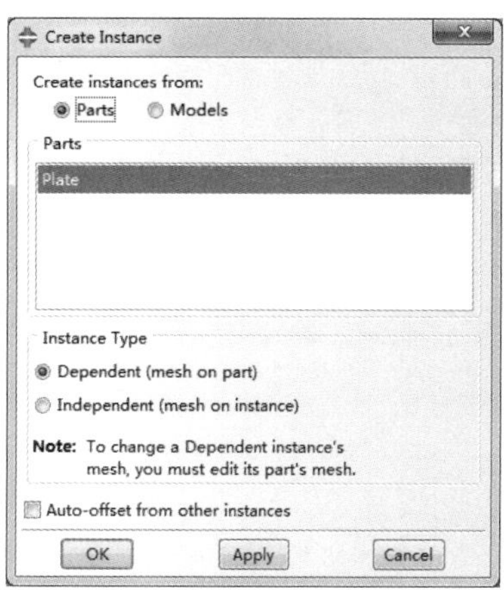

图 9-8　“创建实体”对话框

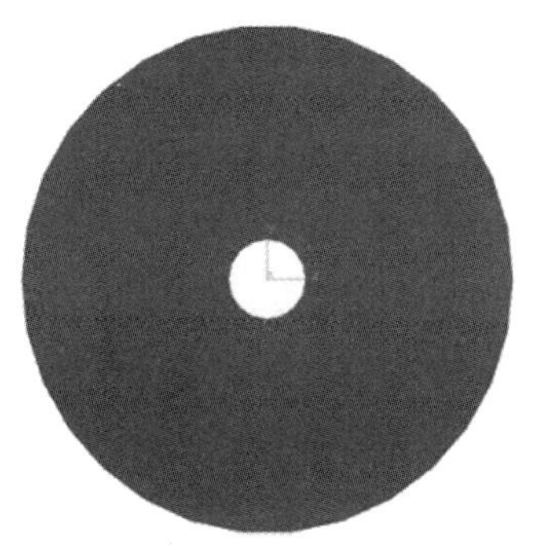

图 9-9　实例化

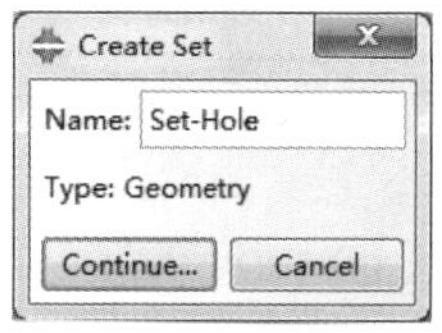

图 9-10　“创建集”对话框

（4）分析步

进入 Step（分析步）模块，单击 Create Step（创建分析步）按钮，弹出如图 9-11 所示对话框，选择类型为 Linear perturbation（线性摄动）、Frequency（频率），单击 Continue...按钮，弹出如图 9-12 所示的对话框，并按照图中参数进行分析步编辑，完成后单击 OK 按钮。

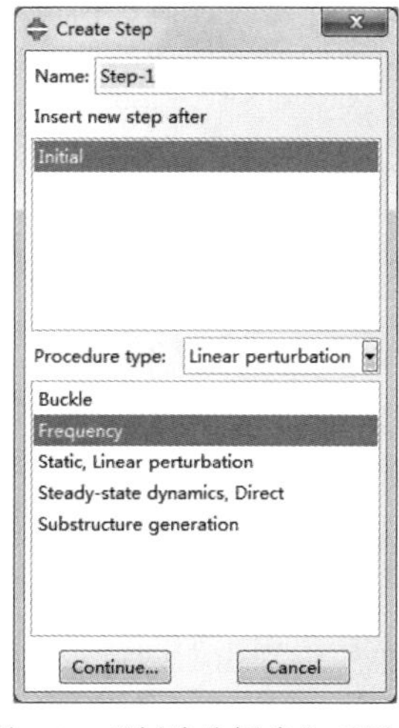

图 9-11　“创建分析步”对话框

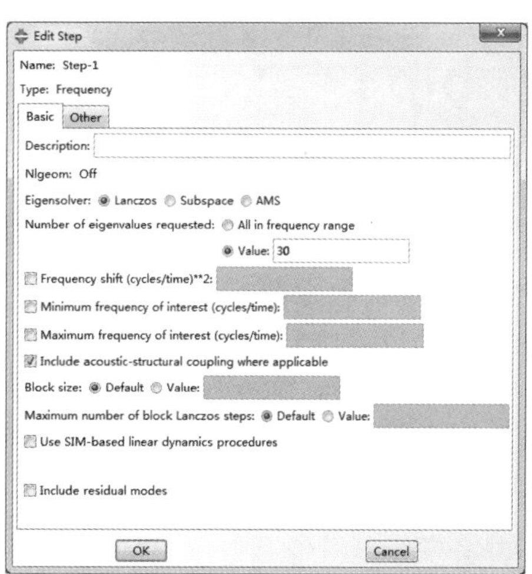

图 9-12　“编辑分析步”对话框

（5）划分网格

进入 Mesh（网格）模块，单击Seed Edges（为边布种）按钮，在视图中同时选定部件的外圈和内圈，单击 OK 按钮，弹出如图 9-13 所示的对话框，设置边上的单元个数为 20。

单击Assign Element Type（指派单元类型）按钮，弹出如图 9-14 所示对话框，Element Library（单元库）选择 Standard，Geometric Order（几何阶次）选择 Linear（线性），在 Family（族）中选择 Shell（壳），系统自动选择 S4R 单元类型，单击 OK 按钮。

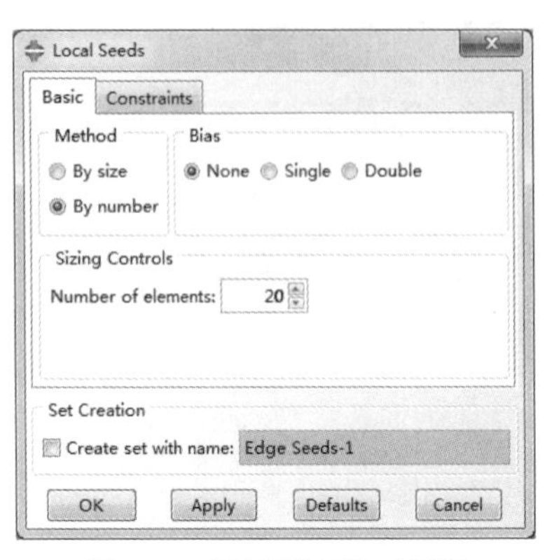

图 9-13 “局部种子”对话框

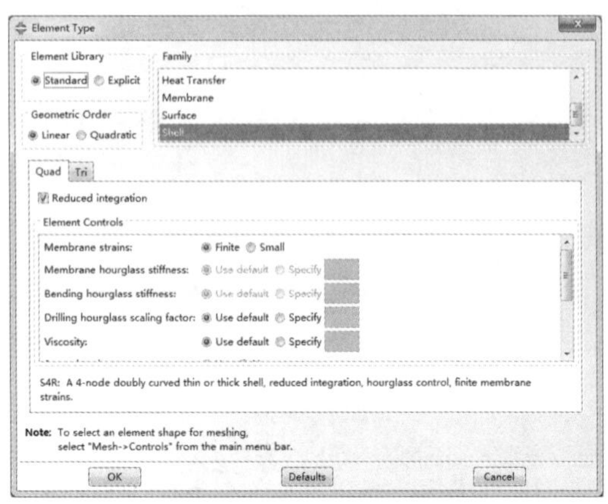

图 9-14 “单元类型”对话框

单击Assign Mesh Controls（指派网格控制）按钮，弹出如图 9-15 所示对话框，选择 Element Shape（单元形状）为 Quad-dominated（四边形为主），在 Technique（技术）中选择 Sweep（扫掠），单击 OK 按钮完成设置。

单击Mesh Part Instance（网格划分）按钮，完成后如图 9-16 所示。

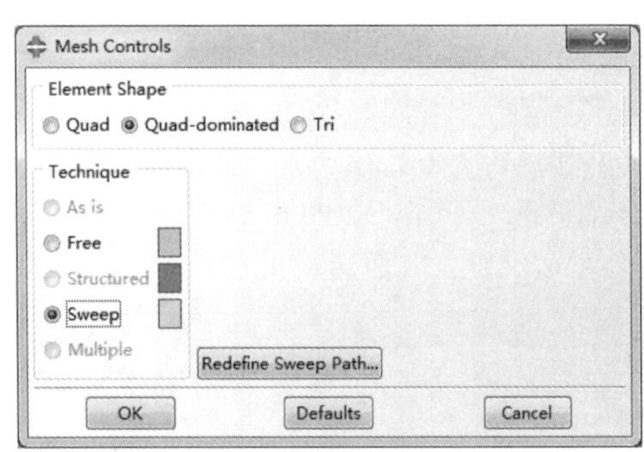

图 9-15 “网格控制属性”对话框

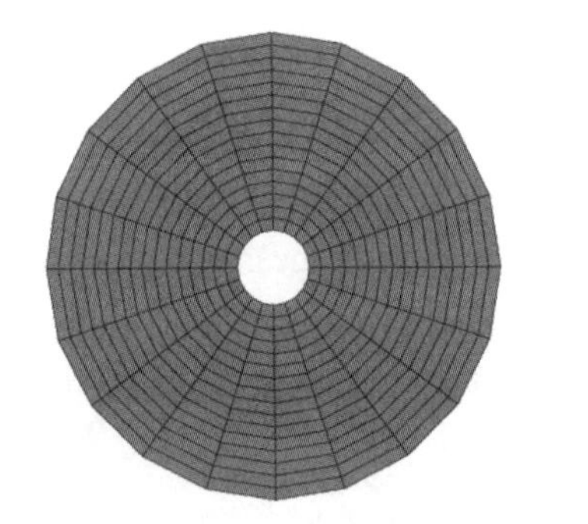

图 9-16 划分网格

（6）载荷与边界条件

进入 Load（载荷）模块，单击Create Boundary Condition（创建边界条件）按钮，在弹出的如图 9-17 所示对话框中，创建一个 Mechanical（力学）类别下的 Displacement/Rotation（位移/转角）边界条件，单击 Continue...按钮，在视图区中选择圆环的外缘，单击鼠标中键，弹出如图 9-18 所示的对话框，勾选全部选项，单击 OK 按钮完成设置。

（7）分析作业

进入 Job（作业）模块，单击Create Job（创建作业）按钮，弹出如图 9-19 所示对话框，创建一个名为 Plate-Frequency 的分析作业，单击 Continue...按钮后弹出如图 9-20 所示的对话框，单击确认完成设置。

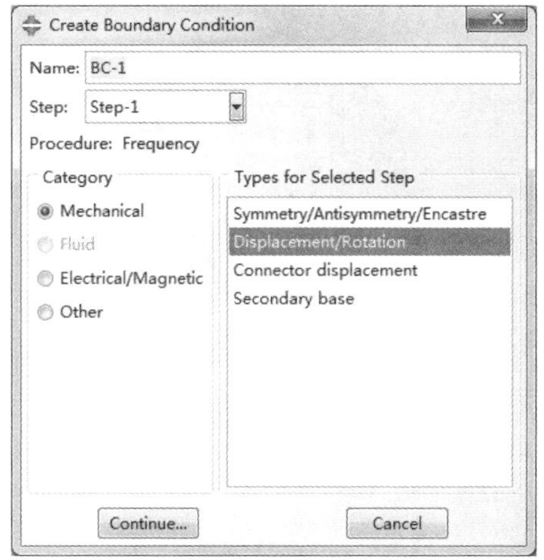

图 9-17　“创建边界条件”对话框

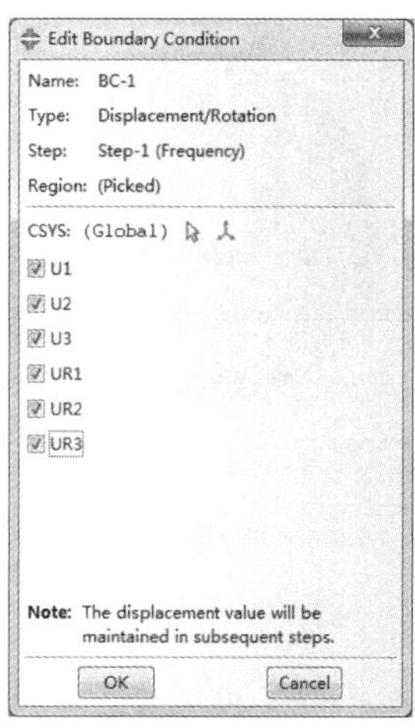

图 9-18　“编辑边界条件”对话框

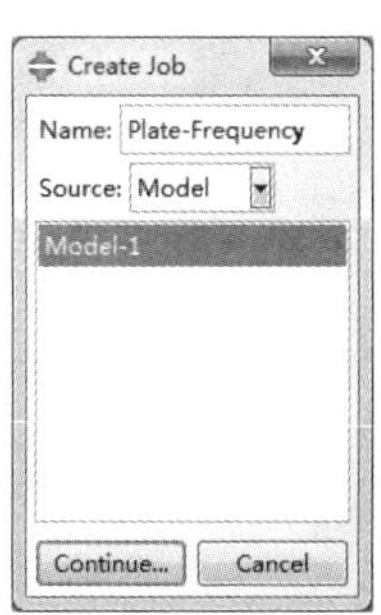

图 9-19　“创建作业”对话框

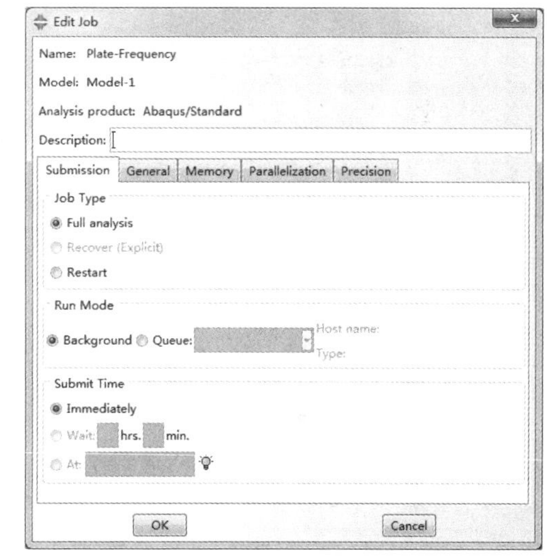

图 9-20　“编辑作业”对话框

（8）后处理

分析作业完成后，单击 Results（结果）按钮，进入 Visualization（可视化）模块，查看分析结果云图。图 9-21～图 9-26 分别展示了模型 1～4 阶、10 阶、20 阶模态的位移云图。

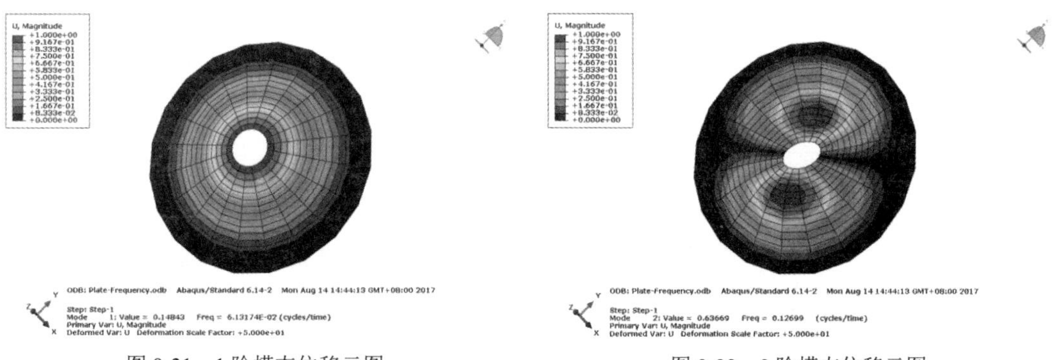

图 9-21　1 阶模态位移云图

图 9-22　2 阶模态位移云图

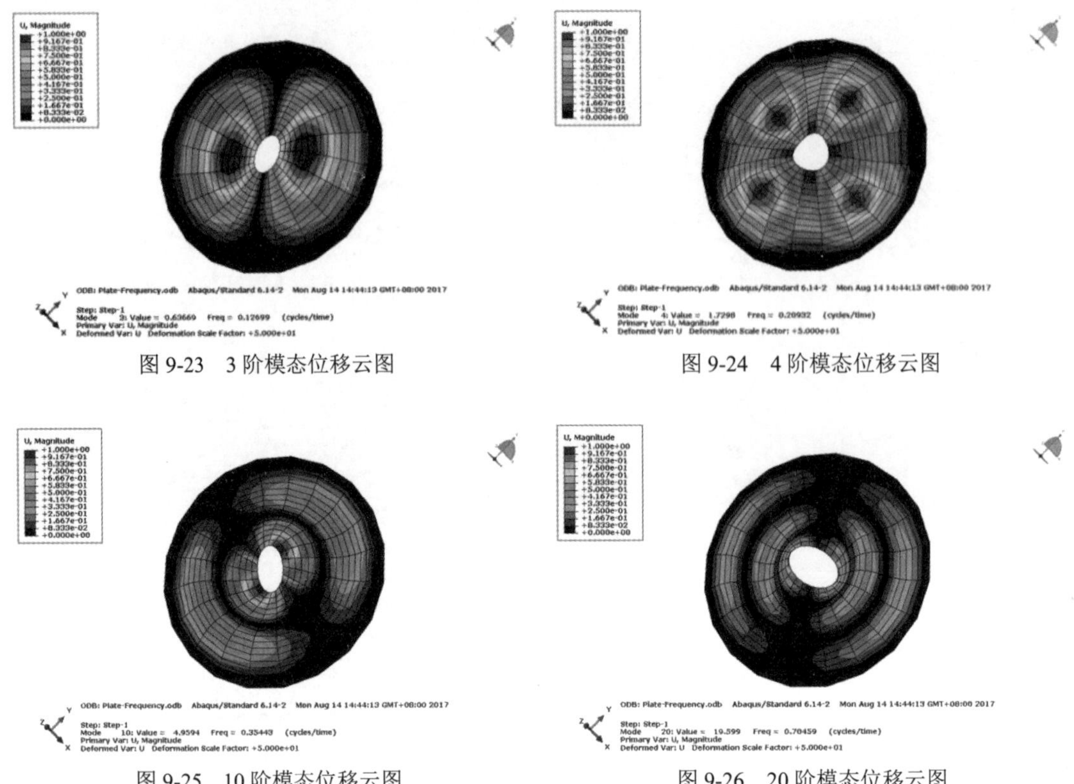

图 9-23　3 阶模态位移云图

图 9-24　4 阶模态位移云图

图 9-25　10 阶模态位移云图

图 9-26　20 阶模态位移云图

2. 模态动态分析

（1）创建模型

进入 Part（部件）模块，选择菜单栏中的 Model（模型）→Copy Model（复制模型）→Model-1（模型 1）命令，弹出如图 9-27 所示对话框，输入 Model-2，单击 OK 按钮，完成模型复制。

（2）创建瞬时模态动态分析步

进入 Step（分析步）模块，单击 Create Step（创建分析步）按钮，弹出如图 9-28 所示对话框，创建一个名为 Step-2 的 Linear perturbation（线性摄动）、Modal dynamic（模态动力学）类型分析步，单击 Continue...按钮，弹出如图 9-29 所示对话框， 输入 Time increment（时间增量）为 0.005，切换至 Damping（阻尼）选项卡，按照图 9-30 所示进行设置，单击 OK 按钮完成设置。

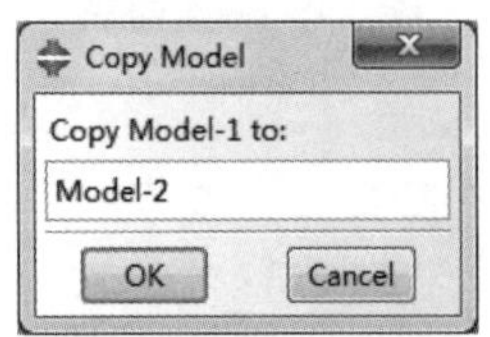

图 9-27 “复制模型”对话框

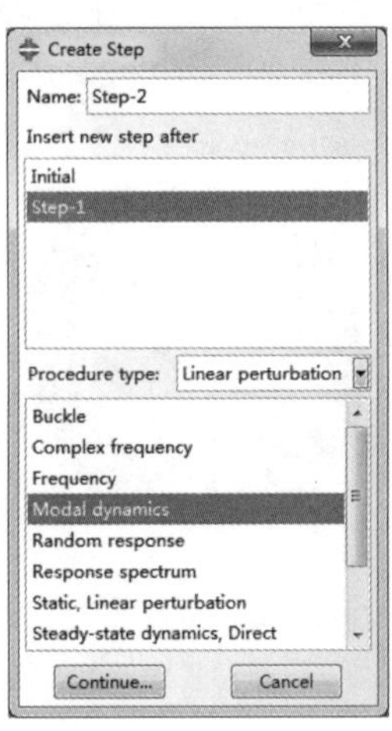

图 9-28 “创建分析步”对话框

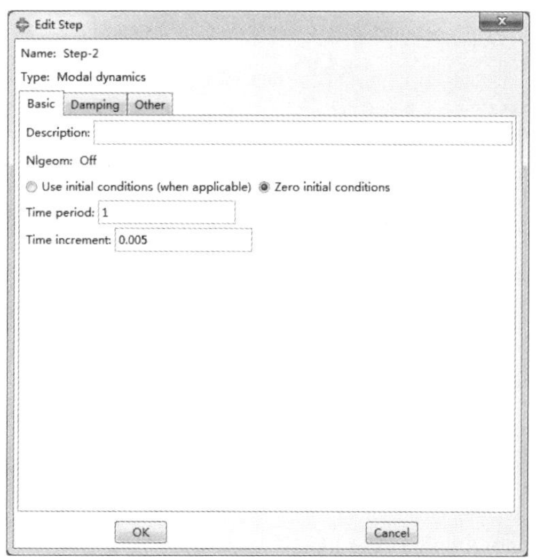

图 9-29 “编辑分析步”对话框

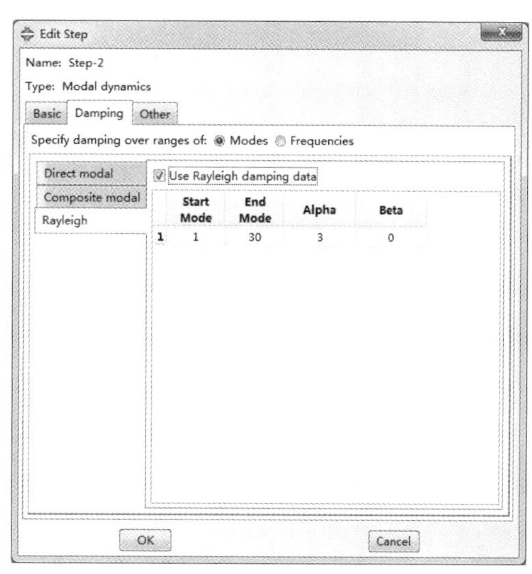

图 9-30 “阻尼”选项卡

（3）设置场变量输出和历史变量输出

单击工具栏中的Field Output Manager（场变量输出管理器）按钮，弹出如图 9-31 所示对话框，选中 Step-2 下的 F-Output-2，单击 Edit（编辑）按钮，弹出如图 9-32 所示的对话框，将 Frequency（频率）改为 Every n increments（每 *n* 个增量），*n* 为 10，勾选场输出变量列表中的 Stresses（应力）、Strains（应变）、Displacement/Velocity/Acceleration（位移/速度/加速度）、Forces/Reactions（作用力/反作用力）复选框，完成后单击 OK 按钮。

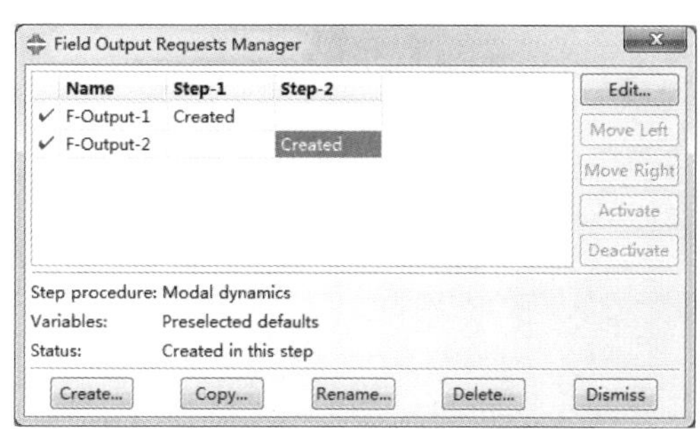

图 9-31 “场变量输出”管理器

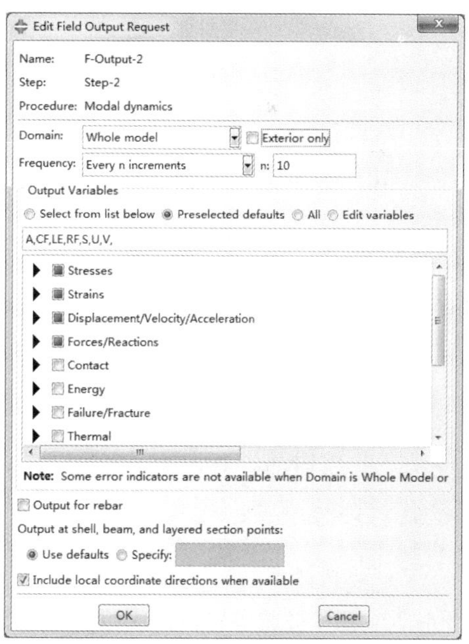

图 9-32 “编辑场变量输出”对话框

选择菜单栏的 Tools（工具）→Set（集）→Create（创建）命令，弹出如图 9-33 所示对话框，输入名称 Set-Hole-Top，创建一个 Node（节点）集，单击 Continue...按钮，在图 9-34 所示的视图区中选中圆盘中间圆孔的顶点，单击确认按钮。

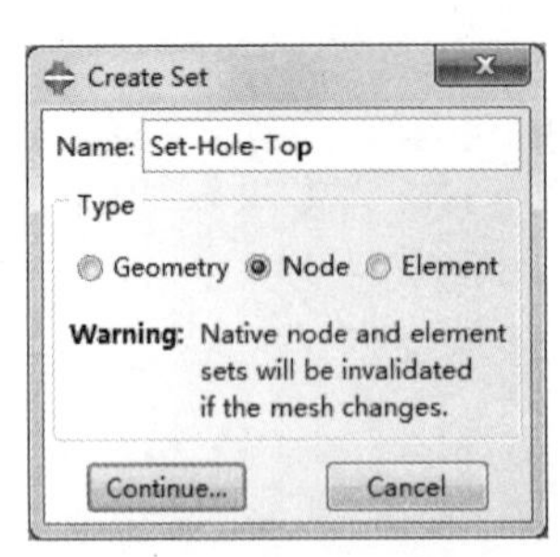

图 9-33 “创建集”对话框

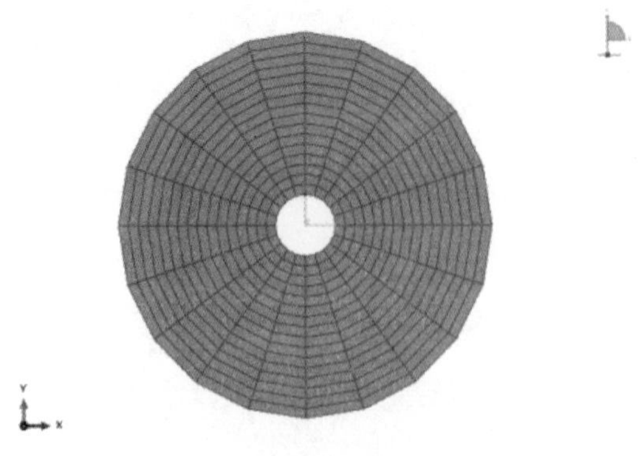

图 9-34 定义集合“Set-Hole-Top”

单击工具栏的 Create History Output（创建历史输出）按钮，弹出如图 9-35 所示对话框，在 Step-2 下创建名称为“H-Output-U”的历史变量输出，单击 Continue…按钮，弹出如图 9-36 所示对话框，并按照图中参数进行设置，在 Domain（作用域）中选择 Set（集），选择 Set-Hole-Top 集，设置 Frequency（频率）为“Every n increments（每 *n* 个增量）”，*n* 为 10，在下拉菜单中勾选变量 *U*、*UR*、*RF*、*RM*，完成后单击 OK 按钮。

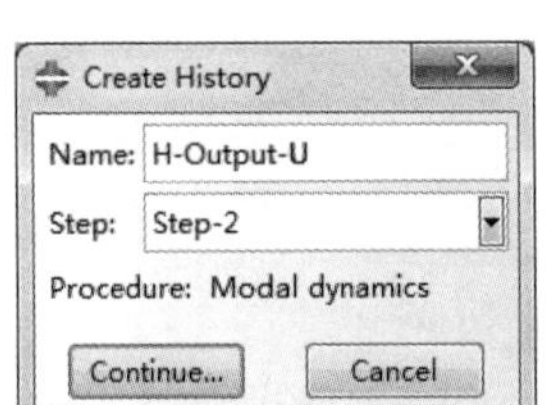

图 9-35 “创建历史变量输出”对话框

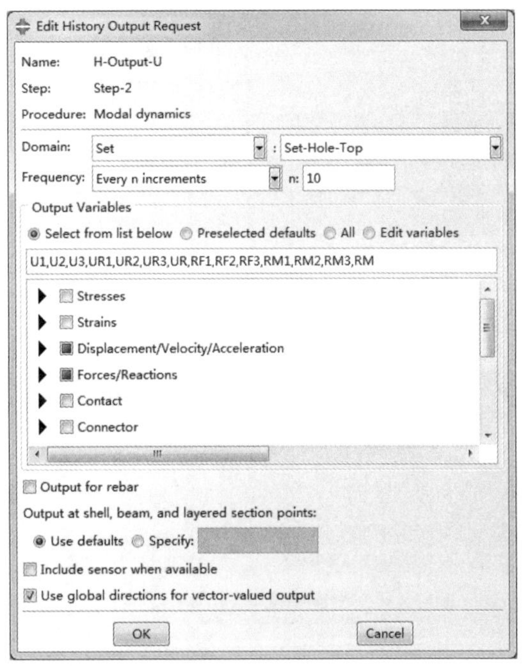

图 9-36 “编辑历史变量输出”对话框

（4）定义载荷

进入 Load（载荷）模块，选择菜单栏 Tools（工具）→Amplitude（幅值）→Create（创建）命令，弹出如图 9-37 所示的对话框，创建一个 Tabular（表）类型的幅值，单击 Continue…按钮，按照图 9-38 所示进行幅值编辑，完成后单击 OK 按钮。

完成幅值创建后单击 Create Load（创建载荷）按钮，在 Step-2 下创建一个 Mechanical（力学）、Concentrated Force（集中力）载荷，如图 9-39 所示，单击 Continue…按钮后，选择载荷作用域为“Set-Hole-Top”，在弹出的对话框中输入数值，如图 9-40 所示。

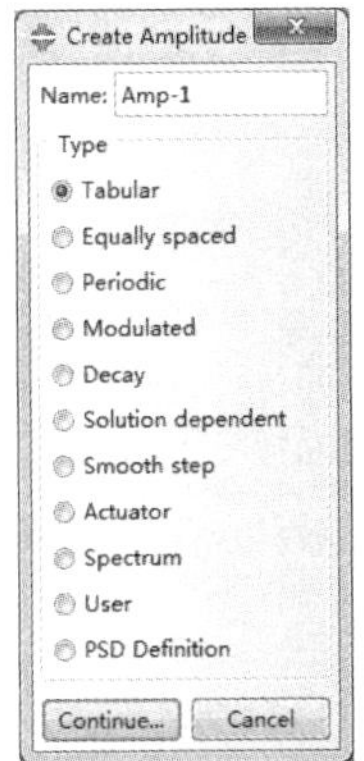

图 9-37 “创建幅值”对话框

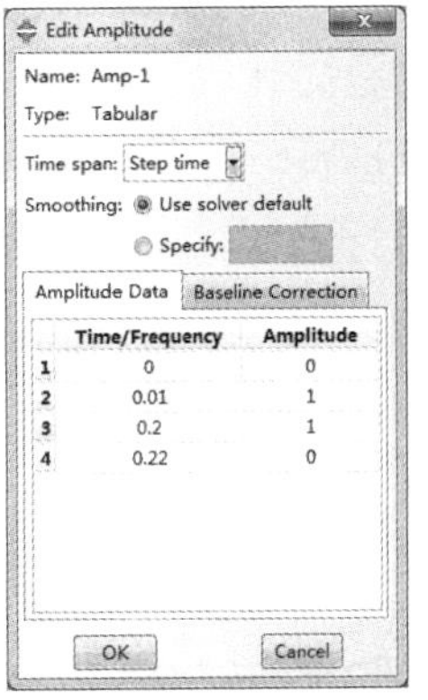

图 9-38 “编辑幅值”对话框

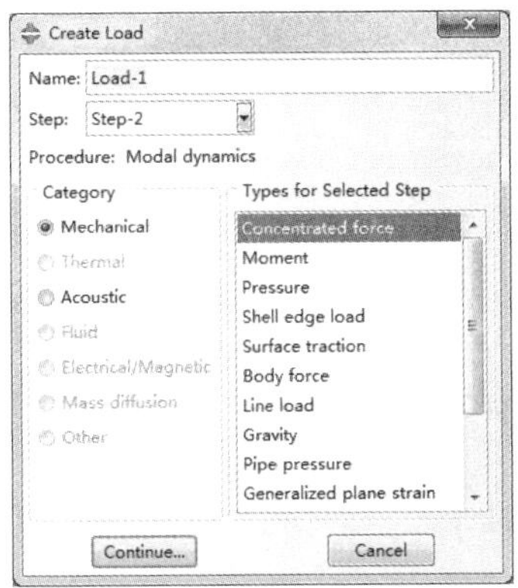

图 9-39 “创建载荷”对话框

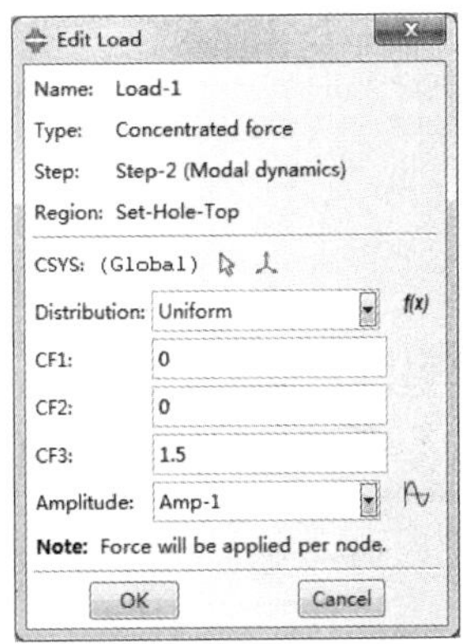

图 9-40 “编辑载荷”对话框

（5）分析作业

进入 Job（作业）模块，创建名为“Plate- ModalDynamic”的作业，选择模型为 Model-2，单击 OK 按钮，保存后提交。

（6）后处理

分析完成后单击 Results（结果）进入 Visualization（可视化）模块查看分析结果。图 9-41 所示的是分析结束后的应力云图。

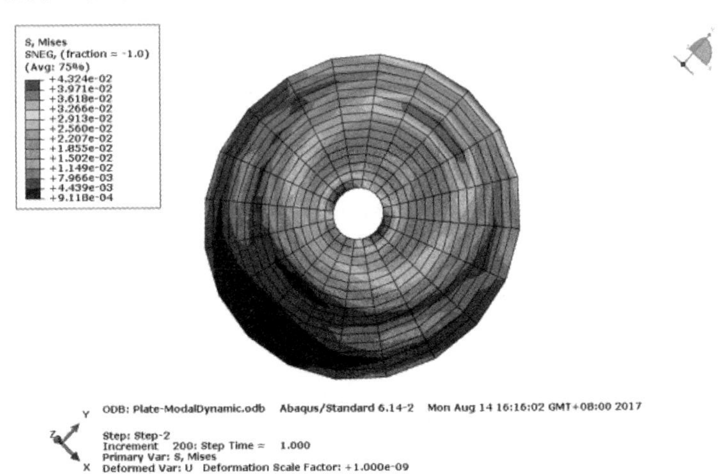

图 9-41 分析结果：应力云图

选择菜单栏中的 Result（结果）→History Output（历史输出）命令，弹出如图 9-42 所示对话框，选择 Spatial displacement：U3 at Node 272 in NSET SET-HOLE-TOP，单击 Plot（绘制）按钮，在视图区得到如图 9-43 所示的曲线图。

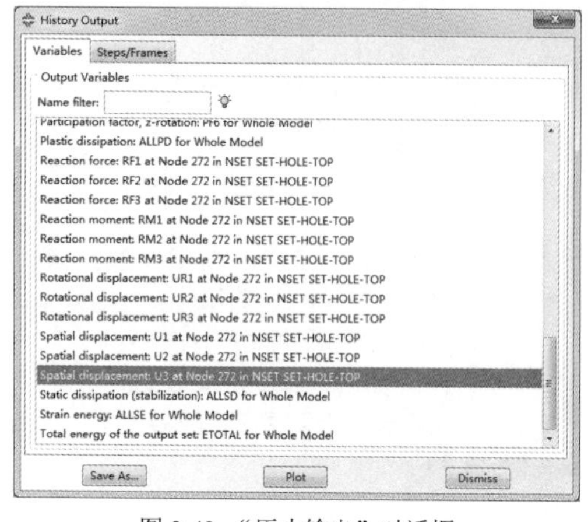

图 9-42 “历史输出”对话框

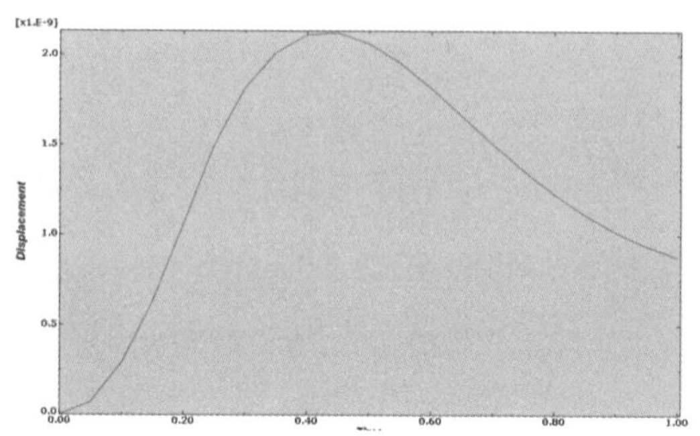

图 9-43 272 号节点位移历史输出曲线

3. 显式动态分析

（1）创建模型

同模态分析的操作，首先进行模型 Model-1 的复制，然后为其命名为 Model-3。

（2）定义材料阻尼

进入 Property（属性）模块，单击工具栏的Material Manager（材料管理器）按钮，弹出如图 9-44 所示的对话框，选中之前创建好的 Steel 材料，单击 Edit（编辑）按钮，弹出如图 9-45 所示对话框，选择菜单中的 Mechanical（力学）→Damping（阻尼）命令，为材料添加阻尼属性，在 Alpha 项输入 3，单击 OK 按钮完成设置。

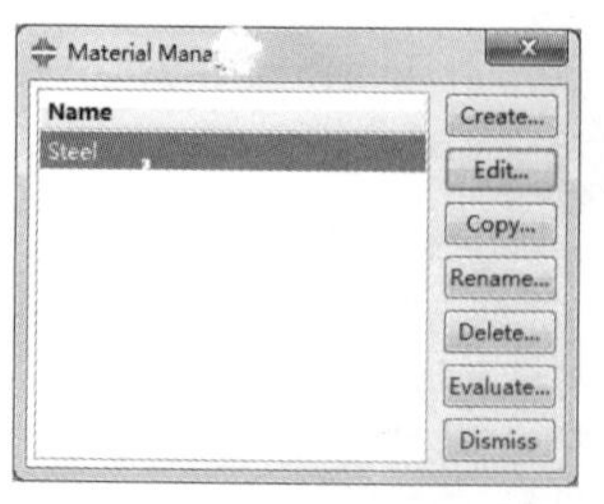

图 9-44 “材料管理器”对话框

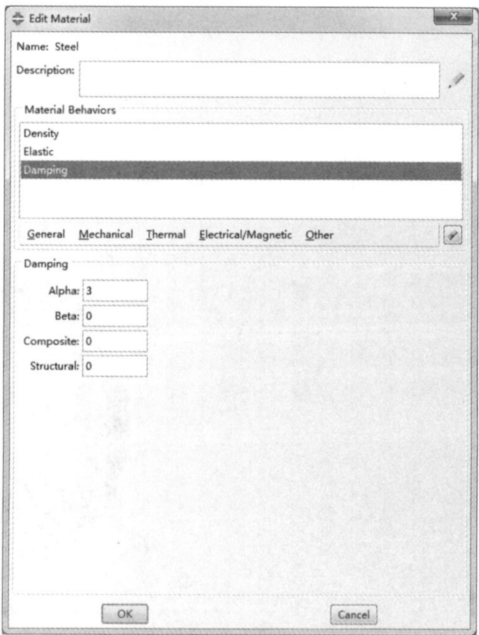

图 9-45 “编辑材料”对话框

（3）定义显式动态分析步

进入 Step（分析步）模块，删除已有分析步，单击Create Step（创建分析步）按钮，弹出图 9-46 所示对话框，选择 Dynamic, Explicit（显式动态）选项，单击 Continue…按钮，在弹出的对话框中单击 OK 按钮，使用默认设置。

单击Field Output Manager（场变量输出管理器）按钮，修改已有设置，如图 9-47 所示，将 Frequency（频率）修改为 Every x units of time（每 x 个时间单位），数值设为 0.005，变量只保留应力 S 和位移 U。

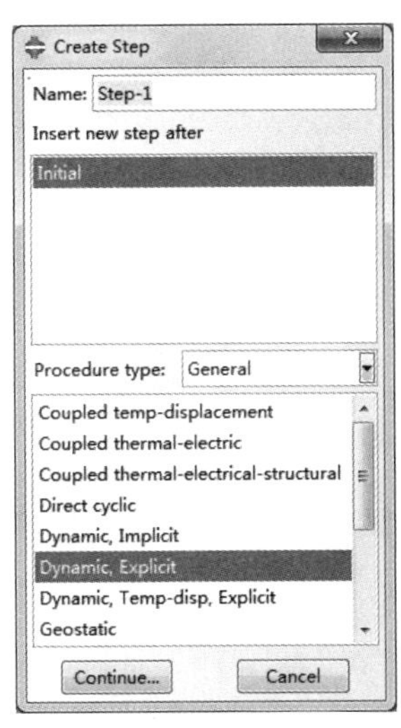

图 9-46　“创建分析步”对话框

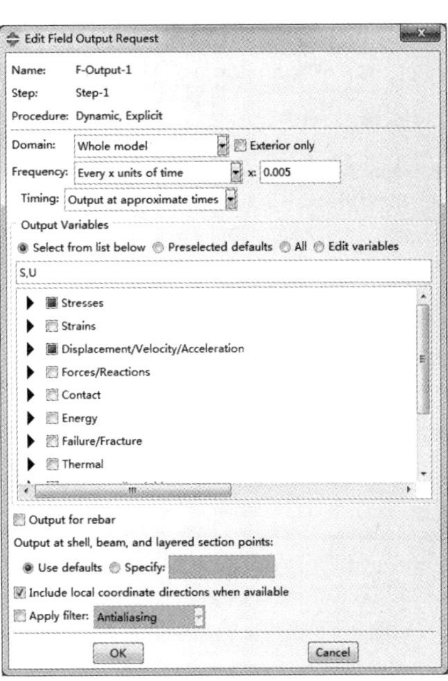

图 9-47　“编辑场变量输出”对话框

（4）设置显式单元库

进入 Mesh（网格）模块，选择对象为 Part（部件），单击工具栏中的Assign Element Type（指派单元类型）按钮，在弹出的对话框中选择 Element Library（单元库）为 Explicit（显式），Family（族）为 Shell（壳），其他设置如图 9-48 所示，所选单元类型为 S4R。

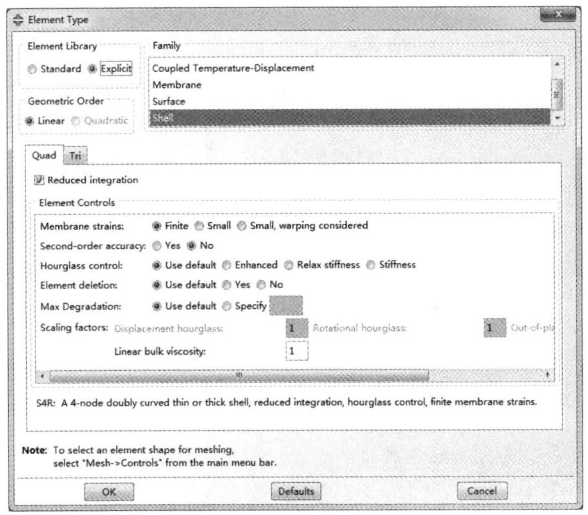

图 9-48　“单元类型”对话框

（5）定义载荷

由于原有的分析步已经删除，因此对所施加的载荷、相互作用和边界条件都会有影响，需要在新的分析步中对其重新进行设置。

（6）分析作业和后处理

进入 Job（作业）模块，单击Create Job（创建作业）按钮，创建新的分析作业，名为 Plate-Explicit，保存模型，单击提交。

分析完成后在 Visualization（可视化）模块中查看结果文件。选择菜单栏中的 Result（结果）→History Output（历史输出）命令，弹出如图 9-49 所示的对话框，选择 Total energy of the output set：ETOTAL for Whole Model（输出能量总和），单击 Plot（绘制）按钮，在视图区显示如图 9-50 所示的能量总和曲线图。

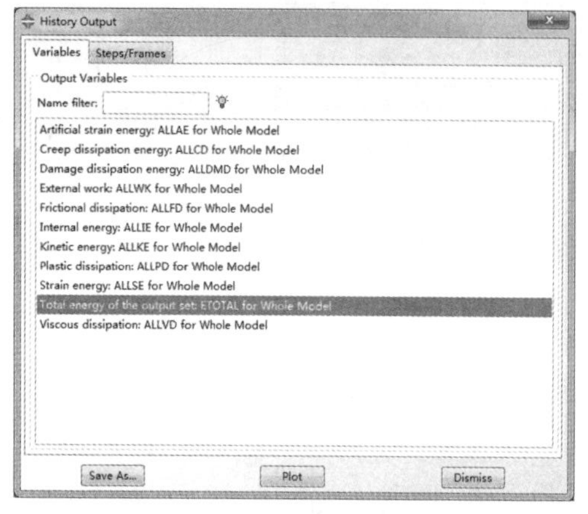

图 9-49 “历史输出变量”对话框

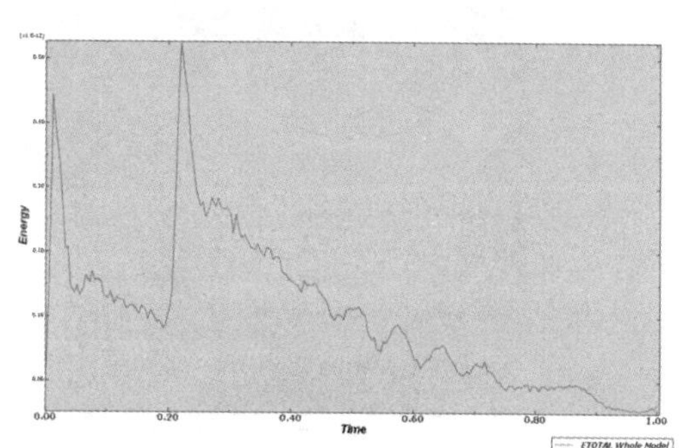

图 9-50 能量总和曲线图

9.4.2 ABAQUS/Explicit 实例——弹丸侵蚀靶体的分析

高速弹丸击中目标时，对结构的侵蚀问题一直以来都受到军事部门的重视，利用模拟分析侵彻问题成为解决问题的重要手段之一。本实例将对弹丸击中靶体的过程进行模拟，对侵彻问题进行具体的分析。为了充分观察弹丸和靶体内部的应力应变效果，运算过程采用了子弹和靶体的半模型，如图 9-51 所示，靶体宽 30mm、高 15mm、厚度 7.5mm，子弹口径为 9mm，子弹的总长度为 20mm，假设子弹头为半径 4.5mm 的半球形，子弹直径均匀部分长度为 15.5mm。

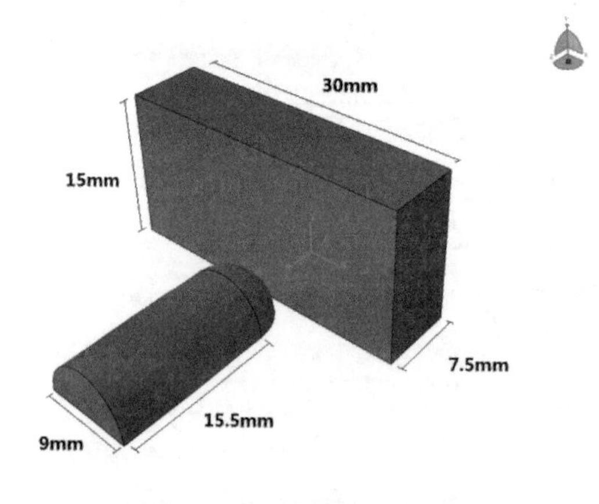

图 9-51 模型示意图

1. 创建部件

进入 Part（部件）模块，单击 Create Part（创建部件）按钮，弹出如图 9-52 所示对话框，创建一个名称为 Bullet 的 3D 部件，类型为 Deformable（可变形），Base Feature（基本特征）为 Solid（实体）→Revolution（旋转）。单击 Continue...按钮后进入草图绘制子弹截面，完成后输入旋转角度为 180，如图 9-53 所示。绘制完成的子弹半模型如图 9-54 所示。

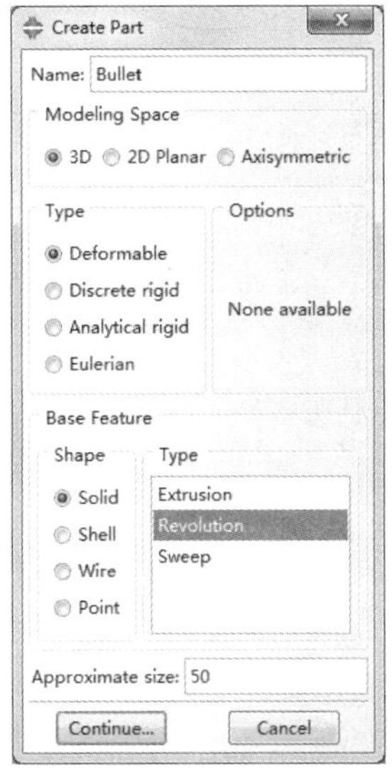

图 9-52 “创建部件”对话框

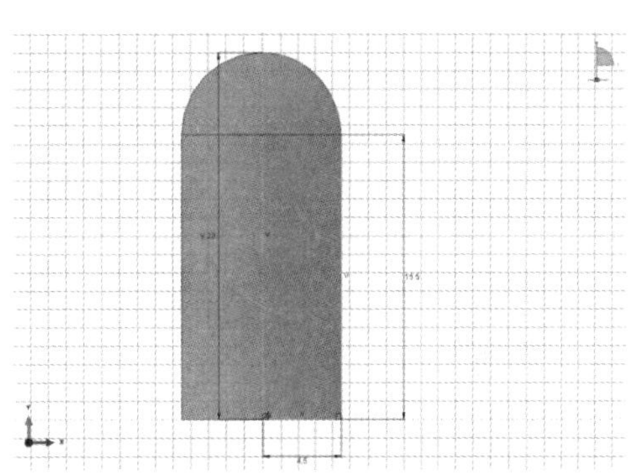

图 9-53　绘制草图

按照图 9-51 中标注的靶体尺寸，创建一个可变形的拉伸实体部件，如图 9-55 所示。

单击工具栏中的 Partition Cell：Define Cutting Plane（创建分区：定义切割平面）按钮，将子弹的直径部分与弹头部分进行分区，同时将整个半模型对称分隔开，并在弹头顶点处创建一个 Reference Point（参考点），选择菜单栏中的 Tools（工具）→Set（集）→Create（创建）命令，将参考点设为 Set-Peak 的集，如图 9-56 所示。

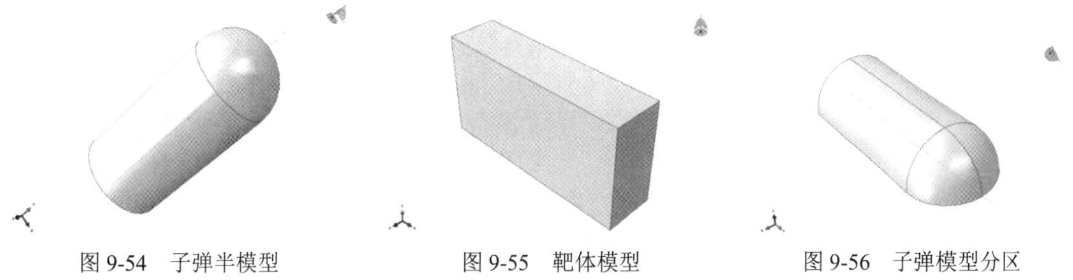

图 9-54　子弹半模型　　图 9-55　靶体模型　　图 9-56　子弹模型分区

2. 创建材料及截面属性

进入 Property（属性）模块，单击 Create Material（创建材料）按钮，创建一个名为 Steel 的材料，其密度和弹性系数如图 9-57 所示。

单击工具栏的 Create Section（创建截面）按钮，弹出如图 9-58 所示对话框，创建一个 Solid（实体）、Homogeneous（均质）截面，并单击 Assign Section（截面指派）按钮将截面赋予两个部件。

3. 部件实例化

进入 Assembly（装配）模块，单击工具箱中的 Create Instance（创建实体）按钮，弹出如图 9-59 所示的对话框，勾选所有部件，单击 OK 按钮，完成部件实例化。利用工具箱中的Translate Instance（平移实体）按钮和Rotate Instance（旋转实体）按钮，调整子弹和靶体相对位置，完成装配，如图 9-60 所示。

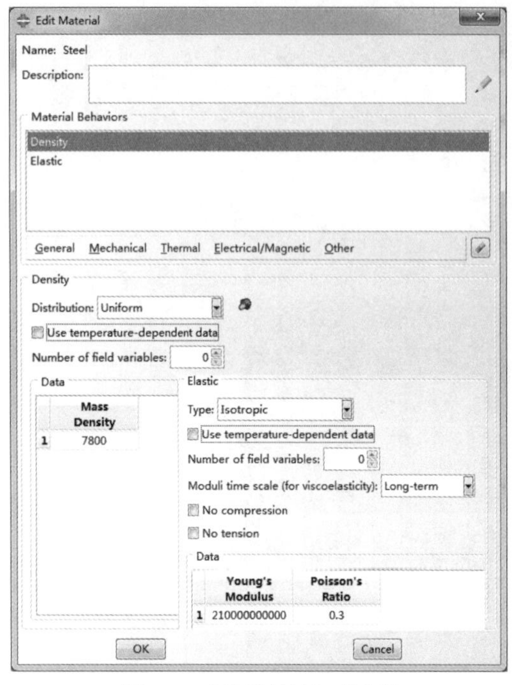

图 9-57 “编辑材料”对话框

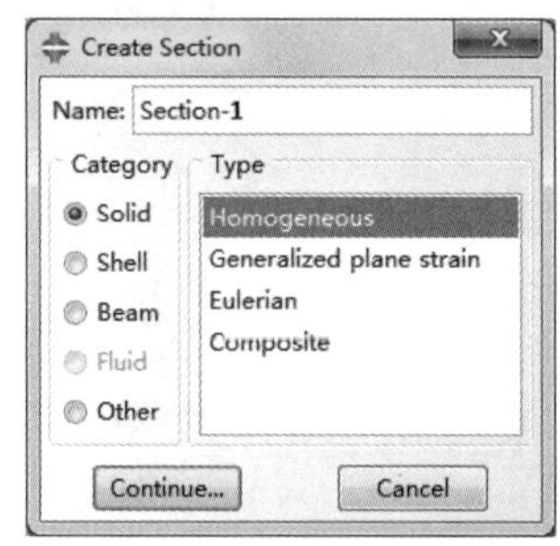

图 9-58 “创建截面”对话框

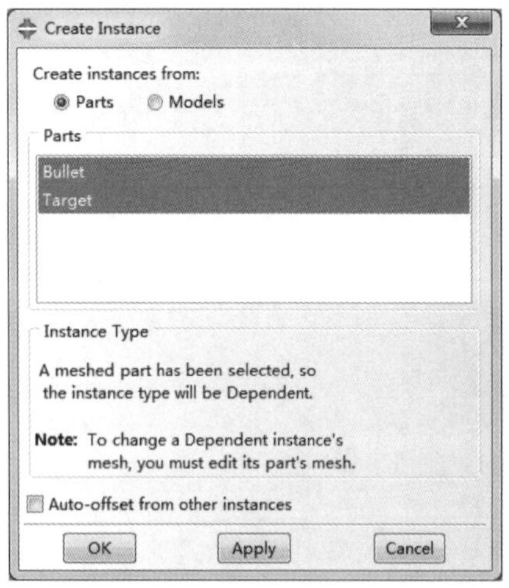

图 9-59 “创建实体”对话框

图 9-60 部件实例化

4. 分析步

进入 Step（分析步）模块，单击Create Step（创建分析步）按钮，在弹出的对话框中创建一个名为“Step-1”的 Dynamic、Explicit（动力、显式）分析步，单击 Continue...按钮，在弹出的如图 9-61 所示对话框中，输入 Time period（时间长度）为 0.01，切换至 Other（其他）选项卡，输入 Quadratic bulk viscosity parameter（二次体积黏性参数）为 0.06，单击 OK 按钮完成设置。

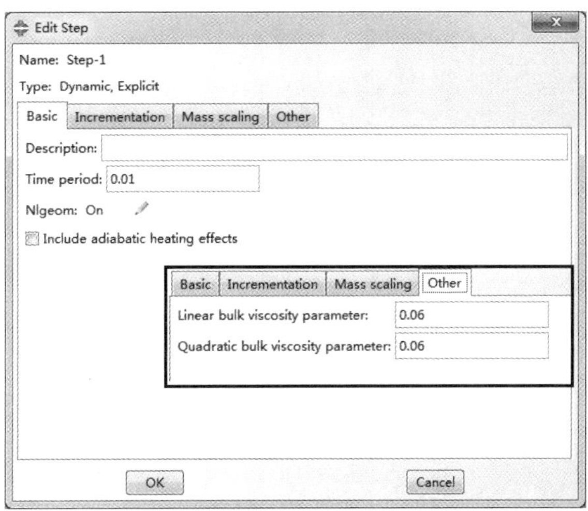

图 9-61　“编辑分析步”对话框

单击工具箱中的Field Output Manager（场变量输出管理器）按钮，弹出如图 9-62 所示的对话框，选中已创建的场变量，输出 F-Output-1，单击 Edit...按钮，弹出如图 9-63 所示对话框，设置 Frequency（频率）为 Every spaced time intervals（均匀时间间隔），Interval（间隔）为 20，其他参数保持默认。

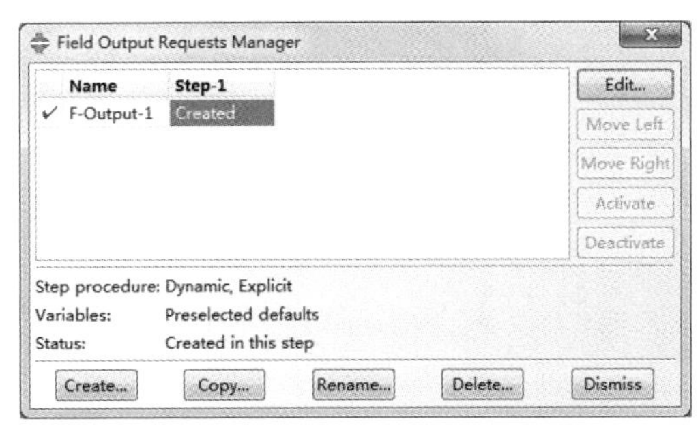

图 9-62　“场变量输出管理器”对话框

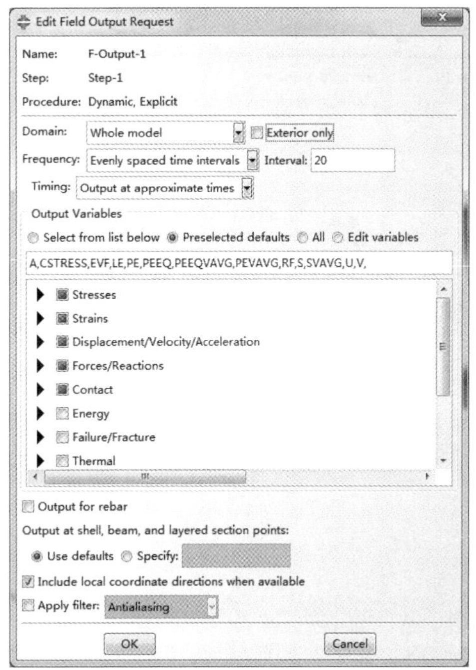

图 9-63　“编辑场输出请求”对话框

单击工具箱中的History Output Manager（历史变量输出管理器）按钮，弹出如图 9-64 所示的对话框，选中已创建的历史变量，输出“H-Output-1”，单击 Edit…按钮，弹出如图 9-65 所示的对话框，勾选变量列表中的 Energy（能量），设置 Interval（间隔）为 200，单击 OK 按钮完成设置。

5. 相互作用

进入 Interaction（相互作用）模块，单击Create Interaction Property（创建相互作用属性）按钮，弹出如图 9-66 所示对话框，输入名称为“IntProp-1”，选择接触类型为 Contact（接触），单击 Continue…按钮，弹出如图 9-67 所示的对话框，单击 OK 按钮，创建一个无摩擦的接触属性。

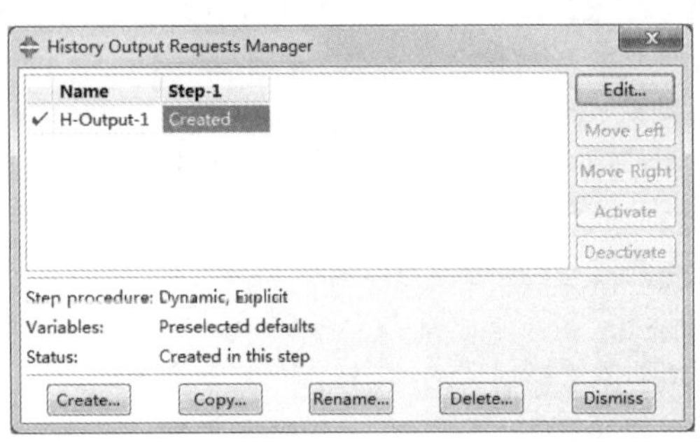

图 9-64 “历史输出变量管理器”对话框

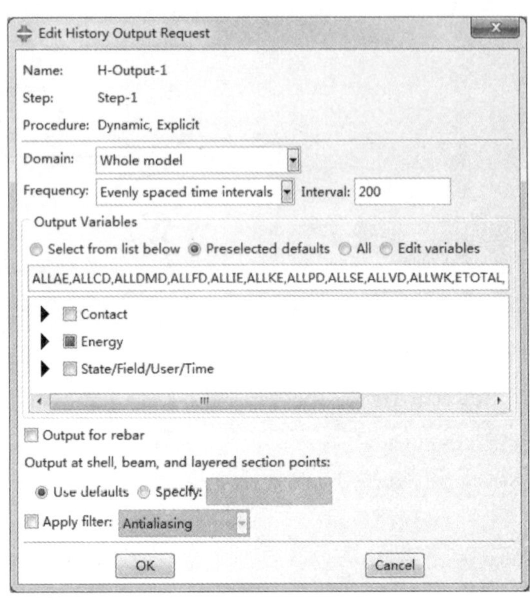

图 9-65 “编辑历史输出变量”对话框

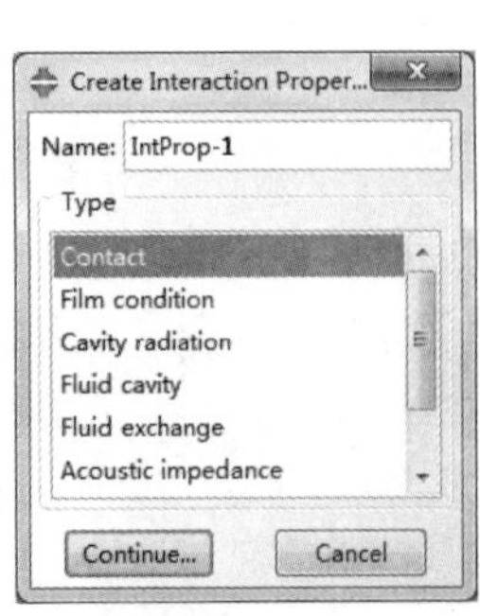

图 9-66 “创建相互作用属性”对话框

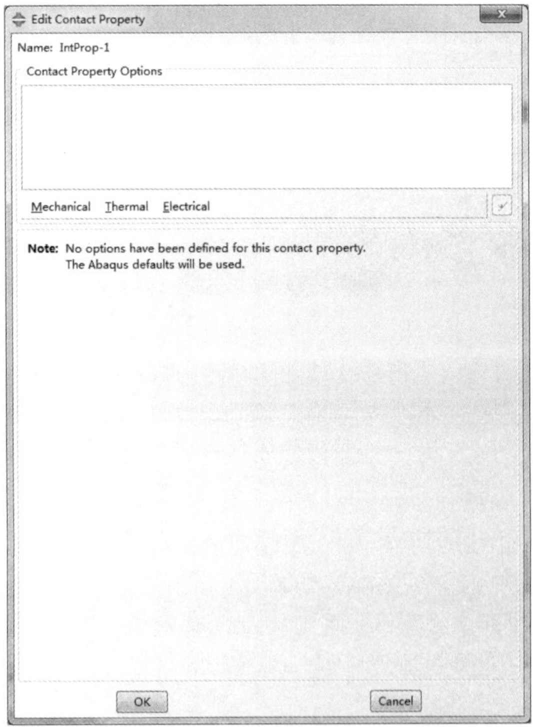

图 9-67 “编辑相互作用属性”对话框

单击 Create Interaction（创建相互作用）按钮，弹出如图 9-68 所示对话框，输入名称“Int-1”的 Surface-to-surface contact（Explicit）表面与表面接触（显式）类型相互作用，单击 Continue...按钮后选择子弹弹头部分半球形曲面为主面，靶体平面为从面，如图 9-69 所示。

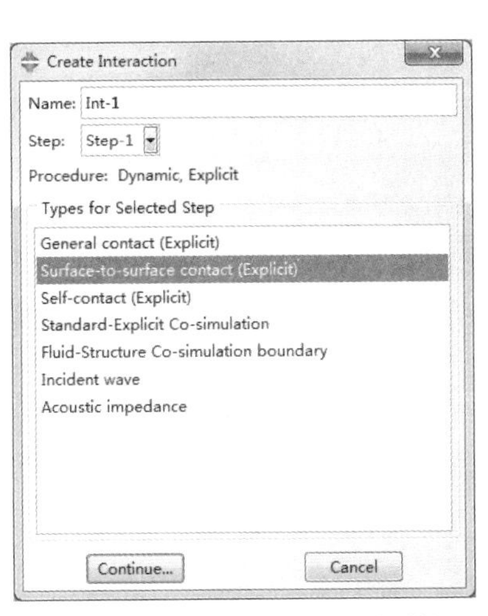

图 9-68　“创建相互作用”对话框

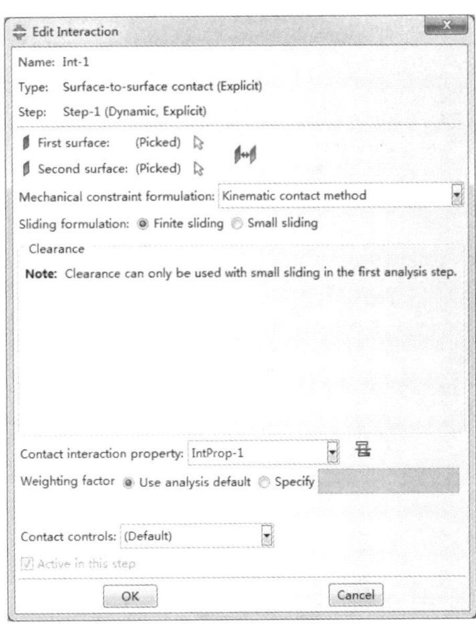

图 9-69　“编辑相互作用”对话框

单击 Create Constraint（创建约束）按钮，弹出如图 9-70 所示对话框，创建一个 Rigid body（刚体）约束，单击 Continue...按钮，弹出如图 9-71 所示对话框，选择 Region Type（作用域类型）为 Body（elements）（体单元），在视图区选择子弹模型，Reference Point（参考点）则选择子弹模型上建立好的参考点 RP-1，单击 OK 按钮，完成设置。

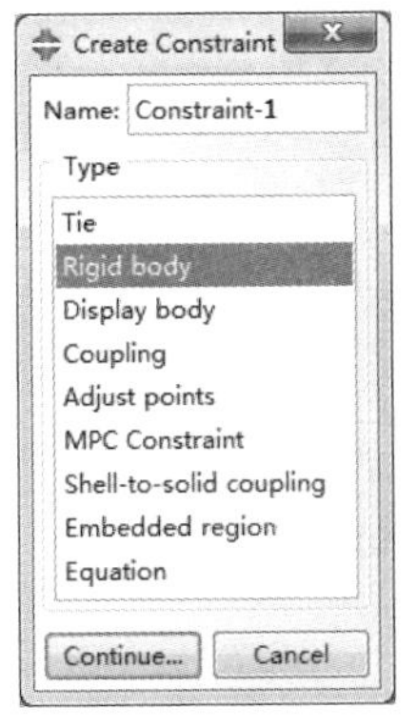

图 9-70　“创建约束”对话框

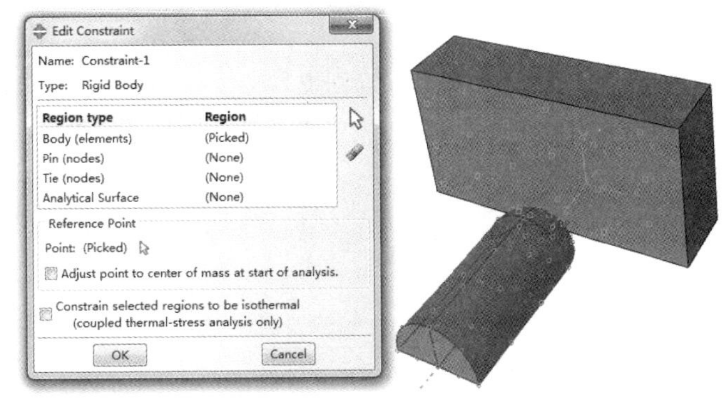

图 9-71　“编辑约束”对话框

6. 载荷与边界条件

进入 Load（载荷）模块，单击 Create Boundary Condition（创建边界条件）按钮，弹出如图 9-72 所示对话框，创建一个名为“BC-1”的 Mechanical（力学）类别下的 Symmetry/Antisymmetry/Encastre（对称/反对称/完全固定）边界条件，单击 Continue...按钮，在视图中选择靶体除底面之外的其他 3 个表面，如图 9-73 所示，对其进行 ENCASTRE（完全固定）约束，单击 OK 按钮完成设置。

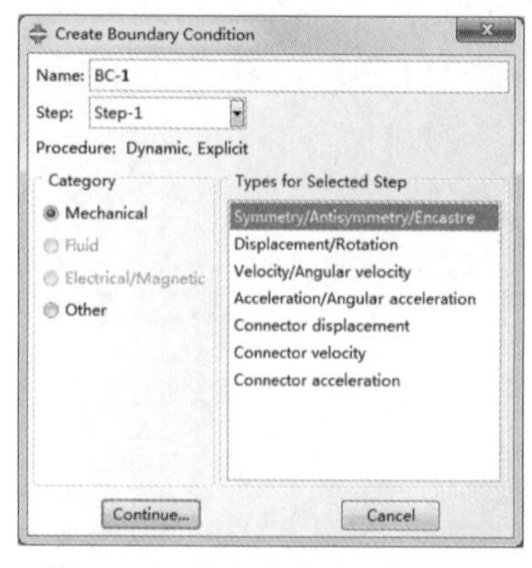

图 9-72 “创建边界条件”对话框

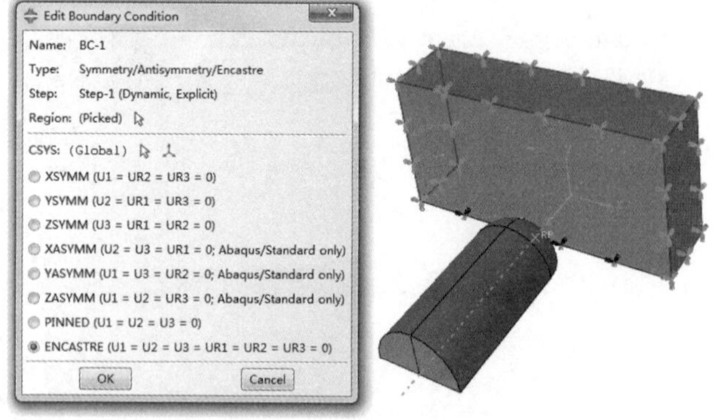

图 9-73 编辑边界条件“BC-1”

按照同样操作，创建名为“BC-2”的边界条件，作用域为子弹及靶体的底面，如图 9-74 所示，其边界条件为 YSYMM（U2=UR1=UR3=0）。

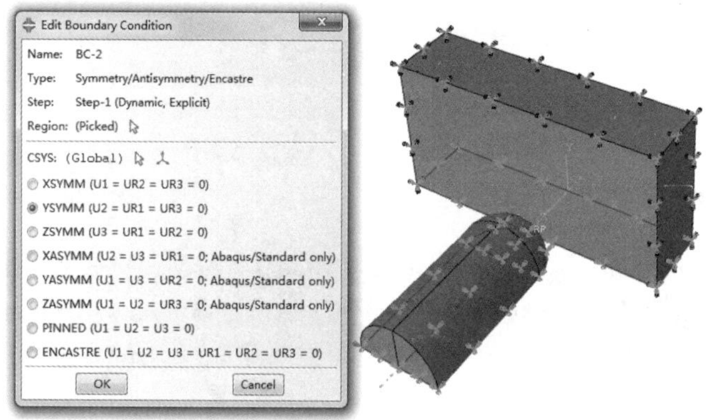

图 9-74 编辑边界条件“BC-2”

单击 Create Predefined Field（创建预定义场）按钮，弹出如图 9-75 所示对话框，创建一个 Mechanical（力学）类别下的 Velocity（速度）预定义场，单击 Continue...按钮，弹出如图 9-76 所示的 Edit Predefined Field（编辑预定义场）对话框，作用域选择之前定义的弹头顶点集，在 V3 栏中输入-1000，即子弹向 *Z* 坐标轴的负方向飞行，速度为 1000。

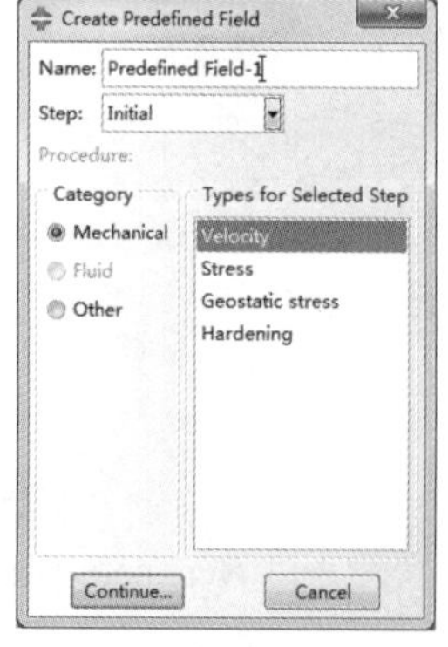

图 9-75 “创建预定义场”对话框

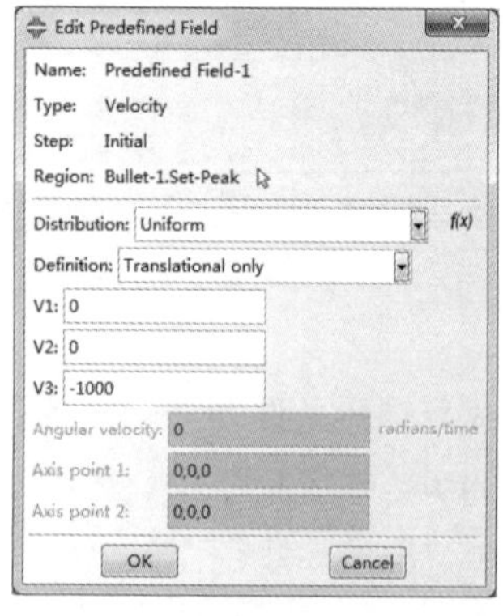

图 9-76 “编辑预定义场”对话框

7. 划分网格

进入 Mesh（网格）模块，选择子弹模型，单击 Seed Part Instance（全局种子）按钮，弹出如图 9-77 所示对话框，输入近似全局尺寸为 1，单击 OK 按钮，完成布种，如图 9-78 所示。

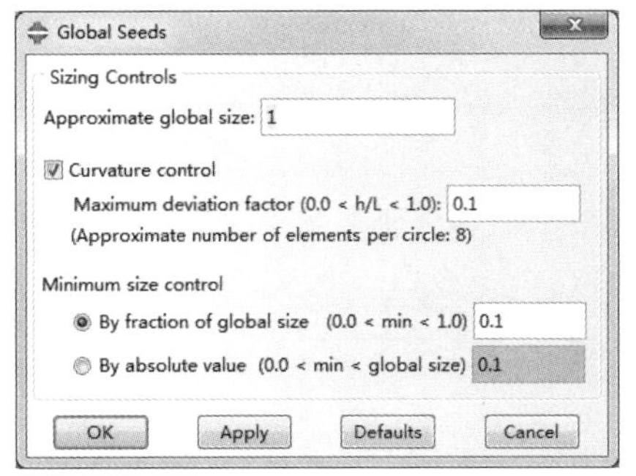

图 9-77 “全局种子”对话框

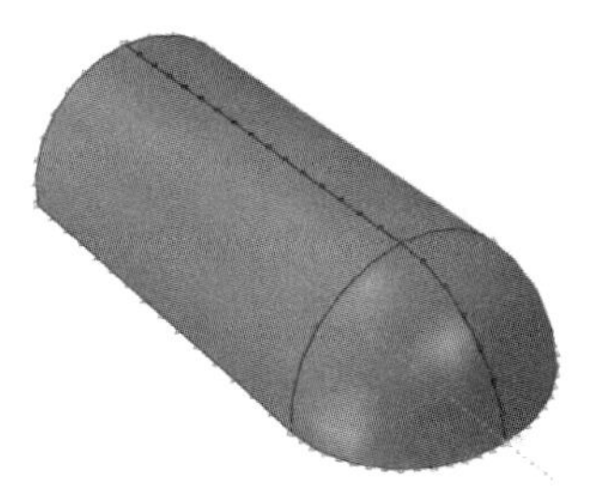

图 9-78　布种

单击Assign Mesh Controls（指派网格控制）按钮，弹出如图 9-79 所示对话框，选择 Element Shape（单元形状）为 Hex（六面体），网格划分 Technique（技术）为 Structured（结构），在视图区拾取整个子弹模型，单击 OK 按钮完成设置。单击Assign Element Type（指派单元类型）按钮，弹出如图 9-80 所示对话框，按照图中参数设置，选择 C3D8R 型单元。

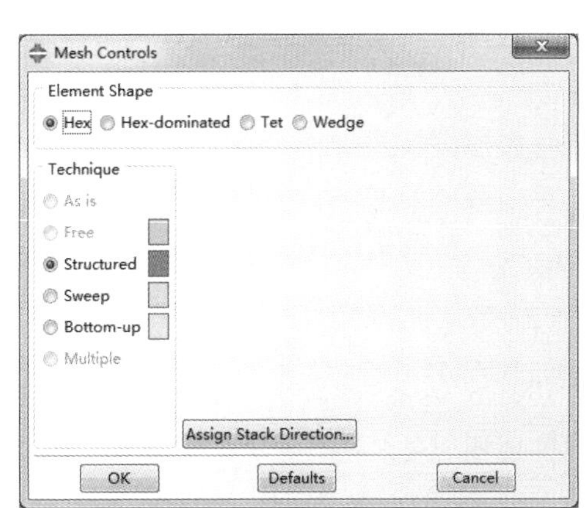

图 9-79 “网格控制”对话框

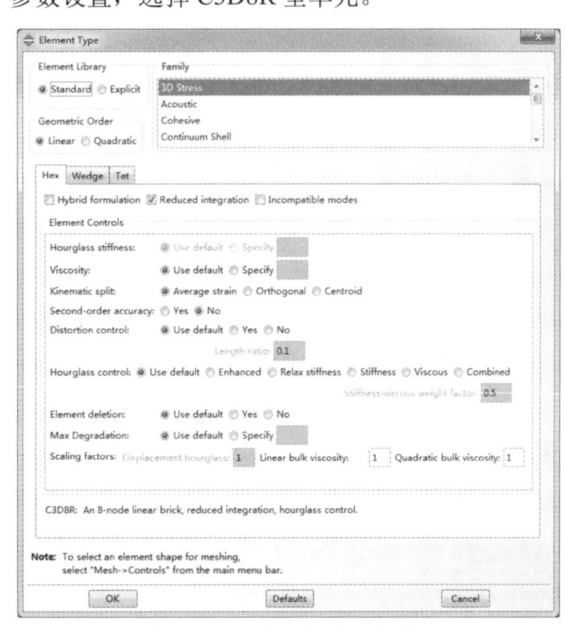

图 9-80 “单元类型”对话框

单击Mesh Part Instance（网格划分）按钮，完成网格划分，如图 9-81 所示。靶体部件按照同样设置进行网格划分，如图 9-82 所示。

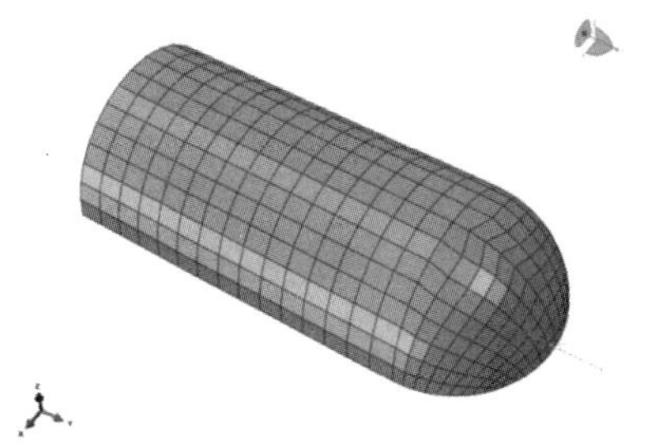

图 9-81　子弹模型网格划分

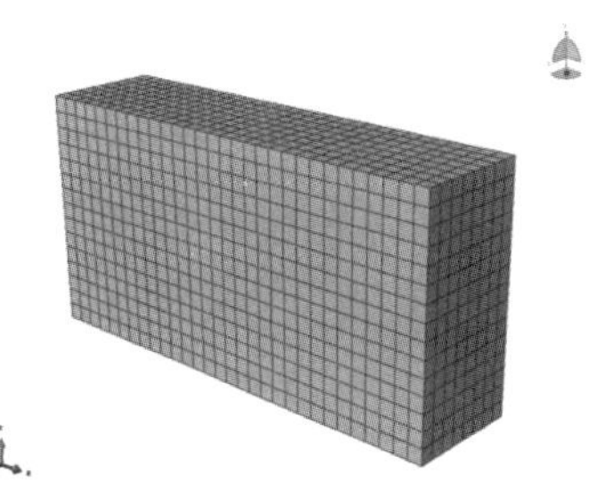

图 9-82　靶体模型网格划分

8. 分析作业

进入 Job（作业）模块，单击Create Job（创建作业）按钮，弹出如图 9-83 所示的对话框，创建一个名为 Shotting 的分析作业，如图 9-83 所示，单击 Continue...按钮后弹出如图 9-84 所示对话框，单击 OK 按钮完成设置。

单击 Submit（提交）按钮进行分析运算。

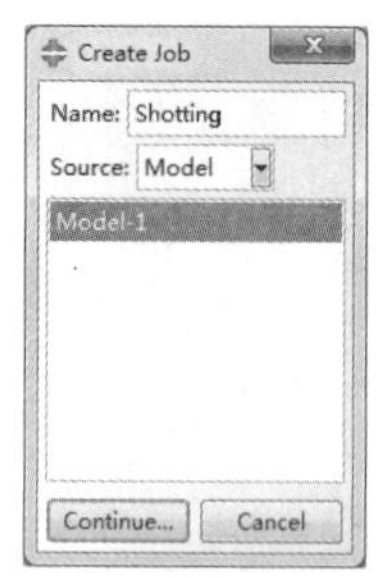

图 9-83 “创建作业”对话框

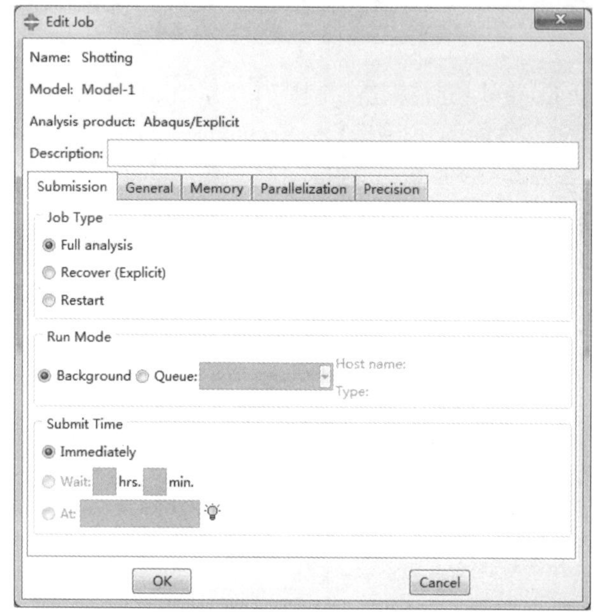

图 9-84 “编辑作业”对话框

9. 后处理

分析作业完成后，单击 Results（结果）按钮进入 Visualization（可视化）模块进行结果云图的查看及后处理操作。子弹和靶体的应力云图、位移云图如图 9-85、图 9-86 所示，总能量变化曲线图如图 9-87 所示。

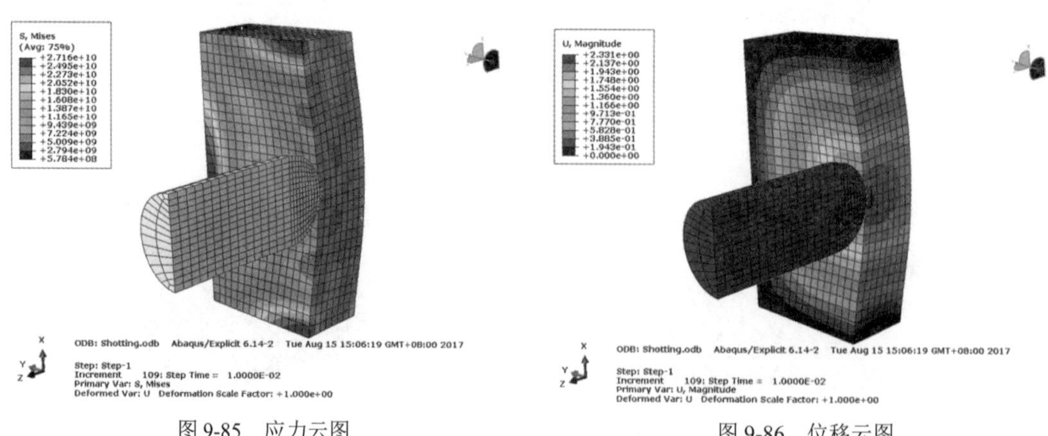

图 9-85 应力云图

图 9-86 位移云图

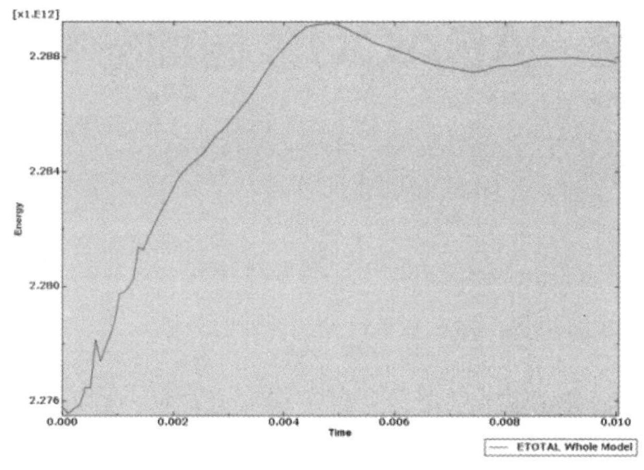

图 9-87　总能量曲线图

9.5　本章小结

本章介绍了ABAQUS 进行显式动力学分析的步骤，通过实例的学习熟悉使用 ABAQUS/Explicit 进行显式动力学分析。因为很多工程和军事中涉及结构受爆炸载荷影响的分析和评估，所以精确地跟踪结构的载荷分析是非常重要的。本章介绍了 ABAQUS/Explicit 进行显式动力学分析的过程和优势，以及 ABAQUS/Explicit 适用的问题类型和动力学显式的有限元方法。需要掌握的内容如下。

（1）ABAQUS/Explicit 实例：圆盘结构动力学分析

该实例主要对圆盘进行不同类型分析步的定义，以及显式动力学问题结果变量和历史变量输出的设置。

（2）ABAQUS/Explicit 实例：弹丸侵蚀靶体的分析

本实例是以弹丸侵蚀靶体为影响背景的案例，读者可以了解弹丸侵蚀的性质及其边界条件的定义，以进一步加深对 Tie 连接等知识点的认识。

第 10 章　ABAQUS 屈曲分析与实例

屈曲分析主要用于结构在特定载荷下的稳定性以及确定结构失稳的临界载荷，屈曲分析包括线性屈曲分析和非线性屈曲分析。线弹性失稳分析又称特征值屈曲分析；线性屈曲分析可以考虑固定的预载荷，也可以使用惯性释放；非线性屈曲分析包括几何非线性失稳分析，弹塑性失稳分析、非线性后屈曲分析等，本章着重讨论线性屈曲分析。

10.1　屈曲分析概述

线性屈曲分析是以特征值为研究对象的，特征值或线性屈曲分析预测的是理想线弹性结构的理论屈曲强度（分歧点），特征值方程决定了结构的分歧点。然而，非理想和非线性行为阻止许多真实的结构到达它们理论上的弹性屈曲强度。线性屈曲通常产生非保守的结果，应当谨慎使用。

尽管屈曲分析是非保守的，但是也有许多优点：

（1）屈曲分析比非线性屈曲分析计算省时，并且应当作第一步计算来评估临界载荷（屈曲分析开始时的载荷）；

（2）通过线性屈曲分析可以预知结构的屈曲分析模型形状，结构可能发生屈曲的方法可以作为设计中的向导。

10.1.1　关于欧拉屈曲

结构的丧失稳定性称作（结构）屈曲或欧拉屈曲。L.Euler 从一端固定另一端自由的受压理想柱出发，给出了压杆的临界载荷。所谓理想柱，是指起初完全平直而且承受中心压力的受压柱，如图 10-1 所示。

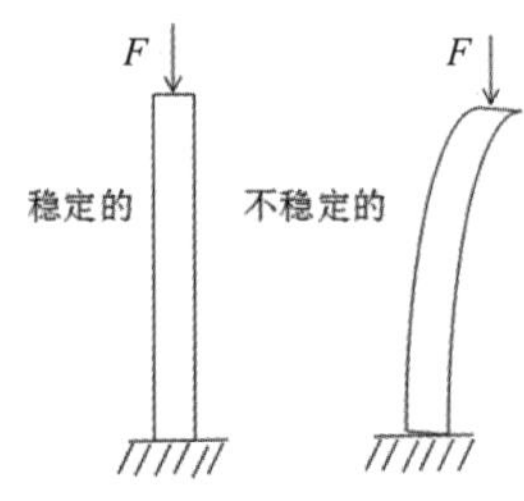

图 10-1　受压柱

设此柱是完全弹性的，且应力不超过比例极限，若轴向外载荷 P 小于它的临界值，此杆将保持直的状态而只承受轴向压缩。如果一个扰动（如横向力）作用于杆，使其有一小的挠曲，在这一扰动除去后，挠度就消失，杆又恢复到平衡状态，此时杆保持直立形式的弹性平衡是稳定的。

若轴向外载荷 P 大于它的临界值，柱的直的平衡状态变为不稳定，即任意扰动产生的挠曲在扰动去除后不仅不会消失，而且还将继续扩大，直至到达远离直立状态的新的平衡位置或者弯折为止，此时，称此压杆失稳或屈曲（欧拉屈曲）。

（1）线性屈曲：是以小位移小应变的线弹性理论为基础的，分析中不考虑结构在受载荷变形过程中结构构型的变化，也就是在外力施加的各个阶段，总是在结构初始构型上建立平衡方程。当载荷达到某一临界值时，结构构型将突然跳到另一个随意的平衡状态，称为屈曲。临界点之前称为前屈曲，临界点之后称为后屈曲。

（2）侧扭屈曲：梁的截面一般都做成窄而高的形式，使得截面两主轴惯性矩相差很大。如梁跨度中部无侧向支撑或侧向支撑距离较大，在最大刚度主平面内承受横向荷载或弯矩作用时，载荷达到一定数值，梁截面可能产生侧向位移和扭矩，导致丧失承载能力，这种现象叫作梁的侧向弯扭屈曲，简称侧扭屈曲。

（3）理想轴心受压直杆的弹性弯曲屈曲：即假定压杆屈曲时不发生扭转，只是沿主轴弯曲。但是对开口薄壁截面构件，在压力作用下有可能在扭转变形或弯扭变形的情况下丧失稳定，这种现象称为扭转屈曲或弯扭屈曲。

10.1.2　线性屈曲分析

进行线性屈曲分析的目的是寻找分歧点，评价结构的稳定性。在线性屈曲分析中求解特征值需要用到屈曲载荷因子 λ_i 和屈曲模态 ψ_i。

线性静力学分析中包含了刚度矩阵[S]，它的应力状态函数为：

$$([K]+[S])\{x\}=\{F\}$$

如果分析是线性的，可以对载荷和应力状态乘以一个常数 λ_i，此时：

$$([K]+\lambda_i[S])\{x\}=\lambda_i\{F\}$$

在一个屈曲模型中，位移可能会大于{x+ψ}，而载荷没有增加，因此下式也是正确的：

$$([K]+\lambda_i[S])\{x+\psi\}=\lambda_i\{F\}$$

通过上面的方程进行求解，可得：

$$([K]+\lambda_i[S])\{\psi\}=0$$

上式就是在线性屈曲分析求解中用于求解的方程，这里[K]和[S]为定值，假定材料为线性弹性材料，可以利用小变形理论但不包括非线性理论。

对于上面的求解方程，需要注意如下事项：

（1）屈曲载荷乘以 λ_i 就是将其乘到施加的载荷上，即可得到屈曲的临界载荷。

（2）屈曲模态形状系数 ψ_i 代表了屈曲的形状，但不能得到其幅值，这是因为 ψ_i 是不稳定的。

（3）屈曲分析中有许多屈曲载荷乘子和模态，通常情况下只对前几个模态感兴趣，这是因为屈曲是发生在高阶屈曲模态之前。

对于线性屈曲分析，ABAQUS 内部自动应用两种求解器进行求解：

（1）首先执行线性分析：$[K]\{x_0\}=\{F\}$。

（2）基于静力学分析的基础上，计算应力刚度矩阵$[\sigma_0]\rightarrow[S]$。

（3）应用前面的特征值方法求解得到屈曲载荷乘子 λ_i 和屈曲模态 ψ_i。

10.1.3　线性屈曲分析的特点

线性屈曲分析比非线性屈曲计算省时，并且可以作为第一步计算来评估临界载荷（屈曲开始时的载荷）。屈曲分析具有以下特点：

（1）通过特征值或线性屈曲分析结果可以预测理想线弹性结构的理论屈曲强度。

（2）该方法相当于线弹性屈曲的分析方法。用欧拉行列式求解特征值屈曲与经典的欧拉解一致。

（3）线性屈曲得出结果通常是不保守的。由于缺陷和非线性行为存在，因此得到的结果无法与实际结构的理论弹性屈曲强度一致。

（4）线性屈曲无法解释非弹性的材料响应、非线性作用、不属于建模的结构缺陷（凹陷等）等问题。

10.2 线性屈曲分析过程

在进行屈曲分析之前需要完成静态结构分析，对于屈曲分析求解步骤如下：

（1）建立或导入有限元模型，设置材料特性。

（2）定义接触区域。

（3）定义网格控制并划分网络。

（4）施加载荷及约束。

（5）衔接到线性屈曲分析。

（6）设置线性屈曲分析初始条件。

（7）设置求解控制，对模型进行求解。

（8）进行结果评价和分析。

详细的设置参数在前面的章节中已经介绍，这里仅做简单的介绍，不再详细赘述，如想深入了解相关内容，请参考前面的章节进行学习。

10.2.1 几何体和材料属性

与线性静力学分析类似，在屈曲分析中可支持的几何体包括实体、壳体（需要给定厚度）、线体（需要定义横截面）。

对于线体只有屈曲模式和位移结果可以使用。模型中可以包含点质量，由于点质量只受惯性载荷的作用，在应用中会受到限制。

在屈曲分析中材料属性要求输入杨氏模量和泊松比。

10.2.2 接触区域

屈曲分析中可以定义接触对，但由于这是线性分析，因此采用的接触不同于非线性分析中的接触类型。

所有非线性接触类型被简化为“绑定”或“不分离”接触；没有分离的接触在屈曲分析中带有警告，因为它在切向没有刚度。这将产生许多过剩的屈曲模态。如果合适的话，考虑应用绑定接触来代替。

10.2.3 载荷与约束

在线性屈曲分析中，至少需要施加一个能够引起结构屈曲的载荷，以适用于模型求解。屈曲载荷是由结构载荷乘以载荷系数决定的，因此不支持不成比例或常值的载荷。

（1）不推荐只有压缩的载荷。

（2）结构可以是全约束，在模型中没有刚体位移。

当线性屈曲分析中存在接触和比例载荷时，可以对屈曲结果进行迭代，调整可变载荷直到载荷系数变为 1.0 或接近 1.0。

10.2.4 屈曲设置

在分析步模块中，进行屈曲分析步的定义，如图 10-2 所示。在 Edit Step（编辑分析步）对话框中，设置特征值求解器等参数，如图 10-3 所示。

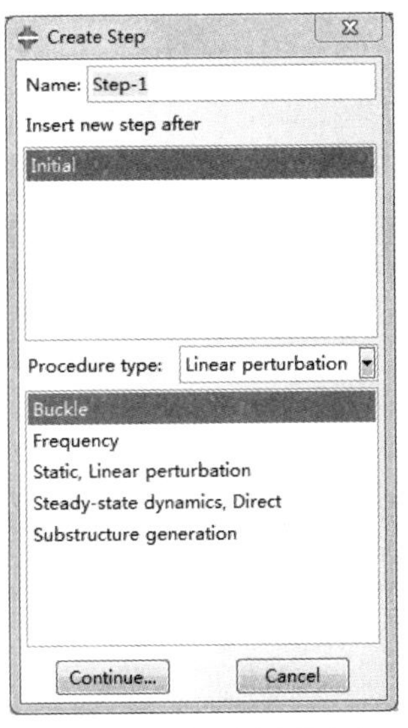

图 10-2　屈曲分析步的定义

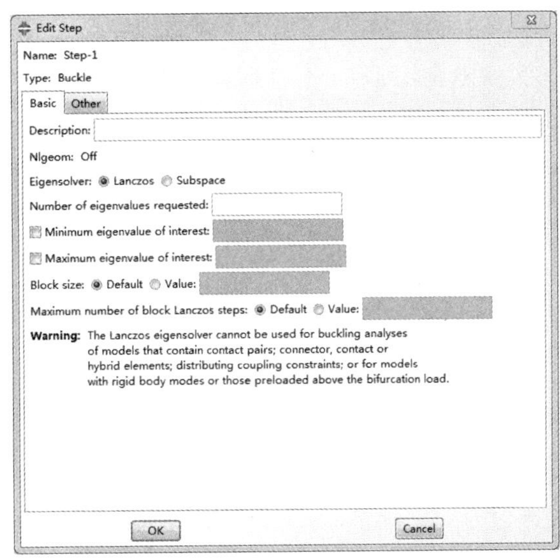

图 10-3　“编辑分析步”对话框

10.2.5　模型求解

屈曲分析模型建立后，即可求解静力结构分析以外的分析。线性屈曲分析的计算机使用率比相同模型下的静力学分析要高。在 Edit Field Output Request（编辑场输出请求）对话框中，提供了详细的求解输出，如图 10-4 所示。

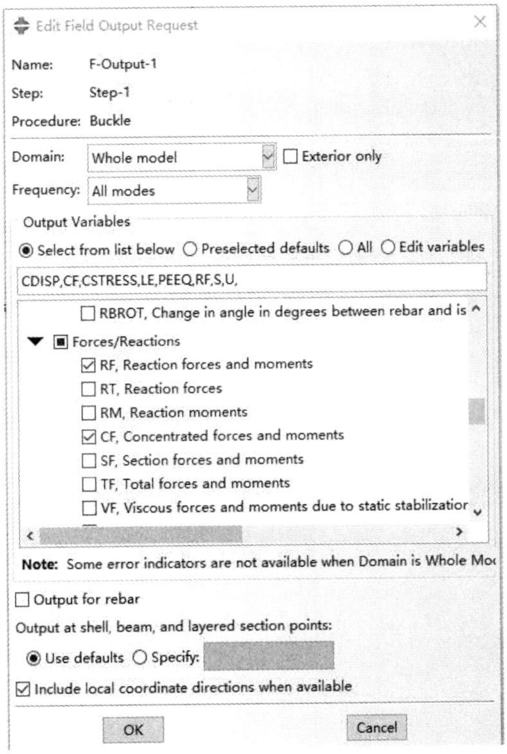

图 10-4　屈曲分析求解输出

10.2.6 结果检查

求解完成后即可检查屈曲模型，每个屈曲模态的载荷因子显示在图形和图表的参数列表中，载荷因子乘以施加的载荷值即为屈曲载荷。

$$F_{屈曲}=(F_{施加}\times\lambda)$$

屈曲载荷因子（λ）是在线性屈曲分析分支下的结果中进行检查的，可以方便地观察结构屈曲在给定的施加载荷下各个屈曲模态。如图 10-5 所示为求解的一阶屈曲模态。

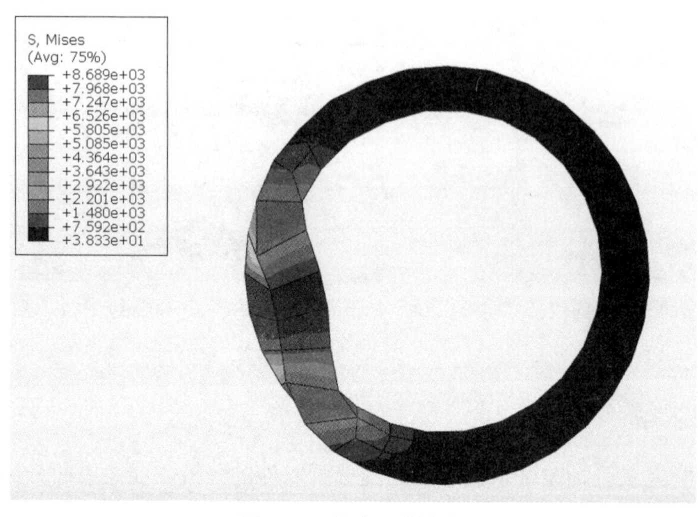

图 10-5　某阶屈曲模态

10.3 各种支撑条件下矩形轴压柱屈曲分析实例

10.3.1 问题描述

如图 10-6 所示的矩形轴，分别对以下 3 种情况进行分析：①上端自由，下端固定；②上端简支，下端固定；③上端可平移，下端固定。轴的材质为钢材，其弹性模量为 200GPa，泊松比 0.3，轴高度为 3m，其截面尺寸如图 10-7 所示。经过分析，得出该轴的前五阶的特征值和屈曲模态。

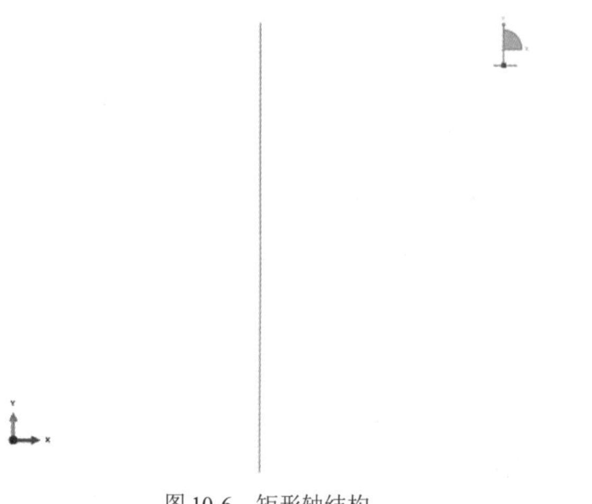

图 10-6　矩形轴结构

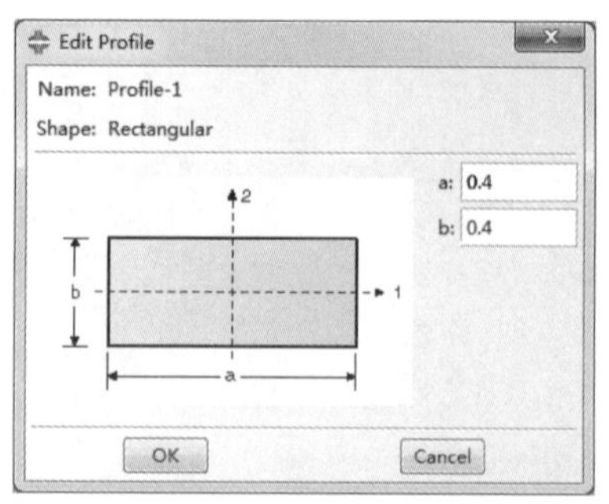

图 10-7　截面尺寸

10.3.2　问题分析

本实例的模型为梁模型，与静力学分析相同，可以选用线模型进行分析。对于屈曲分析，分析步应为线性摄动分析步，部件的单元类型选择 B31。

10.3.3　问题的求解

（1）创建部件

在 Part（部件）模块下，单击 Create Part（创建部件）按钮，弹出如图 10-8 所示的对话框，建立一个三维线模型，如图 10-9 所示，用于后续的分析工作。

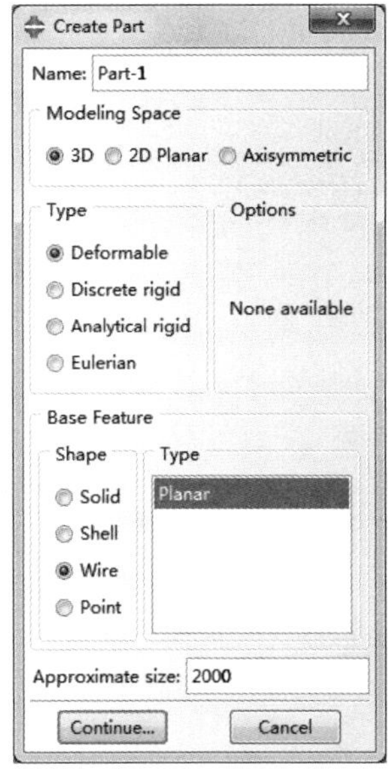

图 10-8 “创建部件”对话框

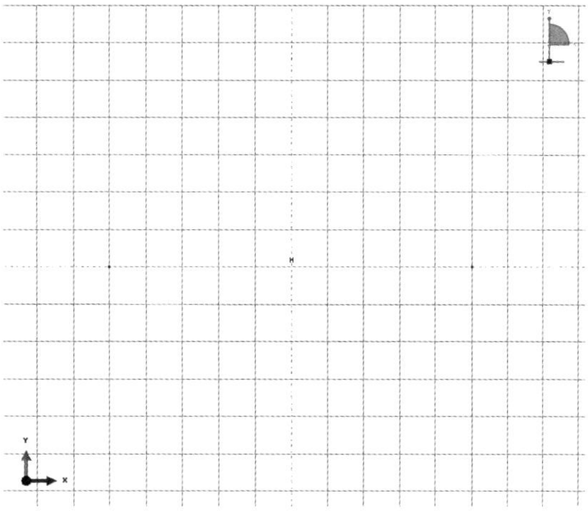

图 10-9　草图绘制

（2）创建材料和截面属性

进入属性模块，单击工具箱中的 Create Material（创建部件）按钮，弹出创建材料对话框，输入材料名称后单击确认，弹出如图 10-10 所示的编辑材料对话框，输入弹性模量 2e11，泊松比 0.3，单击 OK 按钮，完成材料属性的定义。

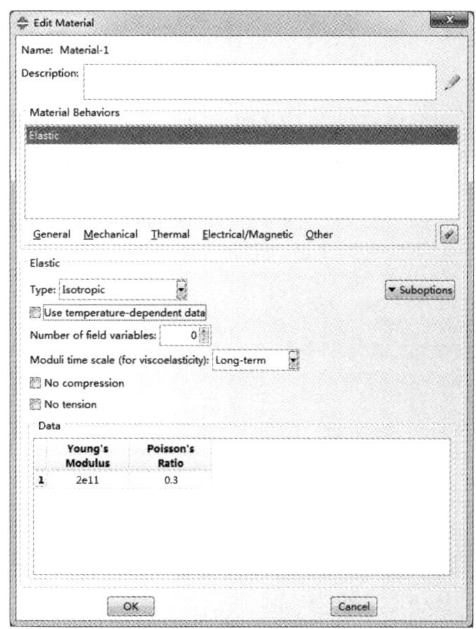

图 10-10　编辑材料

单击工具箱中的 Create Section（创建截面）按钮，弹出如图 10-11 所示的 Create Section（创建截面）对话框，选择 Beam 梁单元，单击 Continue…按钮，进入如图 10-12 所示的 Edit Profile（编辑梁截面）对话框，在材料名称中选择事先建立好的材料后，单击按钮，弹出如图 10-13 所示的创建梁界面剖面对话框，在 Shape 形状栏中选择 Rectangular（矩形），单击 Continue…按钮后在图 10-14 所示的对话框中定义剖面的相关数据，完成梁截面的定义。

图 10-11 创建截面

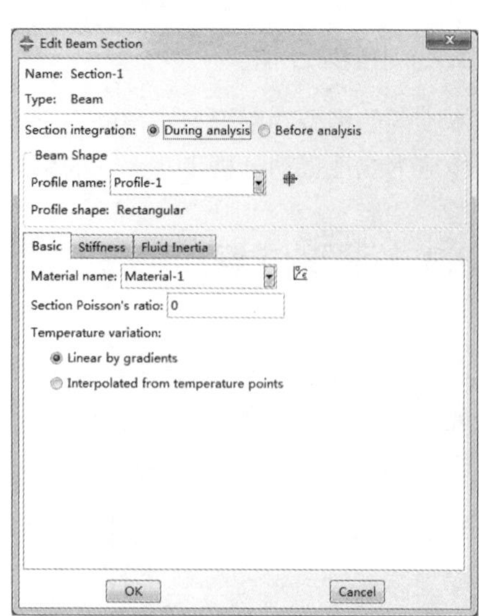

图 10-12 编辑梁方向

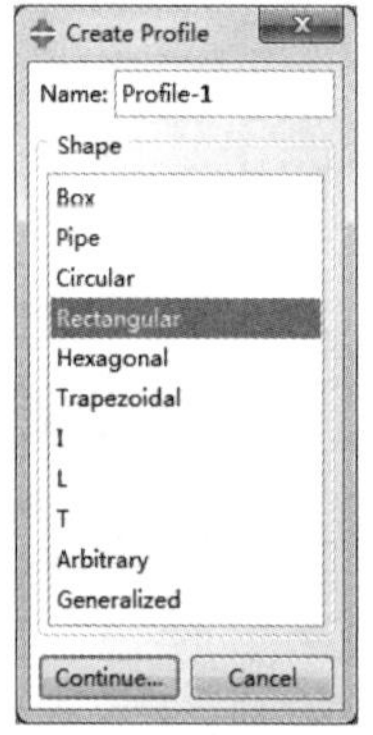

图 10-13 创建剖面

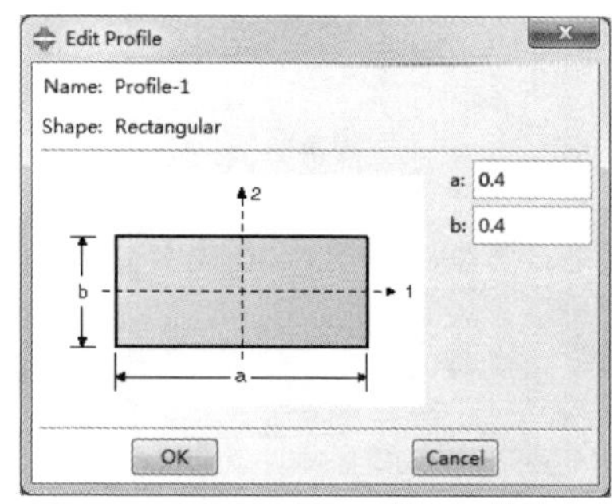

图 10-14 “编辑剖面”对话框

单击工具箱中的按钮，指派梁方向，在视图中选中部件，单击鼠标中键完成梁方向的定义，如图 10-15 所示。

单击工具箱中的 Assign Section（截面指派）按钮，在视图中选中部件，单击鼠标中键，在弹出如图 10-16 所示的 Edit Section Assignment（编辑截面指派）对话框中选择定义好的截面，单击 OK 按钮。

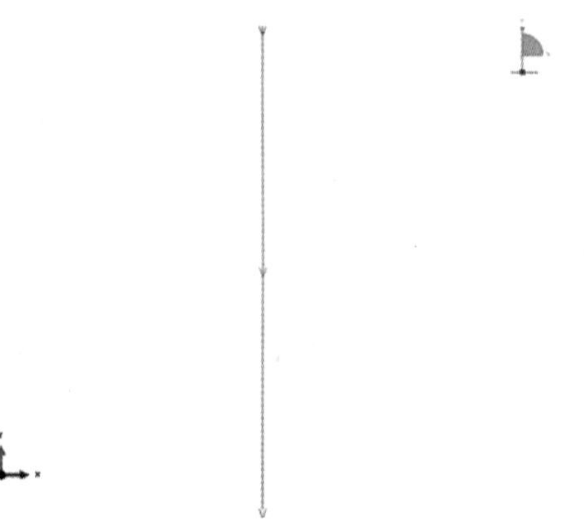

图 10-15 梁方向设置

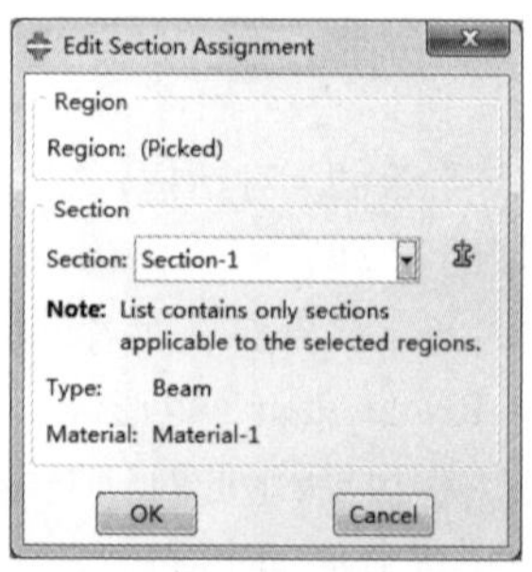

图 10-16 “编辑截面指派”对话框

（3）定义装配件

进入装配模块，单击工具箱中的（创建实例）按钮，在如图 10-17 所示的创建实例对话框中进行部件的实例化。

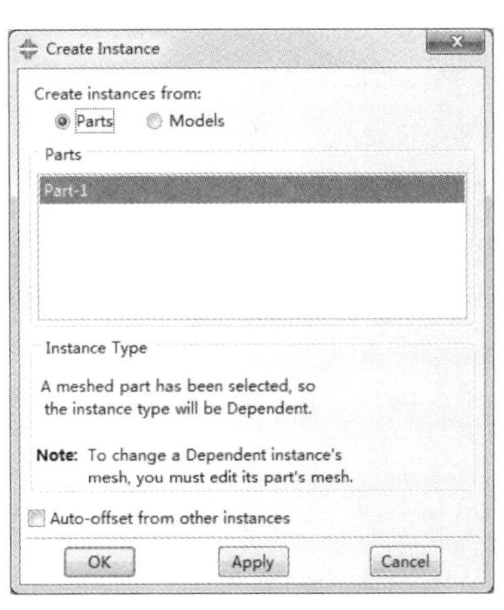

图 10-17　创建实例

（4）设置分析步和输出变量

进入分析步模块，单击工具箱中的（创建分析步）按钮，在弹出的如图 10-18 所示的 Create step（创建分析步）对话框中，选择 Linear perturbation（线性摄动），Buckle（屈曲），单击 Continue...按钮。在弹出的如图 10-19 对话框中，选择求解器 Lanczos，在 Number of eigenvalues requested（请求的特征值个数）中填入 5，其他选项为默认设置，单击 OK 按钮，完成分析步的设置。

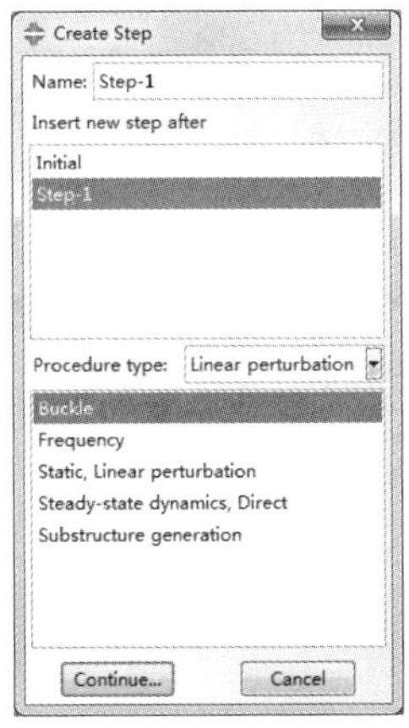

图 10-18　创建分析步

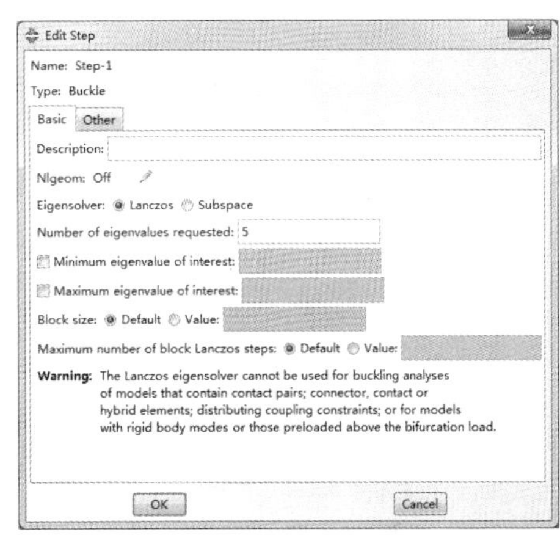

图 10-19　编辑分析步

单击工具栏中的Field Output Manager（场输出管理器）按钮，在弹出的如图 10-20 所示的对话框中，选择系统自动产生的场输出，单击 Edit...按钮进行编辑。在弹出的如图 10-21 所示的对话框中，确认选定的作用域为整个模型 Whole Model，确认默认的输出变量，单击 OK 按钮。

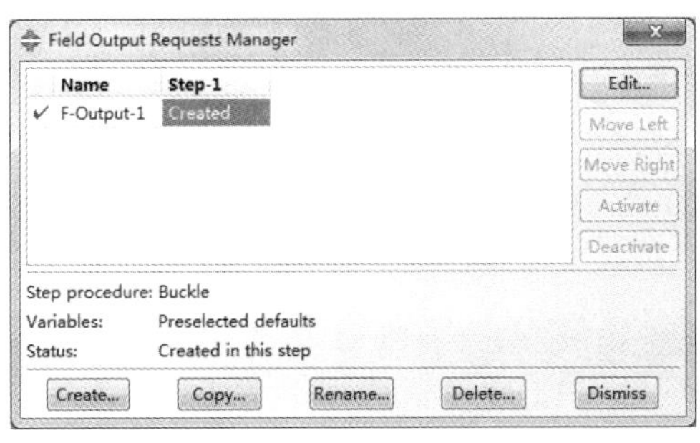

图 10-20　场输出管理器

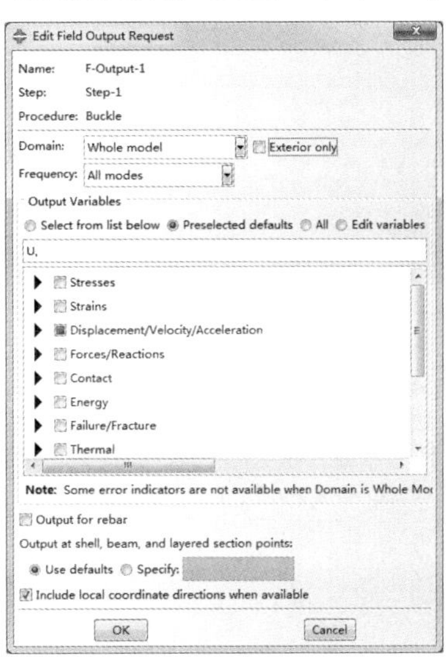

图 10-21　编辑场输出请求

（5）定义载荷和边界条件

进入载荷功能模块，单击工具箱中的Boundary Condition Manager（边界条件管理器）按钮，单击 Create...按钮创建边界条件，在弹出的如图 10-22 所示的对话框中，Step 选择 Initial，Category 选择 Mechanical 中的 Symmetry/Antisymmetry/Encastre（对称/反对称/完全固定）选项，选择部件的底部端点，选择如图 10-23 中的 ENCASTRE 选项。

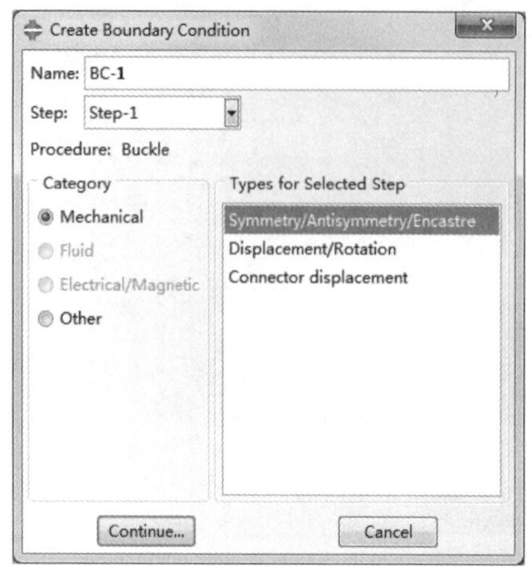

图 10-22 “创建边界条件”对话框

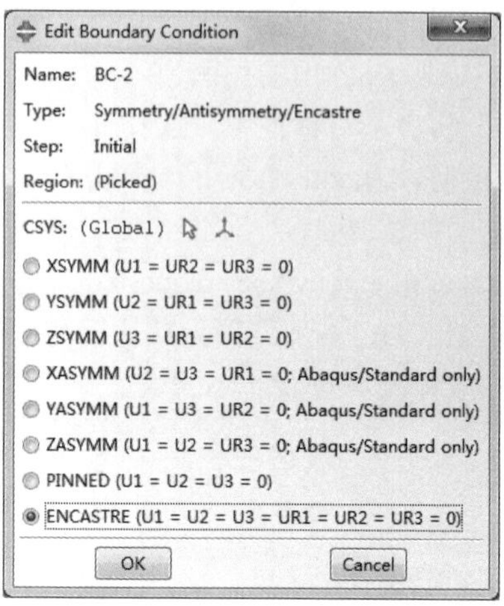

图 10-23 “编辑边界条件”对话框

在轴的顶端施加压力，单击工具箱中的Load Manager（载荷管理器）按钮，如图 10-24 所示，单击 Create…按钮，在分析步 Step-1 中创建一个 Concentrated Force（集中力载荷），其数值如图 10-25 所示。

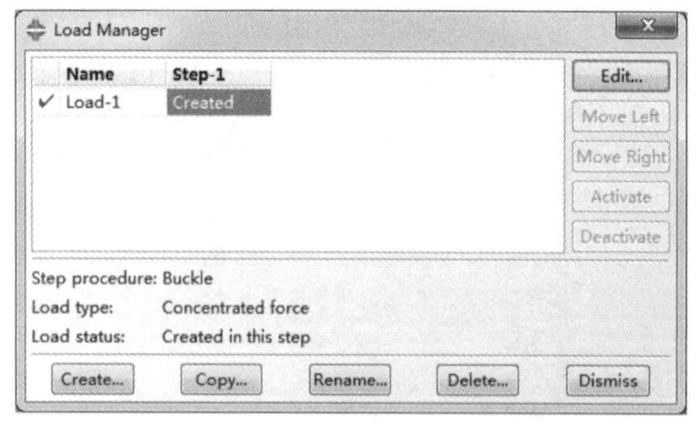

图 10-24 “载荷管理器”对话框

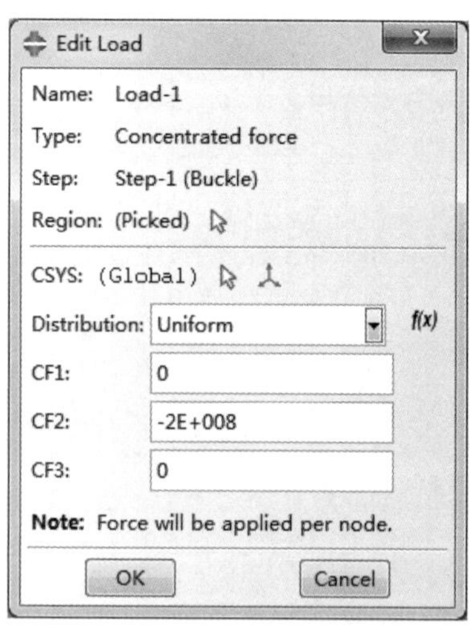

图 10-25 “编辑载荷”对话框

（6）划分网格

进入网格模块，首先，设置网格的密度。单击工具栏中的Seed Part（部件种子）按钮，在弹出的如图 10-26 所示的对话框中，在 Approximate global size（近似全局尺寸）栏中输入 0.3，单击 OK 按钮。

单击Assign Element Type（指派单元类型）按钮，在视图区域选定部件，在弹出的如图 10-27 所示的对话框中选择默认的 B31 单元类型。单击工具栏中的按钮进行网格划分。

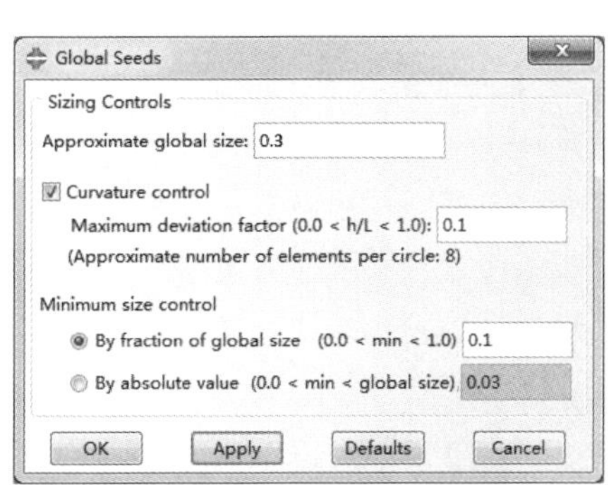

图 10-26　“全局种子”对话框

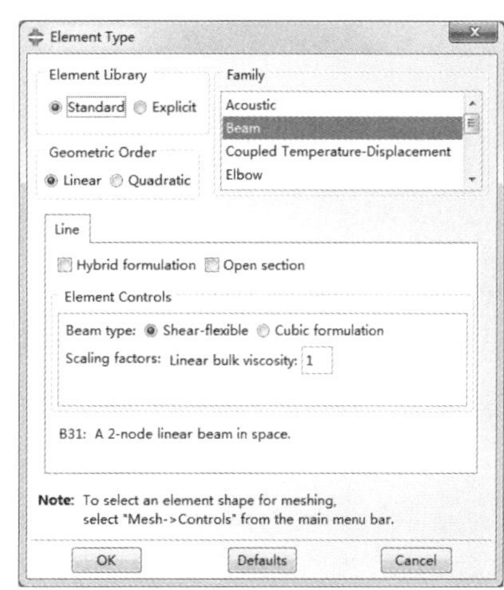

图 10-27　“单元类型”对话框

10.3.4　结果分析

进入作业模块，打开 Job Manager（作业管理）对话框，创建作业，如图 10-28 所示。单击 Monitor（监控）按钮可以对问题的求解过程进行监控，如图 10-29 所示，同时可以查看分析运算过程中产生的信息。单击 Submit（提交）按钮进行求解。

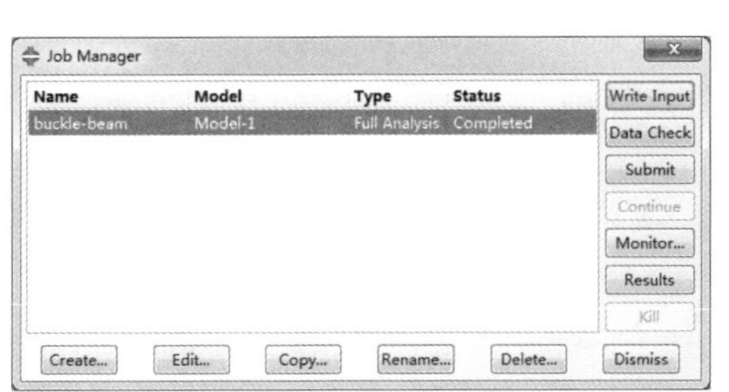

图 10-28　作业管理器

图 10-29　求解过程监视器

10.3.5　后处理

分析完成后，单击 Result（结果）按钮，进入可视化模块，单击按钮，可以显示 Mises 应力云图，单击按钮可以查看变形过程动画。图 10-30～图 10-33 为模型 1~4 阶的屈曲模态。

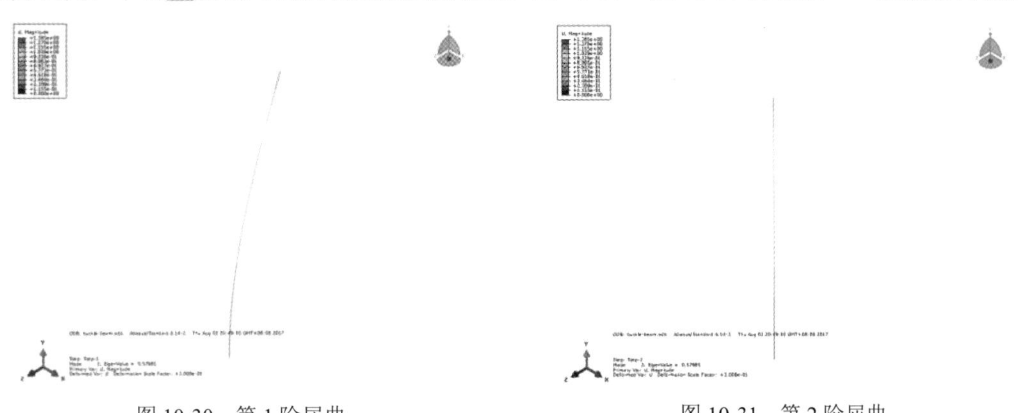

图 10-30　第 1 阶屈曲　　图 10-31　第 2 阶屈曲

图 10-32　第 3 阶屈曲　　　　图 10-33　第 4 阶屈曲

执行 Animate→Save As 命令，弹出如图 10-34 所示的 Save Image Animation（保存图像动画）对话框，单击 AVI 格式选项按钮，可以将分析结果的动画进行设置并保存，如图 10-35 所示。

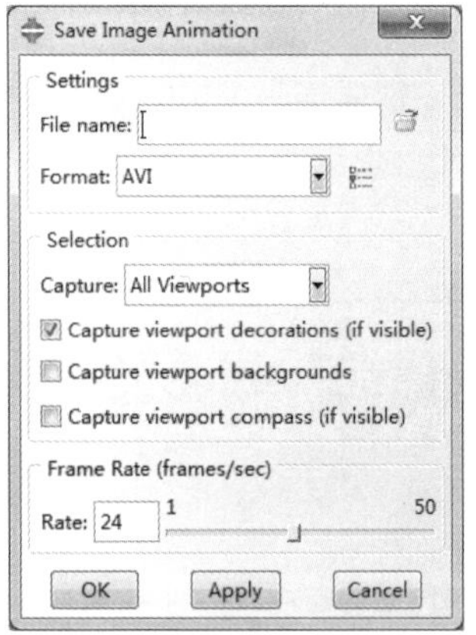

图 10-34 “保存图像动画”对话框

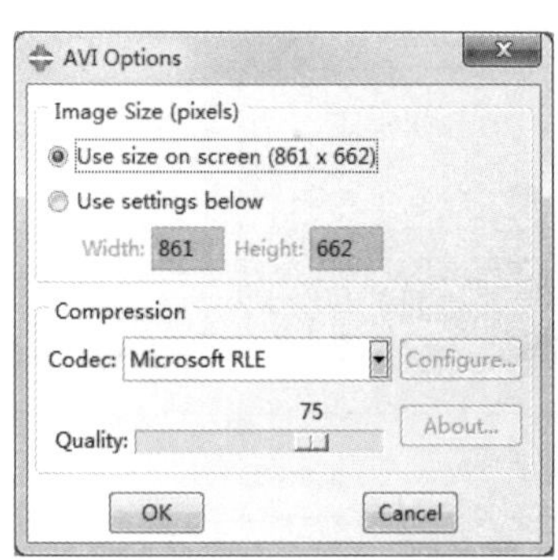

图 10-35 “AVI 选项卡”对话框

执行 Options→Common 命令，弹出如图 10-36 所示的 Common plot Options（通用绘图选项）对话框，在 Basic（基本信息）、Color&Style（颜色与风格）、Label（标签）等多个选项卡下可以对显示绘图的相关属性进行设置，如视图可见边、渲染风格、显示单元编号和节点编号、选择字体颜色等，如图 10-37、图 10-38 所示。

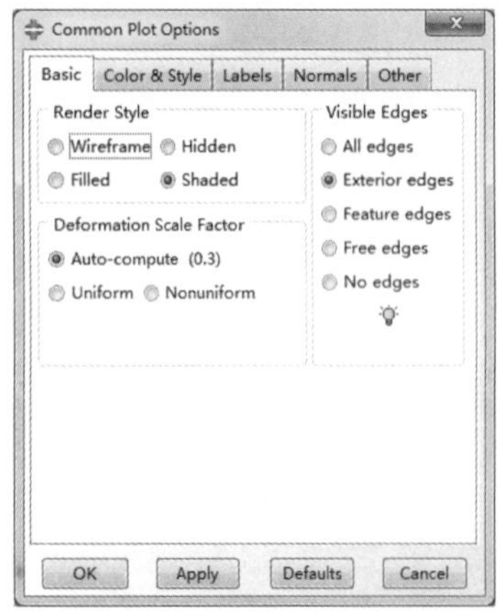

图 10-36 “通用绘图”选项卡

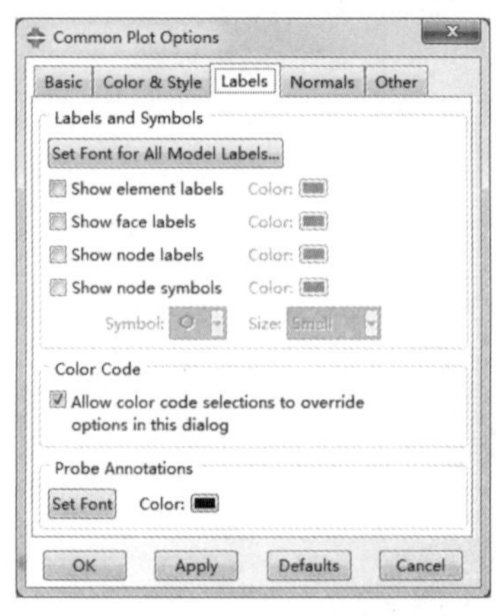

图 10-37 “标签”选项卡

执行 Tools→*XY* Data→Create 命令，在如图 10-39 所示的对话框中，点选 ODB history output（ODB 场变量输出）单选按钮，单击 Continue...按钮。在弹出的来自 ODB 场输出的 *XY* 数据对话框中的输出变量选项组中选择不同的输出变量，切换到单元/节点选项卡，可以选择所需创建数据的节点编号。

通过在载荷模块中修改载荷和边界条件的设置，可以对不同情况下的问题进行分析。

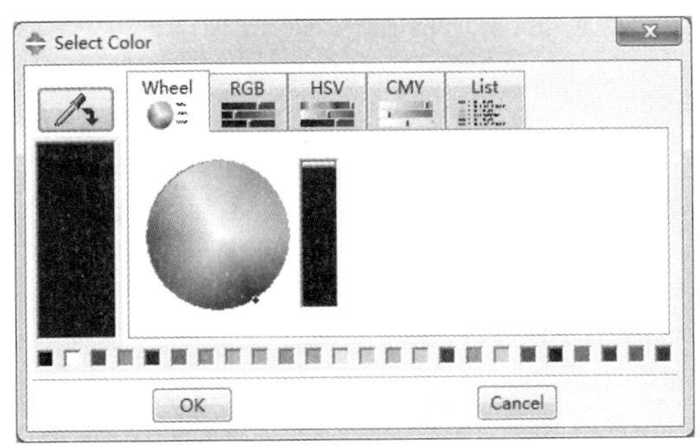

图 10-38 “选择颜色”对话框

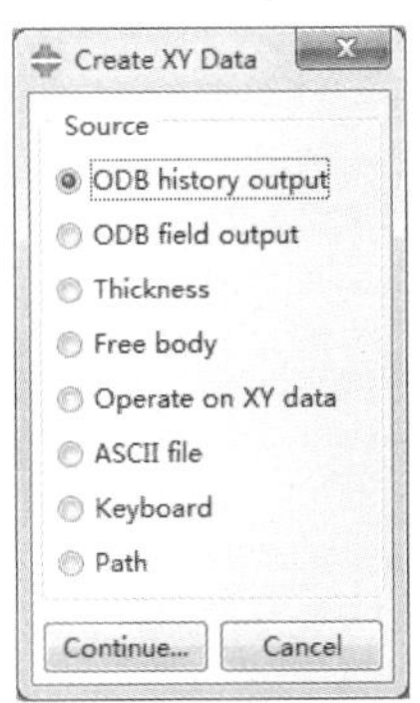

图 10-39 “创建 *XY* 数据”对话框

10.4　薄壁钢管在轴向压力作用下的屈曲分析实例

10.4.1　问题描述

如图 10-40 所示的圆形钢管直径为 28mm，壁厚为 0.02mm，长度为 80mm，一端完全固定，另一端进行强制性位移加载，使其端面上受到 500N 的集中压力作用，分析钢管整个过程中的变形和应力分布。

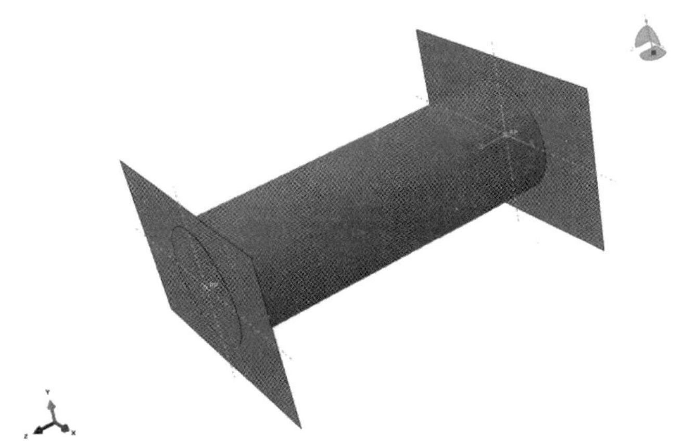

图 10-40　薄壁钢管结构模型

10.4.2　问题分析

本实例的模型为三维壳，对于屈曲分析，需要使用线性摄动分析步，结构部件选择单元类型为 S4R，施加载荷的物体和固定端连接的物体定义成刚体，其中固定物体与壳体之间建立绑定约束，施加载荷的物体和壳体之间定义接触。

10.4.3 问题求解

1. 创建部件

进入 Part（部件）模块，单击工具箱中的Create Part（创建部件）按钮，按照图 10-41 对话框中的设置和图 10-42、图 10-43 所示流程创建如图 10-44 所示的薄壁壳部件 Part-1。

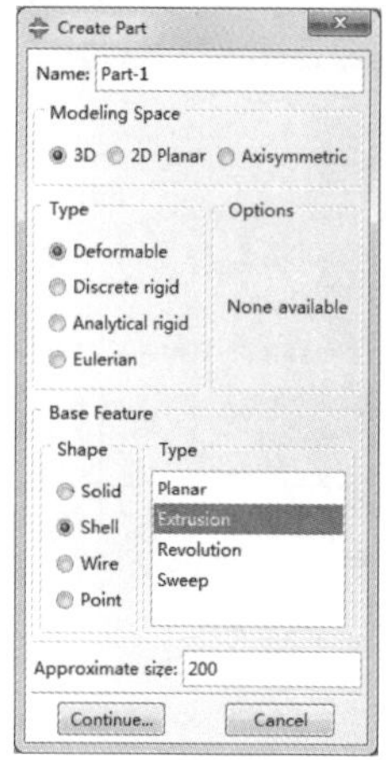

图 10-41 “创建部件”对话框

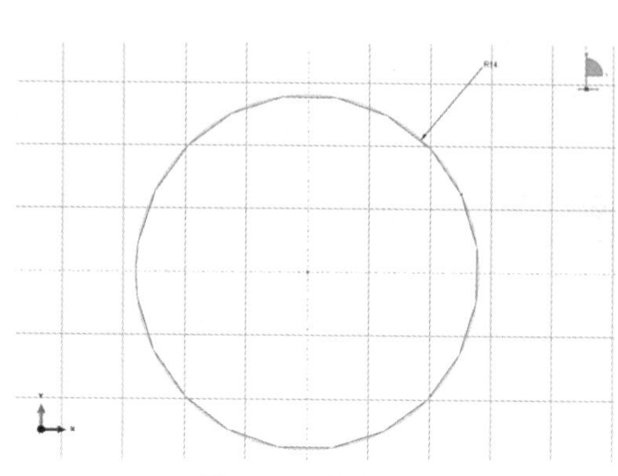

图 10-42 绘制草图

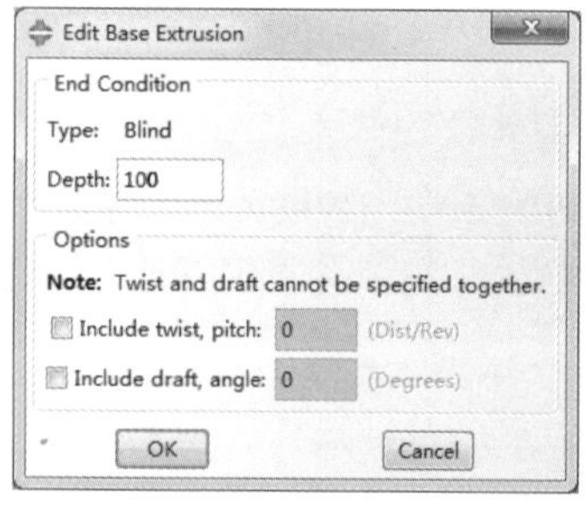

图 10-43 “编辑拉伸深度”对话框

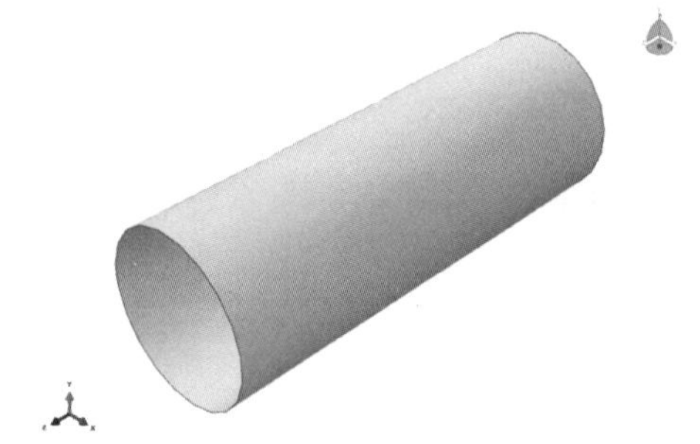

图 10-44 薄壁壳部件

按照图 10-45、图 10-46 所示，创建薄板部件 Part-2，并在薄板中心处创建参考点 RP-1，如图 10-47 所示。

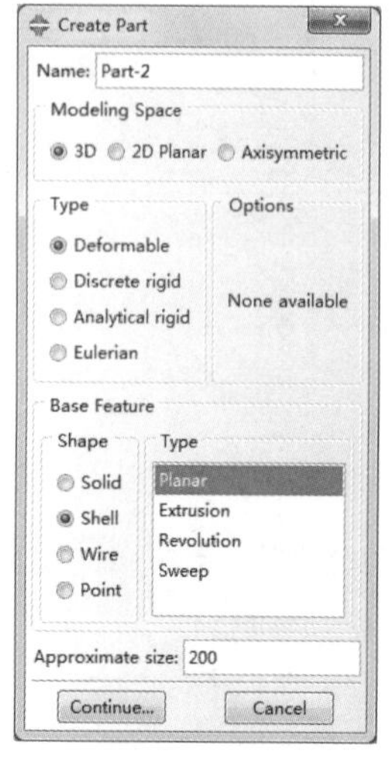

图 10-45 “创建部件”对话框

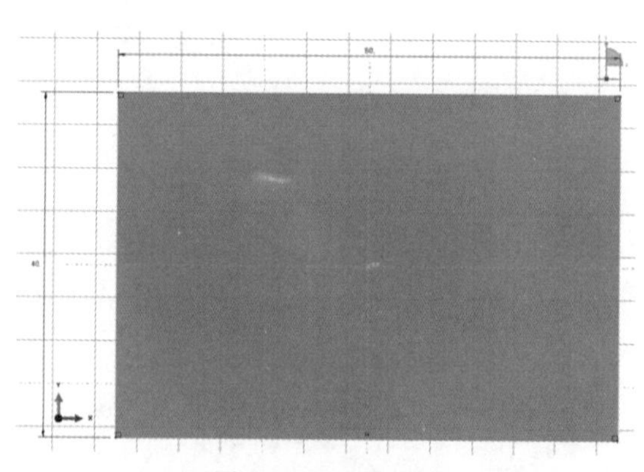

图 10-46 绘制草图

在模型树中复制部件 Part-2，如图 10-48 所示，按照图 10-49 所示将复制的部件名字改为 Part-3。

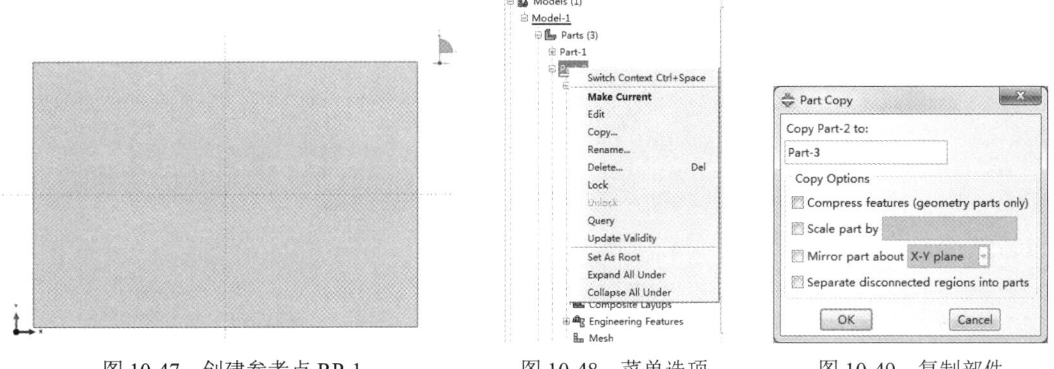

图 10-47　创建参考点 RP-1　　图 10-48　菜单选项　　图 10-49　复制部件

2. 创建材料和截面属性

进入 Property（属性）模块，单击 Create Material（创建材料）按钮，按照图 10-50 和图 10-51 所示对话框中的参数进行材料编辑。

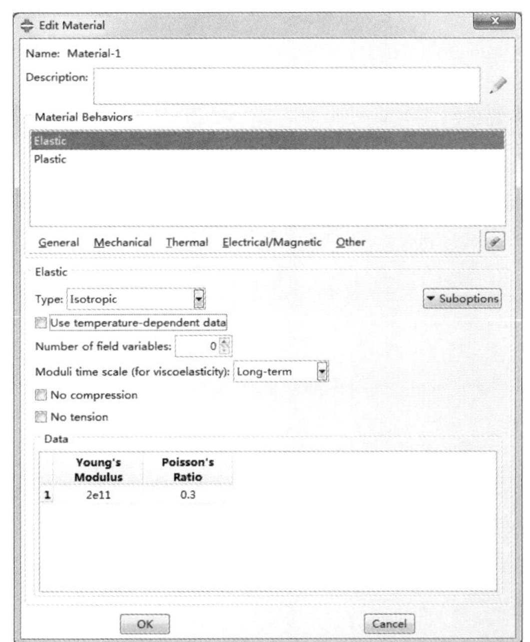

图 10-50 “编辑材料”对话框

	Yield Stress	Plastic Strain
1	158	0
2	164	0.015
3	186	0.03
4	194	0.04
5	203	0.06
6	208	1.6

图 10-51　屈服应力和塑性应变

单击 Create Section（创建截面）按钮，创建一个均质壳截面属性，在图 10-52 所示对话框中输入厚度 0.02。单击 Edit Section Assignment（编辑截面指派）按钮，为截面指派属性，如图 10-53 所示。

3. 实例化

进入 Assembly（装配）模块，单击工具栏中的 Create Instance（创建实例）按钮，弹出图 10-54 所示对话框，并创建部件实例，单击工具栏中的 Translate Instance（平移实例）按钮，调整部件实例的相互位置，完成实例装配，如图 10-55 所示。

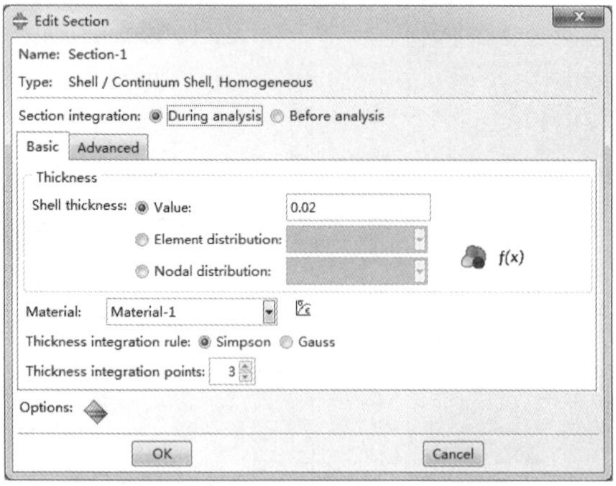

图 10-52 “编辑截面”对话框

图 10-53 “编辑截面指派”对话框

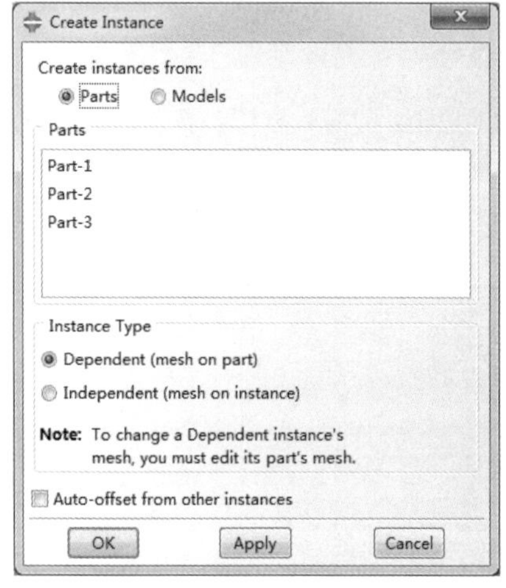

图 10-54 “创建实例”对话框

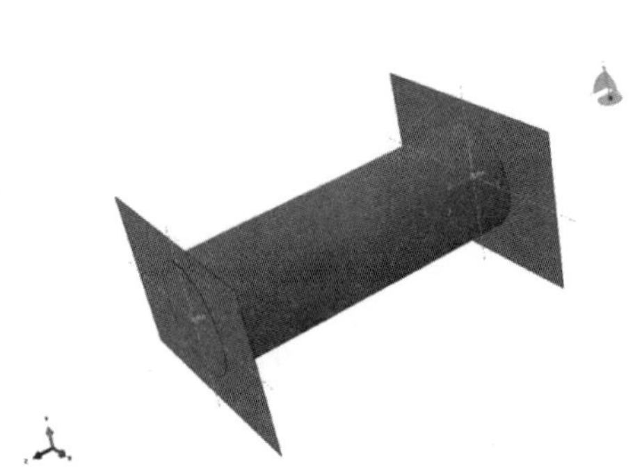

图 10-55 部件实例装配

4. 分析步

进入 Step（分析步）模块，单击工具栏中的Create Step（创建分析步）按钮，在弹出的如图 10-56 所示的对话框中创建一个 Linear perturbation：Buckle（线性摄动：屈曲）分析步，单击 Continue...按钮，按照图 10-57 所示的参数进行分析步设置。

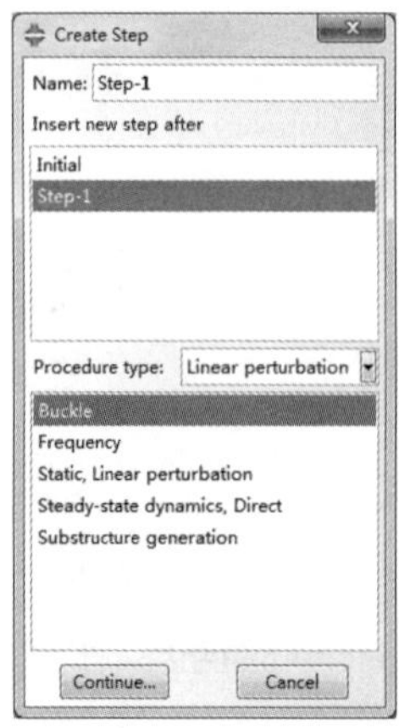

图 10-56 “创建分析步”对话框

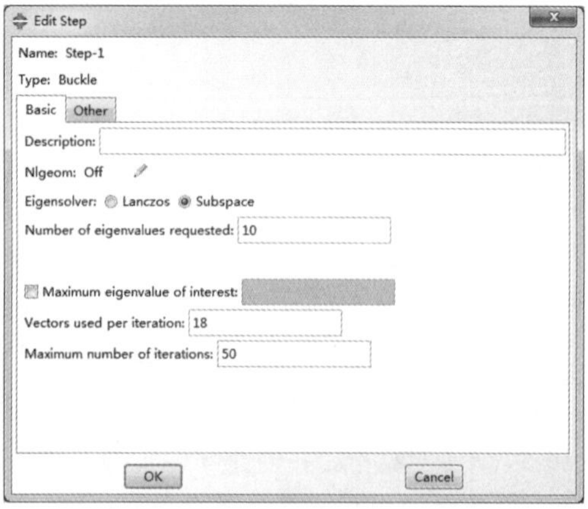

图 10-57 “编辑分析步”对话框

单击工具栏中的 Field Output Manager（场输出管理器）按钮，在图 10-58 所示的对话框中对系统默认的场输出“F-Output-1”进行检查，在图 10-59 所示对话框中确认 Domain（作用域）为 Whole model（整个模型），确认 Output Variables（输出变量）为 *U*（位移）。

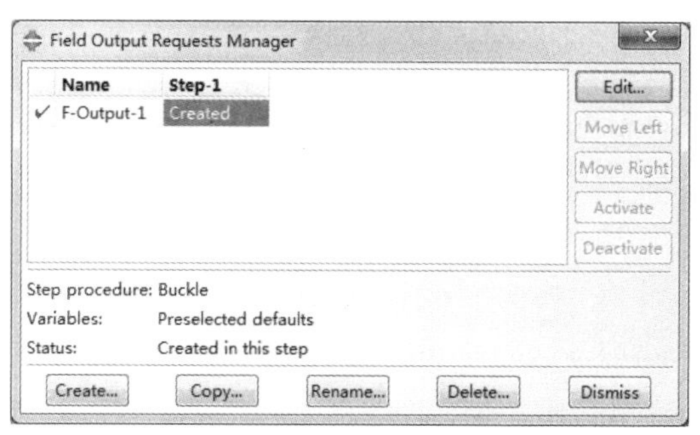

图 10-58　“场输出请求管理器”对话框

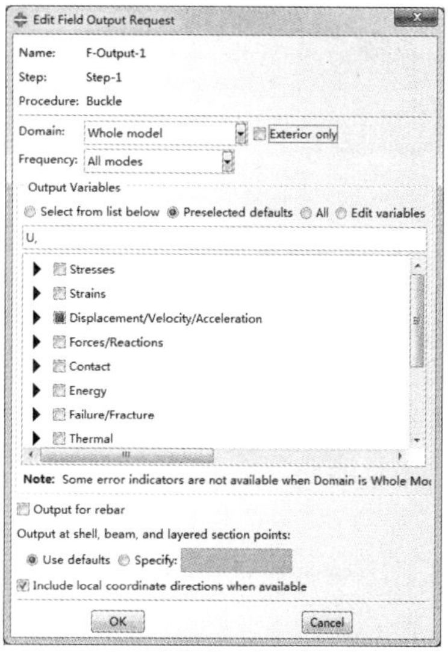

图 10-59　“编辑场输出请求”对话框

5. 相互作用

进入 Interaction（相互作用）模块，单击 Create Interaction Property（创建相互作用属性）按钮，弹出如图 10-60 所示对话框，创建一个接触类型的相互作用，单击 Continue…按钮，在图 10-61 所示对话框中对接触属性进行编辑。单击 Interaction Property Manager（相互作用属性管理器）按钮，可在图 10-62 所示对话框中查看创建好的相互作用属性。

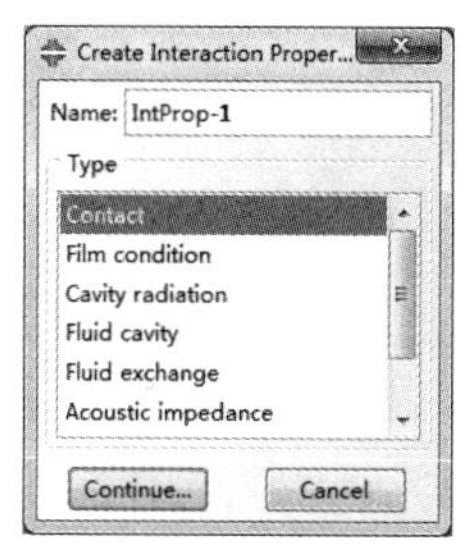

图 10-60　“创建相互作用属性”对话框

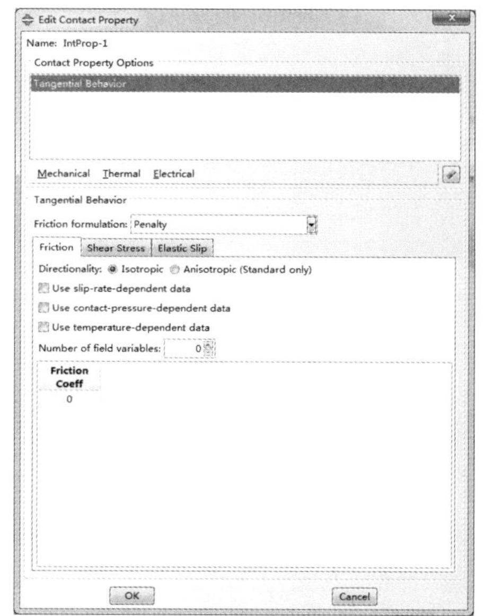

图 10-61　“编辑接触属性”对话框

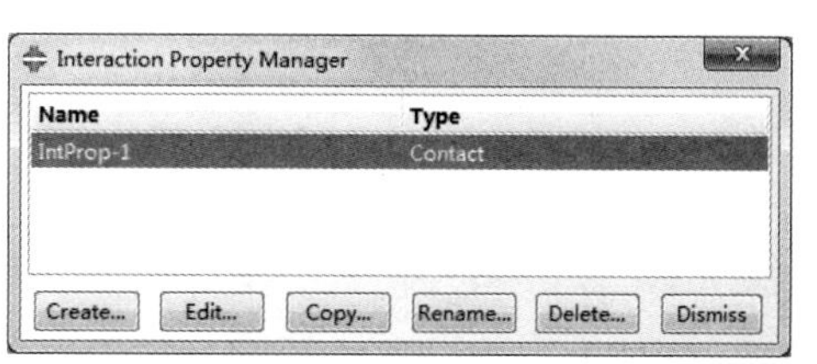

图 10-62　“相互作用属性管理器”对话框

单击工具栏中的Create Interaction（创建相互作用）按钮，如图 10-63 所示，创建 Part-2 与圆筒之间的 Contact（接触）相互作用，弹出如图 10-64 所示的对话框，选择 Part-2 与圆筒接触的平面为主面，圆筒的边缘为从面，如图 10-65、图 10-66 所示。

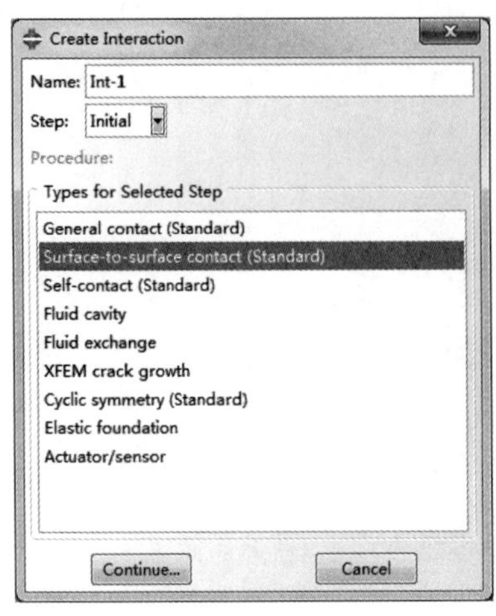

图 10-63 “创建相互作用”对话框

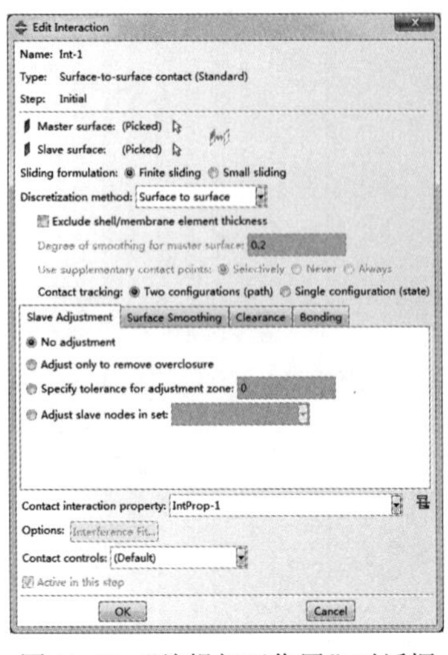

图 10-64 “编辑相互作用”对话框

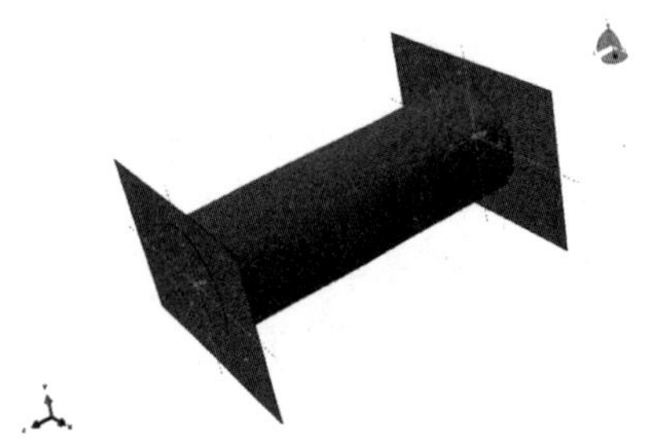

图 10-65 选择接触的主面

图 10-66 选择接触的从面

单击工具栏中的Create Constraint（创建约束）按钮，弹出如图 10-67 所示的对话框，创建一个 Part-3 与圆筒之间的 Tie（绑定）约束，在图 10-68 所示对话框中选择 Part-3 的表面为主面，圆筒的边缘为从面，单击 OK 按钮完成创建。

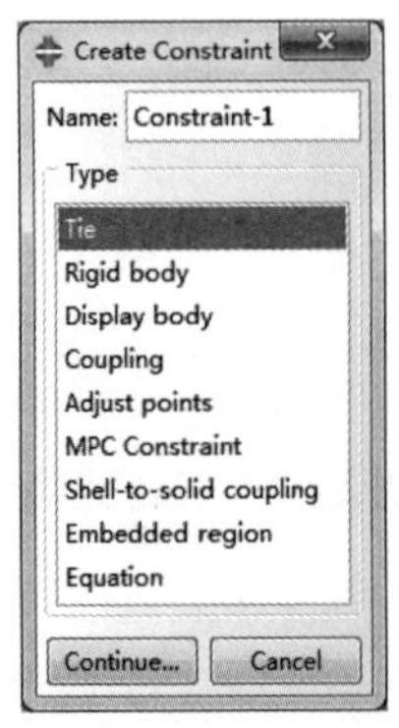

图 10-67 “创建约束”对话框

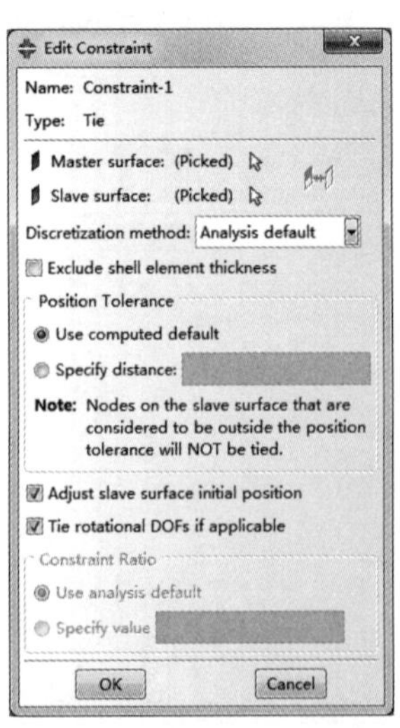

图 10-68 “编辑约束”对话框

6. 载荷与边界条件

（1）创建边界条件

进入 Load（载荷）模块，单击Create Boundary Condition（创建边界条件）按钮，弹出如图 10-69 所示的对话框，在 Initial（初始分析步）中创建一个 Mechanical（力学）下的 Displacement/Rotation（位移/转角）边界条件，在弹出的如图 10-70 所示对话框中选择作用区域为 Part-2 的参考点，勾选除 U3 以外的所有选项。

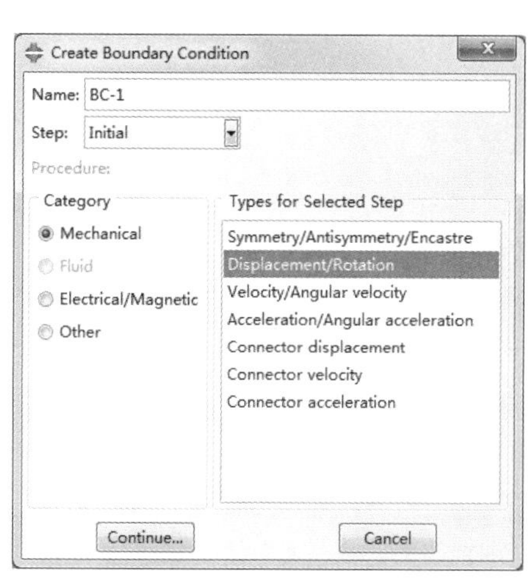

图 10-69 “创建边界条件”对话框

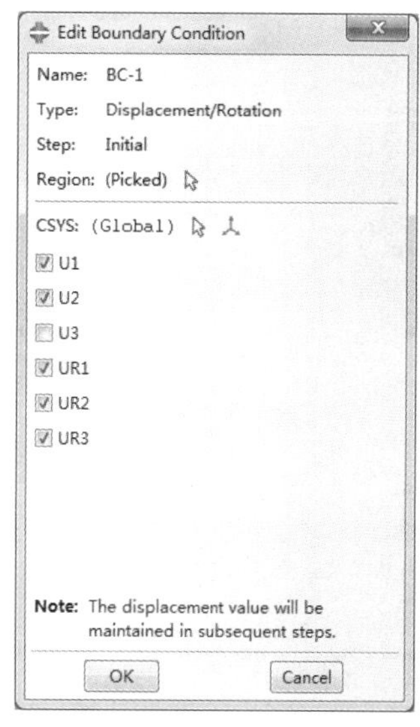

图 10-70 “编辑边界条件”对话框

同样，在 Part-3 的参考点处创建一个同类型边界条件，将其完全固定，如图 10-71 所示。

（2）创建载荷

单击 Load Manager（载荷管理器）按钮，弹出图 10-72 所示对话框，单击 Create...按钮，创建一个位于 Part-2 参考点处的集中力载荷，参数如图 10-73 所示。

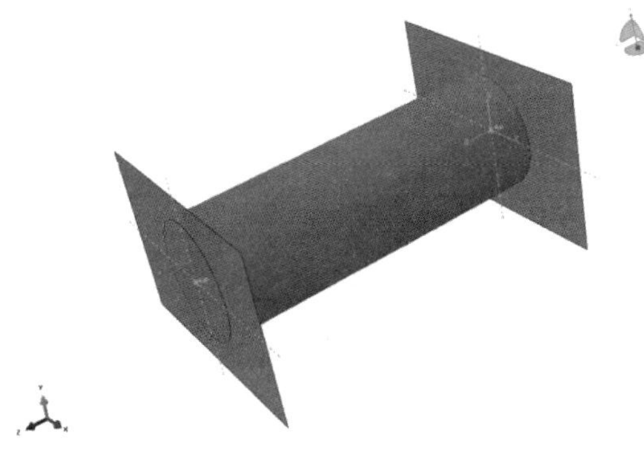

图 10-71　施加约束后的结构图

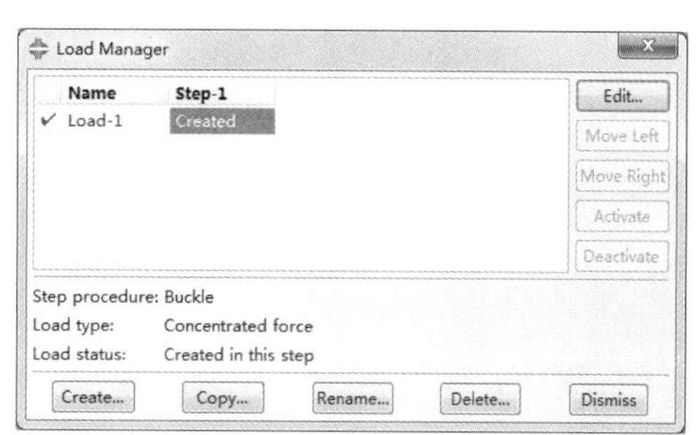

图 10-72 “载荷管理器”对话框

7. 划分网格

进入 Mesh（网格）模块，单击Seed Edges（局部种子）按钮，弹出如图 10-74 所示对话框，对圆筒边缘布种，将单元数量设为 25，如图 10-75 所示，对薄板边缘布种，单元数量设为 10，如图 10-76 所示。

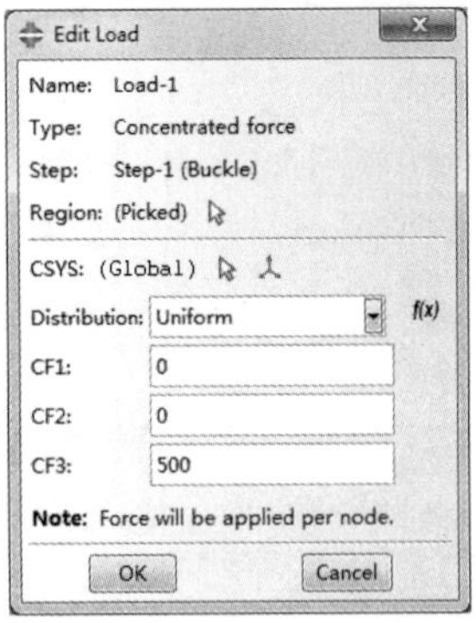

图 10-73 “编辑载荷”对话框

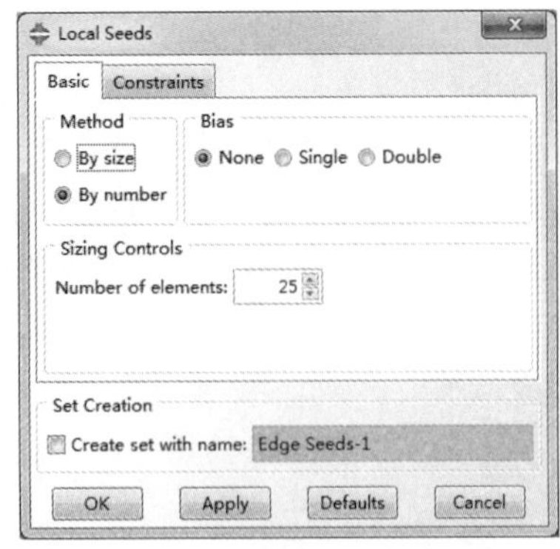

图 10-74 “局部种子”对话框

图 10-75 选择圆筒边缘

图 10-76 薄板边缘线布种

单击工具栏中的Assign Mesh Controls（指派网格控制）按钮，如图 10-77 所示，选择Element Shape（单元形状）为 Quad-dominated（四边形为主），网格技术为 Free（自由）网格。单击Assign Element Type（指派单元类型）按钮，弹出如图 10-78 所示对话框，选择单元类型为 S4R，单击 OK 按钮完成设置。单击Mesh Part Instance 按钮完成网格划分，如图 10-79 所示。

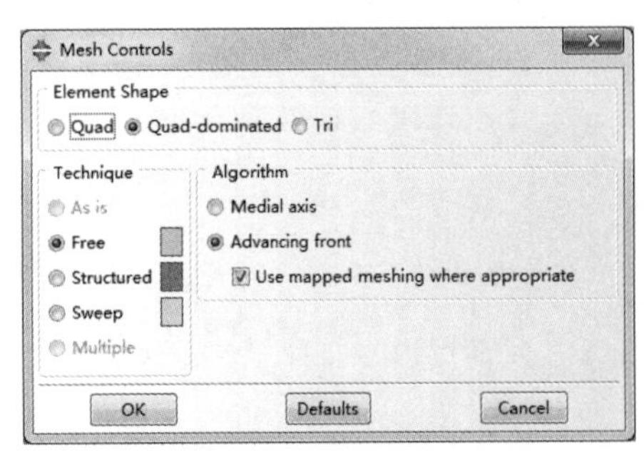

图 10-77 “网格控制属性”对话框

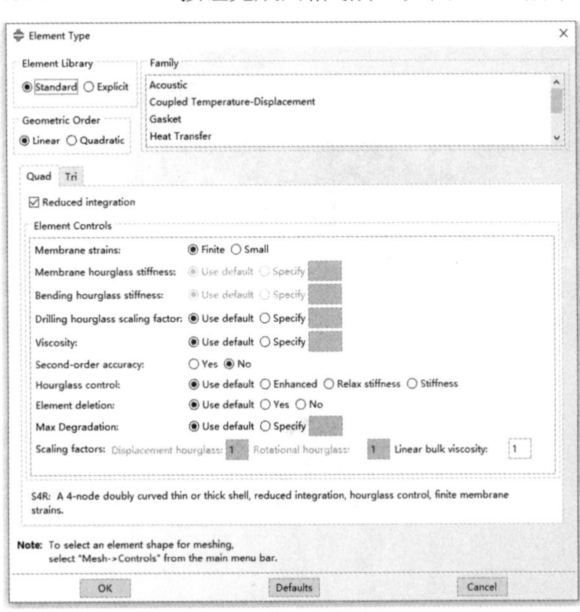

图 10-78 “单元类型”对话框

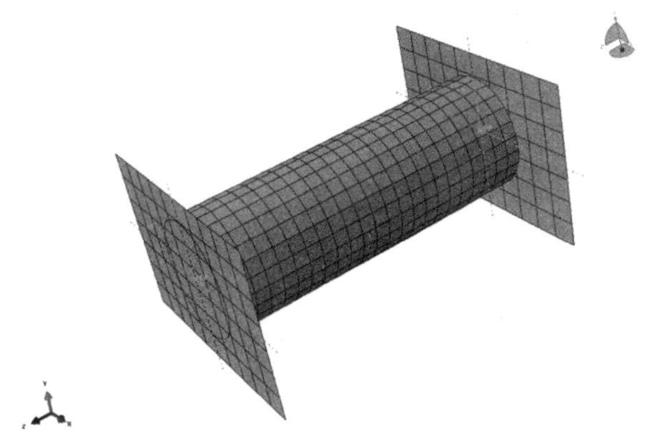

图 10-79　划分好的网格

10.4.4　分析作业

进入 Job（作业）模块，单击 Create Job（创建作业）按钮创建名为 Pipe-Buckle 的分析作业，在图 10-80 所示对话框中单击 Submit（提交）按钮进行分析。在软件求解过程中可以单击 Monitor（监控器）按钮对求解过程进行监控，查看作业可能出现的错误和警告提示，如图 10-81 所示。

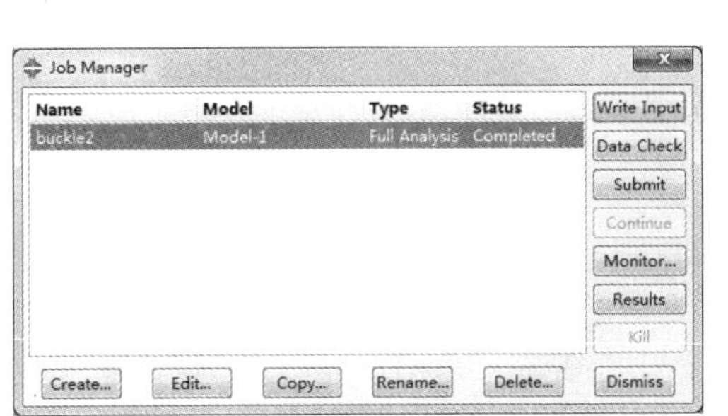

图 10-80　“作业管理器”对话框

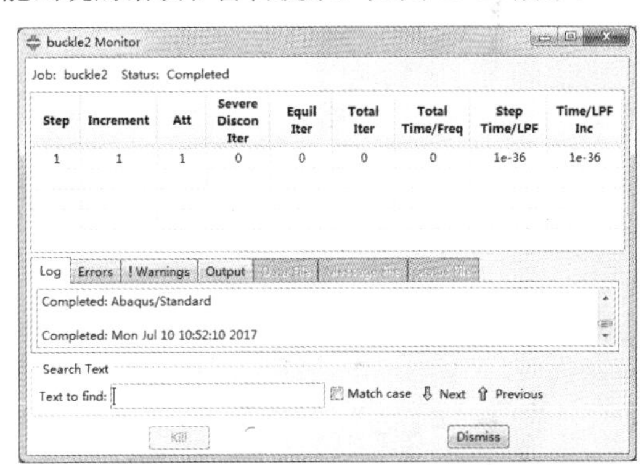

图 10-81　求解过程监视器

10.4.5　后处理

分析作业完成后，单击 Results（结果）按钮进入 Visualization（可视化）模块，查看分析结果云图。图 10-82～图 10-91 给出了前 10 阶的屈曲分析结果。

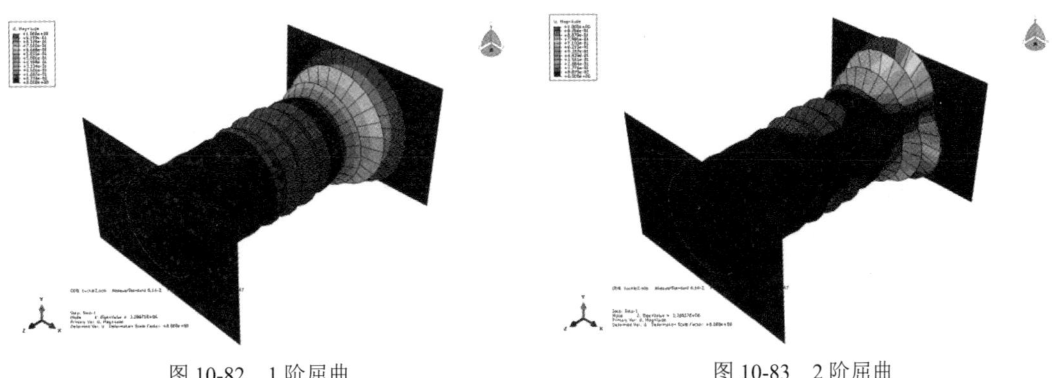

图 10-82　1 阶屈曲

图 10-83　2 阶屈曲

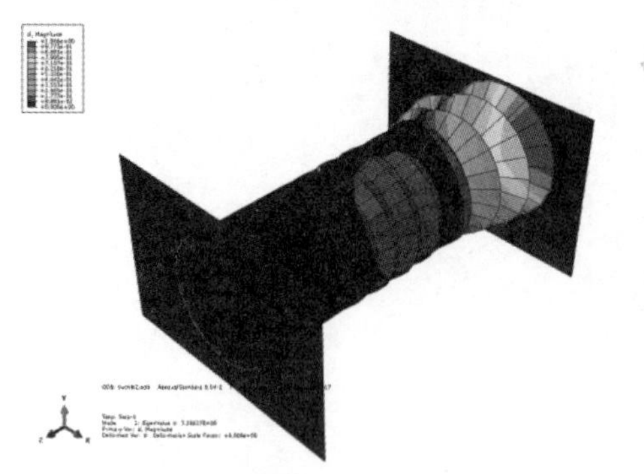

图 10-84　3 阶屈曲

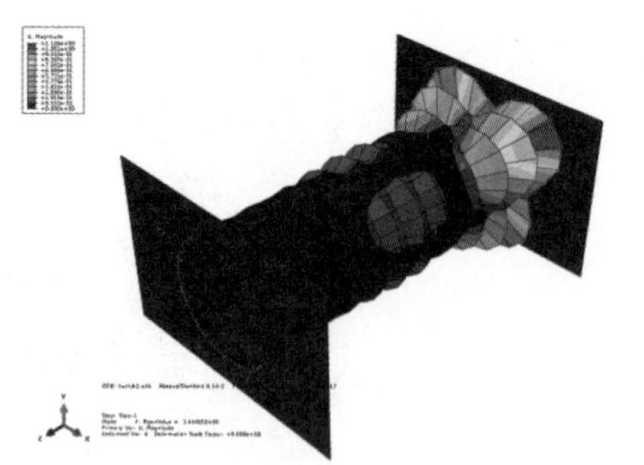

图 10-85　4 阶屈曲

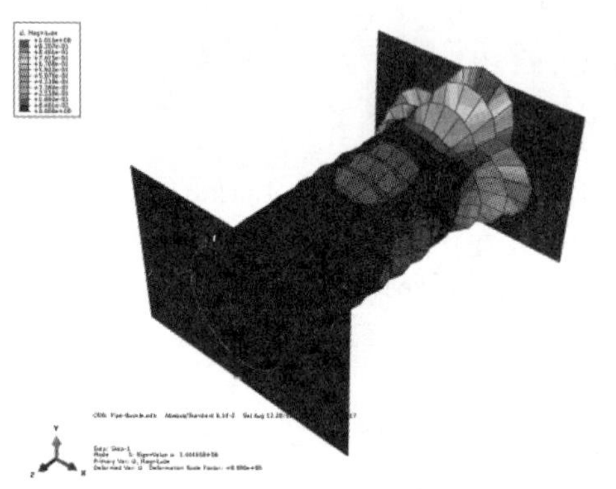

图 10-86　5 阶屈曲

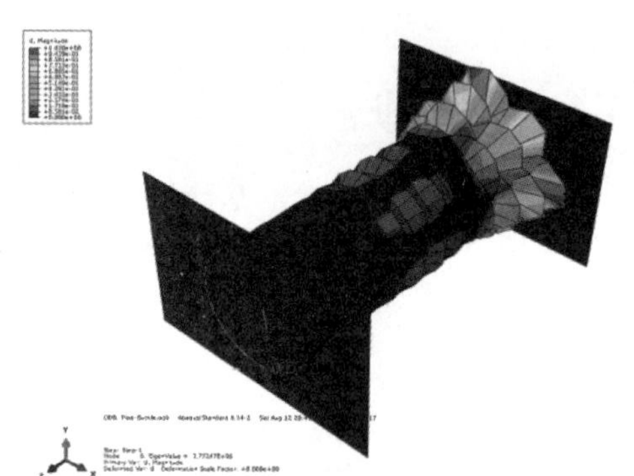

图 10-87　6 阶屈曲

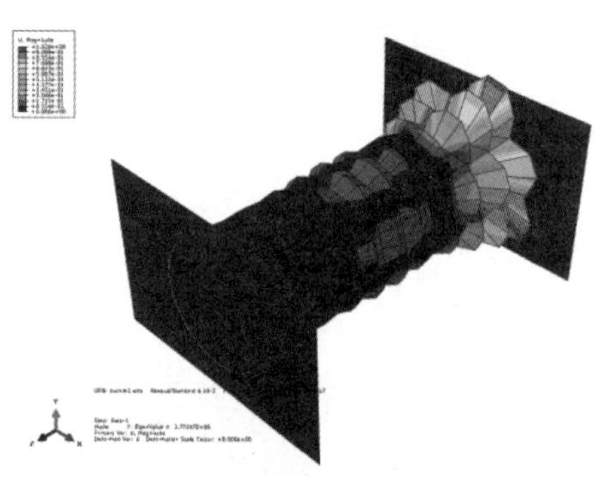

图 10-88　7 阶屈曲

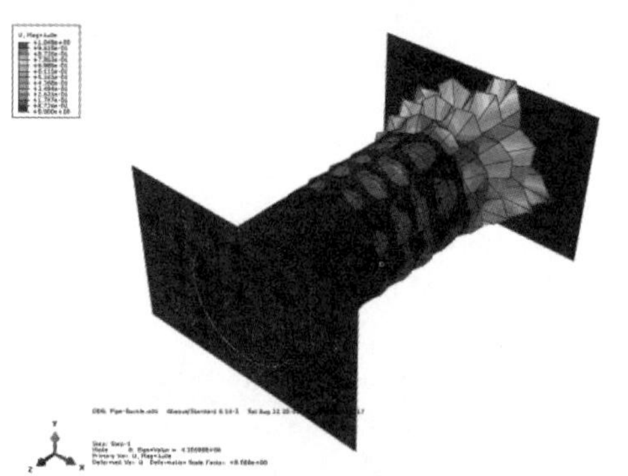

图 10-89　8 阶屈曲

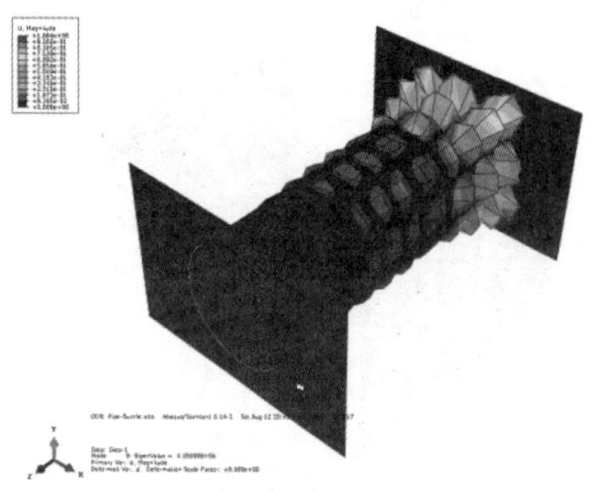

图 10-90　9 阶屈曲

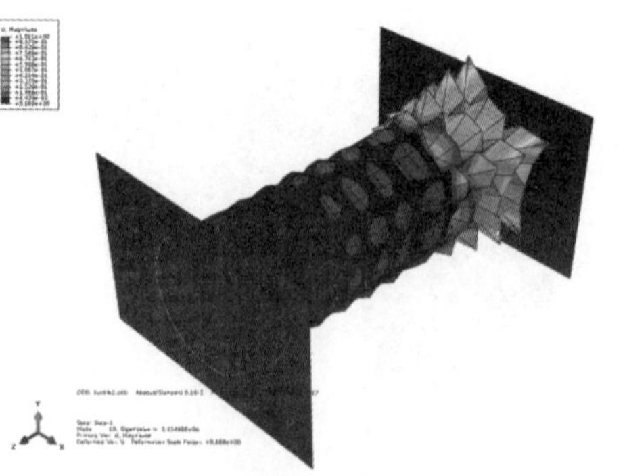

图 10-91　10 阶屈曲

10.5　本章小结

本章首先简明扼要地介绍了线性屈曲分析的基本知识，然后讲解了线性屈曲分析的基本过程，最后给出了线性屈曲分析的两个典型实例——各种支撑条件下矩形轴压柱屈曲分析和薄壁钢管在轴向压力作用下的屈曲分析。

通过本章的学习，读者可以掌握线性屈曲分析的基本流程、载荷及约束加载方法，以及结果后处理方法等相关知识。

第 11 章　优化设计与实例

为了节省材料与成本或是维持特定结构形状，在保证强度、刚度等机械性能的同时，又要使其用料最小，这是工程设计中经常要遇到的问题，ABAQUS 的优化功能可以很好地解决此方面问题。本章介绍应用 ABAQUS 进行结构优化设计中的拓扑优化和形状优化。

11.1　优化设计基础

优化设计在工程中应用十分广泛，简单来说在问题中多个参数已受限的条件下，求解一个参数或是多个参数的最佳值或较佳值，其数学基础是最优化理论，以计算机为手段，根据设计所追求的性能目标，建立目标函数，在满足给定的各种约束条件下，优化设计，使结构更轻，更强，更耐用。

在 ABAQUS 6.11 以前，需要借用第三方软件（比如 Isight、TOSCA）实现优化设计，远不如 Hyper Works 及 ANSYS 等模块化集成度高，从 ABAQUS 6.11 后新增 Optimization Module（优化模块）后，借助于其强大的非线性分析能力，结构优化设计变得更具有可行性和准确性。

11.1.1　优化模块

优化设计模块界面与其他模块界面的区别主要体现在其自身功能所特有的一些命令工具和菜单，界面如图 11-1 所示，主要是在菜单栏中包含有 Task（任务）、Design Response（设计响应）、Objective Function（目标功能）、Constraint（约束）、Geometric Restriction（几何约束）和 Stop Condition（终止条件）菜单项。这些菜单项中含有进行优化的常用命令，其功能栏中也包含了常用的优化命令。

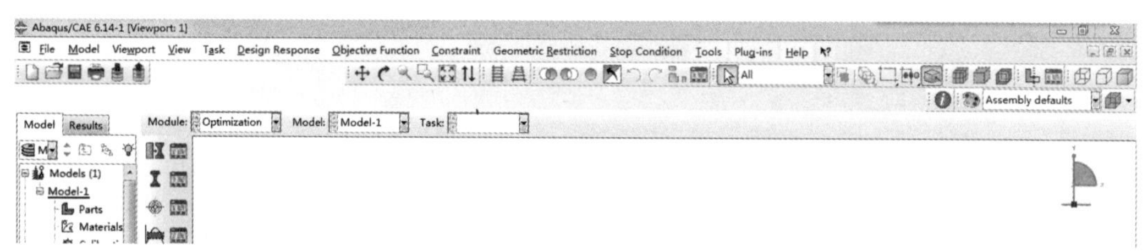

图 11-1　优化模块界面

11.1.2　结构优化介绍

结构优化是一种对有限元模型进行多次修改的迭代求解过程，此迭代基于一系列约束条件向设定目标逼近，ABAQUS 优化程序就是基于约束条件，通过更新设计变量修改有限元模型，应用 ABAQUS 进行结构分析，读特定求解结果并判定优化方向。

ABAQUS 提供两种基于不同优化方法的用于自动修改有限元模型的优化程序：拓扑优化（Topology Optimization）和形状优化（Shape Optimization）。两种方法均遵循一系列优化目标和约束。

11.1.3　拓扑优化

拓扑优化是在优化迭代循环中，以最初模型为基础，在满足优化约束（比如最小体积或是最大位移）的前提下，不断修改指定优化区域定义的材料属性（单元密度和刚度），有效地从分析模型中移走单元从而获得最优设计，其主题思想是把寻找结构最优的拓扑问题转化为对给定设计区域寻求最优材料的分布问题。

11.1.4　形状优化

形状优化，一般是在工程设计中形状受到限制或是追求某种造型，在满足众参数要求的条件下优化结构形式的方法。即进一步细化拓扑优化模型，采用的算法与基于条件的拓扑算法类似，也是在迭代循环中对指定零件表面的节点进行移动，重置既定区域的表面节点位置，直到此区域的应力为常数（应力均匀），达到减小局部应力的目的。

形状优化可以用应力和接触应力、选定的自然频率、弹性应变、塑性应变、总应变和应变能密度作为优化目标，仅用体积作为约束，但可以设置几何限制，以满足零件制造的可行性，当然也可以冻结某特定区域，控制单元尺寸，设定对称和耦合限制。

11.2　优化设计流程

11.2.1　优化流程

先试算 ABAQUS 初始结构模型，以确定边界条件、结果是否合适，设置优化设计流程如下。

（1）创建优化任务。

（2）创建设计响应。

（3）应用设计响应创建目标函数。

（4）应用设计响应创建约束。

（5）创建几何限制。

（6）创建停止条件。

（7）创建优化进程，并提交分析。

（8）执行 ABAQUS/Standard 分析。

（9）达到设定的停止条件。

11.2.2　设计响应设置

设计响应是从特定结构分析结果中读取的唯一标量值，随后能够被目标函数和约束引用。要实现设计变量唯一标量值，必须在优化模块中特别运算，比如体积的运算只能是总和，对区域的运算只能是最大值，由此可知 ABAQUS 优化模块提供了以下两种设计响应操作。

- 最大值或最小值：寻找选定区域内的节点响应值的最大/最小值，但对应力、接触应力和应变只能是最大值。
- 总和：对选定区域内节点的响应值做总和。ABAQUS 优化模块仅允许对体积、质量、惯性矩和重力做总和运算。

此外，可以定义基于另一个设计响应的响应，也可以定义由几个响应经数学运算而成的组合响应。比如，已分别对两个节点定义了两个位移响应，可再定义两个位移响应的差作为组合响应。

11.2.3 目标函数设置

目标函数是在优化问题中描述优化目标，尤其通过对一组设计响应公式运算得到的唯一的标量值，例如设计响应为材料最少，目标函数可以定义成最小化设计响应总和。

11.2.4 约束设置

约束是优化问题中各参数受到的限制，其是对优化加强限制以获得合适的设计。在优化过程分析中，可以通过约束减少优化方案的尝试，提高优化速度，并获得合适的优化结果。

11.2.5 几何限制

几何限制是对设计参数直接施加约束。一般会使用到设计限制和制造限制。

1. 设计上的限制

设计上的限制有冻结区域，限制部件最大/最小尺寸。

（1）Frozen Area（冻结区域）

特别定义一个区域，使其从优化区域中排除，优化不修改冻结区域内的模型。对加载有预定义条件的区域都必须冻结，为简化操作，ABAQUS 优化模块能够自动冻结具有预定义条件和加载的区域。

ABAQUS/CAE 操作：切换到优化模块，Geometric Restriction（几何约束）→Create:Frozen Area（创建冻结区域）。

（2）Member Size（最大/最小元件尺寸）

针对一些设计，不能有太薄的元件，以免加工困难。而针对类似铸造件，又不能有过厚的元件。一旦设定了尺寸限制，优化时间模块，Geometric Restriction（几何约束）→Create：Member Size（创建最大/最小元件尺寸）。

（3）Symmetric Structure（对称结构）

设定对称限制，能够加速优化，比如施加轴对称和平面对称、点对称和旋转对称、循环对称等。

2. 制造上的限制

制造上的限制主要是为了满足可注塑性和可冲压性。

（1）Moldable/Forgeable（可注塑性/可锻造性）

为满足可注塑性，要阻止优化模块含有空洞和负角。

（2）Stampable（可冲压性）

考虑冲压的特殊性，在优化时，如果删除了一个单元，也需把其上下单元一起删除。

11.3 拓扑优化实例——U 型夹拓扑优化

11.3.1 问题描述

本节以图 11-2 和图 12-3 所示的 U 型夹为拓扑优化的对象，在满足其结构性能需求的情况下，达到结构最轻量化目标。

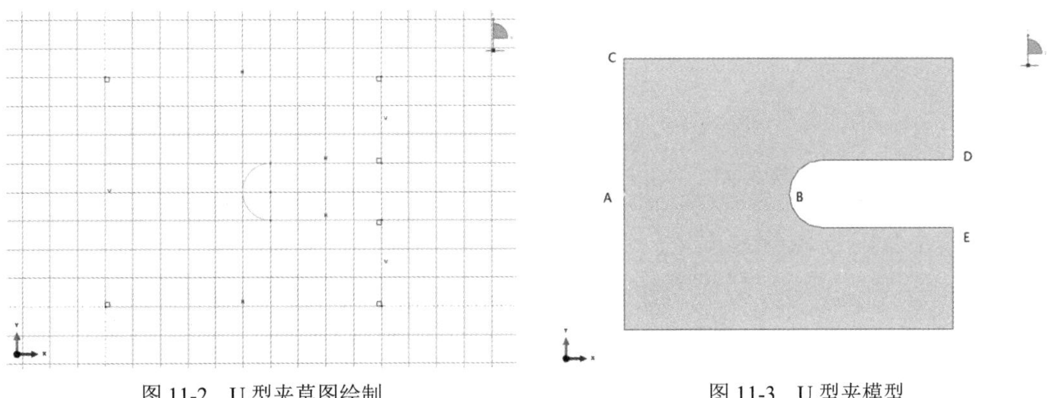

图 11-2　U 型夹草图绘制　　　　图 11-3　U 型夹模型

11.3.2　问题分析

（1）创建部件

首先创建一个二维平面壳单元部件，草图绘制如图 11-2 所示，生成如图 11-3 所示部件。

（2）创建材料和截面指派

接着根据图 11-4、图 11-5 所示数据进行材料属性编辑。创建部件截面属性，如图 11-6 所示，单击确认。

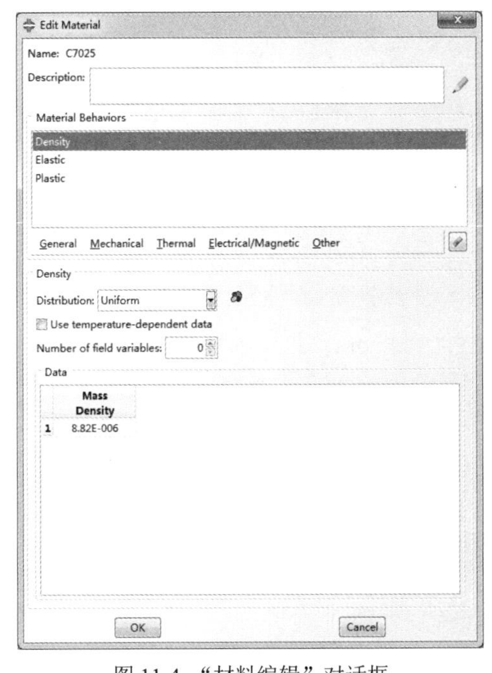

图 11-4　“材料编辑”对话框

Data

	Young's Modulus	Poisson's Ratio
1	131000	0.341

图 11-5　弹性数据

Data

	Yield Stress	Plastic Strain
1	473.3624	0
2	509	0.001004009
3	518	0.002006149
4	526	0.003000051
5	531	0.00400624
6	544	0.00600633
7	552	0.008005232
8	560	0.010001134
9	578	0.015006413
10	595	0.020004455
11	625	0.030001587
12	653	0.040004244
13	678	0.050000187
14	699	0.06000318
15	718	0.070005697
16	737	0.080003214
17	754	0.090005255
18	770	0.100005059
19	797	0.120002478
20	816	0.137155995

图 11-6　塑性数据

单击 Create Section（创建截面）按钮创建如图 11-7 所示的截面，单击 Assign Section（截面指派）按钮，将截面赋予部件。

（1）实例化

进入 Assembly（装配）模块，单击 Create Instance（创建实体）按钮对模型进行实例化，如图 11-8 所示。

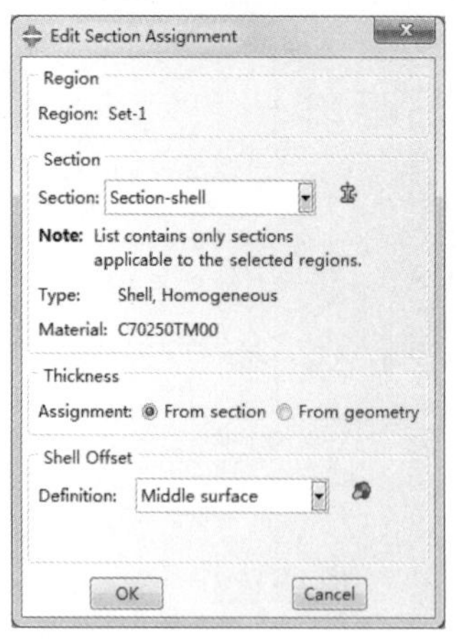

图 11-7 “创建截面”对话框

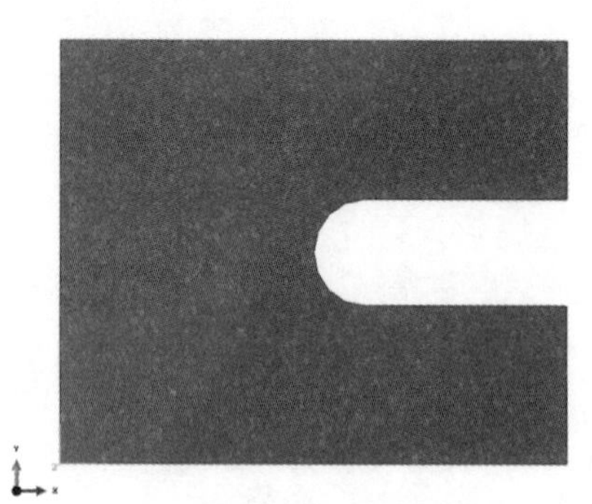

图 11-8 实例化模型

（2）分析步

进入分析步模块，单击工具栏中的按钮，创建一个 Static,General 分析步，如图 11-9 所示。分析步设置如图 11-10 所示。

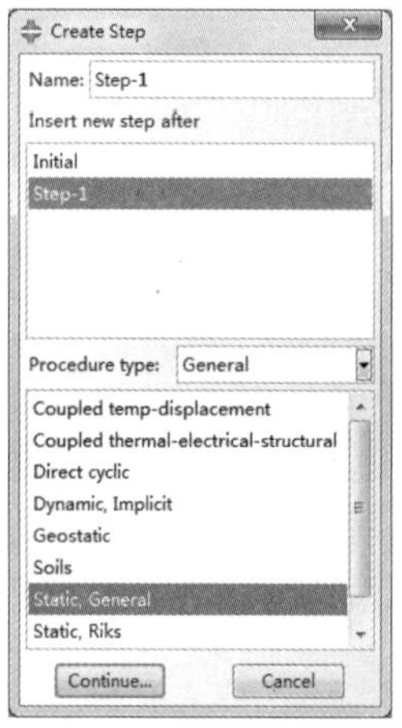

图 11-9 创建分析步

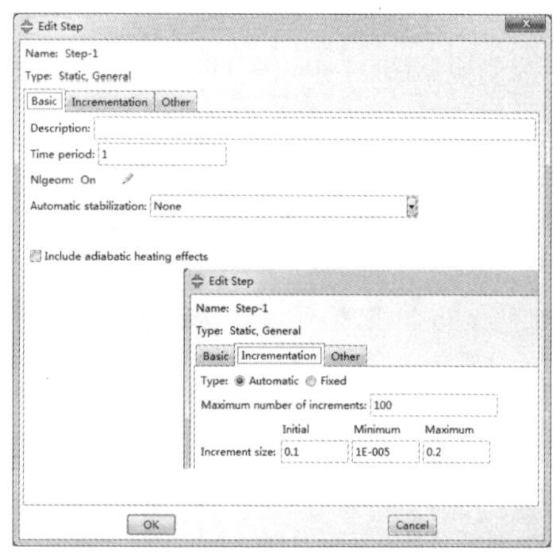

图 11-10 编辑分析步

（3）相互作用

单击工具栏中的按钮，创建耦合约束，将 D、E 两点分别与相邻的数个节点耦合，防止两点出现应力集中而导致单元畸变，影响运算结果，如图 11-11～图 11-13 所示。

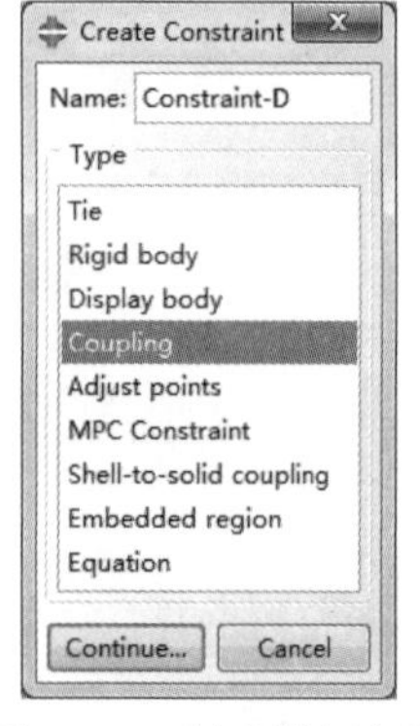

图 11-11 创建耦合约束

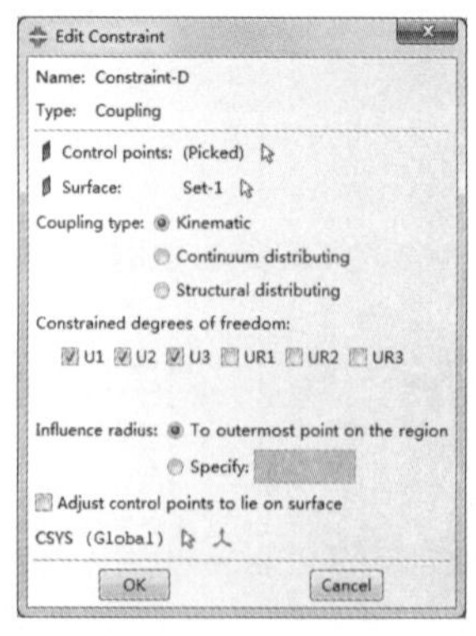

图 11-12 编辑约束

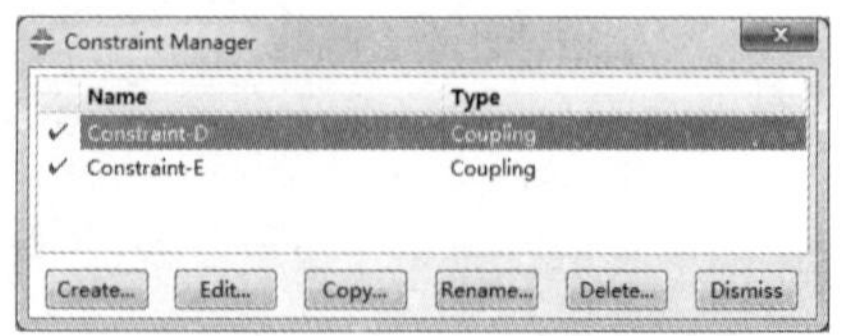

图 11-13 约束管理器

（4）载荷与边界条件

进入 Load（载荷）模块，单击Create Load（创建载荷）按钮，分别在 D 点和 E 点创建一个类型为 Concentrated Force（集中力）的载荷，单击 Continue…按钮，弹出如图 11-14 所示的 Edit Load（编辑载荷）对话框，并输入图中数据，单击 OK 按钮完成编辑。图 11-15 所示为载荷管理器。

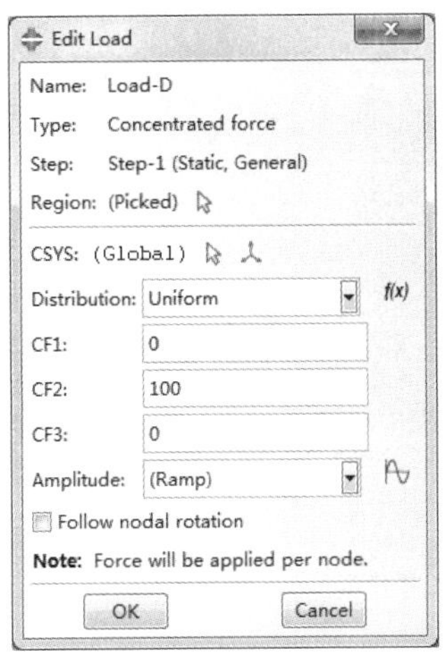

图 11-14　“编辑载荷”对话框

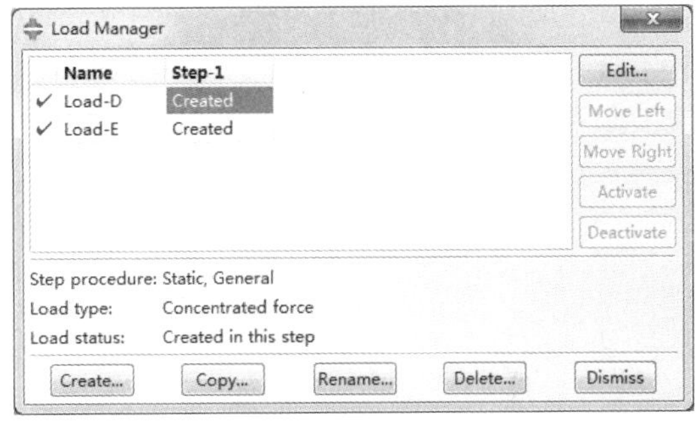

图 11-15　载荷管理器

单击工具栏中的Create Boundary Condition（创建边界条件）按钮，分别对 A、B、C 三点的边界条件进行定义，如图 11-16～图 11-18 所示。

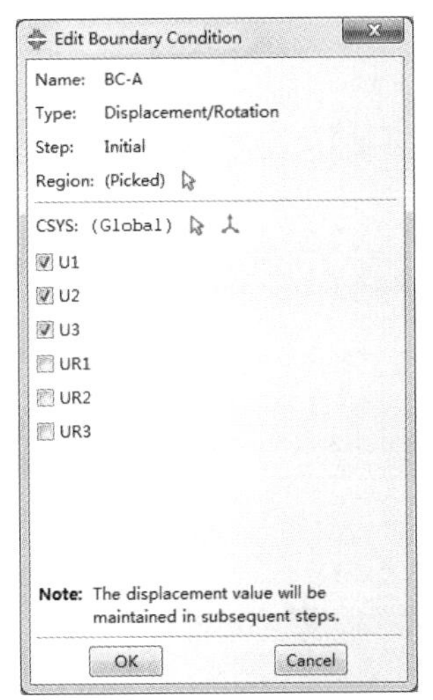

图 11-16　A 点边界条件

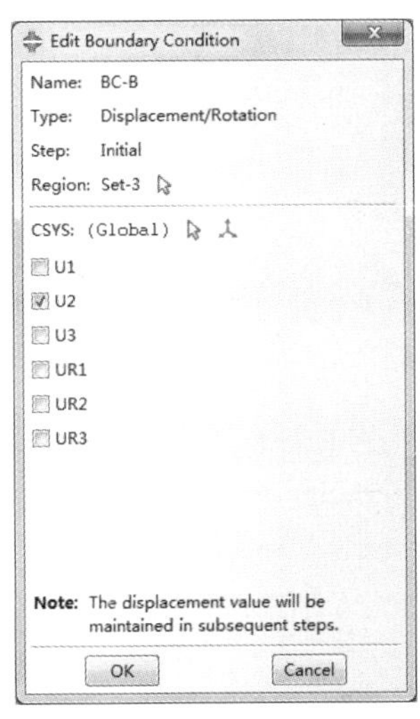

图 11-17　B 点边界条件

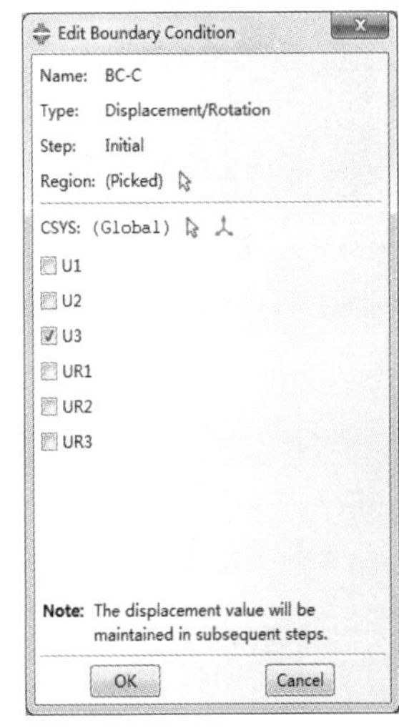

图 11-18　C 点边界条件

（5）网格划分

进入 Mesh（网格）模块，单击Seed Part Instance（全局种子）按钮，弹出如图 11-19 所示对话框，输入近似全局尺寸为 2，单击确认完成部件布种。单击Assign Mesh Controls（指派网格控制）按钮，弹出如图 11-20 所示的对话框，选择 Element Shape（单元形状）为 Quad-dominated（四边形为主），Technique（技术）为 Free（自由），单击 OK 按钮。单击Mesh Part Instance（网格划分）按钮，在视图区拾取模型，单击确认，完成网格划分，如图 11-21 所示。

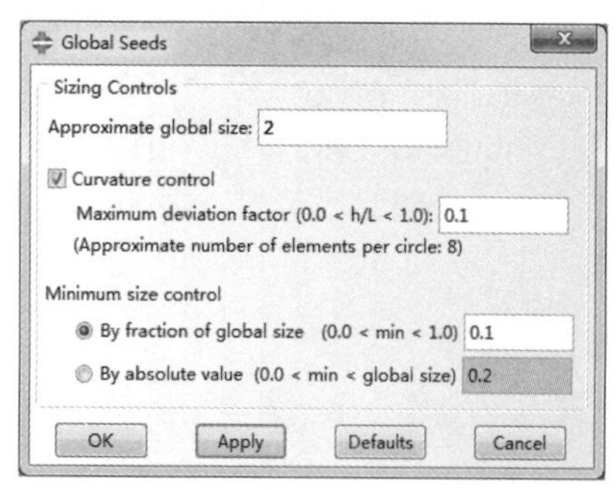

图 11-19 “全局种子”对话框

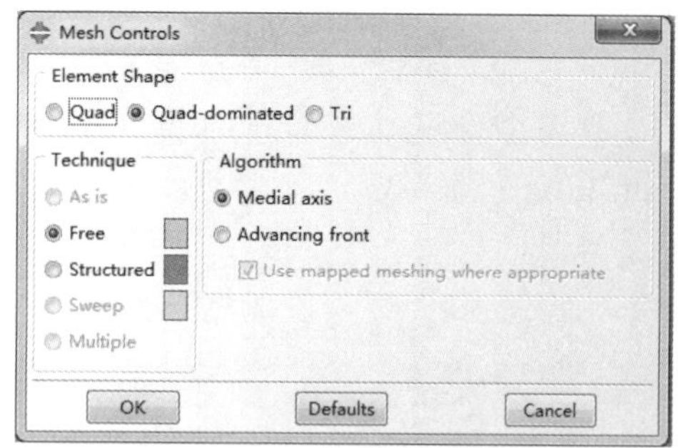

图 11-20 “网格属性控制”对话框

（6）分析作业

进入 Job（作业）模块，单击 Create Job（创建作业）按钮，创建名为 Job-1-U-Clip 的作业，单击继续，弹出图 11-22 所示的 Edit Job（编辑作业）对话框，单击 OK 按钮完成设置。

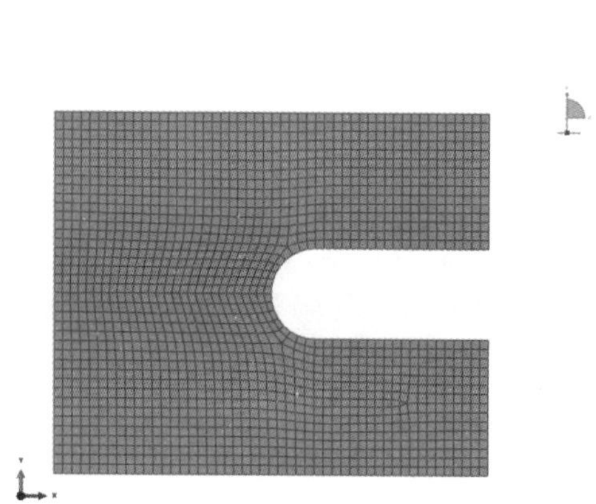

图 11-21 网格划分

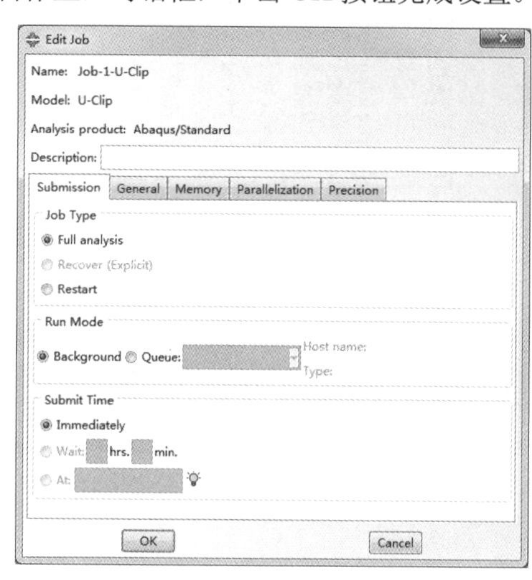

图 11-22 “编辑作业”对话框

（7）后处理

分析作业完成后，单击作业管理器中的 Results（结果）进入 Visualization（可视化）模块，对分析结果云图进行查看，如图 11-23、图 11-24 所示。

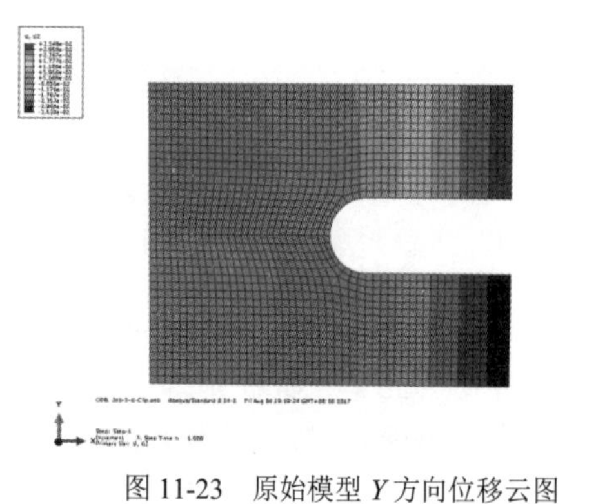

图 11-23 原始模型 *Y* 方向位移云图

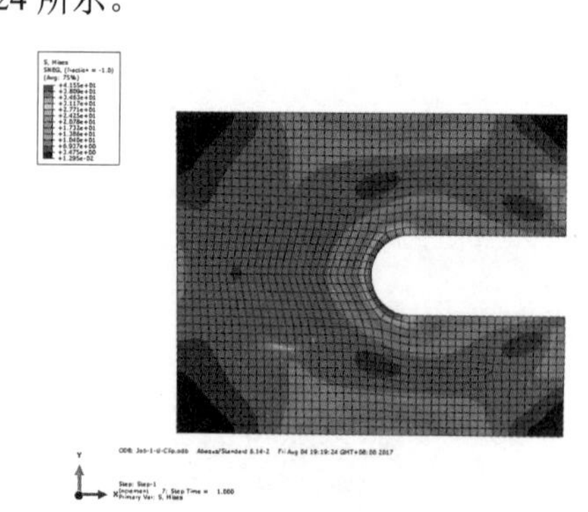

图 11-24 原始模型应力云图

11.3.3　问题求解

（1）优化设置

进入 Optimization（优化）模块，单击Create Optimization Task（创建优化任务）按钮，命名为 Task-1，类型为 Topology Optimization（拓扑优化），单击 Continue...按钮，弹出如图 11-25 所示的 Basic（基础）选项卡页面和图 11-26 所示的 Density（密度）选项卡页面，对优化任务按照图中参数进行设置。

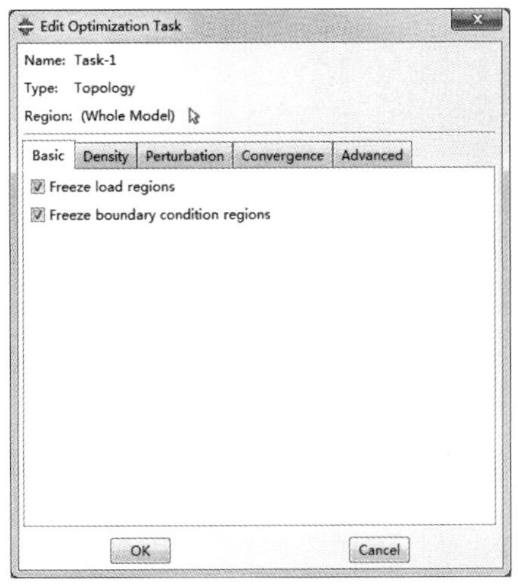

图 11-25　“基础”选项卡

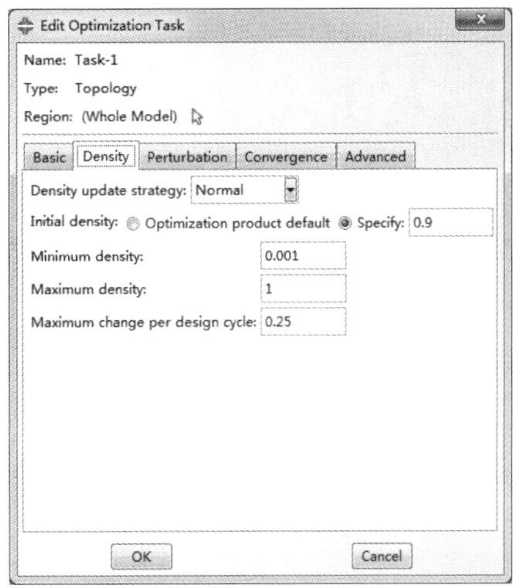

图 11-26　“密度”选项卡

单击Create Design Response（创建设计响应）按钮，在弹出的对话框中选择 Single-term 类型，单击 Continue...按钮，弹出如图 11-27 所示的 Edit Design Response（编辑设计响应）对话框，在 Region（区域）选择整个模型，响应类型选择 Volume（体积），单击 OK 按钮，完成对整体模型的体积设计响应。

单击Create Design Response（创建设计响应）按钮，在弹出的对话框中选择 Single-term 类型，单击 Continue...按钮，弹出如图 11-28、图 11-29 所示的对话框，在 Region（区域）分别选择节点 D 和节点 E，响应类型选择 Displacement（位移）下的 2-direction，在 Operator on values in region 项选择 Maximum value，单击 OK 按钮完成设置。

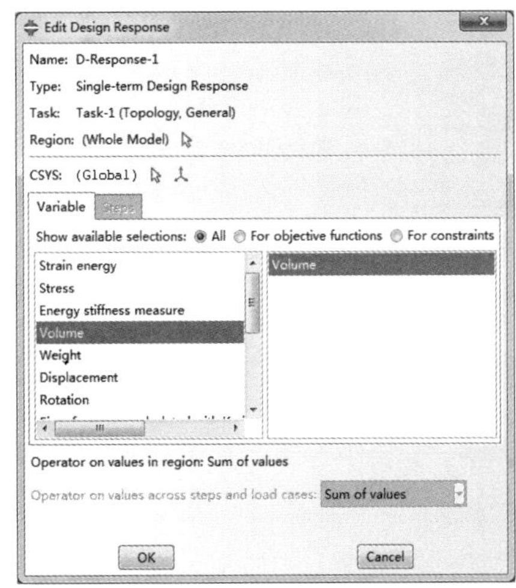

图 11-27　体积设计响应设置

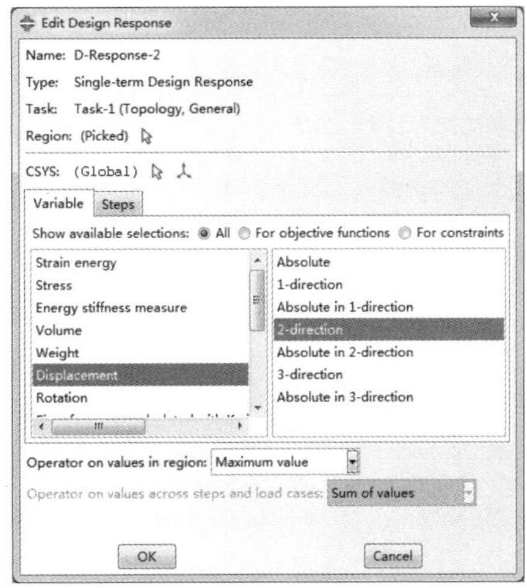

图 11-28　D 节点的位移设计响应

在 Design Response Manager（设计响应管理器）中可查看创建好的设计响应，如图 11-30、图 11-31 所示。

单击Create Constraint（创建约束）按钮，分别对节点 D 和节点 E 的位移进行约束，如图 11-32 和图 11-33 所示。

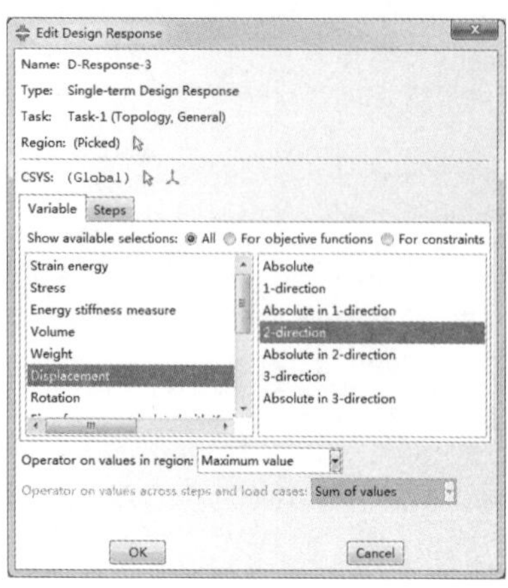

图 11-29　E 节点的位移设计响应

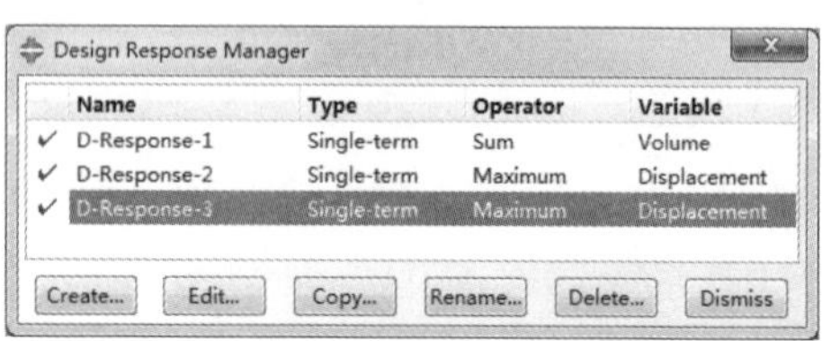

图 11-30　设计响应管理器

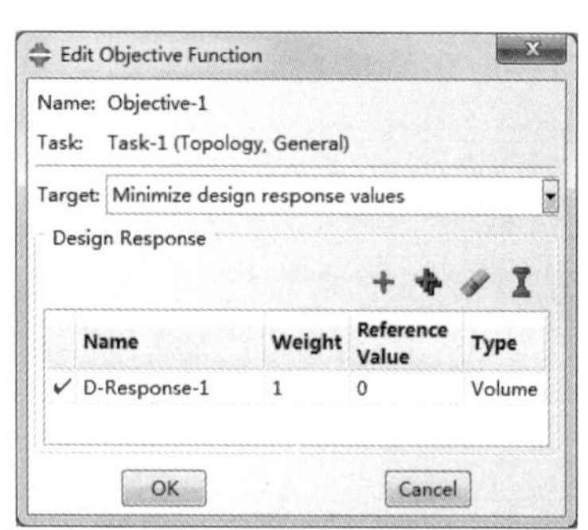

图 11-31　目标函数设置

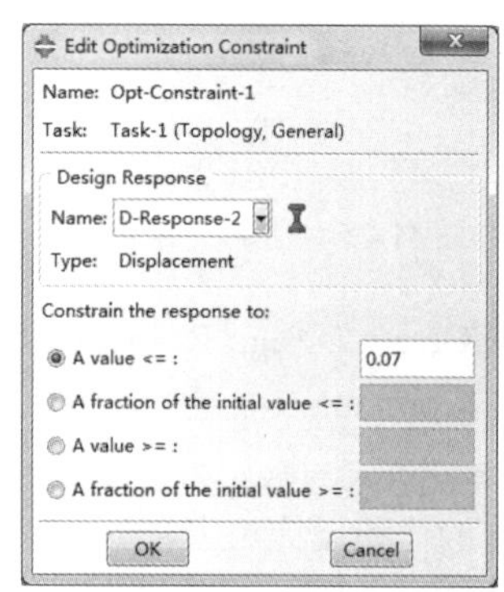

图 11-32　节点 D 的位移约束

（2）优化作业

进入 Job（作业）模块，单击Create Optimization Process（创建优化进程）按钮，在弹出的对话框中按照图 11-34 所示的参数进行设置，单击确认完成设置。

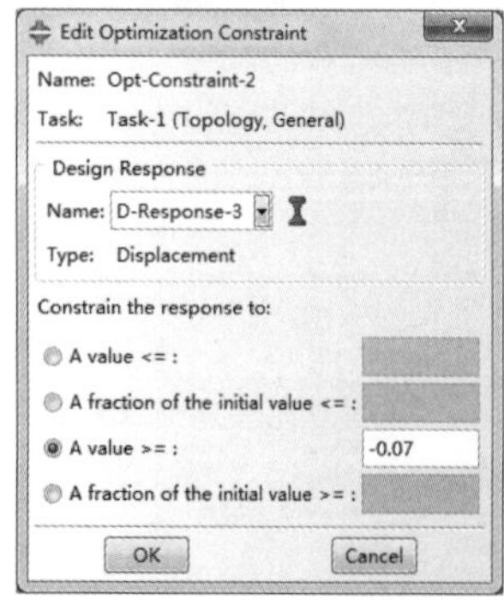

图 11-33　节点 E 的位移约束

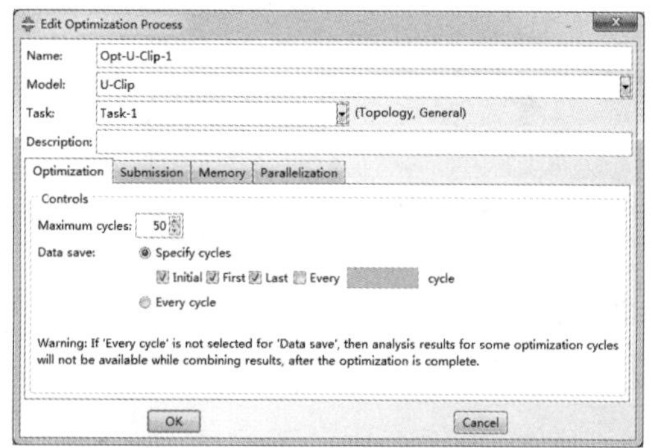

图 11-34　“创建优化进程”对话框

完成设置后，单击 Optimization Process Manager（优化进程管理器）中的 Submit 开始运算，完成后单击 Results 按钮进入 Visualization（可视化）模块查看优化结果，如图 11-35～图 11-38 所示。

图 11-35　初始模型

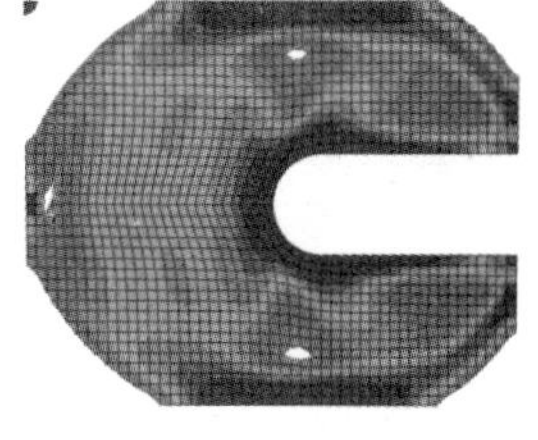

图 11-36　10 次循环模型

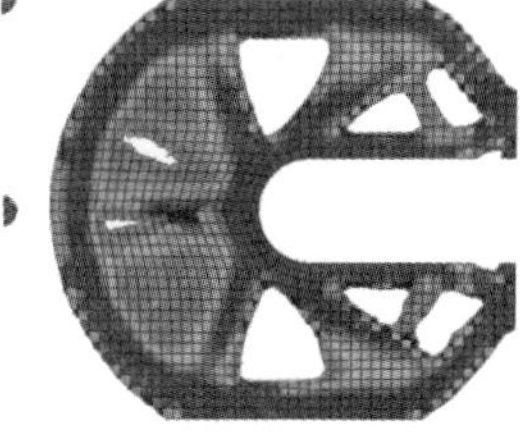

图 11-37　20 次循环模型

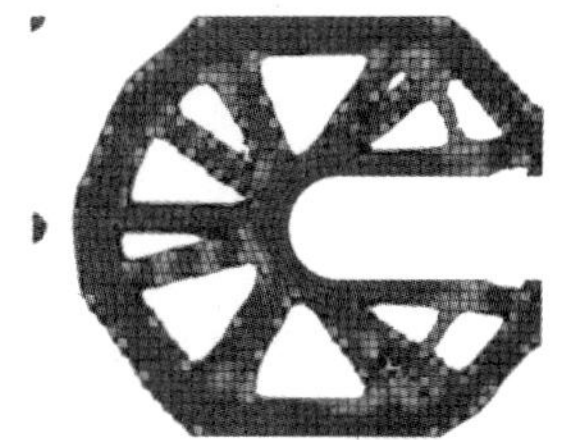

图 11-38　最终模型

优化的最终结果的位移和应力云图如图 11-39 和图 11-40 所示。

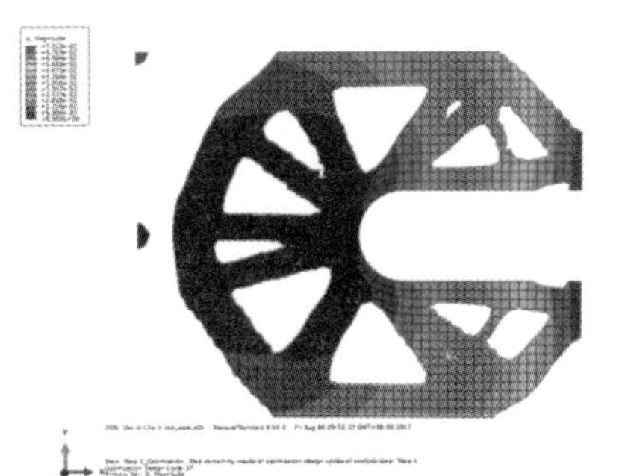

图 11-39　37 次优化后的位移云图

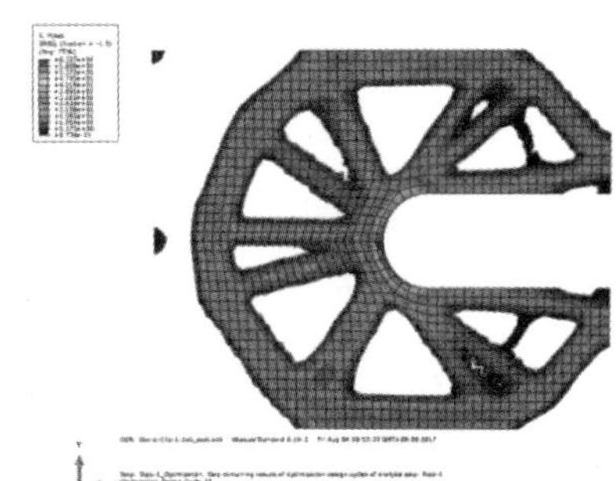

图 11-40　37 次优化后的应力云图

11.3.4　INP 文件

该案例中的 INP 文件解释请查阅光盘中的相关文件，限于篇幅，在此不做详解。

11.4　形状优化实例——S 型压缩弹簧片形状优化

11.4.1　问题描述

本节实例对一个 S 型压缩弹簧片进行有限元分析，根据分析结果对其形状进行优化设计，以在满足其结构性能的前提下达到重量最轻化目标。

11.4.2　问题分析

1. 创建部件

进入 Part（部件）模块，单击 Create Part（创建部件）按钮，首先创建一个三维壳单元部件，草图绘制如图 11-41 所示，生成如图 11-42 所示部件。

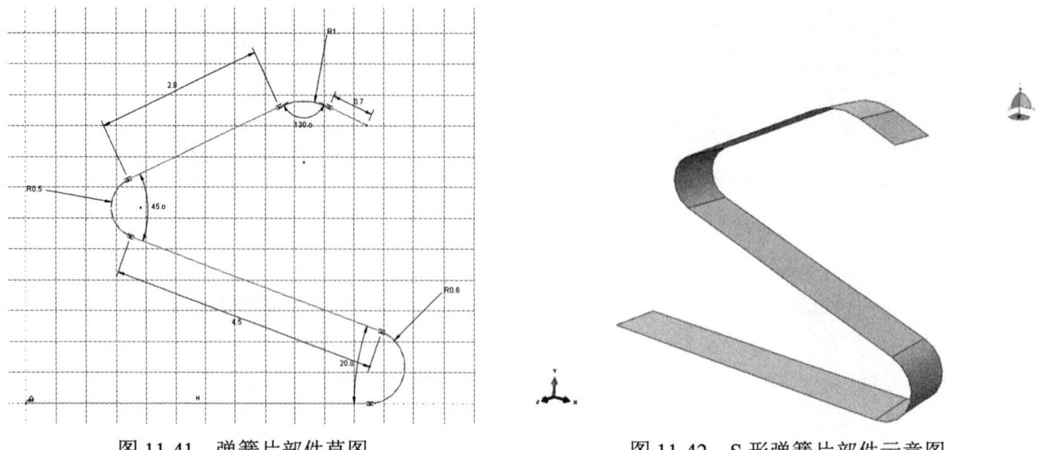

图 11-41　弹簧片部件草图　　图 11-42　S 形弹簧片部件示意图

单击Create Part（创建部件）按钮，弹出如图 11-43 所示对话框，创建一个 3D、Analytical Rigid Shell（三维解析刚性壳）部件，Base Feature（基本特征）为 Extruded shell（拉伸壳），命名为 Ground，单击 Continue...按钮进入草图绘制，如图 11-44 所示，单击完成后输入拉伸深度为 800，生成如图 11-45 所示部件。

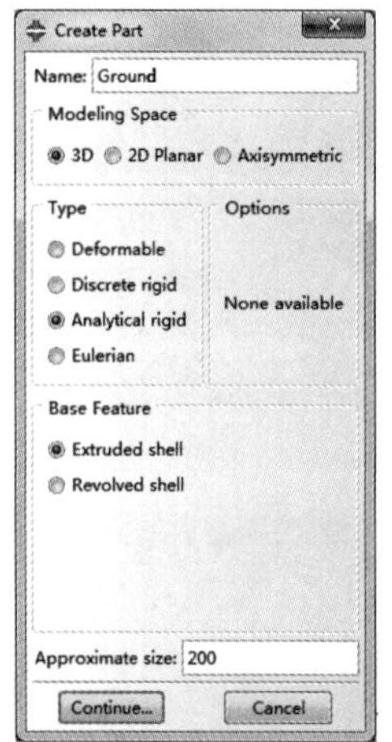

图 11-43 “创建编辑”对话框

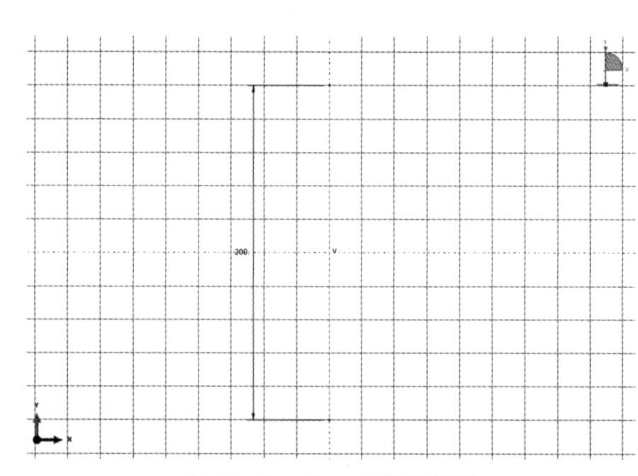

图 11-44　Ground 部件草图

同样的方式创建名称为“Pressure”的三维解析刚性壳，其尺寸为 400mm×400mm，如图 11-46 所示。

图 11-45　Ground 部件

图 11-46　Pressure 部件

2. 创建材料与截面属性

进入 Property（属性）模块，单击 Create Material（创建材料）按钮，创建名为 C7025 的材料，材料参数如图 11-47 所示。

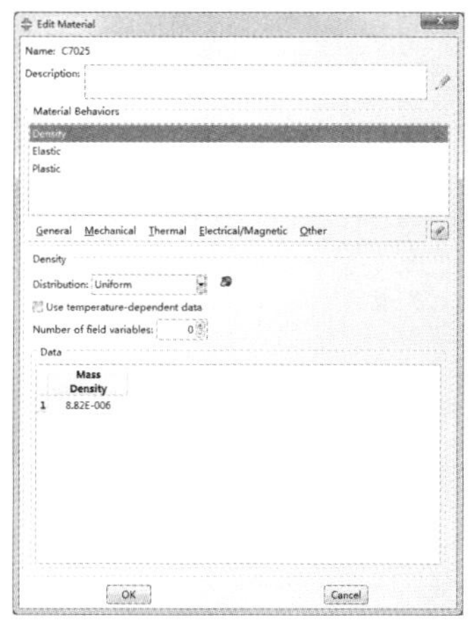

（a）密度

（b）弹性系数

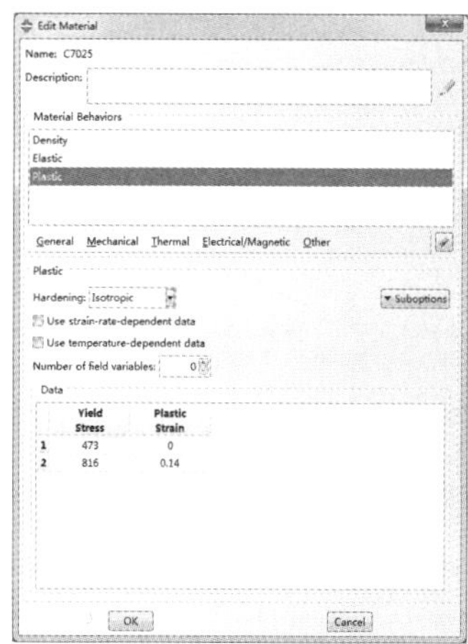

（c）塑性系数

图 11-47　C7025 材料属性

3. 实例化

进入 Assembly（装配）模块，单击 Create Instance（创建实体）按钮，弹出如图 11-48 所示的对话框，选中全部部件，单击确认完成部件实例化。通过平移操作，完成部件实体的装配，如图 11-49 所示。

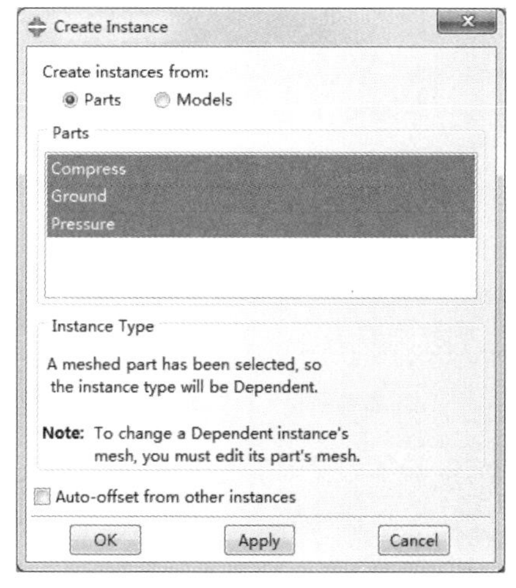

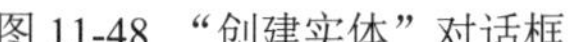

图 11-48 “创建实体”对话框

图 11-49　部件实例化

4. 分析步

进入 Step（分析步）模块，单击 Create Step（创建分析步）按钮，创建名为 Step-1_Move 的 Static, General（通用，静态）分析步，模拟上压板向下移动，压缩 S 型弹簧片的过程，单击 Continue…按钮，弹出如图 11-50 所示的对话框，并按照图中所示进行增量步设置。同样的操作，创建名为 Step-2_Return 的分析步，如图 11-51 所示，用于模拟上压板恢复原位、弹簧片放松的过程。

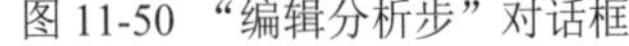

图 11-50 “编辑分析步”对话框

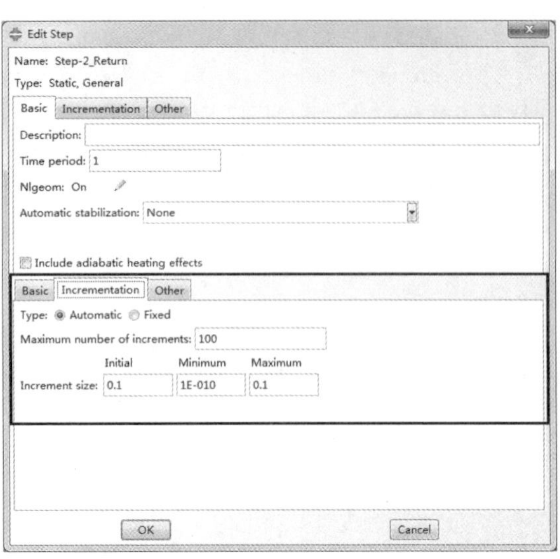

图 11-51 创建 Step-2_Return 分析步

单击Field Output Manager（场变量输出管理器）按钮，弹出如图 11-52 所示对话框，选中“F-Output-1”，单击 Edit...按钮，弹出如图 11-53 所示对话框，在变量列表中勾选 Stresses（应力）、Strains（应变）、Displacement/Velocity/Acceleration（位移/速度/加速度）、Forces/Reactions（作用力/反作用力）、Contact（接触），单击 OK 按钮完成设置。

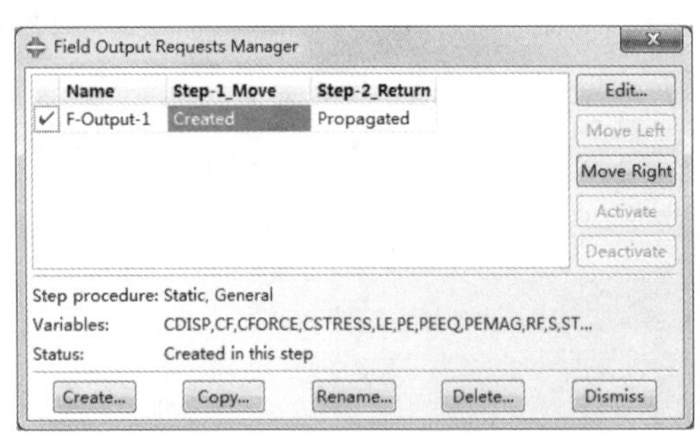

图 11-52 “场输出请求管理器”对话框

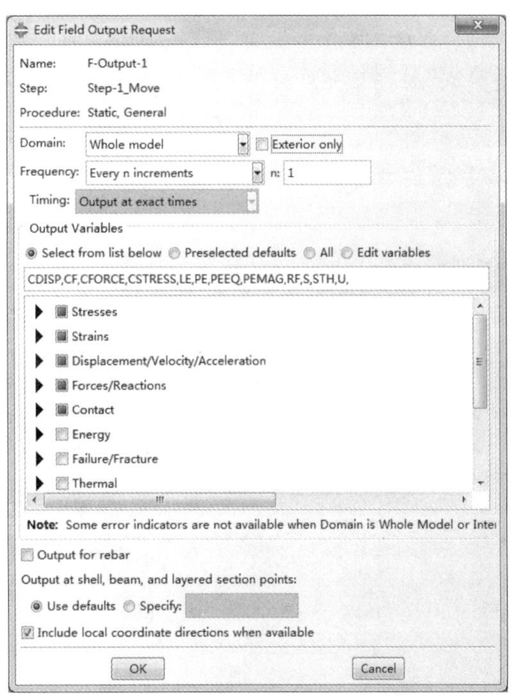

图 11-53 “编辑场输出请求”对话框

5. 相互作用

进入 Interaction（相互作用）对话框，单击Create Interaction Property（创建相互作用属性）按钮，弹出如图 11-54 所示的对话框，创建一个 Contact（接触）类型的相互作用属性，单击 Continue…按钮，弹出如图 11-55 所示的对话框，按照图中参数定义 Tangential Behavior（切向行为）和 Normal Behavior（法向行为）。

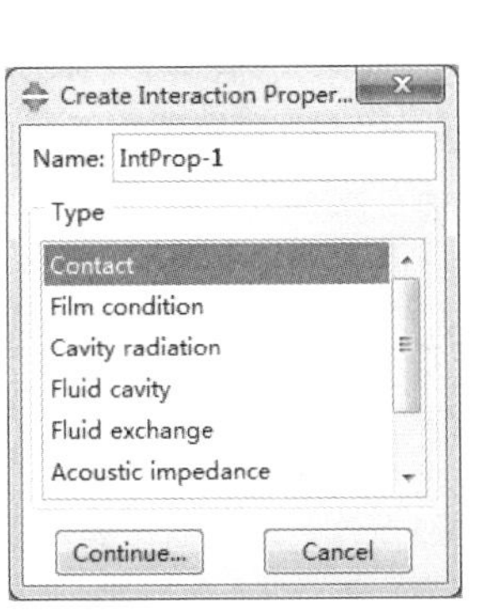

图 11-54 “创建接触属性”对话框

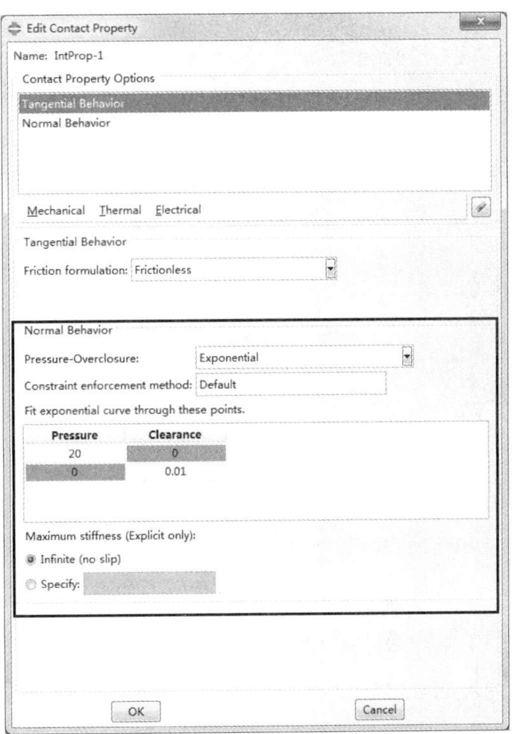

图 11-55 “编辑相互作用属性”对话框

单击工具箱中的 Create Interaction（创建相互作用）按钮，分别创建上下压板部件与弹簧片之间的接触关系，上下压板为主面，弹簧片为从面，如图 11-56、图 11-57 所示，接触效果如图 11-58、图 11-59 所示。

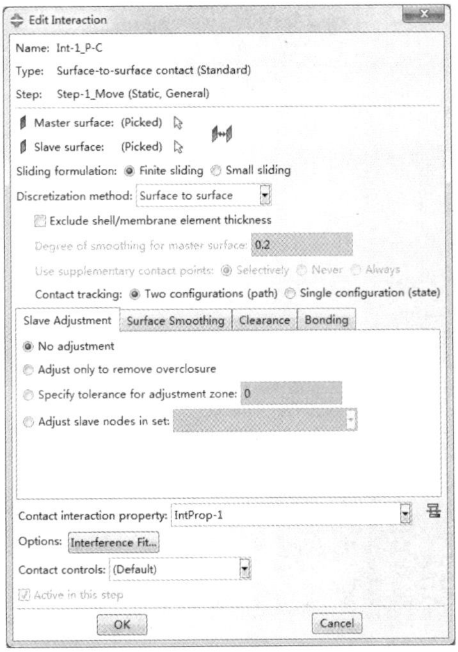

图 11-56 “编辑相互作用”对话框 1

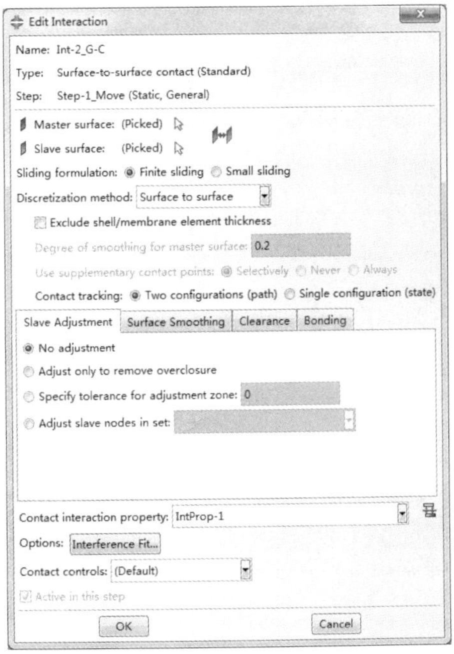

图 11-57 “编辑相互作用”对话框 2

图 11-58　相互作用示意图 1

图 11-59　相互作用示意图 2

6. 载荷与边界条件

进入 Part（部件）模块，执行菜单栏中的 Tools（工具）→Reference Point（参考点）命令，在图中所示下压板和上压板上的角处各创建一个参考点，分别命名为 RP-G 和 RP-P，同时将参考点设置为几何集，所创建的几何集如图 11-60 所示。

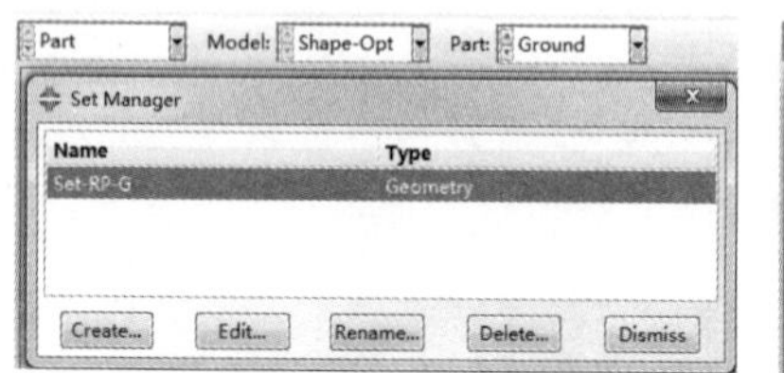

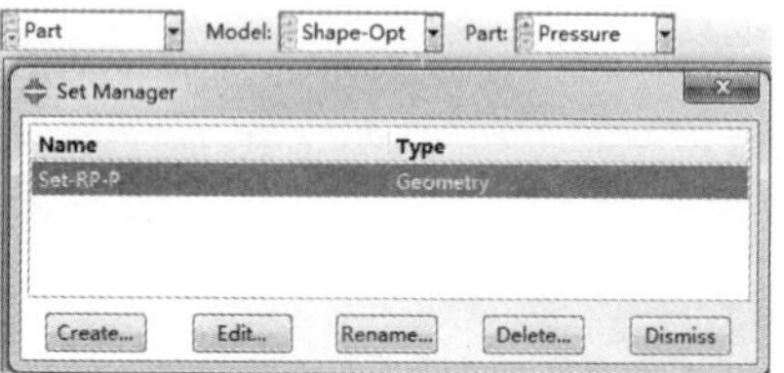

图 11-60　上下压板参考点几何集

在视图区拾取弹簧片尾端边缘线，创建一个几何集，命名为 Set-Control，如图 11-61 所示。进入 Load（载荷）模块，单击 Create Boundary Condition（创建边界条件）按钮，在如图 11-62 所示的位置分别创建对应边界条件，其边界条件参数如图 11-63 所示。

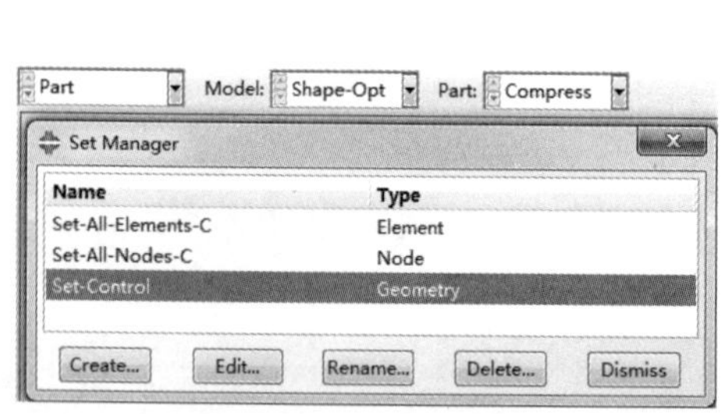

图 11-61　弹簧片几何集

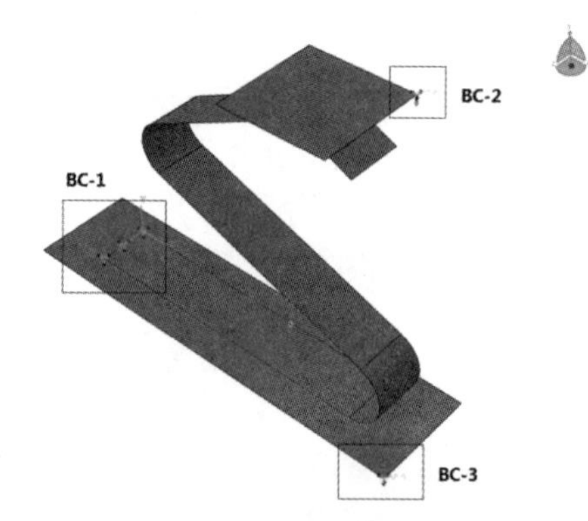

图 11-62　边界条件示意图

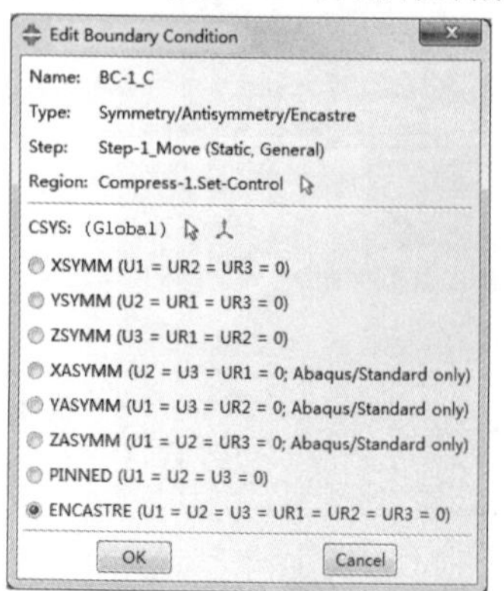

（a）BC-1 边界条件参数

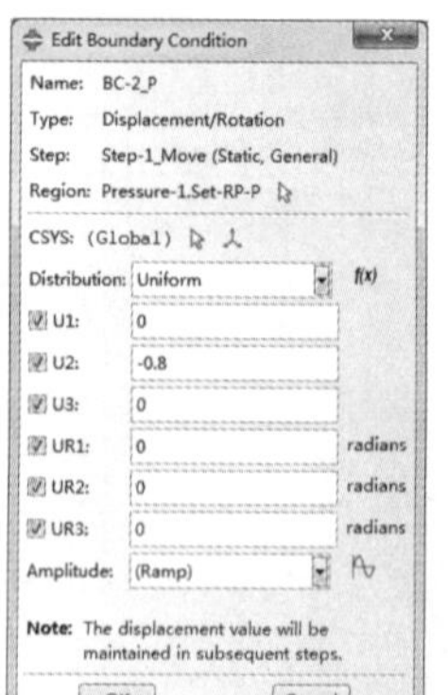

（b）BC-2 边界条件参数

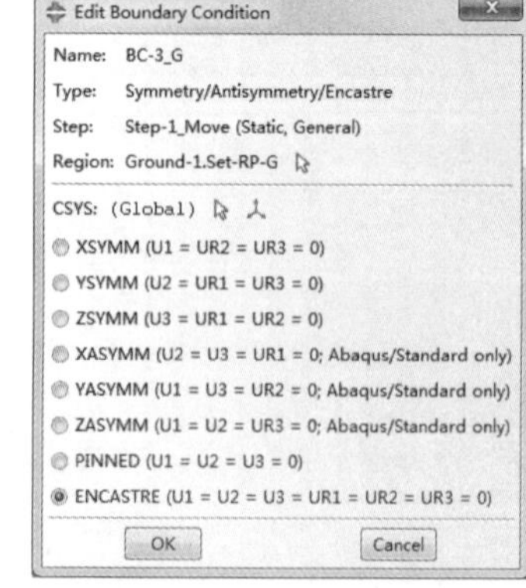

（c）BC-3 边界条件参数

图 11-63　“编辑边界条件”对话框

7. 网格划分

进入 Mesh（网格）模块，单击 Seed Part Instance 按钮，弹出如图 11-64 所示对话框，输入近似全局尺寸为 20，单击 OK 按钮完成布种，单击 Mesh Part Instance（网格划分）按钮，完成网格划分，如图 11-65 所示。

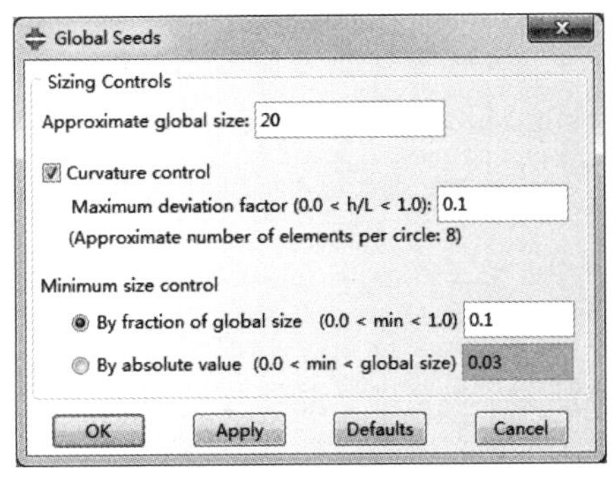

图 11-64 “全局种子”对话框

图 11-65　网格划分

8. 分析作业

进入 Job（作业）模块，单击 Create Job（创建作业）按钮，创建名为 Job-Shape-Analysis 的作业，完成后单击 Submit（提交）按钮进行运算，完成后单击 Results（结果）按钮查看分析结果云图。两个分析步下的应力云图分别如图 11-66 和图 11-67 所示，*Y* 位移云图如图 11-68 和图 11-69 所示。

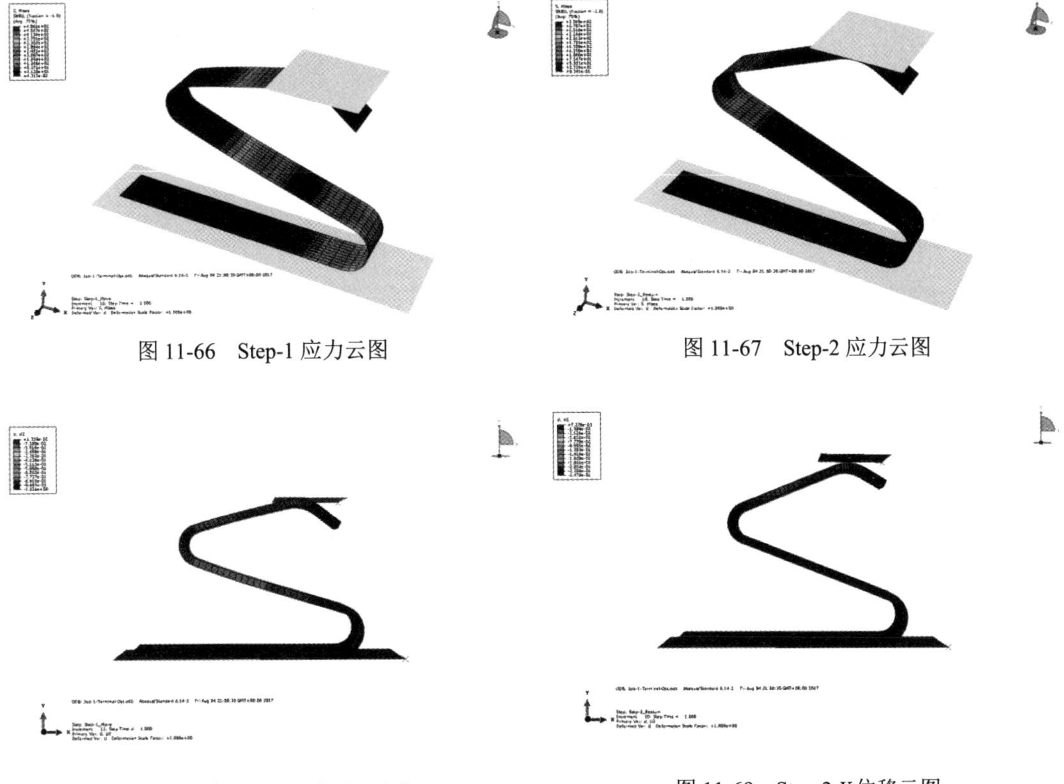

图 11-66　Step-1 应力云图

图 11-67　Step-2 应力云图

图 11-68　Step-1 *Y* 位移云图

图 11-69　Step-2 *Y* 位移云图

11.4.3 问题求解

根据应力应变分析结果，进行优化问题的求解。

进入 Part（部件）模块，选择弹簧片部件，对部件上的所有网格单元和所有节点分别创建一个 Element（单元）集合 Node（节点）集，用于定义优化目标和优化响应，创建的集如图 11-70 所示。

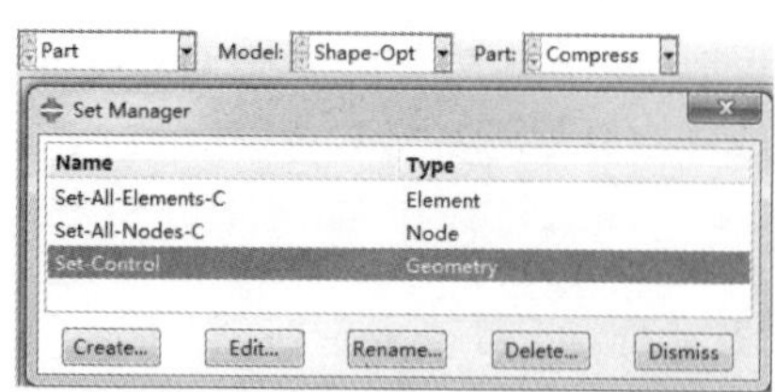

图 11-70 弹簧片部件上的单元集和节点集

1. 优化设置

进入 Optimization（优化）模块，单击 Create Optimization Task（创建优化任务）按钮，弹出如图 11-71 所示对话框，创建名为 Task-1，类型为 Shape Optimization（形状优化）的优化目标，单击 Continue...按钮，弹出如图 11-72 所示的 Edit Optimization Task（编辑优化任务）对话框，并按照图中参数进行设置。

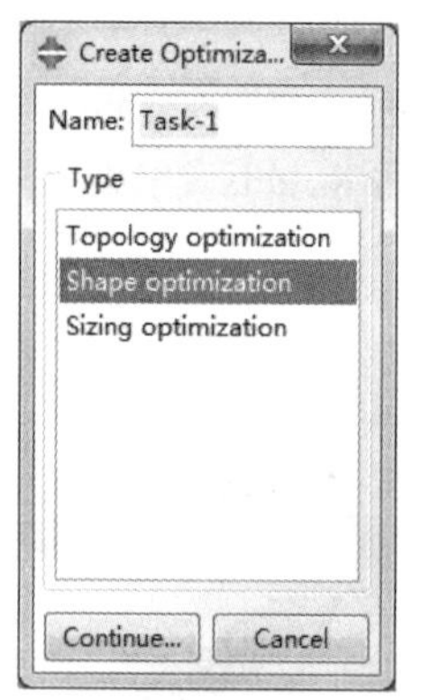

图 11-71 创建形状优化任务

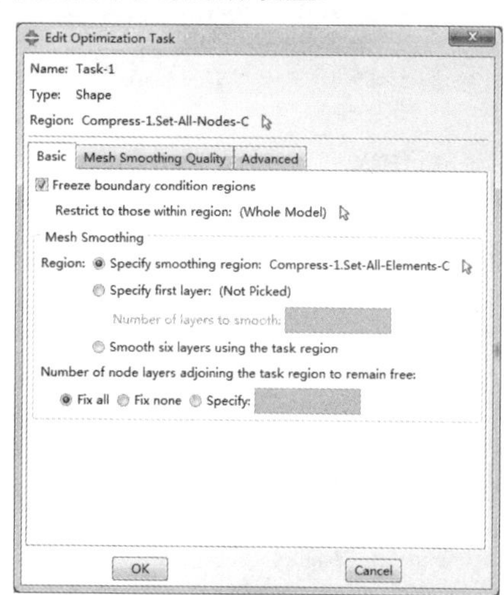

图 11-72 “编辑优化任务”对话框

单击 Create Design Response（创建设计响应）按钮，在弹出的如图 11-73 所示的对话框中选择 Single-Term 类型，单击 Continue...按钮，弹出如图 11-74 所示的 Edit Design Response（编辑设计响应）对话框，在 Region（区域）选择整个模型，响应类型选择 Volume（体积），单击 OK 按钮完成设置，对整体模型设置了体积设计响应。

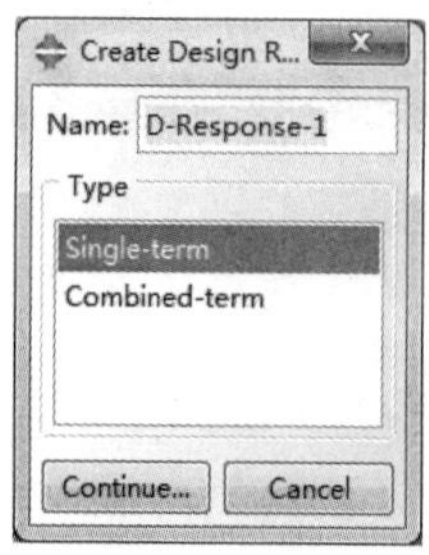

图 11-73 “创建设计响应”对话框

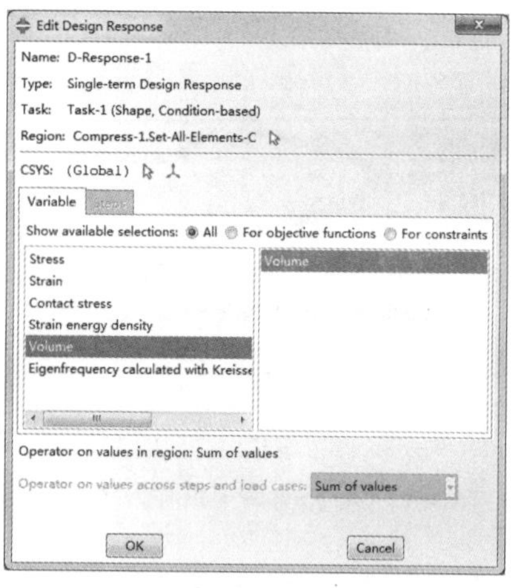

图 11-74 体积响应

单击Create Design Response（创建设计响应）按钮，在弹出的对话框中选择 Single-Term 类型，单击 Continue...按钮，弹出如图 11-75 所示的对话框，在 Region（区域）选择节点集 Set-All-Nodes-C，响应类型选择 Strain energy density（应变能密度），其他参数按照图 11-76 所示进行设置，完成后单击 OK 按钮确认。

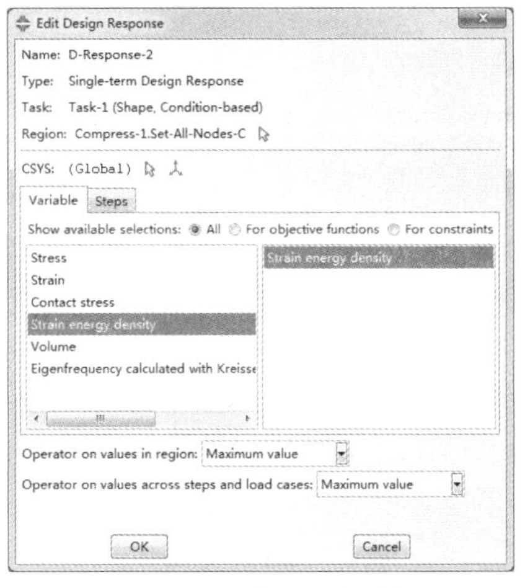

图 11-75 “变量”选项卡

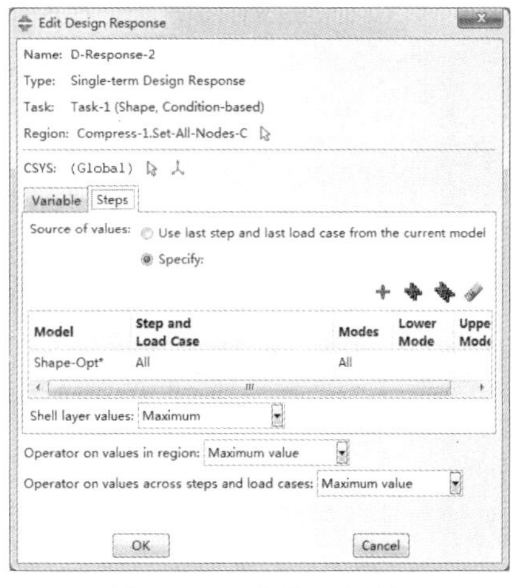

图 11-76 “步骤”选项卡

在 Design Response Manager（设计响应管理器）中可查看设计响应，如图 11-77 所示。

单击工具箱中的Create Objective Function（创建目标函数）按钮，在弹出的对话框中输入名称，单击 Continue...按钮，弹出如图 11-78 所示对话框，在 Target（目标）列表框中选择 Minimize design response values（最小化设计响应值），即以最小化应变能密度的设计响应作为优化目标。

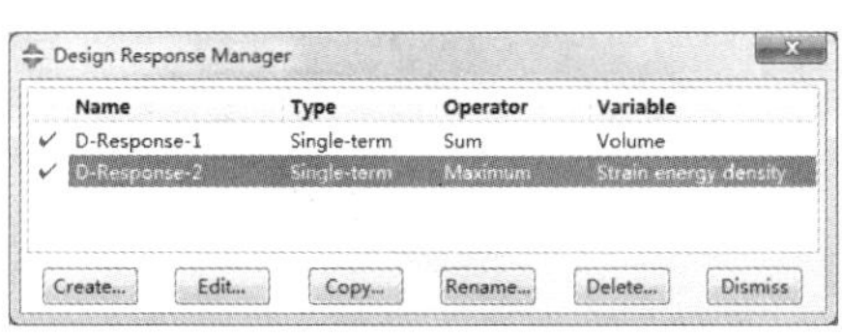

图 11-77　设计响应管理器

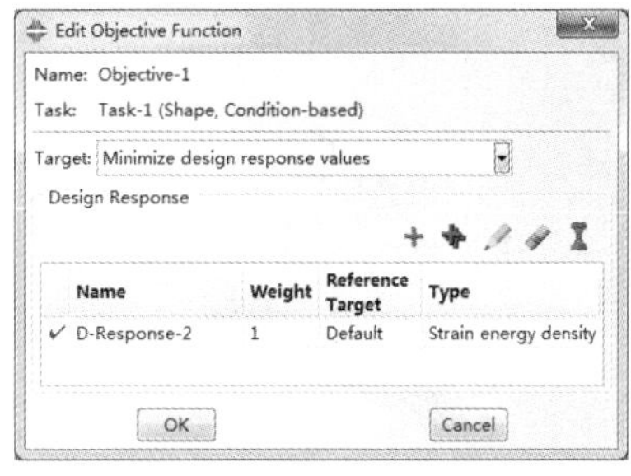

图 11-78　对最大应变能密度的目标函数进行设置

单击工具箱中的Create Constraint（创建约束）按钮，弹出如图 11-79 所示的对话框，输入名称，单击 Continue...按钮，弹出“编辑优化约束”对话框，如图 11-80 所示的对话框，设计响应选择 D-Response-1，约束响应值不变。

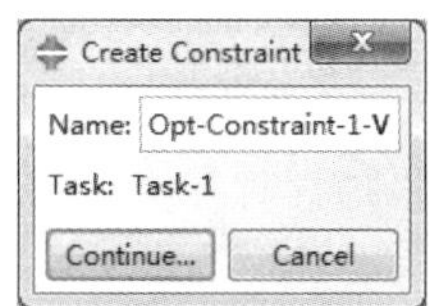

图 11-79 “创建优化约束”对话框

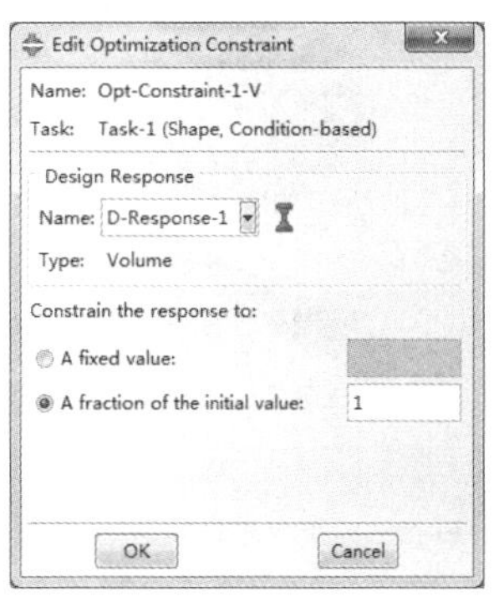

图 11-80 “编辑优化约束”对话框

2. 优化作业

进入 Job（作业）模块，单击工具箱中的Create Optimization Process（创建优化进程）按钮，创建名为 Shape-Optimization 的优化进程，单击 Continue...按钮，弹出如图 11-81 所示的对话框，输入优化循环为 15，在 Data save（文件保存）选项中点选 Every cycle（每个循环）单选按钮，单击 OK 按钮完成设置。单击 Submit（提交）按钮开始分析，完成后单击 Results（结果）按钮，进入 Visualization（可视化）模块查看结果云图。

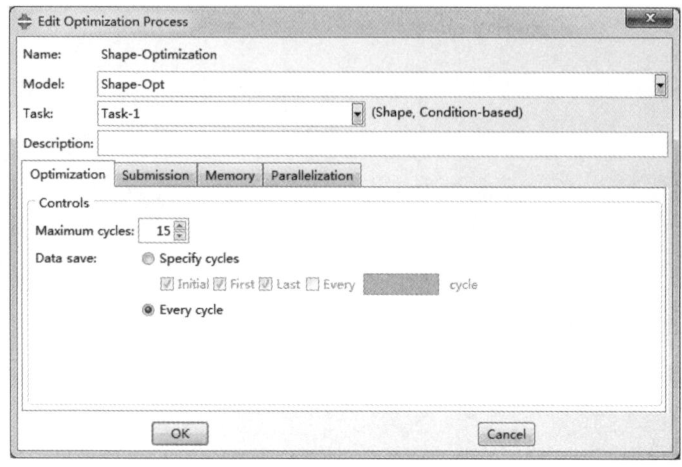

图 11-81 形状优化进程设置

图 11-82 至图 11-85 依次显示了初始模型、5 次循环、10 次循环及 15 次循环优化模型。

图 11-82 优化初始模型

图 11-83 5 次循环优化结果云图

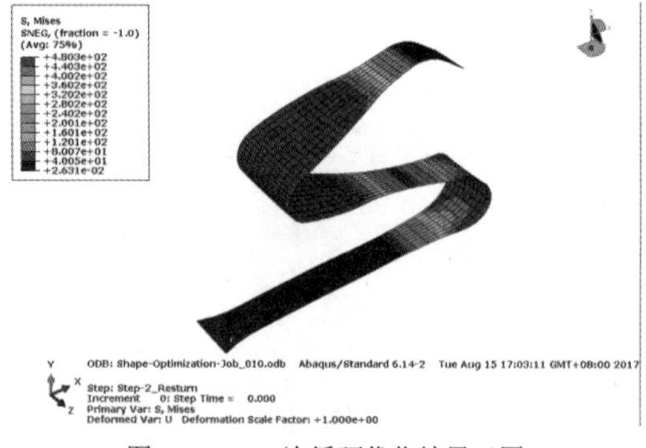

图 11-84 10 次循环优化结果云图

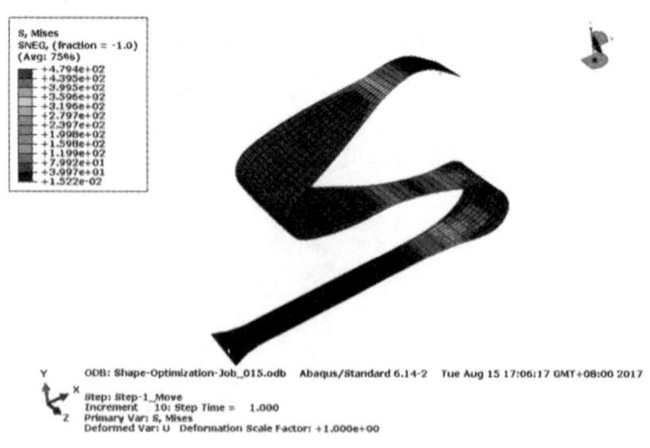

图 11-85 15 次循环优化结果云图

11.4.4 INP 文件

该案例中的 INP 文件解释请查阅光盘中的相关文件，限于篇幅，在此不做详解。

11.5 本章小结

本章介绍了两个较为简单通用的优化设计实例，分别涉及拓扑优化和形状优化两类优化分析，读者可以从中学习到 ABAQUS 优化问题的分析方法，主要内容如下。

1. U 型夹拓扑优化

在生活及工业用品中，U 型夹是较为常用的一种结构形式，为了节省材料与成本，在保证强度、刚度等机械性能的同时，又要使其用料最少，这是工程师设计中经常要遇到的问题，ABAQUS 的拓扑优化功能可以很好地解决此方面的问题。此例以一个简单常用的 U 形夹受力的拓扑优化分析，介绍了拓扑优化分析的过程和步骤。

2. S 型压缩弹簧片形状优化

本实例展示了弹簧片的形状优化分析过程，让读者可以学习如何在 ABAQUS 中进行形状优化分析，掌握使用 ABAQUS/CAE 在 Optimization 功能模块中创建形状优化任务、进行形状优化分析的步骤。

希望读者通过这些例子能掌握 ABAQUS 处理问题的步骤和方法，举一反三，开展工程和科学研究工作。

第 12 章　ABAQUS 用户子程序分析与实例

显然 ABAQUS 为用户提供了大量的单元库和求解模型，使用户能够利用这些模型处理绝大多数的问题。但是实际问题毕竟非常复杂，ABAQUS 不可能直接求解所有可能出现的问题，所以，ABAQUS 提供了大量的用户自定义子程序（User Subroutine），允许用户在找不到合适的模型的情况下自定义模型。这些用户子程序涵盖了建模、载荷到单元的几乎各个部分。

本章讨论用户子程序的应用和优势，进一步拓展 ABAQUS 的应用空间。另外，在使用 ABAQUS 6.14-2 用户子程序功能之前，需要在计算机中预先安装 Microsoft VS 2012 以及 IntelFortran 2013，否则，此功能在调用用户子程序时会显示编译失败的错误。

12.1　用户子程序接口概述

ABAQUS 为用户提供了强大而又灵活的用户子程序接口（User Subroutine）和应用程序接口（Utility Routine）。ABAQUS 一共有 42 个用户子程序接口、13 个应用程序接口，用户可以定义包括边界条件、载荷条件、材料特性，以及利用用户子程序和其他应用软件进行数据交换等。这些用户子程序接口使用户解决一些问题时有很大的灵活性，同时大大扩充了 ABAQUS 的功能。例如，如果荷载条件是时间的函数，这在 ABAQUS/CAE 和 INPUT 文件中是难以实现的，但在用户子程序 DLOAD 中就很容易实现。

12.1.1　在 ABAQUS 中使用用户子程序

ABAQUS 的用户子程序是根据 ABAQUS 提供的相应接口，按照 FORTRAN 语法用户自己编写的代码。在一个算例中，用户可以用到多个用户子程序，但必须把它们放在一个以.FOR 为扩展名的文件中。运行带有用户子程序的算例时有两种方法，一种是在 CAE 中运行，在 EDIT JOB 菜单的 GENERAL 子菜单的 USER SUBROUTINE FILE 对话框中选择用户子程序所在的文件即可；另外一种是在 ABABQUS COMMAND 中运行，语法如下：

ABAQUS JOB=[JOB]USER=[.FOR]。

12.1.2　编写用户子程序的注意点

在编写用户子程序时，需要注意以下几点。

（1）用户子程序不能嵌套。即任何用户子程序都不能调用任何其他用户子程序，但可以调用用户自己编写的 FORTRAN 子程序和 ABAQUS 应用程序。当用户编写 FORTRAN 子程序时，建议子程序名以 K 开头，以免和 ABAQUS 内部程序冲突。

（2）当用户在用户子程序中利用 OPEN 打开外部文件时，要注意以下两点：一是设备号的选择是有限制的，只能取 15～18 和大于 100 的设备号，其余的都已被 ABAQUS 占用。二是用户需提供外部文件的绝对路径而不是相对路径。

（3）ABAQUS 应用程序必须由用户子程序调用。当用到某个用户子程序时，用户所关心的主要有两个方面：

一是 ABAQUS 提供的用户子程序的接口参数。有些参数是 ABAQUS 传到用户子程序中的，例如，SUBROUTINE DLOAD 中的 KSTEP、KINC、COORDS；有些是需要用户自己定义的，如 F。

二是 ABAQUS 何时调用该用户子程序，对于不同的用户子程序，ABAQUS 调用的时间是不同的。有些是在每个 STEP 的开始，有的是在 STEP 的结尾，有的是在每个 INCREMENT 的开始等。当 ABAQUS 调用用户子程序时，都会把当前的 STEP 和 INCREMENT 利用用户子程序的两个实参 KSTEP 和 KINC 传给用户子程序，用户可通过编制一个小程序把它们输出到外部文件中，这样对 ABAQUS 何时调用该用户子程序就会有更深刻的了解。

12.1.3　用户子程序详解

下面就选出几个常用的用户子程序和应用程序进行详细解释：

SUBROUTINE

```
DLOAD(F,KSTEP,KINC,TIME,NOEL,NPT,LAYER,KSPT,COORDS,JLTYP,SNAME)
```

1. 参数

1）F 为用户定义的是每个积分点所作用的荷载的大小；

2）KSTEP,KINC 为 ABAQUS 传到用户子程序当前的 STEP 和 INCREMENT 值；

3）TIME(1),TIME(2)为当前 STEP TIME 和 INCREMENT TIME 的值；

4）NOEL,NPT 为积分点所在单元的编号和积分点的编号；

5）COORDS 为当前积分点的坐标；

6）除 F 外，所有参数的值都是 ABAQUS 传到用户子程序中的。

2. 功能

1）荷载可以被定义为积分点坐标、时间、单元编号和单元节点编号的函数。

2）用户可以从其他程序的结果文件中进行相关操作来定义积分点 F 的大小。

例 1：这个例子在每个积分点施加的荷载不仅是坐标的函数，而且是随 STEP 变化而变化的。

```
SUBROUTINE DLOAD(P,KSTEP,KINC,TIME,NOEL,NPT,LAYER,KSPT,COORDS,
1 JLTYP,SNAME)
C
INCLUDE 'ABA_PARAM.INC'
C
DIMENSION TIME(2),COORDS(3)
CHARACTER*80 SNAME
PARAMETER (PLOAD=100.E4)
C
IF (KSTEP.EQ.1) THEN ! 当 STEP=1 时的荷载大小
P=PLOAD
ELSE IF (KSTEP.EQ.2) THEN ! 当 STEP = 2 时的荷载大小
P=COORDS(1)*PLOAD ! 施加在积分点的荷载 P 是坐标的函数
ELSE IF (KSTEP.EQ.3) THEN ! 当 STEP=3 时的荷载大小
P=COORDS(1)**2*PLOAD
ELSE IF (KSTEP.EQ.4) THEN ! 当 STEP=4 时的荷载大小
P=COORDS(1)**3*PLOAD
ELSE IF (KSTEP.EQ.5) THEN ! 当 STEP=5 时的荷载大小
P=COORDS(1)**4*PLOAD
END IF
RETURN
END
```

UBROUTINE

```
UEXTERNALDB(LOP,LRESTART,TIME,DTIME,KSTEP,KINC)
```

1. 参数

用户可以利用 LOP 开关来控制自己的代码程序何时被 ABAQUS 调用。LOP=0（3）表示在计算的开始（结束）ABAQUS 调用此用户子程序；LOP=1 (2) 表示在每个 INCREMENT 的开始（结束）ABAQUS 调用此用户子程序；LOP＝4 表示在每个 RESTART 的开始 ABAQUS 调用此用户子程序。这为用户子程序提供了很大的灵活性。

2. 功能

1）可以用来和其他用户子程序及其他软件进行数据通信。

2）可以用来在适当的时间打开，关闭外部文件。

3）用户可以把自己编写的 ABAQUS 扩充功能的程序代码通过此用户子程序嵌入到 ABAQUS 中。

例 2. 新建一个与 JOB 名相同但扩展名(.ALE)不同的文件，此用户子程序用到了 GETENVVAR 应用程序来获得 ABAQUS 的环境变量，用 DMKNAME 子程序来合成所需的文件名。

```
SUBROUTINE UEXTERNALDB(LOP,LRSTART,TIME,DTIME,KSTEP,KINC)
INCLUDE 'ABA_PARAM.INC'
CHARACTER XINDIR*255,XFNAME*80
CHARACTER DMKNAME*255,FNAMEX*80
C
LXFNAME=0
LXINDIR=0
XFNAME =' '
XINDIR =' '
CALL GETENVVAR('FNAME',XFNAME,LXFNAME) !读取 input 文件名
CALL GETENVVAR ('OUTDIR',XINDIR,LXINDIR) !读取 input 文件所在的路径
IF(LOP.EQ.0) THEN
FNAMEX=DMKNAME(XFNAME(1:LXFNAME),XINDIR(1:LXINDIR), '.ALE')
! 生成所要新建文件的文件名
OPEN(UNIT=17,FILE=FNAMEX,STATUS='UNKNOWN',FORM='FORMATTED')
! 打开文件
WRITE(17,*)'Opening new user external file...'
WRITE(17,*)'Writing dummy data to this file...'
END IF
RETURN
END
C
C COMPOSE A FILENAME DIRECTORY/JOBNAME.EXTEN
CHARACTER*(*) FUNCTION DMKNAME(FNAME,DNAME,EXTEN)
C
CHARACTER*(*) FNAME,DNAME,EXTEN
C FNAME I JOBNAME
C DNAME I DIRECTORY
C EXTEN I EXTENSION
C DMKNAME O DIRECTORY/JOBNAME.EXTEN
LTOT = LEN(FNAME)
LF = 0
DO K1 = LTOT,2,-1
IF (LF.EQ.0.AND.FNAME(K1:K1).NE.' ') LF = K1
END DO
LTOT = LEN(DNAME)
LD = 0
DO K1 = LTOT,2,-1
IF (LD.EQ.0.AND.DNAME(K1:K1).NE.' ') LD = K1
END DO
LTOT = LEN(EXTEN)
LE = 0
```

```
DO K1 = LTOT,2,-1
IF (LE.EQ.0.AND.EXTEN(K1:K1).NE.' ') LE = K1
END DO
IF ((LF + LD + LE) .LE. LEN(DMKNAME)) THEN
DMKNAME = DNAME(1:LD)//FNAME(1:LF)
LTOT = LD + LF
IF ( LE.GT.0) THEN
DMKNAME = DMKNAME(1:LTOT)//EXTEN(1:LE)
END IF
END IF
C
RETURN
END
```

SUBROUTINE URDFIL (LSTOP,LOVRWRT,KSTEP,KINC,DTIME,TIME)

1. 参数

1）LSTOP 是决定 ABAQUS 分析是否继续的开关。如果 LSTOP=1，分析中止；否则，分析继续。

2）LOVRWRT 是决定能否把上个 INCREMENT 的结果文件覆盖的开关。LOVRWRT＝1，覆盖，这样可大大减少结果文件的大小；否则，不覆盖。

3）LSTEP 和 LOVRWRT 参数是留给用户自己定义的。KSTEP,KINC,DTIME,TIME 是 ABAQUS 传给用户子程序的参数。

2. 功能

1）读结果文件（.FIL）中的数据。

2）利用 LSTOP 开关，用户可中止 ABAQUS 计算。

URDFIL 要用到以下两个 ABAQUS 应用程序：POSFIL 和 DBFILE。调用 POSFIL 程序为：

```
CALL POSFIL (NSTEP,NINC,ARRAY,JRCD)
```

1. 参数

1）NSTEP 和 NINC 的值都是由调用它的 URDFIL 用户子程序接口中的参数 KSTEP 和 KINC 传递下来的。

2）ARRAY 是用来存放 RECORD 2000 的值的。

3）JRCD 为返回值。如果在结果文件中找到相应的 STEP 和 INCREMENT，返回值为 0；否则为 1。

2. 功能

读取结果文件中的一条记录。如果用户想要对某个 STEP 中的某个 INCREMENT 结果数据进行操作，POSFIL 可定位用户想要进行操作的 STEP 和 INCREMENT 数据在结果文件中的位置。

定位所需调用程序为：CALL DBFILE (LOP,ARRAY,JRCD)

1. 参数

1）LOP 是用户自己定义的参数。LOP 设为 0 表示继续读下一条记录；LOP 设为 2 表示文件已读到结尾后，又从头开始读起。

2）ARRAY 是用来存放从结果文件中读到的那条记录的数组的。需要用户注意的是 ARRAY 数组的大小要能存放一条记录。

3）JRCD 是返回值，如果读到文件结尾，返回值将为非 0 的整数。

2. 功能

读取结果文件中的一条记录。

注意：如果想要熟练运用 SUBROUTINE URDFIL，那么用户必须对结果文件（.FIL）的格式有所了解。

要让 ABAQUS 输出结果文件，用户必须在 INPUT 文件或 KEYWORD 中加入*EL FILE 或者*EL NODE。有些数据是 ABAQUS 自动写到结果文件中的，如 ABAQUS 的版本号，节点编号和节点坐标；有些是用户用*EL FILE 或者*EL NODE 定义的，比如应力、应变、节点位移等。

结果文件存放的是一条条的记录。为了区别不同的记录集，记录中有一项为 RECORD KEY。不同的记录集，RECORD KEY 是不同的。比如节点坐标的记录集（COORD）的 RECORD KEY 为 8；主应力（EP）的 RECORD KEY 为 403；用户可根据不同的 RECORD KEY 来分辨不同的记录集。每条记录包括好多个数据。每个记录是以*I 开头，数据中的实数是以 D 开头，输出格式为 E22.15 or D22.15；整数是以 I 开头，接着的数字为这个整数的位数，然后才是整数的值。字符数据以 A 开头。

比如记录 *I 18I 41900I 15AS4R I 3195I 3198I 3205I 3204 这条记录第一项 18 表示这条记录一共有 8 个数据，1 为 8 的位数；第二项为 RECORD KEY，其值为 1900，前面的 4 为 1900 的位数；第三项 5 表示是此单元编号；第四项 S4R 表示单元类型，剩余四项表示此单元 4 个节点的编号。

例 3：此程序是把结果文件中的每个节点的编号、坐标、速度和位移写到文件 F3.DAT

```
    SUBROUTINE URDFIL(LSTOP,LOVRWRT,KSTEP,KINC,DTIME,TIME)
    C
    INCLUDE 'ABA_PARAM.INC'
    C
    DIMENSION ARRAY(513),JRRAY(NPRECD,513),TIME(2),LRUNIT(2,1)
    1,COORD(3)
    EQUIVALENCE (ARRAY(1),JRRAY(1,1))
    CALL POSFIL(KSTEP,KINC,ARRAY,JRCD) ! 定位到当前的 STEP 和 INCREMENT
    OPEN(UNIT=17,FILE='G:\TEMP\F3.DAT') ! 打开文件
    WRITE(17,*)KINC, KSTEP ! 把当前的 STEP 和 INCREMENT 输出到文件 DO 1000 K2=1,10
    DO 100 K1=1,99999
    C
    CALLDBFILE(0,ARRAY,JRCD) ! 读入一条记录
    IF(JRCD.NE.0)GOTO 110 ! 判断结果文件是否结束
    KEY=JRRAY(1,2) !把 RECORD KEY 赋值给 KEY
    C
    IF(KEY.EQ.107) THEN ! 判断此条记录是否为节点坐标
    KEL=JRRAY(1,3)
    COORD(1)=ARRAY(4)
    COORD(2)=ARRAY(5)
    COORD(3)=ARRAY(6)
    WRITE(17,120)  KEL,COORD(1),COORD(2),COORD(3)  ! 输出节点编号，坐标  120
FORMAT(5X,'NODE',I5,5X,'COORD',F20.14,5X,F20.14,5X,F20.14,5X) ELSE IF(KEY.EQ.
101)THEN ! 判断此条记录是否为位移
    KEL=JRRAY(1,3)
    Home
    COORD(1)=ARRAY(4)
    COORD(2)=ARRAY(5)
    COORD(3)=ARRAY(6)
    WRITE(17,140)  KEL,COORD(1),COORD(2),COORD(3)! 输出节点编号，位移  140
FORMAT(5X,'NODE',I5,5X,'UCOORD',F20.14,5X,F20.14,5X,F20.14,5X) ELSE IF(KEY.EQ.
102)THEN ! 判断此条记录是否为速度
    WRITE(17,130)  ARRAY(3),ARRAY(4),ARRAY(5),ARRAY(6),ARRAY(7),  1  ARRAY(8),
ARRAY(9) ! 输出节点编号，速度
    130  FORMAT(5X,'NODE',I5,5X,'VELOVITY',F20.10,5X,F20.10,5X,F20.10,5X  1  ,
F20.10,5X,F20.10,5X,F20.10,5X)
    END IF
    C
    100 CONTINUE
    1000 CONTINUE
```

```
110 CONTINUE
CLOSE(17) !关闭文件
RETURN
END
```

12.2　ABAQUS 中调用用户子程序

本节以最简单的杆件压缩为例，介绍在 ABAQUS 里调用用户子程序进行计算的步骤。

12.2.1　问题的描述

一杆件左端受固定约束，右端受均匀压缩，结构示意图如图 12-1 所示，求杆件受载后 Mises 应力、位移分布。

材料性质：弹性模量 E=206000，泊松比 ν=0.3（使用 Umat 定义）。

均布载荷：p=0.6MPa。

12.2.2　问题的求解

1. 启动 ABAQUS

启动 ABAQUS/CAE 后，在出现的 Start Session（开始任务）对话框中选择 Create Model Database。

2. 创建部件

在 ABAQUS/CAE 顶部的环境栏中，可以看到模块列表 Module：Part，这表示当前处在 Part（部件）模块，在这个模块中可以定义模型各部分的几何形体。用户可参照下面的步骤创建悬臂梁的几何模型。

1）创建部件。对于如图 12-1 所示的杆件结构，可以先画出梁结构的二维图（矩形），再通过拉伸得到。单击左侧工具区的Create Part（创建部件）按钮或者在主菜单中选择 Part→Create 命令，弹出如图 12-2 所示的对话框。在 Name（部件名字）文本框中输入 Bar，Modeling Space（模型所在空间）设为 3D，Shape 选择 Solid（实体），Type 采用默认的 Extrusion，Approximate size 文本框中输入 200，单击 Continue...按钮。

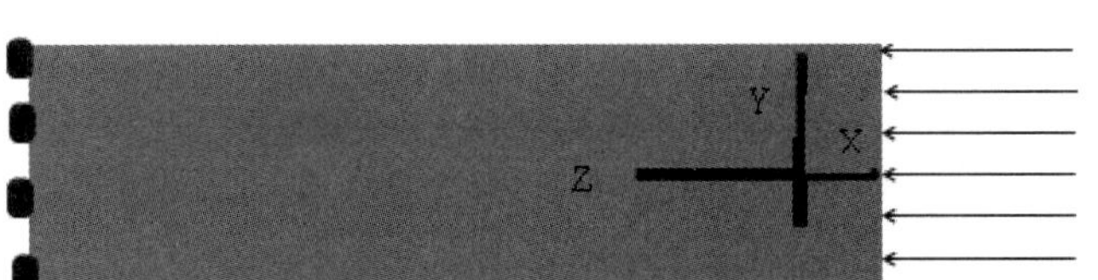

图 12-1　悬臂梁受均布载荷图

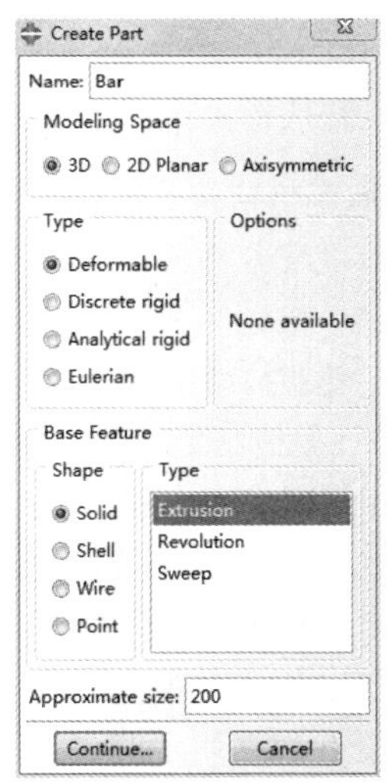

图 12-2　“创建部件”对话框

2）绘制矩形。ABAQUS/CAE 自动进入绘图环境，左侧的工具区显示出绘图工具按钮，视图区内显示栅格，视图区正中有两条互相垂直的点画线，即当前二维区域的 *X* 轴和 *Y* 轴，两者相交于坐标原点。

选择绘图工具箱中的□按钮，窗口提示区显示 Pick the opposite corner for the rectangle-or enter *X*，*Y*（选择矩形的一个角点，或输入 *X*，*Y* 的坐标），如图 12-3 所示。在视图区移动鼠标指针时，鼠标指针就会自动对齐栅格点，视图区的左上角会显示当前位置的坐标。

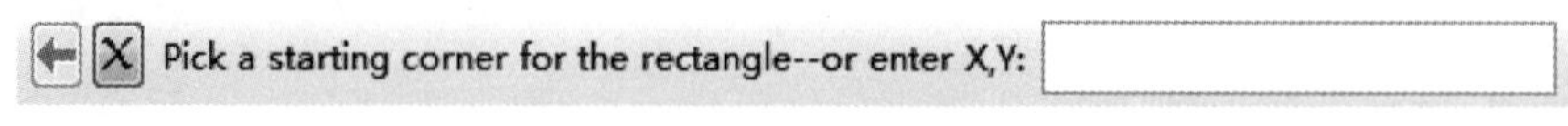

图 12-3 输入点坐标

输入矩形的第一个点的坐标为（0，0），移动鼠标指针选择该点相对应的坐标为（17.5，22.5），单击鼠标左键，矩形就画出来了。

如果在绘制过程中操作有误，可以单击绘图工具箱中的撤销工具来撤销上一步操作，也可以使用删除工具来删除错误的几何图形。

3）由于在前面操作中，已经选择了 Extrusion（拉伸）类型，在上一步退出后，ABAQUS 即弹出 Edit Base Extrusion（编辑基本拉伸）对话框，如图 12-4 所示。在该对话框中，输入拉伸尺寸为 100，然后单击 OK 按钮，视图区就出现了杆件的结构图，如图 12-5 所示。

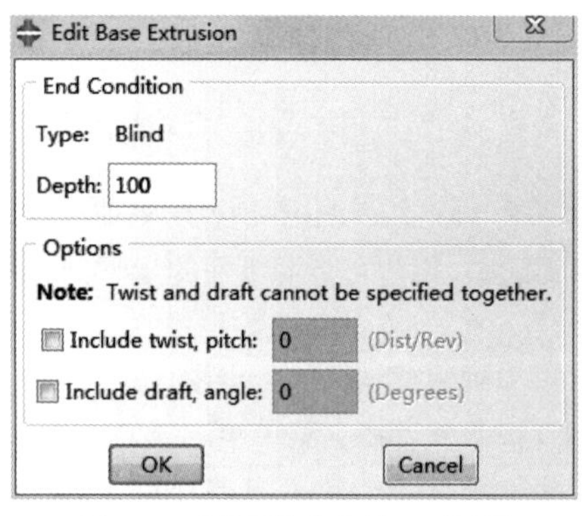

图 12-4 “编辑基本拉伸”对话框

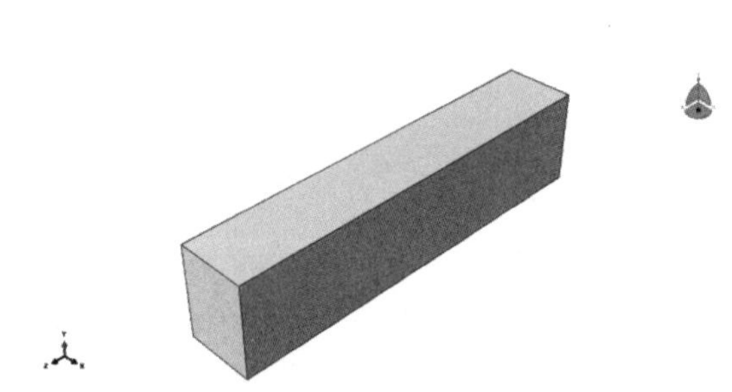

图 12-5 形成的悬臂梁结构图

4）保存模型。单击对话框中的（保存）按钮来保存所建立的模型。输入希望保存的文件名，ABAQUS/CAE 会自动加上扩展名.cae。用户还可以在主菜单中选择 File→Save 命令，对所建模型进行保存操作。此处把该部件取名为 Bar。

3. 创建材料和截面属性

在窗口左上角 Module（模块）列表中选择 Property（特性）功能模块，按照以下步骤来定义材料。

（1）创建材料

单击工具区左侧的Create Material（创建材料）按钮，或者在主菜单中选择 Material（材料）→ Create（创建）命令，弹出 Edit Material（编辑材料）对话框（也可以双击左侧模型树中的 Material 来完成此操作），如图 12-6 所示。

执行对话框中的 General→User Material 命令。在数据表中设置 Young’s Modulus（弹性模量）为 206000，Poisson’s Ratio（泊松比）为 0.3，如图 12-6 所示。选择 General→Depvar 命令，在弹出的如图 12-7 所示的对话框中，设置 Number of solution-dependent state variable 为 1，然后单击 OK 按钮，结束操作。

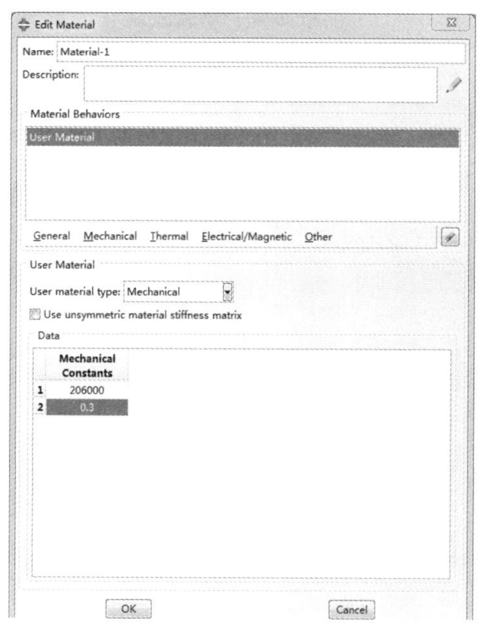

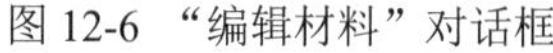
图 12-6 “编辑材料”对话框

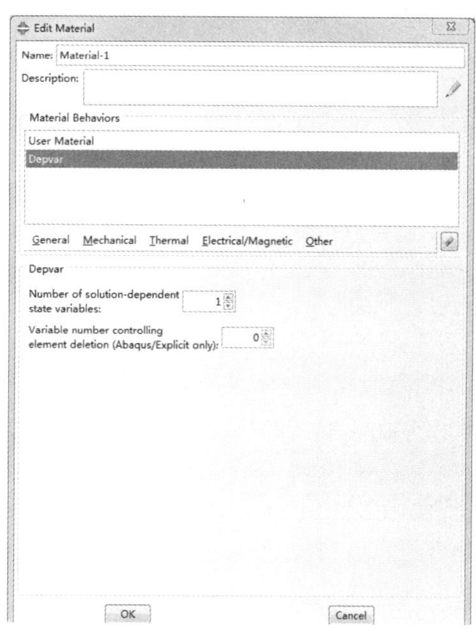

图 12-7　输入 Depvar 的值

（2）创建截面属性

单击左侧工具区中的 Create Section（创建截面）按钮，或者在主菜单中选择 Section（截面）→Create（创建）命令，弹出 Edit Section（编辑截面）对话框（也可以双击左侧模型树中的 Section 来完成此操作），其他默认参数保持不变，单击 Continue...按钮。

在 Material 栏选择 Material-1，Plane stress/strain thickness 的值为 1，其余选项采用默认值，然后单击 OK 按钮。

（3）给部件赋予截面属性

单击左侧工具区的 Assign Section（赋予截面属性）按钮，或者在主菜单中选择 Section→Assign 命令，单击视图区中的悬臂梁模型，ABAQUS/CAE 以红色亮度显示被选中，在视图区中单击鼠标中键，弹出 Edit Section Assignment（编辑截面分配）对话框，如图 12-9 所示，然后单击 OK 按钮。

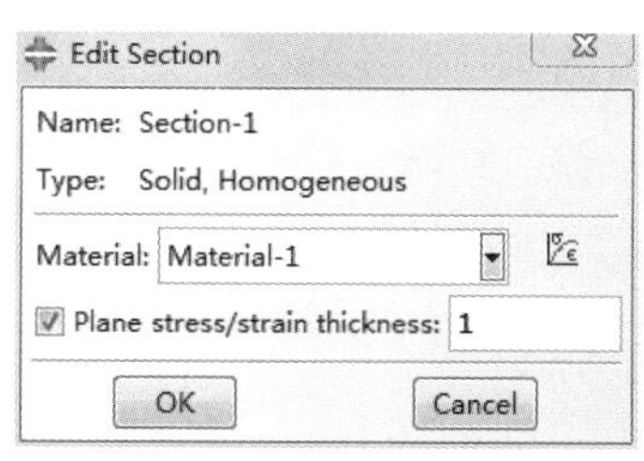

图 12-8 “编辑截面”对话框

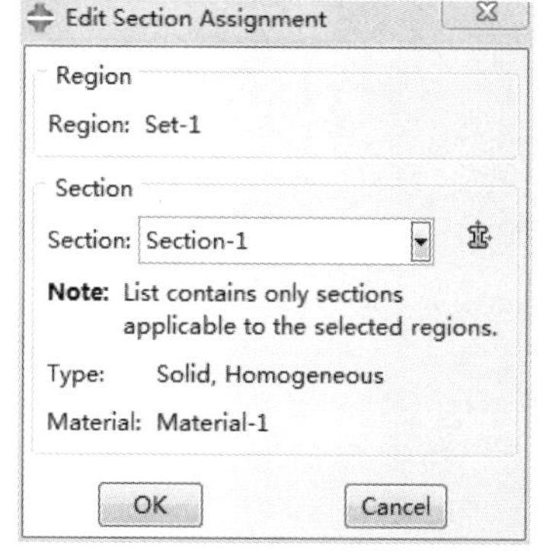

图 12-9 “编辑截面分配”对话框

4. 定义装配件

整个分析模型是一个装配件，前面的 Part 功能模型中创建的各个部件将在 Assembly（装配）功能模块中装配起来。具体的操作方式如下。

（1）在窗口左上角的 Module 列表中选择 Assembly（装配）功能模块。单击左侧工具区的（Instance Part）按钮，或者在主菜单中选择 Instance→Create 命令（也可以双击左侧模型树中的 Assembly 左侧的+号，然后双击其下一层的 Instance 来完成此操作）。

（2）在弹出的如图 12-10 所示的对话框中，前面创建的部件自动被选中，默认参数为 Instance Type：Dependent（mesh on part），然后单击 OK 按钮。

5. 设置分析步

ABAQUS/CAE 会自动创建一个 Initial Step（初始分析步），可以在其中施加边界条件，用户必须自己创建 Analysis Step（后续分析步），用来施加载荷。具体操作方法如下。

（1）在窗口左上角的 Module 列表中选择 Step（分析步）功能模块。单击左侧工具区的 Create Step（创建分析步）按钮，或者在主菜单中选择 Step（分析步）→Create（创建）命令（也可以双击左侧模型树中的 Step 来完成此操作）。

（2）在弹出的 Create Step 对话框中，此处 Name（分析步名称）继续使用默认值 Step-1。其他参数如图 12-11 所示（Procedure type 为 General；选择 Static,General）。单击 Continue...按钮，在弹出的如图 12-12 所示的对话框中，设参数为默认值，然后单击 OK 按钮，完成设置。

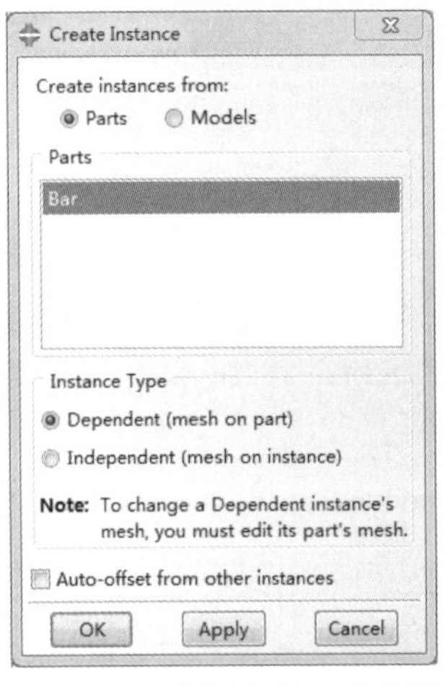

图 12-10 “创建实例”对话框

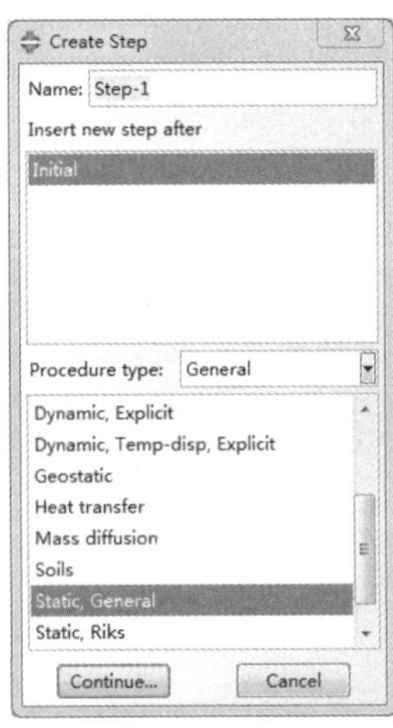

图 12-11 “创建分析步”对话框

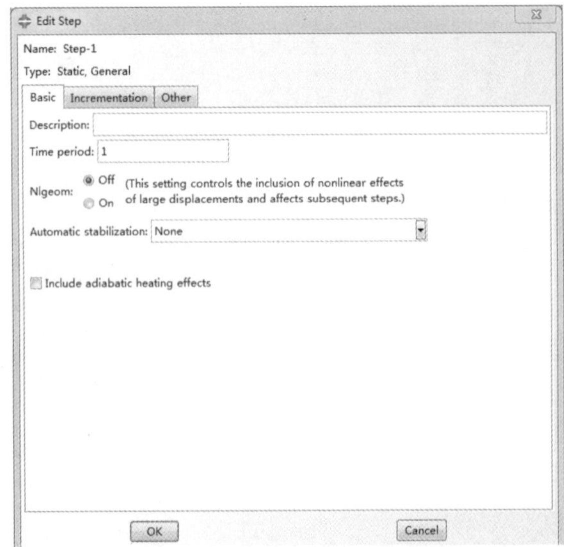

图 12-12 “编辑分析步”对话框

6. 定义边界条件和载荷

在窗口左上角的 Module 列表中选择 Load（载荷）功能模块，定义边界条件和载荷。

（1）施加载荷

单击左侧工具区的Create Load（创建载荷）按钮，或者在主菜单中选择 Load（载荷）→Create（创建）命令（也可以双击左侧模型树中的 Loads 来完成此操作）。在弹出的如图 12-13 所示对话框中，将 Types for Selected Step（所选分析步的载荷类型）设为 Pressure（单位面积上的压力），Step 为 Step-1，然后单击 Continue...按钮。

此时窗口底部的提示区信息变为 Select surfaces for the load，单击杆件的右端，ABAQUS/CAE 以红色高亮度显示被选中的表面，在视图区单击鼠标中键。在弹出的如图 12-14 所示对话框中的 Magnitude 文本框中输入 1e6，然后单击 OK 按钮。

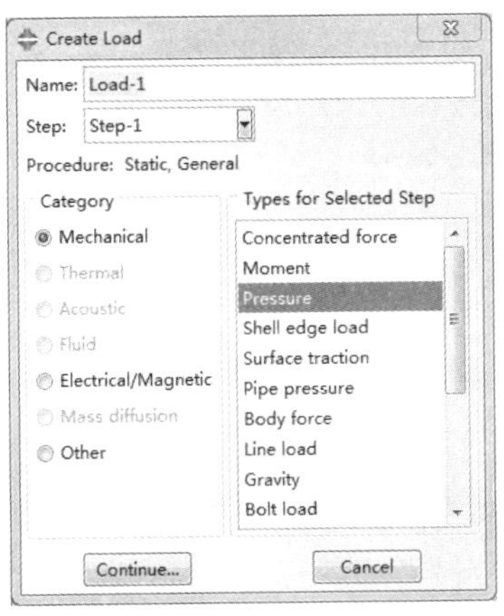

图 12-13 “创建载荷”对话框

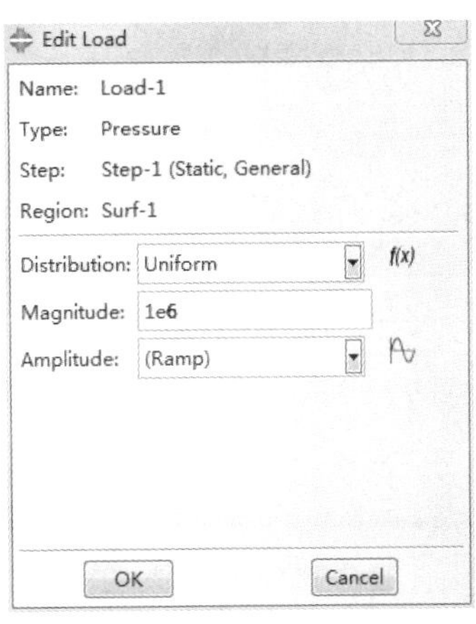

图 12-14 “编辑载荷”对话框

（2）定义杆件左侧的固支约束

单击左侧工具区的 Create Boundary Condition（创建边界条件）按钮，或者在主菜单中选择 BC→Create 命令（也可以双击左侧模型树中的 BCs 来完成此操作）。在弹出的如图 12-15 所示对话框中，点选 Mechanical 单选按钮，Type for Selected Step（所选分析步的载荷类型）设为 Displacement/Rotation，然后单击 Continue...按钮。

此时窗口底部的提示区信息变为 Select regions for the boundary condition，选择悬臂梁左侧的面，ABAQUS/CAE 以红色高亮度显示被选中的表面，如图 12-16 所示。

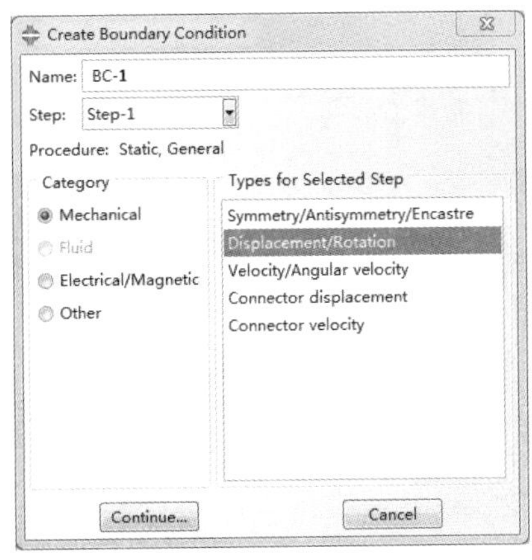

图 12-15 “创建边界条件”对话框

图 12-16　选择施加边界条件的杆件模型

在视图区中单击鼠标中键，在弹出的 Edit Boundary Condition 对话框中，勾选 U1、U2、U3 复选框，单击 OK 按钮，如图 12-17 所示。完成边界条件施加后的结果如图 12-18 所示。

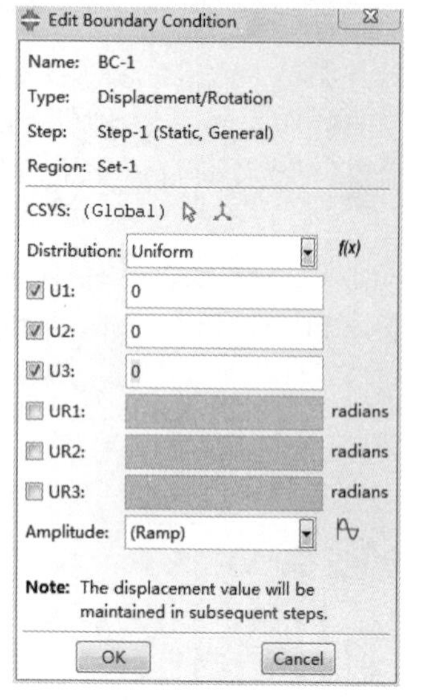

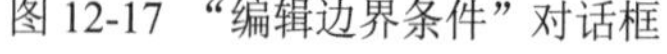
图 12-17 “编辑边界条件”对话框

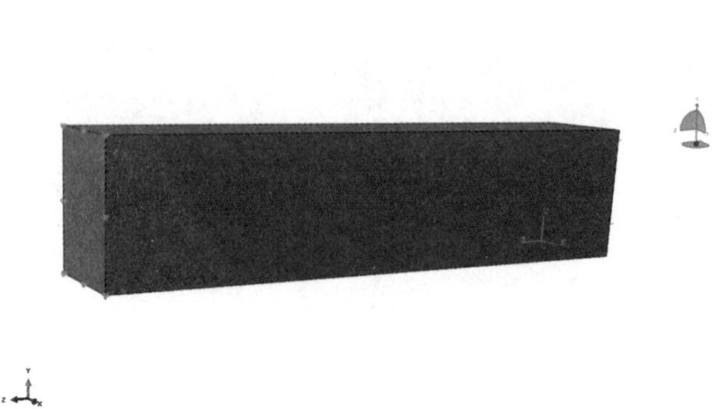

图 12-18 创建施加边界条件的杆件模型

7. 划分网格

在窗口左上角的 Module 列表中选择 Mesh（网格）功能模块，在窗口顶部的环境栏中把 Object 中的 Part 选项设为 Bar，如图 12-19 所示，即部件 Bar 划分网格，而不是为整个装配件划分网格。

图 12-19 把划分网格的对象 Part 选项设为 Bar

（1）设置网格控制参数。在主菜单中选择 Mesh→Controls 命令，或者单击工具区中的 Assign Mesh Controls（指派网格控制）工具，弹出 Mesh Controls（网格控制参数）对话框，在 Element Shape（单元类型）中选择 Hex，Technique 设置为 Structured，如图 12-20 所示，单击 OK 按钮。

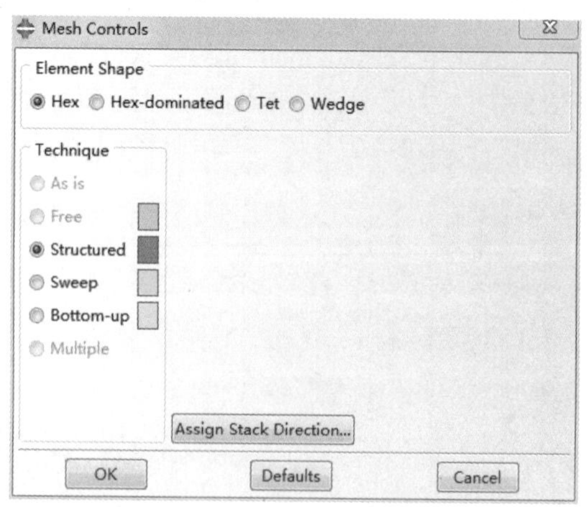

图 12-20 “网格控制参数”对话框

（2）设置单元类型。单击左侧工具区中的 Assign Element Type（指派单元类型）工具，或者在主菜单中选择 Mesh→Element Type 命令，弹出 Element Type（单远类型）对话框，如图

12-21 所示，单击 Hex 选项卡，勾选 Incompatible modes 复选框，对话框中就出现 C3D8 单元类型的信息提示，其余参数保持不变，单击 OK 按钮。

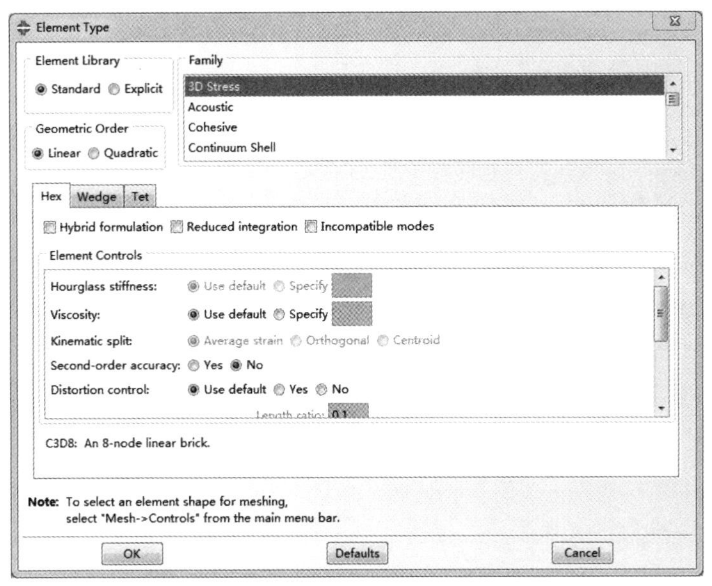

图 12-21　“单元类型”对话框

（3）设置种子。在左侧工具区中单击 Seed Part（种子部件）按钮，或者在主菜单中选择 Seed→Part...命令，就会弹出 Global Seeds（全局种子）对话框，选择 Approximate global size（单元大小）为默认值 10，如图 12-22 所示，单击 OK 按钮。

（4）划分网格。在左侧工具区中单击 Mesh Part（网格部件）按钮，或者在主菜单中选择 Mesh→Part 命令，窗口底部提示区显示 OK to mesh the part?（为划分网格？），在视图区中单击鼠标中键，或者直接单击提示区中的 Yes 按钮，得到如图 12-23 所示的网格。

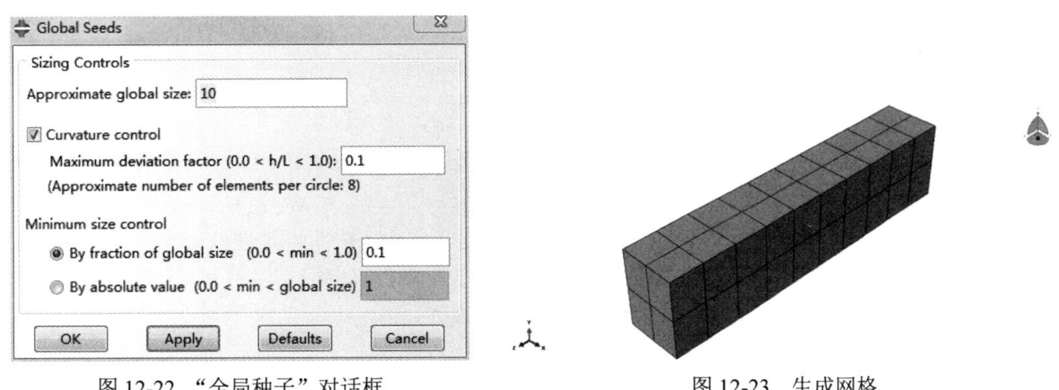

图 12-22　“全局种子”对话框　　　　图 12-23　生成网格

8. 提交分析作业

在窗口左上角的 Module 列表中选择 Job（分析作业）功能模块。

（1）创建分析作业

单击左侧工具区中的 Job Manager（作业管理器）按钮，或者在主菜单中选择 Job（作业）→Manager（管理器）命令，弹出 Job Manager（作业管理器），如图 12-24 所示。单击 Create...按钮创建新的作业，在 Name 文本框中输入 User，单击 Edit...按钮，弹出 Edit Job 对话框，如图 12-25 所示。选择 General 选项卡，在 User subroutine file 栏中单击 Select（选择）按钮，在弹出的如图 12-26 所示对话框中选择 fixed for 文件，其他各参数保持默认值，单击 OK 按钮。

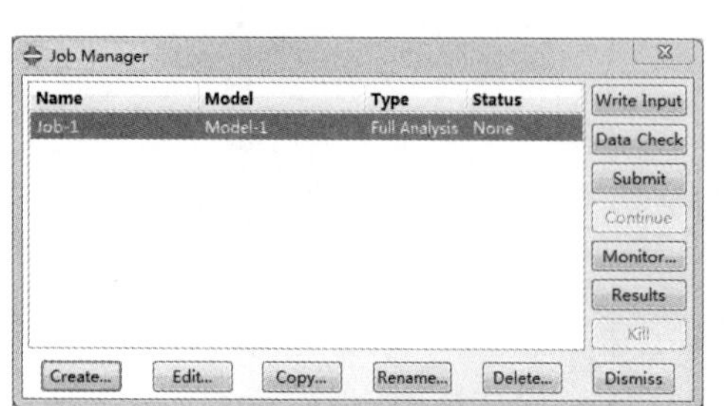

图 12-24　作业管理器

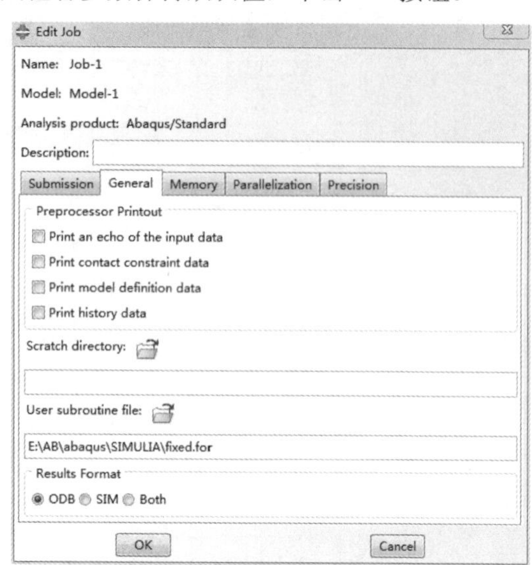

图 12-25　“编辑作业”对话框

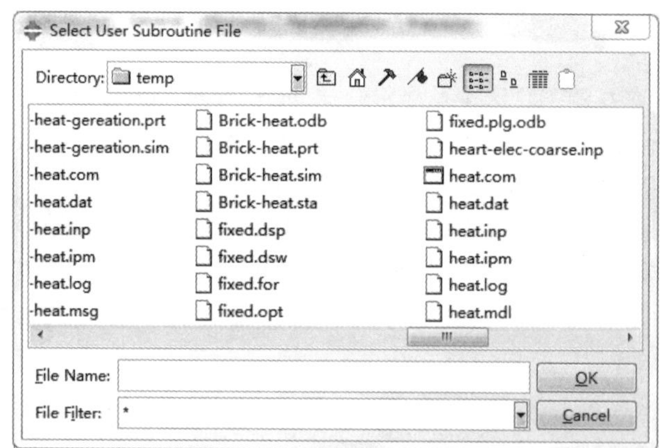

图 12-26　“用户子程序文件”对话框

（2）提交分析

在 Job Manager（作业管理器）中单击 Submit（提交分析）按钮，此时对话框中的 Status（状态）提示依次变为 Submitted、Running 和 Completed，这表明对模型的分析已经完成。单击此对话框中的 Results（分析结果）按钮，自动进入 Visualization 模块。

9. 后处理

看到窗口左上角的 Module 列表已经自动变成 Visualization 功能模块，在视图区显示此模型未变形时的轮廓图。

（1）显示未变形图

单击左侧工具区中的 Plot Undeformed Shape（绘制未变形图形）按钮，或者在主菜单中选择 Plot（绘制）→Undeformed Shape（未变形图形）命令，显示出未变形的网格模型。

（2）显示变形图

单击左侧工具区中的 Plot Deformed Shape（绘制变形图形）按钮，或者在主菜单中选择 Plot（绘制）→Deformed Shape（变形图形）命令，显示出变形后的网格模型。

单击窗口右下角的 Deformed Shape Options 命令，在弹出的对话框中选择 Superimpose undeformed plot（覆盖未变形图）选项，单击 OK 按钮，看到变形图和未变形图的模型一起显示出来。

（3）显示云纹图

单击左侧工具区中的 Plot Contours on Deformed Shape（在变形图上绘制云图）按钮，或者在主菜单中选择 Plot（绘制）→Contours（云图）命令，显示出 Mises 应力的云纹图，如图 12-27 所示。

（4）显示动画

单击左侧工具区中的 Animate：Scale Factor（动画：缩放系数）按钮，可以显示缩放系数变化时的动画，再次单击此按钮即可停止动画。

（5）显示节点的 Mises 应力值

单击窗口顶部工具栏中的 Query Information（查询信息）按钮，或者在主菜单中选择 Tools（工具）→Query（查询）命令，在弹出的 Query 对话框中选择 Probe values（查询值）选项，如图 12-28 所示，然后单击 OK 按钮。

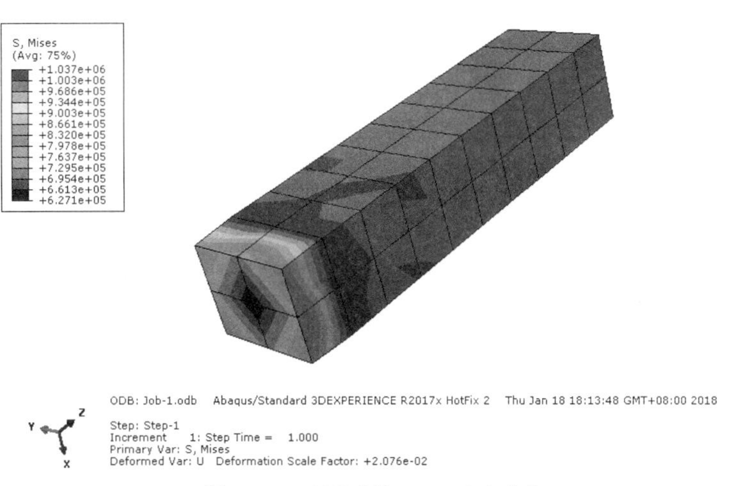

图 12-27　变形后的 Mises 应力分布

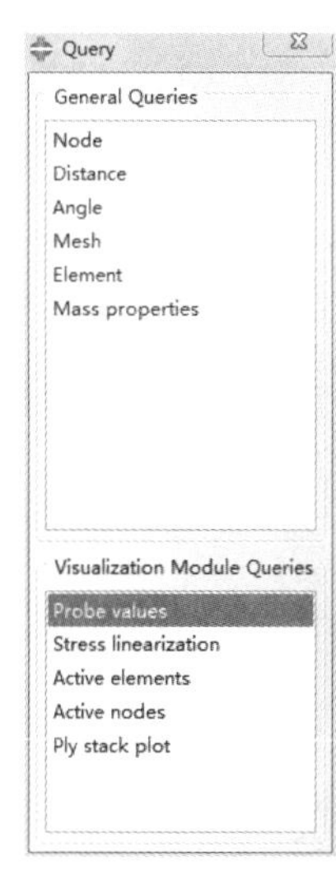

图 12-28　查询分析结果

在弹出的 Probe Values（查询值）对话框中，将 Probe（查询对象）设为 Nodes，选中 S, Mises，然后将鼠标指针移至杆件的任意位置处，此节点的 Mises 应力就会在对话框中显示出来，如图 12-29 所示。

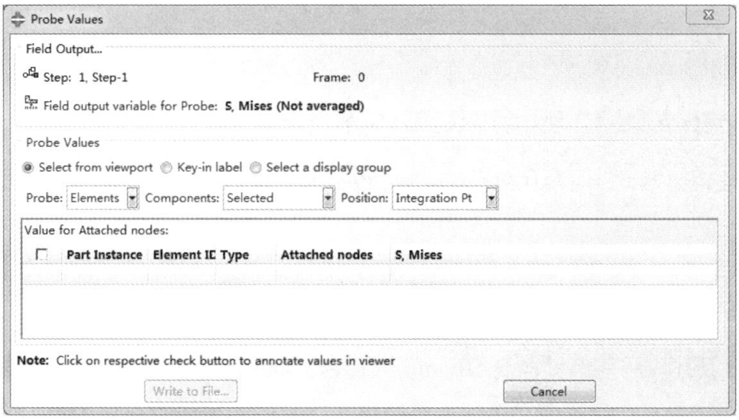

图 12-29　“查询值”对话框

（6）查询节点的位移

在 Result（结果）菜单栏中单击 Field Output...按钮，弹出 Field Output（场输出）对话框，如图 12-30 所示，当前默认输出变量是 Name：S（名称：应力），Invariant：Mises（变量：Mises 应力）。将输出变量改为 Name：U（名称：位移），Component：U3（变量：在方向 3 上的位移），单击 OK 按钮。此时云纹图变成对 U3 的结果显示。

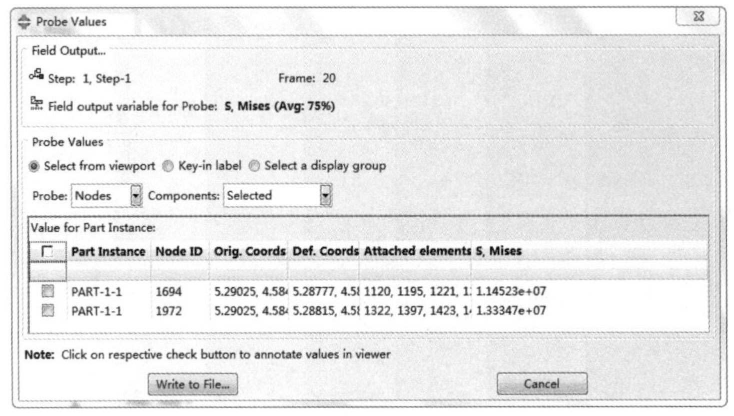

图 12-30 “场输出”对话框

（7）退出 ABAQUS/CAE

至此，对此例题的完整分析过程已经完成。单击窗口顶部工具栏中的按钮来保存模型，然后单击窗口右上方的（关闭）按钮，或者在主菜单中选择 File（文件）→Exit（退出）命令，退出 ABAQUS/CAE。

12.2.3 INP 文件

对于初学者，需要注意的是 FORTRAN 对程序的语言格式上是有要求的。例如，对于 FORTRAN 语言，前 6 个字符必须空出来，检查语法最好的方法就是在 FORTRAN 编译器上进行编译。

该案例中的 INP 文件解释请读者查阅光盘中的相关文件，限于篇幅，在此不做详解。

12.2.4 UMAT 子程序

由于篇幅问题，在此不做详细解释，该案例中的 UMAT 子程序文件解释请读者查阅光盘中的相关文件。

12.3 单向压缩试验有限元分析实例

前面的章节已经分析了单向压缩试验的过程模拟，本节将利用文献中提到的新型材料的信息，来进一步分析该问题。

12.3.1 问题的描述

如图 12-31 所示，圆柱形试样高 50mm、直径为 30mm，压缩后高度变为 30mm，试样的上、下地面保持润滑良好。压头可看作刚体。单向压缩试验得到试样的数据如表 12-1 所示，作为本模型中的材料数据。

表 12-1　试样的材料定义

性质	弹性模量/MPa	泊松比	Johnson-Cook 模型参数				
			A/MPa	*B*/MPa	*n*	*C*	*M*
数值	68.0×10^3	0.3	66	108	0.23	0.029	0.5

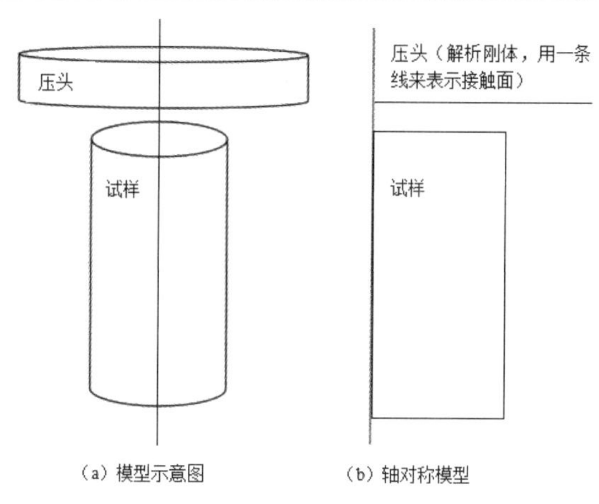

图 12-31　单向压缩过程的分析模型

下面将进行试样压缩过程的模拟。

12.3.2　问题分析与求解

（1）该问题研究的是结构的静态响应，所以分析类型设置为 Static、General（使用 ABAQUS/Standard 作为求解器）。

（2）根据结构和载荷的特点，将按照轴对称问题来建模。

（3）这是一个大位移问题，应在 Step 功能模型中把参数 Nlgeom（几何非线性）设为 On。

（4）试样的单元类型选择 CAX4I 单元（4 节点四边形双线性非协调轴对称单元），压头使用解析刚体来建模。

（5）接触属性为默认的“硬接触”，摩擦系数为 0，这样整个试样会被均匀压缩，不出现鼓形，试样上各点的应力和应变值都会是相同的，有利于更方便地验证分析结果。分析过程中会出现很大的滑动，因此选用有限滑移。

（6）在 Property 模块和 Job 模块中进行设置，导入新材料属性。

1. 创建部件

1）创建试样

启动 ABAQUS/CAE，单击 Create Model Database。

进入 Part 功能模块，单击 Create Part（创建部件）按钮，在 Name 后面输入 Specimen，将 Modeling Space（模型空间）设为 Axisymmetric（轴对称），保持默认的参数 Type（类型）：Deformable（柔性体）；Base Feature（基本类型）：Shell（壳体），然后单击 Continue...按钮，完成该操作。

单击左侧工具区中的按钮来绘制顶点坐标为（0,50）和（15,0）的矩形。ABAQUS 已经自动生成了一条经过原点的竖直辅助线，它将作为轴对称部件的旋转轴。在视图区中连续单击鼠标中键完成操作。

2）创建压头

再次单击 Create Part（创建部件）按钮，在 Name 后面输入 Head，参数 Modeling Space（模型空间）设为 Axisymmetric（轴对称），将 Type（类型）改为 Analytical（解析刚体），然后单击 Continue...按钮。单击左侧工具区中的按钮来绘制一条顶点为（0,55）和（30,55）的直线代表压头的底面。在视图区中连续单击鼠标中键来完成操作。

3）指定刚体部件的参考点

在主菜单中选择 Tools（工具）→Rerference Point（参考点）命令，单击压头的中点，参考点在视图区中显示为一个黄色的叉子，旁边标以 RP，如图 12-32 所示。

2. 创建材料和截面属性

（1）创建材料。进入 Property（特性）功能模块，单击工具区左侧的Creat Material（创建材料）按钮，在弹出的 Edit Material（编辑材料）对话框中，选择 General（通用）→User Material（用户材料）命令，将表 12-1 所示的材料信息输入到数据表中，如图 12-33 所示。

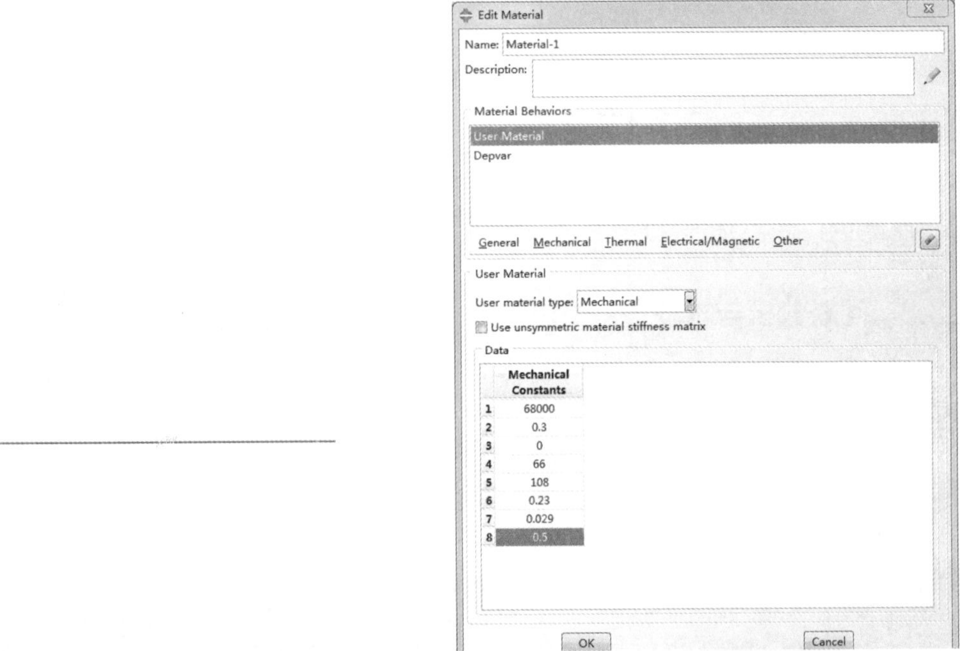

图 12-32　定义刚性部件的参考点

图 12-33　输入材料的塑性数据

选择 General（通用）→Depvar（非独立变量）命令，在弹出的对话框中，设置 Number of solution-dependent state variable（依赖于解的状态变量个数）为 1，单击 OK 按钮，结束操作。

（2）创建截面属性。单击左侧工具区的Create Section（创建截面属性）按钮，或者在主菜单中选择 Section（截面）→Create（创建）命令，弹出 Edit Section（编辑截面）对话框[也可以双击左侧模型树中的 Section（截面）来完成此操作]，保持其他默认参数不变，单击 Continue...按钮。

（3）给部件赋予截面属性。单击左侧工具区的 Assign Section（赋予截面属性）按钮，为柔体部件 Specimen（样本）赋予截面属性。

3. 定义装配件

在窗口左上角的 Module 列表中选择 Assembly（装配）功能模块。单击左侧工具区中的

Instance Part（装配部件）按钮，在弹出的 Create Instance 对话框中拖动鼠标来选中整个部件，然后单击 OK 按钮。由于试样和压头的位置都已经确定了，不需要重新定位。

4. 划分网格

（1）进入 Mesh（网格）功能模块。在窗口顶部的环境栏中把 Object（目标）选项设为 Part：Specimen。单击 Seed Part（布种子）按钮，把 Approximate gloabal size（单元大小）设为 1.5。

（2）单击 Assign Element Type（指派单元类型）按钮，弹出 Element Type（网格控制参数）对话框，如图 12-34 所示，选中 Incompatible modes（非协调模式），即单元类型为 CAX4I（四节点四边形双线性非协调轴对称单元）。

（3）单击 Mesh Part（划分部件）按钮，得到如图 12-35 所示的网格。

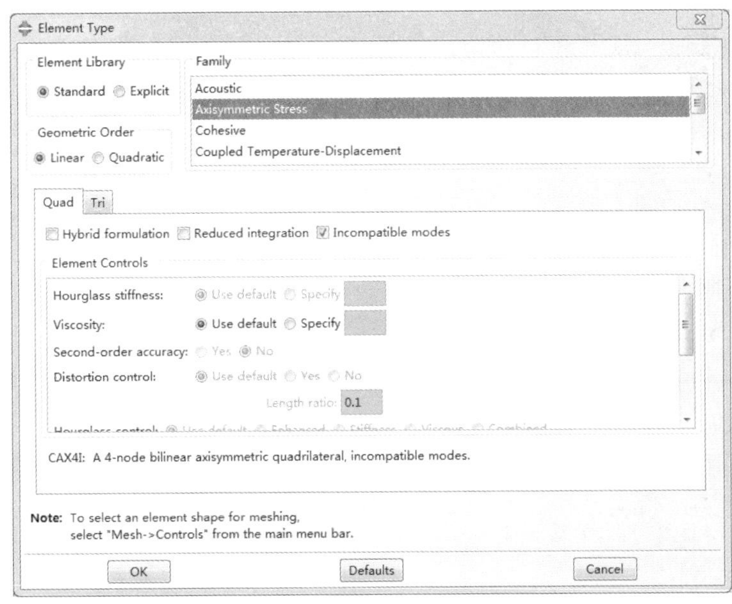

图 12-34 “网格控制参数”对话框

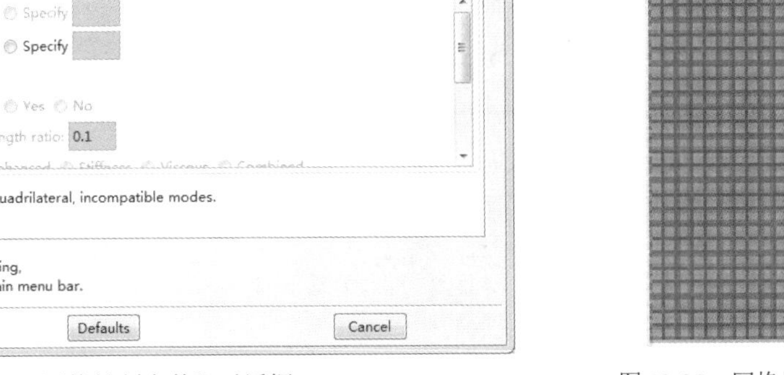

图 12-35 网格划分

5. 设置分析步

本模型中将包含以下分析步。

（1）第一个分析步 InContact：设定压头在 Y 方向的位移为-5.001mm，建立平稳的接触关系。

（2）第二个分析步 Press：设定压头在 Y 方向的位移为-25mm（试样被压缩了 20mm）。此分析步为 20 个时间增量步，每个增量步长为 1/20=0.05。

进入 Step 功能模块，然后按照以下操作来创建分析步。

（1）创建第一个分析步 InContact：单击左侧工具区中的 Create Step（创建分析步）按钮，在 Name 后面输入 InContact，单击 Continue...按钮，在弹出的 Edit Step 对话框中，把 Nlgeom（几何非线性）设为 On，再单击 OK 按钮，完成该操作。

（2）创建第二个分析步 Press：再次单击左侧工具区中的 Create Step（创建分析步）按钮，在 Name 后面输入 Press，在弹出的 Edit Step（编辑分析步）对话框中单击 Incrementation 标签，把 Initial（初始增量步大小）和 Maximum（最大增量步大小）都改为 0.05，然后单击 OK 按钮。

6. 定义接触

1）定义各个接触面（见图 12-36）

进入 Interaction 功能模块，在主菜单中选择 Tools→Surface→Manager 命令，单击 Create...

按钮，在 Name 后面输入 Surf-Specimen，单击 Continue...按钮。

单击试样的顶面，然后在视图区中单击鼠标中键来确认退出。

用类似的方法来定义压头和试样相接触的面 Surf-Head，由于压头是解析刚体部件，窗口底部提示区中会显示 Choose a side for the edges（选择一边的边缘）：Magenta, Yellow，（刚体，黄色），这时应根据视图区中所显示的颜色来选择刚体的外侧。

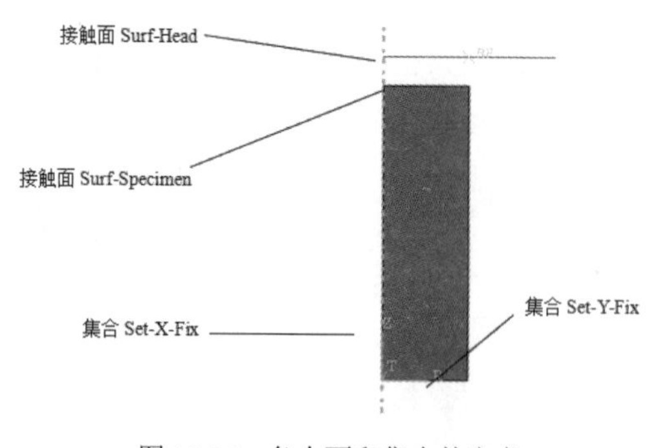

图 12-36　各个面和集合的定义

2）定义无摩擦的接触属性

单击 Create Interaction Property 创建无摩擦的接触按钮，单击 Continue...按钮，再单击 OK 按钮，完成操作。

3）定义试样和压头之间的摩擦

在主菜单中选择 Interaction→Manager 命令，单击 Continue...按钮，将 Step 设为 initial，然后单击 Continue...按钮。选择 Surf-Head 作为主面，Surf-Specimen 作为从面，在弹出的 Edit Interaction（编辑接触）对话框中，保持各项默认参数不变［Sliding formulation（滑移公式）：Finite sliding（有限滑移）］，单击 OK 按钮，完成操作。

7. 定义边界条件

由于试样是轴对称柔性体，需要施加的边界条件是，固定对称轴上的径向位移 U1 和底边的轴向位移 U2。压头是轴对称刚体，需要施加在压头参考点上的边界条件如下。

（1）第一个分析步 InContact：使压头向下位移为 5.001mm（U1=0，U2=−5.001，UR3=0）。

（2）第二个分析步 Press：使压头向下位移为 25mm（U1=0，U2=−25，UR3=0）。

定义边界条件的具体操作如下。

（1）创建各个集合进入 Load 功能模块，在主菜单中选择 Tools→Set→Manager 命令，单击 Create...按钮，依次定义以下集合（见图 12-36）。

- 集合 Set-*Y*-Fix：基座的底边。
- 集合 Set-*X*-Fix：试样位于对称轴上的边。
- 集合 Set-Head-Ref：压头的参考点。

（2）约束试样底边的轴向位移 U2。在主菜单中选择 BC→Manager 命令，单击 Create...按钮，在 Name 后面输入 BC-Fix-*Y*，将 Step 设为 initial，将 Type for Selected Step 设为 Displacement/Rotation（移动/旋转），单击 Continue...按钮。选中集合 Set-*Y*-Fix，单击 Continue...按钮，选中轴向位移 U2，然后单击 OK 按钮，完成操作。

（3）约束试样对称轴上的径向位移 U1 与上面的操作类似，创建名为 BC-Fix-*X* 的边界条件，选择集合 Set-*X*-Fix，然后约束径向位移 U1。

（4）在第一个分析步中，让压头下移 5.001mm，在 Boundary Condition Manager（边界条件管理器）中再次单击 Create...按钮，在 Name 后面输入 BC-Move，将 Step 设为 InCon，tact，将 Type for Selected Step（选择分析步类型）设为 Displacement/Rotation（移动/旋转），单击 Continue...按钮。选择集合 Set-Head-Ref，单击 Continue...按钮，选中 U1、U2 和 UR3，并将 U2 的位移值改为−5.001，然后单击 OK 按钮。

（5）在第二个分析步中，让压头下移 25mm，在 Boundary Condition Manager（边界条件管理）对话框中，单击边界条件 BC-Move 在第二个分析步 Press（压力）下面的 propagated（传递），然后单击 Edit...按钮，把 U2 位移改为−25，再单击 OK 按钮，完成操作。

8. 将压头参考点上的反作用力写入 DAT 文件

压头参考点上的反作用力 RF 即压缩过程中的载荷，根据 ABAQUS 默认的输出设置，RF 会被写入 ODB 文件，在后处理中可以看到其分析结果。下面介绍查看 RF 的另一种方法：使用关键词*NODE PRINT 将节点结果输入到 DAT 文件。

执行主菜单中的 Model（模型）→Edit Keywords（编辑关键词）→Model-1（命令），在弹出的 Edit Keywords（编辑关键词）对话框中，找到第一个分析步中的下列语句：

```
*Output, field, variable=PRESELECT
```

在它的后面添加以下语句：

```
*NODE PRINT,NSET=Set-Head-Ref
RF
```

其中，Set-Head-Ref 是为压头的参考点创建的集合。

9. 提交分析作业

（1）单击左侧工具区中的 Job Manager（工作管理）按钮，或者在主菜单中选择 Job（工作）→Manager（管理器）命令，弹出 Job Manager（工作管理器），如图 12-37 所示。

（2）单击 Create...按钮（创建新的作业），在 Name 后面输入 test_Subroutine，单击 Edit...按钮，弹出如图 12-38 所示的 Edit Job（编辑工作）对话框。

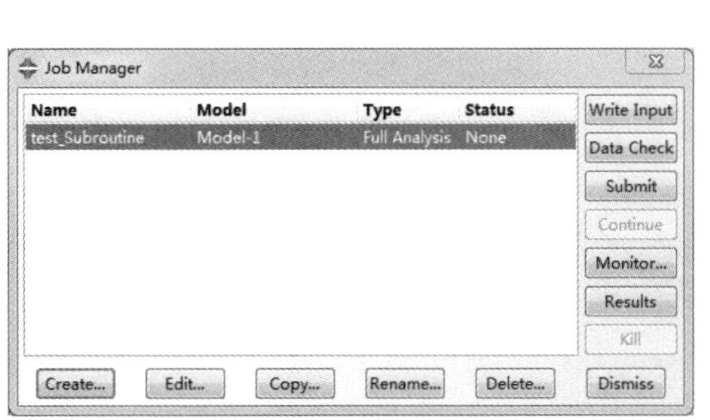

图 12-37 “工作管理器”对话框

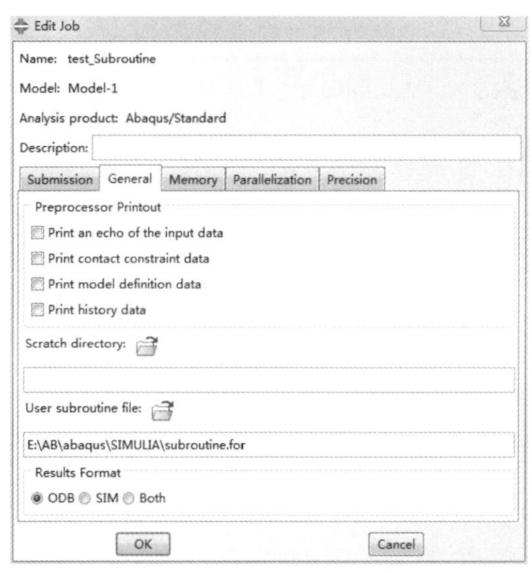

图 12-38 “编辑工作”对话框

（3）选择 General（通常）标签栏，在标签栏的 User subroutine file（用户子程序）栏中单击 Select 按钮，在弹出的如图 12-39 所示对话框中选择 subroutine for 文件，其他各参数保持默认值，单击 OK 按钮，完成操作。

（4）单击窗口顶部工具栏中的按钮来保存所创建的模型，然后提交分析。分析完成后，单击 Results 按钮，进入 Visualization（可视化）功能模块。

10. 后处理

（1）在显示 Mises 应力和等效塑性应变在 Visualization（可视化）功能模块中。单击按钮显示出 Mises 应力的云纹图，可以看到，在分析步 Press 结束时，试样上各点的 Mises 应力云纹图如图 12-40 所示。

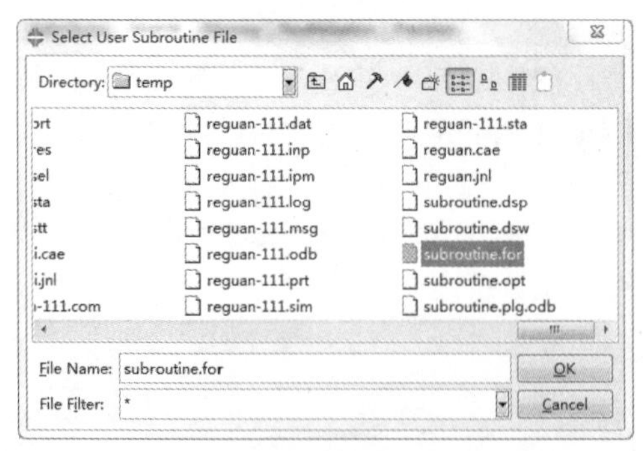

图 12-39 “用户子程序文件”对话框

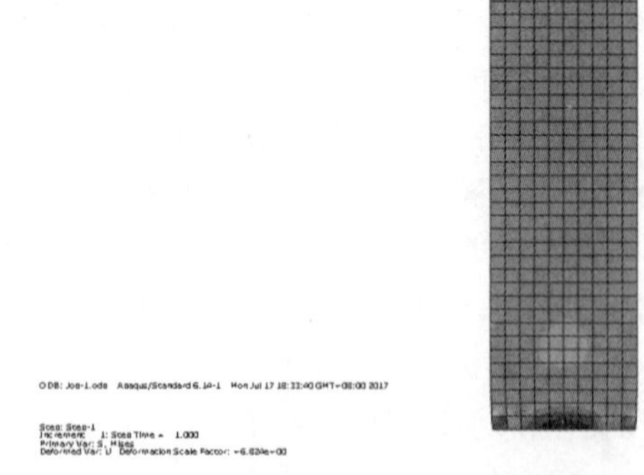

图 12-40 Mises 应力的云纹图

（2）查看 DAT 文件中的反作用力 RF：使用文本编辑软件打开结果文件 test_Subroutine.dat，由于使用了关键词*NODE PRINT，因此，每个增量步中顶头参考点上的反作用力 RF 都被写入了 test_Subroutine.dat。其中，*Y* 方向上的反作用力即下压过程的载荷。

12.3.3 INP 文件

该案例中的 INP 文件解释请读者查阅光盘中的相关文件，限于篇幅，在此不做详解。

12.3.4 UMAT 的 Fortran 程序

由于篇幅问题，在此不做详细解释，该案例中的 UMAT 子程序文件解释请读者查阅光盘中的相关文件。

12.4 本章小结

ABAQUS/Standard 和 ABAQUS/Explicit 都支持用户子程序功能，但是它们所支持的用户子程序种类不尽相同。

本章讨论了用户子程序的应用和优势，进一步扩展了 ABAQUS 的应用空间。

（1）以最简单的杆件拉伸受单轴压缩为例，介绍了在 ABAQUS 里面调用用户子程序进行计算的步骤。

（2）单向压缩试验的过程模拟。

本例考虑前面章节已经分析的单向压缩试验的过程模拟，利用了文献中提到的新型材料的信息分析该问题。在 Property 模块和 Job 模块中进行设置，导入用户子程序的材料属性。